EVA

CAT BOHANNON

Eva

Como o corpo feminino conduziu
200 milhões de anos de evolução humana

Tradução
Fernanda Abreu

COMPANHIA DAS LETRAS

Grafia atualizada segundo o Acordo Ortográfico da Língua Portuguesa de 1990, que entrou em vigor no Brasil em 2009.

Um reconhecido agradecimento a Alfred A. Knopf pela permissão de reproduzir um trecho de "Guns and Robbery" ("Armas e assalto"), extraído de *Decreation: Poetry, Essays, Opera* (Decriação: Poesia, ensaios, obra) de Anne Carson, copyright © 2005 by Anne Carson. Reproduzido mediante permissão de Alfred A. Knopf, selo de Knopf Doubleday Publishing Group, uma divisão da Penguin Random House LLC. Todos os direitos reservados.

Título original
Eve: How the Female Body Drove 200 Million Years of Human Evolution

Capa
Gabriele Wilson

Imagem de capa
Chronicle/ Alamy

Ilustrações
Hazel Lee Santino

Preparação
Lígia Azevedo

Revisão técnica
Maria Guimarães

Índice remissivo
Probo Poletti

Revisão
Clara Diament
Natália Mori

Dados Internacionais de Catalogação na Publicação (CIP)
(Câmara Brasileira do Livro, SP, Brasil)

Bohannon, Cat
Eva : Como o corpo feminino conduziu 200 milhões de anos de evolução humana / Cat Bohannon ; tradução Fernanda Abreu. — 1ª ed. — São Paulo : Companhia das Letras, 2024.

Título original: Eve : How the Female Body Drove 200 Million Years of Human Evolution
Bibliografia.
ISBN 978-85-359-3694-0

1. Diferenças sexuais 2. Mulheres – Evolução 3. Mulheres – Fisiologia I. Título.

24-193302 CDD-613.04244

Índice para catálogo sistemático:
1. Mulheres : Promoção da saúde 613.04244

Cibele Maria Dias – Bibliotecária – CRB-8/9427

EDITORA SCHWARCZ S.A.
Rua Bandeira Paulista, 702, cj. 32
04532-002 — São Paulo — SP
Telefone: (11) 3707-3500
www.companhiadasletras.com.br
www.blogdacompanhia.com.br
facebook.com/companhiadasletras
instagram.com/companhiadasletras
twitter.com/cialetras

Para meus filhos, Leela e Pravin:
nada mudou mais minha compreensão
do tempo do que seu lindo e pequenino
inspira-expira, todos os dias.

Sumário

Introdução

Nós conseguimos. Concebemos o outro, concebemos um ao outro numa escuridão que recordo ser encharcada de luz. A isso quero chamar: vida.

Adrienne Rich, *Origins and History of Consciousness*[1]

Elizabeth Shaw tem um problema. O diretor Ridley Scott a fez engravidar de uma imensa e terrível lula alienígena. A bordo da espaçonave *Prometeu*, ela precisa dar um jeito de abortar seu convidado indesejado sem morrer de hemorragia. A personagem, então, corre até um módulo médico futurista e pede ao computador uma cesariana. "Erro", responde a máquina. "Este módulo está calibrado apenas para pacientes do sexo masculino."

"Nossa", disse uma mulher sentada atrás de mim. "Como é possível?"

Segue-se uma cena sanguinolenta[2] que envolve raios laser, grampos e tentáculos que não param de se contorcer. Nesse dia de 2012, sentada na sala escura do cinema em Nova York assistindo à *prequel* do filme *Alien*, não tive como não pensar: *Pois é, como é possível? Quem é que manda uma expedição de bilhões de dólares para o espaço e esquece de verificar se o equipamento funciona para mulheres?*

Na verdade é exatamente isso que a medicina moderna faz muitas vezes. Doses padronizadas de antidepressivos são ministradas tanto em homens quanto em mulheres, apesar de indícios de que talvez possam afetar de forma diferente os dois sexos.[3] Receitas de remédios contra a dor[4] também são consideradas sexualmente neutras, apesar dos indícios consistentes de que alguns podem ser menos eficazes para mulheres. Temos uma probabilidade maior de *morrer* de infarto,[5] muito embora nossa chance de infartar seja *menor*: como os sintomas variam conforme o sexo, nem as mulheres nem seus médicos[6] conseguem identificá-los a tempo. Anestésicos cirúrgicos,[7] tratamentos para doença de Alzheimer[8] e até mesmo o currículo do ensino público[9] padecem do conceito equivocado de que corpos femininos são apenas corpos de modo geral: macios, carnudos e desprovidos de partes baixas importantes, mas, tirando isso, iguaizinhos aos corpos dos homens.[10]

E é claro que quase *todos* os estudos que produziram esses achados incluíram apenas participantes cisgênero: no mundo da pesquisa científica, muito pouca atenção foi dedicada ao que acontece no corpo das pessoas que nascem com um sexo e posteriormente passam a se identificar com outro. Isso se deve em parte à diferença colossal que existe entre o *sexo* biológico — algo entranhado bem fundo na trama do nosso desenvolvimento físico, desde as organelas intracelulares até os aspectos físicos globais — e a *identidade de gênero* da humanidade, algo fluido, baseado no cérebro e que tem no máximo umas poucas centenas de anos de idade.*

Mas não é só isso. O fato é que até muito pouco tempo atrás o estudo do corpo biologicamente feminino ficou muito aquém em relação ao estudo do cor-

* Sei que alguns ainda têm dificuldade para aceitar essa ideia, mas a maior parte da comunidade científica concorda que o sexo biológico é fundamentalmente distinto da identidade de gênero humana. A crença de que os aspectos tipicamente sexuais do corpo de uma pessoa lhe atribuem obrigatoriamente uma identidade e um comportamento de gênero equivalentes às vezes é chamada de "biologismo", ou, falando de maneira mais ampla, "essencialismo de gênero" (Witt, 1995). O problema do essencialismo de gênero é que se trata de uma extensão natural do sexismo. Sociedades que constroem crenças culturais profundas sobre o que um ou outro gênero "deveria" ser tendem a acreditar que uma pessoa pertence a um ou outro gênero desde que nasce, a depender do aspecto do seu corpo. Essas sociedades então reforçam fortemente essas crenças por meio de diversas regras para cada gênero, que vão do desgaste cognitivo sutil e irritante da exclusão social até castigos extremamente violentos para quem "viola as regras", além de tudo o que houver entre uma coisa e outra.

po biologicamente masculino. Não é só que os médicos e cientistas não se dão ao trabalho de procurar dados específicos ao sexo: até muito recentemente *esses dados não existiam*. De 1996 a 2006, mais de 79% dos estudos em animais publicados no periódico científico *Pain*[11] tinham *apenas* participantes do sexo masculino. Antes dos anos 1990, as estatísticas eram mais desproporcionais ainda. E isso não é nem um pouco fora da curva: dezenas de periódicos científicos significativos relatam a mesma coisa. Por trás desse ponto cego em relação aos corpos femininos, quer estejamos falando de biologia básica quer das nuances da medicina, não é apenas o sexismo. Trata-se de um problema do intelecto que *se tornou* um problema da sociedade: há muito tempo vimos refletindo de um jeito inteiramente equivocado sobre o que são corpos sexuados e como devemos proceder para estudá-los.

Nas ciências biológicas ainda existe algo chamado "norma masculina".* O corpo masculino, desde o camundongo até o ser humano, é aquele que se estuda no laboratório.[12] A menos que se esteja pesquisando especificamente ovários, úteros, estrogênios ou mamas, as mulheres ficam de fora. Pense na última vez em que você ficou sabendo sobre um estudo científico — por um artigo sobre uma nova descoberta relacionada à obesidade, à tolerância à dor, à memória ou ao envelhecimento. O mais provável é que esse estudo não tenha incluído nenhuma participante do sexo feminino. Isso vale tanto para camundongos quanto para cães, porcos, macacos e, com grande frequência, seres humanos. Quando um novo medicamento começa a ser testado clinicamente em humanos, ele pode não ter sido testado em nenhum animal do sexo feminino. Assim, ao pensarmos em Elizabeth Shaw se esgoelando no futuro por causa do módulo médico misógino, não deveríamos sentir apenas pânico, pena e incredulidade. Deveríamos sentir empatia.

Por que isso ainda acontece? A ciência não deveria ser objetiva? Neutra do ponto de vista do gênero? Baseada no método empírico?

Na primeira vez em que me inteirei da norma masculina, fiquei absolutamente estarrecida, não só por ser mulher, mas porque na época eu era doutoranda na Universidade Columbia para estudar evolução da narrativa e da cognição — para simplificar, dos cérebros e das histórias — e seus 200 mil anos de história. Já tinha lecionado e feito pesquisas em vários institutos de renome especializados

* Na literatura científica, isso também é chamado de "viés masculino".

em aprendizado e ciência no mundo moderno. Eu achava, portanto, que tivesse uma visão bastante boa da condição das mulheres no meio acadêmico. Apesar de ter presenciado algumas situações esquisitas, eu mesma nunca tinha sido vítima de machismo no laboratório. Pensar que boa parte das ciências biológicas ainda se apoiava na "norma masculina" sequer me passava pela cabeça. Embora eu seja feminista, meu feminismo era mais de um tipo prático: o simples fato de *ser* mulher e de fazer pesquisa quantitativa era para mim um ato revolucionário. E, para ser bem sincera, os biólogos, neurocientistas, psicólogos e biofísicos que *eu* conhecia, desde aqueles com quem eu colaborava até aqueles com quem saía para beber, estavam entre as pessoas mais cosmopolitas, liberais, sinceras, inteligentes e *legais* que eu já tinha conhecido. Se eu fosse dada a apostas, jamais teria pensado que elas fossem do tipo a perpetuar algum tipo de injustiça sistêmica, muito menos uma que prejudicasse a prática científica.

Mas a culpa não é inteiramente delas. Muita gente que faz pesquisa acaba usando participantes do sexo masculino automaticamente devido a motivos práticos: é difícil levar em consideração os efeitos dos ciclos de fertilidade femininos, em particular dos mamíferos. Em intervalos regulares, uma complexa sopa hormonal inunda os corpos femininos, ao passo que os hormônios sexuais masculinos parecem mais estáveis. Um bom experimento científico tem como objetivo ser *simples* e projetado com o menor número possível "fatores de confusão". Como me disse certa vez um pós-doutor num laboratório vencedor do Nobel, usar animais do sexo masculino "simplesmente facilita a prática de uma ciência limpa". Em outras palavras, as variáveis são mais fáceis de controlar, tornando dessa forma os dados mais interpretáveis com menos esforço, e os resultados mais significativos. Isso se aplica em especial aos sistemas complexos estudados nas pesquisas sobre comportamento, mas pode constituir um problema até mesmo em coisas básicas, como o metabolismo. Demorar-se o suficiente para monitorar o ciclo reprodutivo feminino é considerado algo difícil e custoso;[13] o ovário em si é visto como um "fator de confusão". Assim, a menos que um/a cientista esteja fazendo *especificamente* uma pergunta sobre o sexo feminino, este é deixado de fora da equação. Os experimentos acontecem mais depressa, os artigos são publicados antes, e quem conduz a pesquisa tem mais probabilidade de conseguir financiamentos e cátedras.

Só que tomar esse tipo de decisão para "simplificar" também tem como causa (e ajuda a perpetuar) um entendimento muito mais antigo do que são os corpos sexuados. Não que praticantes de ciência de alto coturno ainda achem que os corpos femininos foram criados quando Deus tirou uma das costelas de Adão, mas a pressuposição de que ser sexuado/a é uma questão que se limita aos órgãos sexuais — de que ser do sexo feminino é de alguma maneira apenas um ajuste mínimo numa forma platônica — é meio parecida com essa antiga história bíblica. E essa história é mentira. Como temos aprendido cada vez mais, corpos femininos não são apenas corpos masculinos com "coisas a mais" (gordura, seios, úteros). Tampouco testículos e ovários são intercambiáveis. Ser sexuado/a permeia todos os aspectos importantes de nossos corpos de mamíferos e da vida que levamos dentro deles, tanto no caso dos camundongos quanto no dos seres humanos.[14] Quando a ciência estuda apenas a norma masculina, estamos vendo menos da metade de um quadro complexo; com grande frequência não sabemos o que perdemos ao ignorar as diferenças sexuais, porque não estamos questionando isso.

Após me espantar com a teimosa realidade da norma masculina, fiz o que pesquisadores gostam de fazer: fui escarafunchar as bases de dados para ver o tamanho do problema. E, bom, é descomunal. Tão descomunal que muitos periódicos sequer mencionam o fato de usarem apenas participantes do sexo masculino. Muitas vezes tive de mandar e-mails diretamente aos autores das pesquisas perguntando.

Tá, vai ver é só no caso dos camundongos, pensei. Talvez isso seja só um problema dos estudos com animais.

Infelizmente não. Graças a regulamentações estabelecidas nos anos 1970, os estudos clínicos nos Estados Unidos, por exemplo, são "fortemente aconselhados" a não usarem participantes do sexo feminino que "possam estar em idade fértil". O uso de participantes grávidas é praticamente proscrito. Embora à primeira vista isso possa parecer de um total bom senso — ninguém quer interferir em nossas crianças —, significa também que continuamos conduzindo o barco num nevoeiro. Os Institutos Nacionais de Saúde (NIH, na sigla em inglês) conseguiram atualizar algumas dessas regulamentações em 1994, mas as brechas costumam ser aproveitadas: em 2000, um em cada cinco estudos clínicos de medicamentos conduzidos pelo NIH[15] ainda não tinha participantes do sexo feminino, e dos estudos que o faziam quase dois terços não se davam ao trabalho de analisar os dados para detectar as diferenças sexuais. Mesmo se alguém de fato seguisse as novas regras, como os remédios em geral levam mais de dez anos para passar dos estudos clínicos ao mercado,[16] 2004 foi o primeiro ano em que qualquer novo medicamento aprovado para venda teria sido testado em quantidades significativas de mulheres. Remédios liberados antes que as novas regulamentações entrassem em vigor não são de forma alguma obrigados a voltar atrás e refazer seus estudos clínicos.*

Assim, a maioria dos participantes dos estudos clínicos continua sendo homem e a grande maioria dos estudos com animais usa machos. Enquanto isso, as mulheres têm uma probabilidade *mais alta* que os homens de receberem prescrições de psicotrópicos e de remédios contra dor,[17] medicamentos que não foram nem de longe testados em corpos femininos suficientes. Como a dosagem com frequência é em função do peso corporal e da idade, sem nenhuma recomendação específica para mulheres vinda das pesquisas, os médicos precisam se apoiar no conhecimento anedótico** para entender se uma prescrição tem de ser "ajustada" para uma paciente do sexo feminino.[18]

Isso é particularmente problemático no caso dos analgésicos. Embora pesquisas recentes tenham demonstrado que as mulheres precisam de doses mais altas de analgésicos para sentir o mesmo nível de alívio de dor que os homens, esse conhecimento não está hoje embutido nas indicações de posologia. E por

* Problemas semelhantes aparecem nas diretrizes jurídicas de boa parte do mundo industrializado, incluindo Canadá, Reino Unido e França. Durante muito tempo, a boa intenção de *proteger* as gestantes e seus potenciais filhos excluiu das pesquisas médicas grande parte do sexo feminino. Legislações recentes em alguns países aumentaram os números — hoje, nos Estados Unidos, por exemplo, estudos clínicos financiados pelo NIH precisam justificar *por que* não estão incluindo mulheres se for esse o caso — mas ainda existem furos suficientes no sistema para permitir a passagem de todos os elefantes num circo de três picadeiros (Geller et al., 2018; Rechlin et al., 2021). Alguns periódicos passaram a levantar essa bandeira: o *Endocrinology*, por exemplo, hoje exige que a seção de métodos dos artigos seja explícita em relação ao sexo dos animais (Blaustein, 2012). Mas a maioria dos periódicos científicos de revisão por pares não criou regras desse tipo.

** Às vezes as agências reguladoras se atualizam, mas leva um tempo. Por exemplo, em 2013 a Food and Drug Administration (FDA) finalmente publicou orientações instruindo os médicos a receitarem doses mais baixas (quase a metade) de zolpidem (princípio ativo do Stilnox) porque as mulheres eliminam a substância da corrente sanguínea mais devagar que os homens (U.S. FDA, 2013). Naquele ano, o zolpidem já estava aprovado para uso médico havia 21 anos. A carta de aprovação original indicava que a posologia deveria ser "individualizada", mas não fazia nenhum comentário sobre diferenças sexuais na dosagem, afirmando que "a dose recomendada para adultos é de 10 mg logo antes de se deitar" (U.S. FDA, 2012). Chegava-se a indicar que "pacientes idosos e debilitados, e pacientes com insuficiência hepática" deveriam receber "uma dose inicial de 5 mg" (ibid.). Talvez as mulheres devessem ser consideradas hepaticamente insuficientes então?

que estaria? As orientações oficiais em geral se baseiam nos resultados dos estudos clínicos de um remédio. Para muitos analgésicos no mercado — como o Oxycontin,[19] lançado em 1996[20] — os estudos clínicos não fizeram testes rigorosos para detectar diferenças sexuais, porque não tinham obrigação de fazê-lo. Em muitos casos eram juridicamente incentivados a *não* fazê-lo, porque os estudos ocorreram antes da mudança nas regras do NIH. Desde então, o Oxycontin passou a ser um dos analgésicos mais viciantes do mundo, um remédio receitado com frequência para mulheres acometidas de endometriose e dor uterina relacionada a esse distúrbio.[21] Gestantes viciadas nesses remédios são aconselhadas a não interromper o uso depressa demais, porque o estresse da abstinência poderia causar um aborto espontâneo. (Essas mulheres em geral passam a tomar metadona.)[22] Outras desenvolvem o vício durante a gestação, às vezes após médicos bem-intencionados receitarem analgésicos para aliviar a dor sem saber que as pacientes estão grávidas (ou prestes a engravidar). Um estudo publicado em 2012 mostrou que o número de bebês que nascem viciados em opioides triplicou em uma década,[23] em parte porque as mães se viciaram em remédios como o Oxycontin. Esse número segue aumentando.[24]

Segundo um relatório recente da Academia Americana de Pediatria, muitas mães não se davam conta de que esses remédios poderiam prejudicar seus bebês.[25] Elas simplesmente sentiam dor, pediam ajuda médica e recebiam uma receita. Ao contrário dos pacientes do sexo masculino desses profissionais, porém, é muito provável que essas mulheres tomassem mais remédio, e com mais assiduidade, por não estarem sentindo o alívio esperado ou porque o alívio que sentiam passava rápido demais: *Ai, droga, esse negócio funcionou por um tempo, melhor tomar mais, xi, agora não funcionou tão bem, melhor tomar mais…* A maioria dos estudos clínicos mostra que, considerando vários tipos de medicamentos, as mulheres metabolizam as substâncias mais rápido que os homens.* Só que esse achado é com frequência descartado quando chega a

* Embora se dedique muita atenção ao fato de que os corpos das mulheres tendem a ser menores, o motivo que nos faz metabolizar substâncias de forma diferente na verdade pode ter a ver tanto com isso quanto com o fígado. Um estudo recente comparando biópsias de tecido hepático de pessoas do sexo masculino e do sexo feminino revelou 1300 genes cuja expressão MRNA era influenciada significativamente pelo sexo; destas, 75% tinham expressões mais acentuadas em pessoas do sexo feminino (Renaud et al., 2011). Em outras palavras, a questão não é tanto a quantidade de medicamento que se distribui pela quantidade de massa corporal, mas sim como

hora de uma recomendação médica. E infelizmente o vício em remédios se torna mais esperado quanto maior e mais regular a dosagem tomada. Em outras palavras, mulheres que tomam Oxycontin têm uma probabilidade maior de fazer exatamente o tipo de coisa que pode viciar seus corpos no remédio: consumi-lo até o ponto em que seus corpos se "acostumam" com um determinado nível da substância no organismo. Se remédios como o Oxycontin tivessem sido testados de maneira adequada em mulheres durante os estudos clínicos, os médicos disporiam de orientações melhores para lidar com a dor dessas pacientes e menos recém-nascidos começariam a vida viciados em drogas.

É importante lembrar que "remédios" não são só os comprimidos que guardamos no armário do banheiro. Pergunte-se o seguinte: é realmente aceitável só termos nos dado ao trabalho de testar as diferenças sexuais para a *anestesia geral* em 1999? Acontece que as mulheres acordam mais depressa que os homens, independentemente da idade, do peso ou da dosagem recebida.[26] (Não sei você, mas a mim não agrada a ideia de acordar durante uma cirurgia.) E esse estudo sequer se propôs a descobrir as diferenças sexuais. Os pesquisadores queriam apenas testar um novo monitor de eletroencefalograma durante uma anestesia. O estudo usou pacientes com cirurgias já agendadas, e como quatro hospitais de pesquisa diferentes participaram, ao contrário do que em geral acontece, o número de participantes foi grande, tanto mulheres quanto homens. O monitor de eletroencefalograma acabou se revelando útil, mas esse fato se mostrou bem menos interessante do que os resultados nas mulheres. Ao que parece, só a partir disso os cientistas voltaram para analisar seus dados em busca de diferenças sexuais. Em outras palavras, eles na verdade não se questionaram. Eles se deram conta, a posteriori, de que deveriam ter feito isso.

Não se questionar é um perigo. Sou totalmente a favor de modelos de pesquisa simples, mas quem, em sã consciência, chamaria isso de "ciência limpa"?

Ao mesmo tempo que eu descobria o quanto é grave o problema da norma masculina, comecei a encontrar novas pesquisas sobre o corpo feminino

---

as células de um fígado típico de cada sexo funcionam ao longo do dia. E "dia", nesse caso, também faz diferença: assim como o restante do corpo, o fígado tem um ritmo circadiano, e os mamíferos do sexo feminino são especialmente sensíveis à nossa relação de longa data com o sol (Lu et. al., 2013). Veja mais sobre a luz do dia e por que ela faz diferença no capítulo "Percepção".

que não estavam nem de longe recebendo atenção suficiente. Quem pratica ciência raramente lê coisas fora da sua área de especialidade, mas meu campo de pesquisa exigia que eu lesse com regularidade publicações de pelo menos três disciplinas distintas (psicologia cognitiva, teorias evolutivas da cognição e linguística computacional), e eu também precisava me manter atualizada em relação às últimas publicações acadêmicas. Até para mim, porém, foi bem fora da curva começar a fuçar periódicos sobre anestesia, estudos metabólicos ou paleoantropologia. Mas eu me sentia impelida a seguir questionando: "E as mulheres?". O que muda quando perguntamos: "O que o corpo feminino tem de diferente? O que poderíamos estar deixando passar?".

Por exemplo: por que as mulheres são mais gordas que os homens (para ser bem direta)? Como uma americana do século XXI, eu já havia passado tempo o bastante pensando na minha gordura, mas não tinha a menor ideia de que meu tecido adiposo na verdade é um *órgão*, muito menos que ele tinha se desenvolvido a partir do mesmo órgão primitivo que meu fígado e a maior parte do meu sistema imunológico.[27]

Vou dar um exemplo prático. Em 2011, o *New York Times* publicou uma matéria sobre lipoaspiração.[28] Parece que as mulheres que fazem lipo no quadril e nas coxas recuperam parte da gordura, que se acumula em outros lugares. Basicamente, suas coxas podem continuar mais magras, mas seus braços logo ficarão mais gordos do que antes. Era uma matéria simpática. Meio fútil, na verdade. Mas, ao contrário da maioria dos cirurgiões plásticos, imagino, eu tinha acabado de ler as mais recentes pesquisas sobre a evolução do tecido adiposo, especificamente do tecido adiposo feminino.

Na verdade, a gordura das mulheres não é igual à dos homens. Cada depósito adiposo do nosso corpo é um pouco diferente,* mas a gordura feminina do quadril, das nádegas e das coxas, ou gordura "gluteofemoral", é lotada de lipídios atípicos:[29] os ácidos graxos poli-insaturados de cadeia longa, ou LC-PUFAS. (Tipo ômega-3. Tipo óleo de peixe.) Como nossos fígados são ruins na fabricação desses tipos de gorduras do zero, precisamos obter a maior parte delas da alimentação.[30] E corpos que podem engravidar precisam delas para conseguirem fabricar cérebros e retinas de bebês.

* Por exemplo, os depósitos de gordura ao redor do seu coração se comportam de modo distinto dos da papada, e a estrutura de cada um também é um pouco diferente.

Na maioria das vezes, a gordura gluteofemoral feminina resiste à metabolização.[31] Como muitas mulheres sabem, essas áreas são os primeiros lugares nos quais engordamos e os últimos nos quais emagrecemos.* Mas no último trimestre da gestação — quando o desenvolvimento cerebral do feto se intensifica e suas reservas de gordura aumentam — o corpo da mãe começa a captar e injetar esses lipídios especiais no corpo do bebê em grande quantidade. Essa aspiração especializada das reservas de gordura gluteofemoral da mãe prossegue ao longo do primeiro ano de lactação, a época *mais* importante, aliás, para o desenvolvimento cerebral e ocular da criança. Alguns evolucionistas hoje acreditam que as mulheres se desenvolveram para ter o quadril rico em gordura justamente porque esses lipídios são especializados em prover os tijolos necessários à construção do cérebro grande dos bebês humanos.[32] Como não conseguimos obter uma quantidade suficiente desses LC-PUFAS em nossa dieta cotidiana, as mulheres começam a armazená-los da infância em diante. Outros primatas não parecem ter esse padrão.

Enquanto isso, apenas poucos anos atrás — nesse caso alguém *finalmente* fez a pergunta — descobrimos que a gordura do quadril de uma menina humana pode ser um dos melhores indicadores de quando ela terá sua primeira menstruação.[33] Não o crescimento esquelético, nem a altura, nem mesmo a dieta do dia a dia, mas sim a quantidade de gordura gluteofemoral que ela tem. Esse é o grau de importância da gordura para a reprodução. Nossos ovários sequer começarão a funcionar antes de termos armazenado um estoque suficiente dessa gordura para constituir uma base decente. Quando emagrecemos demais, nossa menstruação cessa. Aprendemos também — mais uma vez, essas pesquisas são novas — que, embora a ingestão de suplementos possa aumentar a taxa de LC-PUFAS de uma lactante, a grande maioria do que o bebê recebe está vindo das reservas de gordura do corpo dela, em especial da

* Por esse motivo, são também locais de predileção para as mulheres fazerem lipoaspiração. As abdominoplastias vêm logo em seguida. O que os americanos chamam de plástica do "bumbum brasileiro" combina ambas e piora mais ainda a situação, em geral aspirando a gordura dos depósitos abdominais das mulheres e reinjetando essa mesma gordura nas nádegas. Isso é particularmente arriscado: as nádegas femininas são ricas em vasos sanguíneos, e por isso não se deve injetar uma porção de lipídios ali; há risco de embolia gordurosa, na qual a gordura entra na corrente sanguínea, migra para algum ponto vital, como o coração, os pulmões ou o cérebro, e causa uma obstrução.

sua bunda.* A maioria dos corpos das mulheres passa a se preparar para a gravidez na infância, não porque ser mãe seja seu destino, mas porque a gestação humana é uma coisa horrorosa, e nossos corpos desenvolveram maneiras de nos ajudar a sobreviver a ela.

Anualmente, porém, apenas nos Estados Unidos, quase 190 mil mulheres se submetem a lipoaspiração.[34] Como relatado em diversos periódicos médicos desde 2013, algo na ruptura violenta do tecido feminino[35] durante a lipo parece impedir a gordura de ressurgir no local da cirurgia.** Desconfio que a gordura nova que se acumula nas axilas das mulheres depois de uma lipo não seja do mesmo tipo da que foi aspirada de suas coxas e nádegas. Então preciso perguntar: com uma reserva de LC-PUFAS profundamente agredida, que pode ou não conseguir fazer o mesmo que conseguia fazer antes, o que acontece se esse corpo engravida?

Eu não deveria ser a primeira pessoa a perguntar isso. Em algum ponto ao longo das muitas décadas que já passamos aspirando a gordura corporal das mulheres "para fins cosméticos" como se isso fosse tão simples quanto cortar o cabelo, alguém já deveria ter feito essa pergunta. Alguém já deveria ter conduzido esse estudo. Só que ninguém o fez, por mais que eu tenha tentado começar alguma coisa depois de ler a tal matéria do *New York Times*.

* Isso foi descoberto dando a mulheres que estavam amamentando um suplemento especialmente marcado, que podia ser rastreado por meio de um isótopo. Ao coletar uma amostra do leite materno, os pesquisadores conseguiam rastrear quais dos ácidos graxos do leite vinham dos suplementos e quais tinham de vir de outro lugar. Outros estudos estabeleceram que as variações na dieta das gestantes podem modificar parte, mas não todos os LC-PUFAS da corrente sanguínea materna e do sangue do cordão umbilical do recém-nascido, muitas vezes usado para medir o que a mãe está transmitindo para o bebê pela placenta no final da gestação, e o tipo dado também parece fazer diferença (Brenna et al., 2009).

** Talvez sejam as perfurações: no tipo mais comum de lipo, a área-alvo é em geral inundada com uma solução que ajuda a soltar o tecido adiposo, depois perfurada repetidas vezes com uma agulha oca chamada cânula, que suga uma mistura desse fluido com células e tecido de sustentação no local. Só para constar, a maioria das pessoas fica feliz com o resultado, e numa clínica devidamente autorizada o procedimento pode ser na maior parte das vezes seguro. A questão aqui não é se *qualquer* lipoaspiração deveria ocorrer, mas sim se deveríamos estar tratando o tecido adiposo subcutâneo como fundamentalmente não essencial, e sua remoção cirúrgica como algo sem efeito algum, em especial nas mulheres em idade fértil. Mais ainda, o que está em jogo é se as maneiras como pensamos sobre o que poderia "afetar" o corpo feminino levam em consideração a complexa história da evolução dos mamíferos, o fato de que aquilo que somos é feito de como chegamos até aqui.

Mas na época eu era aluna de pós-graduação num departamento que não tinha o tipo certo de freezer para armazenar o leite materno que eu pretendia analisar. Eu planejava coletar esse leite com um punhado de moradoras de Manhattan que tivessem feito lipo anos antes e agora estivessem amamentando seus filhos.* Então mandei e-mails para cientistas de outros laboratórios. Todos concordaram que alguém deveria conduzir aquele estudo. Algum dia alguém o fará. Enquanto isso, as mulheres continuam fazendo lipo e ninguém tem a menor ideia se faz diferença a quantidade de depósito de gordura que a cirurgia destrói. Como em imensas áreas da ciência médica moderna, as pacientes e os médicos que as atendem estão basicamente torcendo para dar tudo certo.

Será que vai dar tudo certo? Pode ser que sim. O corpo materno é surpreendentemente resiliente: atacado por todos os lados, desenvolvido para ser assim atacado e, de alguma forma, por mais improvável que pareça, ainda vivo. O leite materno humano, como aprendi desde então, tem também uma capacidade impressionante de adaptação. Todo mamífero tem leite. Fabricar bebês como nós fabricamos é uma empreitada caótica e perigosa. Na verdade é um horror.** Mas, olhe, *sempre foi* um horror, de modo que o organismo tem alguns planos B.

Embora a maioria dos cientistas siga para todos os efeitos ignorando o corpo feminino, há uma revolução silenciosa em preparação na ciência da feminilidade. Nos últimos quinze anos, pesquisadores de todo tipo de área vêm descobrindo coisas fascinantes sobre o que significa ser mulher, ter evoluído da forma como evoluímos, com os aspectos físicos que temos, e como isso poderia mudar o modo como entendemos a nós mesmas e nossa espécie como um todo. Só que a maioria das pessoas que faz ciência não está a par dessa revolução. E se quem faz ciência não sabe — por não estar lendo coisas externas à sua área e pelo fato de sua área ainda estar permeada pela norma masculina — como alguém vai juntar as peças desse quebra-cabeça?

* Existem regras bem importantes relacionadas ao manejo de tecidos humanos nas ciências. Além disso, o pequeno congelador do meu apartamento no Upper West Side não tinha exatamente um controle de temperatura confiável. E eu dividia a casa com mais gente.

** Talvez a melhor ilustração da palavra "horror" seja um diagrama do sistema reprodutor feminino. Mais sobre isso no capítulo "Útero".

Sabe aquela sensação de quando você percebe que algo precisa ser feito, mas não tem certeza se você é a pessoa certa para fazer, embora *alguém devesse fazer?* Passei por isso num cinema lotado, vendo Ridley Scott exorcizar seu último "probleminha com a mamãe" na forma de um módulo médico machista.* A mulher na fileira atrás de mim sentiu. Eu senti. E aposto que todas as outras mulheres naquela sala de cinema também sentiram. Para mim, foi como uma espécie de vertigem. Tive a mesma sensação quando li a matéria do *New York Times* sobre lipoaspiração, aquela que casualmente zombava das mulheres por causa de seus braços recém-gordos. Tive quase certeza de que nem a autora da matéria nem os autores do artigo de pesquisa sobre o qual ela estava escrevendo, tampouco as mulheres que haviam passado pelo procedimento, sabiam que nosso tecido adiposo, nosso fígado e nosso sistema imunológico vinham todos de um mesmo órgão primordial chamado "corpo gorduroso". Provavelmente por isso todas as três estruturas compartilhem tantas propriedades:[36] regeneração de tecidos, sinalização hormonal, reatividade profunda a mudanças no entorno. O corpo gorduroso primitivo é o motivo pelo qual não é necessário transplantar um fígado inteiro num paciente que precisa de um: basta um pequeno lóbulo e pronto, o órgão inteiro torna a crescer in situ. O tecido adiposo também é conhecido por ser capaz de se regenerar. Ao contrário do fígado, porém, os depósitos de gordura independentes de nosso corpo parecem destinados a funções distintas, cada qual intrinsecamente ligada aos sistemas digestivo, endócrino e reprodutivo. Por isso as pessoas que fazem pesquisas sobre tecido adiposo começaram a chamá-lo de sistema de órgãos: isso não é um pouco de gordura na sua papada, mas sim uma parte pequena e quase invisível do seu *órgão gorduroso*. Nossa gordura subcutânea cumpre funções distintas dos depósitos de gordura profundos em volta do nosso coração e de outros órgãos vitais. A gordura no bumbum de uma mulher talvez seja mais importante para sua possível descendência do que a gordura em suas axilas.

Não sabemos exatamente quando isso começou — a maior parte dos mamíferos tem depósitos especiais de gordura próximo aos ovários e ao traseiro —, mas temos um bom palpite sobre quando nossos antepassados primitivos se separaram das moscas drosófilas, que aliás ainda possuem o antigo "corpo gorduroso": 600 milhões de anos atrás. Pensar muito nessa escala de tempo tam-

* Só para deixar registrado: sou superfã do trabalho dele.

bém deixa a gente tonto, mas pelo menos é uma tontura mais *útil*. Ela nos dá um motivo pelo qual é difícil "se livrar" da nossa gordura corporal: se o tecido adiposo é um sistema de órgãos do corpo inteiro, com propriedades regenerativas que remontam a 600 milhões de anos, talvez então cortar fora um pedaço dele num ponto acarrete naturalmente uma reação de autoproteção que o faz "crescer de volta" em outro lugar. E, como tudo que é antigo, fatalmente terá aspectos mais jovens e mais novos que se sobrepõem: regiões especializadas que não voltam a crescer, por exemplo. Funcionalidades que se perdem.

Os corpos são basicamente unidades de tempo. Aquilo que chamamos de "corpo" individual é uma forma de unificar uma série de acontecimentos em cascata, que seguem padrões de autorreplicação até a entropia afinal se instalar e coisas suficientes darem errado para as forças que impedem você de se desintegrar cederem. De certa forma, as espécies também são unidades de tempo. Quando se começa a pensar no corpo assim, porém, o que ele tem de incomum é o fato de seu sistema digestivo básico ser radicalmente antigo. Já o seu cérebro não. Sua bexiga é um verdadeiro trator e executa em essência o mesmo trabalho que vem executando há centenas de milhões de anos: impedir os resíduos do metabolismo contínuo dos seus muitos milhões de células de causar a morte do seu organismo por envenenamento. Não é culpa da sua bexiga o útero dos mamíferos ter evoluído para ficar agachado bem em cima dela, como se fosse um Quasímodo. Isso só aconteceu há uns 40 milhões de anos. Na verdade, se a questão for o problema da gravidade, foi há apenas 4 milhões. Antes disso, nossos antepassados tinham o bom senso de não andar sobre duas pernas, imprensando uns por cima dos outros dentro do nosso tronco órgãos que levaram tanto tempo para evoluir (sem falar no fato de destruir a coluna via de regra).

Em 2012, ao chegar em casa do cinema, me dei conta de que precisávamos de uma espécie de manual do usuário para a fêmea dos mamíferos. Um relato sem rodeios, contundente e pesquisado com seriedade (porém legível) daquilo que *nós somos*. Como nossos corpos evoluíram, como funcionam, o que realmente significa ser mulher. Algo que chamasse a atenção tanto das mulheres em geral quanto de quem faz ciência. Algo que rompesse a norma masculina e a substituísse por uma ciência melhor. Algo que reescrevesse a história da feminilidade. Porque é exatamente isso que estamos fazendo agora no laboratório ao estudar as diferenças sexuais: estamos construindo uma nova história. Uma história melhor. Mais verdadeira.

Este livro é essa história.* *Eva* acompanha a evolução dos corpos das mulheres, dos peitos até os dedões do pé, e como essa evolução molda nossas vidas hoje. Ao montar essa evolução e conectá-la a descobertas recentes, espero conseguir fornecer as respostas mais atuais para as perguntas mais básicas das mulheres em relação a seus corpos. Na verdade, essas perguntas básicas estão produzindo dados científicos empolgantes: Por que menstruamos? Por que as mulheres vivem mais? Por que temos mais chance de desenvolver doença de Alzheimer? Por que as meninas se saem melhor que os meninos em todas as matérias escolares até a puberdade, e de repente seu desempenho despenca? Existe esse negócio de "cérebro feminino"? E por quê, sério, por que temos de encharcar nossa cama de suor toda noite ao entrar na menopausa?

Para responder a esse tipo de pergunta precisamos partir de um pressuposto bem simples: nós *somos* esses corpos. Quer estejamos com dor ou contentes, quer tenhamos ou não deficiências, na doença ou na saúde, até a morte vir nos desintegrar, nossos corpos e os cérebros neles contidos são simplesmente o que somos: essa carne, esses ossos, essa breve conciliação de matéria. De como deixamos crescer nossas unhas até nosso modo de pensar, tudo o que chamamos de humano é fundamentalmente moldado pela forma como nossos corpos evoluíram. E já que nós, como espécie, somos sexuados, existem coisas cruciais nas quais deveríamos estar pensando ao falar sobre o que significa ser *Homo sapiens*. Precisamos contextualizar o corpo feminino. Se não fizermos isso, não é só o feminismo que fica comprometido. Ficam a medicina, a neurobiologia, a paleoantropologia, e até mesmo a biologia evolutiva modernas — todas essas disciplinas sofrem quando ignoramos o fato de que metade de nós tem mamas.

Então está na hora de falarmos sobre mamas. Sobre mamas, sobre sangue e gordura, sobre vaginas e úteros. Sobre como tudo isso veio a ser e como nós convivemos com isso no momento presente, por mais esquisita ou hilariante que seja a verdade. Neste livro, meu objetivo é identificar a origem do que estamos enfim começando a entender sobre a evolução dos corpos femininos, e o modo como essa história profunda molda nossas vidas. E não poderia haver

* Ou pelo menos o melhor de que fui capaz, sentada diante de uma mesinha com acesso a uma gigantesca biblioteca e um pequeno exército de cientistas e estudiosos, felizmente pacientes, dispostos a me explicar tudo aquilo que eu no começo não entendia.

momento mais acertado para isso: em laboratórios e clínicas do mundo inteiro, a ciência hoje oferece teorias melhores, indícios melhores, perguntas melhores sobre a evolução das mulheres. Os últimos vinte anos testemunharam uma revolução na ciência da feminilidade. Estamos finalmente reescrevendo, capítulo por capítulo, a história daquilo que somos e de como viemos a ser assim.

COMO PENSAR EM 200 MILHÕES DE ANOS

Mas como exatamente alguém consegue escrever a história de quase todas as mulheres, em todos os lugares, em todos os momentos?

Contanto que você se disponha a sentir certa tontura, é bem simples. A história evolutiva das mulheres se divide da seguinte maneira: há mais ou menos 3,7 bilhões de anos, na fina crosta de nosso solitário planetinha girando ao redor de sua estrela amarela, o que existiam eram micróbios isolados. Entre 1 bilhão e 2 bilhões de anos atrás surgiram os eucariotas: organismos unicelulares dotados de núcleo. (Tipo amebas.) Então, por meio de um embaralhamento de muitas ramificações de nossa árvore evolutiva, surge o subfilo Vertebrata. Os mais antigos registros fósseis de vertebrados — ou seja, animais com espinha dorsal — remontam a 500 milhões de anos. Os vertebrados ainda representam apenas cerca de 1% de todas as espécies vivas.* Assim, a maioria do que você e eu chamamos de evolução, aquilo que gera debates intermináveis nos processos judiciais, rompantes histéricos nas páginas de opinião e livros didáticos conflituosos em comunidades distantes, essa coisa que já causou tanto problema, na verdade só representa 13% do tempo total de existência de qualquer tipo de vida sobre a Terra.

Quando se começa a pensar no tempo profundo, logo se percebe que os corpos humanos são novos porque *todos* os corpos são bastante novos. Na verdade, não faz tanto tempo assim que tínhamos polegares nos pés em vez de dedões. Portanto, perceber que o modo como os corpos das mulheres evoluíram influencia obrigatoriamente nossa experiência de vida hoje não é um malabarismo mental, e sim um fato. Cada um dos aspectos de nossos corpos

* Vinte e dois por cento das espécies no mundo são besouros ovíparos. Estou falando sério. Na história da vida sobre a Terra, os besouros se deram muito, muito bem.

tem sua própria história evolutiva, e nós estamos em plena evolução. O mecanismo evolutivo consiste em fazer atualizações meio vagabundas em sistemas já existentes. Quando um aspecto físico surge, esse corpo recém-modificado interage com seu entorno, e essas interações influenciam o surgimento de outros aspectos. Esses novos aspectos conduzem a outras mudanças, que com frequência voltam atrás e modificam o aspecto original: leite materno conduz a mamilos, e os hábitos de cuidado relacionados à fase do aleitamento materno ajudam a possibilitar o surgimento do útero placentário. O útero placentário, por sua vez, influencia nosso metabolismo e as necessidades de nossos descendentes, então o leite materno começa a mudar. Assim, os canais de parto acabam se transformando em placas de Petri para as bactérias que ajudam os recém-nascidos a digerirem o leite rico em açúcar. Basicamente, o recém-nascido é besuntado no caminho de saída com bichinhos do bem que coevoluíram com nosso leite materno.

Como se pode ver, a evolução é meio parecida com os filmes *Magnólia*, de P. T. Anderson, *Crash*, de Paul Haggis, ou *Babel*, de Iñárritu. Fica impossível acompanhar direito a menos que você se disponha a prestar atenção em mais de um protagonista. Trata-se de uma narrativa complexa, com uma porção de eventos fantasiosos, acidentes e coisas que no início parecem desimportantes, mas que acabam se revelando vitais. A evolução não é um romance de formação. Ao contrário das histórias excessivamente simplificadas sobre nossas origens, porém, ela é verdadeira. Desvendar como cada um de nossos aspectos de fato surgiu nos dá um panorama melhor do que as mulheres são: uma das metades de uma espécie muito jovem, complexa e fascinante.

Esse é o verdadeiro problema nas histórias de origem como as do Gênesis: os nossos corpos não são uma coisa só. Não existe *uma* mãe de todos nós. Cada sistema do nosso corpo tem, para todos os efeitos, uma idade distinta, não só porque a taxa de renovação celular *difere* conforme o tipo e a localização da célula (por exemplo, as células da sua pele são muito mais jovens do que a maioria das células do seu cérebro), mas também porque as coisas que consideramos características da nossa espécie evoluíram em épocas e lugares distintos. Nós não temos uma só mãe: temos *várias*. E cada uma dessas Evas tem seu respectivo Éden. Nós temos os seios que temos porque os mamíferos evoluíram para fabricar leite materno. Temos os úteros que temos porque nos desenvolvemos para "chocar" nossos ovos dentro de nossos próprios corpos. Temos os rostos que temos, e a percepção sensorial que os acompanha, porque os primatas evoluíram para viver em árvores. Nossas pernas bípedes, nosso uso de ferramentas, nossos cérebros ricos em gordura, nossas bocas tagarelas e avós com menopausa: todos esses traços que nos tornam "humanas" ocorreram em momentos distintos de nosso passado evolutivo. Na verdade temos *bilhões* de jardins do Éden, mas apenas um punhado de lugares e momentos que tornaram nossos corpos do jeito que são. Esses Édens específicos foram muitas vezes onde ocorreu a especiação: o momento em que nossos corpos evoluíram de maneira que nos tornou demasiado diferentes de outros para podermos nos reproduzir com eles. E, se você quiser entender os corpos das mulheres, é em grande parte nessas Evas e nesses Édens que precisa pensar.

Assim, cada um dos capítulos deste livro vai remontar às origens de um dos aspectos que nos definem: identificar sua respectiva Eva — ou às vezes Evas, no plural — e seu respectivo Éden, desde os úmidos pântanos do final do Triássico até os montes verdejantes do Pleistoceno. Também examinarei o debate atual sobre como a evolução desses aspectos influencia a vida das mulheres hoje em dia, levando em conta o conhecimento científico atual relacionado a cada fio da história.

Embora eu vá precisar ficar indo e voltando no tempo para abarcar tudo isso, cada traço vai aparecer no livro mais ou menos na mesma ordem em que surgiu *pela primeira vez* na nossa linhagem evolutiva. Assim, cada capítulo virá se somar ao último, avançando no tempo e nas consequências, da mesma forma que nossos corpos construíram modelos mais recentes de si mesmos a partir de encarnações anteriores. Sem as áreas que vertiam leite na pelagem da nossa Eva do leite materno, nós talvez nunca tivéssemos desenvolvido o seio rico em gordura. Sem o uso de ferramentas necessárias para a ginecologia, talvez nunca tivéssemos desenvolvido os tipos de sociedades capazes de sustentar as *infâncias* que possibilitaram a construção de nossos imensos cérebros humanos. Sem grupos sociais grandes e complexos capazes de apoiar os mais idosos, possibilitados em parte pela ginecologia, talvez nunca tivéssemos nos desenvolvido para ter menopausa. Cada acidente evolutivo se apoia em acidentes anteriores; cada novo traço depende das circunstâncias que o tornam útil o suficiente para compensar seu custo.

Uma vez estabelecida a ordem do meu "manual", a forma como escolhi cada característica para os capítulos foi relativamente simples: eu recorri à nossa classificação taxonômica, o sistema de organização usado pelos biólogos para determinar o que é um organismo. A taxonomia resume nossa relação com o restante da vida no planeta segundo as características que compartilhamos com os outros. Como todos os seres humanos, as mulheres são *Homo sapiens*. Por sermos mamíferas, produzimos leite. Por sermos placentárias, temos um útero que pare filhotes vivos. Por sermos primatas, temos olhos grandes com visão em cores e ouvidos capazes de captar uma ampla gama de sons. Por sermos homininias, somos bípedes e temos hoje cérebros gigantescos. E assim por diante, sempre subindo a árvore da evolução. Conforme examinava cada característica da nossa história, eu me perguntava se ela teria uma história específica *para as mulheres*: Existem maneiras pelas quais esse traço nos afeta de modo especial? Existem novas pesquisas que contestem nossas pressuposições sobre esse traço e, portanto, sobre a humanidade inteira?

A maneira mais habitual que os evolucionistas têm de pensar em como funcionam os traços é considerar o último ancestral comum de um traço que compartilhamos com outra espécie. Sendo assim, eu localizei — ou tentei localizar — uma Eva para cada traço. Para o bipedalismo, essa Eva é *Ardipithecus*; nós a encontramos faz pouquíssimo tempo, em 2009. Para o leite, é um bichinho esquisito parecido com uma doninha que vivia sob os pés dos dinossauros.* Ao procurar uma Eva, muitas vezes descobri novas e surpreendentes pesquisas nas áreas da paleontologia e da microbiologia, que vinham contestar outras pressuposições sobre os corpos das mulheres.

Junto com tudo isso, convido você a pensar em si: pensar em de onde seu corpo vem, como ele é moldado pela evolução dos sexos biológicos — quer você se identifique como homem, como mulher, como outro gênero — e como essas histórias estão enraizadas na vida cotidiana da humanidade. Em seu ensaio para o livro *Women*, de Annie Leibovitz, Susan Sontag escreveu que "qualquer retrato em larga escala das mulheres pertence à história

* Como a terra profunda e escura gosta de manter seus segredos bem escondidos, nem tudo tem uma Eva conhecida ou óbvia: ou nós ainda não encontramos esses fósseis, ou o traço não se presta bem ao registro fóssil, ou então simplesmente ainda não descobrimos como interpretar em sua plenitude os fósseis que temos. Em todos os casos, porém, mesmo não tendo um nome para um animal que se encaixe diretamente, eu procuro uma espécie ou gênero *exemplar*: uma criatura sobre cujo corpo, tempo e local tenhamos uma quantidade decente de informações, e cuja história possa nos ensinar algo sobre como poderiam ter sido nossas *verdadeiras* Evas.

em curso de como as mulheres são apresentadas, e de como são convidadas a pensar em si mesmas".[37] Nesse sentido, suscita "a questão feminina — não existe uma 'questão masculina' que seja equivalente. Ao contrário das mulheres, os homens não são uma obra em curso". Do ponto de vista científico, Sontag está errada: não existe um ponto-final em matéria de evolução. Toda a nossa espécie segue evoluindo. No sentido em que ela fez tal afirmação, porém, querendo dizer que examinar as mulheres suscita uma "questão feminina", ao passo que examinar os homens não levanta questão nenhuma, Sontag tem absoluta razão.

Por que falar sobre a evolução das mulheres se ela não tivesse sido negligenciada? Por que mirar essa câmera na forma feminina se isso ainda não fosse, por incrível que pareça, algo inabitual? Não há como construir um "retrato" mais fundamental das mulheres do que pedindo a quem lê para pensar sobre todas as mulheres, em todos os lugares e em todos os tempos. E é isso que eu peço a você. O que peço a todos é que olhemos os corpos das mulheres e pensemos em como eles influenciam o que significa ser humano.

AS EVAS[38]

"Morgie" — *Morganucodon*. 205 milhões de anos atrás. A Eva do leite materno dos mamíferos. Inicialmente encontrada no País de Gales, mas desde então encontrada até na China; foi uma criatura muito prevalente e altamente bem-sucedida. Lembrava um pouco uma cruza de doninha com camundongo. Não se pressupõe que seja nossa antepassada direta, mas sim um gênero "exemplar"; nossa verdadeira Eva lactante era decerto bem parecida com ela.

"Donna" — *Protungulatum donnae*. 67 milhões a 63 milhões de anos atrás. A Eva dos mamíferos placentários (não marsupiais nem monotremados, mas criaturas com o tipo de útero que as humanas têm). Parece surgir por volta da queda do asteroide que causou a extinção de todos os dinossauros não aviários, mas sua linhagem pode remontar ao Cretáceo. Essa Eva é altamente específica e nomeada, determinada por uma extensa análise comparativa fóssil e genética. É basicamente uma doninha-esquilo.

"Purgi" — *Purgatorius*. 66 milhões a 63 milhões de anos atrás. Uma antepassada dos primatas e, por extensão, de nosso aparelho sensorial primata nascido no topo das árvores. Ela é a Eva da percepção primata: o motivo pelo qual as mulheres sentem o mundo como nós sentimos. Seus fósseis foram encontrados na formação Fort Union em Hell Creek, nos cafundós do Parque Nacional das Badlands do noroeste do estado americano de Montana. Tão próxima de Donna que foi praticamente sua contemporânea. Uma macaca-doninha-esquilo.

"Ardi" — *Ardipitecus ramidus*. 4,4 milhões de anos atrás. A primeira hominínia bípede conhecida. Existe um excelente fóssil, apenas recentemente reconhecido. Essa Eva é um salto grande, tanto temporal quanto evolutivo, em comparação às Evas-esquilo que a precederam.

"Habilis" — *Homo habilis*. 2,8 milhões a 1,5 milhão de anos atrás. A Eva das ferramentas simples e da sociabilidade inteligente que as acompanha. Prolífica usuária de ferramentas, coexistiu na África com *Homo erectus* por meio milhão de anos. Seus fósseis foram encontrados no desfiladeiro de Olduvai, na Tanzânia.

"Erectus" — *Homo erectus*. 1,89 milhões a 100 mil anos atrás. Sabia usar ferramentas melhor, era altamente migratória e tinha uma caixa craniana grande. Ela é a Eva das ferramentas mais complexas e da sociabilidade inteligente mais complexa. É quem iremos examinar em busca das origens de nosso cérebro mais humano (e talvez pelo menos de parte da infância que o constrói).

"Sapiens" — *Homo sapiens*. Aproximadamente 300 mil anos atrás até o presente.* A Eva da linguagem humana, da menopausa humana, e do amor e do machismo humanos.

* O início preciso de nossa espécie é até hoje altamente controverso. Muito pouca gente parte do princípio de que os primeiros hominínios tivessem uma verdadeira linguagem humana, uma menopausa do tipo moderno, ou regras sociais do tipo moderno em relação ao sexo e ao gênero; no entanto, pouca gente pressupõe que esses traços sejam anteriores à nossa espécie. Como no caso de tudo no mundo da paleoantropologia, ter mais fósseis do passado profundo da humanidade seria incrivelmente útil.

"Lucy" — *Australopithecus afarensis*. 3,85 milhões a 2,95 milhões de anos atrás. Muitos australopitecinos são associados a ferramentas, e a pressuposição generalizada é de que a maioria, senão todos, foi usuária primitiva de ferramentas de um ou outro matiz. Como sabemos que os chimpanzés de hoje usam ferramentas, seria estranho pressupor que antepassados remotos como Lucy não fizessem pelo menos a mesma coisa, senão de modo mais inteligente ainda. Os *Australopithecus* estão tanto entre os hominínios mais bem conhecidos (mais de trezentos fósseis distintos foram encontrados até hoje) quanto entre as mais longevas de todas as espécies hominínias; em outras palavras, eles tinham um projeto corporal e um estilo de vida que funcionaram bem por muito tempo. Encontrada na Etiópia e na Tanzânia. Vivia em árvores e no chão, integralmente bípede.

"Africanus" — *Australopithecus africanus*. 3,3 milhões a 2,1 milhões de anos atrás. Seus fósseis foram encontrados no sul da África, e não se sabe se descende da espécie de Lucy. Sua caixa craniana era maior do que a de Lucy e seus dentes menores, mas tirando isso ela ainda tinha um aspecto bastante simiesco, embora fosse bípede.

"Heidelbergensis" — *Homo heidelbergensis*. 790 mil a 200 mil anos atrás, embora possa ter existido até 1,3 milhão de anos atrás. Segundo pesquisas genéticas, provável antepassada dos neandertais, dos denisovanos e do *Homo sapiens* (ou pelo menos tinha com eles um ancestral comum), com uma divergência por volta de 350 mil a 400 mil anos atrás. O ramo europeu levou aos neandertais. O ramo africano (*Homo rhodesiensis*) levou ao *Homo sapiens*. O *Homo heidelbergensis*, enquanto isso, seguiu existindo, mas se extinguiu logo antes que o *Homo sapiens* entrasse oficialmente em cena. Essa foi a primeira espécie a construir abrigos simples com madeira e pedra. Com certeza controlava o fogo e caçava com lanças de madeira, sendo a primeira caçadora conhecida de animais grandes (em vez de comer carniça). Vivia em lugares mais frios e exibia indícios de adaptação a esses problemas. Como o nome sugere, seus fósseis foram encontrados primeiro na Alemanha, e depois em Israel e na França.

"Neandertal" — *Homo neanderthalensis*. 400 mil a 40 mil anos atrás. Os neandertais coexistiram com o *Homo sapiens* conforme este foi se espalhando pela Europa, e as duas espécies se reproduziam entre si.* Antropólogos já encontraram toneladas de fósseis e ambientes de moradia; essa foi uma espécie bem-sucedida. Antigas suposições sobre os neandertais estão hoje ultrapassadas: sabe-se que eles tinham uma cultura complexa que incluía ritos funerários, vestuário, fogo, e a fabricação de ferramentas e joias, e que talvez tivessem inclusive linguagem. Suas caixas cranianas tinham um formato diferente, mas não parecem ter sido *menores* do que as do *Homo sapiens*; na verdade às vezes eram maiores (o que talvez corresponda a seus corpos maiores e robustos). Mas parecem ter se desenvolvido mais depressa do que nós: sua infância era mais curta.

"Denisovana" — *Homo denisova* ou *Homo sapiens denisova*, pelo que se pressupõe, embora a espécie ainda não tenha sido formalmente descrita. 500 mil a 15 mil anos atrás. Essa Eva é conhecida apenas pelos dentes, um osso do dedo mindinho e uma mandíbula encontrados numa caverna na Sibéria, e por meio de sequenciamento comparativo de DNA. Sabe-se que os denisovanos viveram há no mínimo 120 mil anos, com o período mais longo deduzido a partir da análise de sedimentos e pesquisas de DNA. Estipula-se que sua população tenha sido pequena. Viveram na Sibéria e no leste da Ásia, inclusive no que hoje é o Tibete, potencialmente transmitindo um gene que continua ajudando as populações dessas regiões a viverem bem nessa altitude. Pesquisas de DNA estabelecem que muitos humanos modernos — em especial melanésios e australianos originários — compartilham até 5% do seu DNA com esses antepassados, o que sugere que, assim como com os neandertais, os humanos primitivos provavelmente se reproduziram com eles. Toda essa reprodução cruzada, na verdade, borra um pouco as fronteiras entre "espécies" desses grupos de hominínios tardios.

* Eu, por exemplo, tenho uma porção neandertal no meu genoma, assim como a maioria das pessoas que descendem de povos europeus recentes.

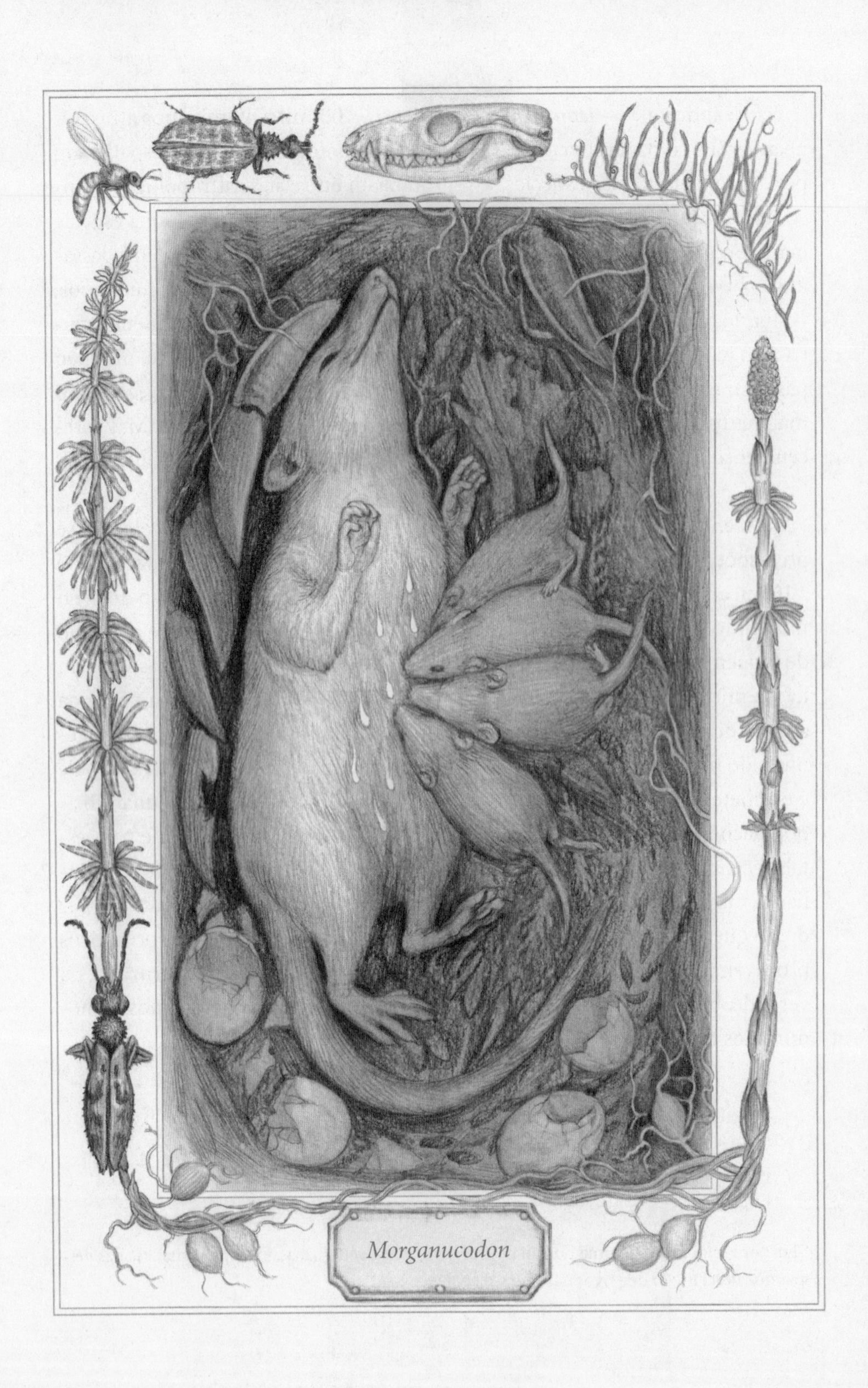
Morganucodon

1. Leite

Tão longo aquietada a ideia do Dilúvio,
Uma lebre se deteve entre os sanfenos e campânulas ondulantes e através da teia de aranha fez sua prece ao arco-íris.

O sangue correu na casa de Barba Azul — nos matadouros — nos circos, lá onde o selo de Deus empalidecia as janelas. O sangue e o leite correram.

Arthur Rimbaud, "Depois do dilúvio"[1]

Tem leite aí?

Campanha publicitária do California Milk Processor Board, 1993[2]

Ali no capim macio, no sereno da noite, estava ela, esperando: os pelos do corpo grudados pelas gotas de chuva, não maior do que o polegar humano.[3]

Nós a chamaremos de Morgie.[4] A pequena caçadora. Uma das primeiras Evas.

Ela esperava na entrada de sua toca porque o céu ainda estava claro: finos riscos de fótons ricocheteavam nas nuvens, com o azul ao fundo escurecendo cada vez mais. Esperava porque suas células lhe diziam para esperar, todas as pequenas engrenagens do mecanismo do seu relógio,[5] seus olhos, seus bigodes que se agitavam no ar, a temperatura da terra sob as almofadas de suas patas. Esperava porque no mundo havia monstros, e eles também a esperavam.

Quando a noite estava bem escura, Morgie se arriscava e saía correndo depressa pelo chão em busca de sua presa: insetos, alguns quase do seu tamanho. Ela os ouvia antes de vê-los:[6] o zumbido agudo de suas asas, as batucadas chiadas de suas patas. Incrivelmente depressa, seu focinho magro os abocanhava. Ela adorava o estalar adocicado dos corpos quitinosos,[7] adorava o pequeno filete de fluido que lhe escorria pelo queixo. Morgie lambia o líquido e retomava a caçada. Nunca era seguro parar. Havia mandíbulas por toda parte. Garras e dentes. O que parecia uma árvore podia ser uma pata; o vento nas samambaias podia ser um hálito quente. Então ela corria e caçava, e corria e se escondia em meio ao ar úmido e pesado feito um soco. Passava por cima dos pés dos dinossauros correndo feito um grilo a saltar sobre o dedo do pé de um elefante. Sentia seus gemidos graves nem tanto como um som, mas como um terremoto.

Essa era a vida toda noite para os *Morganucodon*: Morgie vivia debaixo de gigantes.

Quando se cansava, voltava para a toca que a aguardava, fugindo da aurora cinzenta. Descia seu túnel rastejando feito um lagarto,[8] arrastando o ventre na terra conhecida, as patas a puxá-la até a escuridão fechada do seu lar. A toca estava aquecida pelo calor suave irradiado por seus filhotes, todos empilhados uns por cima dos outros. O hálito das crias recendia a leite azedo. Restos das cascas semelhantes a couro de seus ovos mofavam lentamente pelo chão, junto com urina, fezes e saliva seca, e os cheiros todos se misturavam no buraco úmido que Morgie havia cavado para sua família. Um lugar seguro dos monstros que trovejavam lá em cima. Seguro o bastante.

Exausta, ela se acomodava. Seus filhotes acordavam, cegos e guinchando, e iam uns por cima dos outros na direção do seu ventre, onde gotas de leite brotavam da pele. Cada filhote tentava encontrar o melhor lugar. Eles lambiam seu pelo úmido, e seus focinhos logo ficavam cobertos de leite. Morgie se esticava de lado, com os bigodes encostados no filhote mais próximo de sua cabeça. Preguiçosamente, rolava-o de costas e punha-se a encostar o focinho em suas orelhas ainda enroladas, nas pálpebras finas ainda fechadas. Passava a língua áspera pela barriga do filhote para ajudá-lo a defecar, algo que ele ainda não conseguia fazer sozinho.

O leite, as fezes e os pedaços de casca de ovo naquela pequena toca escura: são eles a origem dos seios. Morgie é a verdadeira Madona. Criaturas como ela amamentavam seus filhotes num mundo perigoso, não só para lhes dar de comer, mas para mantê-los em segurança.

Nos termos mais triviais possíveis, mulheres têm seios porque produzimos leite. Assim como todos os mamíferos, amamentamos nossos filhotes com uma substância muito doce e aguada que secretamos de glândulas especializadas em nosso tórax. Por que os seios humanos ficam no alto do tronco, e não próximo à pelve, por que só temos dois em vez de seis ou oito, e por que eles são rodeados, em grau variável, por um tecido adiposo que algumas pessoas consideram sexualmente atraente são todas perguntas às quais iremos chegar. No cerne da questão, porém, os seres humanos têm seios porque fabricamos leite.

E até onde as mais recentes pesquisas científicas conseguem determinar, fabricamos leite porque antes púnhamos ovos, e, por mais estranho que pareça, porque temos um caso de amor duradouro com milhões de bactérias. É possível recuar no tempo até a origem de ambos, e nessa origem está Morgie.

O QUE VEIO PRIMEIRO, O OVO OU A GALINHA?

Animais jurássicos pisoteavam diariamente o chão acima da toca de Morgie.[9] Carnívoros do tamanho de jamantas corriam de um lado para o outro feito avestruzes bombados. Alguns de fato pareciam avestruzes bombados. Plessiossauros dignos do lago Ness habitavam os mares. Com todos os grandes nichos do ecossistema ocupados, a maioria de nossas Evas primitivas se desenvolveu debaixo da terra,[10] que não é nem de longe um lugar em que você gostaria de estar 200 milhões de anos atrás. Até a terra era perigosa: o supercontinente, a Pangeia, estava começando a se dividir. Abalos tectônicos rasgavam o mundo de Morgie. A água jorrava e ia preenchendo as brechas cada vez maiores, dando origem a oceanos com o sibilo da lava ao bater na água.

Apesar de tudo isso, Morgie foi uma espécie incrivelmente bem-sucedida. Seus fósseis foram encontrados por toda parte, de Gales do Sul até o sul da China.[11] Onde quer que pudesse ter havido uma Morgie, parece que de fato houve. Ela era adaptável, engenhosa e tinha muitos filhos. O geneticista J. B. S.

Haldane* gostava de dizer que Deus tinha uma predileção incomum por besouros,[12] pois havia criado muitos deles; comê-los foi uma estratégia bem-sucedida para insetívoros como Morgie. Pois Deus amava muito os besouros, assim como as Evas peludas, quentinhas e ariscas que os comiam.

Mas a superabundância de besouros por si só não explica o sucesso de Morgie. Ao contrário das Evas que a precederam, Morgie amamentava suas crias.[13]

Logo depois de nascer, os animais enfrentam quatro perigos fundamentais: a desidratação, a predação, a inanição e a doença. Eles podem morrer de sede. Algo pode devorá-los. Eles podem morrer de fome. E, se conseguirem driblar tudo isso, ainda podem morrer devido a bactérias ou parasitas que devastam seus sistemas imunológicos. Toda mãe do mundo animal desenvolveu estratégias para tentar proteger sua descendência, mas Morgie conseguiu combater todos os quatro perigos embebendo os filhos de uma substância fabricada pelo próprio corpo.

Quando falamos em leite materno, em geral o descrevemos como o primeiro alimento de um bebê. A última coisa que se quer fazer é subnutrir um bebê, pois um recém-nascido precisa de combustível para formar gordura, sangue, osso e tecido novos. Consequentemente, partimos em geral do princípio de que os recém-nascidos choram pedindo leite por estarem com fome, mas isso ao mesmo tempo é e não é verdade. A coisa mais importante de que os bebês precisam depois de nascer é água.

Todas as criaturas vivas, mamíferas ou não, são feitas sobretudo de água. Enquanto o corpo humano adulto é feito de 65% água, nos recém-nascidos essa porcentagem é de 75%.[14] A maioria dos animais é basicamente uma rosca gordinha cheia de oceano. Se você quisesse descrever a vida na Terra nos termos mais singelos possíveis, poderia dizer que somos sacos energéticos de água altamente regulada.

Usamos essa água para transportar moléculas entre as células, entre os órgãos, para dividir moléculas e construir outras novas, para dobrar proteínas,

* Se você algum dia ouviu falar em "clone", foi por causa de Haldane. Ele também foi a primeira pessoa a redigir um artigo científico numa trincheira avançada, a saber, na França durante a Primeira Guerra Mundial. Como infelizmente um de seus coautores foi morto em combate, Haldane apresentou o texto para publicação antes da hora, uma vez que o outro autor já não podia mais colaborar (Subramanian, 2020).

para amortecer nossos diversos calombos, para movimentar nutrientes e dejetos na direção correta. Nosso próprio DNA mantém seu formato cercado por moléculas de água cuidadosamente ordenadas.[15] Um ser humano adulto é capaz de resistir sem comida por até um mês, mas sem água morremos em três a quatro dias. Qualquer profissional de biologia lhe dirá que a história da vida na verdade é a história da água. Nossas células terrestres se desenvolveram em oceanos rasos e nunca superaram esse fato.

Assim, os animais recém-nascidos da Terra precisam de água o quanto antes. Os peixes bebem sem parar desde o segundo em que eclodem dos ovos. Em terra, saciar a sede de um recém-nascido é mais complicado. Alguns répteis recém-nascidos são pequenos o bastante para conseguirem beber gotículas de água e absorver névoa pela pele. Alguns buscam poças e regatos. Outros, como as tartarugas marinhas bebês, rumam direto para grandes corpos d'água. Mas os mamíferos buscam o oceano no ventre das mães: o leite materno humano é quase 90% água.[16]

Com o tempo, mamíferos terrestres primitivos como Morgie se desenvolveram para saciar a sede de seus filhotes com leite. Essa adaptação tem várias vantagens. Por exemplo, os recém-nascidos não precisam se mover: a água vai até eles. Filhotes de animais que vivem em tocas podem permanecer em segurança por muito mais tempo do que criaturas que precisam ir atrás da água. Além disso, o leite não é só água, mas um equilíbrio entre água, minerais e outras coisas úteis. Água pura em excesso de uma só vez pode ser perigoso para mamíferos muito jovens, e até para seres humanos adultos. Intoxicação por água é uma coisa que existe, e causa todo tipo de efeito desagradável: edema cerebral, delírio, eventualmente a morte. Nossos bebês não devem nem receber água até os seis meses de idade. Se estiverem com sede, devem beber mais leite ou fórmula.*

Substituir a água pelo leite materno tinha outras vantagens. A água é um meio ideal para a transmissão de doenças. Gotículas minúsculas de saliva e muco são arremessadas pela boca e pelo nariz a quase 60 km/h, todas repletas de vírus e bactérias. Por isso devemos cobrir a boca ao espirrar e por isso as

* Bebês muito adoentados, que não conseguem segurar nem leite nem fórmula no estômago, às vezes recebem uma mistura especial de eletrólitos, minerais e água, como Pedialyte, para mantê-los hidratados até voltarem a conseguir digerir melhor o alimento.

pessoas começaram a usar máscaras em público em 2020. A maioria das doenças de transmissão aérea na realidade "voa" de hospedeiro em hospedeiro na forma de minúsculas gotículas de fluido transformado em aerossol. Ou você inspira uma gotícula, ou uma gotícula aterrissa em algo que você toca e acaba chegando ao seu rosto, onde a umidade da boca, do nariz e da superfície ocular a ajuda a se replicar. Corpos d'água maiores são quase sempre o lar de milhões e milhões de bactérias, algumas das quais podem ser patógenos perigosos. Assim, controlar a exposição à água e encontrar formas de garantir que a água potável esteja limpa são duas das melhores estratégias para manter a saúde de qualquer animal.

Pense no corpo de Morgie como o melhor filtro de água do mundo jurássico. Recém-nascidos minúsculos e frágeis são especialmente suscetíveis a patógenos, em parte devido ao seu tamanho pequeno e em parte porque seus sistemas imunológicos, há pouco tempo independentes, ainda estão em desenvolvimento. O leite de Morgie podia conter qualquer patógeno de que ela por acaso fosse portadora, mas não teria introduzido nada novo aos seus filhotes. O sistema imunológico da mãe podia travar a batalha do bem até os filhotes terem idade suficiente para lutar sozinhos.

Os cientistas acham que a evolução do leite solucionou tanto o problema do ressecamento quanto o da imunologia de uma vez só. Mas como isso começou, como as primeiras gotículas de leite de fato se formaram? É aí que a história toma um rumo inesperado.

Assim como todos os mammaliaformes, Morgie punha ovos.[17] E, assim como muitos répteis de hoje em dia, os seus eram moles e tinham uma textura semelhante à do couro.[18] Quando você quebra um ovo de galinha numa frigideira, na verdade está rompendo uma estrutura desenvolvida pelos dinossauros: uma casca dura que impede o líquido dentro do ovo de evaporar.* Já os ovos da maioria dos répteis e insetos, incluindo os da linhagem acidental que conduziu aos mamíferos primitivos, eram moles. Essa estratégia tem várias

* Afinal de contas, as galinhas são classificadas como "dinossauros aviários", os descendentes diretos dos monstros jurássicos. Ovos de casca dura parecem ter se desenvolvido em três momentos distintos na árvore genealógica dos dinossauros (Norell et al., 2020).

vantagens. Por exemplo, cascas de ovo duras são compostas principalmente de cálcio. Assim como qualquer coisa que um corpo tente produzir ao gerar bebês, todo esse cálcio precisa vir de algum lugar. Morgie tinha mais ou menos o tamanho de um camundongo silvestre. Se ela tivesse tentado pôr um ovo tipo o da galinha, isso teria sugado todo o cálcio de seus pequenos ossos e dentes.* Até hoje, os animais que põem ovos ricos em cálcio são conhecidos por buscarem dietas ricas em cálcio antes de se reproduzirem.[19] (As galinhas das granjas industriais muitas vezes sofrem de osteoporose, e os ossos frágeis de suas pernas se partem com o peso dos próprios corpos.)[20]

Mas ovos pequenos e com casca mole, como os de Morgie, podem secar antes que os filhotes estejam prontos para eclodir. Por isso Morgie não precisava apenas manter seus ovos aquecidos: precisava também mantê-los hidratados.

Existem algumas formas diferentes de se fazer isso. As tartarugas marinhas modernas, por exemplo, encontram um belo trecho de areia úmida, acima da linha da maré, e enterram seus ovos moles num buraco raso, não antes de besuntar cada um com um muco espesso e transparente que secretam durante a postura. Se você for um tipo de mãe mais atenciosa, poderia usar o truque do muco, mas também teria de ficar por perto e de tempos em tempos lamber os ovos, ou então secretar um pouco mais de gororoba em cima deles. É isso que o ornitorrinco faz. Uma das últimas mamíferas vivas a ainda pôr ovos, a fêmea do ornitorrinco primeiro cava uma toca úmida, em seguida a forra com matéria vegetal encharcada. Então rasteja até o centro desse buraco molhado, desova em cima do próprio corpo e dobra a cauda por cima dos ovos. Depois fica ali esperando, enrolada ao redor dos ovos, até eles eclodirem. Os ovos de ornitorrinco também têm uma camada extra de muco que dura até o nascimento e é especialmente densa em material antimicrobiano.[21]

Morgie precisava manter seus ovos úmidos, mas também precisava impedi-los de se tornarem terrenos férteis para bactérias e fungos de transmissão aquática. A maioria dos cientistas pressupõe que o muco de seus ovos continha

* As mulheres humanas modernas também são aconselhadas a ter uma dieta rica em cálcio quando grávidas: é preciso cálcio extra para formar todos aqueles ossinhos. Sabe-se que os ossos e dentes das gestantes despejam as próprias reservas na corrente sanguínea; isso pode ter efeitos graves para mães adolescentes, cuja própria ossatura ainda está em crescimento. Se a dieta não proporcionar cálcio suficiente tanto para a mãe quanto para o bebê, ela pode ter mais chances de problemas dentários e de osteoporose no futuro.

uma série de substâncias antifúngicas e antibacterianas, como é o caso do muco das tartarugas marinhas e das fêmeas de ornitorrincos.

Quando os rebentos dos ovos flexíveis de hoje em dia estão prontos para eclodir, eles usam uma ferramenta desenvolvida (em geral um "dente de ovo" afiado que depois cai) principalmente para romper a casca. Então também lambem parte do muco que recobre o ovo. Na verdade, sua primeira refeição vem do lado úmido da casca do ovo. Muito provavelmente esse foi o primeiro leite materno: um muco produzido para umidificar os ovos secretado pela avó de Morgie por glândulas especializadas próximas à pelve. Quando os filhotes eclodiam, alguns lambiam um pouco dessa substância extra, o que lhes dava uma forte vantagem evolutiva.[22] Quando chegou a vez de Morgie, essas glândulas já tinham se desenvolvido para excretar um muco mais rico em água, açúcares e lipídios. Por acaso, essas glândulas acabaram se transformando em "áreas mamárias", com trechos de pelagem especializada por cima que ajudavam a canalizar a substância para dentro das bocas ávidas dos filhotes. Mesmo hoje em dia, os ornitorrincos recém-nascidos lambem leite de áreas na barriga da mãe; a fêmea do ornitorrinco não tem mamilos.

O leite dos mamíferos primitivos era provavelmente bem parecido com o colostro das mulheres modernas: uma secreção espessa, amarelada, doce e viscosa, extremamente densa em substâncias imunológicas e proteínas. Nos primeiros dias depois de dar à luz, o leite de uma mulher é incrivelmente especial: um coquetel de sistema imunológico para o bebê recém-nascido. As novas mães podem se assustar com o colostro, já que ele se parece um pouco com pus, mas em poucos dias se transforma no líquido branco-azulado que estamos acostumados a chamar de leite materno. A maioria dos mamíferos tem esse padrão: primeiro o colostro, depois um leite maduro mais ralo e mais rico em gordura.[23] Cada um desses glóbulos de gordura é rodeado por uma membrana que contém xantina oxidorredutase, uma enzima que ajuda a matar uma tonelada de micróbios indesejados e perigosos.[24]

Mas o colostro é sobretudo denso em imunoglobulinas,[25] anticorpos destinados a reagir a patógenos que o corpo da mãe saiba serem perigosos. Na verdade, antes da descoberta da penicilina, o colostro de vaca era usado com frequência como antibiótico.*

* Ele também é usado para fabricar um queijo indiano particularmente adocicado.

Apesar dos benefícios evidentes, as mulheres humanas ao longo da história acreditavam de forma equivocada que o colostro fosse leite podre.[26] Algumas inclusive evitavam dá-lo aos seus bebês. No século XV, Bartholomäus Metlinger escreveu o primeiro manual europeu de pediatria.[27] Apesar de não ter seios, o alemão não se acanhou em dar palestrinha sobre o leite das mulheres e o que fazer com ele:

> Nos primeiros catorze dias, o melhor é outra mulher amamentar a criança, já que o leite da mãe da criança não é tão saudável, e durante essa fase o seio da mãe deverá ser sugado por um filhote de lobo.

Não consigo imaginar onde ele achava que todas as mães recentes fossem encontrar um filhote de lobo. Mas qualquer recomendação para a prática de não dar colostro aos bebês estava e está até hoje absolutamente equivocada. O padrão de lactação de um mamífero — do colostro grosso, amarelo, rico em proteínas para o leite ralo, branco e rico em gorduras — é feito sob medida para o desenvolvimento de um recém-nascido.[28] Nesse caso, timing é tudo. Os quatro perigos — desidratação, predação, inanição e doença — representam riscos distintos a depender da fase. Dentro de uma toca, o primeiro risco é o de desidratação, tanto para os ovos quanto para os filhotes recém-eclodidos. A inanição vem bem depois, uma vez que um corpo sempre pode devorar um pouco de si mesmo para sobreviver.* A predação também é um problema posterior, principalmente se o bebê passar algum tempo sem precisar sair de seu moisés subterrâneo. Mas a doença é um risco grande desde o primeiro instante. O colostro não apenas turbina o sistema imunológico da criança ao lhe injetar anticorpos: ele é também um confiável laxante,[29] algo crucial para formar o sistema imunológico de um bebê.

Além da substância grossa e amarela que sai de seus mamilos, uma mãe humana recente talvez também se espante com o que sai do traseiro do seu queridinho. O mecônio, a primeira evacuação do bebê — na verdade, as pri-

* Isso explica em parte por que os recém-nascidos humanos em geral perdem peso nas primeiras semanas após o nascimento: eles devoram as próprias reservas de gordura até o leite da mãe passar do colostro para o leite maduro e eles poderem ingerir — e digerir — uma refeição de verdade.

meiras evacuações —, é espesso, viscoso e tem uma cor preta-esverdeada alarmante. Ainda bem que não tem muito cheiro, porque é composto sobretudo de sangue decomposto, proteínas e do fluido que o feto ingeriu dentro do útero. Mas é importante que essa substância saia logo, e as propriedades laxantes do colostro ajudam a apressar esse processo, tanto, na verdade, que o intestino de um recém-nascido que mame colostro fica relativamente limpo. E isso é exatamente o que precisa acontecer.

Antes que os bebês possam começar a digerir a comida que vai lhes proporcionar energia, eles precisam forrar seu intestino com bactérias para ajudá-los a decompor essa comida. Os mamíferos coevoluíram com suas bactérias intestinais, porque é preciso uma aldeia para criar uma criança.

As bactérias do bem — presentes no leite, na vagina e na pele da mãe — colonizam rapidamente os intestinos do recém-nascido. Pense num bairro novo: qualquer grupo que chegue primeiro tem uma grande influência sobre como o lugar vai evoluir. Dada a relativa falta de concorrência, essas primeiras colônias de bactérias prosperam e se reproduzem ao longo de toda a parede intestinal. As colônias iniciais no intestino dos recém-nascidos têm também a capacidade de se comunicar com as células no tecido intestinal. Receptores semelhantes a cabines de pedágio aprendem, como uma ronda de bairro, que tipos de bactérias devem ser favorecidos e que tipos representam perigo.[30] Os primeiros ocupantes têm uma profunda influência sobre esses receptores. Esse é um dos motivos pelos quais bebês prematuros na UTI neonatal em geral recebem leite materno e colostro concentrado doados, se o hospital conseguir obtê-los:[31] sem isso, o sistema imunológico deles pode ficar perigosamente comprometido.

O colostro não apenas limpa o terreno para os primeiros colonizadores bacterianos como também contém fatores de crescimento bacterianos que ajudam essas colônias a fincar um pé no terreno. Um bairro em crescimento pode precisar de uma combinação de serviços públicos e empréstimos para pequenos negócios, mas para as bactérias do intestino o necessário é uma dose maciça de 6'-sialilactose. Trata-se de um oligossacarídeo, um dos açúcares especiais do leite que nossos seios fabricam para nossos bebês. Os primeiros colonizadores bacterianos de um intestino recém-nascido — a saber: *Bifidobacterium*, *Clostridium* e *E. coli* (do bem) — realmente apreciam esse componente. Para eles, é um néctar dos deuses. Os oligossacarídeos os ajudam não apenas a crescer e a se reproduzir, mas a desenvolver biofilmes complexos, ou seja, colônias interligadas de bactérias que, em vez de ficarem apenas flutuando sem rumo, aderem às paredes do intestino. Uma vez instaladas, essas bactérias ajudam os recém-nascidos a digerirem o leite com o qual suas mães os estão alimentando. E mais: nós descobrimos há pouco tempo que os próprios oligossacarídeos podem ajudar a impedir patógenos perigosos de aderirem às paredes do intestino.[32] Sem conseguir encontrar um ponto confortável e não competitivo, os invasores indesejados passam e eventualmente acabam saindo no cocô.

Essa é apenas uma das descobertas mais surpreendentes relacionadas ao leite materno. Só na última década, ou algo assim, a ciência passou a entender que talvez o valor nutritivo não seja sua principal vantagem. O leite na verdade tem a ver com infraestrutura, planejamento urbano. Uma combinação de força policial, gestão de resíduos e engenharia civil.

Existe um último argumento a ser citado contra a ideia de que o leite dos mamíferos tenha se desenvolvido sobretudo para a nutrição. Na verdade, uma parte significativa de nosso leite sequer é digerível.

O leite humano moderno é quase todo água. Dentre as coisas que não são água — proteínas, enzimas, lipídios, açúcares, bactérias, hormônios, células imunológicas maternas e sais minerais — uma se destaca. A 6'-sialilactose que o colostro transmite para o intestino do bebê recém-nascido não é o único oligossacarídeo do leite materno.[33] Na verdade, o terceiro maior componente sólido do leite é feito de oligossacarídeos.[34] Esses açúcares complexos, específicos ao leite, sequer são *digeríveis* pelo corpo humano. Não os usamos. Eles não são para nós. São para nossas bactérias.

Os oligossacarídeos são prebióticos: substâncias que favorecem o crescimento e de modo geral garantem o bem-estar das bactérias do bem do intestino. Os prebióticos também promovem determinados tipos de atividade entre essas bactérias, por exemplo o tipo de atividade que aniquila bactérias hostis. As bactérias digestivas comensais têm um papel complexo e insubstituível em nossos sistemas digestivo e imunológico, cujas características estamos apenas começando a compreender. Mas sem os prebióticos esses sistemas estariam em maus lençóis. (Os prebióticos não são os probióticos dos quais você decerto já ouviu falar, bactérias como *L. acidophilus* naturalmente encontradas no corpo humano. Ingerir probióticos sozinhos aos montes é meio como plantar uma horta sem fertilizante, ou quem sabe até sem terra. Você precisa de prebióticos para fazer o sistema todo funcionar.)[35]

Esses açúcares especiais do leite são alvo de uma indústria inteiramente nova nos Estados Unidos: a de leite materno humano produzido em laboratório, em pó e/ou concentrado, colhido de mulheres às vezes regiamente remuneradas por suas doações. Bancos de leite sem fins lucrativos não remuneram as mães que doam seu leite, por considerarem estar prestando um serviço para pacientes que precisam de leite materno por motivos médicos. Essas empresas com fins lucrativos, por sua vez, desidratam leite *comprado* de mães humanas e depois vendem o produto para os hospitais, na esperança de lucrar com o fornecimento do coquetel suplementar de oligossacarídeos do qual os bebês prematuros precisam para iniciar a vida. A um custo que pode chegar a 10 mil dólares por algumas poucas semanas, doses diárias de um produto de leite materno humano concentrado podem ajudar esses pequenos pacientes a ganharem peso e desenvolverem um sistema imunológico maduro mais depressa.*[36]

Outras empresas de biotecnologia estão tentando criar sozinhas oligossacarídeos do tipo humano, eliminando assim a necessidade do leite materno humano.[37] Não está claro se será financeiramente mais viável criar esses açúcares do zero ou pegá-los de doadoras remuneradas, ou sequer se haveria um mercado para tais açúcares que não o dos bebês humanos. A ciência está muito ocupada, por exemplo, tentando entender se eles poderiam integrar algum tratamento médico para pacientes com doença de Crohn, com síndrome do intestino irritável (SII), diabetes ou obesidade.[38] Mas nós simplesmente não sabemos se o microbioma adulto iria se beneficiar dos mesmos tipos de prebióticos que favorecem as colônias intestinais do bebê. Tecnicamente, as bactérias são os mesmos bichos. Mas como elas interagem com as paredes intestinais dos bebês, e como essas paredes ajudam a "ensinar" o sis-

* As questões éticas relacionadas à remuneração dessas mulheres são um pouco menos claras. Uma empresa, a Medolac, foi contundentemente criticada por um grupo defensor de mulheres afro-americanas em Detroit, pois se acreditou que estivesse mirando especificamente em mulheres pobres para suas doações (Swanson, 2016). Se essas mulheres se sentissem pressionadas a doar mais leite do que de fato tinham "sobrando", isso poderia prejudicar seus próprios bebês.

tema imunológico do bebê numa janela crítica do desenvolvimento, constitui a vanguarda do conhecimento atual. Sabemos que o leite dos mamíferos coevoluiu com seu intestino. Sabemos que nossas bactérias influenciam nosso bem-estar. Mas exatamente como, por que e quando? Faça essas mesmas perguntas daqui a vinte anos.

Ainda assim, os seres humanos não são conhecidos por se comportarem de modo racional quando se trata de nossos próprios corpos. Alguns fisiculturistas, por exemplo, compram leite materno humano no mercado clandestino,[39] acreditando equivocadamente que vai ajudá-los a ganhar massa muscular, muito embora o leite materno humano tenha muito menos proteína do que o de vaca,[40] e a proteína seja o componente básico do tecido muscular. Se ficar bombado for o objetivo, seria bem mais barato e mais eficiente comprar e beber um galão de leite de vaca.

Dois milhões de anos antes de algo chamado pseudociência sequer existir, quanto mais um corredor de suplementos nas lojas, Morgie estava agachada em sua pequena toca, parcialmente entorpecida pelo cheiro de seus filhotes adormecidos, com o cérebro inundado por uma enxurrada de sentimentos agradáveis. E bem lá no fundo da escuridão cálida de seu intestino, suas colônias bacterianas faziam o de sempre: fermentavam açúcares, ajudavam o corpo a absorver sais minerais, e regulavam o sistema imunológico. E talvez seja justamente isso. Se o objetivo original do leite não era alimentar nossos filhotes, mas sim resolver os problemas de água e imunidade, e ele tenha desenvolvido essas propriedades nutricionais a posteriori — um brinde maravilhoso, por assim dizer —, então é seguro afirmar que a história do leite não tem a ver apenas conosco. Tem a ver com o que a palavra "nós" deveria significar.

Afinal de contas, o parto não é apenas o momento em que *você* se reproduz.[41] É também um momento-chave para as bactérias que vivem dentro e sobre seu corpo, a construção de um ambiente inteiramente novo sobretudo adaptado à sua sobrevivência. As maneiras como suas bactérias ajudam no processo podem até entrar no guarda-chuva do que os biólogos denominam "construção de nicho". Para usar termos bem simples, construção de nicho é o modo como os organismos modificam um ambiente para adequá-lo melhor a seus filhos e netos. Um castor, por exemplo, ergue uma barragem que torna o curso d'água que represa mais largo e mais fundo, transformando-o numa piscina, e modificando assim esse ecossistema para se adequar melhor ao castor e à sua descendência. Tipos diferentes de peixe povoam essas águas profundas, e tipos diferentes de aves ribeirinhas, e até mesmo diferentes estratos de micro-organismos: as águas mais profundas represadas pelo castor são um ecossistema bem diferente daquele de um regato sem castores. E, assim, afirmam alguns cientistas, os filhos do castor herdam tanto o material genético dos pais quanto um ambiente modificado.* Existe uma íntima relação de mão dupla entre a evolução de nossos genes e os ambientes herdados e modificados produzidos pela sua expressão.

Mas em que nossos sistemas digestivos e as bactérias de nosso intestino se parecem com castores e suas barragens? Pense assim: a principal via da cidade que é nosso organismo vai da boca ao ânus. O que existe dentro do seu trato digestivo é tecnicamente externo a você, muito embora as bactérias estejam tão entremeadas em nossa função intestinal que seja difícil dizer onde acaba o intestino e onde começam as bactérias. Destruir todas as bactérias do intestino de alguém pode pôr sua vida em risco. Pacientes internados que estejam tomando antibióticos industrializados são notoriamente propensos a contrair infecções por *C. difficile*, muito difíceis de debelar.[42] Até pouco tempo, esses pacientes não tinham outra escolha senão sofrer com repetidos acessos de uma diarreia debilitante e inclusive correr risco de morte. A melhor cura para isso, como só aprendemos nos últimos dez anos, envolve bombear um líquido marrom formado pelas fezes de uma pessoa saudável para dentro do intestino do paciente. Há quem melhore em um ou dois dias. Muitos ficam totalmente curados em uma semana.**

* Há quem diga inclusive que a barragem deveria ser considerada um "fenótipo estendido", já que desfechos comportamentais específicos produzidos pelo genótipo do castor são responsáveis pela construção da barragem, e o sucesso na propagação desses genes depende de forma crítica da barragem (Dawkins, 1982/1999). Assim, mais ou menos como as características físicas de uma pessoa são o "fenótipo" do seu genótipo, a barragem do castor é uma extensão extraorgânica desse fenótipo. É claro que é importante saber onde limitar essa argumentação: nem tudo o que um organismo produz deveria ser considerado um fenótipo estendido.

** Não faça isso em casa. No presente momento, a FDA aprova o TMF (transplante de microbiota fecal) apenas para infecções por *C. diff.* O tratamento está na fase de estudos clínicos para todo tipo de outras doenças, de obesidade e SII a lúpus e artrite reumatoide. Ninguém sabe se algum

Mas o fato é o seguinte: o rio de um castor em geral não morre cerca de oitenta anos após construída a barragem. O intestino humano, sim. Então, se o interesse das bactérias de nossos intestinos for transmitir os próprios genes, elas vão precisar se desenvolver de modo que ajudem seus descendentes a colonizar os intestinos dos filhotes do seu hospedeiro. Nos mamíferos, o leite é uma das principais maneiras de isso acontecer. Nosso leite se altera dependendo do entorno e do tipo de coisa que comemos, o que faz sentido, já que o leite materno é um dos primeiros métodos que temos de proteger nossos filhos, e ele precisa ser reativo tanto aos recursos quanto aos perigos locais. Essa reatividade também pode ser vista em algumas espécies:[43] os chimpanzés, por exemplo, têm um leite materno marcadamente diferente na vida selvagem com relação ao que têm em zoológicos (assim como mulheres humanas com dietas distintas). Mas o que permanece inalterável no leite humano, independentemente de onde estejamos e do que comemos, é a quantidade colossal de oligossacarídeos que colocamos nele. Na verdade, o leite humano é o que mais tem oligossacarídeos em quantidade e são os mais diversos comparados aos de todos os nossos primos primatas,[44] provavelmente porque, ao contrário de outros símios, os humanos modernos tiveram de lidar com cidades e com viagens em alta velocidade.

As cidades são verdadeiras fossas de bactérias. Os seres humanos não são simplesmente primatas sociais: nós somos *supersociais*. Vivendo assim tão amontoados, dia e noite, os corpos humanos se deparam o tempo todo com um bombardeio de bactérias desconhecidas. Os patógenos podem pular com facilidade de um hospedeiro a outro, movendo-se por uma grande população como fogo no mato. E mais: como inventamos tecnologias capazes de transportar nossos corpos (e suas bactérias) por terra e mar com tanta rapidez, cada população e cada novo porto de chegada precisam enfrentar quaisquer convidados bacterianos que porventura levemos conosco. Alguns cientistas acham que os açúcares do nosso leite são tão diferentes dos açúcares de outros primatas por terem evoluído para ajudar as bactérias do nosso intestino a lidar com nosso estilo de vida louco que eles podem até fornecer pistas para infecções específicas que nossos antepassados tiveram: os açúcares especiais do nosso

---

desses tratamentos vai dar resultado. Enquanto isso, o melhor conselho continua sendo: não enfie nada no seu traseiro a não ser que saiba realmente o que está fazendo.

leite não apenas alimentam as bactérias do bem como também podem tapear patógenos indesejados, fazendo-os se ligar a eles, e não ao intestino de um bebê, e em seguida despachá-los para a fralda.

Em suma, nossos intestinos são tão sociais quanto nossos cérebros, ou pelo menos igualmente influenciados por nossa natureza social propensa a doenças, e essa história também pressionou nosso leite a mudar. Pode esquecer a dieta paleolítica: o *Homo sapiens* moderno já se adaptou à urbanização e aos desafios bacterianos que ela traz consigo.

O LEITE É PESSOAL

Ao fazer um chamego em seus donos/companheiros de casa/provedores de alimento, os gatos domesticados muitas vezes pressionam as patas dianteiras no corpo da pessoa: pata esquerda, pata direita, pata esquerda, pata direita. Quando mamam, os gatos fazem esse mesmo movimento: massageiam a barriga da mãe de um lado e do outro do mamilo, para fazer o leite sair para dentro de suas bocas ávidas. Os especialistas em comportamento animal pensam que essa ação é algo que os gatos mais velhos fazem quando estão satisfeitos e criando vínculo, que o movimento corporal está simplesmente tão arraigado neles desde o nascimento que, mesmo sem mamilo, suas patas continuam a executá-lo como parte de um circuito de prazer conhecido. Os gatos fazem isso quando se sentem bem. Fazem isso quando querem se sentir bem. Fazem isso quando se sentem vinculados a outro ser. E pode ser que façam isso quando sentem tédio.

Bebês humanos não mamam de uma fileira de tetas, como os gatos fazem. Talvez por isso nossos bebês não apresentem esse padrão de empurra-empurra. O que nossos bebês têm é a capacidade de sugar. E eles sabem fazer isso porque as mulheres têm mamilos.

Com exceção do ornitorrinco e da equidna, todos os mamíferos vivos hoje têm tetas: pedaços de pele elevados, porosos e salientes sob os quais glândulas mamárias altamente evoluídas produzem leite quando as mães precisam amamentar os filhotes. Em determinado momento antes da aparição dos marsupiais e dos placentários — em algum ponto entre os 200 milhões de anos de Morgie e os 100 milhões de anos dos marsupiais — nasceu a Eva dos mamilos. Em seu sagrado tórax havia não só alguns trechos de pelagem que vertiam leite, mas nódulos engrossados de pele que ajudavam o filhote a fazer a pega.

O mamilo humano moderno é uma saliência de pele mais grossa no peito de uma mulher rodeado por um trecho de pele razoavelmente plana e mais escura chamada aréola. O mamilo tem em média de quinze a vinte furinhos conectados por meio de tubos às glândulas mamárias do seio. Quando uma fêmea mamífera engravida, o tecido ao redor do mamilo fica saturado de sangue e tecido novo à medida que as glândulas mamárias se preparam para produzir. A pele se torna mais escura e mais vermelha. Veias incham. Novas ramificações de capilares alimentam o tecido em expansão. Para muitas mamíferas, essa é a primeira vez em que seus mamilos se tornam aparentes para um observador externo, uma vez que as tetas incham e despontam para fora da pelagem do abdome da fêmea, seguindo duas linhas compridas que vão da axila até a virilha. Nas humanas, cujos mamilos em geral não ficam cobertos por pelos, os outros podem notar a mudança de formato e de tamanho.

Do ponto de vista da gestão de resíduos, o motivo da evolução dos mamilos é óbvio. Embora as áreas de lactação na pele de Morgie provavelmente tivessem "pelos mamários"[45] que ajudavam a guiar o leite para dentro da boca dos filhotes, esse sistema era muito ineficaz. Inevitavelmente haveria desperdício de leite. Como é preciso muita energia para fabricar leite, ter um acesso mais especializado às glândulas mamárias parece um produto fácil da evolução. Controlar a ineficiência não era o único aspecto de gestão de resíduos dos mamilos. Embora o corpo dos mamíferos de fato produza um pouco de leite por conta própria — veja o caso das grávidas que "vazam" leite em momentos inoportunos variados, no meio de reuniões de trabalho, no metrô, ou então durante uma discussão particularmente acalorada com o/a parceiro/a —, isso não é nada em comparação com o que ele é capaz de fazer em resposta à sucção.

Para os mamíferos dotados de mamilos, a maior parte do leite é um "produto biológico coproduzido".[46] Isso significa que, embora quem produza seja o corpo da mãe, a boca do bebê é o gatilho que faz isso acontecer. E mais: o bebê tem um papel considerável no tipo de leite que o corpo da mãe produz. Existem alguns mecanismos diferentes envolvidos, porém os mais importantes são o reflexo da descida do leite e o vácuo.

Ao contrário da crença popular, as mamas da mãe lactante não ficam cheias de leite. Elas ficam inchadas, com certeza, às vezes a ponto de lembrarem dois balões de água feitos de carne, mas o que as preenche é sangue, gordura e tecido glandular. Um seio não contém uma bexiga com capacidade para uma xícara de chá de leite líquido que vá se esvaziando à medida que o bebê mama, depois torne a se encher aos poucos de modo a ficar pronta para a mamada seguinte. Nem mesmo o ubre de uma vaca leiteira é o saco de leite que você talvez possa imaginar: como no nosso caso, ele é um montinho visível de tecido mamário dotado de alguns mamilos.* O encanamento de um seio humano lactante tem capacidade para no máximo algumas colheres de sopa de leite por vez. É o ato de sugar que em geral serve de gatilho para o "reflexo de descida do leite" do seio: uma cascata de sinais que avisa às glândulas mamárias para aumentarem a produção e começarem a despejar leite fresco.

É bem parecido com o que a boca faz no caso da saliva. A mastigação durante uma refeição normal produz cerca de meia xícara de cuspe. Mas você não tem meia xícara de cuspe na boca em todos os momentos, pronta para ser usada. Suas glândulas salivares recebem o sinal para começar a intensificar a produção de saliva quando você sente o cheiro de alguma comida gostosa, e em especial ao começar a mastigar.

Quando um bebê começa a sugar, os nervos dos seios enviam sinais para o cérebro da mãe mamífera. A reação do cérebro é avisar à glândula pituitária para produzir em quantidade bem maior duas moléculas específicas: a proteína prolactina e o peptídeo ocitocina. A prolactina estimula a produção de leite.[47] E a ocitocina ajuda a espremer o leite das glândulas para os dutos que aguardam, que são então esvaziados pela sucção da boca do bebê.

As raízes dessas duas moléculas remontam à evolução do leite em si. Algumas dessas raízes são inclusive anteriores a Morgie. A prolactina existe desde que os peixes evoluíram. Neles, ela parece sobretudo ligada à regula-

* E, assim como nós, as vacas leiteiras tendem a produzir mais leite durante a noite e de manhã cedo: a produção de leite da maior parte dos mamíferos está ligada a um ciclo diurno de hormônios. Por isso a primeira tarefa do dia para o fazendeiro é ordenhar a vaca: uma vaca com os ubres inchados vai ficar especialmente mal-humorada se não for aliviada logo, além do risco aumentado de desenvolver uma infecção mamária e/ou de sua produção de leite diminuir. (Eu tive mastite duas vezes. Uma dor dos infernos. Nunca tive mais empatia pelas vacas do que quando precisei amamentar meus filhos.)

ção do equilíbrio de sal.[48] Subindo a cadeia evolutiva, a prolactina tem diversas funções no sistema imunológico. Hoje em dia, ela também está ligada à satisfação sexual: independentemente do seu gênero, quanto mais prolactina você tiver no corpo depois do sexo, maiores sua satisfação e seu relaxamento.[49] Isso pode ser porque a prolactina se contrapõe à dopamina, que seu corpo produz aos baldes durante a excitação sexual. Da mesma forma, se você tiver prolactina demais no corpo, sua probabilidade de sofrer de impotência aumenta.*

A ocitocina também se desenvolveu para servir a diversos propósitos. Esse pequeno peptídeo atraiu bastante atenção nos últimos tempos devido à sua associação com o vínculo emocional. Parte da ciência relacionada à ocitocina é boa, e parte é tão contaminada por estereótipos sobre a feminilidade que poderíamos muito bem vestir a substância com um tutu rosa de babados. "A ocitocina faz a mãe amar o bebê."[50] "A ocitocina faz a mulher amar o homem."[51] "Homens monogâmicos fabricam mais ocitocina do que homens que traem."[52] Embora a ocitocina pareça de fato estar associada a estados psicológicos múltiplos em mamíferos diversos, e níveis mais altos de ocitocina estejam relacionados a comportamentos mais pró-sociais,[53] existe simplesmente um número excessivo de outros fatores capazes de gerar essas coisas para tratar a ocitocina como a única responsável. Além do mais, quando os seres humanos se comportam de maneira mais altruísta em relação a membros do próprio grupo após uma dose de ocitocina, eles também agem de modo mais defensivo e mais agressivo em relação a pessoas que segundo sua percepção estão *fora* do seu grupo,[54] de modo que a substância não chega a ser sinônimo do que nossa natureza tem de melhor. E ninguém sabe ao certo o que a ocitocina está fazendo no cérebro. Ela nos leva a interpretar de modo diferente os sinais sociais dos outros? Apenas nos faz prestar mais atenção nos rostos? Faz com que sintamos mais empatia por coisas familiares (como pessoas que conhecemos) do que pelas estranhas (pessoas que não conhecemos)? No fim das contas, a única

* Isso vale para corpos tanto masculinos quanto femininos. Muitas lactantes constatam que sua libido e sua satisfação sexual de modo geral despencam durante a amamentação. Isso tem muitos motivos, mas nem todos são "psicológicos". A prolactina é um fator evidente. O estrogênio e a progesterona também desempenham um papel. O tecido da vagina tende a sofrer um pouco nas lactantes, tornando-se em geral mais seco e mais frágil. Isso pode deixar as relações sexuais dolorosas no puerpério, mesmo depois que as lesões do parto tiverem cicatrizado.

coisa que temos certeza *absoluta* que a ocitocina faz é provocar a contração de determinados tipos de tecido.

Quando você tem um orgasmo, a ocitocina avisa aos músculos da sua pelve e da parte inferior do seu abdome para se contraírem ritmadamente. Isso vale tanto para homens quanto para mulheres. Nos homens, essas contrações ajudam a fazer o esperma ser ejetado pela uretra, e por acaso faz pulsar também os músculos das nádegas e do ânus, aumentando a probabilidade de soltarem puns. Na mulher que está tendo um orgasmo, os músculos do útero e da vagina vão pulsar, e o ânus, as nádegas e a parte superior das coxas com frequência também entrarão na dança. Às vezes essas contrações uterinas são tão fortes que não cessam por completo uma vez concluído o ato, e ela vai sentir efeitos retardados um tanto dolorosos e parecidos com cólicas menstruais (que, aliás, também estão relacionadas ao circuito da ocitocina, e ajudam o útero a se contrair de modo ritmado e de vez em quando doloroso para se livrar do revestimento antigo). Quando uma mulher entra em trabalho de parto, a ocitocina tem um papel preponderante. Ela na verdade é tão importante para o parto que a Organização Mundial da Saúde (OMS) a lista como um dos "medicamentos essenciais" do mundo.

Da mesma forma, quando um bebê suga e a glândula pituitária aumenta o nível de ocitocina, a mãe lactante também pode experimentar uma profunda sensação de contentamento e vínculo social com seu bebê.[55] Homens e mulheres pós-orgasmo tendem a sentir o mesmo,[56] em graus variados. Não sabemos quando exatamente a função de "contração" da ocitocina passou a estar ligada ao "vínculo social" do cérebro dos mamíferos e aos sinais de "bem-estar", mas as duas coisas hoje tendem a estar relacionadas.

Quando um bebê humano suga, ele envolve a aréola inteira da mãe com a boca, com os lábios formando uma espécie de ventosa em O. Em reação ao contato, o mamilo se contrai e adquire o formato de uma saliência piramidal feita de carne. Quando o bebê faz a pega correta, a base dessa pirâmide encosta na parte superior da gengiva inferior desdentada do bebê, e a ponta se estica até o fundo da boca. As bochechas do bebê então se contraem, sugando todo o ar da boca, criando um vácuo ao redor do mamilo que ajuda a puxar para dentro da garganta o leite liberado pela ocitocina. A língua e os músculos do maxilar inferior se movem da frente para trás, massageando o mamilo da base até a ponta, espremendo para fora todo o leite sugado pelo vácuo. Parte do leite pode respingar para cima, nos seios inferiores da face, e sair borbulhando pelo minúsculo nariz do bebê, mas a maior parte desce pelo esôfago e é deglutida entre lufadas de ar. A mecânica do processo todo é bem complexa.

Sugar não é algo que um mamífero recém-nascido sempre saiba fazer. Embora o instinto de "cabecear" pareça ser universal nos mamíferos — o modo como os bebês tateiam com a cabeça em busca do mamilo ao chegar perto de uma superfície grande, quente e macia —, fazer a pega é um tanto mais difícil. Alguns bebês só envolvem a ponta da pirâmide do mamilo com os lábios e não conseguem formar um bom vácuo. Outros conseguem fazer a parte do vácuo, mas não movem a língua e o maxilar como deveriam. Alguns parecem ficar tão frustrados com o processo todo que sequer se dão ao trabalho, o que leva tanto o bebê quanto a mãe a chorarem de exaustão.

E ela tem mesmo motivos para chorar, a pobre filha de Morgie, pois seus mamilos podem secar, rachar e sangrar, ficando em carne viva de tanto serem sugados e friccionados pelas gengivas de um filho que não consegue entender como se alimentar. (Meu primogênito machucou tanto meus mamilos nas primeiras 24 horas que eles ficaram cobertos de hematomas quase pretos, alarmando até as experientes enfermeiras que cuidavam de mim.)* A pega pode ser um problema tão grande, na verdade, que uma profusão de consultoras de amamentação brotou nos hospitais para ajudar as novas mães a ensinarem aos filhos como fazer com a boca essa coisa esquisita recentemente introduzida pela evolução. A maioria acaba entendendo uma hora. Mas em termos evolutivos o seio sabe lactar melhor do que a boca sabe sugar.

Por sorte, o mamilo desenvolveu uma medida compensatória útil para ajudar durante a curva de aprendizado. Alguns de seus orifícios, em vez de estarem ligados a glândulas mamárias, estão ligados a glândulas de Montgomery, responsáveis por produzir uma substância gordurosa que besunta o mamilo e ajuda a impedir a pele de ser totalmente destruída pelo contato insistente das gengivas. Quando uma mulher engravida, as glândulas de Montgomery incham e deixam o mamilo com um aspecto um pouco "rugoso". Em

* Ele não tinha o frênulo encurtado, vale dizer. Só que mastigava em vez de chupar. Levou semanas para cicatrizar. Enquanto isso, fiquei íntima da bomba de leite, e ele, dos bicos de silicone. Isso é muitíssimo comum em mães recentes.

algumas de nós, essas rugosidades ficam visíveis o tempo todo. Como as glândulas mamárias em si, as de Montgomery provavelmente evoluíram a partir de glândulas sebáceas primitivas que se proliferaram naturalmente na pele. Só que em vez de produzir os óleos habituais da pele, as glândulas de Montgomery passaram a secretar um lubrificante de nível industrial capaz de suportar o tipo de desgaste que um bebê causa ao mamar.

Mas o verdadeiro divisor de águas para o seio foi o vácuo: a capacidade de criar uma espécie de lacre na zona de contato entre o corpo da mãe e o de sua cria. Depois que isso evoluiu, o leite deixou de ser algo que o corpo da mãe fabricava sozinho e começou a ser algo que os corpos dela e do bebê fabricam juntos. À medida que o movimento ritmado da língua e do maxilar do bebê muda o foco do vácuo da frente para trás, forma-se uma espécie de *maré* entre o seio e a boca. O leite flui na crista dessas ondas, enquanto em seu ponto mais baixo o cuspe do bebê é sugado de volta para o mamilo da mãe, numa espécie de lavagem útil do ponto de vista evolutivo. Os cientistas que estudam a lactação chamam isso de "sucção para cima".[57] E é aí que as coisas ficam de fato interessantes.

O mamilo em si é rico em nervos que ajudam a detectar o vácuo responsável por iniciar a reação em cadeia da ocitocina para o reflexo da descida do leite. É por isso, por exemplo, que as mulheres modernas conseguem usar bombas extratoras. Quase qualquer vácuo serve de gatilho para a produção de leite. Mas o que as bombas obviamente não conseguem fazer é injetar saliva de volta no mamilo. Os dutos mamários da mãe, desde o mamilo até as glândulas bem lá dentro, são revestidos por um exército de agentes imunológicos. E, a depender do que a saliva do bebê por acaso contiver naquele dia, os seios da mãe vão modificar a composição específica do seu leite.

Se o bebê estiver lutando contra uma infecção, por exemplo, diversos sinais dessa infecção, desde agentes infecciosos em si como vírus e bactérias até indicadores mais sutis, como cortisol, o hormônio do estresse, estarão presentes na saliva do bebê. Quando essa saliva é sugada para dentro do seio da mãe, o tecido reage e seu sistema imunológico passa a produzir agentes para combater o patógeno.[58] Seu leite vai levá-los até a boca do bebê, fornecendo soldados extras para lidar com a infecção e auxiliar o sistema imunológico dele a aprender o que precisa atacar. Em resposta ao aumento do nível de cortisol, as glândulas mamárias e o tecido que as circunda também vão aumentar a dose de agentes imunológicos contidos no líquido daquele dia e poderão enviar diversos sinais para acalmar a criança. Alguns desses sinais são hormonais, coisas que servem para combater diretamente as propriedades inflamatórias do cortisol. Outros são nutritivos, com efeitos em cascata suplementares destinados a mudar a disposição do bebê. Por exemplo, o leite produzido por um seio que amamenta um bebê estressado tende a ter uma proporção diferente de açúcares e gorduras,[59] fornecendo energia extra para ajudar o corpo do bebê a se manifestar contra qualquer invasão potencial. O leite também pode funcionar como um analgésico,[60] diminuindo a reação de dor do bebê e ajudando-o a descansar; afinal, boa parte da cura ocorre quando estamos calmos e dormindo. Esse tipo de aspecto reativo parece se aplicar a todos os mamíferos, com a poção mágica específica variando a depender da espécie — corpos diferentes precisam de tipos diferentes de canja servidas pelo seio —, mas o princípio geral permanece o mesmo.

O efeito produzido é tão potente que, quando muitos bebês crescem, seu cérebro continua a associar sinais relacionados ao leite com cura e reconforto. Comer alimentos densos em gordura e/ou ricos em carboidratos, em especial se tiverem um sabor doce — o tipo de alimento que muitos humanos tendem a buscar quando estão se sentindo estressados ou sozinhos —, produz um efeito analgésico em diversos mamíferos.[61] Tanto para ratos quanto para humanos, "alimentos reconfortantes" podem reduzir a reação à dor do corpo, uma espécie de substituto do seio para adultos.*

A evolução dos mamilos dos mamíferos proporcionou um ponto de transmissão novo e a vácuo entre mãe e filho. Foi um jeito de ambos fabrica-

* Infelizmente, comer alimentos açucarados também tende a gerar uma abstinência de açúcar pouco depois, o que pode ser consideravelmente menos reconfortante. O cérebro mapeia a "dor" emocional de modo muito parecido com a dor física, e aspirina, ibuprofeno e até Tylenol também podem funcionar bem para combatê-la. Segundo alguns estudos recentes, tomar um analgésico comum de venda liberada *antes* de ter contato com eventos negativos pode influenciar muito o grau da dor emocional que você vai sentir (Mischkowski, Crocker e Way, 2016). Lamentavelmente, o remédio talvez não ajude muito depois — boa parte da dor de lembrar tem a ver com seu estado emocional na ocasião em que a dor foi codificada —, de modo que, se você souber que está prestes a terminar com seu namorado, tome um ou dois comprimidos de ibuprofeno ou de Tylenol. O efeito demora uma meia hora. Mas isso pode reduzir também sua empatia pela dor do parceiro, então faça o que quiser com essa informação (ibid.).

rem leite juntos e se comunicarem. Na verdade, a comunicação é um fator tão importante na lactação dos mamíferos que a questão não são só os mamilos: as maneiras e os momentos em que as mães amamentam seus bebês também são moldados pelas coisas que queremos "dizer" um ao outro. As mães felinas tendem a ronronar e arquejar; as símias roncam e estalam os lábios. A maioria das mulheres humanas prefere segurar seus bebês no colo e amamentá-los com o seio esquerdo, o que também por acaso alinha nosso bebês com o lado mais expressivo de nosso rosto.[62] Estou falando sério, e outros primatas também fazem isso.[63] Entre os humanos, os músculos do lado esquerdo do rosto são ligeiramente mais hábeis na sinalização social, e de 60% a 90% das mulheres preferem segurar seus filhos no colo à esquerda da linha mediana do corpo, com a cabeça do bebê mais exposta ao lado esquerdo do rosto. Essa preferência é mais pronunciada nos três primeiros meses de vida do bebê, justamente o período em que as novas mães amamentam com mais frequência durante o dia. Isso vale para muitas culturas e períodos históricos distintos.[64]

Enquanto isso, o hemisfério direito do cérebro dos adultos é em grande parte responsável pela interpretação dos estímulos socioemocionais humanos[65] e recebe esses sinais de forma predominante através do olho esquerdo. Assim, o olho esquerdo da mãe observa com atenção o rosto do bebê e interpreta seu estado emocional, enquanto o bebê observa com atenção o lado mais expressivo do rosto da mãe e aprende a ler suas emoções e a reagir a elas, algo que os seres humanos passam uma parte imensa de sua infância aprendendo a fazer.

O LEITE É SOCIAL

Morgie voltava estressada da caça a cada amanhecer. É claro que sim; ela vivia num mundo estressante. Mas se seu entorno em determinada noite houvesse se mostrado mais perigoso do que o normal, ou se ela estivesse com mais fome, seu corpo teria produzido uma dose maior de cortisol. E quando ela se deitasse de lado para amamentar os filhotes seu leite conteria níveis igualmente elevados de cortisol.

Leite com muito cortisol tende (ao menos em ratos, camundongos e certos tipos de macacos) a produzir em bebês personalidades mais avessas ao risco,[66] e esses traços parecem persistir ao longo da vida. Esses indivíduos exploram menos seu entorno. São menos sociáveis com os outros membros da espécie. Reagem com mais desconfiança a estímulos desconhecidos. Não gostam de correr riscos. Já os bebês que consomem leite com menos cortisol exploram mais.[67] São mais sociáveis. Passam mais tempo brincando com seus companheiros de toca. E, ao crescerem, sua personalidade tende a apresentar traços semelhantes. Embora muitas coisas influenciem a construção da personalidade de um indivíduo, pelo menos em espécies que conseguimos estudar em laboratório, aquilo que o leite que elas tomam contém é por si só um fator fortemente preditivo.*

Antes de culparmos nossas mães estressadas por todas as nossas ansiedades sociais, porém, pensemos nos motivos evolutivos para esse padrão. Ser social consome muita energia. Se o leite que você estiver tomando — e quando você é bebê essa é a *única* coisa que consome — contém menos açúcares, ou se não estiver conseguindo mamar com a frequência de que gostaria, você tem menos energia sobrando. Você vai querer conservar a energia que tem para fazer seu corpo crescer e se transformar em algo capaz de sobreviver até a idade adulta. Gastar essa energia com uma socialização truculenta e intensiva tanto em matéria de tempo quanto de energia não faz sentido. Se você vive num mundo muito perigoso, fato que está "aprendendo" por meio dos níveis de cortisol da sua mãe e outros elementos contidos no leite dela, sentir um pouco de medo provavelmente é bom.

Um leite rico em cortisol também tende a ser rico em proteínas,[68] o que em princípio ajuda o bebê a formar bastante músculo, algo útil para correr em direção à segurança. O leite rico em açúcares, por sua vez, é ótimo para construir tecido adiposo, criando uma reconfortante almofada de energia, e para abastecer o cérebro em crescimento. Afinal, cérebros são supercomputadores movidos a açúcar. Ser social exige muita potência cerebral, muita energia. Mesmo hoje, os *Homo sapiens* que se convenceram de que uma dieta pobre em

* Não está claro se isso também vale para seres altamente sociais como os humanos, e é provável que a genética também tenha um papel. Mas se a personalidade é algo construído por uma série de influências ao longo da vida de alguém, e já se sabe que o leite é um fator influente em outros mamíferos que servem de modelo, seria uma tolice desconsiderar esse fator em humanos. O leite seria, isso sim — em especial seus componentes sinalizadores óbvios, como o cortisol —, um dos muitos caminhos de comunicação formativa entre o corpo da mãe e o corpo do bebê.

carboidratos é uma boa ideia se sentem consequentemente um pouco lentos, e com o pensamento um pouco embotado.*

Apesar disso, dizer que o melhor dos mundos seria um leite *sem* cortisol não é verdade. Um teor baixo e constante de cortisol no leite materno ajuda as crias mais adiante na vida. Se você puser uma pequena quantidade de cortisol na água potável de uma mãe rata,[69] suas crias terão resultados melhores em testes com labirintos, um reconhecimento espacial superior e de modo geral menos estresse ao enfrentar desafios do que jovens ratos cujas mães não tenham consumido água com cortisol.

Não foram muitos os estudos que testaram diretamente a relação entre os níveis de cortisol de uma mãe humana lactante e o temperamento de seu bebê; além disso, o temperamento das crianças se modifica com o tempo (sim, aquela fase terrível por volta dos dois anos passa). Mas um estudo constatou que, quando os níveis de cortisol de uma nutriz ultrapassavam determinado patamar, aumentava a probabilidade de que ela qualificasse o filho como "temeroso" ou tímido.[70] Já mulheres com níveis de cortisol mais elevados que davam mamadeira para os filhos não os descreviam como temerosos.[71] Algum grau de mudança no leite materno parecia estar gerando uma mudança comportamental no bebê.

Mas, afinal, nós queremos ou não que nossos bebês bebam "leite estressado"? A resposta parece ser que nós queremos um leite com a quantidade *justa* de cortisol e de outros elementos, no equilíbrio certo, na hora certa. Lembre-se dos ratos: um pouco de cortisol faz os filhotes aprenderem *melhor* do que aqueles que não ingeriram cortisol a mais. Já uma overdose de cortisol os faz surtar. Faz sentido. Os pesquisadores acham que, até determinado ponto, ambientes levemente desafiadores inoculam as crianças contra os estresses futuros da vida adulta.[72] Então talvez seja melhor o leite materno "demonstrar" um entor-

* Vários artigos já debateram as vantagens e desvantagens cerebrais da chamada dieta cetogênica. Não tenho a menor intenção de dar conselhos sobre nutrição, mas pelo menos no que diz respeito à dieta típica de nossos primos mais próximos — chimpanzés e bonobos — é evidente que eles não vivem à base de carne crua. Como oportunistas onívoros, eles funcionam muito bem com uma ampla gama de dietas, mas todas contêm muitas frutas e muitos vegetais, com uma pequena quantidade de carne, insetos, castanhas e seja lá o que aparecer. O intestino humano evoluiu de modo significativo desde a Eva dos chimpanzés e homininíos, mas eu estaria equivocada se partisse do princípio de que nossos antepassados consumiam uma dieta significativamente distinta daquela de outros símios oportunistas e onívoros.

no moderadamente dinâmico e desafiador. Se uma mulher estiver estressada o tempo todo, porém, com níveis de cortisol na lua, seus filhos talvez sejam mais temerosos[73] e hesitem em explorar novos territórios e aprender coisas novas. Em outras palavras, nossos corpos ensinam nossos filhos sobre o mundo não só lhes mostrando ativamente o entorno, mas também pelo que colocamos em suas bocas. Mães cuidadoras evoluíram ao longo de muito tempo para aproveitar qualquer rota disponível capaz de preparar suas crias para a independência futura. Como somos mamíferos, o mamilo é um de nossos primeiros canais de comunicação.

Os corpos das mães adaptam o conteúdo do leite às necessidades de suas crias por meio de um sistema de comunicação complexo entre boca e seio. As personalidades dos bebês são moldadas por sua composição específica, tranquilizadas por suas gorduras, açúcares, hormônios, e seus intestinos são limpos e recolonizados por bactérias do bem. O leite é algo que fabricamos. Ele evoluiu para ser social.

Sejamos justas: o leite não faz o trabalho todo. Por exemplo, mães em muitas culturas usam o próprio cuspe para limpar uma sujeirinha do rosto do filho; na realidade isso é tão comum que talvez seja um comportamento humano básico.[74] A exposição constante ao sistema imunológico mais robusto da mãe, seja por meio da saliva, do leite, do hálito ou do contato com a pele, deveria em princípio ajudar o sistema imunológico da própria criança a se desenvolver e a aprender a reagir ao seu entorno. Isso também vale para a exposição à saliva de um pai, irmão mais velho ou qualquer outro adulto que tiver contato físico com a criança. Mas o fato é que os bebês ingerem leite materno ativa e regularmente, de modo que é seguro afirmar que o corpo da mãe é o que mais se "comunica" molecularmente com a cria.* Bebês humanos ingerem cerca de três xícaras de leite humano por dia no primeiro ano de vida. Essa é claramente uma oportunidade maior para a sinalização bioquímica do que quase qualquer outro canal.**

* Em média, no mundo, as mães também passam mais tempo em contato físico com a criança. No entanto, como o *Homo sapiens* é a única espécie que adota regularmente crias de pais e mães sem vínculo familiar, esses canais de sinalização física entre os corpos das crianças e de seus cuidadores não devem ser vistos como algo que acontece *apenas* em relacionamentos mãe-bebê com vínculo genético.

** Papai, você é demais, mas acho que nós dois ficamos bem felizes com o fato de eu nunca ter ingerido meio litro de fluidos do seu corpo. Tudo bem. Temos outras maneiras de nos comunicar.

***

Mas e os mamilos dos homens? Obviamente não são eles quem estão carregando a maior parte da responsabilidade nesse caso, então por que seus mamilos ainda existem?

Temos tendência a pensar nos mamilos dos homens como "vestigiais", mas isso não está de todo correto. Em primeiro lugar, "vestigial" é um termo que pressupõe um resto evolutivo de algo que não tem mais serventia. Só que o corpo odeia desperdício. Nós temos muito poucos traços vestigiais. Até o apêndice, por muito tempo considerado vestigial, é hoje tido como exercendo uma função importante na manutenção da saúde do microbioma do intestino grosso.[75] O mamilo de um homem adulto, nas circunstâncias corretas, pode entregar leite. Ele não faz isso tão bem quanto o mamilo feminino adulto, mas consegue. Sério. Os homens conseguem — de modo ineficiente, e com dificuldade — amamentar um bebê.

No Congo, existe um povo chamado aka[76] entre o qual os papéis de gênero são incrivelmente fluidos. Tanto homens quanto mulheres caçam. Tanto homens quanto mulheres cuidam das crianças. Dependendo das demandas do dia, uma mulher pode cozinhar e ficar olhando o filho enquanto o pai vai caçar. Se for dia de caçar com rede e não com lança, os dois podem muito bem caçar juntos, levando consigo o bebê. Outro dia, a mãe vai caçar e o homem cuidar da criança. Os akas passam 47% do tempo com os filhos no colo ou ao alcance da mão. E a gravidez não parece mudar essa proporção: sabe-se de uma mulher aka que caçou até o oitavo mês de gestação. Depois de ela dar à luz, o pai continuou a se revezar nas responsabilidades, não só nos cuidados gerais com a criança, mas também amamentando-a no peito.

É provável que a maioria dos homens akas não produza leite; o estudo antropológico não mencionava ter visto isso, embora historicamente se saiba que já aconteceu com muitos homens cis.[77] Mesmo que eles o façam, porém, é verdade que não produzem tanto leite quanto as mulheres. A questão é que amamentar um bebê não é visto na sua cultura como algo emasculador, mas apenas como um aspecto do dia a dia. Como a imensa maioria dos pais e das mães sabe, se seu bebê estiver agitado, um truque infalível é pôr um mamilo na sua boca. Quando não oferecem o próprio, as mulheres americanas em geral oferecem uma chupeta. Os homens akas usam sua chupeta acoplada.

Mas, se você quiser saber o quanto a produção de leite está programada nos *Homo sapiens*, basta olhar para as mulheres trans, pessoas que nasceram com padrões cromossômicos XY e que se identificam como mulheres. As mulheres trans que desejam amamentar seus filhos em geral seguem o mesmo tratamento médico das pessoas XX* que adotaram ou usaram uma barriga de aluguel para ter filhos.[78] O protocolo mais comum consiste em ingerir comprimidos de hormônio em alta dosagem para enganar seus corpos e fazê-los pensar que estão grávidos por cerca de seis meses. Depois desse período, essas pessoas mudam o regime de comprimidos para imitar os tipos de mudança pelos quais os corpos passam após o parto.** Elas não produzem tanto leite e nem todas conseguem produzir algum, mas muitas sim.

Não está claro se esse protocolo de fato simula as mudanças hormonais (e seus efeitos em cascata) que ocorrem nas mulheres ao dar à luz. Durante o trabalho de parto, por exemplo, as gestantes têm um enorme pico de ocitocina, que não só serve de gatilho para as contrações uterinas como também estimula as glândulas mamárias. É verdade também que a placenta produz e estimula a produção de vários hormônios e neurotransmissores, entre os quais o lactogênio placentário humano, que pode ter um papel crítico na produção do colostro. De modo geral, o leite que as pessoas produzem após esse tratamento é assombrosamente parecido com o leite que uma mulher no puerpério produz em cerca de dez dias. É leite maduro, não colostro.

Mesmo com tratamentos hormonais, ajustes intermináveis nos mamilos e sucção mecânica, muitos homens e mulheres trans não conseguirão lactar. Tampouco todas as puérperas, com suas glândulas mamárias e mamilos um bocado gigantes, produzem leite automaticamente. Por diversos motivos, os corpos de algumas mulheres apenas não conseguem fazê-lo.

* Uso "pessoas XX" aqui não para evitar a terminologia cis, mas porque existem algumas pessoas de gênero queer com dois cromossomos X que não se identificam como trans e desejam igualmente amamentar uma criança cujos corpos não deram à luz. Elas também, independentemente do histórico genético, teriam de seguir esse protocolo hormonal. Quando me refiro a "mulheres no puerpério" em outros pontos do livro, faço isso porque, embora alguns homens trans decidam dar à luz, a maioria das pessoas que dá à luz é mulher e cisgênero, e mais importante ainda: os estudos que sustentam as afirmações feitas por mim sobre essas mães foram conduzidos quase que exclusivamente com mulheres cisgênero.

** Elas também tomam uma substância chamada domperidona, que interfere com os receptores de dopamina e, entre outros efeitos, ajuda a estimular a produção de prolactina (Wamboldt, 2021).

Assim, é bem provável que os homens não mantiveram seus mamilos para serem especialistas em lactação substitutos. Eles têm mamilos em grande parte porque as mulheres os têm: livrar-se dos mamilos masculinos pode significar para todos os efeitos reescrever a programação do desenvolvimento básico do tórax dos mamíferos no útero, um processo custoso e perigoso que traz um risco grande de mutações. Por que mexer nisso? Como o tecido mamário e os mamilos são programados para reagir aos hormônios, é relativamente fácil mudar sua função durante a puberdade. Por isso a maioria dos fetos humanos desenvolve mamilos.*

O que não está claro é por que os seios femininos têm tanta gordura a mais. O formato dos seios humanos é em grande parte determinado pela localização de grandes depósitos de gordura entremeados ao tecido mamário e em volta dele. No entanto, embora esse tecido adiposo decerto tenha um papel tanto no conteúdo do leite (o leite materno é muito rico em gordura) quanto na sua customização (o tecido adiposo provavelmente ajuda a gerar pelo menos parte do conteúdo imunológico que acaba indo parar no leite), sabemos também que os seios humanos variam muito em matéria de teor de gordura e formato. Pelo que mostraram os estudos, seios grandes, gordos e pendulares não têm uma probabilidade maior de fabricar um leite de alta qualidade do que seios "magrelos", em formato de pires, tampouco uma probabilidade maior de produzir mais leite em qualquer proporção significativa. Contanto que a nutriz esteja saudável e bem alimentada, seu leite muito possivelmente será bom, independentemente de quanta gordura ela tiver nos seios.

Sabemos também que os seios se desenvolvem em reação aos hormônios, não só em corpos durante a puberdade feminina típica, mas também em corpos que estejam passando por flutuações hormonais de modo geral. Muitos

* Alguns de nós até recebem mamilos extras, um terceiro, um quarto ou mais. Esses mamilos a mais em geral não são maiores do que uma verruga, e tipicamente acompanham as "linhas de mamilos" em formato de V ao longo do tronco, com a maioria surgindo em algum ponto entre a virilha e a axila. Aproximadamente 5% dos recém-nascidos os têm, e mamilos extras masculinos são ligeiramente mais comuns do que os femininos. Por que o feto masculino tem uma probabilidade maior de incorrer nesse "tropeço" não está claro. Os homens também têm uma probabilidade maior de tê-los no lado esquerdo do tronco.

meninos desenvolverão protosseios ao entrar na puberdade, e mais tarde esses carocinhos de gordura tornarão a regredir para dentro de seus troncos em expansão conforme a puberdade for progredindo. Homens obesos também podem desenvolver tecido adicional na área dos seios — não apenas gordura, mas tecido mamário também —, provavelmente porque o tecido adiposo por si só serve de gatilho para uma produção maior de estrogênio no corpo humano (isso também vale para outros mamíferos). Sabemos ainda que muitas mulheres trans que consomem altas doses diárias de estrogênio desenvolverão seios mais gordos e caracteristicamente femininos.[79] Mas amamentar um bebê não parece exigir depósitos de gordura extra ao redor das glândulas mamárias.

Sendo assim, por que os seios das mulheres são tão gordurosos? Por que eles têm o formato que têm?

Muitas pessoas supõem equivocadamente que os seios evoluíram dessa forma porque os *Homo sapiens* machos tinham uma probabilidade maior de acasalar com fêmeas que tivessem seios gordos. Veja, por exemplo, a proliferação desenfreada de cirurgias para aumentar as mamas:[80] se os homens não gostassem de olhar para seios grandes, por que as mulheres decidiriam entrar na faca? E, considerando isso, por que não supor antes de tudo que seja esse o motivo pelo qual os seios se tornaram tão grandes?

O primeiro sinal evidente de que os seios podem *não* ter sido objeto de uma seleção sexual é a ampla gama de tamanhos e de formatos perfeitamente funcionais de seios, de pires a melões. Os seios em geral são menores de um lado do que do outro[81] e têm um posicionamento assimétrico, em algumas de nós apenas ligeiramente, mas em outras de forma muito perceptível.* Nada disso afeta o leite nem a capacidade de lactação. Em algum momento entre nossa separação dos chimpanzés e agora, porém (em qualquer ponto entre

* O seio esquerdo é em geral um pouco maior. Isso poderia ser um aspecto funcional, já que tanto os primatas humanos quanto alguns primatas não humanos tendem a preferir segurar (e aleitar) bebês do lado esquerdo: mais tecido mamário poderia significar uma produção de leite ligeiramente maior, dependendo da densidade da mama, o que seria útil — mas, como os traços do lado esquerdo do rosto são um pouco mais largos e/ou mais proeminentes, e o saco escrotal da maioria dos primatas tende a abrigar um testículo esquerdo um pouco maior, padrões de desenvolvimento mais profundos relacionados à quiralidade do corpo podem fazer essas coisas acabarem se tornando como são, e quaisquer "vantagens" suplementares só apareçam depois. E custos também: o seio esquerdo também tem uma probabilidade maior de desenvolver câncer de mama.

5 milhões e 7 milhões de anos atrás), o projeto corporal homininío acrescentou um bocado de tecido adiposo à parede torácica das fêmeas.

Não fazemos ideia do momento dentro desse intervalo de 2 milhões de anos em que isso aconteceu.* Como não sabemos que genes controlam o tamanho e o formato dos seios, a ciência não tem como analisar a taxa de mutações genéticas. Como todos os tecidos moles, o seio não sobrevive nos registros fósseis. O único indício confiável que temos de quando os seres humanos já possuíam seios ricos em gordura na verdade é uma obra de arte chamada Vênus de Willendorf.[82] Esculpida num pedaço de pedra, a estatueta retrata uma imensa mulher humana, com uma grande barriga e seios descomunais. Pronto, então: 30 milhões de anos atrás. A essa altura, pelo menos, já tínhamos evoluído para ter seios de tipo humano, e não os montinhos mutáveis de nossas primas primatas.

Como não temos noção exata de quando esses tipos de seios evoluíram, é mais difícil ainda saber se eles surgiram como um sinal reprodutivo para os machos. Sabemos, sim, que no *Homo sapiens* atual mulheres com seios pequenos regularmente dão à luz bebês de saúde perfeita e conseguem fabricar leite suficiente,[83] e não há indícios de que mulheres peitudas tenham mais filhos (ou mesmo façam mais sexo) do que as outras, e elas tampouco fabricam mais leite. Entre os estudos que tentam destrinchar o desejo masculino heterossexual moderno, a proporção entre o quadril e a cintura é um fator que prevê melhor se os homens vão achar uma mulher atraente do que o tamanho dos seus peitos, e isso vale para várias culturas humanas.**[84]

* O que não impediu pessoas de tentarem. Um grupo polonês, por exemplo, está absolutamente convencido de que o seio de tipo humano está ligado a um aumento no consumo de carne e na gordura subcutânea de modo geral, e que as vantagens suplementares só surgiram quando os seios gordos já existiam. Isso situaria a evolução dos seios ricos em gordura por volta da época do *Homo ergaster* (Pawlowski e Zelazniewicz, 2021).

** Não consegui encontrar um único estudo sequer que tentasse replicar esses achados entre os homens trans, que muitas vezes se identificam como heterossexuais. Uma pressuposição há muito observada — de que os homens trans se sentem específica e exclusivamente atraídos por e fazem sexo com mulheres cis — foi hoje abalada por uma proliferação de estudos na área (Sevelius, 2009; Bockting, Benner e Coleman, 2009; Iantaffi e Bockting, 2011; Katz-Wise et al., 2016), mas com relação aos padrões de atração entre populações queer mais bem estudadas é sabido que pessoas queer atraídas por mulheres mais femininas tendem a considerar os mesmos traços atraentes, entre eles uma proporção baixa entre quadril e cintura (Cohan e Tannenbaum, 2001).

Só que essa teoria tem outro senão: seios grandes não são um sinal confiável de fertilidade. Na verdade, os seios das mulheres ficam maiores não nos momentos em que é provável uma mulher estar ovulando, e sim quando ela está menstruada, quando já está grávida ou quando está amamentando. Nesses momentos ela não só tem uma probabilidade menor de se mostrar receptiva a avanços de natureza sexual, já que seus seios muitas vezes ficam doloridos e sensíveis ao toque, mas seus admiradores do sexo masculino não teriam sorte ao tentar fertilizá-las. De modo geral, sentir atração sexual por seios grandes e inchados não tem uma recompensa evolutiva imediata. No entanto, seios grandes podem ser sinal de um fenótipo rico em estrogênio,[85] em especial se combinados com uma cintura relativamente estreita, o que pode ser bom para gerar bebês de modo geral. Assim como qualquer aspecto rechonchudo na mulher, eles são também um sinal bastante bom de que a mulher é saudável e tem um estoque de alimento disponível.

Uma das teorias mais populares sobre o desenvolvimento do seio humano moderno é que o formato — semelhante ao de uma lágrima, com o mamilo levemente virado para cima — facilita a amamentação de nossos bebês de rosto chato.[86] Depois que o cérebro humano cresceu e o nariz recuou, os bebês teriam tido dificuldade para mamar num tórax plano. Seus narizes pequenos seriam esmagados, dificultando a sua respiração. Pelo menos é essa a teoria. Mas tudo de que se precisa para remediar essa questão é uma leve inclinação para cima, não pronunciada.

Outros acham que foi um problema ligado ao bipedalismo.[87] Quando começamos a nos locomover carregando nossos bebês no colo, passamos a precisar de seios capazes de alcançar suas bocas em diversas posições. Essa é uma ideia interessante por vários motivos, entre os quais não menos importante é o fato de que seios grandes não se parecem com lágrimas quando não estão enfiados dentro de um sutiã. Seios grandes que nunca viram um sutiã e amamentaram um ou mais filhos tendem a ter o aspecto de balões compridos e murchos.[88] Pense na ação da gravidade e numa sucção incessante. Foi assim que os seios femininos maduros *evoluíram* para ser.

Não estou dizendo que os seios humanos modernos não sejam traços de exibição sexual hoje em dia, mas sim que aquilo que impulsionou originalmente sua evolução pode não ter sido a seleção sexual. Mesmo entre os traços de fato sexualmente selecionados, o resultado nem sempre é benéfico. Por exemplo, não existe nenhum motivo evolutivo para os genitais masculinos do *Homo sapiens* serem como são.

Pense da seguinte maneira: a vagina só tem em média entre 7,5 e 10 centímetros de profundidade.[89] Quando uma mulher é sexualmente estimulada, mudanças hormonais tensionam os ligamentos que mantêm o útero e seu colo no lugar. Isso os suspende em relação à abertura da vagina, cuja profundidade aumenta consideravelmente. Mas uma vagina excitada de quinze centímetros não acomoda um pênis ereto de dezessete. Em outras palavras, um pênis humano comprido não tem nada de útil ou *adaptativo* quando de dez a quinze centímetros em ereção já dariam conta do recado. Em termos evolutivos, esse é provavelmente o motivo pelo qual *em média* o pênis humano em ereção mal chega aos treze centímetros.*[90] Apesar disso, em vários estudos, mulheres heterossexuais classificam imagens de homens com pênis compridos como mais atraentes.[91] Em outras palavras, existe uma desconexão entre o pênis humano como traço de exibição sexual e sua funcionalidade.

Também há a questão do saco escrotal masculino mal protegido e dotado de poucos pelos. Os testículos dos mamíferos provavelmente *não* evoluíram para ficarem pendurados para fora de modo a manter os espermatozoides mais frescos. O motivo original pelo qual eles saíram do abdome pode ter tido mais a ver com correr. Foi um problema de locomoção. Morgie tinha uma pelve larga, com membros abertos para os lados, como os de um jacaré. Mas seus descendentes tinham uma pelve mais vertical, como a de um cachorro. E quando seus netos começaram a galopar por aí, fazendo os fêmures serem pressionados verticalmente na articulação do quadril, a pressão no baixo-ventre aumentou muito. A "teoria do galope" para a evolução do saco escrotal sustenta que os frágeis testículos masculinos foram empurrados para fora do tronco porque correr, pular e saltar devia doer.**[92] De modo bastante parecido, a evolução do seio humano provavelmente teve a ver com sua função geral, e só num segundo momento se tornou um traço de exibição.

* Ser mais curto do que a profundidade média da vagina é útil: não se esbarra no colo do útero e sobra um pouco de "margem de manobra" para depositar o esperma sem o risco de arrastar a maior parte de volta ao retirar o pênis. Outros mamíferos com pênis seguem frequentemente esse modelo. Falaremos mais sobre vaginas depois.

** Pelo que ouvi dos homens, correr sobre duas pernas com testículos pendurados tampouco é tão bom assim; talvez seja apenas mais vantajoso do que a alternativa, que é ter os testículos esmagados pela pressão no baixo-ventre.

Mas isso não impediu os teóricos de escrever suas histórias cheias de imaginação. Algumas dessas histórias datam de muito tempo atrás. Graças a Hipócrates, por exemplo, até uma fase bem avançada do século XVII os anatomistas europeus estavam convencidos de que todas as mulheres tinham uma veia ligando o útero aos seios que existia com o único propósito de transformar o sangue menstrual "quente" em leite materno "fresco e puro". Até Leonardo da Vinci, um cuidadoso anatomista, desenhava em seus diagramas veias ligando o útero aos seios.[93] Apesar de terem feito várias autópsias sem encontrar essa veia, todos os anatomistas acreditavam na sua existência. Eles a chamavam de *vasa menstrualis*, que decerto deveríamos traduzir como "a roupa nova do imperador".

Mesmo assim, é provável que a ideia da *vasa menstrualis* tenha nascido de uma observação cuidadosa.[94] Afinal, as mulheres não menstruam quando grávidas, e as lactantes tendem a passar um tempo sem menstruar após dar à luz. Portanto, elas param de perder um tipo de líquido por uma parte da sua anatomia e passam a despejar um líquido distinto por outra. Qualquer pessoa sensata pode entender por que eles chegaram a essa conclusão.

Mas a ideia de Da Vinci desenhando uma *vasa menstrualis* que sequer conseguia visualizar apenas por acreditar piamente que ela deveria estar ali, como todas as outras pessoas da época, é o tipo de coisa que me tira o sono. Porque veja: os conceitos que os seres humanos têm sobre a realidade — de que ela é feita, como funciona, como todos nós nos encaixamos nos contextos mais amplos — podem mudar radicalmente. Às vezes essas mudanças são tão dramáticas e abrangentes que se torna quase impossível entender o mundo da mesma forma de antes.[95] Na história da ciência, a teoria dos germes em relação às doenças foi uma dessas mudanças de paradigma: saber que as infecções não resultam de um miasma, nem de um desequilíbrio dos humores corporais, nem de uma punição divina, e sim de bactérias e vírus. No entanto, mesmo depois que a ciência descobriu a teoria dos germes, nossa compreensão em relação a de que era feito o corpo humano estava tão profundamente arraigada que foi preciso muito tempo para aceitá-la.[96]

Sei que existem conceitos relacionados à biologia humana nos quais acreditamos hoje que no futuro vão se revelar profundamente incorretos. Não sabemos quais são, claro; são as "incógnitas desconhecidas". Se eu tivesse que apostar, diria que o microbioma humano e as propriedades emergentes de sistemas complexos vão constituir a base de uma mudança de paradigma na biologia:[97] em diversas áreas de estudo, estamos no processo de destrinchar as fronteiras do que são os organismos individuais. Mas, afinal, por definição, as pessoas que vivem, pensam e trabalham antes e até mesmo durante uma mudança de paradigma tateiam em grande parte no escuro.

O único motivo pelo qual isso não me faz enlouquecer de vez é que existem pequenos truques que podem ser usados para tentar identificar pelo menos alguns de nossos pontos cegos.* Eis um bom ponto para começar: em qualquer lugar em que você vir pressuposições científicas que pareçam suspeitosamente *culturais* — em outras palavras, ligadas a conceitos humanos recentes sobre o modo como as coisas são, e não a números —, pode cavar um pouco mais fundo.

Por exemplo, existe há muito tempo uma pressuposição de que as cidades passaram a existir devido ao desenvolvimento da agricultura.[98] Mais comida, pressupomos, permitiu um crescimento das populações, e essas populações maiores permaneceriam no mesmo lugar para poder cuidar do processamento, estocagem e distribuição dessa comida. A especialização urbana veio facilmente a seguir: uma determinada classe de pessoas cuidava do cultivo dos alimentos, outra de sua estocagem, e outra ainda da construção dos abrigos, dos cuidados com os doentes e de não fazer nenhuma dessas coisas, talvez a ocupação preferida dos humanos, e em vez disso servir a deuses invisíveis e/ou aprender. Não é verdade que a especialização dependeu das cidades: caçadores-coletores modernos já tinham papéis especializados em suas sociedades; digamos então que as cidades antigas pegaram essas habilidades e as aprimoraram.

Tudo isso faz perfeito sentido. Mas sei também que nós com frequência esquecemos quão cheia de falhas a reprodução humana de fato é. E tendemos a esquecer isso porque temos pressupostos culturais relacionadas à feminilidade: a maior parte das pessoas acha que é fácil para as mulheres humanas fabricar bebês. Só que não é. Não somos iguais às coelhas. Nossos sistemas reprodutivos não são sequer tão confiáveis quanto o da maioria dos outros primatas.

* Se isso soar hiperbólico, pense da seguinte forma: é verdade que, como pesquisadora, tenho uma necessidade insaciável de saber, porém, mais importante ainda, como uma pessoa que prefere pensar que a realidade que percebo na verdade é uma representação adequada do mundo e de como ele funciona, é um tanto perturbador imaginar que todo mundo, em todo lugar, está no presente momento entendendo de modo profundamente equivocado algum aspecto que não se sabe qual é.

Era muito mais fácil para Morgie pôr seus ovos e suar leite em sua pelagem. Isso significa que muitos fatores comportamentais entram em jogo para que as populações humanas possam se expandir de forma rápida. Então aceitemos que a agricultura foi fundamental para o surgimento das cidades. Mas façamos em seguida outra pergunta: não só quem está alimentando os adultos, mas quem está alimentando os *bebês* dessa população em crescimento, e como isso afeta também a maneira como esses bebês estão sendo gerados. Afinal de contas, os corpos femininos são literalmente os engenheiros das populações urbanas.

A agricultura pode ter ajudado uma profusão de corpos a se juntarem e a explorarem todos esses nichos urbanos, mas deveríamos imaginar também que um contato tão próximo dessa forma gerou novos problemas: infecções generalizadas, para começar, cujo legado podemos ver nos oligossacarídeos do leite humano. Sabemos também que desde os primórdios da civilização documentada os seres humanos usaram amas de leite. Essas mulheres, remuneradas ou escravizadas para amamentar bebês alheios, foram quem possibilitou as explosões populacionais. Na verdade, as cidades humanas talvez tenham sido o maior legado de Morgie. Sem as amas de leite, a vida nas cidades talvez jamais tivesse deslanchado da forma como deslanchou.

Não sou a primeira a defender esse argumento, embora ele tenha ficado em grande parte escondido em publicações acadêmicas lidas somente por um punhado de estudiosos e cientistas. A teoria é a seguinte: embora a agricultura possa ter permitido a mais humanos viverem num só lugar, os problemas associados à densidade populacional deveriam ter trazido os próprios obstáculos contra um crescimento exponencial da população. Isso explica em parte por que se imagina que as primeiras cidades humanas, surgidas em algum ponto entre 4 mil e 7 mil anos atrás, não deviam passar muito de cidades pequenas, às vezes apenas cerca de duzentas pessoas, podendo chegar a 3 mil.* A agricultura exigia muito espaço, o que provavelmente mantinha a maior parte dos "subúrbios" dessas cidades bastante estendidos (se é que eles existiam). A taxa de mortalidade nos centros urbanos mais povoados era mais alta e a fertilidade

* Ou pelo menos é essa a ordem de grandeza da antiga Jericó de 11 milhões de anos atrás, dependendo de a quem você pergunte. Para se ter uma ideia, o censo americano atualmente define como "cidades pequenas" localidades com qualquer população abaixo de 5 mil pessoas.

era reduzida por doenças e pela anemia, e nessas circunstâncias mais pessoas morriam no auge da idade reprodutiva em conflitos violentos causados pela fricção social. Quanto maior uma cidade fica, mais as pressões da vida urbana podem reduzir o crescimento da população.[99]

Mesmo assim, de alguma maneira grandes cidades surgiram.[100] Há casos de crescimento urbano explosivo documentados nos primeiros registros escritos humanos. E em algumas dessas cidades cada vez maiores as mulheres urbanas empregavam regularmente amas de leite para alimentarem seus filhos.

Façamos algumas contas. Hoje em dia, entre o povo africano caçador-coletor ju|'hoansi, as mulheres amamentam os filhos regularmente por até três anos, e o intervalo médio entre nascimentos é de 4,1 anos.[101] Essas mulheres têm em média entre quatro e cinco filhos ao longo da vida.[102] No meio do século XX, nos Estados Unidos, as mulheres huteritas — grupo religioso rural que não usa contracepção e desmama os filhos antes de completarem um ano — tinham um intervalo médio entre nascimentos de dois anos e davam à luz mais de dez filhos.* Mulheres que não chegam a amamentar os filhos, como as

* Em 2010, as huteritas tinham em média muito menos filhos, apenas cerca de cinco. Embora isso talvez se deva a mudanças no aleitamento ou nas práticas contraceptivas (White, 2002), pode estar relacionado também à intervenção social: as huteritas costumavam se casar cedo, por volta dos vinte ou 22 anos de idade. Hoje é comum elas esperarem até quase os trinta (Ingoldsby, 2001). Isso reduz a janela de nascimentos e obviamente resulta em menos bebês. Isso também explica em grande parte por que em muitos países industrializados as mulheres estão tendo menos bebês: não é só devido ao advento da contracepção ("esperar para ser mãe"), mas ao fato de que, na população como um todo, a maioria dos bebês ainda nasce de casais casados ("esperar para casar"): uma redução do tempo passado casada naturalmente reduz o número de bebês que esse casamento vai produzir. Esses padrões se modificaram ao longo do tempo, e há exceções conhecidas: em 1990, por exemplo, 64% dos bebês nascidos de mães negras nos Estados Unidos nasciam fora do casamento, enquanto em 1965 eram apenas 24% (Akerlof, Yellen e Katz, 1996). Deveríamos supor que essa diferença seja causada por questões sociais complexas. O encarceramento maciço de homens negros americanos é uma das maiores diferenças (Western e Wildeman, 2009). Menos acesso à contracepção e à educação sexual é outra, intensificada pelo fatalismo e por uma descrença nos conselhos médicos dados pelo governo (Rocca e Harper, 2012). Podemos supor que muitas coisas acarretem mudanças nas taxas de casamento e nascimento, mesmo assim, se examinarmos grupos sociais *suficientes*, e em especial se examinarmos as estatísticas globais, a tendência se mantém: nos lugares onde as pessoas se casam mais tarde vamos encontrar menos bebês. Se o casamento for adiado por tempo suficiente, também se observa um aumento na porcentagem de bebês nascidos de mães solteiras, mas o declínio correspondente do número total de nascimentos se

britânicas nos anos 1970 que preferiam não fazê-lo, têm um intervalo médio entre nascimentos de 1,3 anos.[103]

Em outras palavras, a amamentação é um tipo muito previsível de contracepção. Uma contracepção imperfeita, com uma taxa de sucesso bem menor do que nossas invenções mais modernas (preservativos, hormônios, peças de cobre inseridas no útero), mas ainda assim a amamentação é a Pílula Natural.[104] Morgie não tinha energia para amamentar mais de uma ninhada de filhotes por vez; não espaçar suas gestações teria sido suicídio. Por esse motivo, as mutações genéticas que permitiam espaçar os nascimentos foram favorecidas. Depois que os primatas evoluíram para ter menos crias por vez,[105] esse legado evolutivo se fixou. Falando de modo geral, nossos ovários se calam quando nossos seios trabalham.

Imagine então o que acontece com a população de uma cidade quando se tem uma grande porcentagem de mães usando amas de leite. Em princípio, isso reduziria de modo significativo o intervalo médio entre os filhos, de 4,1 anos para apenas 1,3. A gestação leva cerca de nove meses. Você passaria praticamente o tempo inteiro grávida.

Enquanto isso, as amas de leite não ficariam grávidas com tanta frequência, mas como o aleitamento materno é um supressor *imperfeito* da ovulação, elas tampouco deixariam de todo de engravidar. Muitas teriam os próprios filhos, alguns nascidos imediatamente antes dos seus e outros nascidos enquanto o seu ainda estivesse mamando. Muitas mulheres conseguem perfeitamente amamentar mais de duas crianças.[106] Essas chamadas superprodutoras — podemos imaginar que mulheres assim tivessem uma probabilidade maior de encontrar emprego regular como ama de leite — poderiam estar amamentando três ou quatro crianças por vez sem um aumento significativo da mortalidade infantil. Sob essas circunstâncias, não é difícil imaginar como a população de uma cidade antiga poderia explodir.*

---

mantém. Que as mulheres estejam optando por se tornarem esposas de modo a poderem aguardar para serem mães é outra questão; deveríamos pressupor que isso varie tanto entre culturas quanto de mulher para mulher. As decisões femininas são complexas. O intervalo de anos férteis de uma mulher, por sua vez, é mais consistente.

* Para quem gosta de estatística, eis os dados: se apenas ⅒ da população feminina estivesse terceirizando sua produção de leite, em vinte anos a cidade dobraria de tamanho. Se essa tradição se mantiver, o crescimento será naturalmente exponencial. Isso supondo uma ama de

Lembre-se, também, de que as pessoas que estão tendo tantos filhos assim são mulheres de classe alta ou de classe média alta (ou o equivalente a isso). Se os filhos dessas mulheres ao crescer tiverem recursos suficientes para contratar as próprias amas de leite (os filhos das amas de leite não teriam, claro), isso supostamente aumentaria a proporção da população da cidade que estivesse usando amas de leite, acelerando assim o crescimento. Depois de algum tempo, a cidade teria ou de absorver mais amas de leite das áreas rurais em volta, ou alguma espécie de rebelião contra as amas de leite iria derrubar a ridiculamente fecunda classe dominante.

Tá. Nesse mundo imaginário, em que apenas a prática de amas de leite influencia a população de uma cidade, pelo visto Hamurabi teria muitos bebês para cuidar. Não é de espantar que regulamentos relacionados às amas de leite tenham integrado sua lei escrita.[107] No mundo real, é claro, muitas outras coisas mantinham a população sob controle: fome, doença, enchentes, violência. Na França do século XVIII, por exemplo, onde uma quantidade muito grande da classe média empregava amas de leite rurais, e não apenas os ricos, muitos bebês enviados para a zona rural morriam,[108] provavelmente de doença ou negligência. Isso se tornou um problema tão grave que uma agência reguladora nacional chamada Bureau des Nourrices [Departamento das Amas de Leite] foi criada para ajudar a proteger os bebês e a zelar pelos interesses tanto das mães quanto das amas. A instituição perdurou até 1876, e as francesas continuaram usando amas de leite até a Primeira Guerra Mundial.[109] Nos Estados Unidos, mulheres afro-americanas amamentavam regularmente os bebês brancos do sul do país enquanto durou a escravidão, ao

leite para cada mulher que empregue uma, e supondo que a própria ama de leite não engravide enquanto estiver empregada. Até se calcularmos duas mulheres para cada três amas de leite — o que poderia facilmente ter sido o caso — a população da cidade dobraria em apenas dez anos. Isso porque o intervalo médio entre nascimentos para uma mulher que amamenta é mais do que o dobro daquele das que não amamentam, de modo que para cada patroa e cada ama haveria dois bebês a mais. Para duas mulheres amamentando os próprios filhos, seriam dois filhos a cada 4,7 anos. Para cada mulher urbana e sua respectiva ama de leite, seriam três filhos, 3 ⅓, para ser exata, nascidos com uma média de 1,3 ano de diferença. Seria possível ter até quatro filhos, caso a ama de leite desse à luz logo antes de ser contratada: duas vezes mais filhos, portanto, do que um grupo que não usa amas de leite. Se supusermos que mesmo ⅒ dessas amas de leite engravidasse enquanto estivesse empregada, a cidade dobraria de tamanho a cada oito anos.

longo da Reconstrução e em alguns casos até meados do século XX[110] (é claro que não existia nenhum departamento do governo para regulamentar a prática; ela foi uma das muitas degradações da escravidão e da exploração racista continuada).

Você se lembra de Babilônia? Aquela cidade imensa e aterrorizante, tão odiada pelos hebreus da Antiguidade? Por volta de 1000 a.C., sua população ficava em torno de 60 mil pessoas. Enquanto isso, os habitantes da Cidade Dourada de Jerusalém sob o rei Davi (na mesma época) eram parcos 2500. Enquanto algumas mulheres notoriamente amamentavam os filhos *dos outros*, as mães hebreias tinham o hábito de aleitar os próprios, como os textos sagrados as incentivavam a fazer.* Babilônia tinha amas de leite.[111] Seus deuses eram mais urbanos. Repetidas vezes, cidades antigas com amas de leite viram suas populações inflarem e pressionarem seus muros: Mohenjo-daro, 50 mil habitantes;[112] Tebas, 60 mil; Nínive, 200 mil. Os antigos romanos criaram organizações para regulamentar a prática; famílias romanas solicitavam o serviço de amas de leite na praça da cidade, junto à Columna Lactaria.[113]

Assim, o legado de Morgie foi ao mesmo tempo uma bonança e uma desgraça para a ascensão do *Homo sapiens*. As cidades antigas sofreram com problemas de superpopulação, os quais influenciaram suas histórias de origem.

* Existe algum dissenso quanto a isso, mesmo nos textos sagrados. No Talmude, o aleitamento é visto como um serviço prestado ao marido, da mesma forma que fiar lã ou arrumar a cama. Mas se uma mulher levasse consigo para o casamento *duas* criadas — ou seja, se fosse rica o bastante para ter duas criadas que iriam viver com ela na casa do marido, mais ou menos como dinheiro em espécie, ou gado, ou qualquer outro bem — nesse caso ela podia optar por confiar seu bebê a uma ama de leite. Por outro lado, qualquer mulher após dar à luz é considerada por dois anos *meineket* — literalmente, "mulher que amamenta" — e integra uma classe especial de mulheres protegidas que não podem se casar novamente, mas que tampouco precisam fazer coisas como jejum ritual caso se sintam fracas demais para isso. A mãe de Moisés serviu notoriamente de ama de leite para o próprio bebê abandonado no rio na corte do faraó. Ela foi contratada para ser sua ama quando ele (simbolicamente) se recusou a mamar de um seio egípcio. Tanto no Talmude quanto na Torá, o aleitamento materno é louvado repetidas vezes como algo bom e recomendado por dois a quatro anos. Essa segue sendo a prática mais comum em muitas comunidades judaicas mundo afora, em grande parte devido à tradição religiosa e ao apoio cultural. O profeta Maomé, por sua vez, quando bebê teve três amas de leite e demonstrava especial consideração pelos "irmãos de leite" alimentados pelos mesmos seios, prática comum nessas comunidades na época: era possível ter todo tipo de novos "irmãos" pelo fato de ter tido a mesma ama de leite.

Por exemplo, parece que a história da Arca de Noé originalmente não se referia a seres humanos pecadores: tinha a ver com superpopulação urbana e controle de natalidade.

Entre estudiosos que passam a vida pesquisando essas coisas, todos concordam que o mito hebraico do dilúvio não surgiu entre os antigos hebreus. O primeiro relato que temos desse mito vem da Suméria. Situadas entre dois rios num terreno profundamente desértico, as cidades sumérias dependiam de canais de irrigação e de um ciclo regular de enchentes e vazantes para fertilizar suas lavouras. Quando as enchentes passavam do ponto, porém, cidades podiam ser destruídas. Existem outras culturas com mitos sobre enchentes mundo afora, mas o mito sumério tinha muita coisa em comum com a história da Arca de Noé para ser seu precursor evidente. E ele está particularmente ligado à reprodução feminina.

Segundo a história, os deuses sumérios eram preguiçosos.[114] Eles não gostavam de fazer todo o trabalho irritante de cultivar alimentos e de fabricar as próprias roupas. Sendo assim, confiaram o trabalho ao homem. Só que as cidades humanas cresceram tão depressa que irritaram os deuses. Um deles, Enlil, conhecido por copular com morros e gerar as estações, acordou de seu sono porque uma cidade próxima estava superpopulosa e tão ruidosa que as pancadas e conversas perturbaram seus sonhos.* Regiamente irado, ele decidiu varrer os humanos da face da terra com um dilúvio. Não fosse a intervenção de outro deus, teria dado certo. Mas esse deus avisou um homem chamado Utnapishtim — o Noé sumério — e lhe disse para construir um barco no qual deveria pôr a esposa, plantas e casais de cada animal. Quando Enlil mandou seu terrível dilúvio, Utnapishtim e sua família sobreviveram. Mais tarde, quando um corvo por eles despachado do barco não voltou, eles entenderam que a água havia baixado.** E depressa repovoaram a cidade com seus filhos.

* Em outras versões da história, os ruidosos habitantes urbanos eram deuses menores, e apenas depois de serem silenciados é que os seres humanos foram criados. Mas a ideia da superpopulação, do barulho e da irritação geral conduzindo a um genocídio punitivo em massa era a mesma.

** E não uma pomba, o que faz total sentido, pois os inteligentes corvídeos se adaptam rapidamente à coexistência com as populações humanas urbanas, e são até hoje uma espécie comensal bem semelhante ao rato e aos pombos de Nova York. Só para registro: tanto na Torá quanto no Antigo Testamento cristão, Noé envia originalmente um corvo. A pomba veio depois. Já o Alcorão não tem nenhum interesse por aves. Nenhuma é mencionada.

Mas o lugar logo tornou a ficar superlotado. Foi quando Enlil e os outros deuses intervieram. Além de inventarem a mortalidade de modo a estabelecer um limite máximo para o problema dos humanos, eles também baixaram uma série de éditos sobre controle da natalidade e sexualidade para que houvesse menos nascimentos. As mulheres foram divididas em categorias: as prostitutas sagradas do templo, donas de um saber especial relacionado às ervas e à contracepção; as esposas, com as quais tudo bem fazer sexo e se reproduzir; e as "mulheres proibidas", que eram proscritas em se tratando de sexo. Outras tabuletas cuneiformes sumérias dispensavam conselhos sobre as melhores ervas e métodos tanto para auxiliar quanto para evitar a fertilidade.

Assim, uma história nascida em cidades antigas castigadas por excesso de pessoas, e talvez sobre os perigos da superpopulação urbana e as vantagens da contracepção, é adotada pelas antigas tribos semitas em sua maioria nômades que não usavam amas de leite com tanta frequência. E esses povos tribais a converteram numa história sobre maldade urbana (a Arca de Noé), prejudicando assim as mulheres de modo geral pelos 3 mil anos seguintes.

Mas isso tudo é uma história bastante recente. O *Homo sapiens* existe há 200 mil anos. Os mamíferos há 200 milhões. Como Morgie vivia entrando e saindo de sua pequena toca no início do Jurássico, não podemos exigir um pedido de desculpas, e ela tampouco nos deve um. De modo geral, eu diria que as mães por toda parte nos devem bem menos do que gostamos de pensar que devem, e nós lhes devemos mais.

Repleto dos soldados do sistema imunológico, o leite materno amplia as fronteiras protetoras do corpo da mãe para incluir seus filhos. Como muitas das coisas que fazemos para proteger nossos bebês, porém, o leite é custoso de fabricar e custoso de administrar. O câncer de mama é comum e mortal justamente porque o tecido mamário evoluiu para reagir intensamente às mudanças hormonais: sempre que se tem um bando de células proliferando, mudando e voltando ao que eram antes, é provável encontrar algumas que saem do controle. E tampouco é só conosco que isso acontece: cães, gatos, belugas, leões-marinhos — o câncer de mama existe em *todos* os animais com tecido mamário.* Enquanto 1% dos cânceres de mama ocorrem em homens, esse câncer representa 30% de *todos* os cânceres em mulheres.[115]

Infelizmente, ele é também a segunda maior causa de morte por câncer em mulheres. Como as glândulas mamárias evoluíram a partir da pele do tronco, os seios humanos ficam hoje empilhados bem em cima do coração e dos pulmões, permeados por vasos sanguíneos e tecido linfático; um câncer de mama tem uma chance muito boa de virar metástase antes de sequer notarmos sua presença.** As mortes por câncer de mama vêm caindo,[116] em grande parte porque estamos ficando melhores em detectá-lo e tratá-lo antes de conseguir sair da mama. Mas a incidência de câncer de mama não tem caído nem um pouco. Ainda existe uma chance em oito de, como mulher americana, eu desenvolver um câncer de mama em algum ponto da vida,[117] e essas estatísticas são parecidas no mundo inteiro.*** Em outras palavras, ter seios e fabricar leite não é só *socialmente* caro, mas é, por si só, algo perigoso.

* Na verdade, os pumas americanos em cativeiro têm um perfil oncológico surpreendentemente parecido com o de mulheres portadoras da mutação genética BRCA1, que aumenta o risco tanto de câncer de mama quanto de câncer de ovário (Munson e Moresco, 2007). Também têm mutações pronunciadas na sequência genômica BRCA — os pesquisadores a compararam com a mesma sequência em gatos domésticos para procurar mudanças —, embora, como no caso das mulheres humanas, ninguém tenha certeza do que essas mutações de fato fazem no corpo ou de por que elas levam a um risco maior de cânceres reprodutivos. Parece ter a ver sobretudo com a reparação celular. Homens portadores dessa mutação também têm oito vezes mais chance de ter câncer do que a população normal (Mano et al., 2017). Eles continuam não tendo câncer de mama com tanta frequência quanto as mulheres, mas esses homens também são muito mais propensos a ter câncer de próstata, de pele, de cólon e/ou de pâncreas.

** Na condição de mulher com "mamas densas" — uma proporção maior de tecido mamário em relação à gordura, que ao mesmo tempo torna meus seios mais difíceis de mapear adequadamente por imagem com um ultrassom padrão e aumenta o risco de desenvolver um câncer de mama —, posso relatar também que eles em geral parecem um pouco encaroçados quando faço o autoexame. Se você, cara leitora, estiver na mesma situação, a analogia que me deram foi a seguinte: você está procurando a uva-passa no mingau de aveia. Se a encontrar, de modo geral, ela não se mexe com tanta facilidade quando você a cutuca um pouco, ao contrário dos outros carocinhos.

*** A obesidade aumenta demasiadamente o risco, bem como algumas mutações genéticas conhecidas, mas ainda não está claro se o impulsionador central é a obesidade ou especificamente a adiposidade *abdominal* (James et al., 2015). Mesmo assim, os melhores redutores de risco para o câncer de mama permanecem os mesmos: fazer exames regulares e aprender a se autoexaminar em casa. E, acima de tudo, levar o próprio corpo a sério: se estiver preocupada achando que algo está errado, converse com um(a) médico(a).

Mas a maternidade é assim, mesmo para mulheres que não são mães nem nunca vão ser. O legado da evolução dos mamíferos no corpo feminino nos prepara para essas proezas, com graus variados de custo. Desde o sistema imunológico até a flora intestinal, os tecidos adiposos e mamários e os órgãos reprodutivos, a fêmea mamífera nasce pronta para se preparar para o impacto. Preparar-se para fabricar leite é uma parte disso. Preparar-se para fabricar *bebês* gestados no útero é outra bem diferente.

Isso Morgie não precisou fazer: o nascimento de crias vivas veio depois. O motivo pelo qual dar à luz e se recuperar em seguida são coisas tão estupidamente difíceis nos dias de hoje é que nós parimos crias vivas. Os seres humanos são animais placentários. E por isso você pode culpar um "ato divino". O leite surgiu sob as patas dos dinossauros, mas o nascimento de crias vivas se firmou num apocalipse.

Protungulatum donnae

2. Útero

E o segundo Anjo tocou… Algo como uma grande montanha incandescente foi lançado no mar: uma terça parte do mar se transformou em sangue.

Apocalipse 8,8[1]

Fazia frio. Durante anos as cinzas caíram como neve.[2] Quando parou, tudo estava morto. Os grandes animais, altos como árvores, e ainda seus predadores de presas curvas, as coisas dos lagos e as coisas dos rios. Mas ela sobreviveu, assim como outras criaturas pequenas o suficiente ou com tocas fundas o bastante para se esconder.[3] As minúsculas. As diminutas. Aquelas poucas facilmente esquecidas.

As que conseguiram se alimentar dos mortos também se saíram bem,[4] nutridas pelos gigantescos cadáveres que afundavam até o leito do mar, pela morte de 10 milhões de leviatãs. Os corpos foram afundando, afundando, até chegarem às mesas dos magrelos e dos que tinham ventosas no lugar de bocas, que se banquetearam como reis até por sua vez silenciarem. Mas em terra firme logo surgiram tenros brotos e insetos, como um maná dos céus.[5] E nossas

Evas então se alegraram, ou até onde uma doninha-rata quase morta de fome e apocalíptica pôde se alegrar.

Não sabemos se foi um cometa ou um asteroide. A maioria acha que foi um asteroide.[6] Temos bastante certeza de onde caiu: existe uma cratera com 177 quilômetros de diâmetro e vinte de profundidade, parcialmente enterrada na água no litoral de um lugar que hoje chamamos de Yucatán. O asteroide tinha dez quilômetros de diâmetro, e atingiu a terra com uma força superior a 100 teratoneladas de TNT: mais de 1 bilhão de Hiroshimas.[7]

Assim, existe uma coisa chamada fronteira K-Pg, uma estranha mudança no registro fóssil entre os períodos Cretáceo e Paleogeno. Se você escavar em qualquer lugar do mundo, vai encontrar uma fina camada de argila desse momento, rica em irídio:[8] uma substância presente nas estrelas, muito rara na crosta terrestre, mas comum aos asteroides e cometas. Quando essa rocha imensa se chocou, a força do impacto lançou no ar fragmentos e poeira ricos em irídio e o transportou em nuvens por todo o globo. Essas nuvens esconderam o sol, mas não esfriou na mesma hora. O mundo primeiro se abrasou.[9] A pura energia do impacto fez jorrar pelos ares detritos fundidos, cinza quente e outros materiais, e quando eles tornaram a cair o planeta pegou fogo como se fosse um punhado de gravetos secos: incêndios na mata assolaram continentes, fazendo o calor pulsar por muitos dias.[10] A cinza dos incêndios se juntou às nuvens de poeira, que subiram pelo céu em gigantescos tornados de fogo e imensas nuvens de fumaça. O céu escureceu. Choveram cinzas. E quando o fogo finalmente se apagou veio o frio. O frio e o silêncio.

A camada de argila remonta a cerca de 60 milhões de anos. As rochas da cratera em Yucatán também. Antes disso, o mundo era povoado por todo tipo de dinossauro. Depois, sobretudo por aves. E por nós, ou melhor, pelo que viria a se tornar nós. Junto com alguns lagartos. Anfíbios. Sapos, besouros, libélulas e mosquitos. Somos os descendentes dos sobreviventes, do que quer que tenha conseguido se adaptar.

Não existe holocausto, nem desastre natural, nem grande terror na história da humanidade que possa se comparar ao apocalipse conhecido como Chicxulub. É justo dizer que foi algo inimaginável. Sabemos que houve cinza. Sabemos que por muitos anos fez muito frio.

E sabemos que ali, em algum lugar em meio às cinzas, está o motivo pelo qual as mulheres menstruam. Em meio a um dos piores desastres da vida, a placenta se formou. Os mamíferos primitivos passaram a parir crias vivas.*

A VERDADE É QUE NÓS DEVERÍAMOS TER MAIS VAGINAS

Desde a época de Morgie, os mamíferos amamentam suas crias. Por um período, que varia de acordo com a espécie, depois que os mamíferos recém-nascidos saem do útero da mãe, eles atravessam sua primeira fase de desenvolvimento sugando e lambendo.

Em algum lugar no passado remoto, porém, depois do advento do leite e antes do apocalipse de Chicxulub, os corpos dos mamíferos começaram a se desviar da estrada principal. Em vez de pôr ovos, certo número de criaturas primitivas começou a incubá-los dentro do próprio corpo. Algumas dessas criaturas acabaram se tornando marsupiais, enquanto outras se tornaram euterianas como nós: os animais placentários.** E não apenas mantínhamos nossos ovos aquecidos lá dentro: o corpo da fêmea inteiro se tornou um motor de gestação.

Não sei se é possível explicar o suficiente a insanidade que isso representa. A maioria dos animais multicelulares põe uma ninhada de ovos. Alguns de nós os soltam no oceano num filete que fica flutuando livremente. Alguns os envolvem na segurança de um muco gosmento. Alguns ficam com os ovos e os protegem até eclodirem. Outros dão o fora. Em outras palavras, o que nós animais fazemos com nossos ovos varia muito. Mas pôr ovos é normal.

* Para deixar registrado, Chicxulub não foi a pior coisa que já aconteceu com a vida em nosso planeta. Em termos de mortes, provavelmente foi o evento de extinção do Permiano, conhecido como a Grande Mortandade. Cerca de 250 milhões de anos atrás, 96% de todas as espécies morreram. Ninguém sabe por quê. A melhor teoria que se tem é a da diminuição de oxigênio: a mudança climática provocada por vulcões siberianos teria produzido CO_2 em excesso. Em termos de um evento catastrófico que moldou diretamente a evolução de toda a vida *mamífera*, quem leva o prêmio é Chicxulub. Os dinossauros ainda estão bem chateados com isso, digo, até onde o pardal comum pode se chatear com alguma coisa.

** O jeito mais fácil de se lembrar da diferença entre marsupiais e placentários é que os primeiros têm bolsa e os segundos não. Canguru: bolsa. Vacas, gatos, cachorros, camundongos e praticamente todos os outros mamíferos em que você consegue pensar: sem bolsa.

O que não é normal é deixar os ovos incubarem e eclodirem *dentro do próprio corpo*, onde eles podem causar todo tipo de dano catastrófico. O que não é normal é fabricar uma placenta e ancorar um feto em desenvolvimento na parede do útero, transformando assim o corpo da mãe numa espécie de fábrica de carne saída de um sonho febril de H. R. Giger. O que não é normal, em outras palavras, é parir crias vivas.

Mas é exatamente isso que a maioria dos mamíferos faz, ao lado de um número muito reduzido de peixes e lagartos sem relação com eles.[11] Graças ao fogo e ao gelo de Chicxulub, que deixaram o mundo vazio, gestar nossas crias dentro de nossos corpos talvez tenha sido um fator significativo para a sobrevivência de nossas Evas. Por um motivo qualquer, os corpos dos mamíferos conseguiram preencher alguns dos nichos que os dinossauros não aviários deixaram vagos.* Nós nos espalhamos. Nos diversificamos. Nos esprememos para dentro de ecossistemas e competimos. E ao longo de todo o caminho carregamos nossas crias dentro de nossos corpos, em vez de botar ovos como as criaturas sensatas. Por isso os corpos das mulheres são como são hoje. Esse fato é uma parte imensa de por que nossas *vidas* são como são: a maioria das mulheres menstrua, engravida e pare.

E a situação toda é bem desagradável. Tanto a gestação quanto o parto são muito mais exigentes e perigosos do que qualquer coisa que os animais ovíparos precisem enfrentar.** Realizar tal proeza exige adaptar não só o sistema

* Ninguém sabe ao certo por quê, mas muitos têm suas teorias. É possível que nossas Evas tivessem taxas de crescimento mais rápidas, ou talvez uma capacidade ligeiramente melhor de cavar tocas, ou fossem mais diversificadas no que podiam comer. Ou talvez algo no fato de gestar crias dentro dos próprios corpos as tornasse melhores em manter suas crias vivas do que aquelas que botavam ovos externos. Uma quantidade razoável de paleontólogos tende a defender uma combinação das tocas com a diversidade da dieta: esconder-se dos incêndios e do frio, ser pequeno o suficiente para não precisar de muito alimento e ser capaz de comer qualquer coisa que pudesse ser considerada alimento depois de um apocalipse.

** Há sempre exceções à regra. Muitas espécies de salmão, após nadarem correnteza acima até seus locais de reprodução, põem seus ovos e logo depois morrem, e seus corpos fertilizam as águas para os futuros filhotes. Nem todas as mães salmão morrem ao subir a correnteza, mas muitas sim, e muitas outras morrem tentando chegar lá. Mas isso parece se dever menos à postura de ovos do que à migração em massa. Existem outras espécies ovíparas — em especial entre os insetos — que evoluíram para viver apenas por um breve intervalo durante seus períodos reprodutivos. Por exemplo, alguns vaga-lumes eclodem de seus casulos e descobrem *não ter boca*, de modo que, quer consigam se reproduzir ou não, eles em breve morrerão de fome. Na natureza, os horrores da maternidade não conhecem limites.

reprodutor da fêmea — aqueles mesmos órgãos que antes costumavam pôr ovos e os tubos que os transportavam —, mas também grandes partes dos sistemas imunológico e metabólico. Não é um reparo simples. Parir bebês vivos é uma coisa complicada.

Como em qualquer acordo, há vantagens e desvantagens. As vantagens conhecidas? É ótimo não ter de se preocupar em cuidar do seu ninho de ovos. Isso quer dizer que você pode passar mais tempo procurando alimento numa área mais extensa.* Você também não precisa se preocupar tanto em manter seus ovos em determinada temperatura, uma vez que seu corpo de sangue quente já foi construído para conservar seus órgãos a uma temperatura razoavelmente constante.**[12] Você também pode regular um pouco melhor o entorno bacteriano de seus ovos, além do nível de umidade e de todas as coisas úteis que seu corpo já faz para suas partes internas vitais.

Mas fabricar um corpo capaz de fazer tudo isso para gestar filhotes implica também alguns grandes sacrifícios. Por exemplo, nós hoje temos apenas uma vagina. Teria sido útil ter mais. A maioria das marsupiais tem no mínimo duas; alguns chegam a ter três ou quatro.

Caso você não tenha uma vagina ou o tema lhe seja de outra forma pouco familiar, aqui vai o resumo: como todos os placentários, a grande maioria das mulheres humanas tem uma única vagina.*** Ela consiste num tubo feito de músculo e revestido por mucosa, que em geral só tem cerca de 7,5 centímetros de comprimento e é meio que afundado para dentro.[13] A vagina é o que os espe-

* Embora você possa ser engolida por uma serpente pós-apocalíptica, pelo menos tem a chance de fugir correndo. Ovos não podem correr. Isso significa que uma mãe só pode protegê-los até certo ponto quando não está em casa.

** Equidnas e ornitorrincos têm temperaturas corporais mais variadas do que os marsupiais e os placentários, mas ninguém sabe se isso representa o estado basal dos mamíferos para nossas Evas primitivas; afinal, as aves têm sangue quente, e possivelmente os antigos dinossauros a partir dos quais elas evoluíram também tinham. Há inclusive quem pense que as espécies talvez tenham evoluído para dar à luz crias vivas justamente para se beneficiar do fato de usar o próprio corpo para *carregar* seus bebês gestados internamente para lugares mais quentes, ou seja, não só os mamíferos primitivos, mas também criaturas de sangue frio como alguns tubarões, que parecem migrar para águas mais quentes durante a gestação (Farmer, 2020).

*** Algumas poucas de nós nascem com uma vagina dividida, ou então com um trecho pequeno e isolado de uma segunda vagina que nunca chegou a se desenvolver plenamente. As mulheres trans em geral nascem sem vagina.

cialistas em biologia chamam de "espaço em potencial", algo capaz de se expandir para acomodar uma intrusão, mas que em geral não fica aberto. A vagina da maioria das mulheres termina no colo do útero: o curto gargalo do órgão que normalmente tem apenas o tamanho da mão fechada de uma mulher e que pode se expandir até o tamanho de uma melancia quando a mulher engravida. O útero humano tem mais ou menos o formato de uma pera invertida, ladeada por duas finíssimas trompas de Falópio terminando em bordas franjadas bem ao lado dos ovários, que por sua vez têm tipicamente o tamanho de uma uva grande. Esses são os resquícios do antigo sistema de postura de ovos: um lugar para fabricar os ovos, um encanamento por onde escoar esses ovos, uma glândula em formato de bolsa para secretar substâncias capazes de criar uma casca externa para o ovo (essa glândula foi o que veio a se tornar o útero) e uma saída para o produto final.

Em geral, o diagrama dos órgãos reprodutivos femininos é desenhado no formato de um T, com as trompas esticadas para um lado e outro do útero. Só que, no espaço exíguo e abarrotado do baixo-ventre de uma mulher, os ovários na realidade ficam encaixados bem junto do útero, e espremidos também perto da bexiga e do intestino grosso, e as trompas não se esticam tanto assim. Se você já tiver feito um exame de ultrassonografia dessa região, foi por esse motivo que o técnico talvez não tenha conseguido encontrar um dos seus ovários, que muitas vezes ficam escondidos pelo útero, pela bexiga ou por parte do intestino.* Costuma ser bem apertado lá embaixo.

A pelve feita para pôr ovos de Morgie também devia ser bem apertada. Em termos de desenvolvimento, a maior diferença entre nós e ela é como o feto humano evoluiu para ter uma vagina, uma uretra e um reto separados. *Esse* foi

* Por isso também o câncer de ovário é tão perigoso: os ovários não só passam por mudanças hormonais e uma renovação celular drásticas, o que os torna mais propensos ao câncer de modo geral, como também são pequenos e ficam encostados em outros órgãos. Quando um câncer de ovário é diagnosticado, muitas vezes já se espalhou pelo baixo-ventre, causando o surgimento de tumores no intestino, útero, bexiga, rins e/ou fígado. É verdade também que os ovários com frequência incomodam as mulheres — cistos benignos são comuns — e muitas de nós aprenderam a ignorar os pequenos incômodos e dores lá embaixo. Embora o câncer de ovário em geral ocorra depois da menopausa, uma a cada 78 pessoas com ovários terá esse diagnóstico em algum momento da vida (SEER, 2021). Não permita que esse fato a deixe ansiosa demais, mas guarde-o em algum lugar do cérebro. Como sempre, se algo não lhe parecer normal, converse com sua médica ou seu médico.

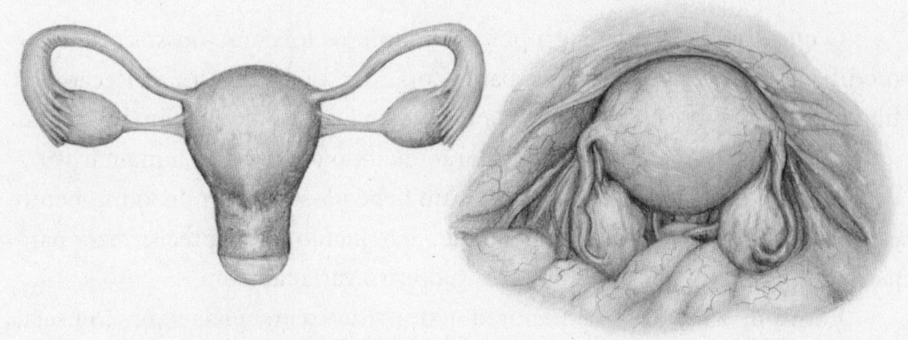

O que em geral se mostra — Como é na verdade

Anatomia pélvica feminina: o encaixe é apertado.

provavelmente um dos passos mais importantes para uma criatura se tornar placentária como nós. Os marsupiais também precisaram fazer isso, mas o modo como organizaram suas novas partes baixas talvez tenha sido diferente o bastante daquele de nossas Evas para limitar suas alternativas.

Uma das formas de traçar o caminho que vai de Morgie até o nascimento de crias vivas dos euterianos é simplesmente avançar no tempo. Há mais ou menos 200 milhões de anos (ou seja, pouco depois de Morgie surgir),[14] a linhagem dos mamíferos se dividiu em três: monotremados, marsupiais e placentários. Os monotremados devem seu nome à sua *única* via de saída: um buraco único (mono) na parte traseira do corpo denominado cloaca. (Mais sobre isso daqui a pouco.) A maior diferença entre os monotremados e todos os outros é o fato evidente de eles ainda botarem ovos, que são expelidos por esse único buraco.

Os marsupiais, de modo geral, têm dois buracos: o "seio urogenital" e um reto. Eles dão à luz bebês muito pouco desenvolvidos, semelhantes a feijõezinhos molengos, que na mesma hora rastejam para uma bolsa externa, onde ficam mamando numa teta até a hora de estarem prontos para sair.

Os euterianos, com nossa organização pélvica feminina de três buracos, parem crias vivas e relativamente vulneráveis que mamam por um período variável, em geral em algum local seguro, como um ninho, um quarto de bebê ou uma toca, ou qualquer outra solução que consigamos encontrar.*

* Alguns raros placentários ainda têm uma organização com dois buracos e raríssimos ainda possuem cloaca, embora não fique claro se esses animais representam uma linhagem que "não

O que dividiu esses três grupos de mamíferos foi como nossos corpos se modificaram ao longo do tempo para acomodar a fabricação e a criação dos filhotes. Todas as crias mamíferas mamam, como as de Morgie mamavam, mas quão desenvolvidos nossos bebês estarão quando começarem a mamar varia dependendo da espécie. O tempo que um bebê passa mamando, o momento em que ele se torna enfim "independente" e o quanto a mãe precisa fazer para garantir que ele chegue à maturidade, tudo isso varia também.

Em comparação aos humanos, a maioria dos marsupiais nasce (ou seja, sai do útero e rasteja até a bolsa) num estágio de desenvolvimento que equivaleria a mais ou menos sete semanas de uma gestação humana; em outras palavras, *extraordinariamente* pouco desenvolvida. Como seus antebraços são fortes, isso os ajuda a rastejar até a bolsa — por meio do ultrassom, pesquisadores conseguiram observar wallabies treinando escalada dentro do útero a poucos dias de nascer[15] — mas seus membros traseiros muitas vezes mal passam de botões. Uma vez dentro da bolsa, a maioria dos marsupiais basicamente gruda sua minúscula boca num mamilo e mantém essa conexão íntima com o corpo da mãe conforme vai crescendo. Pense no mamilo dos marsupiais como um cordão umbilical em menor grau: continua havendo uma comunicação de mão dupla (lembra da "sucção para cima" dos bebês humanos?), mas o corpo da mãe não precisa fazer tanto por um filhote na bolsa como quando ele está dentro do útero. Por exemplo, se um dos filhotes por acaso morrer, é bem mais simples "cortar o cordão".

Filhotes de camundongo estão um pouco mais avançados em matéria de desenvolvimento ao nascer, mas também são cor-de-rosa e desprovidos de pelos, têm os olhos ainda fechados e as orelhas viradas para trás e imprensadas contra os minúsculos crânios. Mamíferos mais avançados parem crias em estágios variados de independência. Gatos e cães nascem molengas e incompetentes, mas crescem depressa, mamando e dormindo, mamando e dormindo. Outros, como as girafas, nascem praticamente capazes de viver no mundo desde o início, o que é bom, visto que elas despencam quase dois metros da vagina da mãe até o chão durante o parto. É a força do impacto que rompe o

---

conseguiu evoluir" para as três saídas mais comuns ou se em determinado momento voltou para um sistema antigo, conservando esse traço porque ele não a prejudicava o suficiente para ter importância. A vida na Terra é um negócio confuso, e a categorização das coisas vivas admite, portanto, alguma confusão.

cordão umbilical e o saco gestacional da girafa recém-nascida e estimula seus pulmões a começarem a funcionar, fazendo-a arquejar para respirar pouco depois de aterrissar. Mais ou menos uma hora depois desse rude despertar, o recém-nascido em geral já consegue ficar em pé.

Preparar um corpo para *esse* tipo de chegada no mundo é a essência da história dos euterianos: as mães girafas têm uma gestação de quinze meses, e uma gestação muito exigente. As marsupiais, por sua vez, mal reparam que estão prenhes, pelo fato de uma parte grande do desenvolvimento acontecer dentro da bolsa. Para os camundongos, acontece mais coisa dentro do útero, mas ainda assim outro tanto acontece no ninho. Portanto, passar de mães que punham ovos para mães que pariam filhotes (ou, em outras palavras, diferenciar-se das Evas do tipo monotremado e se transformar nas criaturas que acabariam por se tornar os marsupiais e placentários de hoje) era para elas uma questão de quanto dar e em que momento. Na verdade não é possível separar o desenvolvimento fetal e juvenil (o que o filhote faz) do sistema reprodutivo das mulheres (o que a mãe faz), porque as duas coisas estão intrinsecamente ligadas. Elas evoluem juntas. Os biólogos chamam isso de "investimento materno", um termo genérico para tudo aquilo que a fêmea precisa fazer (do ponto de vista psicológico e comportamental) para gerar descendentes reprodutivamente bem-sucedidos, e o quanto isso vai lhe custar. Os custos se distribuem no tempo em graus distintos, a depender da espécie e do seu habitat. Ela vai "gastar" mais (energia, recursos, tempo) fabricando ovos?* O quanto esse gasto vai pesar para ela? Ela vai concentrá-lo na preparação do ambiente no qual seus ovos vão eclodir ou no ambiente no qual os filhotes vão amadurecer? Isso

* Assim como os seres humanos, o investimento materno em outras espécies tem "custos de oportunidade": mais ou menos como a pessoa que é obrigada a sacrificar a oportunidade de um emprego mais bem remunerado por já estar ocupada fazendo um trabalho mal remunerado e não ter tempo para procurar outro, um animal que passa um tempão construindo um ninho não está gastando esse tempo procurando comida para si mesmo, ou procurando novos parceiros, ou até procurando um local melhor para fazer o ninho. O fato de precisar construir qualquer ninho, em outras palavras, cobra parte de sua vida. Isso naturalmente explica, em grande medida, por que em tantas espécies que põem ovos são os *machos* que constroem os ninhos, ou pelo menos eles contribuem para tal: esse é um traço naturalmente atraente para uma fêmea que põe ovos. Quão bem os machos contribuem para essa tarefa pode inclusive influenciar a quantidade de ovos que a fêmea põe (García-López de Hierro et al., 2013). O tempo não é de graça, nem para os humanos nem para os pardais.

vai significar um risco maior para o seu corpo? Todas as respostas dependem do acaso, mas esse acaso é profundamente influenciado pelo entorno da mãe e pelo projeto corporal da sua espécie. Nenhuma das respostas é isenta de custo. Toda estratégia tem riscos. Mas esses riscos, quando sobrevivem ao rolo compressor da evolução, tendem a gerar recompensas na forma de filhotes que chegarão à idade de ter mais filhotes. Portanto, as girafas têm quinze meses de gestação. A mãe chega ao final bastante exaurida. Mas seus bebês vêm ao mundo já capazes de andar.

Modificar o projeto corporal pressupõe um cálculo de risco semelhante. Uma grande parte da evolução do leite teve a ver com proteger os recém-nascidos das bactérias. Com o desenvolvimento do projeto corporal de três buracos, nossas Evas primitivas foram obrigadas a desenvolver formas de proteger o canal de parto de se contaminar com bactérias provenientes dos excrementos.

Como Morgie, os monotremados de hoje não têm uma abertura vaginal separada. Assim como aves e répteis, eles põem ovos pela cloaca, uma saída única da pelve para o mundo exterior. Logo atrás da abertura que abre e fecha da cloaca, aves e répteis têm alguma versão de seio cloacal: uma bolsa de tamanho variável na qual ureteres, úteros e intestinos grossos despejam seus diferentes produtos. Assim, quando a fêmea do ornitorrinco põe seus ovos de casca mole, ela os expele pela mesma saída que usa para se livrar da urina e das fezes. É um sistema eficiente.

Mas elas ainda precisam proteger suas crias das bactérias presentes em seus dejetos corporais. E na realidade a maioria das espécies que põe ovos tem um pedaço de tecido que se dobra dentro da cloaca, chamado prega uroproctodeal, que engenhosamente se move para um lado ou para o outro para ajudar a proteger os tratos urinário e reprodutivo da exposição às bactérias do cólon. Só que, por ser uma prega, ela não é perfeitamente estanque. Isso significa que com frequência os ovos ficam um pouco sujos de cocô ao sair, ou seja, são expostos às bactérias do intestino. Para um bebê que está dentro do ovo, bem abrigado dentro dessa casca protetora, isso não importa muito. Quando a casca não está mais presente, porém, esse tipo de sistema poderia causar todo tipo de contaminação bacteriana em nossos recém-nascidos, cujos sistemas imunológicos talvez não estejam preparados para isso. Portanto, se a evolução do nascimento de crias vivas tiver vindo *primeiro*, construir uma separação mais confiável entre o canal das fezes e o do parto teria vindo rapidamente depois: não é preciso tantas gerações assim de filhotes que sobrevivam a um inferno bacteriológico, ao contrário de seus primos besuntados de cocô, para um traço como esse se tornar a norma.* E, de fato, tanto marsupiais quanto placentários euterianos como nós têm o reto e o seio urogenital separados: mamíferos que parem crias vivas em geral mantêm seus bebês longe dos próprios traseiros.

Embora nem todo o desenvolvimento fetal se traduza em tempo evolutivo, na verdade é possível vislumbrar como isso pode ter acontecido observando o que os mamíferos fazem no útero:

No início, os embriões euterianos desenvolvem uma cloaca, e os ureteres despejam seus resíduos diretamente ali, assim como o gargalo da bexiga e do intestino delgado e os ovidutos, dois ovidutos, claro, um para cada ovário. Então uma fenda de tecido começa a se formar entre o intestino e a bexiga, que vai se estendendo para baixo até finalmente formar a parede de trás da vagina.** Enquanto isso, os ureteres sobem e a uretra se estende para baixo desde a bexiga até a entrada do antigo seio (nas fêmeas) ou até a ponta do pênis conectada ao canal deferente (nos machos) para servir de rota para excretar urina e sêmen. No embrião humano, a cloaca está presente in utero na quinta semana, e em seguida se subdivide em dois canais distintos (urogenital e retal) nas sexta e sétima semanas, e na vigésima a divisão completa em três canais está praticamente concluída.

* Também poderia ter acontecido na outra ordem. Por exemplo, ter os ureteres regularmente expostos a bactérias do intestino delgado poderia tornar o indivíduo suscetível a infecções na bexiga. Isso não parece muito importante para répteis, anfíbios e aves, todos os quais ainda têm cloaca, mas se alguma Eva mamífera primitiva houver tido alguma espécie de vantagem durante um surto local de gripe intestinal — por exemplo, um septo mais permanente e fibroso entre a saída da cloaca e o ureter — não é difícil imaginar como isso teria sido selecionado. E, uma vez a saída do cocô separada da saída do xixi e da saída dos ovos, o sistema reprodutivo poderia ter ficado mais livre para fazer algo tão bobo quanto manter a cria dentro do corpo até o nascimento.

** Pesquisas recentes indicam que essa "descida" é mais um produto de taxas de crescimento distintas entre diferentes regiões da cloaca do que um avanço ativo para baixo (Kruepunga et al., 2018). Mas a divisão dela resultante continua a ser semelhante a uma fenda, de fato se forma assim ao longo do tempo e segue constituindo uma janela fascinante para as diferenças de desenvolvimento na parte traseira de monotremados, marsupiais e euterianos.

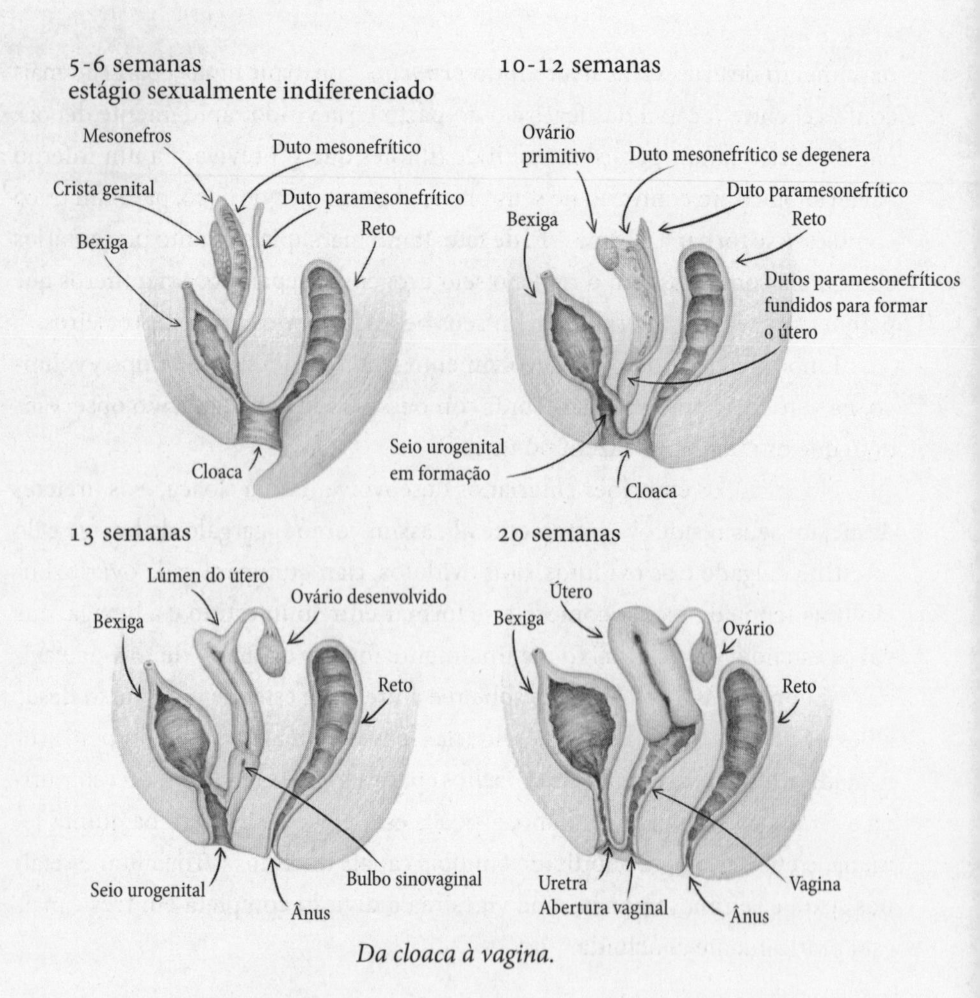

Da cloaca à vagina.

Repare que o embrião humano é sob muitos aspectos "sexualmente indiferenciado" mais ou menos até a sétima semana, pelo menos no que diz respeito a essas partes urogenitais: a formação do pênis, dos testículos e da comprida uretra masculina só começa depois, e o botão do pênis permanece indistinguível até a 12ª semana. Mesmo na 12ª semana, ainda existe um buraco na parte inferior da estrutura peniana que se parece bastante com uma fenda vaginal — os resquícios do desenvolvimento daquele seio urogenital — e que só vai se fechar por completo, com o pênis e a glande no lugar, na vigésima semana. É nessa fase também que os inchaços laterais que vão se tornar os lábios vaginais, nas fêmeas, ou o saco escrotal, nos machos, já se encaixaram no lugar, e o pequeno botão genital é em-

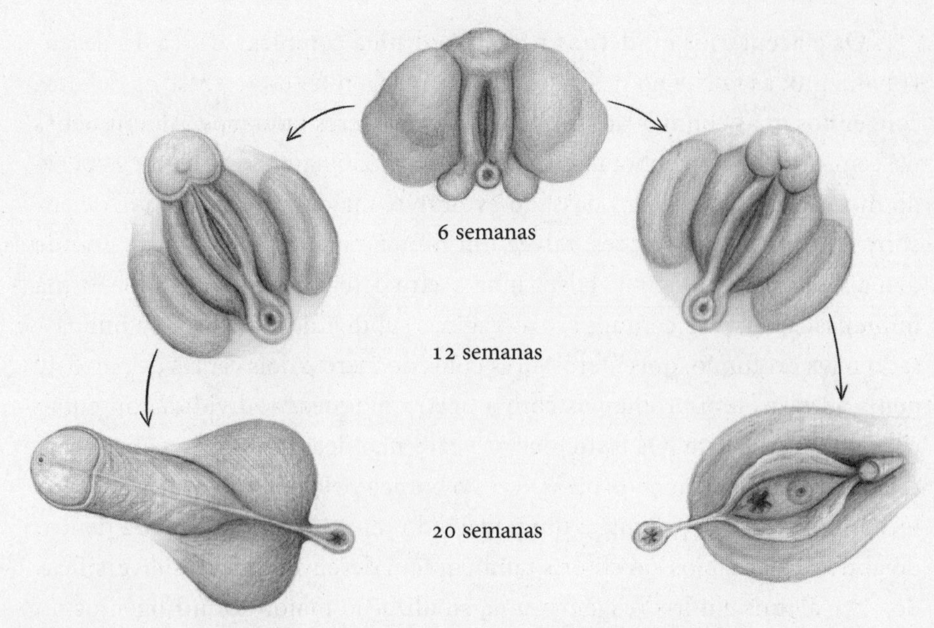

Como os embriões transformam um buraco em genitais.

purrado para a frente para formar a glande, nos machos, e nas fêmeas a base da parte externa do clitóris. Em muitos homens adultos ainda é possível ver os resquícios de como essa fenda se fechou: uma pequena linha, às vezes até uma tênue protuberância de tecido, que percorre o lado inferior do pênis, passa pelo meio do saco escrotal e vai até o períneo e o ânus. Esse é um lembrete visual de como esse homem conseguiu transformar sua antiga cloaca em pênis, saco escrotal e ânus.*

Embora as Evas que existiram entre o surgimento dos placentários e nós já tenham morrido há muito tempo, a organização dos monotremados é um modelo razoável para como deve ter sido a organização delas: equidnas e ornitorrincos mantiveram suas cloacas, e os machos ainda têm os testículos dentro do corpo, em vez de pendurados num saco escrotal. Também têm ureteres que despejam seus resíduos diretamente no seio cloacal.

* É útil lembrar que aquilo que os existencialistas de gênero parecem considerar tão essencial — a presença de um ou outro tipo de genitália típica de um sexo — é uma diferença bastante pequena no desenvolvimento fetal, que leva apenas poucas semanas e com frequência se embaralha. Nosso caminho evolutivo está coalhado de diferenças cintilantes, e o mesmo vale para os corpos de qualquer população. Na vida sobre a Terra, a diversidade é um aspecto, não uma falha.

Os placentários modernos passam por uma complexa dança do desenvolvimento; as falhas no desenvolvimento urogenital estão entre os defeitos congênitos mais comuns dos quais padecem os seres humanos. Alguns bebês nascem com cloaca, embora isso seja muito raro. Quanto mais se chega perto do modelo atual em nosso passado evolutivo, maior a probabilidade de encontrar leves malformações: talvez um hímen cobrindo uma parte grande demais da abertura vaginal, talvez uma uretra defeituosa ou de alguma forma imprensada.* Menos comuns são as vaginas subdivididas, que traem um passado mais profundo: dois úteros, dois colos de útero e dois canais de parto. O pênis às vezes tem problemas com a uretra bloqueada, dividida, ou então parcialmente aberta. Os testículos às vezes não descem direito para o saco escrotal após o nascimento, ou às vezes o buraco pelo qual eles descem não se fecha direito, o que permite a um pedaço do intestino escapulir para dentro do abdome. Os lábios e o clitóris também têm desenvolvimentos diversificados,** e alguns clitóris reagem a uma sinalização maior de androgênios no útero e se desenvolvem até virar protopênis. Alguns desses problemas exigem correção cirúrgica precoce — com certeza ninguém quer que um bebê menino morra porque parte do seu intestino necrosou após ser pinçada numa hérnia. Outros não requerem cirurgia nenhuma: um protopênis não representa nenhum risco de vida.[16]

Assim, fabricar a vagina dos placentários modernos significou reorganizar todo o baixo-ventre, inclusive sua forma de gerar um feto desde a concepção até o nascimento. Nós ainda precisávamos urinar, defecar e expulsar crias (ou sêmen) de nossos corpos. Ainda precisávamos nos certificar de que a urina e as fezes não se espalhassem por nossos abdomes, de modo que desenvolver

* Embora atribuamos um valor cultural ao hímen humano, ele provavelmente não passa de um resquício estranho do desenvolvimento urogenital. Muitos mamíferos têm hímen: elefantas, baleias, cadelas. Embora seja vagamente possível *alguma* seleção ter conservado o hímen em termos de confirmação "virginal" para machos particularmente exigentes, ele tem propensão a se romper devido a todo tipo de vida normal muito anterior ao sexo penetrativo, e muitas meninas já nascem sem hímen. Ter hímen demais na verdade é um risco para a saúde da menina. A razão mais provável para as fêmeas humanas terem hímen é simplesmente o fato de nosso sistema reprodutivo ser suscetível a falhas.

** E uma evolução diversificada também: a genitália feminina nos mamíferos é bem mais diversificada do que a masculina, apesar de toda a atenção que recebem aqueles dotados de pênis (Pavlicev et al., 2022).

corretamente o encanamento e as divisões de tecido tinha importância. E, quando nos livramos da casca dos ovos, o nascimento de crias vivas precisava de um canal de parto capaz não só de acomodar qualquer que fosse o tamanho do bebê que se tentasse parir, mas também de proteger esse caminho de coisas para as quais o corpo do seu bebê talvez não estivesse preparado.

Os mamíferos já estavam tentando resolver esses problemas antes que o asteroide chegasse. Mas, pelo que podemos deduzir dos registros fósseis, o longo inverno que sucedeu o impacto matou mais antepassados dos marsupiais do que dos placentários.[17] Se não tivesse sido assim, a maioria de nós poderia hoje ter duas ou três vaginas.

Como mencionei, os marsupiais — todas as espécies, sem exceção — têm no mínimo uma vagina para cada útero. Todas essas vaginas se conectam num canal central curto, o tal "seio urogenital". Essas vaginas são como o espermatozoide chega até onde precisa ir. Muitos marsupiais têm também um ou dois canais de parto extras, por onde os fetos rastejam de dentro do corpo da mãe, sobem através dos pelos do seu abdome e entram na sua bolsa. O pênis dos marsupiais coevoluiu com esses respectivos receptáculos, como sempre acontece com o pênis (mais sobre isso no capítulo "Amor"), motivo pelo qual os gambás e cangurus têm um pênis bifurcado para se encaixar nas duas vaginas de suas parceiras.*

Assim, pense nas vaginas como um sistema especializado de entrega de genes: o espermatozoide entra, a cria sai. Simples. Mas lembremos que o abdome é um espaço abarrotado. Para muitos marsupiais, como o canguru, os ureteres passam *entre* as três vaginas da fêmea em direção à bexiga. Isso significa que a fêmea não pode dar à luz nada maior do que um feijão, caso contrário seus ureteres seriam rompidos. Se não morresse de hemorragia interna, ela morreria rapidamente envenenada pelos resíduos de nitritos em geral armazenados na segurança de seus rins e bexiga.

* A equidna, um monotremado, apesar de ter cloaca e, portanto, precisar virá-la do avesso de modo a projetar o tecido peniano para fora, deu um jeito de evoluir um pênis com quatro cabeças. Duas das quatro se mantêm recuadas durante a ereção, e, assim, quando o desregrado solteirão encontrar uma parceira disposta, o pênis pode revezar armas e erguer essas duas outras cabeças, como numa versão sexual daquele jogo de acertar a toupeira que sai do buraco.

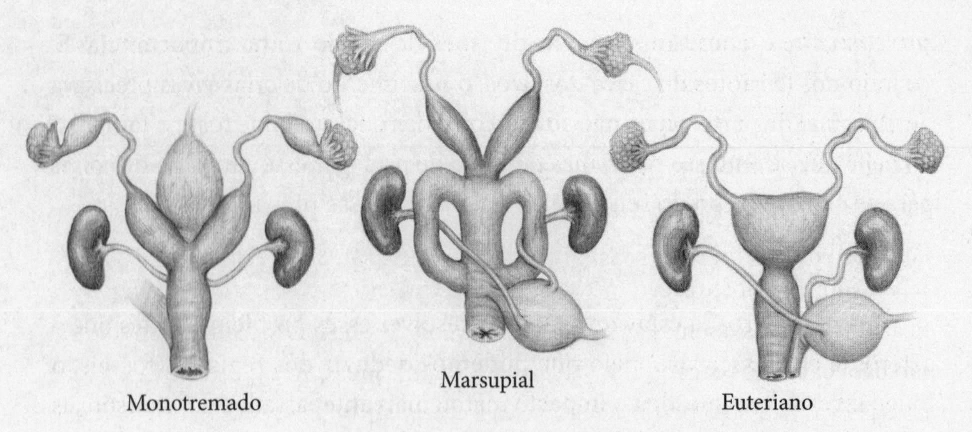

Projetos de vagina dos mamíferos.

Em outras palavras, em algum ponto do caminho evolutivo da cloaca até a vagina, o projeto corporal dos marsupiais se tornou autolimitante. Para as Evas dos mamíferos placentários como nós, ou os ureteres não constituíam um problema ou, por um feliz acaso, deixaram de constituir um problema conforme foram evoluindo. Isso significou que parir bebês maiores não nos mataria mais ao estraçalhar nosso encanamento interno. Poderia nos matar de *outras* formas, mas não dessa.

Mesmo assim, sempre existem contrapartidas no que diz respeito a novos projetos corporais. Em princípio, quanto mais recente um traço, maior sua probabilidade de falhar; isso vale tanto para smartphones quanto para partes do corpo. As paredes da nossa vagina placentária moderna, por serem bastante novas, são uma espécie de "produto mal testado". Se pudermos nos guiar pelos marsupiais, é provável que as estruturas de sustentação da uretra reposicionada, agora localizada logo atrás da parede dianteira da vagina, sejam de evolução mais recente do que a estrutura que separa a parede traseira do reto. Nas mulheres humanas, essas estruturas não são tão robustas quanto se poderia desejar: uma em cada dez mulheres sofre de incontinência urinária após um parto vaginal.[18] Os bebês humanos modernos são tão grandes ao nascer e têm *cabeças* tão grandes que o processo de "coroar" (passar a cabeça pelo canal de parto) pode ser traumático para as paredes da vagina e as estruturas de tecido circundantes. Depois de um parto difícil enfraquecer o tecido profundo entre a bexiga e a parede dianteira da vagina, muitas mulheres desenvolvem prolapso, que é quando a bexiga despenca parcialmente para dentro da cavidade vaginal.* Fisioterapia para fortalecer a musculatura do assoalho pélvico ajuda a maioria a se recuperar, possivelmente retreinando os nervos da região a reagirem de modo apropriado à vontade de urinar, e possivelmente tornando a camada de músculos do assoalho pélvico *mais grossa*, sustentando assim os tecidos fujões situados acima dessa prateleira de músculos.

O outro problema evolutivo ligado ao parto e às bexigas humanas é o fato de ficarmos paradas e sentadas numa postura ereta. Isso significa uma grande pressão para baixo dos órgãos pélvicos sobre a vagina. Pressupõe-se que as bexigas de nossas Evas ficassem penduradas para a frente dentro do seu ninho de carne, em direção à frente do abdome, de modo que não haveria nenhuma pressão suplementar da gravidade enquanto a vagina estivesse se recuperando do trauma do parto. Mas hoje, devido à nossa postura ereta, a bexiga exerce uma pressão natural sobre a parede dianteira da vagina. Se essa parede estiver enfraquecida pelo parto, a bexiga está propensa a descer e cair por dentro da vagina. É pura física.

Ter um parto vaginal é o maior fator de risco para o prolapso da bexiga em mulheres. O segundo maior fator é a menopausa: quando o equilíbrio hormonal no corpo da mulher se modifica, os níveis de estrogênio mais baixos afrouxam naturalmente o tecido da vagina e da musculatura pélvica em volta. Muitas mulheres fazem cirurgia para apertar o tecido e corrigir o prolapso. Se o prolapso for significativo o suficiente — se, por exemplo, parte da bexiga chega a escapar pela abertura vaginal, ou então parte do útero, com o colo afundando e saindo por entre as paredes da vagina — algumas mulheres podem até ter suas abertu-

* Um enfraquecimento da parede entre a vagina e o reto também é comum e ocasiona um tipo especificamente feminino de prisão de ventre. A maioria dessas lesões não chega a constituir um rasgo completo, mas uma laceração de uma ou mais camadas do tecido ou das estruturas vaginais; não se trata de um buraco aberto. Embora isso também possa acontecer e se chame fístula obstétrica (mais a respeito no capítulo "Ferramentas"). Essas lesões podem atrapalhar a delicada organização dos nervos responsáveis por controlar os esfíncteres locais, que podem apresentar seus próprios problemas. Mesmo nos casos em que esses problemas não ocorrem, lacerações da vagina e dos tecidos circundantes são corriqueiras durante o parto, em especial se for o primeiro. Por ter eu mesma passado por isso, posso relatar que a maioria dos obstetras costura as coisas bem depressa depois que o bebê sai. No meu caso, sinceramente, a sensação me lembrou um pouco um puxão. Tudo lá embaixo já estava tão destruído que os nervos já não enviavam muitos sinais discerníveis para meu cérebro exausto. A estrada rumo à recuperação após o parto, contudo, foi longa e dolorosa.

ras vaginais fechadas cirurgicamente para sustentar os órgãos.[19] Isso naturalmente requer estar disposta a nunca mais ter relações com penetração vaginal, mas muitas mulheres mais velhas se dispõem a aceitar a contrapartida.

Talvez você esteja prestes a me acusar de reforçar o estereótipo relacionado ao desinteresse das mulheres mais velhas por sexo, mas apenas 25% das mulheres de qualquer idade alcançam regularmente o orgasmo durante a penetração vaginal.[20] Na ausência de qualquer estímulo clitoriano durante o sexo, esse número é ainda menor. Apesar da função evolutiva evidente como túneis de parto e receptáculos de espermatozoides, para a maioria das mulheres, sejam velhas ou jovens, a vagina não é o centro da satisfação sexual: esse centro continua a ser sem sombra de dúvida o clitóris. Se usarmos um pincel de pelo de camelo nº 4 para estimular o clitóris de uma rata fêmea,[21] ela voltará feliz para o local que associar com isso, várias e várias e várias vezes. Enquanto estiver lá, ela emitirá uma série de guinchos subsônicos — as ratas não são amantes discretas — e tanto seu cérebro quanto seu comportamento darão mostras de busca de recompensa e de prazer; se fizermos isso perto de uma almofada com cheiro de amêndoas, ela mais tarde buscará sexo com um macho que tenha cheiro de amêndoas. Ratas cujos clitóris forem estimulados também exibem menos estresse e uma saúde geral melhor do que ratas que não sejam estimuladas dessa forma. Em outras palavras, a estimulação clitoriana faz bem para a saúde de uma rata de laboratório, mais ou menos como parece fazer para as mulheres humanas.[22]

Já as aves, coitadinhas, não têm clitóris, e a maioria das cloacas das aves e dos lagartos não tem o mesmo tipo de sensibilidade nervosa.* Sinceramente, você decerto não iria *querer* ter muitas terminações nervosas sensíveis dentro do local que usa para expelir seus ovos, e de fato as paredes modernas da vagina são igualmente insensíveis. A maioria das aves macho sequer tem pênis.**

* Algumas aves fêmeas dão mostras de prazer durante o ato sexual. Infelizmente, há mais dados sobre machos que se masturbam do que sobre fêmeas. A única ave que conhecemos dotada de algo parecido com um clitóris na verdade é o *macho* do tecelão, que tem um pênis "falso" suplementar, que não deposita esperma. Se devidamente estimulado, ele estremece e fecha as patas escamosas. Não podemos afirmar que esteja sentindo o mesmo que as mulheres humanas sentem ao atingir o orgasmo, mas do ponto de vista de um observador externo é o que parece (Winterbottom et al., 2001). Ele com certeza não teria motivos para fingir.

** Apesar do nome em inglês — *cock*, um sinônimo de pênis —, o galo na verdade não tem pênis. A linguagem humana com frequência interpreta mal a realidade.

Noventa e sete por cento das aves acasalam por meio de um "beijo cloacal",[23] no qual a fêmea alinha sua cloaca, semelhante a uma bolsa virada do avesso, com a fenda aberta da cloaca do macho, momento no qual ele ejacula com força e projeta o sêmen diretamente em cima/dentro dela. A fêmea então puxa a cloaca de volta para dentro do corpo com um arrufar das penas, como um dinossauro moderno arrumando a saia. Para a maioria das aves, o coito é uma coisa breve; os rituais de acasalamento é que são elaborados.*

Os escamados (répteis que possuem escamas, como cobras e lagartos) tendem a possuir um pênis — em geral uma coisa em formato de Y chamada hemipênis —, que mantêm murcho e guardado dentro de sua abertura cloacal, e viram do avesso para o coito quando necessário. Na verdade, pelo visto todos os amniotas descendem de um Adão primitivo dotado de um pênis erétil.[24] Mas os dinossauros que viraram aves desativaram o gene que permite o desenvolvimento do pênis de um embrião. Na verdade, é possível vê-lo no ovo: uma pontinha de carne rapidamente absorvida pelo corpo do feto da ave conforme este cresce.** A teoria atual é de que a escolha de parceiro tornou útil se livrar do pênis:[25] quando uma galinha não decide apresentar de modo útil sua cloaca para um galo disposto, ele simplesmente não tem onde depositar seus espermatozoides. A maioria do que resta dos dinossauros, em outras palavras, evoluiu para deixar por completo de ter pênis, porque dar às fêmeas o que elas queriam (ter corpos que precisavam da *vontade* de uma fêmea para fazer sexo) se revelou melhor para sua sobrevivência. Pelo menos é o que diz a teoria.***

Afinal, sempre que você encontrar uma espécie com pênis, deveria saber que o pênis *coevoluiu* com a vagina da espécie. Eles não só são úteis para inserir o espermatozoide diretamente dentro do trato reprodutivo da fêmea, aumen-

* E os rituais de formação de casais para as espécies que os têm, como a catação e o chamego intensos que se veem em certos papagaios.

** O tuatara, outro tipo de réptil, também se livrou do pênis de um modo parecido. Embora os pênis do mundo sejam extraordinariamente diversos, são todos modificações de uma inovação evolutiva básica e antiga. Os amniotas que não os possuem hoje evoluíram a partir de antepassados que *se livraram* deles por um motivo qualquer.

*** Também é verdade que criar um pênis é algo propenso ao erro: um em cada 125 meninos nasce hoje com algum tipo de defeito peniano, dos quais o mais comum é um mau posicionamento da uretra que talvez revele o passado evolutivo do próprio pênis humano (Paulozzi et al., 1997; Bouty et al., 2016; Gredler et al., 2014). Assim, em algum ponto do passado dos dinossauros, talvez tivesse sido melhor não ter *nenhum* pênis do que um monte de pênis defeituosos.

tando assim a chance de que o macho transmita seus genes, mas também interessa à fêmea que o pênis *certo* — aquele específico que ela quer — faça o serviço. Ou não, visto o pênis das aves que desapareceu como resultado da influência positiva da escolha da fêmea. Como muitas espécies têm cópulas forçadas, as vaginas também desenvolveram uma série de maneiras de criar pedacinhos de tecido que se dobram, e podem assim se fechar ou se abrir dependendo da vontade da fêmea de ser inseminada por aquele macho. Quanto mais "estupradora" a espécie, maior a probabilidade de a fêmea ter algo assim: as vaginas das patas são conhecidas por terem muitas dobras. (Mais sobre isso no capítulo "Amor".)

Se os placentários tivessem mantido várias vaginas, também teríamos tido que lidar com um falo irritantemente complicado, o que poderia ter nos prejudicado no longo percurso evolutivo que em tempos recentes produziu os humanos. Os machos humanos têm um dos poucos pênis no mundo desprovidos de báculo (um pequeno osso de sustentação)[26] e dependem inteiramente de tecido intumescido para sustentar suas enérgicas arremetidas. Isso já levou a diversos pênis quebrados,* sem falar no problema extremamente comum (mas bastante grave em termos evolutivos) da disfunção erétil.

Mas a mecânica heterossexual relativamente simples mesmo assim nos ajudou a evitar outros problemas. A fêmea do rinoceronte, por exemplo, tem uma vagina tão sinuosa que o macho desenvolveu um pênis de 75 centímetros em formato de raio para se encaixar nela. Muito tempo atrás, os chineses viram esse pênis em forma de raio (ou talvez tenham presenciado as típicas duas horas e meia de acasalamento que os rinocerontes precisam aguentar só para fazer a porcaria toda funcionar)[27] e acreditaram erroneamente que a proeza física poderia ser transferida para os seres humanos. O chifre de rinoceronte — ilegalmente caçado, seco e moído até virar um pó — segue rendendo um alto valor

* Embora falte aos pênis humanos um báculo para ser quebrado, a camada externa em volta do tecido erétil do pênis pode se romper, em geral por sofrer um golpe ou ser dobrada excessivamente quando o pênis está ereto. A forma mais comum de isso acontecer é, durante um coito em particular vigoroso, o pênis escorregar para fora e acertar o períneo, o que o faz se curvar. Assim, a evolução do nascimento de crias vivas não só levou à criação de uma vagina separada do ânus, mas também deu origem a um *risco* frequente que, no sistema reprodutivo humano, pode tornar um macho incapaz de procriar. Em outras palavras, um coito especialmente vigoroso não é um sinal de virilidade, e sim da temeridade de um homem.

no mercado clandestino para os caçadores ilegais. É por isso que a maioria das espécies de rinoceronte está hoje ameaçada: graças à tal vagina complicada, os zoológicos têm dificuldade para inseminá-las de modo a aumentar a população cada vez menor desse animal.*[28]

Assim, os rinocerontes ganharam vaginas complicadas e estão sendo extintos por nossa culpa, os marsupiais conservaram suas múltiplas vaginas, mas são em grande medida exclusivos à Austrália, e os placentários como nós, com nossas vaginas simples e únicas, se espalharam pelo mundo inteiro. A partir daí, nós construímos o útero placentário moderno, ou melhor, úteros, no plural. Assim como os marsupiais e a maioria dos roedores de hoje em dia, nossas Evas originalmente tinham dois.

COMO TRANSFORMAR O PRÓPRIO CORPO NUMA CASCA DE OVO

Em 2017, um grupo de pesquisadores americanos fez o que ninguém pensava ser possível: fabricou um útero mecânico capaz de levar bebês cordeiros a termo.[29] Eles o batizaram de *biobag*, "bolsa biológica". Vídeos de uma engenhoca com ares de *Matrix* não demoraram a aparecer nos sites de notícias mundo afora: um pálido feto de cordeiro mal e mal envolto num saco translúcido de fluido amniótico artificial, com tubos bombeando sangue e excrementos para dentro e para fora de seu corpo, os pequenos cascos dando coices delicados dentro da sua piscina alienígena. Imagino que o vídeo possa ter parecido aos espectadores uma espécie de toque de clarim: *É o fim da gravidez, aleluia!* Na verdade, a *biobag* só funciona para parte do terceiro trimestre. Em outras palavras, se ela funcionar para bebês humanos, e não só para cordeiros, seu intuito é ser uma melhoria em relação ao que uma UTI neonatal pode oferecer, sustentando prematuros de um modo que imite melhor o corpo grávido da mãe.**

* Sem falar que o chifre nem chifre é, e sim pelos altamente comprimidos com um núcleo rico em cálcio. E o chifre não tem absolutamente nada a ver com os órgãos sexuais do rinoceronte.

** A grande inovação nesse caso não foi o líquido, e sim conseguir "se conectar" à corrente sanguínea do prematuro via cordão umbilical, permitindo assim aos pulmões se desenvolverem um pouco mais sem precisar respirar ar. No útero, o feto inala líquido amniótico ao longo do final da gestação, uma parte crítica do desenvolvimento pulmonar fetal para os animais terres-

Ninguém jamais inventou um verdadeiro útero externo. Para fazer isso, teria sido preciso inventar toda uma mãe mecânica, porque os animais placentários como nós usam o *corpo todo* como casca de ovo.

O útero euteriano evoluiu da "glândula da casca", um órgão musculoso e gosmento que secretava todas as substâncias necessárias para produzir uma casca de ovo. Cada tipo de casca evoluiu para atender às necessidades de cada espécie até os bebês estarem prontos para saírem do ovo. É um processo bem simples: o ovo amadurece nos ovários, desce rolando por um pequeno tubo, é fertilizado e desenvolve uma casca dentro de um saco de músculos que ejacula sobre ele diversas substâncias de modo a prepará-lo para o mundo exterior. Enquanto isso, o cérebro da mãe — igualmente evoluído no seu habitat específico — a leva a executar diversos comportamentos que ajudam seus ovos a chegarem ao ponto de eclodir. Quando se para de pôr ovos e se começa a parir crias vivas, isso não quer dizer que essas outras necessidades são eliminadas; quer dizer, isso sim, que é preciso encontrar uma forma de transformar o corpo da mãe num misto de casca de ovo e ninho.

Trata-se de uma empreitada complexa. Além de ser preciso encontrar uma forma de permitir ao filhote respirar, é preciso encontrar um equilíbrio entre prover recursos suficientes para todo o período da gestação — seja qual for o tempo que a progênie da sua espécie leve para "eclodir" e se tornar uma cria independente — sem, você sabe, destruir completamente o próprio corpo nesse processo.

Em certo sentido, espécies produtoras de leite como a de Morgie já começavam em vantagem. Como as espécies lactantes já estavam acostumadas a prover cuidados mais intensivos depois de seus bebês eclodirem — fornecendo nutrientes, água, e substâncias de valor imunológico dos próprios corpos por meio do leite —, elas não precisavam modificar por completo seu comportamento ou sua fisiologia relacionada à reprodução. No início, na verdade, tudo o que elas precisaram fazer foi transferir o ovo para dentro e inventar uma saída que não as destruísse quando chegasse a hora de expelir as crias. Depois disso, a maternidade era basicamente igual a como sempre havia sido.

É claro que, na natureza, tanto a mãe quanto as crias ficam extremamente vulneráveis, muitas vezes à beira da inanição, até os filhotes se desenvolverem

---

tres. Na UTI neonatal, o oxigênio é forçado para dentro dos pulmões de bebês muito prematuros. Sem ele, esses bebês morreriam, mas isso danifica seu tecido pulmonar.

o suficiente para pararem de mamar e começarem a encontrar o próprio alimento.* E, a menos que tenha armazenado uma quantidade colossal de gordura ou de alimento não perecível numa toca, a mãe mesmo assim vai ter de abandonar o ninho para buscar mais comida: uma mãe gestante é uma mãe faminta, e uma mãe lactante é ainda mais faminta.

Não é difícil ver por que a estratégia de pôr ovos funcionou tão bem por tanto tempo. Mesmo entre os ovíparos que cuidam de seus ovos — que incluíam alguns dinossauros —, deixar os ovos se virarem sozinhos por um tempinho teria sido um imenso alívio para o corpo da mãe.

Então como chegamos ao ponto em que estamos? Quem foi a Eva dos placentários euterianos, a mãe de nosso útero coletivo?

Assim como encontrar a Eva do leite, localizar a Eva placentária é complicado, já que esse tecido mole, da mesma forma que seios e úteros, não sobrevive nos fósseis. No caso do leite tínhamos pistas genéticas: genes específicos que codificam proteínas necessárias para a postura[30] e outros que codificam a fabricação das proteínas do leite. Com elas, pudemos identificar um intervalo de tempo aproximado no qual a oviposição provavelmente cessou, e da mesma forma encontrar as origens do leite. Só que úteros e placentas mobilizam tantos genes (a maioria dos quais nós sequer isolamos ainda) que segue sendo bem difícil definir em que ponto nos afastamos do projeto dos marsupiais e começamos a ser placentários. A maioria dos paleontólogos se apoia no estudo dos padrões gerais da ossatura de marsupiais e placentários atuais para ajudá-los a formar uma teoria.

* Isso também vale para os pobres e oprimidos de hoje: não esqueça que mais de 50% das mulheres da Índia — nação com mais de 1,3 bilhão de pessoas — sofrem de anemia e desnutrição, devido não em pouca medida às tradições locais de mulheres jovens serem as últimas a comer, depois do pai, dos filhos, de qualquer homem da família estendida e das mulheres mais velhas (Hathi et al., 2021; Coffee e Hathi, 2016). Durante a gravidez, a desnutrição se torna especialmente grave e prejudica o feto, comprometendo ainda mais a futura geração de uma das economias mais importantes do mundo e, de longe, a maior democracia mundial. Esta não será a última vez em que direi o seguinte: humanos são mamíferos. Se quisermos investir no futuro da humanidade, precisamos alimentar as mães humanas, e alimentá-las bem. Também seria bom pararmos de violentar e matar mulheres de modo geral, mas vamos começar pela comida.

Em relação a algumas coisas, temos relativa certeza. Graças aos métodos de datação genética, por exemplo, a maioria estima que a placenta primitiva provavelmente evoluiu em algum momento entre 150 milhões e 200 milhões de anos atrás,[31] em outras palavras bem antes do asteroide. A placenta é o órgão que permite aos embriões se fixarem no útero da mãe sem serem inteiramente destruídos pelo seu sistema imunológico, um aspecto bem importante para o nascimento de uma cria viva. Ela deriva das mesmas membranas que circundam os embriões dentro dos ovos, mas evoluiu para se transformar numa estação de acoplagem grande e carnuda entre o corpo da mãe e o embrião em crescimento.* Nem todo mundo que pare crias vivas tem uma placenta como a nossa. Cerca de 70% de todas as espécies atuais de tubarão dão à luz filhotes vivos (e estão entre as primeiras do planeta a fazê-lo). Mas apenas um grupo desses animais — os tubarões de chão, ou Carcharhiniformes — evoluiu para usar placentas. Suas placentas são relativamente rasas em comparação com as coisas altamente invasivas que tantos mamíferos euterianos produzem. Os tubarões que parem filhotes vivos e não fabricam placentas lançam mão de uma série de estratégias para mantê-los alimentados in utero: secretar um muco espesso das paredes uterinas que os filhotes possam comer, disparar óvulos não fertilizados pelas trompas em direção a bocas ávidas,[32] ou mesmo fazer o filhote que for o primeiro a se desenvolver (e portanto o maior) *devorar* os irmãos dentro do útero, dando origem a um episódio um tanto violento de canibalismo intrafamiliar.**[33] Sabe-se que os embriões de tubarão-lixa chegam a nadar entre os dois úteros da mãe em busca de alimento[34] e até ocasionalmente a pôr as cabecinhas para fora do colo do útero e da abertura cloacal para dar uma olhada. Se você não estiver grudado na parede uterina e sua próxima refeição estiver no outro útero, é melhor nadar em busca do almoço mesmo.

* Se você nunca viu uma placenta humana, a internet está à sua espera. Um alerta, porém: é um troço imenso, sanguinolento, um show de horror *radical*. Guillermo del Toro ficaria orgulhoso.
** Embora esse canibalismo nos pareça uma coisa horrenda, considere que a mãe tubarão precisa fazer bem menos esforço para enganar o próprio sistema imunológico e roubar os próprios recursos para suas crias poderem crescer do que nós, com nossas placentas mais profundas e mais invasivas. E como a "sobrevivência do mais forte" segue sendo uma verdade em boa parte do mundo natural, o competitivo embrião de tubarão pode ter genes que auxiliam da mesma forma sua capacidade de sobreviver fora do útero.

Só que nós não descendemos dos tubarões. Para datar as *nossas* Evas primitivas, os pesquisadores encontraram em 2011 um fóssil que foi chamado de *Juramaia sinensis*,[35] ou "mãe ancestral", uma criatura semelhante a um esquilo que comia um monte de insetos de árvore por volta de 160 milhões de anos atrás, no que viria a se tornar o nordeste da China. Por ter dentes mais parecidos com os nossos do que com os dos marsupiais, a maioria acha que *Juramaia* é a mais antiga Eva conhecida da linhagem euteriana.

No entanto, muita coisa aconteceu entre 160 milhões de anos atrás e o apocalipse do asteroide, e mais coisa ainda (e bem depressa) depois que o mundo pegou fogo. É muito difícil saber o que a placenta mamífera estava fazendo durante esse tempo todo, ou por que os marsupiais primitivos e as *nossas* Evas se mantiveram tão equilibrados em matéria de domínio ao longo do Jurássico, apesar da diferença entre seus corpos. Dos muitos descendentes de *Juramaia*, simplesmente não sabemos quantos caminhos evolutivos foram becos sem saída: estariam seus filhos entre os que conseguiram sobreviver ao apocalipse ou não?

Pouco depois da virada do milênio, um grupo internacional de paleontólogos e biólogos comparativos reuniu uma gigantesca base de dados com traços morfológicos de todas as espécies de mamíferos, vivas e já extintas. Eles então usaram algoritmos complexos para remontar no tempo evolutivo tudo em que conseguiram pensar: de onde veio essa mandíbula específica, de onde vieram esses curiosos dedos do pé, de onde vieram esses tipos de ossos pélvicos (o que é importante para nossa investigação). Eram cerca de 4500 características no total. Os pesquisadores descobriram que a última e verdadeira Eva dos mamíferos euterianos de hoje foi quase com certeza uma comedora de insetos arbórea, mais ou menos do tamanho de um esquilo moderno, que passava a maior parte do tempo subindo em árvores e capturando insetos lá no alto. Ela viveu há cerca de 66 milhões de anos. Assim como muitas de nossas verdadeiras Evas, não temos nenhum fóssil que seja *definitivamente* o certo. Mas temos uma criatura com todos os traços correspondentes, datada dentro de uma margem de erro útil, que os pesquisadores chamam de *Protungulatum donnae*.[36]

E que nós vamos chamar de Donna.

Em júbilo, os pesquisadores chegaram a encomendar um adorável retrato dela para o artigo:

Seus olhos, miúdos porém alertas, brilham negros na luz da floresta alta, onde ela se estica para a frente para abocanhar um inseto. Seu nariz é grande,

Donna, a rata-tataravó do nosso útero.

os bigodes curtos, a cauda comprida e com a ponta peluda. Aí está ela: a rata que muitas e muitas gerações atrás foi a antepassada de nosso útero.

Então Donna, a Eva do útero euteriano moderno, tinha as almofadas das patas nos lugares certos.* Tinha uma predileção pela crocância adocicada dos insetos vivos, que capturava com os dentes cônicos e serrilhados que margeavam sua estreita e delicada mandíbula. Suas orelhas, posicionadas perto da

* Ainda há quem considere *Juramaia* a candidata mais provável, ou alguma Eva parecida com ela, em grande parte porque existe todo um campo da ciência que gosta de se apoiar em datação molecular e outro que prefere confiar na morfologia conhecida; em outras palavras, alguns defendem o DNA e outros, as Coisas que o DNA Fabrica (CDF). Ambos os campos têm problemas. Os que defendem o DNA elaboram muitos pressupostos em relação a quanto tempo o DNA leva para sofrer mutações e para as mutações se espalharem por uma população. O campo das CDF elabora muitas pressuposições sobre quanto (ou quão pouco) tempo os "ramos" mais antigos de uma árvore taxonômica podem ter durado antes de se modificarem. Basicamente, Donna é a candidata preferida do campo das CDF, e *Juramaia* (ou alguma contemporânea sua) a candidata do campo do DNA. Como essas doninhas-esquilos primitivas são criaturas muito parecidas, o debate na verdade tem mais a ver com *quando* do que com *o quê*. O *quando* nesse caso faz diferença por causa do asteroide: a maioria dos paleobiólogos parte do princípio de que o apocalipse foi o grande impulsionador da proliferação dos mamíferos primitivos, de sua diversificação e basicamente do seu subsequente domínio de grandes regiões do planeta. Nesse caso, Donna é a nossa Eva do apocalipse.

articulação do maxilar, eram peludas, assim como o restante do seu corpo. Ao contrário de Morgie, suas patas não se esticavam para os lados como as de um lagarto: se estendiam mais na vertical da pelve até o chão.

Para os euterianos, a alteração da pelve é bastante crucial. Para poder encaixar um útero aumentado, é preciso uma pelve mais em formato de tigela. Em vez de rastejar arrastando o ventre no chão como os jacarés, nós evoluímos de tal forma que nossos troncos se ergueram naturalmente, de modo que a pelve assim elevada passou a poder suportar um útero placentário grávido.

Útero, no singular: os autores pressupõem que Donna tivesse um único útero em formato de chifre, e de modo muito prático também forneceram uma ilustração dele, juntamente com um esboço de seus vários dentes caninos, do seu esqueleto e dos espermatozoides de aspecto achatado e semelhante a um girino de seu parceiro (que vamos chamar de Dan). Quando Donna e Dan acasalavam, ela gestava seus grandes fetos dentro de seu útero comprido pelo tempo suficiente para fabricar algo semelhante a esquilos recém-nascidos, pelados e cegos, que chegavam ao mundo via sua (única, é de se presumir) vagina.

Como Donna é a adorável esquila da qual evoluíram todos os mamíferos não marsupiais dotados de placenta que existem, podemos culpá-la pela placenta, pelo útero único e pela vagina modernos. Mas ela não é o único modelo para os úteros mamíferos. Camundongas e ratas, por exemplo, continuam a ter dois úteros separados, com um colo cada.* Elefantas e porcas (80 milhões de anos atrás) têm um útero parcialmente dividido, ou "bicorno", com "chifres" superiores mais ou menos separados e parte da porção inferior fundida, mas um único colo. Primatas basais como lêmures também têm esse tipo de útero, mas primatas mais derivadas possuem a organização fundida em formato de pera que é também a nossa. Como nossas Evas se separaram dos lêmures uns 35 milhões de anos atrás, isso quer dizer que o útero semidividido perdurou em suas barrigas por um bom tempo.

* Se tudo isso estiver confuso, lembre-se de que o artigo afirma que Donna surgiu há cerca de 65 milhões de anos. Nossas Evas se separaram da linhagem dos roedores há cerca de 87 milhões de anos. Traços específicos aparecem no corpo em momentos distintos da história: a placenta surge nos úteros primitivos muito antes de Donna aparecer com seu útero semifundido. Afinal, até os marsupiais têm placenta, ela só é menor e mais rasa do que a nossa, o que faz sentido, já que esses animais só precisam crescer até ficarem do tamanho de um feijão antes de se transferirem para a bolsa.

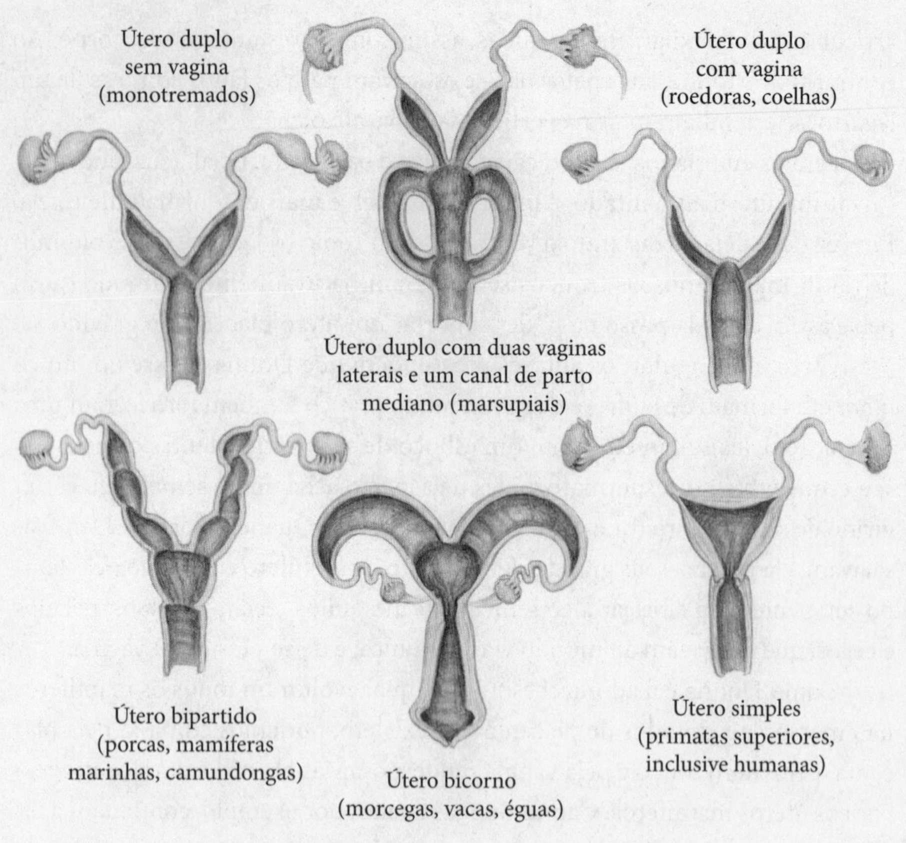

Linha do tempo da evolução do útero mamífero.

Embora nem todas as complicações do desenvolvimento sejam verdadeiros atavismos,* ainda é possível rastrear como essa história evolutiva pode ter se desenrolado examinando os úteros das mulheres atuais. Aproximadamente

* Ou seja, uma reversão para um estado basal ou ancestral. Muitas estranhezas no desenvolvimento dos dutos de Müller — os dois dutos fetais que vão se transformar nos órgãos reprodutores femininos — são um tanto quanto atávicas, mas algo como a hipertricose (ou seja, a "síndrome do lobisomem", quando uma paciente apresenta pelos compridos em todo o rosto e corpo), por mais primitivo que possa parecer, é menos atávico. Como os dutos de Müller se desenvolvem junto com os dutos de Wolff no embrião e parecem interagir ao longo do processo, as malformações uterinas são com frequência atreladas a problemas renais, incluindo casos raros em que um rim inteiro não se forma. O rastreamento de problemas renais está se tornando mais frequente caso sejam encontradas malformações uterinas, e há na comunidade médica quem defenda também o contrário (Van Dam et. al. 2021).

uma em cada 350 meninas humanas nasce com dois úteros e dois colos ao final da sua vagina normal e única,[37] um erro de programação no desenvolvimento que obviamente remete ao nosso passado evolutivo. Mais comum ainda, uma em cada duzentas mulheres nasce com um útero em formato de "coração", no qual a metade superior é dividida em duas partes. Aproximadamente uma em cada 45 meninas nasce com um útero "septado", no qual uma parede fibrosa separa a parte superior da cavidade uterina da inferior,[38] e uma em cada dez nasce com um útero que tem um leve "rebaixo" no alto,[39] um desvio, por assim dizer, no contorno moderno do útero humano.

Todas essas anomalias têm a ver com falhas no desenvolvimento fetal das meninas, e os erros mais comuns provavelmente estão relacionados com desenvolvimentos mais recentes em nossa evolução. Por exemplo, já faz muito tempo que nossas antepassadas tinham dois úteros, mas não tanto tempo assim que nosso útero era parcialmente fundido. Mais recentemente, decerto existia essa pequena parede fibrosa, e o "rebaixo" remanescente deve ter sido o último a desaparecer, dado que uma em cada dez de nós ainda o tem. Como esse pequeno rebaixo não parece afetar de forma negativa os desfechos da gestação, é seguro pressupor que não haja muita pressão evolutiva para se livrar dele.

Faltou mencionar que uma em cada 4500 meninas nasce anualmente *sem* útero.[40] Como a proporção de nascimentos de meninos em relação a meninas é de cerca de 1,7 para 1, e a cada ano nascem aproximadamente 133 milhões de bebês, isso significa que mais de 14 mil bebês meninas nascem sem útero a cada ano. A grande maioria dessas meninas não é trans, e para as que não são nascer totalmente sem útero envolve necessariamente alguns desvios radicais do nosso passado genético e/ou desenvolvimental.* Por exemplo, às vezes um feto geneticamente masculino (XY ou XXY) não reage da maneira usual aos androgênios no útero, e, portanto, nasce com a aparência externa de uma menina. Essas pessoas em geral crescem se identificando como meninas, mas mais tarde descobrem ter dois testículos onde estariam normalmente seus

* Para simplificar, nós *sabemos* por que a maioria das meninas trans nasce sem útero: a maioria tem um gene SRY funcional em seu cromossomo Y, e como outros bebês assim desenvolveram órgãos sexuais masculinos num padrão típico. Não temos a menor ideia de por que tantas meninas cis nascem com órgãos sexuais defeituosos — quer dizer, nós desconhecemos os mecanismos *exatos* —, mas considerando nossa história evolutiva é evidente por que podem haver tantos pontos de falha no caminho do desenvolvimento.

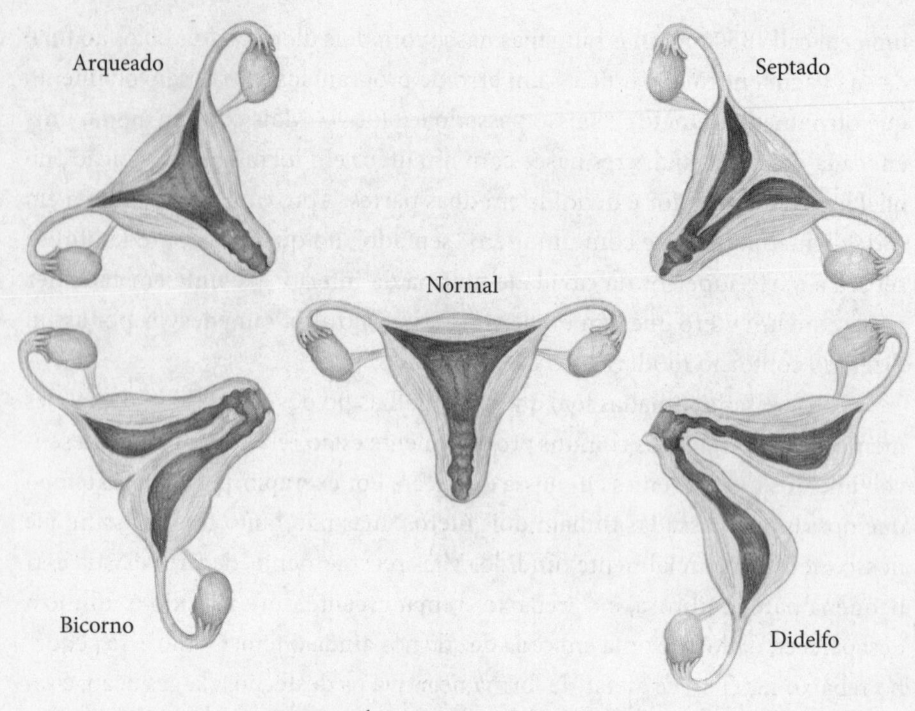

Úteros humanos hoje.

ovários. Essa é uma mutação bastante interessante, mas é também um beco sem saída evolutivo, já que essas pessoas não têm como transmitir esse traço à sua descendência.*

Essa mutação também é demasiado rara para podermos considerá-la uma parte importante da organização reprodutiva humana; ela não faria parte da eussociabilidade potencial do ser humano. Uma introdução rápida, caso você não saiba do que se trata: nas espécies eussociais, nem todo indivíduo tem a oportunidade de se reproduzir, mas uma casta de indivíduos assexuais é útil, e até mesmo essencial para o sucesso do grupo, mais tipicamente ao ajudar a

* Devido ao alto risco de câncer testicular nessas pacientes, elas em geral são submetidas a uma gonadectomia após o diagnóstico. Como a amenorreia (ausência de menstruação) é o que as leva a procurar o médico inicialmente, elas em geral a essa altura já estão na adolescência, embora permitir que saiam da puberdade primeiro possa ser útil por diversos motivos (Barros et al. 2021). É possível que avanços na tecnologia de Fertilização In Vitro (FIV) algum dia permitam a essas mulheres terem seus próprios descendentes genéticos, mas que eu saiba isso ainda não aconteceu.

cuidar dos filhotes. Formigas estão entre as criaturas eussociais mais conhecidas, com suas operárias fêmeas que não se reproduzem e suas gigantescas rainhas poedeiras.* As abelhas também são eussociais. Embora esse seja um arranjo mais popular entre insetos sociais, até os mamíferos apresentam eussociabilidade, sendo o caso mais conhecido o do rato-toupeira-pelado. Uma reprodução e criação de filhotes colaborativa que se parece bastante com a eussociabilidade também surge em muitas espécies mamíferas, como os suricatos. A criação dos filhos de seres humanos já é altamente colaborativa, e talvez a homossexualidade — casos em que, salvo pressão social, um indivíduo não gera naturalmente os próprios filhos — seja um forte indício de eussociabilidade humana. As últimas estimativas são de que até 20% dos seres humanos são homossexuais,[41] e como a maioria dos cientistas acha que a homossexualidade é um traço presente desde o nascimento,[42] esse tipo de porcentagem indica que qualquer parte da homossexualidade que seja geneticamente transmissível no sentido clássico não pode ter sido selecionada fortemente. Em espécies altamente sociais como a nossa, os benefícios de ter mãos suplementares para criar os filhos, mãos que não estejam ocupadas cuidando dos próprios filhos biológicos, talvez tenham sobrepujado a pressão evolutiva contrária à homossexualidade. A homossexualidade já foi observada em incontáveis espécies,[43] tanto em mamíferos quanto em aves.

Um fator complicador é que, com frequência ao longo da história humana, pressões sociais opressivas forçaram pessoas que teriam preferido não ter relações sexuais com o gênero oposto a fazê-lo de toda forma — em geral se evoca algum tipo de "deus" —, transmitindo assim sua carga genética.** Assim, ainda que a homossexualidade possa não ser algo que é *selecionado* em termos evolutivos clássicos, ela mesmo assim é frequente na população por diversos motivos. E no fim das contas não parece ter influenciado muito o sucesso reprodutivo da espécie como um todo: basta observar nossa população global de bilhões de pessoas. E mais: considerando que a criação dos filhos na nossa espécie é altamente colaborativa em diversas comunidades, a presença de pessoas que, seja

* Na maioria das espécies de formigas, os machos existem basicamente para fornecer espermatozoides.

** É impossível saber se isso acontecia antes que a humanidade começasse a manter registros (legíveis), mas digamos apenas que não foi com o advento da escrita cuneiforme que começamos a tratar mal uns aos outros.

por qual motivo for, não eram facilmente capazes de gerar os próprios filhos pode inclusive ter aumentado ainda mais a probabilidade que nossos descendentes antigos tinham de sobreviver até a idade adulta.

Na realidade, o que é de fato fundamental para a evolução é o instinto sexual. A maioria dos mamíferos tem inclinação para o sexo de uma forma ou de outra. Como chimpanzés e bonobos, o *Homo sapiens* é uma espécie particularmente promíscua. Mudar o gênero do alvo? Acontece. As pessoas assexuais provavelmente são aquelas *de fato* raras.*

Donna, que vivia no seu corpo semelhante ao de um esquilo em árvores primitivas parecidas com o gingko biloba, provavelmente não era assexual. Seu útero fundido e cornado era com regularidade obrigado a produzir filhotes que nasciam nas árvores; caso contrário, nunca teríamos virado suas descendentes. No entanto, levando em conta seu tamanho relativamente pequeno, também não teria havido muita pressão para fazer seu útero se fundir e virar o órgão único em formato de pera que as mulheres têm hoje. É provável que isso só tenha acontecido quando seus descendentes se tornaram um pouco maiores.

Talvez possamos até ver esse tipo de evolução acontecer observando espécies que existem hoje. Falando de forma geral, os maiores mamíferos do mundo têm um útero único e fundido, com um só colo que desemboca numa única vagina, e todos têm uma ou duas crias por gestação. Os menores? Dois úteros, dois colos e uma ninhada. Gatas domésticas têm um útero fortemente bicorne (com dois chifres) em formato Y. Felinas maiores, como a fêmea do tigre-de-bengala, também têm um útero bicorne, mas os dois chifres uterinos curiosamente se *curvam* para baixo, em direção ao corpo do útero, como um chapéu de bobo da corte, e a parte inferior é um pouco mais fun-

* À medida que todos os tipos atípicos de sexualidade se tornam mais socialmente tolerados, o número de pessoas que se identificam publicamente como assexuais vai aumentar, mas é provavelmente seguro pressupor que esses números serão muito inferiores aos de outras orientações, e as últimas pesquisas sobre o tema especificam de maneira cautelosa que a assexualidade pode ter muitos mecanismos subjacentes distintos (Bogaert, 2015). Também é verdade que o *desejo* sexual, de modo geral, pode variar drasticamente ao longo da vida de uma pessoa. Mas orientação sexual é diferente de flutuações no desejo, e nossa compreensão dos fundamentos biológicos das orientações sexuais decerto vai se aprofundar com o tempo e proporcionar mais nuances para o que significa ter essa ou aquela "orientação" sexual.

dida. Essas tigresas em geral dão à luz de dois a três filhotes grandes, enquanto as gatas domésticas têm de quatro a seis. Roedoras de menor porte em geral têm seis ou mais filhotes, enquanto as maiores, como a capivara, geralmente dão à luz quatro.*

Se isso for verdade — se evoluir para um tamanho corporal maior significa fabricar bebês maiores, o que subsequentemente significa ter *menos* bebês —, faz sentido. Em matéria de estratégia reprodutiva, quando se é grande o risco de ter menos bebês é menor, porque como criatura grande você tem menos chance de ser predado e/ou morrer pisoteado. Mas também faz sentido para as placentárias adotar essa estratégia para salvar a própria saúde, porque fabricar bebês grandes significa também ficar grávida por *mais tempo*, com todos os riscos que isso acarreta. Quanto maiores ficamos, maiores ficam nossos bebês, e maior a probabilidade de termos poucos de uma vez. Imagine ficar grávida do mesmo feto por dois anos. É o que acontece com as elefantas. E você com certeza não iria querer ter mais de uma placenta de elefante lá dentro. (Elefantes gêmeos são extremamente raros.)

Assim, a *verdadeira* Eva dos placentários, aquela que antecedeu a Donna, pode ou não ter tido um útero fundido com dois chifres (embora provavelmente tivesse algum tipo de vagina e colo do útero modernos, considerando a linha do tempo dessas coisas todas). À medida que suas descendentes experimentavam tamanhos corporais maiores, porém, elas teriam tido crias maiores, o que tornou necessário um útero mais fundido. Conforme os fetos aumenta-

* É verdade que algumas cadelas domesticadas dão à luz ninhadas com até dez filhotes, mas lobas selvagens geralmente só têm de quatro a seis. Os cães sofrem várias pressões evolutivas: em primeiro lugar, cães domesticados em geral são acasalados de forma deliberada, e os genes dos traços desejados obviamente se beneficiam de quaisquer que sejam as preferências do criador, então quanto mais filhotes uma cadela premiada puder produzir, melhor para o bolso do criador. Em segundo lugar, apenas 30% dos lobos selvagens sobrevivem ao primeiro ano de vida. Se a ninhada for maior, a probabilidade de morrer é ainda maior: ninhadas de oito a doze filhotes tendem a já ter diminuído quando o verão chega, com mais ou menos o mesmo número de filhotes (entre um e quatro) sobrevivendo até o inverno seguinte. Isso decerto se deve ao fato de, após o desmame, os filhotes se alimentarem de carne regurgitada pelos lobos mais velhos, e qualquer ambiente considerado só fornece uma quantidade limitada de presas para os pais. Assim, o fato de cadelas domesticadas poderem ter tantos filhotes *e* fazer com que estes sobrevivam até a idade adulta tem muito mais a ver com as ações humanas do que com o que os corpos dos canídeos evoluíram para fazer antes da nossa intervenção.

ram de tamanho, suas placentas se tornaram mais penetrantes: como fabricar corpos maiores requer muita energia, quanto mais um feto puder tirar da mãe, melhor para ele… contanto que isso não a mate. Cada passo da evolução na direção de um útero fundido e de placentas mais famintas fazia sentido: trata-se de uma dança entre aquilo de que o corpo da mãe precisa e aquilo de que suas crias famintas precisam, e cada acomodação evita por um triz a morte de um ou de ambos.

Isso significa que, pelo menos em parte, nossas Evas davam à luz como davam porque se tornaram *maiores* do que esquilos de chão. E seus úteros e placentas se adaptaram a isso, não só para acomodar o tamanho dos filhotes, mas possivelmente como uma forma de ajudar a mãe a suportar mais gestações exigentes.

Houve, aliás, mais de uma tentativa de fabricar um útero mecânico: em 2021, um laboratório conseguiu manter embriões de camundongo vivos e se desenvolvendo normalmente dentro de um tubo de ensaio giratório irrigado com um complexo fluido cor de âmbar, que controlava com cuidado a troca entre oxigênio e dióxido de carbono.[44] A parte de girar era importante: era preciso impedir os embriões em desenvolvimento de aderirem às paredes dos tubos de ensaio, como teriam feito nos úteros das mães. Assim, eles desenvolveram minúsculas placentas dentro do líquido rico em oxigênio, semelhantes a pequenos discos flutuantes e rodopiantes ligados aos sacos amnióticos, eles também flutuantes, e seus minúsculos corações cresceram até serem capazes de bater sozinhos, na verdade até o ponto em que eles não podiam mais sobreviver sem um fluxo sanguíneo (o líquido cor de âmbar tinha suas limitações). E, embora as placentas tivessem um *aspecto* normal, não tinham como ser perfeitas. Porque uma placenta que se desenvolveu normalmente, uma placenta viva, é formada *tanto* pelo corpo da mãe *quanto* pelo do filhote. Ela tem duas placas, que se fundem para formar esse órgão singular: um lado sempre faminto e outro tentando se proteger dessa fome.

O QUE FAZER QUANDO SEUS FILHOS ESTÃO TENTANDO TE MATAR

Em determinado ponto razoavelmente variável da adolescência — que pode oscilar entre oito e dezoito anos —, a fêmea do *Homo sapiens* tem sua menarca: o rito de passagem que envolve sangue e tecido uterinos escorrendo por sua vagina durante em média de três a sete dias.* Se ela por acaso for uma *Homo sapiens* americana, decerto terá conversas constrangidas na farmácia mais próxima sobre a compra de absorventes internos ou absorventes externos grossos como fraldas. A menina também pode ou não sofrer com cólicas menstruais — uma dor profunda e intensa provocada por contrações uterinas à medida que o órgão se livra do revestimento que não foi usado —, ou dores de cabeça, oscilações de humor, desejos por alimentos específicos, seios doloridos, acne ou qualquer outra de uma série de novidades superlegais em sua jovem vida. Com o tempo, ela também vai deparar com a alegria de ouvir que sua infelicidade em relação a essa ou àquela questão é por causa da "TPM", e que, como mulher, ela é "emotiva" demais para lidar com o tipo de desafio na vida em geral atribuído aos homens.

O que seu pai e sua mãe talvez não vão lhe dizer — porque relativamente poucos *Homo sapiens* sabem isso — é que ela deveria ficar impressionada com o simples fato de menstruar dessa forma. Apenas um punhado de espécies no mundo o faz.[45] Entre as descendentes de Donna que formam e liberam seu revestimento uterino automaticamente como nós fazemos, a imensa maioria apenas o reabsorve.

É provável que a menina não achasse isso nada demais.

Mas é verdade. Expelir material menstrual pela vagina é raro. E só muito recentemente conseguimos pensar numa boa teoria para por que fazemos isso.

Todo mês, o revestimento interno do útero humano engrossa. Ele se chama endométrio, uma camada de tecido rugoso rica em vasos sanguíneos, pronta para nutrir um óvulo recém-fertilizado quando este descer pela trompa e cair delicadamente em seu leito macio. A partir daí, o endométrio engrossado — reaproveitado de um construtor de casca nas profundezas do tempo evolutivo — vai criar uma rede de vasos sanguíneos para nutrir a placenta cada vez

* Eu sei: nove anos é *cedo*. A menarca tem acontecido cada vez mais cedo nos países industrializados (Bellis, 2006; Winter, 2022). Muitos temem que isso se deva à presença de hormônios na comida e outras substâncias químicas que causam alteração endócrina no nosso entorno, enquanto outros acham que tem a ver com o aumento da obesidade infantil: meninas com sobrepeso ou obesas aos sete anos de idade têm uma probabilidade maior de menstruarem mais cedo (Ghassabian et al., 2022; Diamanti-Kandarakis et al. 2009; Jacobson-Dickman e Lee, 2009; Freedman et al. 2002).

maior. A mulher grávida ficará radiante de satisfação, comerá sorvete com picles, e tudo estará certo no mundo.

Ou pelo menos foi isso que eu aprendi na aula de saúde no oitavo ano do fundamental, quando uma grossa cortina branca foi armada no meio da sala, para que de um lado meninas aprendessem sobre suas vaginas e do outro meninos aprendessem sobre seus pênis.*

Nessa aula — ministrada aliás, que eu me lembre, por uma pessoa sem nenhuma formação específica em anatomia, medicina ou sexualidade humana —,[46] aprendi que menstruar era apenas a forma que meu corpo tinha de se preparar para um bebê, que o endométrio era um travesseiro fofinho de amor para ele e que o fato de eu sentir cólicas menstruais era o castigo por não engravidar com frequência suficiente.

Mas nós não deveríamos culpar minha professora, uma vez que essa temática ainda permeia a literatura científica relacionada ao útero humano. Durante as pesquisas para este livro, aprendi que estou tendo menstruações demais por não estar grávida ou amamentando com tanta frequência quanto minhas antepassadas (o que é ruim),[47] que não engravidar com frequência suficiente ou cedo o bastante poderia aumentar meu risco de desenvolver alguns tipos de câncer,[48] que retardar a maternidade até a casa dos trinta poderia tornar meus bebês deformados (ou no mínimo cognitivamente prejudicados)[49] e que — como se já não houvesse sal suficiente na ferida — as mulheres europeias que engravidam aos vinte e poucos anos são menos *felizes* do que as que engravidam mais tarde,[50] mas sofrem menos consequências físicas pelo fato de se tornarem mães, o que por si só pode tornar uma pessoa infeliz. Se tudo isso for mesmo verdade, talvez o fato de algumas pessoas considerarem a menstruação uma maldição não esteja tão errado assim.

Nos anos 1990 — década em que muitos americanos passavam bastante tempo pensando na aids —, alguns pesquisadores pensaram que talvez a menstruação humana fosse um tipo de mecanismo antipatogênico, que uma vez por mês eliminava tecidos contaminados por invasores provenientes da atividade

* Sério. Isso aconteceu de verdade. Os americanos têm muita, muita dificuldade com o fato de crianças aprenderem qualquer coisa sobre sexo. Temos também uma das piores taxas de gravidez na adolescência e de infecções sexualmente transmissíveis (IST) do mundo industrializado. Sim, essas duas coisas estão relacionadas.

sexual.[51] Essa ideia desde então foi descartada, uma vez que a vagina não parece ficar particularmente *menos* cheia de germes estranhos após a menstruação.[52]

E há também o campo do comportamento. Diversos cientistas acham que a menstruação das mulheres evoluiu como uma sinalização social:[53] que devido ao fato de um ou outro hominínio antigo poder *ver* claramente quando uma fêmea não estava fértil haveria uma breve trégua na atividade sexual que poderia, uma vez por mês, digamos, permitir às fêmeas fazer outras coisas.

Pouco importa o fato de muitos homens humanos, de modo bastante semelhante ao de outros símios, não terem nenhum problema em fazer sexo com mulheres que obviamente não estão no auge da fertilidade: mulheres já grávidas, lactantes, menstruadas, pós-menopausa e até mesmo mulheres que estão visivelmente *doentes* — todas serão objeto de investidas sexuais de homens num momento claramente infértil ou outro de suas vidas. Além do mais, algumas mulheres ficam com a libido exacerbada durante a menstruação.[54] Assim como as duas espécies de símios mais próximas de nós — o agressivamente tarado chimpanzé e o sociavelmente tarado bonobo —, em matéria de sexo os símios humanos estão de modo geral sempre dispostos, independentemente do status de fertilidade da fêmea.

Alguns membros de departamentos de antropologia e biologia nos anos 1980 e 1990 se perguntaram: *Que história é essa de mulheres sincronizarem suas menstruações quando moram juntas? Isso deve ter alguma vantagem evolutiva, certo?* Um sujeito ambicioso (publicado pela Yale University Press em 1991, acredite)[55] decidiu que isso significava que as mulheres primitivas de alguma forma evoluíram para fazer *greves de sexo* coletivas sincronizando seus ciclos menstruais, permitindo/possibilitando assim que os homens (menos distraídos pelo forte desejo de trepar) saíssem para caçar e coletar. Essa, teorizava o autor, era a raiz de toda a cultura humana. Ele de fato argumenta que os humanos constroem coisas legais como pirâmides e foguetes espaciais porque as mulheres menstruam, e, portanto, não fazem sexo durante determinado número de dias por mês.*

* Estou simplificando. Mas é uma simplificação precisa. Em especial, um estudo sobre as mulheres dogons do Mali não encontrou *nenhum* indício de sincronia menstrual entre as mulheres, apesar da total falta de métodos contraceptivos (modernos), luz artificial ou pudores culturais em relação ao sexo, muitas vezes apontados como as causas de nossas menstruações abundantes. Essas mulheres tinham de oito a nove filhos ao longo da vida, e aproximadamente de 100 a 130 menstruações

O sangue menstrual já assumiu todo tipo de significado cultural ao longo da história humana, a maioria ruim. Mas pensar que os processos evolutivos fossem produzir uma mutação tão profundamente significativa como a menstruação externa só para os homens ficarem menos tarados por algum tempo é um equívoco em relação ao que o útero de fato precisa suportar para fabricar bebês.

Reajustar o foco para esse acontecimento simples — o que o útero faz, não o que os homens podem ou não pensar em relação a isso — conduziu a uma teoria bem mais promissora.

O endométrio tem duas partes: a camada basal e a camada funcional. A camada basal, que adere à parede interna do útero, não é expelida a cada mês. Nós só expelimos a camada funcional, que é produzida pela basal. Quando a quantidade de estrogênio aumenta na corrente sanguínea de uma mulher, a camada basal do endométrio começa a construir por cima a camada funcional, formando uma massa esponjosa de mucosa e vasos sanguíneos enroscados, percorrida por canais profundos e estreitos e encimada por uma franja ondulante de cílios.

Se um óvulo fertilizado consegue se prender à camada funcional do endométrio, ele começará a formar uma placenta. A camada funcional do útero então se transformará rapidamente no que se conhece como decídua, uma grossa camada intermediária entre o corpo da mãe e o embrião em desenvolvimento. Enquanto isso, ao escavar a decídua, o embrião passará a produzir sua parte da placenta. Isso mesmo: a placenta na verdade é formada *tanto* pelo tecido do embrião *quanto* pelo tecido da mãe, um dos únicos órgãos no mundo animal constituído de dois organismos distintos. Uma das metades é formada a partir da programação da carga genética do embrião. A outra metade, a "placa basal" da placenta, se forma a partir da decídua da mãe. Duas paisagens de carne, um único órgão.

Se não houver nenhum óvulo fertilizado em cena, os ovários da mãe disparam um aumento de progesterona após a ovulação, e a "camada funcional"

---

no total (Strassmann, 1997). Em comparação, a americana média hoje provavelmente terá por volta de quatrocentas (ibid.). Então pode ser que nós não sincronizemos nossas menstruações, mas nós, povos ocidentais, estamos tendo cerca de quatro vezes mais ciclos menstruais do que nossas antepassadas teriam.

do útero se rompe e é eliminada. O útero inclusive ajuda com leves contrações. Se elas forem fortes o bastante, as mulheres as sentem como "cólicas". Tenho a nítida lembrança de estar deitada na cama aos quinze anos de idade, verde de tanta dor, socando minha própria barriga para fazer aquilo passar. Que eu me lembre, funcionava. Ou pelo menos o tipo de dor mudava.*

O fato de o produto da menstruação sair pela vagina não é a parte mais interessante. A questão é por que o revestimento uterino começa a se formar antes de saber se um óvulo fertilizado está descendo pelas trompas e vindo na sua direção. Entre as descendentes de Donna, esse é um traço extremamente raro.[56] Apesar disso, ele evoluiu de maneira independente em três ocasiões distintas: nas primatas superiores, em algumas morcegas e na musaranha-elefante.**

Por que esse traço iria surgir em espécies tão radicalmente sem relação entre si? Ele tem alguma finalidade? Em outras palavras, existe algo por que as mulheres humanas deveriam se sentir gratas em relação ao nosso em tudo mais indesejado programa mensal de conscientização uterina?

Na verdade não. Na verdade o útero das mamíferas não é um travesseiro macio: ele é uma zona de guerra. E o nosso talvez seja um dos mais mortais. As mulheres humanas menstruam porque isso faz parte de como conseguimos sobreviver aos demônios sugadores de sangue que são nossos fetos.

O feto evoluiu durante muito tempo para sugar quantidades maciças de sangue e outros recursos por meio da placenta. Enquanto isso, o corpo da mãe evoluiu durante muito tempo para... sobreviver. Nós mamíferas não somos como as fêmeas do salmão. Não temos tendência de morrer logo após a desova. Na verdade, precisamos viver pelo menos por tempo suficiente para amamentar nossas crias. E para os mamíferos sociais — em especial criaturas como nós, que muitas vezes têm com os filhos relações de apoio que duram a vida

* Desaconselho fortemente a utilização dessa técnica.

** As musaranhas-elefantes se destacam como as poucas a menstruarem no Afroinsectiphilia, estranho clado de não roedores que inclui seres como o aardvark, os musaranhos, as toupeiras douradas e os tenrecos de cloaca. Alguns biólogos conhecidos meus se sentem estranhamente tranquilizados pelo fato de pelo menos a fêmea do tenreco não ter menstruação externa. Ninguém sabe o que fazer com esses animais. Eles parecem ser bem parecidos com os mamíferos muito primitivos: noturnos, temperatura corporal baixa, insetívoros, têm cloaca, só que não põem ovos. Seus dentes também são esquisitos.

inteira — as vantagens da sobrevivência de um genitor para nossa descendência se mantêm muito além do período de gestação.

O útero e seu passageiro temporário estão na realidade em conflito: o útero evolui para proteger o corpo da mãe de seu invasor parcialmente nativo, e o feto e a placenta evoluem para tentar contornar os dispositivos de segurança do útero. Se um determinado conjunto de mutação genética torna a progênie de modo geral *mais forte*, ligeiramente mais desenvolvida e mais bem-nutrida ao sair do corpo da mãe, esses genes serão selecionados. Se matarem a mãe, eles naturalmente perdem a guerra. Da mesma forma, se os mecanismos de autodefesa da mãe forem fortes demais, eles matam o bebê e ela não transmite seus genes. Quando os riscos são altos assim, cada "gravidez saudável" é uma trégua temporária: um empate sanguinolento que, no nosso caso, dura cerca de nove meses.

Como muitas outras mamíferas com placentas altamente invasivas, nossas Evas de tipo símio desenvolveram uma estratégia para sobreviver. Em vez de esperar uma bomba cair, armamos nossas defesas com antecedência. Incrementamos nossos revestimentos com regularidade, bem antes de eles serem necessários para proteger a mãe da fome incessante de um embrião humano.

Se você acha que estou descrevendo a maternidade humana como uma espécie de filme de terror, não se engana tanto assim. Eu amo meus filhos e não os trocaria por nada deste mundo. Mas arrisquei a vida para tê-los, assim como *todas* as mulheres que têm filhos, algumas de maneira mais óbvia do que outras. Somos levados a supor que estar grávida é algo que nos faz essencialmente bem, que os fetos nos proporcionam um "brilho", que nos acalmam, que a gravidez é uma condição *saudável* para o corpo de uma mulher. Pode-se de fato ter uma gravidez perfeitamente saudável, e a maioria das mulheres tem, mas estar grávida também pode fazer muito mal a uma mulher.

Em 2014, por exemplo, uma americana estava no salão de beleza quando sentiu uma pressão funda e dolorida nas costas.[57] Como ela estava no terceiro trimestre, imaginou que aquilo fosse apenas mais um aspecto divertido de estar grávida, como os puns ou os desejos por alimentos específicos. Mas quando a dor se espalhou para o peito ela ligou para o hospital… e que bom que o fez, porque não tem lembrança alguma do que aconteceu a seguir: nem do rangido da porta da ambulância, nem do trajeto até o hospital, nem da expressão preocupada dos cirurgiões. Ela não se lembra da cesárea de emergência, imediatamente seguida por uma cirurgia de coração de peito aberto. Na verdade, a gravidez tinha feito sua pressão arterial disparar, e enquanto ela estava sentada na cadeira do salão o fardo de corpo inteiro do seu adorável feto tinha conseguido abrir uma fissura de trinta centímetros na sua aorta, pela qual ela estava rapidamente se esvaindo em sangue. Os médicos se espantaram por ela ter chegado viva ao hospital.

Em grande parte, devido à maravilha que é a medicina moderna, a mulher e o bebê sobreviveram. "Eu simplesmente fiquei feliz por estar viva, e por nossa filha estar viva... Acho que a neném salvou minha vida", contou ela depois aos jornalistas (que tinham de algum modo ficado sabendo do "parto milagroso" na mesa de operação). Foi a neném que quase a matou, claro. Mas isso não é jeito de começar uma relação com a própria filha.

A pré-eclâmpsia — transtorno que afeta mais de uma em cada vinte gestações nos Estados Unidos, e que foi o que essa mulher teve — caracteriza-se por picos de pressão arterial que causam efeitos em cascata nos sistemas dos outros órgãos maternos (por exemplo nos rins, que começam a ter dificuldade para filtrar o excesso de proteína do sangue). Graças a novas pesquisas e a uma conscientização maior, a maioria das gestantes com pré-eclâmpsia conseguirá dar à luz bebês saudáveis. Isso quando suas aortas não se romperem.* O problema da pré-eclâmpsia é que ela pode progredir de branda a grave muito depressa, e os cientistas não sabem exatamente por quê.

Vários fatores de risco distintos parecem estar envolvidos. Por exemplo, a obesidade aumenta muito o risco de uma mulher apresentar pré-eclâmpsia, bem como um histórico de hipertensão e/ou diabetes, todos quadros que aumentam o risco de problemas cardíacos de modo geral.[58] Mas existem fatores de risco mais especificamente relacionados à gestação: por exemplo, ser mãe depois dos trinta (e mais ainda depois dos quarenta), ou estar grávida de mais

* O risco de rompimento da aorta, embora seja raro, está fortemente associado ao final da gestação nas mulheres em idade reprodutiva. Na verdade, deixarei o seguinte relatório do Reino Unido falar por si: "Uma cesariana *perimortem* é uma parte importante da ressuscitação de uma gestante. Equipes de ambulância não devem retardar tal procedimento por tentativas prolongadas de ressuscitação in loco antes de transferir a mulher para o hospital" (MBRRACE-UK, 2016). Em outras palavras, se uma gestante tiver perdido os sentidos e precisar de RCP, o objetivo deve ser tirar o bebê de dentro dela o quanto antes, pois a gestação pode muito bem ser o motivo pelo qual ela está à beira da morte.

de um feto. Embora as mortes em decorrência desse transtorno no mundo desenvolvido sigam sendo raras, os diagnósticos de pré-eclâmpsia nos Estados Unidos estão em alta, em parte devido ao aumento da fertilização in vitro em mães mais velhas.[59] Não é raro para uma mãe que esteja fazendo tratamentos de fertilização in vitro (FIV) ter mais de um embrião implantado; algumas clínicas de fertilidade têm o hábito de maximizar as chances de uma implantação bem-sucedida tentando com vários óvulos fertilizados ao mesmo tempo e depois eliminando o excesso ou, como no famoso caso da octomãe, simplesmente deixando todo mundo se desenvolver. Enquanto isso, de tão animadas com o mero fato de ter uma gravidez bem-sucedida, as futuras mães talvez não levem bem em consideração as consequências de gestar gêmeos ou trigêmeos: por exemplo, o risco significativamente elevado de complicações naturais à gestação de mais de um feto.

A pré-eclâmpsia é a mais comum dessas complicações. Enquanto apenas entre 5% e 8% das gestações padrão, de feto único, sofrerão pré-eclâmpsia, uma a cada três mulheres grávidas de mais de um feto por vez vai desenvolver esse transtorno.[60] Isso parece se dar independentemente do fato de estarem carregando gêmeos idênticos — que em geral dividem uma única placenta um pouco maior — ou gêmeos fraternos, como é o mais frequente em caso de FIV, cada um com sua própria placenta.

O que está claro é que a placenta está no cerne do problema. Pesquisadores conseguiram isolar duas proteínas produzidas pela placenta que parecem ligadas às mulheres com pré-eclâmpsia.[61] Em geral, essas proteínas ajudam a aumentar a pressão arterial da mãe o suficiente para ajudar a levar um pouco mais de sangue com mais frequência até a placenta, de modo a prover ao feto o que ele necessita. Só que em determinadas concentrações essas proteínas estreitam em demasia os vasos sanguíneos, o que dá início à cascata hipertensiva da pré-eclâmpsia. Quer devido a uma predisposição genética, a alguma reação ao ambiente uterino ou a uma combinação das duas coisas, a produção exagerada de uma dessas proteínas aumenta o risco para a mãe.

Mas uma terceira proteína também tem seu papel, que talvez seja a melhor ilustração de conflito materno-fetal até agora: a PP13 (proteína placentária 13). Até pouco tempo, não tínhamos certeza absoluta do que essa proteína fazia, só sabíamos que as mulheres que mais tarde vêm a ter pré-eclâmpsia em geral têm quantidades um tanto baixas dela.

Após a implantação, a placenta manda células chamadas trofoblastos para o revestimento uterino. Esses trofoblastos atacam as artérias uterinas da mãe de modo a tentar obter mais nutrientes para o feto em crescimento. Naturalmente, o sistema imunológico da mãe tenta matar esses trofoblastos e muitas vezes consegue.* Mas a placenta humana desenvolveu algumas formas dissimuladas de driblar suas defesas.

Em 2011, um grupo de pesquisadores em Haifa, Israel, examinou placentas de gestações normais abortadas antes de catorze semanas.[62] Eram placentas *jovens*, de primeira linha. Inicialmente, os cientistas queriam só determinar se havia concentrações variáveis de PP13 nas placentas. Só que eles perceberam uma coisa esquisita. Em todas as veias maternas do revestimento uterino — as veias, veja bem, não as artérias —, eles encontraram tecido necrosado: células mortas ou à beira da morte. E não só um pouquinho. Bastante.

As veias levam os detritos embora. A placenta quer que mais nutrientes venham *em direção* a ela, que é o que as artérias fazem. Então por que cargas d'água estaria havendo uma guerra em torno das veias e não das artérias?

Uma palavra: distração.

Em animais de grande porte como o *Homo sapiens*, o sistema imunológico em geral trabalha em dois níveis: o global e o local, com ênfase no local. No nível do corpo como um todo, você pode ter febre quando seu sistema estiver travando uma guerra: a maioria das bactérias evoluiu para funcionar dentro de um determinado limite de temperatura, e aumentar o termostato é um jeito bem eficiente de matá-las.** Excetuadas coisas como febres, porém, sistemas imunológicos saudáveis funcionam "se concentrando" nas

* Um artigo recente indica que a evolução da placenta pode estar vinculada às estratégias preexistentes do corpo materno para evitar metástases cancerígenas: os padrões de expressão genética no revestimento uterino que permitem uma "janela" de implantação, e resistem a invasões de modo geral, são parecidos com o que o corpo faz para impedir um câncer desgovernado de estabelecer novos focos de tumores (Mika et al., 2022). Talvez seja por isso também que as gestações tubárias sejam tão frequentes nas mulheres humanas. Quando placentas superinvasivas como a nossa conseguem aterrissar num local que não esteja resistindo e controlando adequadamente seu crescimento (como a trompa), o embrião simplesmente vai prosseguir com sua tarefa de fixar residência (ibid.).

** E um modo muito eficaz de matar suas próprias células, motivo pelo qual, se você tiver uma febre de 40°C ou mais, deve procurar ajuda médica. Passar tempo demais fervendo nos próprios sucos pode causar lesões no cérebro.

áreas em que são necessários.* Se houver muita inflamação num lugar só — e inflamação é o que em geral acontece quando algum tecido está sendo atacado — o sistema imunológico fortalece seus esforços ali. Esse foco muitas vezes significa prestar menos atenção em outras áreas. É esse o aspecto do sistema imunológico da mãe que o feto sequestra por meio da PP13. Como afirmou o responsável pela pesquisa: "Digamos que nosso plano seja assaltar um banco, mas antes de assaltarmos o banco explodimos um mercadinho a alguns quarteirões de distância, assim a polícia fica distraída".[63] Sua hipótese é que a placenta produz PP13 para inflamar os tecidos ao redor das veias uterinas de modo que as artérias sejam deixadas relativamente desprotegidas. Assim, os trofoblastos podem cumprir sua função, e a placenta garantir seu fluxo arterial de nutrientes enquanto o sistema imunológico da mãe está ocupado travando todas essas escaramuças ao redor das veias destinadas a servir como distração.

É isso que acontece quando a PP13 trava sua guerra durante uma gestação normal e saudável.[64] Talvez a pré-eclâmpsia seja o que acontece quando a placenta começa a *perder* a guerra e mobiliza o arsenal nuclear.

Um dos efeitos mais comuns da pré-eclâmpsia — que talvez aponte para sua causa subjacente — é que a placenta não recebe sangue suficiente. Casos menos graves são com frequência associados a baixo peso ao nascer, o que não é nenhuma surpresa se o feto não vinha recebendo tudo o que precisava receber. Bebês cujas mães sofrem de pré-eclâmpsia muitas vezes têm dificuldade para crescer no útero. Em outras palavras, a pré-eclâmpsia talvez seja o resultado de uma virada de maré na batalha normal entre o feto e o corpo da mãe. Consequentemente, a placenta se desespera, o que por sua vez provoca uma reação maior do corpo da mãe, e assim por diante até a situação inteira fugir do controle. A placenta em apuros dispara uma quantidade maior de proteínas, que alteram a pressão arterial. Talvez ela dispare mais bombas de fumaça de PP13 perto das veias uterinas, fazendo o sistema imunológico da mãe desem-

* Sabemos que cara tem a alternativa: um choque anafilático e tempestades de citocina podem matar. Por isso crianças com alergia grave a amendoim têm sempre consigo epinefrina injetável. Por isso também tantas pessoas morreram durante a pandemia de gripe em 1918 — a reação imunológica do corpo se tornou mortal — e, muitos desconfiam, tantas morreram nos estágios iniciais da pandemia de covid. Muitos dos remédios usados em 2020 para tratar a covid-19 tinham a ver com atenuar o sistema imunológico do corpo.

bestar e intensificando a inflamação, o que também eleva sua pressão arterial. São muitos os cenários nos quais um desequilíbrio no conflito materno-fetal — confronto envolvido naturalmente em toda gestação euteriana[65] — poderia gerar problemas como esse. Em casos graves, mulheres com pré-eclâmpsia que não for tratada podem desenvolver a eclâmpsia total, que pode provocar convulsões e falência renal.

Numa gravidez saudável, você não quer que o feto vença nem perca a guerra, porque ambos os desfechos podem matá-la. O que você quer, na verdade, é esse tenso impasse de nove meses. Os corpos femininos são particularmente adaptados aos rigores da gestação, não só para podermos engravidar, mas para podermos *sobreviver* à gravidez.

Há quem pense que essas adaptações aumentem mais o risco de ter doenças das mulheres que nunca engravidam do que das que engravidam. No entanto, pesquisas recentes contrariam essa teoria: mulheres que nunca dão à luz têm uma probabilidade menor de desenvolver doenças autoimunes do que as que deram à luz pelo menos uma vez.[66] Enquanto isso, diversos estudos publicados nos últimos anos indicam que, se você conseguiu engravidar e dar à luz na casa dos vinte anos, seu risco de ter determinados tipos de câncer é menor do que o de uma mulher que nunca engravidou.*[67] Uma razão possível é que a atenuação do sistema imunológico da mãe durante a gravidez consegue de alguma forma conter o sistema imunológico naturalmente mais agressivo das mulheres. A inflamação crônica é um fator de risco conhecido para muitos tipos de câncer, segundo a teoria, e talvez o fato de estar grávida — em especial mais de uma vez — seja uma boa forma de "diminuir a pressão".**

No entanto, não devemos pensar que isso significa que engravidar é mais saudável para todas as mulheres. A gestação tem perigos inerentes e pode ter

* Mas, se você já deu à luz, sua chance de receber um diagnóstico de câncer de mama na realidade é ligeiramente *maior* do que se não tivesse dado (Nichols et al., 2019). As pesquisas mais recentes mostram que o risco atinge o ponto máximo cerca de cinco anos após o parto, dura mais de vinte anos, e não é melhorado pelo fato de você ter decidido aleitar.

** Também é problemático interpretar esses estudos como unicamente causais: por exemplo, mulheres com doenças autoimunes também tendem a ter problemas de fertilidade, então pode ser que sejam os problemas autoimunes que estejam causando a falta de gestações, e não o contrário. Idem para o câncer: corpos já geneticamente propensos a ter determinados cânceres podem também ter problemas com os estágios iniciais da gravidez. Como as pesquisas nessa área estão muito em voga, pode-se esperar melhores respostas nos próximos dez a vinte anos.

efeitos de longo prazo debilitantes para as mulheres. A coisa *mais segura* para o corpo de uma mulher é não engravidar nunca, ponto-final.[68] Mas, quando decidimos ter filhos, pelo menos a evolução conseguiu nos proporcionar um conjunto de ferramentas para suportá-la.

E a maioria de nós vai tolerar. A maioria das mulheres tem pelo menos um filho, e a gestação em geral é sem intercorrências. Quase todas as mulheres sofrem com lacerações musculares,[69] probleminhas imunológicos e uma série de outras questões durante e depois de suas gestações, muitas das quais podem levar a deficiências e à morte, e de fato levam. Mais uma vez, nesse caso a medicina também nos ajuda. Nem tudo tem cura, mas a maioria das coisas é administrável. Ter um quadril meio torto ou dor na lombar com certeza é melhor do que abrir um rombo nas paredes da sua vagina, mas mesmo essas lacerações terrivelmente comuns podem ser consertadas. Além disso, mulheres que se beneficiam da ginecologia moderna geralmente não morrem mais se tornando mães.

Isso inclui a maior parte das mulheres do mundo industrializado. Se você for uma gestante que vive num país propenso à malária, sua relação com o risco é bem diferente. Gestantes com malária têm de três a quatro vezes mais probabilidade de apresentarem as formas mais graves da doença, e entre as que apresentam 50% vão morrer.[70] Você já se perguntou por que os Centros para o Controle de Doenças (CDC) dos Estados Unidos têm sede em Atlanta? Por causa da malária. O motivo que levou o país a criar o CDC foi que a malária era prevalente em todo o sul. A doença foi erradicada no país em 1951. Não faz tanto tempo assim.

Há quem argumente que se livrar da malária fez mais pela saúde das mulheres americanas do que o direito ao voto. Há quem diga que isso teve um efeito maior do que o direito ao aborto. Hoje, nos Estados Unidos, apenas 0,65 em cada 100 mil abortos legais terá como resultado a morte da mulher,[71] ao passo que 26,4 americanas ainda morrem para cada 100 mil nascimentos vivos.[72] Antes da lei que tornou o aborto legal, 17% a 18% de todas as mortes maternas nos Estados Unidos se deviam aos abortos ilegais; essa estatística valia tanto para 1930 quanto para 1967.[73] Enquanto isso, uma em cada quatro mortes maternas nos países onde a malária existe hoje em dia está diretamente ligada à doença.[74] Durante nossos piores surtos, o mesmo valia para os Estados Unidos.

Não é maravilhoso para as mulheres viver num lugar onde *ambas* as formas de morrer foram praticamente erradicadas? Que maravilha, decidir engravidar num lugar onde isso tem uma chance significativamente menor de causar sua morte.*

Donna com certeza nunca teve essa escolha. Nossas Evas ainda tinham um longo caminho pela frente antes de qualquer coisa parecida com a escolha consciente entrar em jogo. Primeiro elas precisavam de cérebros maiores. Para isso, precisavam se tornar primatas.

* Nos Estados Unidos, infelizmente, o risco de morte materna vem *aumentando* ultimamente, tendência bem diferente de todas as outras nações industrializadas que não estejam em guerra no presente momento, e isso era verdade *antes* mesmo da pandemia de covid-19, que causou a morte de um número maior ainda de gestantes e mães recentes (Hoyert, 2020). Mais sobre isso no capítulo "Amor".

Purgatorius

3. Percepção

Novos órgãos de percepção surgem como resultado da necessidade. Portanto, ó homem, aumenta tua necessidade, para que assim possas aumentar tua percepção.

Jalāl ad-Dīn Muhammad Rūmī, século XIII[1]

Na faculdade, trabalhei como modelo-vivo na escola de artes da cidade. Durante algumas horas por semana, eu era a menina que ficava em pé sem roupa em cima de um tablado enquanto adolescentes tentavam desenhar com linhas canhestras numa tela o que estavam vendo. É verdade: eu ficava pelada profissionalmente. Era um jeito fácil de ganhar dinheiro.*

* Fácil para alguém como eu, digo: as mulheres que trabalham como modelo-vivo são principalmente cisgênero, brancas e não têm deficiência. Existem muitas formas de vender o próprio corpo; aqueles dentre nós que o fazem em geral imitam maneiras que viram outras pessoas fazer. Eu só conhecia um dos modelos-vivos homens da escola de artes, embora meu irmão tivesse sido modelo antes de mim quando estava na faculdade, que foi de onde tirei a ideia. Ele também tinha participado de alguns estudos clínicos remunerados, e eu fiz o mesmo, embora estivesse sempre mais dura do que ele, ou seja, precisasse sempre trabalhar mais do que ele. Isso não se devia apenas ao nosso gênero distinto, mas esse tampouco é um fator irrelevante. Mais sobre o assunto no capítulo "Amor".

Eu posava num grande edifício do pré-guerra, mal isolado e com imensas janelas, no que antes costumava ser a parte elegante da cidade. Só que os ricos àquela altura já tinham todos ido embora, fugido para os arredores da cidade, como geralmente fazem. Em vez de carruagens e criados do lado de fora das janelas, agora havia mato e ratos. E artistas. Artistas adoram esses lugares detonados. Para começar, eles são mais baratos. Além disso fazem o tempo parecer escorregadio, como se o passado estivesse sempre presente, pronto para ser reaproveitado: basta uma nova demão de tinta, e pouco importam os fantasmas.

As aulas duravam de duas a três horas, o que significava que eu me sentia grata pelo pequeno aquecedor portátil junto a meus pés. Mais ou menos na metade de cada sessão, todos os alunos saíam para fumar e eu podia vestir meu roupão. Então caminhava entre os cavaletes e via meu corpo tomando forma: uma perna aqui, um tronco ali. Um padrão sempre se repetia: no começo do semestre, os alunos homens — somente os homens — desenhavam meus seios grandes demais. E não quero dizer só um pouco fora de proporção, mas *imensos*. Então, poucas semanas após começadas as aulas — e isso acontecia todo semestre —, os seios começavam a encolher, à medida que os caras aprendiam a desenhar o que seus olhos estavam vendo, e não os cartuns que seus cérebros tinham criado.

A esta altura, é provável que você tenha perguntas.* Eu também tinha. Por exemplo, será que aqueles garotos me viam no início de um jeito diferente de como as alunas mulheres viam? Será que os seus olhos eram atraídos para os seios por causa de alguma confusão hétero ou de gênero nata, ou seria pelo simples fato de garotas, por terem seios, estarem acostumadas a vê-los? Enquanto percorria aquela sala de roupão e pés descalços, eu me lembro de ficar pensando: *Será que os homens realmente veem o mundo de um jeito diferente do meu? Será que eu vivo numa realidade sensorial diferente da dos homens à minha volta?*

São perguntas difíceis de responder. A percepção é formada por duas coisas: pelo cérebro e pelo nosso aparato sensorial, essa coisa que chamamos de *rosto*, na realidade um montinho concentrado de osso e carne no qual nós,

* Perguntas relevantes para este livro, digo. Se você estiver se perguntando se eu me sentia constrangida por ficar pelada, a resposta é um pouco, talvez, mas posso dizer também que é extremamente empoderador ser uma jovem mulher diante de um grupo de rapazes avaliando de forma ativa seu corpo nu e perceber que você *não está nem aí*. Tomem essa, pesadelos.

mamíferos, temos nossos principais sensores: olhos, ouvidos, nariz e boca. Visão, som, cheiro e gosto. Para compreender a percepção humana, vamos ter de pensar em quando nosso rosto foi criado. Na Belém do olhar masculino, por assim dizer: aquele presépio de florestas ancestrais. Pois aqueles alunos que estavam tentando desenhar meu corpo na tela não eram apenas mamíferos, mas também primatas.

DUAS ESTRADAS DIVERGIRAM NA MATA AMARELA

Depois do asteroide — quando a terra ficou calcinada, choveram cinzas e tudo congelou, obrigando os filhos de Eva a passar a longa noite escondidos e tremendo dentro de suas tocas — a paisagem começou a mudar. As primeiras plantas a retornarem foram as samambaias.[2] Sabemos disso graças a seus resquícios fósseis que formam delicadas franjas nas placas de xisto, logo acima da linha de cinzas irradiadas pelo inverno do impacto da K-Pg. Sabemos disso também porque vimos algo um pouco parecido acontecer mais recentemente.

Um dia após a explosão do monte Santa Helena, em 1980, o terreno em volta estava quase todo destruído. Deslizamentos e lava acabaram com parte dele; os rios ferventes levaram mais um pouco; e qualquer forma de vida que não tenha conseguido fugir — como as árvores — foi queimada ou sufocada pela chuva de cinzas. Então, por baixo dessa grossa camada de cinza fértil, coisas voltaram a brotar. Entre as primeiras a retornarem estavam as samambaias, cujas cabecinhas peludas despontaram da terra morta, tufos desgrenhados de vida primordial embolados com terra e lama, lahars em resfriamento e cadáveres em decomposição.

Assim como o musgo e os fungos, as samambaias brotam facilmente de uma árvore caída, de cinza misturada com água, da terra úmida sob a carcaça de algum dinossauro. Elas são as nômades do mundo vegetal. Depois das samambaias vieram as colônias de formigas, que construíram suas imensas cidades subterrâneas abastecidas pelas economias dos mortos. As formigas romperam o solo endurecido, arejando a terra compactada e permitindo o desenvolvimento de bactérias e fungos. Depois dos fungos, das samambaias e das formigas vieram as criaturas que comem formigas, e algum tempo depois os predadores cujas presas são os comedores de formigas. As árvores voltaram em seguida, cautelosas no início, com muitos de seus brotos frágeis pisoteados pelos animais que ressurgiam. Mas não levou muito tempo para o monte Santa Helena ficar praticamente igual a como era antes da erupção, a não ser por uma vegetação rasteira adensada e por um lago coberto de árvores estraçalhadas. E a montanha, claro, tinha agora trezentos metros a menos de altura.

No mundo primitivo dos primeiros mamíferos, as coisas não voltaram a ser o que eram antes. Não tinha como voltar. A erupção do monte Santa Helena se acalmou em menos de um dia; Chicxulub foi um apocalipse. Mas houve outra diferença também, algo mais fundamental. Um novo tipo de vida vegetal havia se desenvolvido em silêncio naquele Éden jurássico. Eram as angiospermas: as plantas que dão flor. E elas estavam a ponto de assumir o controle.

Antes do asteroide, as florestas do nosso planeta eram formadas por gigantescas coníferas e samambaias.* Mas, no lugar dessas florestas primitivas, as árvores frutíferas e suas copas formaram a partir das cinzas ecossistemas inteiramente novos.[3] Ao florir, as árvores produziam a intervalos regulares imensas reservas de frutos em seus galhos terminais: gordos bulbos de carne doce e rica em açúcares. Frutas. Insetos. Novas coisas que comiam os frutos e insetos. Novas coisas que comiam essas novas coisas.

Foi uma dessas frutas, ao amadurecer bem acima do chão da floresta, que deu origem à Eva da percepção humana: *Purgatorius*, a primeira primata conhecida do mundo.[4]

Purgi surge nos registros fósseis cerca de 66 milhões de anos atrás, justamente quando as angiospermas começaram a preencher as crateras fumegantes deixadas nas antigas florestas de coníferas. Os cientistas encontraram suas pequenas ossadas nos anos 1960 no monte Purgatório, em Montana, e outras de suas muitas irmãs espalhadas pela formação Fort Union:[5] mandíbulas quebradas, tornozelos fraturados, dentes espalhados. Pelo que podemos deduzir dos fósseis, Purgi aparentava ser um cruzamento esquisito de esquilo com macaco, embora tivesse o tamanho aproximado de um rato moderno. Tinha o rabo comprido e peludo na ponta, um focinho de comprimento mediano,

* No jardim celestial pré-apocalipse não havia nada sequer remotamente semelhante a uma maçã. A primeira árvore frutífera de todas deve ter sido alguma espécie de gingko biloba (Zhou e Zheng, 2003). Mas as angiospermas de fato pavimentaram o caminho da inteligência primata que veio depois, e, portanto, ainda seria possível chamá-las de árvores do conhecimento.

dois olhinhos miúdos: os traços habituais de nossas primeiras Evas. Ao contrário de Donna, porém, a Eva do útero moderno, Purgi tinha tornozelos articulados capazes de rotacionar, o que era particularmente vantajoso para subir em árvores e correr pelos galhos. E, ao contrário de Donna, ela comia quase tudo em que conseguisse pôr as patas: bagas, frutas, folhas tenras, insetos, sementes. Se estivesse viva hoje, provavelmente comeria o nosso lixo. Nós reclamaríamos que Purgi roubou o alpiste dos pássaros, revirou nossa lixeira, fez ninho no nosso sótão.

Os mamíferos a partir dos quais Purgi evoluiu eram em sua maioria insetívoros, como Morgie e Donna. Mas Purgi também comia frutas. Sabemos disso porque seus dentes eram especializados tanto para morder coisas crocantes e queratinosas (insetos) quanto coisas vegetais molengas.[6] Pela observação de seus tornozelos,[7] sabemos também que ela passava muito tempo em cima das árvores caçando os novos e especializados insetos dessas novas copas de floresta formadas por espécies frutíferas primitivas. Enquanto esses insetos tocavam sua vida, carregando espermatozoides de árvores até flores fêmeas, predadores como Purgi tocavam sua vida e os comiam, e enquanto os estavam comendo comiam também alguns dos frutos. Como a maioria de seus descendentes primatas, Purgi era uma oportunista: decerto preferia alguns alimentos a outros, mas estava disposta a provar coisas novas. E seus dentes evoluíram em consequência disso.

Como ainda não encontramos seu esqueleto completo nos campos poeirentos da paleontologia, não temos certeza se ela fazia o que tantos primatas modernos fazem: pendurar-se nas árvores com as patas traseiras e usar as dianteiras para manipular a comida. Mas muitos mamíferos arbóreos fazem isso hoje em dia. Alguns cientistas pensam até que as mãos e a postura dos primatas evoluíram a partir de se sentar em posição ereta nas árvores e usar as patas dianteiras para manusear delicadamente o alimento.[8] Pode-se observar esse comportamento em outros mamíferos arbóreos também, de gambás a guaxinins e esquilos. Viver em árvores tem determinados efeitos no corpo de um mamífero. É preciso ser capaz de se segurar. É preciso ter um bom equilíbrio e percepção de profundidade. E, se você for se alimentar de coisas mais complicadas do que insetos, é possível que precise usar as patas dianteiras para comer.

Purgi foi quase contemporânea de Donna. Desconhecemos a relação exata entre as duas. Sabemos, sim, que Donna e seu útero placentário estavam em cima das árvores não muito antes de Purgi e seus parentes darem origem aos primatas posteriores. O advento das florestas de angiospermas teve profunda influência na evolução das espécies arbóreas, assim como as espécies arbóreas influenciaram a evolução dessas árvores. Elas polinizaram flores. Comeram frutos. Defecaram sementes. E bem lá embaixo, na penumbra do solo virgem da floresta, esses excrementos ricos em sementes deram origem a outras árvores frutíferas.

E, assim, na aurora do Paleogeno, havia as árvores frutíferas, e no meio das folhas estava Purgi, e cada uma contribuía para o sucesso da outra.[9] Purgi teve muitos filhos. Alguns de seus parentes seguiram existindo, como os plesiadapiformes: primatas primitivos que tiveram grande sucesso em sua época, mas cujo ramo genético murchou, encolheu e acabou extinto.[10] Outros integrantes da família de Purgi se transformaram nos primatas típicos de hoje em dia, de cérebro grande e rosto achatado, a maioria dos quais *ainda* vive em árvores.

São esses os rostos que nos interessam agora. Nós também somos primatas, ou seja, evoluímos de criaturas que se adaptaram para viver em árvores, e mais especialmente nos galhos terminais,[11] onde Purgi e os da sua espécie precisavam de um talento acrobático para conseguir comer, além de um aparato sensorial capaz de lidar com esse novo ambiente. Precisávamos de olhos capazes de ver quando as frutas estavam amadurecendo e de identificar as folhas que fossem jovens, nutritivas e tenras. Precisávamos de ouvidos que escutassem nossos filhotes numa paisagem ruidosa e cheia de folhas muito acima do chão. E, embora não fôssemos usá-los tanto para encontrar comida quanto nossas antepassadas usavam — o aroma adocicado de uma fruta não chega muito longe —, precisávamos de narizes capazes de administrar uma vida sexual na copa das árvores. Adaptar-se a essas necessidades modificou nosso aparato sensorial. Mas será que foi diferente para machos e fêmeas? Caso sim, será diferente ainda para os humanos hoje?

OUVIDOS

Na primeira vez em que se visita uma floresta tropical, a emoção dominante em geral é a surpresa: não com a beleza do lugar nem com o calor extremo. O maior choque é que a floresta é extremamente *barulhenta*. Num dia normal, lá tem mais barulho do que o carnaval de rua do Rio de Janeiro. Insetos zumbem e zunem em altos decibéis, usando asas e patas para criar um ritmo frenético. Sapos se esgoelam. Aves piam. E os bugios, como as trombetas do inferno, passam noite e dia berrando.

A vida ali brota por toda parte, abarrotada e superlotada: a floresta tropical é o lugar com a maior diversidade de animais terrestres de toda a Terra.[12] Como se trata de um espaço profundamente vertical, a vida no chão é só a primeira de uma série de tumultos até chegar às copas lá em cima. Há uma abundância de alimentos, de predadores e de parasitas prontos para matar você (pois você também é comida). Antes de Bancoc, de Hong Kong e de Nova York, *essa* era a cidade que nunca dormia. E ela é o mais próximo que temos hoje do lugar em que os primatas evoluíram.

Nas florestas tropicais do Brasil, é possível ouvir a curta e fantasmagórica sirene da araponga-da-amazônia: naturalmente que sim, porque a desgraçada alcança 125 decibéis.[13] Para se ter uma ideia, o guinchar dos freios do metrô de Nova York não chega a esse nível.* Os bugios podem alcançar 140 decibéis... por macaco.[14] Eles em geral rugem em coro, e não são os únicos bichos a estarem rugindo.

Para conseguir se comunicar com uma barulheira dessas, a parte auditiva de nosso aparato sensorial tem de conseguir separar os ruídos importantes dos não importantes. Quando nossas Evas subiram nas árvores frutíferas, seus ouvidos precisaram mudar.

AS ORIGENS DA CLAVE DE FÁ

Os primatas conseguem ouvir frequências bem mais baixas do que muitos outros mamíferos. E a melhor teoria atual para o motivo disso é nossa mudança para a copa da floresta.[15] Na verdade é uma questão de física: quando se está no nível do chão, é possível fazer suas ondas sonoras reverberarem na terra, dobrando a força do seu sinal. Quando se está nas árvores, o chão está dema-

* Na estação de Union Square foram medidos 106, mas isso inclui o barulho de várias composições, ladrilhos que rebatem o som e meia dúzia de músicos de rua com amplificadores portáteis (Gershon et al., 2006). As estações menores em geral são mais tranquilas.

siado distante para amplificar suas vocalizações. Mas esse não é o único problema advindo da realocação de nossas Evas para as árvores.

Se eu gritasse da outra ponta de um recinto vazio, você não teria nenhum problema para me escutar. Se o recinto estivesse cheio de tralhas, seria mais difícil. Não só porque o caminho entre a minha boca e o seu ouvido foi tampado, mas porque os objetos que nos separam também absorvem parte da energia das minhas ondas sonoras. Agora acrescente a isso dezenas de outras pessoas gritando tão alto quanto eu. Isso, caros amigos, é a copa das árvores na floresta: folhas, frutos, galhos, musgo, troncos e muitos outros corpos gritando entre você e o ouvido que você está tentando alcançar.

Os animais geralmente se adaptam a um ambiente sonoro de duas maneiras: ou ajustam seu tom ou então aumentam seu volume. Os primatas fizeram as duas coisas:[16] eles evoluíram tanto para escutar quanto para produzir tons mais graves, e encontraram formas de produzir sons mais altos. Ao baixar o tom, automaticamente conseguiam fazer seu som se propagar por uma distância maior, já que quanto mais grave um som, mais comprida a onda sonora, e quanto mais comprida a onda maior a distância que ela percorre. Você provavelmente já vivenciou isso. No meu antigo apartamento no Brooklyn, por exemplo, eu ouvia regularmente os graves ensurdecedores do sistema de som de carros ao longe. No verão, quando o ar ficava úmido e minhas janelas estavam abertas, podia inclusive sentir o baixo vibrando na minha caixa torácica. Era difícil identificar a música que estava tocando: as frequências mais agudas eram absorvidas pelos prédios e corpos, degradando-se ao percorrer a distância urbana entre mim e o carro. Mas o grave? Esse passava direto.

Assim também se deu a evolução dos primatas: conforme seus estilos de vida foram mudando, nossas Evas arbóreas precisaram dessas frequências mais graves para conseguir atravessar a barafunda sonora.

Em certo sentido, quando se trata de nosso aparato sensorial, estamos falando da evolução da rede social dos primatas. No início, tudo o que tínhamos era o equivalente primata de "ei". Podíamos projetar nosso breve e específico "ei" pela copa das árvores, e ter os ouvidos especialmente sintonizados para escutar as vozes de nossos amigos. Assim podíamos demarcar nosso território, encontrar parceiros e até fazer novos amigos. Com o tempo, o sistema se tornou capaz de transportar mensagens mais complexas. Podíamos dizer coisas como: "Ei, eu estou aqui!", "Ei, cadê você?", "Ei, boca-livre incrível rolando aqui em cima desta figueira!". E, mais importante ainda, podíamos gritar: "Ei, eu curti você!", "Ei, me curte aí!" e "Ei, caramba, um tigre!".*

Nós, primatas maiores, perdemos parte da faixa mais aguda de nossa gama auditiva, mas não a perdemos por completo. O limite agudo da humanidade, em torno de 20 kHz, vibra a 20 mil vezes por segundo, o que é comparável a muitos outros mamíferos do nosso tamanho. Mas a maioria das pessoas se sente incomodada com essa frequência, e nós não somos muito bons em distinguir o que está sendo comunicado nesse registro. Os cães, por sua vez — que evoluíram sobretudo a partir de mamíferos que viviam no chão —, conseguem ouvir frequências bem mais altas do que nós. Por isso o apito "silencioso" para cachorros funciona: ele produz um som próximo de 50 Hz que os humanos não conseguem escutar. Se fabricássemos um "apito para primatas" que os cães não pudessem escutar, ele produziria um som parecido com um pum de baleia.

No alto das árvores, os ouvidos de Purgi e das Evas semelhantes a ela se tornaram especialmente sintonizados para ouvir as frequências que viajavam melhor nas distâncias superlotadas e folhosas que importavam. Os ouvidos humanos modernos herdaram essas mudanças: muitos primatas de hoje em dia na verdade as têm. Nós conseguimos produzir e escutar sons em decibéis mais altos e frequências mais graves do que animais do mesmo tamanho tipicamente conseguem. Até os gorilas machos, que passam a maior parte do tempo no chão da floresta, têm um *ronco* grave incrível quando querem se fazer ouvir. Esse ronco se propaga muito bem. Mas, no alto da copa das árvores da floresta tropical sul-americana, os bugios podem ser ouvidos a cinco quilômetros de distância.**

Entre os primatas, fêmeas e machos têm audições ligeiramente diferentes. Talvez seja por esse motivo que os machos não precisam ouvir tudo o que as fêmeas precisam. Não que eles tenham ouvidos diferentes: como um sistema

* Os chamados entre as copas das árvores talvez estejam na raiz da linguagem humana, preparando um terreno amigável aos primatas que serviu de base para o desenvolvimento cerebral posterior. Os chamados de algumas espécies de macacos chegam inclusive a apresentar uma forma rudimentar de gramática. Mais sobre isso no capítulo "Voz".

** É verdade que algumas criaturas das savanas desenvolveram maneiras de otimizar os sons para fazê-los se propagar melhor. Um elefante no cio, por exemplo, pode emitir um ronco capaz de ser ouvido pela fêmea a dez quilômetros de distância. Só que ela não está usando só os ouvidos: também escuta com os pés. O chamado grave do macho, a 20 Hz, gera uma onda sísmica correspondente no solo (O'Connell-Rodwell, 2007). Os rugidos dos leões têm efeito semelhante, presume-se que pelo mesmo motivo (Pfefferle et al., 2007).

de som de alta-fidelidade, o equipamento é basicamente o mesmo. Mas a sintonia é um pouco diferente, e isso continua valendo para os homens e mulheres da nossa época.

A AVALANCHE SONORA DOS BEBÊS

Só para ficar registrado: a fala dos bebês não é um tatibitate. A fala dos bebês é uma avalanche. Passei um curto período trabalhando neste livro no porão da casa de uma amiga que tinha trazido ao mundo um menininho chamado Rex.

Rex estava com dois anos. Como a maioria das crianças da sua idade, ele corria pelo chão com a força de bisões desembestados. Digo, de bisões também capazes de produzir gritos agudos parecidos com sirenes, que irrompiam sem aviso e se espalhavam pelo chão feito lava. Os gritos dele me enchiam de apreensão. Eu gelava. Meu coração disparava. Eu *não conseguia* parar de ouvir aquilo. Às vezes chegava a fica suada.

Não está claro se minha percepção de Rex era maior ou menor do que poderia ter sido a de um homem mediano. Eu não tinha sido criada com crianças pequenas em casa e naquele momento da vida ainda não convivera com muitas. Lembro-me de pensar: vai ver a pessoa se acostuma com o volume dos gritos quando mora com elas.

Mas anos depois, quando meu próprio filho chegou, meu corpo reagiu da mesma forma. E talvez mais intensamente ainda, visto que meus seios doíam toda vez que ele gritava e faziam vazar leite no meu vestido. Essa é uma reação muito comum em mulheres que estão amamentando: os bebês choram, os peitos vazam.

Não acho que fosse o ruído de um bebê de modo geral. Acho que era o choro. Pelo que os laboratórios de fisiologia conseguiram determinar, os ouvidos dos homens e das mulheres reagem de modo diferente a diferentes frequências. Ouvidos tipicamente femininos tendem a estar especialmente sintonizados com a gama de frequências que corresponde ao choro de um bebê. Tanto homens quanto mulheres conseguem ouvir e diferenciar os ruídos dentro de uma determinada gama de frequências. A maioria consegue ouvir tanto as notas graves quanto as agudas de um violino. Mas, de modo geral, os ouvidos masculinos parecem mais bem sintonizados para ouvir frequências mais graves, enquanto os femininos são mais sensíveis a frequências mais agudas, em geral superiores a 2 kHz. Frequências essas que por acaso correspondem ao padrão do choro de um bebê.[17]

Se você for uma fêmea primata, ser capaz de escutar bem seu bebê tem vantagens evolutivas evidentes. Assim, enquanto a linhagem dos primatas como um todo pode ter deslocado o limite mínimo da sua audição para baixo — decerto para atender às necessidades de comunicação de longa distância em frequências graves pela copa das árvores —, as fêmeas, por serem as principais cuidadoras, precisariam particularmente conservar sua capacidade de ouvir os chamados mais agudos de suas crias. Por caminhos ainda misteriosos, a audição tipicamente feminina passou a estar sintonizada para ouvir essas frequências mais agudas. A maioria das mulheres é capaz de ouvi-las melhor do que os homens, mesmo em ambientes barulhentos. E, enquanto os ouvidos tipicamente masculinos tendem a perder a gama mais aguda com a idade, os ouvidos das mulheres conseguem manter melhor essas frequências.[18] De maneira importante, nossa capacidade de ouvir o extremo mais agudo do registro vocal humano também tem a ver com a reação emocional programada: os gritos de um bebê deixam as mulheres mais alarmadas do que os homens.[19] Não que eles *não consigam* ouvir a criança chorando, mas os ouvidos de muitos homens adultos cortam os sons mais agudos.

Produzir um som com as cordas vocais não emite apenas uma única nota. Como ao tocar um instrumento de cordas, quando você canta alguma coisa suas cordas vocais produzem harmônicas.* Embora mais difícil de discernir, isso também é verdade quando você fala. Esses registros mais agudos se chamam sobretons. Se você cantar a nota lá a 4,4 kHz, sua garganta produz sobretons de 8,8 kHz, 13,2 kHz, 17,6 kHz e assim por diante.** Quanto mais agudo

* Seu aparato vocal é mesmo como um instrumento de cordas. Ele é também parte fonógrafo, parte clarinete e parte uma gaita de foles com foles esquisitos. Mas a laringe em si é uma caixa flexível de cordas úmidas.

** Se você já tocou um instrumento de cordas, talvez tenha feito o seguinte: num violão, por exemplo, pressionar uma das cordas para baixo entre os trastes produz uma nota padrão, ao passo que acertar de leve a corda nos intervalos corretos produz uma harmônica. Os cantores de garganta de Tuva são célebres por conseguirem cantar duas notas de uma vez só, embora não seja na laringe que isso acontece: eles aumentam a força de alguns de seus sobretons vocais por

for ficando seu registro, porém, mais "penetrante" ou incômodo o som vai ser. Assim, embora tanto homens quanto mulheres consigam ouvir um bebê gritando a 5 kHz, uma mulher tem uma probabilidade muito maior de ouvir os sobretons mais agudos a 10 kHz e 20 kHz, tornando possivelmente o choro mais alarmante para ela.

O pânico de fato produz alguns desfechos interessantes. Por exemplo, um estudo recente fez os participantes ouvirem a gravação de um bebê chorando ou de um som mais neutro.[20] Os participantes então tinham de jogar um jogo de coordenação motora. Os que tinham escutado os bebês chorando foram mais rápidos e mais precisos; em outras palavras, eles estavam mais alertas e mais focados após terem sido expostos ao som do choro. As mulheres demonstraram esse resultado de modo mais robusto do que os homens.* As vantagens evolutivas são bastante claras. Se você estiver sintonizado na frequência do choro de um bebê, provavelmente conseguirá tomar providências melhores para o choro cessar: fugir com o bebê no colo, lutar contra um predador, enfiar pedaços úteis de fruta ou um mamilo na sua boca.

Essa diferença na percepção dos tons tem consequências muito reais. Não está relacionada apenas aos bebês. Os homens também têm uma probabilidade bem maior de sofrer perdas auditivas comuns do que as mulheres,[21] e as frequências mais agudas são as primeiras a serem perdidas. Isso provavelmente se deve ao fato de que esses sons de ondas curtas se atenuam bastante após descerem por todo o canal auditivo e chegarem à cóclea, o que significa que o ouvido humano precisa "se esforçar mais" para conseguir se concentrar neles. Além disso, células ciliadas rompidas dentro da cóclea — dano que em geral se acumula com a exposição a ruídos altos e o uso repetido ao longo do tempo — também tornam o aparato inteiro menos capaz de sentir e reagir de modo flexível.

---

meio da manipulação do fundo da garganta e da boca acima da caixa vocal, tornando o sobretom mais audível juntamente com a nota principal. É algo difícil de fazer. Os cantores de garganta profissionais muitas vezes suam ao se apresentar, porque é preciso uma concentração e um controle muscular tremendos.

* Fato revelador, esses estudos não chegaram a avaliar se as participantes mulheres ficavam menos *felizes* do que os homens após terem escutado esses sons. Embora eu me sinta razoavelmente feliz com o brinde evolutivo de saber solucionar melhor os problemas quando meu bebê chora, também trocaria sem pestanejar essa habilidade por me sentir menos estressada. Mas, enfim, a sobrevivência dos meus filhos hoje não depende do fato de eu me sentir estressada ou não. É de presumir que a sobrevivência de nossos antepassados dependesse.

Embora esse tipo de perda auditiva possa ser repentino, a trajetória mais frequente é um declínio gradual, com a capacidade de ouvir as frequências mais agudas diminuindo a partir dos 25 anos de idade.[22] Isso na verdade é tão previsível que a maioria dos homens com mais de 25 anos não consegue escutar ruídos a 17,4 kHz ou mais agudos, o que levou à invenção de um alarme no Reino Unido especialmente destinado aos jovens. O nome do alarme é Mosquito. Ele emite um gemido horroroso a exatos 17,4 kHz, cujo volume pode ser aumentado para mais de 100 decibéis, de modo que os lojistas possam usá-lo para dispersar grupos que estejam se demorando exageradamente no seu estabelecimento. A pressuposição é que pessoas com mais de 25 anos não serão espantadas pelo alarme porque não conseguem ouvi-lo, enquanto jovens arruaceiros serão. O aparelho é controverso, mas em grande medida não regulamentado. Curiosamente, ele também tem por alvo as mulheres.

Eu tenho trinta e poucos anos e absolutamente nenhum problema para ouvir 17,4 kHz. (Já testei sons nessa frequência. É horrível.) Graças à perda auditiva típica do seu sexo, homens adultos têm quase o dobro da minha probabilidade de estarem "protegidos" desse alarme de alta frequência. Homens de meia-idade e mais velhos também têm mais dificuldade para acompanhar uma conversa num ambiente sonoro atravancado,[23] sobretudo se a conversa incluir muitas sibilantes em frequências mais agudas. Isso quer dizer também que eles têm dificuldade para escutar vozes femininas, com suas frequências caracteristicamente mais agudas, mas mantêm a capacidade de ouvir vozes masculinas e outros sons graves e semelhantes a roncos. Como o poder social costuma ser atribuído aos homens conforme eles envelhecem, as vozes das mulheres não estão sendo ouvidas mesmo pelos homens no poder.

Existem, é claro, outros insultos cotidianos às mulheres provenientes das diferenças sexuais na audição. Você algum dia já ficou ensandecida com o chiado de um monitor de computador e tentou explicar para o seu marido, pai ou outro ser masculino importante da sua vida o que a estava incomodando, enquanto o cara não conseguia por nada neste mundo ouvir do que se tratava?

As telas dos computadores modernos tendem a emitir sons agudos começando em 30 kHz, muito além da gama da audição humana. As *ventoinhas* desses equipamentos, por sua vez — os que resfriam os processadores quentíssimos —, produzem um gemido agudo próprio que incomoda mais os ouvidos das mulheres do que os dos homens. Pode pôr a culpa no sexo de quem os projetou e testou: antes, os televisores e monitores de computador usavam tubos de raios catódicos, que zumbiam constantemente a irritantes 15,73 kHz. Como os funcionários desses departamentos eram quase todos homens, porém, ninguém reparou nisso até os aparelhos chegarem ao ponto de venda. O responsável pelo ruído era o transformador na parte traseira do equipamento, que zumbia feito um mosquito enlouquecido enquanto tentava resistir a forças magnéticas.*

Esse tipo de coisa continua atormentando as mulheres: o zumbido periódico das geladeiras, os sobretons das máquinas de gelo, o chiado metálico de um aspirador de pó quando o filtro está cheio. Mas não é só a tecnologia. Nós também temos uma probabilidade maior de ouvir os guinchos agudos de camundongos que estejam fixando residência dentro de nossas paredes. Não somos malucas. Conseguimos mesmo ouvir essas coisas.

O que não está claro é *por que* as mulheres, ao envelhecer, conservam sua audição melhor que os homens. A pressuposição entre os cientistas tem sido de que as mulheres exercem menos profissões de alto volume que prejudicam os ouvidos,[24] como operar uma britadeira para quebrar concreto. É um fator significativo, mas que não basta para explicar tudo. Mesmo entre homens e mulheres que trabalham em ambientes barulhentos, os homens serão mais tarde os pacientes mais prováveis nas clínicas de audição, e — invertendo o padrão geral — acabam indo às clínicas antes de suas colegas mulheres.

Será que os ouvidos dos homens envelhecem um tiquinho mais depressa do que os das mulheres? Em outras palavras, será um problema dos ouvidos ou um problema global de reparo? Tanto homens quanto mulheres nascem com cerca de 20 mil células ciliadas na cóclea de cada ouvido. Tirando os casos em que a membrana se solta, a causa mais comum de perda auditiva tem a ver com as células ciliadas se deteriorarem e morrerem. Depois dos oitenta anos, tanto homens quanto mulheres sofrem igualmente com a perda auditiva. Mas antes dos setenta os homens têm duas vezes mais chances de terem uma perda do que as mulheres. Por que, então, isso acontece? As células ciliadas das mulheres por algum motivo conseguem se reparar melhor? Nós temos outros mecanis-

* Aliás, se você começar a ouvir um chiado agudo vindo do seu computador, basta ajustar para baixo a taxa de atualização do monitor. Você pode fazer isso no painel de controle. Vai continuar tendo uma boa qualidade de imagem, mas precisando suportar menos chiado. Gosto de pensar que isso equivale a tornar os ajustes do monitor "amigáveis para as mulheres".

mos compensatórios? Tudo bem que nossos ouvidos possam estar mais sintonizados para escutar bebês chorando, e há muitos argumentos evolutivos favoráveis a isso. Mas é meio curioso que as mulheres mantenham a capacidade de escutar essas frequências mais agudas ao longo do tempo. O modelo do reparo parece ter algum respaldo: como vou discutir no capítulo "Menopausa", os corpos das mulheres parecem ser um tiquinho melhores em reparar a si mesmos do que os corpos da maioria dos homens. Mas nós ainda não temos nenhuma resposta sólida. Considerando as pesquisas atuais, pode-se esperar um pouco mais de clareza em relação a essas questões nos próximos dez ou vinte anos.

No fim das contas, talvez uma boa parte da resposta tenha a ver com o comportamento. Para começar, quando homens e mulheres são expostos a ambientes igualmente barulhentos, em média as mulheres ficam mais incomodadas. Esse incômodo pode levar as mulheres a tentarem escapar do barulho mais depressa do que os homens. Afinal, não se trata apenas do que seu aparato sensorial é *capaz*. O que você faz em relação ao que ele lhe revela também tem importância.

AMPLIFICADORES

Em 2015, meu namorado era viciado em *Fallout 4*,[25] um video game ambientado numa Boston pós-apocalíptica — na minha opinião, um lugar meio chato para passar os últimos dias. Durante cerca de dois meses, minha casa foi tomada pelo barulho de zumbis, robôs e explosões radioativas. Eu tenho alto-falantes muito bons. Os agudos reverberam. Meus *subwoofers* rugem que é uma beleza. Houve uma verdadeira guerra dentro do nosso apartamento, com meu namorado aumentando o volume até níveis de imersão total e eu pedindo por favor para abaixar aquilo. Nós finalmente combinamos que ele poderia deixar a trilha sonora ligada (um belo mix de pop americano de meados do século XX), contanto que pusesse os barulhos das armas no mudo.*

* Você pode estar se perguntando por que ele não usava um fone de ouvido. Eu também me perguntei a mesma coisa. Ele até usou, algumas vezes, mas sempre com uma quantidade hilariante de ressentimento. Verdade seja dita, eu era a primeira namorada com quem ele morava. Virar adulto é difícil.

O que acontece em casa também acontece no laboratório: os homens funcionam melhor em ambientes mais ruidosos do que as mulheres. Talvez parte disso tenha a ver com a gama de sobretons que os ouvidos tipicamente femininos conseguem escutar. Mas, se pensarmos outra vez naquela metáfora de um sistema de som de alta-fidelidade, é provável que também tenha algo a ver com o amplificador.

Os ouvidos não são receptores passivos: eles também produzem o próprio som. Bem lá no fundo da cóclea do ouvido interno, as células ciliadas estalam e geram uma série de diminutos cliques chamados emissões otoacústicas (EOAS). Toda vez que um som desce do tímpano pelo ouvido médio, as células ciliadas da cóclea ondulam e estalam, amplificando o sinal.* O ritmo e o volume desses movimentos sobem e descem, como uma maré.

As EOAS das mulheres tendem a ser tanto mais fortes quanto mais frequentes do que as dos homens;[26] assim, de modo previsível, os pesquisadores de acústica descrevem o ouvido interno como "masculinizado" ou "feminizado". Alguns pensam que esses padrões possam ter relação com por que as fêmeas de muitas espécies de primatas parecem mais sensíveis ao barulho: se a cóclea amplifica mais os sinais sonoros nos ouvidos das fêmeas do que nos dos machos, isso em princípio poderia fazer a experiência de ouvir sons altos parecer mais alta para as fêmeas. E isso não é verdade só no caso dos humanos:[27] até as fêmeas de mico têm EOAS feminizadas, de modo ligeiramente mais dominante no ouvido direito, igualzinho à maioria das meninas humanas.

Essa lateralidade direita nas fêmeas não se limita aos ouvidos. Por exemplo, a proporção do indicador em relação ao anular na maioria das meninas humanas é mais baixa do que na maioria dos meninos,[28] e essa diferença é mais pronunciada do lado direito do que do esquerdo. É possível perceber outras diferenças parecidas na mão/pata de outras fêmeas primatas. Mas a composição desse traço "de menina" é complicada: mulheres humanas com síndrome de insensibilidade androgênica completa (SIAC) — ou seja, meninas que nascem com um cromossomo XY, mas cujos corpos não respondem aos androgê-

* A física desse mecanismo é ao mesmo tempo complicada e muito controversa no mundo das pesquisas sobre audição: ninguém sabe *exatamente* por que os ouvidos fazem isso, ou mesmo de que maneira. Sabe-se que ele é causado pela ação das células ciliadas externas da cóclea, e que observar a *ausência* de EOAS é um bom fator para ajudar a prever determinados tipos de perda auditiva.

nios e portanto se desenvolvem de maneira tipicamente feminina — ainda assim tendem a apresentar EOAS tipicamente masculinas, bem como a proporção caracteristicamente masculina entre os dedos das mãos direitas. Isso significa que algo mais complexo deve estar por trás dessas diferenças além da simples exposição aos hormônios sexuais masculinos no útero.[29]

Curiosamente, se você por acaso tiver nascido com dois cromossomos X e por acaso também se identificar como gay ou bissexual, sua probabilidade de ter EOAS masculinizadas também é maior.[30] Mas se você tiver dois cromossomos X e se identificar como heterossexual, suas EOAS provavelmente serão semelhantes às da maioria das mulheres. Só que a coisa não é tão simples quanto uma orientação sexual binária: as EOAS dos homens XY quase sempre apresentam uma curva tipicamente masculina, independentemente da sua orientação sexual.

Isso por si só não basta para pressupor que o lesbianismo ou a bissexualidade XX seja algo que acontece quando um feto tipicamente feminino é exposto no útero a níveis de androgênio superiores ao habitual. Em gêmeos fraternos homem-mulher, porém, a irmã tem uma probabilidade maior de ter EOAS masculinizadas do que se não tivesse dividido o útero com o irmão.[31] O mesmo se pode dizer de ovelhas e outros mamíferos: essa diferença sexual, em outras palavras, parece ser algo fundamental na maneira como o corpo mamífero forma seus ouvidos no útero. Se uma ovelha for castrada mais tarde na vida, por exemplo, o padrão sexual de suas EOAS não muda.[32] Para a menina humana gêmea, essa mudança para uma função auditiva tipicamente masculina indica que os androgênios vindos do seu irmão no útero foram o que modificou seu desenvolvimento auditivo. No entanto, como as mulheres com SIAC têm EOAS tipicamente masculinas, pode ser que existam também outros caminhos para esse tipo de desenvolvimento auditivo.

Nada disso nos diz por que uma mulher pode ser queer, claro, tampouco esclarece muito o caráter profundamente complexo da sexualidade humana.*

* Por exemplo, o estudo original sobre as EOAS — até onde eu sei, e até onde o laboratório também sabe, é de presumir — não examinou participantes trans, tampouco classificou o grau de atração de seus participantes por parceiros sexuais de mesmo sexo ou do sexo oposto numa escala variável complexa (McFadden e Pasanen, 1998). Os participantes simplesmente se identificaram usando categorias comuns no Texas dos anos 1990, onde o estudo foi realizado: heterossexual, homossexual, bissexual. Tais dados eram confirmados por uma ou duas perguntas suplementares tiradas do

Tudo o que se pode afirmar, na realidade, é que os ouvidos das mulheres queer em geral se comportam de modo ligeiramente diferente dos ouvidos das mulheres hétero, e que os ouvidos dos homens gays e bissexuais não refletem uma diferença parecida.* Como em tudo relacionado ao sexo, é muito tentador tratar esses dados como um achado decisivo. Muitos cientistas passaram a acreditar que, dentre as sem dúvida inúmeras raízes biológicas da homossexualidade masculina, talvez houvesse algum tipo de "hipermasculinidade" pilotando o sistema.[33] Segundo essa teoria, contrariando o estereótipo de "bicha" que os homens gays ainda têm de suportar,[34] o motivo subjacente pelo qual eles curtem outros caras é que por algum motivo eles são fisiologicamente *mais* masculinos do que o homem hétero típico.

Os ouvidos das mulheres hétero podem estar mais bem sintonizados para um mundo de bebês primatas dependentes porque elas calibram seus instrumentos com uma regularidade maior que os homens, e as mulheres de modo geral — hétero ou não — simplesmente têm instrumentos de audição mais sensíveis do que os homens, com essas habilidades mais bem preservadas ao longo do tempo. Mas, se pensarmos no rosto arbóreo de Purgi como um aparato sensorial, feito tanto para sentir quanto para *se comunicar* com seus filhotes, talvez seja preciso rebobinar um pouco a fita. Ouvir não é a única coisa que fazemos com nossos filhos. Embora o primeiro som do choro de um bebê ajude a confirmar que a criança está viva, os mamíferos fazem uma coisa ainda mais primitiva com o recém-nascido: nós o cheiramos. Aproximamos nosso rosto de nossos filhotes, seja de que espécie forem, e sentimos seu cheiro.

---

célebre estudo sobre fantasias sexuais de Kinsey, e nos raros casos em que o laboratório não tinha certeza se perguntava aos participantes sobre seu histórico de relacionamentos. Como muitos dos participantes queer foram recrutados por meio do contato com organizações gays da região e da publicação de um anúncio em revistas gays, é seguro afirmar que muitos já tinham se identificado como queer bem antes de submeterem seus ouvidos a testes nas universidades. Não sei dizer se algum dos participantes que se identificou como hétero posteriormente se formou na faculdade e saiu do armário. Há sempre um pouco de ruído nos dados.

* Esses dados vêm de mulheres queer que já atravessaram a puberdade, mas, como os mamíferos de modo geral mantêm esses padrões ao longo da vida, não há motivo para pressupor que os padrões das EOAs fossem "invertidos" no ouvido lésbico desde a infância.

Muito antes de sermos capazes de ver, antes de sermos capazes de ouvir, antes de sermos capazes de sentir o que quer que fosse, nós éramos capazes de cheirar e de provar. Isso é o olfato: nossa capacidade de perceber gradações químicas. Desde a aurora da vida, os animais unicelulares precisam ser capazes de distinguir determinadas substâncias químicas na água à sua volta e sentir qual é sua concentração. *Estamos chegando mais perto da comida? Essa toxina está se afastando?* Quanto mais móveis nos tornamos, mais importante passou a ser conseguir rastrear as diversas substâncias químicas do nosso entorno.

Só que nossos antepassados unicelulares não tinham uma reprodução sexuada. Nós temos. Quando o sexo entrou em cena, os olfatos masculino e feminino começaram a divergir, e o "nariz" de cada espécie (ou órgão olfativo de qualquer tipo que fosse) passou a se adaptar às necessidades sexuais específicas do seu portador.

Centenas de milhões de anos mais tarde, o focinho mamífero de Purgi se ergueu no ar frio e seco do crepúsculo. Ela sentiu o cheiro do musgo na casca da árvore, dos frutos maduros, o odor almiscarado de um macho numa árvore próxima. Seu corpo era mais complexo do que o dos mamíferos anteriores a ela, e sua vida social também. Assim como nossos antepassados mais remotos, porém, Purgi fundamentalmente sentia o cheiro e provava o gosto de alimento, sexo e perigo.

Isso ainda vale para os seres humanos de hoje, e nós fazemos isso mais ou menos da mesma forma, só que agora nossos sensores químicos revestem os tubos úmidos de nossas cavidades nasais e as minúsculas saliências esponjosas na superfície de nossas línguas. Mas o protagonista aqui é o nariz. O gosto fica imensamente comprometido quando não conseguimos sentir cheiros.

Nossos sensores auditivos e visuais não demandam tanto espaço dentro de nossas cabeças quanto nosso sistema olfativo, que ocupa um bom terço do volume de nossos rostos. Como o olfato envolve moléculas, não ondas luminosas nem sonoras, e o ar que respiramos contém milhões de moléculas distintas, ser capaz de sentir o cheiro de alguma coisa demanda uma superfície grande, úmida e morna revestida de sensores.

O fato de nossos narizes conseguirem dar sentido ao mundo químico à nossa volta é impressionante. Pense na diferença entre o idioma inglês e o chi-

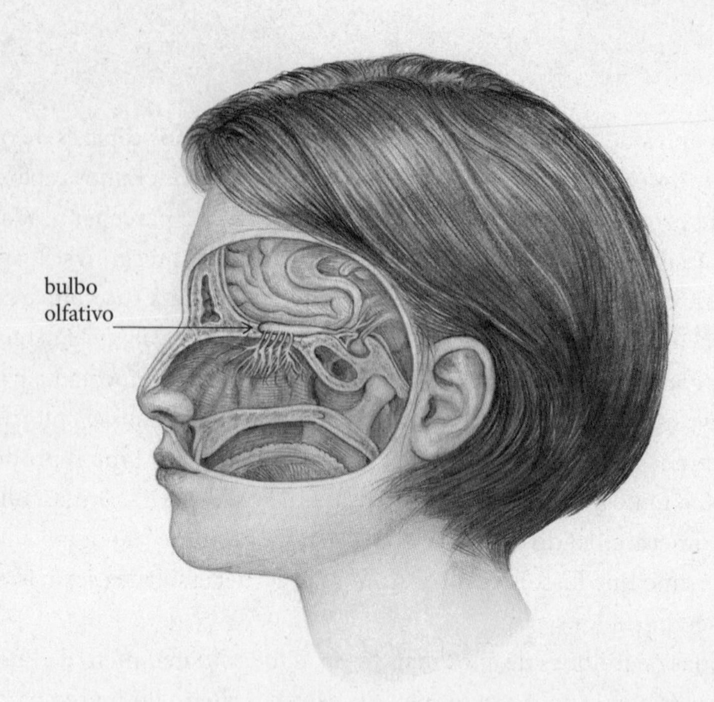

Sistema olfativo humano.

nês. No alfabeto do inglês existem apenas 26 caracteres, que nós combinamos para produzir uma gama restrita de sons. Mas a escrita do chinês não é fonética. Existe um símbolo diferente para *cada palavra*. Estamos falando em cerca de 106 230 caracteres chineses.*

No alfabeto do nosso olfato existem cerca de quatrocentos receptores conhecidos no trato nasal humano, e quase mil genes conhecidos de receptores de odor nos mamíferos, embora a maioria não seja funcional no corpo humano. Mesmo deixando de lado os que não são funcionais, esses genes podem responder por até 2% do genoma dos mamíferos,[35] um número enorme. Mas o que eles constroem então? Basicamente, um monte de receptores mais ou menos com o mesmo formato de uma luva de beisebol. Só que cada gene de um receptor de odor constrói um tipo de luva, e cada luva só se une a uma molécula do tamanho e do tipo certo. Como o ar está repleto de uma quantidade

* No entanto, se você conhecer apenas novecentos já conseguirá ler cerca de 90% de um jornal chinês.

absurda de moléculas, incluindo qualquer uma dentre inúmeras que podem ser importantes para nós cheirarmos, é fácil ver como um genoma pode ficar atravancado com esse tipo de informação.

Felizmente, porém, os cheiros tendem a ativar múltiplos receptores no nariz. Isso porque a maioria dos cheiros é uma combinação de diversas substâncias químicas. Assim, mesmo com tantos de nossos genes olfativos desligados, os seres humanos podem não captar toda a complexidade de um cheiro da mesma forma com que um cachorro faz, mas ainda conseguimos saber o básico. No mundo intensamente complexo das coisas invisíveis que flutuam no ar à nossa volta, nossos narizes ainda são capazes de distinguir o cheiro de uma laranja do cheiro de uma tangerina.

Ou melhor, o nariz feminino consegue; o dos homens não é tão bom nesse tipo de detalhe.[36] Tanto mulheres quanto homens têm os mesmos quatrocentos receptores, mas as mulheres vivem num mundo olfativo mais particular.

CHEIRO DE HOMEM

Não há como superestimar a importância do nariz para a vida de um mamífero. Ele diz que lugar é seguro e que lugar não é, o que é bom de comer e o que é veneno, quem é legal para fazer sexo e quem em vez disso poderia nos matar. Consegue até dizer se um tigre comeu recentemente um membro da sua espécie, algo útil para saber se você faz parte do cardápio. Essas informações e essas habilidades olfativas naturalmente influenciam o comportamento do animal. Por exemplo, você pode disfarçar o próprio cheiro para evitar predadores; os predadores podem disfarçar o próprio cheiro para caçar melhor. Entre os mamíferos mais bem estudados, camundongos e ratos, o olfato é tão importante para as vidas dos animais que os pesquisadores conseguem modificar de maneira radical seu comportamento alterando os cheiros do seu entorno.

Isso é especialmente verdadeiro para cheiros com especificidade sexual. Para os roedores machos, o cheiro da urina de outros machos pode provocar estresse ou interesse, a depender da situação, enquanto a urina com cheiro de banana de uma fêmea grávida os estimula.[37] Nas roedoras, o cheiro de urina de macho[38] desperta curiosidade. Camundongas e ratas *adoram* farejar material embebido em urina de macho. Elas buscam esse material. É possível treinar uma roedora para preferir determinado local da gaiola apenas fazendo com que ele tenha cheiro de urina de macho. Mesmo depois que o local parar de cheirar a macho, a fêmea tende a continuar preferindo o ponto que aprendeu a ser o País dos Garotos.

Isso pode ser atribuído aos feromônios masculinos: compostos voláteis, muito presentes na saliva de um macho e também produzidos por minúsculas glândulas no seu traseiro, onde também se misturam à sua urina. A maioria dos mamíferos parece ter esse sistema de sinalização social baseado em cheiros. Porcos também excretam feromônios na saliva. Nos cães, eles estão na saliva, na urina e no suor do traseiro. Quando chega a temporada de acasalar, os mamíferos machos tendem a se esfregar e urinar em tudo à sua volta para marcar seu território, disparando sinais sociais em todas as direções. Os bodes, numa exibição que posso apenas torcer para jamais ter feito parte da história dos hominínios, chegam a urinar em si mesmos, espalhando por toda a barriga uma urina espessa e almiscarada que pode chegar até o queixo. Como qualquer pessoa que crie cabras poderá lhe dizer, esse é talvez o fedor mais asqueroso e imediatamente reconhecível que uma pessoa poderia encontrar. Ele contém putrescina e cadaverina, dois compostos orgânicos produzidos por cadáveres ao se decompor. Tudo o que se pode fazer é pressupor que as cabras apreciem esse enjoativo e adocicado "cheiro de morte".

Até pouco tempo, a comunidade científica partia do pressuposto de que os seres humanos não tinham mais feromônios. Isso porque nós não temos mais grande coisa em matéria de sistema olfativo acessório, um grupo de sensores e nervos específicos presente na maioria dos outros mamíferos, que reveste o palato superior da boca, envolve e perpassa o nariz, chega a um montinho de carne esquisito chamado órgão vomeronasal e sobe por um caminho especializado em direção às partes do cérebro responsáveis pelo sexo e pela socialização. Os roedores possuem esse sistema. Os macacos também. Até mesmo Purgi provavelmente o possuía. Mas os seres humanos e outros grandes símios, não.

A teoria de por que perdemos esse sistema é que Purgi e outros primatas primitivos evoluíram lentamente se tornando mais visuais e menos movidos por cheiros. Talvez porque, para os primatas ao menos, a vida no alto das árvores tornava mais difícil espalhar o fedor social do que para as criaturas do chão. Seja por qual motivo for, quanto mais se avança na evolução dos primatas, mais achatado o rosto fica.[39] Os olhos avançam. O nariz encolhe. Talvez você até desligue uma penca de genes olfativos, como é o caso no genoma humano. Depois de algum tempo, você começa a conhecer o mundo pela visão, e não pelo olfato.

A realidade sensorial de Purgi naquelas florestas de angiospermas primitivas não era a mesma que o mundo vivenciado por seus descendentes. Para conseguir se adaptar à vida nas florestas frutíferas, o aparato sensorial das Evas primatas e sua arquitetura cerebral correspondente se modificaram em tal medida que, para essas Evas, o eu se tornou fundamentalmente distinto em sua relação com o mundo.* Quando os primatas primitivos evoluíram para se tornarem símios, o sistema olfativo já tinha se degradado imensamente.[40] O que resta do órgão vomeronasal da humanidade é apenas um pedacinho minúsculo de tecido, que em geral termina num tubo fechado em direção à base do nosso seio nasal. Embora ele talvez ainda esteja de alguma forma ancestral ligado ao nosso sistema endócrino, não possui nenhum dos nervos evidentes ou da conectividade em geral presentes em outros mamíferos.[41]

Mesmo assim, talvez haja uma outra maneira de o fato de ter um cheiro forte ajudar a fazer sexo. Entre as partes com mais cheiro de uma pessoa estão o órgão sexual e as axilas. Talvez por ser mais difícil para os pesquisadores pedirem aos participantes para lhes entregarem sua roupa íntima usada do que

* O eu é uma criação do cérebro. Se o cérebro se modificar de maneiras profundas — e seus modos de perceber e se relacionar com seu entorno —, inevitavelmente o eu também mudará. Se Purgi tinha ou não um eu no sentido filosófico, talvez seja melhor perguntar para Peter Singer, mas vou escolher a saída mais fácil e dizer apenas que, como aspecto funcional de um cérebro mamífero bem desenvolvido, o eu — certamente construído a partir da percepção cumulativa que esse cérebro tem do próprio corpo e da sua relação com o mundo, das lembranças de experiências e do burburinho generalizado de atividade que concilia constantemente essas categorias de informações umas com as outras — parece ao mesmo tempo útil e um pouco indiferente. É claro que o eu muda à medida que o corpo muda. Na verdade, você e eu não temos como compreender o que era a vida para criaturas como Purgi, porque não temos nem o corpo nem o cérebro de Purgi. Um dos motivos de isso ser verdade é que nosso aparato sensorial é radicalmente diferente. Outro é que nossos cérebros são diferentes. No entanto, cada vez que tentamos fazer esse exercício de imaginação e fracassamos, nós chegamos um pouco mais perto de levantar o véu que envolve nosso próprio conjunto de experiências delimitadas pelo corpo para ver o mundo como ele é e nossos próprios corpos como são nesse mundo.

uma camiseta suja, a maioria dos estudos sobre a influência social do cheiro se baseia nas axilas. Isso talvez se deva também ao fato de que os tipos de cheiros que a axila produz parecem mais fortes do que os de um órgão sexual saudável. Tenho lembranças vívidas de pegar táxis e ônibus em Marselha, Istambul, Cairo, Dalian e Nairóbi — qualquer uma das cidades que já visitei onde o uso do desodorante não é um fato dado —, rodeada por um espesso miasma de cecê masculino. Parece quase errado chamar isso de cheiro. Tratava-se de um verdadeiro véu. Era sufocante. Aquilo agredia ativamente as partes inferiores do meu cérebro. Adocicado, forte, azedo, pungente, tão invasivo quanto um queijo envelhecido, tão almiscarado quanto uma caverna há muito esquecida, era um cheiro inconfundivelmente masculino. Eu sei que cheiro tem um sovaco de mulher. Conheço o odor metálico de sangue menstrual velho, de cabelos mal lavados, dos exageros de perfume para tentar disfarçar. Mas absolutamente nada que um corpo feminino saudável exale se compara ao cheiro de um sovaco masculino mal lavado.

Talvez, apenas talvez, esse impacto tenha sido tão forte não só pelo fato de axilas masculinas terem um cheiro mais forte, mas por eu ser uma fêmea que sente atração sexual por machos.

Existe um hormônio humano que os cientistas têm estudado como um potencial feromônio masculino. É o androstadienona (AND), um esteroide volátil presente em quase todo suor masculino.* Em sua estrutura ele se parece com o feromônio presente na saliva do porco, cujo cheiro literalmente faz as fêmeas abrirem as pernas e se prepararem para serem montadas. Nos humanos, nem tanto. Mas existem alguns efeitos: quando se passa um pouco de AND na região do buço de mulheres héteros (isso aconteceu de verdade: cientistas tiveram a pachorra de passar um cotonete com alta concentração de cecê masculino no buço de universitárias ou, quando estavam estudando especificamente a AND, um concentrado fabricado a partir de testículos de porco**), elas

* Ele está presente também no suor das mulheres, só que em concentrações bem menores. O que faz sentido, visto se tratar de um composto esteroide derivado da testosterona. Os homens adultos tendem a ter quinze vezes mais testosterona circulante do que as mulheres em idade reprodutiva.

** O principal motivo pelo qual as criações de suínos castram os machos é que, se não castrassem, quando os machos atingissem a puberdade seus testículos secretariam androstenona, que fica concentrada no seu tecido adiposo e pode deixar sua carne com gosto de suor e de urina.

têm mais probabilidade de achar determinados caras sexualmente atraentes, de apreciar conversar com homens em encontros-relâmpago,[42] de apresentar uma ativação particularmente alta do hipotálamo[43] e de ter níveis mais elevados de cortisol na saliva.*[44] Resultados como esse tendem a ser mais robustos se a mulher estiver próxima da ovulação, o que sugere que tal sensibilidade tem a ver com conseguir farejar um bom parceiro, embora sem uma ultrassonografia transvaginal e uma bateria de exames de sangue a ovulação seja uma coisa complicada para a maioria dos estudos de fato isolar.**

O cheiro de sovaco de homem também parece ter alguma participação na orientação sexual. Se testarmos a reação de homens gays à AND, encontramos uma atividade no hipotálamo semelhante à das mulheres heterossexuais; as lésbicas não apresentam tal reação.[45] Num teste menos direto, pesquisadores sacudiram camisetas suadas debaixo dos narizes de homens gays, homens héteros e mulheres héteros (nesse caso testando o cheiro de sovaco como um todo, em vez de somente a AND). Revelou-se que os homens gays apreciaram particularmente o cheiro de outros homens gays, mas os homens héteros menos, enquanto as mulheres preferiram o sovaco fedido dos homens gays ao dos homens héteros.[46] E as mulheres trans apresentaram uma atividade no hipotálamo semelhante à das mulheres heterossexuais.[47]

Isso se chama *boar taint*. Nem todos os humanos têm a constituição genética correta para conseguir sentir seu sabor ou cheiro em sua totalidade (Keller et al., 2007), mas quando sentem o consideram universalmente desagradável. Os testículos dos machos humanos também fabricam essa substância da puberdade em diante, e nosso tecido adiposo também tem uma relação complexa com os androgênios (Mammi et al., 2012), mas felizmente não temos o hábito de comer um filé de homem com bastante gordura entremeada.

* Preciso fazer uma observação rápida: não está claro se esses resultados têm ligação com a AND em especial ou com alguma outra substância química, ou mesmo com uma complexa interação dos diversos componentes do suco de sovaco; as publicações científicas tendem a ser enviesadas na direção de resultados positivos, e qualquer coisa relacionada a conceitos culturais sobre o comportamento humano, como gatilhos sexuais, está particularmente vulnerável a um viés editorial que favoreça achados exuberantes (Wyatt, 2015). Como em todas as pesquisas, alguns desses experimentos são mais bem conduzidos do que outros.

** A maioria dos laboratórios se contenta em perguntar se uma participante está usando anticoncepcionais, quando foi sua última menstruação e qual a duração habitual dos seus ciclos. Não é muito preciso, como qualquer mulher que tenha engravidado usando o método da "tabelinha" poderá confirmar, mas na pressa serve. A maioria das mulheres em idade reprodutiva ovula cerca de catorze dias antes de a sua menstruação seguinte começar.

Encontrei uma quantidade consideravelmente maior de estudos sobre as preferências olfativas femininas do que sobre as masculinas. Não sei se isso se explica pelo fato de cientistas homens terem uma curiosidade especial em relação ao "que as mulheres querem". Entre os estudos com homens, há o fato hoje famoso de homens darem gorjetas maiores para strippers se elas estiverem ovulando[48] — eles dão, os efeitos são reproduzíveis e desaparecem se a mulher estiver usando um método contraceptivo —, mas isso pode ou não estar ligado ao cheiro. (É difícil dizer que cheiro exatamente se está sentindo numa boate de striptease.) Os homens também preferem as camisetas fedidas de mulheres que estão ovulando,[49] não gostam tanto assim do cheiro do sovaco de mulheres menstruadas ou daquelas que são menos imunocompatíveis,[50] e quase universalmente não gostam do cheiro das lágrimas de uma mulher,[51] independentemente do status reprodutivo.

Outros cientistas costumavam achar graça nesse tipo de estudo, mas de modo geral os descartavam, porque em alguns casos o tamanho das amostras era pequeno demais e em outros o efeito era insignificante demais. Esses problemas seguem afetando parte das pesquisas sobre feromônios humanos. À medida que a literatura cresce, porém, e que mais e mais pessoas são submetidas a cenários cientificamente específicos relacionados aos sovacos, o quadro está começando a parecer mais persuasivo. Embora nós não sejamos tão movidos a feromônios quanto outros mamíferos, o nariz humano talvez desempenhe algum papel em nossas vidas sexuais.

Agora, se o fato de usar desodorante — uma prática humana recente — elimina essa influência, simplesmente a reduz ou modifica de alguma outra forma, não está claro. Alguns cientistas, embriagados por dados recentes, chegaram a ponto de alegar que o desodorante e a pílula anticoncepcional estão atrapalhando nossa capacidade olfativa nata de avaliar compatibilidade,[52] tornando nossos descendentes mais propensos a transtornos genéticos. Não estou convencida disso. Tantos outros fatores influenciam o acasalamento dos humanos — a aparência física da pessoa, seu emprego, sua origem cultural, a região de que é — que o teste do cheiro tenderia a parecer menos influente. Além disso, é de pensar que nossos antepassados hominínios tivessem menos parceiros potenciais entre os quais escolher: dez ou doze pretendentes locais em vez de, bem, *a maior parte dos usuários* de qualquer aplicativo de paquera que se considere.* Na condição de americana saudável e moradora de uma grande área urbana moderna, eu tenho na verdade *1 milhão* de caras em potencial entre os quais escolher para serem os pais da minha potencial descendência, todos os quais em geral se beneficiam da medicina moderna que lhes permite viver bem mais tempo do que a maioria dos genes defeituosos que porventura carreguem. Só me cabe pressupor que ter tamanha diversidade de espermatozoides na prateleira influencia mais as chances de minha descendência evitar uma catástrofe genética do que o fato de eu gostar ou não do cheiro do sovaco de algum cara quando estou ovulando.

Mesmo assim, minha superioridade olfativa feminina evoluída ao longo dos anos segue válida, e os laboratórios estão finalmente começando a entender os mecanismos que podem explicá-la.

O NARIZ (DA MULHER) SABE

É uma das coisas que qualquer um que trabalhe com o olfato humano simplesmente aceita: o olfato da mulher é mais sensível que o do homem. As mulheres conseguem detectar melhor cheiros leves, diferenciar tipos distintos de cheiros e, uma vez sentido o cheiro, identificar corretamente do que se trata.[53] Embora seja possível encontrar algumas dessas diferenças em meninas recém-nascidas, isso se aplica em especial a mulheres adultas nas fases da ovulação e gestação, e se atenua nas mulheres pós-menopausa. Por esse motivo a maioria dos pesquisadores do olfato acha que os hormônios sexuais femininos podem ter um papel nisso. Como essa vantagem feminina está presente também em várias outras espécies de mamíferos,[54] provavelmente estava presente em Purgi. Não sabemos bem o porquê. Mas da mesma forma que o olfato evoluiu para farejar sexo, comida e perigo, a maioria das teorias evolutivas para o nariz das mulheres ainda recai numa dessas três categorias.

* Usuárias do sexo feminino heterocompatíveis da maioria das plataformas de encontros recebem sabidamente mais contatos de homens (tanto solicitados quanto não) do que homens de mulheres. Contanto que as mulheres sejam brancas. Não ser branca reduz significativamente o leque de candidatos potenciais, e ser uma mulher identificada como negra num aplicativo de encontros é quantificavelmente a pior situação (Rudder, 2014).

Conseguir sentir o cheiro de um homem atende a duas delas: é bastante útil para o sexo, mas pode também ser perigoso. Enquanto machos de outras espécies emitem numerosos sinais sociais olfativos, as fêmeas de muitas espécies com frequência têm um tiquinho a mais de talento para sentir o cheiro desses sinais.* Pensando bem, isso é bastante estranho, não só porque os mamíferos sociais machos passam o tempo inteiro atirando fedores uns nos outros, mas também porque a maioria das fêmeas de mamíferos não está pronta para se reproduzir o tempo todo. Com exceção das coelhas, que ovulam em resposta ao sexo em si, a maioria das mamíferas só propaga seus feromônios para avisar aos caras que está disposta quando entra no cio. Gatos de rua berrando nas vielas. Garanhões batendo com os cascos no chão. A maioria dos mamíferos machos consegue sentir o cheiro de quando uma fêmea está reprodutivamente viável.

Como homens e mulheres têm por volta de quatrocentos tipos diferentes de sensores olfativos cada um, em princípio os homens deveriam sentir melhor os cheiros, visto que suas cavidades nasais são ligeiramente maiores do que as da mulher mediana. A puberdade humana forma um nariz maior nos rapazes para prover o oxigênio de que eles precisam para fazer funcionar sua massa muscular mais magra. Um adolescente típico do sexo masculino vai desenvolver um nariz cerca de 10% maior do que o de uma típica garota do mesmo tamanho que ele.[55] A narina resultante do homem adulto suga mais ar e mais moléculas olfativas para dentro de suas cavidades nasais. Mesmo assim, as mulheres continuam detectando melhor cheiros diluídos, em outras palavras, quando há menos moléculas do cheiro em qualquer quantidade de ar próxima.

Algo está fazendo os receptores olfativos da mulher funcionarem melhor. Para desvendar o que é, precisamos observar as diferenças sexuais no tecido

* Em muitos bairros humanos, depósitos espalhados de urina de cachorro formam uma plataforma de rede social invisível, que avisa a cada filhote que passa quem está no pedaço, quem é dominante, ou mesmo como tem sido o jantar nos últimos tempos. Esse é em grande parte o motivo pelo qual cachorros que passeiam insistem em cheirar tudo. Quando você puxa a guia para apressá-los, está interrompendo uma conversa. Se o cão que estiver passeando for *fêmea*, ela provavelmente está sentindo o cheiro do que os cães machos têm a "dizer" a ela *e* aos outros cães machos, e quando ela urina em cima da conversa é provável que esteja fazendo propaganda também do seu próprio status reprodutivo (Cafazzo et al., 2012).

nasal de base. E precisamos observar o cérebro lá em cima. Isso porque discernir um cheiro tem a ver tanto com detecção quanto com dedução: captar uma quantidade suficiente do cheiro para gerar sinais suficientes e então compará-los com o conhecimento prévio.

Em 2017, um belo estudozinho com camundongos nos permitiu ter uma boa ideia de como isso poderia funcionar.[56] Os camundongos ainda têm um órgão vomeronasal, mas têm também neurônios sensoriais olfativos (NSOs), igualzinho a nós: os neurônios que entram fisicamente em contato com as moléculas de odor por meio das "armadilhas" químicas dentro do nariz em seguida transmitem informações sobre elas para os bulbos olfativos do cérebro. Quando camundongas sentiam algum cheiro, seus NSOs reagiam de modo mais amplo e transmitiam informações para o cérebro mais rapidamente do que os NSOs dos machos. Mas quando os camundongos eram *castrados* uma coisa engraçada acontecia: as fêmeas se tornavam mais lentas e menos nuançadas, ao passo que os machos se tornavam *mais* nuançados e mais rápidos. Isso significa que os dois conjuntos de hormônios sexuais parecem ter seu papel no nariz de um camundongo: os estrogênios aumentam o desempenho dos NSOs, e os andrógênios de alguma forma *suprimem* ou interferem nas suas capacidades olfativas. E como os NSOs humanos parecem ter uma estrutura semelhante aos de outros mamíferos, essas mesmas influências hormonais provavelmente ocorrem também nos nossos narizes.

É difícil estabelecer se essa força específica foi selecionada pela evolução ou é apenas um subproduto vantajoso de outros traços. Por exemplo, é difícil imaginar por que ser pior em sentir o cheiro das coisas em algum momento poderia ser útil. Mas, nos humanos, é amplamente conhecido que o olfato da mulher se aguça por volta da ovulação,[57] e não é difícil imaginar por que *isso* poderia ser adaptativo. Afinal, a ovulação é um momento importante para a fêmea mamífera ter discernimento. Como para nós engravidar e dar à luz é mais custoso do que para as fêmeas de outros animais, precisamos tomar um cuidado razoável com que macho vai nos fecundar.

Não basta, porém, ser melhor em enviar dados do nariz até o cérebro. O que o cérebro consegue fazer com esses dados é o que realmente faz diferença. Como qualquer mulher grávida poderá lhe dizer, a questão não é que antes de engravidar ela não sentia o cheiro do produto de limpeza do banheiro do restaurante de onde está sentada, no salão. É que agora sentir esse cheiro lhe causa uma onda de enjoo e de *emoção* negativa — um sinal forte e uma reação forte —, que significam que não vai dar para sentar numa mesa perto demais do banheiro.

Estar grávida talvez tenha mudado sua capacidade de sentir o cheiro,[58] quem sabe devido a mudanças no fluxo sanguíneo do nariz. Mas o verdadeiro motivo que a fez precisar mudar de mesa, enquanto para seu companheiro do sexo masculino isso era indiferente, é que sua capacidade basal de sentir o cheiro do banheiro começou em outro ponto. Seus bulbos olfativos simplesmente não são construídos da mesma forma que os dele.[59]

Na maior parte do cérebro, os neurônios têm uma disposição dendrítica: aquela ilustração clássica de um neurônio, com aquelas espécies de longos braços parecendo teias de aranha, que se estendem para os lados e formam sinapses com outros neurônios para criar cadeias de ação. No bulbo olfativo, porém, os sinais são mais difusos. Uma célula ativada tende a irradiar a informação em todas as direções para as células próximas. Nesse sentido, a disposição do bulbo olfativo tem menos a ver com disparar uma cadeia de acontecimentos e mais com criar uma *ondulação* num lago.

Em 2014, um laboratório achou que seria uma boa ideia ver exatamente quantas células existiam nos bulbos olfativos das mulheres em comparação aos dos homens.* Embora o tamanho da amostra tenha sido relativamente pequeno — existe um número limitado de cadáveres por aí —, os resultados foram claros: os bulbos olfativos das mulheres têm maciçamente mais neurônios e células gliais do que os dos homens, mesmo corrigidos pelo tamanho. Mais de 50% a mais. Os bulbos das mulheres simplesmente são mais densos. E, visto a maneira como os bulbos olfativos processam os sinais, pode ser que a densidade tenha um grande efeito na função global. A densidade e, portanto, a força de qualquer sinal são intensificadas. As ondulações se espalham mais depressa pelo lago. E, visto que as mulheres têm o mesmo número de receptores olfativos que os homens, o principal lugar onde seu sistema olfativo difere dos masculino talvez seja esse: os bulbos.

Levando em conta como são primitivos os bulbos olfativos, essa diferença pode muito bem estar presente desde o nascimento. No momento não há como

* Eles basicamente extraíram os bulbos olfativos de cadáveres e os puseram num liquidificador. Depois usaram uma máquina para distinguir todos os tipos de células diferentes e contá-las. Uma maravilha digna de Frankenstein.

saber ao certo, mas eu não me espantaria muito em ouvir falar que num futuro próximo algum laboratório decidiu jogar o cérebro de alguns camundongos recém-nascidos dentro de um liquidificador científico, só para dar uma conferida nos números. Como as diferenças no olfato constituem uma parte tão íntima da nossa experiência vivida, a ideia de que as diferenças sexuais possam organizar diferentemente uma parte primitiva de nosso cérebro mamífero sempre vai ser um alvo atraente.

UMA REFEIÇÃO QUE VOCÊ NUNCA VAI ESQUECER

Mulheres grávidas, menstruadas e que estão ovulando são famosas por terem desejos e aversões alimentares. O estereótipo habitual é que sentimos desejo de comer algo gorduroso, salgado e/ou doce. Nos Estados Unidos, o chocolate é um dos campeões. Macarrão com queijo derretido também.

Os cientistas especializados em evolução tendem a pensar que nossos desejos alimentares estão em vez disso ligados a deficiências nutricionais e que nossos corpos, submetidos a um conjunto singular de fatores de estresse ao ovular, menstruar ou gestar, simplesmente "sabem" que precisamos comer um tipo de coisa ou outra e nos estimulam a buscar esses alimentos.[60]

Alguns fatos sustentam essa afirmação. Por exemplo, as gestantes às vezes sofrem da síndrome de pica, a ânsia incontrolável de comer coisas como terra, cabelo ou raspas de grafite. A placenta suga muito ferro do corpo da mulher grávida, e mulheres com essa síndrome também têm tendência a sofrer de deficiências de ferro. Não sabemos ainda se essa é uma relação causal, mas a terra pode ser rica em ferro. Naturalmente, se você tiver uma oclusão intestinal por causa do seu novo hábito de comer terra, isso não é algo que se poderia chamar de *aptidão* evolutiva. Além do mais, muitos de nossos desejos alimentares não parecem vinculados a necessidades nutricionais imediatas. Um bife, embora rico em gordura, não é um alimento típico que as mulheres desejem na TPM, apesar do alto teor de ferro, substância que se poderia pensar que a pessoa fosse desejar ingerir quando estivesse perdendo muito sangue.

Da mesma forma, o desejo de comer sorvete com picles ou outras combinações alimentares estranhas não faz necessariamente bem para uma mulher grávida (embora talvez tampouco faça muito mal). Ao mesmo tempo que seu desejo por alimentos específicos pode se intensificar, suas reações negativas a cheiros e sabores também aumentam. Na verdade, as aversões alimentares entre as gestantes são mais comuns do que os desejos, e é bom que seja assim: você precisa comer, mas também precisa ficar viva. Embora a maioria de nós preferisse jamais senti-lo, o enjoo é uma das sensações mais importantes que um corpo é capaz de produzir. Ele está no mesmo patamar da dor. Seu corpo evoluiu para motivar você a aprender lições valiosas: se conseguir sobreviver a uma intoxicação por causa de algo que comeu ou bebeu, faz sentido que o seu corpo faça tudo o que puder para se certificar de que nunca mais coma nem beba aquela porcaria.

Parte do que é tão interessante em relação aos enjoos de uma grávida, portanto, é quão *poderosa* pode ser a mudança de suas preferências de gosto e de cheiro. Parte da náusea é o simples resultado de uma indigestão básica: os hormônios de uma gestante também têm tendência a desacelerar seu intestino, fazendo-a se sentir inchada e enjoada de modo geral. Assim, algumas daquelas ondas de enjoo talvez sejam apenas um efeito desagradável de se sentir entupida. Mas isso talvez não baste para explicar as poderosas mudanças no seu olfato. Por exemplo, alimentos antes adorados podem passar a ter um cheiro repulsivo. O cheiro de cigarro, antes inócuo, pode ser como se alguém tivesse soltado um pum na sua cara.

Em outras palavras, os enjoos de uma gestante são mais do que problemas na barriga e podem estar fortemente ligados ao olfato. Suas reações emocionais muitas vezes também estão em estado de alerta total. *A náusea* de Sartre? Fichinha. Um francês entediado. Experimente uma grávida que já vomitou duas vezes de manhã e está mordiscando biscoitos salgados tirados de um saco plástico no metrô do Brooklyn até Midtown. Ela consegue sentir o cheiro de todas as coisas mortas que já estiveram dentro daquele vagão.

Mas é preciso se alimentar, sobretudo com o feto sugando seus nutrientes feito um aspirador de pó desembestado. Sendo assim, qual diabo poderia ser a vantagem dessas novas e aleatórias associações de estímulos com o enjoo? Por que toda essa nauseante instabilidade no seu sistema olfativo não a mata?

Na realidade, o objetivo é justamente evitar a morte. A maioria das pessoas argumentaria que, para evitar toxinas, vale muito a pena ficar um pouco enjoada e passar um pouco de fome, e as toxinas são especialmente letais quando se está grávida. Por exemplo, a maioria dos seres humanos não gosta de sabores amargos. E por acaso a maioria dos alimentos mais tóxicos do mundo tende a ter um sabor amargo. O cianeto é famoso por ter gosto e cheiro de amêndoas amargas; na verdade, as amêndoas ainda seriam perigosas hoje em dia se os agricultores antigos não tivessem conseguido manipulá-las de modo a remover o cianeto.* O mundo vegetal abriga uma lista quase interminável de pratos possivelmente letais, todos eles de sabor amargo, metálico ou azedo. E o paladar dos mamíferos que comem plantas evoluiu de acordo com isso, com as fêmeas tipicamente mais sensíveis ao amargor do que os machos. Afinal, quando o objetivo é transmitir os próprios genes, as fêmeas placentárias estão *sempre* comendo por dois. Como seus corpos assumem uma parte tão grande do fardo no que diz respeito à reprodução, a morte de uma fêmea será sempre bem mais custosa para a aptidão local da espécie do que a morte de um macho. Assim, se ter um nariz que detecta melhor as ameaças dá às fêmeas uma dianteira no jogo da sobrevivência, a espécie como um todo se beneficia. Se isso por acaso ajudar a mulher a encontrar alimentos saborosos, bom, melhor ainda. É preciso muitas calorias para fabricar bebês do modo como nós fabricamos.

Como uma das primeiras mamíferas a viver nas árvores, Purgi teria usado esses densos bulbos olfativos femininos para acrescentar frutas à sua dieta de insetos e folhas. Frutas têm um sabor melhor e são melhores para você quando maduras. Se ela estivesse perto o suficiente, seu nariz sensível a teria ajudado a discernir os pedaços mais saborosos. Mas Purgi precisava dos olhos para identificar as frutas maduras por entre as copas das árvores, e para planejar um caminho seguro para chegar até a mesa.

OLHOS

Em pé sobre meu estrado de modelo-vivo, eu podia sentir o cheiro do aquecedor elétrico queimando a poeira perto dos meus pés, as finas e distantes

* Teríamos feito a mesma coisa com os carvalhos, mas, como as suas toxinas são mais complexas do que as das amêndoas, foi melhor deixar as bolotas para os esquilos.

volutas de aguarrás, a fumaça de cigarro entranhada na roupa dos alunos. Podia ouvir o arranhar das espátulas misturando as tintas na paleta e o sussurrar dos pincéis na tela. Mas os rapazes não estavam me ouvindo nem me cheirando tanto assim. E não só pelo fato de serem rapazes. Mas porque eram primatas. E nos primatas modernos quem manda são os olhos.

Enquanto os alunos de arte olhavam para mim, trilhões e trilhões de fótons ricocheteavam na minha pele e retornavam na direção de seus rostos primatas. Os pequenos músculos de suas íris se contraíam, alargando as pupilas para deixar entrar mais luz. Conforme os fótons atingiam o fundo dos olhos, suas retinas enviavam para o nervo óptico informações sobre meus contornos, e este, por sua vez, transportava dados até o centro visual do seu cérebro.

Pense na diferença entre um modem antigo, daqueles de discar, e a banda larga de hoje. Sentir o mundo por meio de ondas sonoras não tem nada de errado em si, mas sem a ecolocalização não se aprende tanto assim.* O nariz também é bom em informar sobre substâncias químicas próximas, mas provavelmente não vai ajudar a subir na copa das árvores. Mas os olhos! Os olhos são capazes de proporcionar o equivalente a 1 milhão de trilhões de gigabytes de informação por segundo. Eles lhe dizem o que as coisas são e onde estão com uma rapidez fantástica. Assim, contanto que você tenha a capacidade de processamento necessária para dar sentido a um fluxo de dados desse porte, a diversão pode começar.**

* O motivo pelo qual morcegos e outros ecolocalizadores são tão bons em usar as ondas sonoras para construir um modelo do mundo é eles serem capazes de *emitir* sons e em seguida escutar o retorno, por isso o "eco" do nome. Os ouvidos por si sós são mais passivos: eles se apoiam em sons que já estão sendo transmitidos de outros lugares.

** Qualquer gamer que se preze poderá lhe dizer que um monitor de primeira linha não vale nada sem um computador capaz de processar rapidamente informações visuais, e que uma placa de vídeo superpotente não vale nada sem um monitor capaz de exibir essa quantidade de detalhes rápidos. A única coisa engraçada em relação aos cérebros e olhos dos mamíferos quanto a isso é que os cérebros de pessoas que nascem cegas são incrivelmente bons em reutilizar o que teria sido o "córtex visual" para uma série de outras finalidades, coisa que o seu Nvidia obviamente não consegue fazer. Mais sobre a plasticidade cerebral no capítulo "Cérebro".

Quando se pensa em primatas, o que vem à mente decerto são macacos e símios. E quando se pensa em macacos é provável que não há como evitar pensar em suas caras: narizes curtos e achatados e olhos grandes, binoculares e estereoscópicos, em geral circundados por um osso orbital e situados bem na frente do rosto.* Até meu filho de dois anos é capaz de reconhecer o desenho rudimentar de um macaco: orelhas nas laterais da cabeça, osso do nariz curto, olhos grandes virados para a frente. Em grande medida, foi assim que o aparato sensorial dos primatas evoluiu: ao longo de muito tempo, no alto das árvores, nossos narizes encolheram, nossos olhos avançaram e os centros visuais de nossos cérebros explodiram. Se você alinhar crânios fossilizados em ordem cronológica,[61] verá que as órbitas oculares vão avançando em direção à frente da cabeça. E conforme isso foi acontecendo o tamanho das partes do cérebro que processam as imagens aumentou de forma radical.

Se quiser otimizar sua forma de interagir com seu entorno, o posicionamento de um par de sensores faz diferença. Como os pulmões estão constantemente sugando ar novo, a melhor forma de orientar um sensor olfativo é posicioná-lo no caminho desse rio de ar carregado de odor; faz sentido nossas narinas e seus bulbos olfativos correspondentes estarem localizados bem no meio do nosso rosto. Já os ouvidos ficam mais bem posicionados na lateral da cabeça, de modo a conseguirem captar sons que estejam se propagando de ambos os lados do corpo; assim eles conseguem triangular melhor a distância provável de um som e sua direção de origem. Os olhos utilizam estratégias parecidas, mas de modo geral as que usam vão depender do tipo de criatura: se você é predador ou presa.

Nos mamíferos existem basicamente duas estratégias para o posicionamento dos olhos. Os animais que servem de presa em geral têm os olhos nas laterais da cabeça. Pense em cervos, coelhos, pequenas aves: com olhos nas laterais da cabeça, eles podem ficar atentos a predadores num campo de visão incrivelmente extenso. O que está logo à sua frente tem bem menos importân-

* Pode ser que você também saiba que lêmures, galagos e outros animais esquisitos também são primatas, mas a menos que você seja um primatólogo seus rostos não são os primeiros a lhe virem à mente.

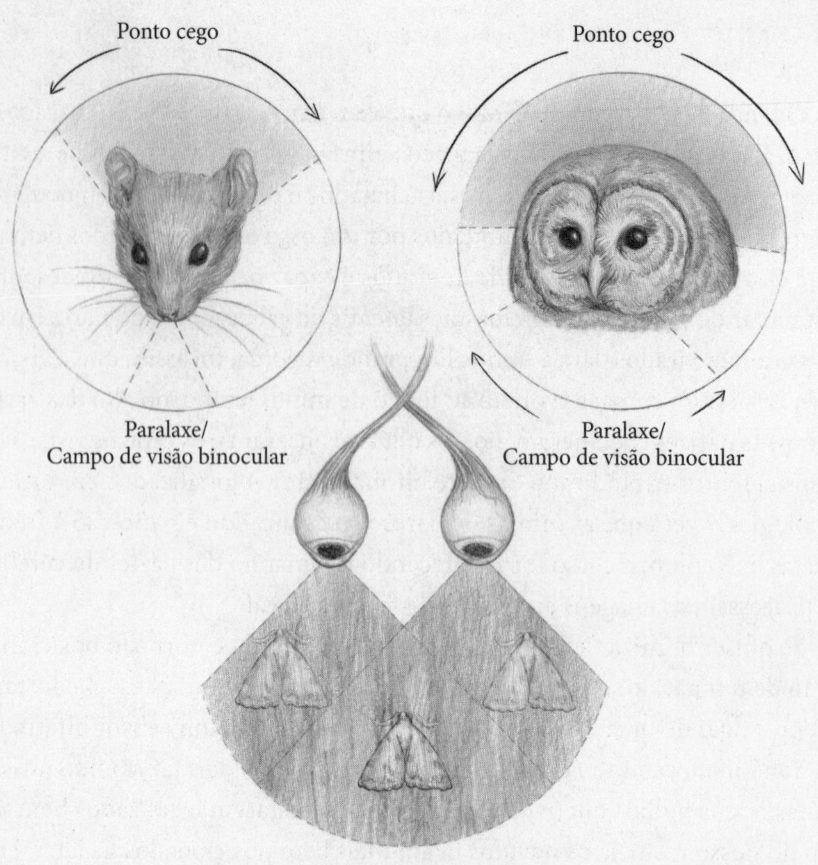

Paralaxe e estereopsia.

cia do que avistar o leão no meio do mato. Os predadores, por sua vez — cachorros, águias, serpentes, gatos —, em geral têm os olhos na frente da cabeça. Embora isso crie pontos cegos na extrema esquerda e na extrema direita do seu campo de visão, também aumenta muito o quanto o campo de visão de cada olho se sobrepõe. Essa sobreposição — a paralaxe — facilita muito ver a que distância no espaço um objeto está de você. Também fica mais fácil distinguir aspectos sutis de objetos nessa zona de sobreposição. Ter uma paralaxe grande significa conseguir ver mais longe e com mais detalhes, e avaliar melhor a distância entre nós e objetos distantes.

Em se tratando de primatas, o posicionamento dos olhos talvez seja mais complicado do que as necessidades de predadores versus presas. Isso porque, conforme a linhagem dos primatas evoluiu, começamos a mudar tanto *o que* comíamos como *quando* comíamos.

Comecemos com os alimentos no cardápio. Se partirmos do pressuposto de que nossas Evas primatas primitivas, como Donna e Morgie, comiam sobretudo insetos, tudo em que elas precisavam ser boas era em capturar insetos. Mas e se esses insetos desenvolvessem um grande talento para se esconder?

Por exemplo, se os insetos que vivem nas árvores evoluíssem para congelar e se camuflar — ficar totalmente imóveis, com os corpos se confundindo com o verde manchado das folhas e as estrias escuras da casca —, os predadores teriam mais dificuldade para encontrá-los à distância. Mas não se esse predador tiver dois olhos na frente da cabeça: a estereopsia proporciona uma visão 3D bastante boa.[62] Com olhos virados para a frente, você poderia conseguir ver o inseto camuflado mesmo que seu nariz estivesse sendo confundido por outros cheiros e que o inseto ficasse bem paradinho. Além disso, se você viver num espaço maciçamente tridimensional, como as copas das árvores — onde em cima e embaixo têm tanta importância quanto atrás e na frente e lado a lado —, e estiver tentando capturar insetos que não param de voar para longe, sua capacidade de avaliar profundidade e direção de repente adquire grande importância. Seu cérebro talvez precise ficar maior também, já que processar muitos dados tridimensionais exige potência computacional. De fato, quando os paleontólogos medem o crânio dos fósseis de primatas, quanto mais estereoscópico o posicionamento dos olhos, maior a caixa craniana.[63]

Como os olhos das suas Evas antecessoras, os de Purgi eram bem mais parecidos com os de uma roedora ou doninha, situados de um lado e outro da cabeça. Nossas Evas insetívoras primitivas usavam principalmente sua audição e seu olfato impressionantes para localizar as presas. Purgi decerto também encontrava insetos para comer prestando atenção nas batidas e nos zumbidos agudos e delicados de suas asas, e farejando os odores característicos de seus corpos. Quando ela e seus parentes primatas fixaram residência na copa das árvores, porém, muitos evoluíram para ser mais binoculares. E talvez isso tenha acontecido porque uma boa parte da linhagem primitiva dos primatas estava tentando se alimentar num espaço tridimensional *à noite*.

Uma visão binocular e estereoscópica é um traço convergente que evoluiu várias vezes distintas.[64] Corujas e morcegos, ambos predadores, se movem pelo ar à noite, e ambos têm olhos na frente do rosto. Nem *todas* as aves predadoras têm visão binocular, tampouco todos os mamíferos insetívoros. A circunstância relevante nesse caso é caçar à noite, quando é bem mais difícil de ver coisas, de modo que poder utilizar uma paralaxe é importante. Nessa linha de pensamento, talvez os olhos dos primatas tenham se deslocado lentamente para a frente porque é difícil capturar insetos no alto das árvores à noite.

Assim, eles seguiram se agitando e correndo pela copa noturna das árvores por centenas de milhares de anos. Os insetos se tornaram melhores em se esconder. Nossos antepassados se tornaram melhores em encontrá-los. Nessa dança evolutiva, os projetos corporais de predadores e presas competiram. Quanto mais o tempo passou, mais nossos antepassados começaram a comer outras coisas, em especial folhas e frutos. Assim, mesmo que nossa visão binocular tenha evoluído inicialmente para poder perseguir insetos num espaço tridimensional, essa vantagem predatória foi logo escanteada. Mas os cérebros maiores ficaram.

E esses cérebros e seus respectivos olhos virados para a frente se tornaram um tanto úteis para nossas novas dietas. Com nossa paralaxe maior, podíamos usar as patas dianteiras para manipular folhas, frutas e sementes perto de nossos rostos com muito mais clareza e precisão. Quando se come insetos, não é preciso revirá-los delicadamente na palma da mão para se certificar de que estão maduros, o tempo inteiro tentando com todo cuidado não soltá-los do caule (caso não estejam maduros e seja melhor esperar um pouco).

Considere, por exemplo, o guaxinim. Ele não é um primata, mas é outra criatura relativamente esperta que vive em árvores e se alimenta de forma oportunista, de modo bem parecido com os humanos. A fêmea do guaxinim usa as patas dianteiras para manipular cuidadosamente os alimentos. Ela não é uma predadora. Ela não caça. Mas seus olhos estão situados na frente do rosto. Assim como nossas Evas placentárias primitivas, a guaxinim também é em geral noturna. Mas ela se converte para um modo de vida diurno caso a comida no seu território seja mais abundante durante o dia. Isso não é o *habitual*, mas como a maioria dos oportunistas ela é flexível. No entanto, assim como para os seres humanos que trabalham no turno da noite, mudar seu ritmo natural pode lhe custar: o ciclo circadiano está incrustado em praticamente todos os sistemas orgânicos dos mamíferos.[65] Hormônios importantes têm picos e quedas em momentos diferentes do dia. O modo como digerimos a comida,[66] como reparamos ferimentos e até mesmo os tipos de *cognição* nos quais somos melhores podem mudar dependendo da hora. Alguns desses sinais são internos ao organismo e têm a vantagem de serem flexíveis: se você atravessar vários fusos horários, por exemplo, vai sofrer menos e se recuperar mais depressa do jet lag caso ajuste os horários das suas refeições ao novo horário antes de viajar.*

Outras coisas, porém, parecem reagir diretamente ao tipo de luz que atinge suas retinas: em outras palavras, seus olhos ajudam seu corpo inteiro a "entender" que horas são, e o relógio do seu mecanismo interno reage de acordo com essa informação. Isso só foi se tornando mais verdadeiro à medida que os primatas passaram a ser criaturas mais visuais. O que nossos corpos fazem com os sinais influencia coisas bastante básicas. Por exemplo, mulheres que trabalham no turno da noite têm problemas conhecidos de fertilidade;[67] isso não se deve apenas ao estresse de modo geral nem ao fato de não estarem em casa à noite, o que pode tornar suas vidas sexuais um pouco mais complicadas de coordenar. É que o funcionamento temporal complexo de seus ciclos ovarianos está relacionado a um ritmo circadiano. Quando o óvulo de uma mulher está se desenvolvendo durante as primeiras duas semanas ou algo assim do seu ciclo, a progesterona atinge seus maiores níveis de manhã, o estradiol à noite, e o hormônio luteinizante parece ter uma ascensão lenta que culmina em algum momento durante a tarde. Todos esses hormônios precisam manter seus respectivos ritmos e seu equilíbrio adequados para o óvulo se desenvolver e a ovulação ocorrer normalmente. A complicada conversa que cérebro, ovários e útero mantêm constantemente pode ser perturbada se a mulher se distancia dos ritmos normais de um dia com luz do sol.**

* Você está para todos os efeitos "enganando" seu corpo para fazê-lo pensar que a hora é outra, modificando os horários em que os níveis de glicose e cortisol do seu sangue aumentam e diminuem; ambos em geral sobem um pouco depois de uma refeição. Pode ser também que haja efeitos psicológicos úteis, já que para muitos de nós comer é algo profundamente normalizador: *parece* ser de noite quando uma pessoa acostumada a jantar à noite janta, e pode parecer estar na hora de dormir se a quantidade habitual de tempo tiver transcorrido entre o jantar e o deitar-se.

** Talvez isso também seja parte do motivo pelo qual a lactação afeta a ovulação: o padrão hormonal de uma lactante não só é distinto daquela que retomou seu ciclo menstrual como, pelo menos durante os primeiros poucos meses da vida de um recém-nascido, as mulheres que amamentam ficam acordadas durante uma boa parte da noite. Isso produz uma quantidade de estresse que não é pequena, claro, o que por si só já perturba a ovulação, mas talvez prejudique também o ritmo circadiano do corpo. Pessoalmente, posso facilmente afirmar

Homens que trabalham no turno da noite têm problemas metabólicos e imunológicos parecidos com os que as mulheres têm, mas eles não afetam tanto sua fertilidade.[68] A testosterona em geral atinge o pico pela manhã, mas nos corpos masculinos isso está menos relacionado à exposição dos olhos à luz do que ao sono: o nível sobe durante os ciclos de sono e cai após o despertar. Assim, se homens se forçam a dormir durante o dia, sua testosterona simplesmente se deslocará de acordo com esse fato, e a produção de espermatozoides em seus testículos se ajustará da mesma forma a esse novo normal. Como é muito mais barato e mais fácil para o corpo dos mamíferos fabricar espermatozoides, há menos fatos para darem errado quando homens viram animais noturnos.

Em termos evolutivos, passar de uma criatura diurna para uma criatura noturna é perigoso para a aptidão de uma espécie placentária. O contrário também é verdadeiro. Você não está apenas mudando hábitos: está mexendo no código-base. Apesar disso, nós oportunistas somos conhecidos por fazer isso: não com frequência, não sempre, mas quando for nos *beneficiar*. Houve um tempo em que algumas de nossas Evas eram oportunistas o suficiente para fazer a troca. Isso mudou muito em nossos corpos. Mas em primeiro lugar e de modo mais evidente, mudou nossos olhos.

TECNICOLOR

A maioria dos paleontólogos parte do pressuposto de que nossas primeiras Evas mamíferas eram em grande medida insetívoras noturnas, que viviam correndo na segurança do luar. Conforme a copa das árvores foi evoluindo, com todas as suas frutas, e os insetos evoluíram para se beneficiar disso, os insetívoros naturalmente seguiram suas presas para cima das árvores. No início não havia motivo para modificar seu estilo de vida noturno. Afinal, insetos saíam à noite. Por que se sujeitar aos perigos de predadores diurnos? Por que correr o risco de ser visto? Seria preciso um motivo *muito* bom para não ir mais dormir quando raiava o dia. Mas pelo menos uma das netas de Purgi

---

que, no segundo mês de vida do meu filho, eu tinha muito pouca noção da diferença entre o dia e a noite.

começou a ir para a cama mais cedo, depois mais cedo, depois mais cedo ainda, até por fim nossos antepassados primatas se tornarem inteiramente diurnos: habitantes do dia que dormiam à noite. É muito provável que o motivo tenha sido as frutas: esse incrível estoque de alimento no alto das árvores da floresta de angiospermas que tem a vantagem de anunciar sua prontidão para ser consumido pela cor.

A maioria dos mamíferos é daltônica: não consegue diferenciar vermelho de verde. Seu mundo é mais cinza-azulado, ou até mesmo sépia. A visão colorida funciona assim: receptores especiais em nossas retinas chamados opsinas reagem a diferentes comprimentos de ondas luminosas: ondas maiores tendem para o vermelho, enquanto as mais curtas são azuladas. A retina pega esses diferentes comprimentos de onda e os "mistura" no sistema nervoso subjacente. Um receptor se ativa para o azul, outro para o vermelho, e o cérebro vê roxo; isso contanto que se tenha esses dois receptores distintos. Se não tiver, você simplesmente verá variações de azul. A maioria dos mamíferos placentários é dicromática, ou seja, tem dois tipos principais de receptores de cores: azul e verde. Se você não tiver opsina vermelha, não consegue diferenciar o vermelho do verde com muita facilidade. O que não tem importância se você for noturno: à noite não tem muito vermelho e verde para ser visto.

As aves todas conseguem enxergar o vermelho. A maioria dos peixes também. Mas os gatos não, nem os cachorros, nem as vacas, nem os cavalos, nem os roedores, nem as lebres, nem os elefantes, nem os ursos. O mundo desses animais é desprovido de vermelho. Nem mesmo os touros de Pamplona conseguem *ver* a capa vermelha do toureiro, tampouco as listras e jaquetas vermelhas típicas dos que correm com os touros e se derramam pelas ruas da cidade feito uma gangue da morte bovina infernal. Os touros não ficam agressivos por enxergarem a cor vermelha, que para eles provavelmente aparece como um marrom-escuro, ou até preto. Eles ficam agressivos por serem tratados mal. O vermelho só existe para nós.

Como os cangurus e outros marsupiais são tricromáticos, pensa-se que a mudança para o dicromatismo ocorreu durante o período, ou em torno dele, em que viveu Donna, nossa Eva da placenta.[69] Ela ou uma de suas filhas perdeu seu receptor para o vermelho na longa e escura noite da floresta. Por ser totalmente noturna, é provável que Purgi tampouco pudesse enxergar o vermelho.

Os genes responsáveis pela nossa visão colorida vermelho-verde surgiram por meio da duplicação de genes por volta de 40 milhões de anos atrás,[70] bem por volta do momento em que um bando de protomacacos flutuou pelo oceano Atlântico a bordo de uma jangada de terra e fundou um novo reino de macacos no continente norte-americano. Jangadas de terra são exatamente como se poderia imaginar: uma massa flutuante de terra e vegetação. Como as placas tectônicas que contêm a África e a América do Sul eram mais próximas nessa época, e como grande parte dos oceanos do mundo estava presa nas geleiras da Antártida, o mar era mais estreito e mais raso do que hoje em dia. Os cientistas pressupõem que os primatas, por viverem como tendem a viver, no alto das árvores e perto de boas fontes de água, foram pegos por tempestades no litoral africano e jogados no oceano — possivelmente junto com suas árvores e com a terra presa às raízes destas —, onde as correntezas os fizeram atravessar o mar. Admiravelmente, muitos sobreviveram. Dessas criaturas varridas por tempestades é que descendem os bugios, os macacos-aranha e os macacos--prego. Os macacos do Novo Mundo. Eles são os únicos a ainda ter o rabo preênsil. A maioria também ainda é daltônica.

Só que na África os primatas foram se tornando cada vez mais frugívoros e adeptos das folhagens: a dieta de insetos desapareceu, e as tenras folhas novas e os frutos maduros surgiram. Esses primatas se transformaram nos Catarrhini: os primatas do Velho Mundo, um seleto grupo de macacos e os símios, alguns dos quais acabariam evoluindo até se transformarem nos seres humanos.* Comer todas essas coisas verdes tenras e coisas vermelhas maduras durante o dia demandava uma retina com opsina vermelha. Quis a sorte que os genes ligados à criação dessa opsina estivessem localizados no cromossomo X.

Se você tiver dois cromossomos X, como tem a maioria das mulheres, é extremamente improvável que você acabe sendo daltônica para o vermelho e o verde, ao passo que cerca de 10% dos homens são. Se a visão vermelho-verde foi selecionada em primatas diurnos, por que essa localização no cromossomo X?

* Quando me refiro aqui a "Velho Mundo" ou "Novo Mundo", estou utilizando os termos coloquiais para se referir aos Catarrhini e aos Platyrrhini: os dois grupos taxonômicos de espécies de primatas amplamente encontrados na África e na Ásia versus aqueles encontrados nas Américas. Esses termos são obviamente coloniais e ultrapassados, mas conservam certa utilidade (por exemplo, eles nos lembram das formas como os primatas do "Novo Mundo" descenderam de suas Evas, que atravessaram o Atlântico a partir da África cerca de 40 milhões de anos atrás).

É possível que esse tipo de visão colorida fosse mais vantajosa para a Eva primata do que para seus consortes e filhos. Talvez uma eficiência maior na identificação de alimentos mais nutritivos (bagas extradoces, folhas jovens extratenras) fizesse uma diferença de verdade durante a gestação e o aleitamento. Se Purgi utilizava as mesmas estratégias de criação de filhotes sexodependentes de muitos primatas de hoje em dia, catando alimento para si e para sua jovem prole, então a sobrevivência dos filhotes dependia muito mais da fêmea do que do macho. Em outras palavras, a pressão para ver vermelho e verde foi *maior* na Purgi que acabara de se tornar diurna do que em seus companheiros machos.

A segunda possibilidade é Purgi ter catado comida em bando, como fazem ainda hoje alguns dos macacos do Novo Mundo. Nesse cenário, seria vantajoso ter tanto tricromatas quanto dicromatas trabalhando juntos, buscando alimento não só durante o dia, mas em situações de pouca luz ao amanhecer e entardecer, quando os dicromatas teriam mais facilidade para fazê-lo.

Ou então ambos os fatos foram verdadeiros: por ser a fêmea, nossa Eva estava submetida a uma pressão maior para conseguir enxergar o vermelho e o verde, mas numa espécie altamente social, que praticava alguma quantidade de compartilhamento de comida, teria sido vantajoso ter também alguns dicromatas.

Os daltônicos não sofrem grande desvantagem hoje, já que sua sobrevivência não depende de passar o dia catando frutas vermelhas no meio de folhagens verdes. E é claro, como fazem hoje nossos companheiros primatas, o nariz sempre pode dar uma pista quando os olhos não ajudam: macacos-aranha cheiram a fruta para saber se está madura quando seus olhos não conseguem identificar isso, um pouco como quem cheira uma fruta na feira.[71] Mas a vida em bando também favorece estratégias coletivas: o aparato sensorial humano atual também é utilizado em grupos, o que talvez seja um pouco mais próximo do nosso passado evolutivo. Grupos sexualmente mistos de macacos coletores do Novo Mundo — dos quais alguns evoluíram em tempos mais recentes para distinguir o vermelho do verde e outros não — nos permitem entender melhor o que significa a evolução para as espécies sociais. Os grupos com uma mistura de visão colorida entre seus componentes parecem capazes de coletar comida em bando ligeiramente melhor.[72] Nós humanos, assim como a maioria das Evas primatas sociais que nos precederam, temos corpos que funcionam dessa maneira em grande medida por vivermos perto de outros humanos. Assim como carregamos o passado em nossos aspectos físicos de idades diferentes — algumas coisas antigas, outras novas —, nossos grupos sociais também carregam o passado: algumas coisas antigas, outras novas.

FOTORREALISMO

Assim funciona a percepção: é possível modificar a localização dos seus sensores na sua cabeça e depois redefinir sua finalidade para usá-los em novos contextos, cada mudança ocorrendo muito devagar na longa dança da evolução. É possível modificar também os *mecanismos* internos dos sensores, para torná-los mais ou menos reativos a diferentes sinais do entorno, a depender do seu estilo de vida nesse ambiente. Mas mudar a forma como você percebe e interage com o entorno inevitavelmente modifica o cérebro que está processando toda essa informação, o que por sua vez acarreta parte da evolução do seu aparato sensorial.

Quando falamos em percepção, é importante distinguir o que está fundamentado no cérebro e o que não está. Só que essa é uma teia muito emaranhada. A atenção direciona a percepção tanto quanto a percepção influencia a atenção: o aparato sensorial e seus centros cerebrais correspondentes estão em comunicação quase constante, e os sinais fluem em ambas as direções. Os olhos se movem de um ponto focal para outro. Os ouvidos também fazem isso, mesmo quando você não está tentando analisar conscientemente o espaço em volta. Por exemplo, quando você escuta uma voz humana num ambiente barulhento, a cóclea atenua seu amplificador para reduzir os sinais competitivos;[73] na realidade, conversas de restaurante envolvem mais leitura labial do que conversas num ambiente tranquilo. Os olhos também são feitos para reduzir sinais quando necessário: não apenas os receptores de cores estão agrupados ao redor do centro do olho, tornando nossa visão periférica profundamente distinta do que aquilo em que seu cérebro direciona você para focar,* mas os

* Como os cones da retina são mais difusos próximo da borda das retinas, sua visão periférica é em grande parte daltônica vermelho-verde para objetos menores (Hansen et al., 2009). Nós so-

olhos reagem de maneira regular a pensamentos *internos* também. Se você for uma pessoa capaz de ver, quando lhe pedirem para imaginar ou recordar uma cena visual vívida, suas pupilas vão se dilatar,[74] muito embora nesse instante você não esteja prestando atenção no mundo externo. Quando seu cérebro está modelando uma informação visual internamente, os circuitos nervosos que controlam os músculos que contraem e dilatam as pupilas também entram em ação. Isso também vale para os diminutos músculos responsáveis por direcionar seus olhos de modo geral, que aliás estão em movimento quase constante.

As complexas interações entre a percepção atenta de informações visuais pelo cérebro, a mecânica de nossos olhos e a formação das memórias no cérebro humano são o que de fato está em jogo aqui; os cientistas cognitivos estão apenas começando a entender como essas coisas todas se encaixam, quem dirá como as diferenças sexuais podem entrar na jogada. No entanto, para primatas capazes e altamente visuais como o *Homo sapiens*, esses circuitos também estão ligados de maneira intrínseca ao nosso modo de nos entender como criaturas no mundo, com uma experiência rica e memorizada. Lembre-se daqueles adolescentes olhando para meu corpo nu: a razão mais provável para os garotos desenharem meus seios maiores do que são não é apenas estarem socialmente condicionados a fazê-lo.* É porque, seja por qual motivo for, seus olhos estavam *fixados* nos meus seios mais do que os olhos das garotas.

Falando de modo geral, os olhos humanos fazem duas coisas: sacadas e fixações. Sacadas são o modo como os olhos têm de se mover depressa de um ponto a outro do campo visual, e quando eles se detêm num ponto isso se chama fixação. Existem diferenças sexuais conhecidas nesses padrões quando as pessoas observam rostos humanos:[75] mulheres adultas tendem a exibir mais sacadas que se movem entre diferentes partes do rosto e dos olhos da pessoa, enquanto os homens tentem a fixar os olhos um pouco mais ao redor do nariz. Ninguém sabe o motivo. Mas pode ser por isso que as mulheres são notoriamente melhores do que os homens para aprender rostos novos, e pode ser por

---

mos bem mais capazes de detectar *movimento* do que diferenças de cor nas bordas de nosso campo de visão (ibid.).

* A bem da verdade, é também porque eles não eram artistas tão *experientes* no começo do semestre... mas é de presumir que as garotas tampouco fossem, então acho seguro descartar isso como o fator preponderante.

isso também que elas pareçam ser ligeiramente melhores em avaliar com precisão que emoção esse rosto está transmitindo. Também tendemos a nos concentrar um tiquinho mais na região do olho esquerdo, que é o lado do rosto humano que tende a ser mais expressivo emocionalmente.*

Tudo isso tem a ver com o que os olhos em si e com o que o cérebro, mais acima, está fazendo com as informações que chegam em tempo real, disparando novas instruções para os olhos se moverem ou se fixarem. Quando os olhos se fixam, porém, isso causa uma impressão mais forte na memória posterior do cérebro, assim como parece causar uma impressão mais forte na percepção da pessoa em tempo real. Estamos falando sobre as engrenagens da construção da realidade. Assim, se os olhos dos alunos se *fixavam* nos meus seios com frequência maior do que os das alunas, talvez eles possam ter tido uma probabilidade maior de percebê-los como maiores em relação ao resto do meu corpo, não necessariamente por quererem que fosse desse modo, desse jeito caricato impulsionado pela cultura que o "olhar masculino" tem de retratar o corpo de uma mulher em espaços sociais, mas pela mecânica cognitiva do processo. Considere, por exemplo, o que ocorre quando artistas sem formação tentam desenhar rostos humanos: eles se esquecem de desenhar a testa.

Como os seres humanos tendem a fixar o olhar nos olhos, no nariz e na boca — ou seja, onde estão localizados os traços que nos identificam (quem é essa pessoa) e também onde fazemos a maior parte da nossa sinalização social (o que essa pessoa está sentindo, quais poderiam ser suas intenções) —, isso também quer dizer que nossos cérebros *percebem* esses traços do rosto como mais proeminentes do que eles de fato são num rosto humano real. Assim, o artista inexperiente tende a desenhar rostos humanos como os de um neandertal: testa baixa e curta, olhos grandes, nariz grande, boca grande. E à medida que o artista aprende que a testa em geral chega a ocupar até *um terço* do rosto de uma pessoa abaixo da linha dos cabelos e começa a internalizar formas de

* Isso aparece em alguns lugares neste livro: as mulheres tendem a preferir segurar bebês no colo do lado direito do corpo, independentemente de serem canhotas ou destras, e essa preferência parece ser útil para a interação social, pois permite tanto à mãe quanto ao bebê verem melhor o lado mais expressivo dos respectivos rostos. Na população como um todo, quase todos os seres humanos têm esse hábito de segurar no colo à esquerda, mas as mulheres fazem isso ligeiramente mais, e as mães têm uma probabilidade maior ainda de serem aquelas que vão pegar seus bebês no colo durante os três primeiros meses de vida dessas crianças.

"corrigir" as interpretações do campo visual que seu cérebro normalmente faz, o rosto na tela começa a parecer mais humano.

Com o tempo, os garotos da turma não se tornaram só capazes de desenhar melhor meus seios: eles começaram também a me atribuir uma testa, o que é tranquilizador, visto que a maior parte do meu córtex frontal está bem protegida atrás dela e constitui uma grande parte do que me torna humana. Para ser sincera, não sei dizer se a experiência de me desenhar os fez olhar de outro modo para os corpos femininos *fora* da aula; cada um de nós tem modos socialmente específicos de ser e de interagir, e os conjuntos de habilidades nem sempre se transferem bem de um cenário para outro. Não sei se um corpo nu numa sala de artes "normaliza" esse corpo para a mente de quem vê ou o torna mais excepcional. Mas não posso evitar pensar nos olhos das garotas que também estavam naquela sala, não por elas serem por acaso um pouquinho melhores no que dizia respeito a desenhar meus peitos, mas porque parte dos seus olhos — especificamente as *retinas* — talvez fosse muito diferente da dos garotos.

Os efeitos do cérebro na percepção podem ser vistos nas maneiras como a cultura naturalmente limita as meninas, de maneiras até difíceis de perceber. Como as mulheres em geral nascem com dois cromossomos X, algumas delas na verdade são *tetracromatas*: veem o mundo não em três dimensões de cores, mas em quatro.* Como as aves, essas mulheres conseguem detectar diferenças bem mais sutis entre os comprimentos de onda vermelhos, verdes e amarelos, o que as torna potencialmente capazes de ver até 100 *milhões* de cores distintas: 99 milhões a mais do que o ser humano médio.** O mundo visual de uma

* Mas não a luz UV: a partir de testes com pessoas tetracromatas, parece que o quarto tipo de cone da retina humana é sensível a comprimentos de onda no espaço mediano entre o vermelho e o verde. O quarto cone dos pássaros é especialmente dedicado aos comprimentos das ondas UV.

** O número não é claro, considerando que estamos falando de diferenças muito sutis entre comprimentos de luz parecidos. Mas sejam 10 milhões ou 100, a visão dos pássaros é ainda mais sensível, porque cada um dos cones das suas retinas contém também uma gotícula de óleo colorido que parece ajudar a turbinar a capacidade de perceber diferenças sutis entre as cores. Os lagartos também têm essas gotículas de óleo, e as corujas têm uma quantidade bem menor dessas gotículas coloridas do que seus semelhantes diurnos. Quando a luz é escassa, talvez seja melhor para os bastonetes coloridos absorver mais luz, com menos distinção fina entre as cores, e esse talvez tenha sido o caso também dos animais placentários noturnos primitivos. Os marsupiais ainda guardam algumas dessas gotículas de óleo nos cones das suas retinas, bem como os ornitorrincos.

mulher tetracromata deve ser repleto de detalhes sutis, reluzentes e delirantes: o caleidoscópio de cores se refletindo em cada onda de um lago quando capta a luz, o coruscante tremor das penas inferiores da asa articulada de um tordo.

Ou pelo menos *poderia* ser assim.

Só que nosso mundo humano não foi feito para nada maior do que a tricromacia, e infelizmente as mulheres predispostas geneticamente a verem todas essas cores suplementares em geral não as veem.[76] Isso porque os receptores de cores não são o fator fundamental que decide quais cores vamos perceber. Existe um fluxo direcional de informações entre os olhos, o nervo óptico e as regiões visuais do cérebro. Parte dele vai e volta: por exemplo, enquanto o olho realiza duas sacadas automáticas, o cérebro direciona o olho para fazê-lo focar determinadas coisas e não outras, olhar para um lado ou para outro. O cérebro determina a necessidade, e o olho se adapta de acordo com isso. Se você *precisa* ver determinada cor, e em especial se tiver passado a vida inteira com o hábito de vê-la, provavelmente a verá, contanto que tenha na retina o receptor dessa cor. Mas e se não tiver? E se não houver necessidade? Nesse caso, é provável que você não veja essa cor. E não sabemos por quê.

Até 12% de todas as meninas humanas podem nascer tetracromatas.[77] Elas têm o potencial de ver um mundo que homem nenhum jamais será capaz de ver. De enxergar um mundo que nem a maioria das *mulheres* enxerga. Mas, como são criadas em ambientes que jamais lhes solicitarão o uso dessa habilidade, elas nunca saberão que a têm. Essa habilidade não vai se desenvolver. Os estranhos cones suplementares em suas retinas ficarão adormecidos, ou serão ignorados pelo nervo óptico. Não sabemos exatamente o que acontece com eles. Essas meninas são como super-heroínas secretas. Têm olhos iguais aos dos *pássaros*.

Embora homens e mulheres sob muitos aspectos vivam em mundos sensoriais distintos, o que temos em comum é o contexto social: por sermos tão fundamental e profundamente primatas *sociais*, o contexto social dos mundos que percebemos influencia nossa forma de interpretar e de agir a partir dos sinais que nosso aparato sensorial nos traz. Mude o contexto e é muito provável que você mude a sua percepção. Assim, apesar dos seus superpoderes, meninas com olhos de pássaro têm praticamente a mesma experiência do mundo que nós, e homens daltônicos vivem com sua pequena deficiência. Mulheres sentem cheiros de modo mais sutil e mais preciso do que os homens, mas nós em grande parte só reparamos nisso quando estamos ovulando ou quando estamos grávidas (ou quando um homem nos diz que o que quer que estejamos sentindo como cheiro não existe). O contexto social compartilhado do universo dos encontros de hoje anula quase todas as vantagens que as mulheres possam ter herdado de suas reações instintivas aos cheiros de homem em nosso passado ancestral profundo. E contanto que nos lembremos de que as mulheres muitas vezes conseguem ouvir coisas que os homens não conseguem, projetaremos melhor ambientes auditivos mais inclusivos para qualquer ouvido humano.

Ardipithecus ramidus

4. Pernas

Deveríamos partir no mais breve dos passeios talvez com o espírito da eterna aventura, para nunca mais voltar — preparados para mandar apenas nossos corações embalsamados como relíquias de volta para nossos desolados reinos. Se você está pronto para deixar pai e mãe, irmão e irmã, esposa, filhos, amigos, e nunca mais voltar a vê-los — se já pagou suas dívidas, fez seu testamento e organizou todos os seus negócios, e for um homem livre, então está pronto para passear.

Henry David Thoreau[1]

(*algumas opiniões sobre o que significa para uma mulher sair de uma casa*)

Zilpah White, provavelmente[2]

DAHLONEGA, GEÓRGIA, 2015

Os soldados se colavam à montanha o máximo possível. Seus pulmões ardiam. Seus músculos queimavam. Os olhos. Tudo exceto os dedos das mãos e dos pés, que iam ficando azulados de frio conforme subiam cada vez mais, e o sangue se esvaía das extremidades e empoçava em seus troncos num esforço derradeiro e havia muito evoluído de manter vivos os órgãos vitais. A equipe vinha subindo a montanha dia e noite, mal parando para dormir, comer, conversar. Aquilo era exigir demais de um corpo. Mas era justamente esse o objetivo: a guerra não para a fim de perguntar como você está se sentindo.

Griest se deteve e rasgou a pequena embalagem marrom-clara contendo uma parca refeição pronta para consumo, que era tudo o que se tinha em matéria de alimento nas trinta primeiras horas. Suas botas estavam encharcadas. Seu cérebro também estava de certa forma encharcado, naquele estado em que se chega depois que o corpo já fez mais do que deveria ser capaz de fazer, e a pessoa sabe que ainda não acabou. Os soldados chamam isso de *the suck*,[3] algo como "o pântano".

A sobrevivência se torna uma questão de minúcias: as pequenas coisas bobas que você faz para manter os músculos em movimento. Abrir um pacote. Manter as meias secas. Os soldados aprenderam isso nas trincheiras da Primeira Guerra Mundial. Ferimentos em pernas e braços podiam sarar, mas se seus pés fossem para o brejo seria o seu fim.

Essa montanha faz parte da Escola de Rangers dos Estados Unidos: uma série cuidadosamente planejada de desafios destinada a selecionar e treinar soldados de elite para a liderança em combate. Muito poucos sequer se qualificam para entrar no programa; uma quantidade menor ainda conclui o curso. Em 62 dias que podem ser considerados medonhos, os soldados suportam condições de quase hipotermia, excesso de calor, quase inanição e delírio por privação de sono. Sessenta por cento dos que desistem fazem isso na primeira semana.[4] Nem sequer chegam à montanha. Os que chegam, e os que conseguem descer, precisam então sobreviver a um ataque aéreo simulado num pântano escaldante onde há inclusive cobras venenosas. Alguns soldados são forçados a parar por observadores do corpo médico: os desafios são de fato perigosos. Com tão pouco sono, dejetos celulares tóxicos se acumulam no cérebro. Ao final do curso, não é raro haver alucinações.

Assim como o treinamento dos SEALS da Marinha ou da Force Recon dos Fuzileiros Navais, a Escola de Rangers do Exército é considerada o maior de todos os testes de masculinidade. É preciso ser forte o bastante para carregar um homem de 100 quilos ferido nas costas e subir com ele uma encosta enlameada, mas não se pode ser apenas forte. É preciso conseguir correr um quilômetro em menos de quatro minutos e meio usando o equipamento completo, mas não basta ser veloz. É necessário fazer todas as coisas que um soldado tem de fazer em combate, nas piores condições, várias vezes, e nunca surtar.

Homens estão supostamente mais bem equipados para suportar a montanha e ignorar a dor. São aparentemente capazes de se apoiar de forma recíproca, demonstrar liderança, irmandade, determinação. Entre os sexos, o corpo masculino ao que tudo indica é mais forte, mais rápido e mais resistente.

Basta ver os Jogos Olímpicos. O corredor mais rápido nos jogos nunca foi uma mulher. O que levanta mais peso, o que nada mais depressa, o que pula mais alto: esses corpos sempre foram masculinos. Existem divisões separadas para homens e mulheres na maioria dos esportes profissionais, pois partimos do princípio de que seria injusto permitir ao corpo superior de um atleta homem deixar o corpo de uma mulher na poeira numa competição. Tirando as muito raras mulheres com algum distúrbio andrógeno, a maioria das fêmeas parece incapaz de competir com o desempenho físico masculino.

Só que a capitã Griest é mulher.[5] Então por que cargas d'água ela foi se meter na montanha? As mulheres não são o sexo frágil?

Como a maioria das coisas que envolvem o corpo, a resposta está profundamente enraizada na forma como evoluímos. Nesse caso, estamos na verdade nos interessando pelo sistema musculoesquelético humano moderno. Cinco milhões de anos atrás, nossos Jogos Olímpicos primitivos teriam consistido em barras fixas, balançar-se pelas mãos de galho em galho, longos períodos sem comer e fugir de predadores. Éramos péssimos corredores porque, por vivermos em árvores, não precisávamos ser bons nisso. Não precisávamos pular para subir, porque tínhamos ombros e braços fortes para nos içar. Tínhamos a parte superior do corpo forte e a parte inferior relativamente fraca, quase o contrário da anatomia humana atual. Só que o mundo mudou. Para sobreviver, um pequeno bando de primatas começou a caminhar sobre duas pernas.

ETIÓPIA, 4,4 MILHÕES DE ANOS ATRÁS

Nossas Evas primatas passaram dezenas de milhões de anos vivendo nos altos jardins das copas das árvores, sobrevivendo à base de frutas, insetos e folhas tenras, copulando, tendo filhotes, brigando, copulando mais e tendo mais filhotes. Um luxo de rixas insignificantes. Comida farta. Alguns de seus descendentes permaneceram diminutos; outros ficaram grandes; outros ainda ficaram grandes e depois tornaram a ficar pequenos, que coisa esquisita. Os dinossauros abriram suas asas e os mamíferos conquistaram o mundo. A vida era boa no alto das árvores.[6]

Mas a Terra nunca permanece a mesma por muito tempo.

Embora o continente africano tenha passado um grande período coberto de florestas, no Mioceno o clima do planeta começou a esfriar. Enquanto nossas Evas primatas corriam e se balançavam pelas árvores frutíferas — e seus olhos se moviam para a frente do rosto e sua audição se aprimorava —, o clima global se manteve mais ou menos quente e constante. Mas a partir de uns 20 milhões de anos atrás, região por região, as coisas foram esfriando. Quando o Plioceno chegou — cerca de 5,5 milhões de anos atrás — o clima global já havia mudado.[7]

E esse não foi o único fato que mudou. A África oriental, jardim sagrado da humanidade, estava subindo com a formação do Grande Vale do Rifte. O motivo pelo qual as montanhas da Etiópia alcançam mais de 3 mil metros de altitude é que a África está se dividindo ao meio. A massa em movimento do manto localizado sob o platô etíope — um lugar hoje tão alto e tão vasto que é chamado de Telhado da África — empurrou a terra para cima, no alto de uma enchente de lava. Isso está acontecendo até hoje. A grande separação africana vai levar milhões de anos, mas o fim é claro: a África oriental está se separando e se aproximando do mar da Arábia. A fenda que existe hoje já começou a se encher de água: lago Turkana, lago Naivasha. Nakuru. Por fim, um mar estreito e raso cortará ao meio a Etiópia, o Quênia e a Tanzânia.

Rasgar um continente ao meio tem consequências no clima.[8] Lá no alto das árvores, nossas Evas primatas estavam evoluindo para se tornarem criaturas parecidas com símios. À medida que o planeta esfriava, os padrões de vento no platô cada vez mais elevado da África oriental se modificaram, separando as florestas tropicais do centro do continente do ecossistema que era o lar de nossas antepassadas. Cerca de 8 bilhões de anos atrás, já não chovia tanto quanto antes.* As florestas diminuíram e surgiram grandes planícies de capim, tão

* Costumávamos pensar que isso tinha se dado há apenas 2,5 milhões de anos, mas estudos mais recentes com isótopos do solo da África oriental fizeram essa data recuar no mínimo 6 milhões de anos (WoldeGabriel et al., 2001). Estudos com modelos sobre o impacto da eleva-

férteis e traiçoeiras quanto o mar. Da segurança de suas copas, nossas Evas ficaram observando. A maioria permaneceu ali, vendo seus números diminuírem, subsistindo à base do que as florestas ribeirinhas menores podiam oferecer.

Mas algumas começaram a se aventurar no oceano de capim junto com os gatos gigantes, com as aves de rapina, com as serpentes ocultas. Elas faziam isso porque eram obrigadas, para encontrar mais comida. E então voltavam correndo para casa.*

Correr é uma palavra importante aqui: nós somos os únicos símios vivos a fazê-lo. Os seres humanos compartilham cerca de 99% de seu DNA com os chimpanzés e bonobos da atualidade.[9] A maioria dos cientistas estima que nossa espécie tenha divergido entre 5 milhões e 13 milhões de anos atrás, por volta do final do Mioceno e início do Plioceno.** Em algum ponto

---

ção da África oriental também datam a mudança das florestas tropicais para as savanas entre 5 milhões e 8 milhões de anos atrás (Sepulchre et al., 2006; Pik, 2011; Wichura et al., 2015). E houve também a crise de salinidade do Messiniano, quando todo o mar Mediterrâneo foi inundado e secou repetidas vezes entre 5 milhões e 6 milhões de anos atrás, conforme um canal no estreito de Gibraltar periodicamente bloqueava e abria a comunicação com o Atlântico (Krijgsman et al., 1999). Da mesma forma que as antigas salinas usavam piscinas de evaporação para colher o sal marinho, esse processo em Gibraltar conseguiu remover 6% de todos os sais dissolvidos nos oceanos do mundo, diminuindo profundamente sua alcalinidade, com efeitos em cascata nas espécies oceânicas e, para nossas antepassadas primatas, bagunçando as precipitações da África oriental (Bradshaw, 2021). A salinidade do oceano, afinal, é que molda o ciclo da água global. Assim, para nossas Evas da África oriental, esse momento na história da Terra foi uma tempestade perfeita.

* Verdade seja dita, nosso lar na floresta não era muito mais seguro. Pense na *Machairodus kabir*, uma onça de 350 quilos, que gostava de pular em cima de nós de cima, perfurar nossos pescoços com caninos curtos e grossos e ficar lambendo as patas enquanto nos observava sangrar até morrer (Sardella e Werdelin, 2007). A África primitiva não era bolinho (Peigné et al., 2005). No entanto, nossas Evas primatas já estavam adaptadas à vida no alto das árvores e a fugir de todo tipo de monstro da floresta. Embora possa ter sido difícil, numa floresta cada vez menor, lidar com um conjunto cada vez mais faminto de carnívoros, adaptar-se à savana desconhecida provavelmente foi mais.

** Venn et al., 2014; Steiper e Young, 2006; Diogo et al., 2017; Harrison, 2010. Mais uma vez, como acontece com a maioria das coisas relacionadas à evolução humana, esse número é motivo de debate. Passamos décadas pensando que ele se situasse em algum ponto entre 3 milhões e 12 milhões. Então, em 2005, o número se afunilou para de 5 milhões a 7 milhões (Kumar et al., 2005). Em 2014, uma análise genética baseada puramente na taxa média de mutação em chimpanzés e seres humanos vivos mostrou que, pelo menos hoje, o DNA humano e do chimpanzé talvez sofra mutações mais devagar do que pensávamos, o que empurrou o número de volta para

desse período, nossos primos mais próximos estavam aprendendo a andar apoiados sobre os ossos dos dedos e a correr pelo chão entre troncos de árvores cada vez mais distantes entre si. Mas os *nossos* antepassados aprenderam a caminhar sobre as patas traseiras e eventualmente aprenderam a correr.* Muitos cientistas pensam que nós realmente começamos esse processo nas árvores: caminhando sobre os membros traseiros nos troncos maiores e usando as mãos para pegar frutos e insetos em galhos menores e mais altos, em especial quando as árvores eram *mais baixas* e se pendurar era mais tolerado do que se sentar nos galhos.[10] Foi fácil pegar esse comportamento e aplicá-lo à locomoção em pé no chão. Há 4,4 milhões de anos, nós já fazíamos isso regularmente. Foi nessa época que viveu *Ardipithecus ramidus*, a Eva do bipedalismo humano: entre 3 milhões e 4 milhões de anos depois do último ancestral comum dos chimpanzés e humanos.

Os cientistas encontraram o esqueleto de Ardi perto de Aramis, na Etiópia, em meados dos anos 1990, mas foi preciso quase uma década para analisar os fósseis e se dar conta do que fora achado: o primeiro dos símios bípedes, a Eva das pernas, do quadril, da coluna vertebral e dos ombros das mulheres. Ardi é o melhor indício que temos da raiz das diferenças sexuais no sistema musculoesquelético de homens e mulheres.[11] Ela é o motivo pelo qual existem divisões masculinas e femininas nos esportes de competição. Ela é o motivo pelo qual mulheres têm problemas na lombar e nos joelhos. E é ainda o motivo pelo qual as mulheres têm uma probabilidade maior de sobreviver a um apocalipse zumbi (se você se preocupar com esse tipo de coisa).

---

13 milhões (Venn et al., 2014)! Mas o momento em que uma *espécie* se separa é diferente de quando o DNA diverge. Com uma população suficientemente grande, se nossos antepassados estivessem divididos em dois subgrupos que não se reproduzissem tanto entre si, uma data de 7 milhões seria razoável. Entre 6 milhões e 7 milhões de anos atrás, pelo menos segundo os estudos com isótopos, parece corresponder a quando o clima de nosso Éden florestal começou a dar lugar a uma mistura de florestas e savanas de capim, ou pelo menos conservava florestas suficientes para sugerir que a vida na savana ainda não fosse a norma para nossas Evas do período (WoldeGabriel et al., 2001).

* Esse é o modelo atual. Não que aquelas que caminhavam sobre os ossos dos dedos tenham aprendido a caminhar sobre duas patas, mas nossas Evas se tornaram bípedes, ao passo que as Evas dos gorilas, chimpanzés e bonobos passaram a fazer uso dos ossos dos dedos.

Com cerca de um metro e vinte de altura, Ardi estava em algum ponto entre um chimpanzé e um ser humano realmente peludo, ou seja, andava em pé, mas ainda assim passava muito tempo nas árvores. Suas mãos eram mais primitivas do que as dos chimpanzés, mas sua pelve, suas pernas e seus pés eram muito mais parecidos aos de um humano. Ela não caminhava sobre os ossos dos dedos. Suas mãos e ombros não eram bons para isso. Ardi se locomovia sobre os dois pés, não tanto como fazemos hoje, porém mais do que alguém que passasse todo o seu tempo na copa das árvores. Quando se olha para o esqueleto de uma mulher moderna, ainda se vê muito de Ardi.

Por exemplo, os pés e joelhos das mulheres modernas são meio bichados. Como nossas articulações da perna e do pé naturalmente absorvem muito da pressão de nosso peso corporal quando nos locomovemos, seria de pensar que suas falhas fossem depender do peso que esse corpo tem. Mas, embora as mulheres tendam a pesar menos do que os homens, ainda assim somos mais propensas a ter problemas nos pés e joelhos do que eles. Parte disso tem a ver com os calçados modernos, mas não tudo. Mesmo quando usamos sapatos mais anatômicos, recomendados por ortopedistas, os pés e joelhos das mulheres ainda assim falham. Tornar-se bípede foi sob certos aspectos *mais difícil* para Ardi e suas netas do que para os machos.

O pé de Ardi não era inteiramente moderno. Seu dedão era separado do restante dos dedos, o que lhe permitia agarrar melhor os galhos quando estava no alto das árvores. Mas os ossos de seus pés eram orientados de uma forma que ajudava a estabilizá-la quando ela caminhava em pé. Seus pés eram mais rígidos do que os dos símios que viviam em árvores, o que explica em boa parte por que os seres humanos são tão propensos a terem joanete, aquele dolorido calombo que se forma com o tempo na articulação onde começa o dedão do pé. Quando damos um passo, os ossos rígidos da parte superior do nosso pé estabilizam a força entre nossos dedos do pé e nossos tornozelos. Começando pelo calcanhar, basicamente deslocamos nosso peso para a frente, pela parte superior e mediana do pé até os dedos, pisando com a ponta de um pé e em seguida com o calcanhar do outro. Nós pegamos algo que evoluiu originalmente para *segurar* e transformamos numa série de alavancas para sustentar o peso durante o *caminhar*. Seu dedão do pé é basicamente um polegar

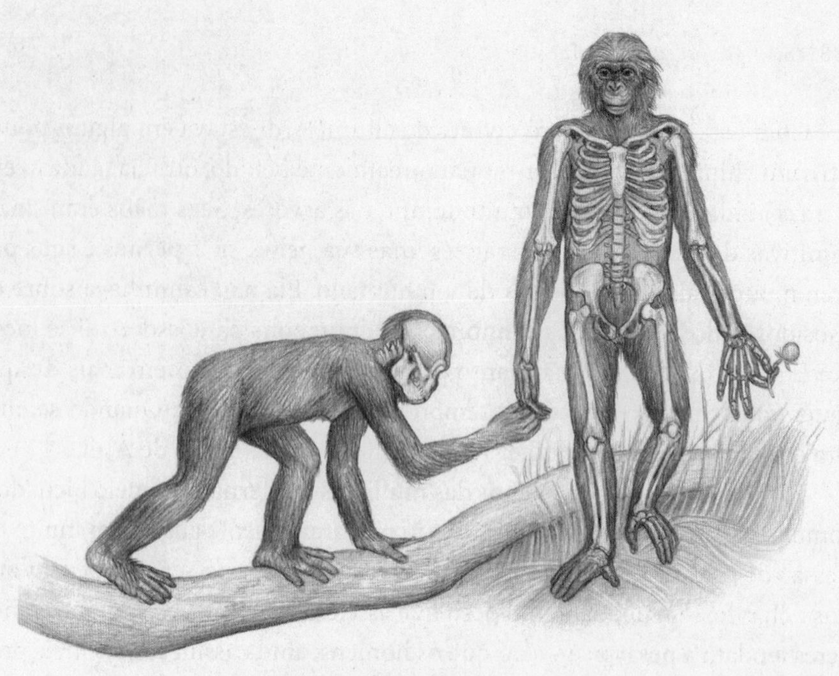

Ardi e seus ossos.

curto. O dedão do pé de Ardi era mais parecido com o de nossas mãos, opositor, para ela ainda conseguir usá-lo a fim de envolver os galhos. Para Ardi, caminhar devia ser um pouco como andar calçando aqueles "sapatos" de neve que parecem uma raquete: ela ainda não tinha desenvolvido a capacidade de deslocar com facilidade o peso entre calcanhar e ponta do pé.

Os humanos modernos herdaram os problemas que acompanham qualquer tipo de projeto ruim. Sob muitos aspectos, nossos pés são o equivalente biológico de remendar o para-choque com silver tape quando não se tem dinheiro para mandar o carro para a oficina. Só que para as mulheres é pior. Tornar os ossos do peito e da parte mediana do pé mais rígidos para podermos caminhar significa que uma parte grande de força é transferida de nossos calcanhares para a ponta de nossos pés. Toda essa força na ponta do pé, em especial na articulação do dedão, acaba por enfraquecê-la. Combine isso com um corpo feminino que tende a "balançar" quando em movimento (quadril mais largo, joelhos esquisitos, mais gordura no traseiro), e depois de algum tempo alguma coisa vai bater pino. É provável que seja a articulação do dedão, que é tanto a parte mais flexível do pé quanto aquela que recebe mais pressão. O joanete é isso: o lembrete físico de como é difícil transformar uma mão de segurar num pé.[12]

Ardi não desenvolveu joanete, porque seu dedão do pé era separado dos outros dedos. Ela também não usava salto nem passava a mesma quantidade de tempo que nós andando. Seu passo devia ser um pouco rígido e oscilante,[13] ao contrário de Lucy e dos australopitecinos que a sucederam. À medida que evoluímos para andar melhor, porém, também passamos a ter mais joanete, em especial as fêmeas da nossa espécie.

É pura física: a força precisa ir para algum lugar. Quando caminhamos, nosso pé distribui a pressão para baixo em direção à ponta do pé. O restante irradia de volta pelos ossos de pernas, joelhos, quadril e coluna. Ao contrário dos homens, as mulheres têm fêmures que se encaixam em ângulo na articulação do joelhos. Ardi também era assim, mas o traço é bem mais pronunciado nas mulheres modernas. Como nosso quadril é mais largo que o dos homens, nossos joelhos ficam um pouco mais próximos um do outro, para ajudar a equilibrar esse centro de gravidade distinto. Esse dimorfismo sexual faz a fortuna dos cirurgiões ortopédicos, que colocam mais próteses de joelho em mulheres do que em homens.[14]

Considere que cada meio quilo de peso corporal em geral exerce 750 gramas de peso suplementares sobre a articulação do joelho quando caminhamos descalços. A pressão se multiplica cerca de quatro vezes quando pulamos. Nossos corpos em grande medida evoluíram para suportar isso. Mas os calçados modernos feitos para mulheres podem puxar nosso tapete: de salto, nosso centro de gravidade se desloca para a frente, ou seja, em vez dos glúteos e posteriores de coxa, são os quadríceps, na frente das coxas, que precisam fazer o grosso do serviço, o que empurra a parte superior do joelho para cima e compromete ainda mais a articulação. Com o tempo, isso pode danificar os ligamentos do joelho, desgastar a cartilagem e criar o caos de modo geral. Esses calçados também são ruins para as articulações dos nossos dedos dos pés: andar de salto alto elimina o "deslocamento" do caminhar normal e pode significar em vez disso, dependendo da altura do salto, uma batida repetida de todo o peso do seu corpo e de toda a força do seu deslocamento na ponta do pé. O salto de um calçado desses está ali sobretudo para o equilíbrio, motivo pelo qual os saltos agulha sequer funcionam: simplesmente andamos na ponta dos pés pelas ruas das cidades, como bailarinas desorientadas.

Mas não podemos pôr toda a culpa pelos estragos feitos nos pés e joelhos das mulheres modernas nos saltos altos. Há algo mais sutil em jogo, algo químico, e Ardi provavelmente teve de lidar com isso também.

Nos catorze dias anteriores à menstruação, uma mulher moderna terá em um de seus ovários uma pequena estrutura semelhante a um cisto.* É o corpo lúteo, o que sobrou do folículo que liberou seu óvulo quando ela ovulou. Na maioria das mulheres, o buraco de onde o óvulo saiu se fecha e o corpo lúteo incha um pouco, disparando sinais para o corpo aumentar a produção de determinados hormônios e diminuir outras. É em grande medida isso que modifica o revestimento do útero e dispara toda uma série de sintomas divertidos de TPM, como inchaço, acne e irritação generalizada.

O corpo lúteo também avisa ao corpo para produzir mais relaxina, um hormônio que torna os ligamentos mais flexíveis e solta os músculos de suas âncoras esqueletais. A maioria dos cientistas pressupõe que isso dá ao útero um pouco mais de espaço para crescer. Normalmente, o útero fica ancorado com bastante firmeza por uma rede de ligamentos e fáscias. Soltar essas âncoras permite ao órgão se encher de sangue e fluido durante o primeiro trimestre. A relaxina também solta as conexões entre os ossos ao redor da região pélvica, desde o osso do quadril até o sacro e as cabeças dos fêmures, para que a pelve inferior possa se soltar e se abrir de modo a carregar o útero aumentado nos dois outros trimestres e em seguida se abrir mais ainda para o parto. Os níveis de relaxina ficam mais altos na ovulação, no primeiro e no terceiro trimestres,[15] quando o útero precisa começar a ficar maior e antes que precise expelir um bebê grande por um canal de parto pequeno.

A relaxina pode ser encontrada em todos os mamíferos placentários,[16] tanto fêmeas quanto machos, embora seus níveis sejam muito mais significativos nas fêmeas. Mas desestabilizar um sistema musculoesquelético de quatro patas é um pouco menos danoso do que desestabilizar o sistema de uma criatura que só há pouco evoluiu para andar em pé. Em outras palavras, Ardi deve ter sido a primeira de nossas Evas a sofrer com dores crônicas na lombar e nos

* Às vezes ele pode persistir depois da menstruação em vez de ser reabsorvido. Se ficar demasiado grande ou se fizer vazar sangue para dentro da cavidade abdominal, ele pode causar muita dor. Antes das melhorias na tecnologia do ultrassom, muitos cirurgiões não sabiam, no início de uma operação abdominal, se estavam procurando um cisto ou um apêndice rompido. Eles tinham que descobrir isso na mesa de operação.

joelhos, e com uma disfunção musculoesquelética relacionada à gravidez. Ela deve ter sido a primeira fêmea a romper seu ligamento cruzado anterior e a primeira a ter uma hérnia de disco na lombar.

Na verdade, quando se trata de suportar saltos altos, pode-se dizer que as drag queens do sexo masculino estão mais bem equipadas para calçar Louboutins do que as mulheres. Apesar do peso maior, seus traços físicos masculinos — articulações dos joelhos mais estreitas, pernas mais musculosas e níveis mais baixos de relaxina, todos os quais tornam os joelhos e as lombares dos homens menos propensos a lesões do que os das mulheres — tornam as drag queens menos propensas a sofrer danos de longo prazo relacionados a seus hábitos de usar salto alto.* Elas também nunca vão ovular nem engravidar, já que não têm nem ovários nem útero,** de modo que esses níveis mais baixos de relaxina *continuam* mais baixos, sua coluna vertebral se mantém bem fixa, e as articulações do seu quadril nunca precisam se alargar para permitir a passagem da cabeça e dos ombros de um recém-nascido.*** A relaxina também nunca vai bagunçar os ligamentos que unem os ossos do pé de uma drag queen, algo com o qual todas as grávidas precisam lidar.

No entanto, a relaxina devia tornar o corpo ereto de Ardi um pouco mais apto à ioga, por assim dizer. Combinada com uma massa muscular menor e

* O que não significa que usar salto *não vá* estragar os pés, o quadril e as costas dos homens — vide Steven Tyler e Prince —, mas a questão não surge tanto. Não tive oportunidade de perguntar a Eddie Izzard como foi para ela, mas pode-se imaginar que todas aquelas maratonas tenham tido um pouco mais de efeito em seus joelhos do que seus sapatos.

** Existem alguns homens trans que decidem se apresentar como drag queens, mas eles são raros e não se consideram universalmente na mesma categoria das drags tradicionais. As encenações de gênero são complexas. Não conheço nenhuma pesquisa que tenha examinado se esses homens apresentam problemas de articulação relacionados a calçados. Embora os tratamentos de confirmação de gênero estejam enfim disponíveis para pessoas trans pubescentes, é verdade que a maioria dos homens trans ainda passa por uma puberdade tipicamente feminina antes de fazer a transição, de modo que eu imaginaria que, para muitos homens trans que se apresentam como drags, seus joelhos e costas continuem a ser uma questão, ainda que a terapia hormonal e/ou a cirurgia tenham silenciado seus ovários.

*** Nos homens, a relaxina é produzida pela próstata, mas a maior parte vai para o sêmen em vez de circular na corrente sanguínea, e parece ajudar na motilidade dos espermatozoides (Ivall et al., 2017). Isso não é exatamente ótimo para eles, porque a relaxina ajuda os vasos sanguíneos a "relaxarem" em todo o corpo, baixando a pressão arterial. Ela também parece ajudar a promover a cicatrização, decerto devido em parte a uma circulação sanguínea melhor na ferida (Unemori et al., 2000).

articulações mais flexíveis do que as de seus equivalentes do sexo masculino, ela teria sido mais capaz de se contorcer para se acomodar em espaços fora do padrão. De modo bem semelhante às mulheres de hoje, ela talvez tenha sido mais bem equipada para ser ágil.

A coluna lombar de Ardi, assim como a dos humanos, evoluiu com uma leve curva em formato de S. A coluna vertebral é meio parecida com uma mola: a cada passo quando caminhamos, esse formato de S absorve parte do choque causado pelo impacto. Quando o calcanhar bate no chão, ele manda força para cima pelo tornozelo em direção ao joelho, quadril e à coluna. Os joelhos absorvem grande parte dessa força. O quadril absorve um pouco mais. A coluna vertebral curva dá um jeito de absorver a maior parte do que sobra. É por isso que não sentimos um impacto terrível e violento na base do crânio toda vez que damos um passo. Mas nossa lombar — o minúsculo osso caudal, o sacro fundido e o restante das vértebras que sobem até nossa cintura — absorve mais dessa força distribuída do que as partes mediana e superior da nossa coluna. Com o tempo, toda essa força concentrada comprime a cartilagem situada entre cada vértebra, causa diminutas microfraturas nos ossos, pinça nervos e enfraquece a musculatura. Os problemas na coluna lombar estão entre as mazelas humanas mais comuns: ao final da casa dos trinta, uma grande quantidade de nós já terá buscado tratamento médico para dores na lombar.

E as mulheres suportam a pior parte disso. Quando uma mulher engravida, seu centro de gravidade deveria mudar depressa. Só que para compensar isso as colunas vertebrais femininas evoluíram de modo distinto da coluna do chimpanzé,[17] mantendo o centro de gravidade mais estável por meio de uma flexão da coluna. Isso dá à coluna humana uma vulnerabilidade singular, e essa evolução é mais dramática nas mulheres do que nos homens: conforme o útero cresce, esse peso extra puxa a lombar para a frente, comprimindo intensamente a cartilagem externa. Por isso as mulheres no terceiro trimestre parecem ter lordose: suas colunas e seus ossos pélvicos mudaram de formato para acomodar a pesada carga do útero. Mães chimpanzés e de outras espécies quadrúpedes não precisam lidar com isso. Conforme seu útero cresce, seus abdomes simplesmente se expandem em direção ao chão. Sua lombar, portanto, não precisa se curvar como a nossa, espremendo a cartilagem e os nervos entre os ossos.

Na Escola de Rangers, a capitã Griest não estava grávida e não usava salto alto. Mas mesmo escalando a montanha com seus sólidos coturnos e tomando

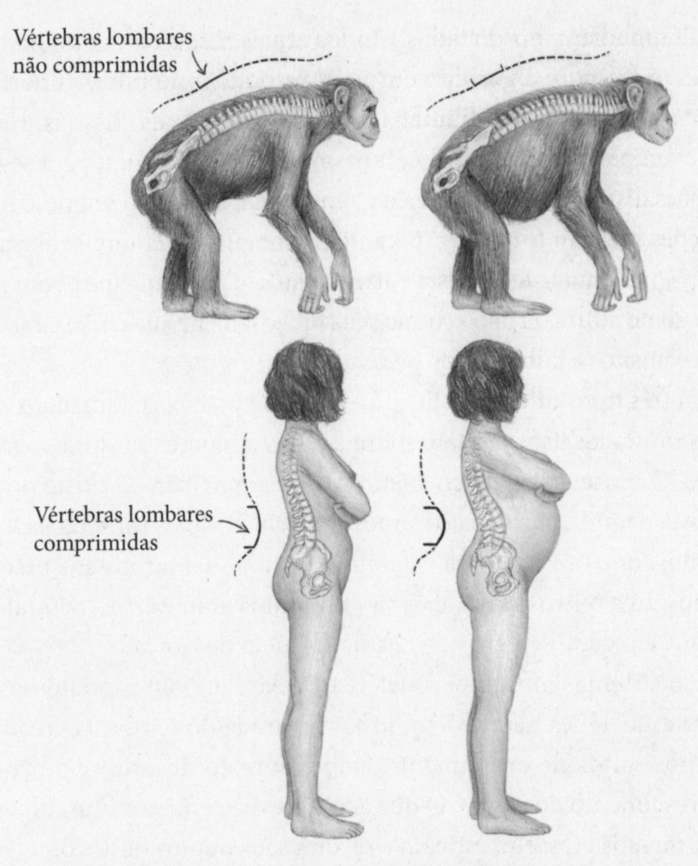

Sustentação do peso na coluna lombar do chimpanzé e na humana.

um cuidado extra para manter os pés secos, ela ainda teve de lidar com as mazelas tipicamente femininas relacionadas ao esqueleto. Se somos tão propensas a nos lesionar, por que os homens não deveriam ser considerados naturalmente mais fortes?

CHEIA DE MÚSCULOS

Sabemos que Ardi tinha apenas cerca de um 1,20 de altura. Mas ela provavelmente era mais musculosa do que a mulher mediana da atualidade, já que cientistas estimam que pesava por volta de 55 kg. Para fins de comparação, a mulher adulta mediana nos Estados Unidos atuais mede cerca de 1,65 e pesa por volta de 76 kg, com a gordura corporal respondendo por uns bons 30% desse peso.* As fisiculturistas humanas são um pouco mais pesadas. Heather Foster, por exemplo, campeã de fisiculturismo de 1,65 de altura, pesa segundo as informações disponíveis 88 kg fora da temporada, enquanto seu peso durante competições gira em torno de 75 kg. Para imaginar quão musculosa Ardi devia ser, imagine uma fisiculturista baixinha no seu peso máximo, com pouco menos de 1,20 de altura. Então estique seus braços, torne suas mãos e seus pés um pouco esquisitos e cubra-os de pelos.

Existem três tipos diferentes de músculos no nosso corpo: cardíaco, liso e estriado. Os músculos lisos existem sobretudo no abdome: intestinos, estômago, pulmões. O músculo cardíaco, como se pode imaginar, só existe no coração. A maioria daquilo que consideramos "músculo" são os músculos esqueléticos estriados, que usamos para estabilizar e movimentar nossos ossos. Ao contrário dos dois outros tipos, eles são músculos voluntários. São também aquilo em que em geral se pensa ao chamar alguém de "forte".

Só que o sistema "musculoesquelético" deve seu nome ao fato de que a musculatura esquelética não tem como ser separada dos ossos. Na realidade, quando temos saltos de crescimento, não é correto descrever o processo como um crescimento dos *ossos*. O que acontece é que nossos musculoesqueléticos e ligamentos crescem, esticam e puxam seus pontos de ancoragem nos ossos. Esse repuxamento está intimamente relacionado à calcificação e ao modo como o tecido ósseo cresce.[18] Isso é verdade quer esteja acontecendo na infância, na adolescência ou durante o pouco crescimento suplementar que acontece aos vinte e poucos anos em algumas pessoas.** Por isso as mu-

* No Reino Unido, essa média muda para 1,60 e 69 kg; no Canadá, quase 1,60 e 70 kg; na França, pouco menos de 1,65 e 62 kg (St.-Onge, 2010). O peso médio das mulheres cai para 51 kg no Camboja, mas as mulheres de lá em geral medem apenas 1,52. Mesmo assim, deixando de lado coisas mais raras como o nanismo, o corpo moderno se mantém bastante próximo de suas normas. Nossa espécie simplesmente não tem muitos lulus-da-pomerânia nem muitos dogues alemães. Se alimentarmos as mães corretamente e depois alimentarmos seus filhos, a maioria de nós acaba ficando mais ou menos do mesmo tamanho.

** Eu cresci 2,5 cm entre os vinte e os 27 anos. Não sei exatamente quando aconteceu, porque só fui descobrir depois, embora seja seguro considerar isso um último suspiro da minha já esquisita puberdade. A mesma coisa aconteceu com minha mãe, embora desde então ela tenha encolhido em estatura, como acontece com a maioria das pessoas de idade avançada. Embora isso

lheres mais velhas são incentivadas a acrescentar pesos à sua rotina de exercícios: *puxar* as âncoras musculares de nossos ossos estimula essas âncoras a fabricarem mais cálcio, fortalecendo os ossos. É uma forma simples de contrabalançar os riscos da osteoporose — doença na qual os ossos perdem cálcio em excesso e se tornam frágeis —, a que mulheres pós-menopausa estão particularmente propensas.

Os músculos esqueléticos das mulheres modernas evoluíram mais 4,4 milhões de anos depois do projeto corporal de Ardi. Por exemplo, acrescentamos muito mais gordura ao redor desses músculos. Nossos braços e mãos diminuíram de tamanho, nossos ombros se estreitaram. Quanto mais descemos das árvores para o chão, menos importante se tornou a parte superior do nosso corpo. Mas parece haver alguns aspectos fundamentais de como os músculos funcionam — do que a força *de fato* significa — que se aplicam a todos os mamíferos, e especialmente aos primatas como nós.

Na aula de física do ensino médio, você deve ter aprendido que o comprimento de uma alavanca tem muito a ver com o peso potencial que essa alavanca é capaz de mover. Braço mais curto, menos força. Braço mais comprido, mais força. Por isso o braço de um macaco de automóvel precisa ser comprido, de modo a permitir exercer força suficiente para levantar o carro para trocar o pneu. Tá. Agora pense nos ossos das suas pernas. Seu fêmur é um dos braços da alavanca que se dobra no seu joelho. A força que sua perna pode ter, portanto, tem muito a ver com o comprimento dos seus ossos. O mesmo vale para qualquer outra articulação do seu corpo: seus músculos estão ali para sustentar, estabilizar e puxar seu esqueleto. Existem ligamentos e fáscias que conectam músculos e ossos, músculos e músculos, e a cartilagem também tem seu papel. Mas basicamente um sistema musculoesquelético é um conjunto de alavancas. Muitas e muitas alavancas: coisas que fecham e que abrem, a depender da tarefa a ser executada.

---

seja raro, não é tão raro que esteja fora da experiência humana. O crescimento humano se dá em saltos, e ninguém conhece todos os mecanismos que regem a ocorrência desses saltos. A casa dos vinte anos é um período esquisito para o corpo humano de modo geral: por exemplo, pessoas que nunca tiveram alergias podem desenvolver "alergias que se iniciam na idade adulta" a algum tipo de pólen antes inócuo. Embora o projeto de desenvolvimento humano em geral se divida em períodos distintos — primeira infância, infância, puberdade, idade adulta e senescência —, existe muita nebulosidade nas fronteiras.

Em alguns pontos-chave, existem também articulações de tipo bola e soquete, que permitem uma amplitude de movimento maior, giros e rotações, como no ponto em que seu fêmur se liga ao osso pélvico ou seu braço ao seu ombro. Antigamente, essas articulações tinham uma amplitude de movimento impressionante, para que nossos troncos pudessem se balançar nas árvores. Seres humanos, orangotangos, gibões — e Ardi —, todas essas espécies têm ombros braquiadores: uma articulação com uma amplitude de movimento grande que nos permita nos deslocar pelas árvores com um braço de cada vez. A maioria dos animais de quatro patas jamais conseguiria usar as barras de pendurar no parquinho, porque seus ombros não teriam a amplitude de movimento necessária.

Articulações braquiadoras no ombro foram o que permitiu à capitã Griest se deslocar de um braço para o outro por um cabo estreito durante seus testes físicos. Elas são uma parte grande do que lhe permitiu escalar paredões íngremes. E ela as usou de novo depois, no desafio do pântano. Mas, em comparação aos seus colegas soldados homens, essa tarefa foi significativamente mais difícil para a capitã Griest, porque a maioria das mulheres humanas modernas tende a não ter tanta massa muscular na parte superior do corpo quanto os homens. Em algum momento da puberdade, os projetos corporais típicos de homens e mulheres divergem: enquanto os ombros e peitos dos homens se alargam e aumentam de tamanho, os quadris das mulheres se alargam e seus seios se desenvolvem.

Esse é um dos argumentos preferidos para por que as mulheres são mais fracas que os homens: nós não só somos um pouco mais baixas e mais estreitas, o que reduz a força potencial de alavanca de nossos corpos, como os músculos da parte superior do nosso corpo não se desenvolvem tanto quanto os dos homens. Quando homens trans recebem tratamento com androgênio ou testosterona, eles desenvolvem mais força na parte superior do corpo e mais massa muscular, porque a musculatura esquelética — em especial a musculatura esquelética da parte superior do corpo[19] — parece ser modulada pelos hormônios sexuais masculinos. Isso talvez aponte uma espécie de *continuidade* masculina ao longo dos milênios: os músculos de um homem humano adulto são mais parecidos com os de nossos antepassados.

Os chimpanzés de hoje têm um desempenho atlético explosivo. Eles são incrivelmente fortes e ágeis. Mesmo correndo no chão apoiados nos ossos dos dedos, podem alcançar a velocidade de 40 km/h. Para fins de comparação, são poucos quilômetros por hora a menos do que Usain Bolt, o ser humano mais veloz vivo. Só que os chimpanzés não correm por muito tempo. Na verdade, eles não conseguem fazer nada que consideremos atlético por muito tempo antes de se cansarem. Os metabolismos e os tecidos musculares dos chimpanzés foram feitos para um esforço explosivo:[20] para lutar de vez em quando, para perseguir coisas por períodos curtos, para fugir rumo à segurança das árvores quando os predadores aparecem. Seus ossos são pesados e eles têm uma quantidade tremenda de massa muscular na parte superior do corpo, responsável pela maior parte do esforço em se tratando da sua locomoção.

Essa distribuição de potência com ênfase na parte superior do corpo não é apenas uma questão de adaptação à locomoção sobre os ossos dos dedos. Para os primatas braquiadores, todo dia é "dia de malhar o braço". Os orangotangos, que ao contrário de outros símios ainda passam a maior parte da vida nas árvores, têm esse tipo de distribuição muscular, embora neles ela seja mais pronunciada que nos chimpanzés, porque seus braços são muito mais compridos, e requerem, portanto, mais massa muscular ainda para controlá-los e proporcionar força. A anatomia do ombro e da mão humanos tem também algumas características deixadas por um ancestral braquiador: a articulação rotatória e flexível do ombro, os dedos e o polegar que se dobram.

Nesse sentido, talvez seja melhor considerar os troncos musculosos dos homens — ao lado de sua capacidade de realizar todas aquelas barras fixas e flexões — algo mais próximo de nossos antepassados arbóreos. Embora meninos e meninas sejam relativamente parecidos quando crianças, os homens adultos distribuem massa muscular pela parte superior do corpo muito mais do que as mulheres adultas. Enquanto isso, nós mulheres tendemos a ter pernas muito fortes, tanto quanto as dos homens para nossa altura e peso, e em alguns casos mais fortes ainda. Em termos evolutivos, o padrão muscular das mulheres modernas mudou *mais* do que o dos homens.

Existe um estereótipo muito difundido sobre como atletas homens costumam ser bons velocistas, enquanto atletas mulheres tendem a ser boas corredoras de resistência. Embora muitas mulheres sejam ótimas atletas de explosão, elas raramente se aproximam da mesma velocidade que os homens em curtas distâncias. Em termos de força, nós da mesma forma não geramos em média tanta força. Por serem animais maiores, os homens têm também pulmões e corações maiores, o que ajuda a fazer todo o oxigênio extra chegar aos músculos solicitados.

Apesar dessas vantagens todas, porém, quando o assunto é esporte de resistência as mulheres com frequência têm um desempenho tão bom quanto o dos homens. Quando se chega a distâncias de ultrarresistência, nós inclusive os derrotamos.[21] Parte disso pode ter a ver com o fato de as mulheres serem um pouco mais leves e menores, e portanto demandarem menos calorias para deslocar seus corpos pela mesma distância. Mas pode ser que haja mais uma coisa em jogo. Em vez de usar apenas carboidratos para obter energia ao funcionar, as células musculares dos mamíferos começam a metabolizar também gorduras e aminoácidos. Isso se parece muito com aquele "segundo fôlego" ao qual se referem os atletas de resistência: quando você começa a se cansar e então, por algum motivo, é como se sua energia voltasse. Na verdade, isso tem a ver com o acionamento das mitocôndrias, as usinas de energia de cada célula. Mulheres em idade reprodutiva talvez consigam usar melhor esse interruptor metabólico. Elas não são apenas melhores em chegar ao segundo fôlego como duram mais que os homens nele. E isso talvez se dê porque existe alguma coisa no metabolismo das mitocôndrias dos músculos esqueléticos que é controlada pelos hormônios sexuais femininos.

Em meados dos anos 1990, um grupo de ortopedistas fez um estudo comparativo de pequenas amostras dos músculos esqueléticos de seus pacientes. Eles descobriram que determinada cadeia metabólica (o "complexo III de transporte de elétrons das mitocôndrias") era significativamente mais ativa em suas participantes jovens do sexo feminino do que nos rapazes.* Essa cadeia específica tem a ver com usar gordura para dar energia às células musculares. Os corpos das mulheres jovens são extremamente bons em beta-oxidação de lipídios: em usar nossas mitocôndrias para pegar pequenas moléculas de gordura e quebrá-las. E, embora todas as mitocôndrias sejam capazes de fazer isso, ter músculos sobretudo bons nessa tarefa talvez faça parte do nosso projeto corporal feminino. Um estudo mais recente mostrou que os genes relaciona-

* Boffoli et al., 1996. Essa atividade só começava a declinar quando as mulheres passavam da menopausa, em outras palavras quando seus níveis de hormônios femininos circulantes caíam (ibid.). Para um panorama mais recente de todas as maneiras como as mitocôndrias femininas parecem vencer a corrida, ver Cardinale et al., 2018.

dos a esse tipo específico de metabolismo de gorduras são mais pronunciados nas células musculares das mulheres jovens do que nas dos homens.[22]

Ser capaz de mobilizar esse segundo fôlego, talvez usando os lipídios como nossa segunda fonte de energia, é incrivelmente importante se o objetivo for ser uma atleta de resistência. Você pode disparar usando seu primeiro fôlego. Pode ter uma tonelada de desempenho de potência explosiva nesse primeiro fôlego. Mas, se quiser fazer qualquer coisa por um longo tempo, vai precisar desse segundo fôlego metabólico. Antes de Ardi, não precisávamos correr nem caminhar para lugar nenhum por muito tempo. Nossas Evas não precisavam fazer muitas coisas que envolvessem grande resistência.

Vários autores de ciência de sucesso gostam de dizer que os seres humanos evoluíram para ser corredores, mas provavelmente é mais correto dizer que evoluímos para ser corredores *de resistência* e caminhantes. Uma das grandes mudanças ocorridas na evolução dos hominínios, iniciada — segundo pressupomos — por volta da época de Ardi e que continua até os humanos modernos, é que nos tornamos "graciosos": as Evas que conduziram à humanidade tinham ossos mais leves e diferentes tipos de músculos. Em geral se pensa que isso se deve porque a locomoção em pé é custosa do ponto de vista calórico. Curvamos nossas colunas vertebrais e adquirimos uma porção de músculos glúteos para segurarmos tudo isso. Mas também retiramos parte do peso geral de nossos corpos e deslocamos nosso atletismo de modo geral em direção à resistência, e não à força explosiva (de curta duração).

Existe uma boa chance de que as precursoras disso tenham sido as fêmeas, não só porque contávamos com uma vantagem metabólica, mas porque Ardi e suas filhas talvez tenham tido mais necessidade do que os machos de sair da floresta e se aventurar no mar de capim.

PARA LONGE DA MARGEM

Quando se está adaptado há muito tempo a um ambiente, é preciso um motivo para arriscar a vida e a pele ao se aventurar num ambiente para o qual não se está tão bem-adaptado. Desde que Darwin escreveu *A origem do homem*, a ciência vem debatendo que raios nos fez descer das árvores. Durante muito tempo, a maioria partiu do princípio de que as árvores simplesmente desapareceram, forçando-nos a ganhar as planícies.

Mas a descoberta de Ardi está acrescentando nuances a essa versão. Somadas à evidente especialização do seu esqueleto, que mostra que ela vivia parte do tempo nas árvores e parte do tempo caminhando, análises da flora e da fauna ao redor do seu fóssil revelaram que ela vivia num ambiente cheio de vegetação. Outras análises de isótopos de solo e polens aumentam a probabilidade de que seu habitat fosse uma floresta ribeirinha dentro de uma savana maior:[23] aglomerados verdejantes de árvores na beira de um curso d'água, sem dúvida cheios de frutas e caules tenros. Sendo assim, por que ela precisou descer das árvores? O que aconteceu?

Alguns tipos de argumentos dominam o tema. Durante muito tempo, a ideia de que andar era algo que fazíamos para caçar gozou de espantoso sucesso. Liberamos nossos braços para segurar armas, correto?[24] Podíamos usar nossos ombros braquiadores para atirar lanças em todos aqueles animais que comiam capim nas savanas. Só que os chimpanzés usam lanças para caçar galagos no mato, hoje em dia, no alto das árvores, sem caminhar sobre duas patas.

Então tudo bem: e se tivermos evoluído não para caminhar sobre duas pernas, mas sim para correr, porque estávamos tentando caçar coisas *rápidas* e correr sobre duas pernas era o único jeito de capturá-las?

Infelizmente, uma criatura de duas patas não tem como ser mais rápida do que outra de quatro. Os guepardos conseguem correr a 103 km/h. Cavalos conseguem galopar a mais de 88 km/h. Ser bípedes na verdade parece diminuir nossa velocidade. O ser humano mais veloz só é capaz de correr a 48 km/h, e apenas por alguns segundos.

Mas talvez a questão não seja a velocidade nem a aceleração isoladas. O interessante nos seres humanos bípedes é a estamina: o tempo pelo qual conseguimos manter o esforço. Os cavalos se cansam muito rápido em suas velocidades mais altas, se cobrem de suor e precisam parar depois de uns poucos quilômetros. Com o devido tempo, um ser humano na verdade conseguiria cansar um cavalo. A maioria dos humanos adultos consegue trotar a, digamos, 8 km/h durante horas a fio. Os ultramaratonistas conseguem passar praticamente dias correndo, contanto que façam pausas para dormir. Mas os cavalos? Os cavalos morrem.

Consequentemente, muitos paleoantropólogos hoje defendem que evoluímos para correr mais depressa do que os ungulados ágeis:[25] cervos, cavalos, bisões. Nós apenas corríamos devagar atrás deles até eles ficarem bem cansados. E então quem sabe usávamos nossos ombros braquiadores para acertá-los com lanças, e depois para carregar toda sua carne de volta até em casa.

Em algum ponto de nossa trajetória hominínia, pode ser que isso tenha sido verdade. Mas desde a descoberta de Ardi tal tipo de caça não parece ter sido o que *impulsionou* a evolução do bipedalismo humano. Ardi não comia muita carne. Por meio da análise da estrutura e do esmalte dos seus dentes, os cientistas concluíram que ela se alimentava sobretudo de plantas.

Como Ardi é bem mais próxima do que nós do último antepassado comum de chimpanzés e humanos, talvez o melhor seja observar o comportamento dos chimpanzés modernos para tentar resolver esse quebra-cabeça. Entre os chimpanzés, primatólogos observaram o comportamento bípede em algumas situações. Ou os chimpanzés estão tentando impressionar, ou usando um ou os dois braços para carregar alguma coisa (em geral comida), ou estão atravessando um curso d'água que lhes chega na cintura com os dois braços para cima.

A teoria da água é tentadora se Ardi de fato viveu num habitat ribeirinho. Talvez ela tenha andado muito dentro d'água para catar caranguejos e mariscos. Isso com certeza é possível, mas, pelo que a ciência conseguiu deduzir a partir do esmalte dos seus dentes, ela não comia tantos frutos do mar assim. Esticar a mão para pegar frutas nos galhos mais altos apoiada nos membros inferiores, como ainda fazem os orangotangos modernos, provavelmente é um modelo mais acertado para como Ardi evoluiu com um osso pélvico vertical. Mas isso segue não explicando por que ela *desceu* das árvores para andar em pé com mais regularidade.

Nesse ponto, os teóricos em geral alegam uma guerra dos sexos. Conforme mencionei, o chimpanzé macho moderno se levanta (por um curto período) sobre os dois membros posteriores quando quer impressionar. Às vezes ele torce para impressionar balançando sua minúscula ereção na frente de algumas fêmeas, ou fazendo um estardalhaço generalizado ao usar os membros anteriores para agitar galhos. Outras vezes ele exibe os imensos caninos e infla o peito para tentar intimidar. Às vezes essas demonstrações de força envolvem se inclinar para a frente sobre seus potentes membros anteriores, e flexionar os bíceps e músculos dos ombros enquanto pressiona com força as articulações dos dedos no chão. Às vezes, qual um gorila, ele chega a bater no peito (embora seja mais raro). E às vezes ele alterna entre ficar em pé sobre os membros posteriores e bater com as articulações dos dedos no chão, ao mesmo tempo que mostra os dentes e grita bem alto. Que homem.[26]

Assim, circulou por aí a ideia de que grupos sociais cada vez mais complexos de hominínios primitivos, como Ardi, evoluíram para andar em pé porque os machos queriam ficar bem perante as fêmeas e afugentar os outros machos. Só que chimpanzés, bonobos e gorilas parecem se virar com exibições eretas apenas esporádicas, motivo pelo qual a hipótese do andar em pé porque é sexy não foi muito longe.

No entanto, uma modificação dessa hipótese recebeu mais atenção, não em pouca medida porque o principal cientista a defendê-la é o mesmo cara que publicou os artigos sobre Ardi: o dr. Owen Lovejoy, um expoente da sua área. Sua teoria é de que a mudança climática do Mioceno finalmente significou que nossos antepassados símios ribeirinhos passaram a encontrar menos alimento do que antes. Assim, os machos começaram a se aventurar para dentro do capim próximo para encontrar mais comida, que então trocavam com as fêmeas pela sua atenção sexual exclusiva. Pressupõe-se que as fêmeas, por estarem tomando conta de bebês cada vez mais exigentes em matéria de cuidados, não pudessem se deslocar elas mesmas e topassem tal escambo.[27]

Trocar sexo por carne é um bom argumento para explicar o bipedalismo. (Ou trocar sexo por bons tubérculos, suponho, já que Ardi não era uma grande carnívora.) Só que ele tem muitos problemas. Por exemplo, nós não fazemos ideia de quando exatamente os bebês de nossas Evas se tornaram tão exigentes em matéria de cuidados a ponto de não poderem acompanhar as mães na busca por alimento. Provavelmente ainda éramos cobertas por pelos que minúsculas mãozinhas podiam agarrar.[28] E, mesmo que andássemos em pé o bastante para carregar um bebê apoiado no quadril, ficaríamos com o outro braço livre para catar e carregar alimentos. Em todas as outras espécies de símios vivas, coletar alimento para os filhotes é a principal responsabilidade da mãe.

Pelo pouco que podemos ver nos registros fósseis, parece ser verdade que os bebês hominínios eram mais exigentes em matéria de cuidados do que os filhos das Evas anteriores. Não sabemos exatamente quando essa exigência teria começado a modificar a sociedade dos hominínios, nem quando (ou se) teria modificado radicalmente o comportamento materno.* Mesmo assim, ter crias altamente dependentes de fato coloca mais pressão sobre as fêmeas de modo geral: elas inevitavelmente sentiriam mais fome e mais cansaço, e de modo geral teriam menos tempo disponível em se tratando de garantir a própria sobrevivência e a de seus bebês necessitados. Mesmo nas sociedades atuais de chimpanzés. Muitas fêmeas trocam sexo por carne e outros alimentos valorizados.[29] No entanto, como os chimpanzés não são monogâmicos, trocar guloseimas por sexo não é uma estratégia de sobrevivência segura. Assim, segundo essa argumentação, talvez Ardi e suas companheiras tenham *inventado* a monogamia hominínia para tornar o acordo mais atraente: os machos se sentiriam motivados a trazer comida para casa em troca de uma mocinha fiel à sua espera na copa das árvores.

É uma ideia que se encaixa em nossos hábitos sexuais atuais. Mas existem várias maneiras de lidar com crianças famintas, e uma rápida troca da promiscuidade pela prostituição monogâmica parece um pouco improvável.** Talvez Ardi tenha de fato trocado um pouco de obtenção arriscada de alimento por recompensas sexuais, como fazem muitos primatas ainda hoje. Mas, assim como atualmente, tratava-se, é provável, de oportunismo: *Tome aqui um pouco de alimento raro e delicioso que eu por acaso trouxe hoje comigo e estou disposto a compartilhar. Agora, por favor, podemos fazer sexo?* Mas ter de *se deslocar* a todo momento para encontrar alimentos atraentes torna o macho ainda mais vulnerável ao sexo ilícito da fêmea que ficou em casa. Sem algum tipo de policiamento social rígido do comportamento feminino, como esse tipo de monogamia poderia funcionar?

Se Ardi fosse parecida com a maioria dos primatas da atualidade, seus bebês passavam a maior parte do tempo com ela. Responsável pela sua nutrição desde o aleitamento até a primeira infância, ela tinha necessidades alimentares e uma necessidade maior de ser criativa do que seus equivalentes do sexo masculino. É extremamente improvável que Ardi tenha ficado em casa nas árvores, de bobeira, esperando um macho voltar com os tubérculos. É mais do que provável que ela própria estivesse no meio do mato à procura de alimento. E, quando encontrava, talvez precisasse levá-lo para um lugar

* Mais sobre isso no capítulo "Ferramentas".

** Para mais sobre as relações sexuais hominínias primitivas, ver o capítulo "Amor".

seguro onde pudesse comer — não só para evitar a predação, mas talvez para garantir que os outros membros do grupo não o *roubassem*. É isso que os chimpanzés fazem hoje com alimentos valorizados, sobretudo as fêmeas responsáveis por filhotes.[30]

Quando pensamos na evolução de um traço, é sempre útil perguntar quem tem mais necessidade dessa adaptação. Não há dúvida de que tanto os primatas machos quanto as fêmeas precisam de alimento, e qualquer coisa que influencie o fato de você conseguir ou não o alimento de que necessita exercerá uma forte pressão sobre a seleção evolutiva. Mas se as fêmeas têm mais necessidade de alimento — devido tanto à gestação quanto à necessidade de alimentar as crias —, então parece seguro pressupor que a pressão alimentar suplementar seria um motor na seleção de uma mudança evolutiva. Em muitos mamíferos, o corpo das fêmeas evoluiu para se adaptar a esse desafio alimentar sendo menor do que o dos machos, de modo que se não estiverem prenhes elas precisam de menos calorias para sobreviver. Num mundo em transformação, com uma variabilidade alimentar cada vez maior, Ardi teria de se aventurar mais longe para conseguir alimento suficiente, e uma vez que conseguisse teria sido uma grande vantagem para ela poder ir embora carregando um tanto nos braços, ainda mais se precisasse, além disso, carregar um bebê. Na época de Ardi, as mães solteiras faziam muitas das mesmas coisas que fazem hoje: deslocar-se até o trabalho, cuidar das crianças, sobreviver como podem. Considero esse um argumento mais provável para a evolução do bipedalismo do que uma súbita invenção da família nuclear monogâmica com uma divisão sexuada do trabalho.

Em vez de ficar tecendo loas para os caçadores machos primitivos, precisamos nos perguntar qual poderia ser a aparência do símio bípede *fêmea*, concentrando-nos não apenas nas desvantagens de ter um corpo feminino, em outras palavras, mas nas vantagens também. Eis, portanto, um experimento mental interessante: se a fêmea hominínia foi o principal motor do bipedalismo, o que se tornar eretas significou para a evolução de nossos corpos?

Os indícios estão com tudo à nossa volta. O comportamento de armazenamento de alimento dos chimpanzés atuais. As vantagens metabólicas dos músculos esqueléticos femininos, que diminuem depois que as mulheres atravessam a menopausa. A flexibilidade. Na maioria dos esportes explosivos e tipicamente masculinos dos Jogos Olímpicos, as mulheres ficam para trás. Somos um pouco mais lentas no chão. Um pouco mais fracas para levantar coisas. A parte superior de nossos corpos não é tão musculosa. Mas os argumentos mais atraentes para por que os hominínios evoluíram para andar em pé não têm a ver com desempenho de curto prazo. Têm a ver com resistência.[31] É uma questão de alcance.

Se você fosse uma hominínia primitiva como Ardi, como faria para expandir de modo importante seu alcance? Como sair nadando por aquele mar de capim? É preciso andar para carregar coisas, sim. Mas é preciso também *resistir*. É preciso conseguir recorrer a um segundo fôlego. É preciso passar do paredão. É preciso sobreviver no pântano.

As coisas que nos permitem sobreviver no pântano são o que nos torna humanos. Nossa capacidade de inovar, sim, mas também nossa capacidade de resistir às piores condições. De seguir em frente apesar do cansaço. Em outras palavras, nossa capacidade de não desistir.

CONTRAÇÃO LENTA, CONTRAÇÃO RÁPIDA

A capitã Griest sabe que tem gente olhando. No ano de 2015, ela fez parte da primeira turma mista da Escola de Rangers. O exercício inteiro seria supostamente um evento isolado. As Forças Armadas americanas ainda não haviam mudado nenhuma diretriz sobre se as mulheres poderiam ocupar posições avançadas de combate. Mas os oficiais mais graduados tinham decidido permitir às mulheres tentarem entrar na Escola de Rangers do Exército, pois queriam testar as capacidades dos corpos femininos. Se alguma candidata conseguisse se qualificar para a formação, seria interessante ver se seria aprovada. Ninguém prometeu nada à capitã Griest. Se ela passasse, não haveria nenhum posto garantido numa unidade de combate, apenas a permissão de usar o escudo dos Rangers na farda.

O responsável pelo treinamento da turma de Griest — sargento-mor Colin Boley, que havia participado de quinze missões ao longo de quinze anos e não tinha muita paciência para bobagens[32] — reconheceu não gostar da ideia de uma mulher entrar na Escola de Rangers. Mas ele queria ver uma mulher ser capaz de passar pela fase de avaliação física. Não para promover as mulheres, veja bem, mas porque nesse caso ele não precisaria justificar os padrões draconianos da escola: se uma *mulher* conseguisse passar, então com certeza as exigências deviam ser aceitáveis para os homens.*

Dos quatrocentos alunos da classe mista, apenas dezenove mulheres se qualificaram. A maioria caiu feito moscas no início do curso. Quando a capitã Griest estava se agarrando à encosta da montanha, ela era uma das apenas três mulheres que continuavam no curso.

Saber que tinha muito a provar foi uma parte grande do que a fez chegar tão longe. Os testes que ela precisou fazer tinham sido projetados para o corpo masculino. A capitã Griest teve de usar uma quantidade descomunal de força da parte superior do corpo. Teve de fazer muitas coisas muito depressa. Teve de exibir uma força muscular explosiva. Mas, uma vez na montanha, o que ela realmente precisou fazer foi sobreviver.

Quando se trata de grandes testes de resistência, as chances dos dois sexos parecem se igualar. Na realidade, os corpos femininos vencem com regularidade: corredoras mulheres registram tipicamente velocidades maiores nas ultramaratonas mais longas.** Com exceção de Martin Strel, muitos dos campeões de natação de longa distância do mundo são mulheres.*** Parte disso tem a ver com o fato de as mulheres terem mais gordura subcutânea, que boia melhor do que o tecido dos músculos e ajuda no isolamento. Ela é também uma reserva muito útil de energia quando o estoque de açúcares dos músculos acaba: como já discutimos, os corpos das mulheres são capazes de recorrer a essas reservas extras de gordura melhor do que os dos homens. Mas a gordura não explica

* Depois da Guerra do Vietnã, as Forças Armadas americanas passaram a ser inteiramente voluntárias, e ultimamente tem havido problemas para manter seu efetivo. Em 2018, o Exército ficou mais de 7 mil recrutas aquém de seus objetivos, e entre aqueles que foram recrutados muitos precisaram de dispensas em relação a padrões existentes para se alistar (Phillips, 2018). O debate em relação a "suavizar" ou não os padrões é algo com que não só as Forças Especiais estão tendo de lidar, e sim as Forças Armadas como um todo.

** Isso na verdade foi quantificado: enquanto os homens são quase 18% mais rápidos do que as mulheres nas corridas de cinco quilômetros, são apenas 11% mais rápidos em maratonas, 3,7% nas corridas de oitenta quilômetros, mais ou menos iguais ao se aproximar de 160 quilômetros, e então as mulheres rotineiramente superam os homens nas corridas de 314 quilômetros e mais (Ronto, 2021).

*** Eu argumentaria que o simples fato de ter nascido na Eslovênia em 1954 já basta para turbinar a resistência psicológica de uma pessoa: o primeiro percurso de rio que Strel nadou, no Krka, foi em 1992. A correnteza fluía para o sudeste, bem na direção da fronteira da recém-criada Croácia. Seu tecido adiposo provavelmente também foi útil nesse quesito.

tudo. Os corpos femininos talvez sejam naturalmente melhores do que os masculinos quando se trata de testes de resistência longos e árduos. Apesar de termos menos músculo no total, os músculos que temos nos dão uma vantagem.

Músculos esqueléticos são formados por grandes feixes de tecido fibroso. Pense neles como uma corda de sisal, condensada e ancorada ao osso por ligamentos. Essas fibras se dividem em dois tipos principais: as de contração rápida e as de contração lenta. As fibras de contração rápida se contraem muito rápido e geram muita potência, mas se cansam com facilidade. As de contração lenta se contraem mais devagar, mas se cansam muito mais lentamente, e têm uma capacidade aeróbica maior. Os velocistas têm muitas fibras musculares de contração rápida. Os maratonistas têm muitas de contração lenta.

Os músculos que ancoram sua coluna lombar à base das suas costas, ao quadril, à parte superior das nádegas: todos eles são fibras de contração lenta. Eles funcionam o dia inteiro para manter sua postura ereta, combatendo a gravidade de modo a impedir que você desabe no chão, enquanto o músculo do seu maxilar é tanto o mais forte do seu corpo quanto, o que não é nenhuma surpresa, predominantemente de contração rápida. Você não evoluiu para mastigar *o tempo todo*.

Nós conseguimos aprender bastante sobre fibras musculares de contração lenta e rápida projetando corpos humanos no espaço. Assim que os astronautas deixam a gravidade da Terra, seus músculos começam a atrofiar. É por isso que, se estiverem passando uma temporada na Estação Espacial Internacional, eles precisam malhar pesado diariamente em esteiras espaciais. Segundo estudos publicados no final dos anos 1990 e no início do século XXI, tanto pacientes acamados quanto astronautas que voltam da EEI apresentavam uma atrofia muscular significativa.[33] Ao contrário dos pacientes hospitalizados, porém, os astronautas também apresentam *conversão*,[34] na qual o tecido muscular passa de contração lenta a contração rápida. Se você não solicitar a todo momento que as fibras musculares trabalhem, como as fibras de contração lenta trabalham quando caminhamos submetidos à gravidade da Terra, os músculos vão se otimizar para terem fibras de contração rápida. Isso acontece tanto com astronautas homens quanto mulheres, mas as mulheres partem de outra base, uma vez que os músculos das mulheres adultas tendem a ser mais de contração lenta. Não sabemos se isso se dá porque as mulheres em geral não *tentam* fazer coisas que exijam força explosiva, ou se, por natureza, os corpos femininos se prestam mais ao longo curso. Os dados até aqui parecem sugerir se tratar de um traço nato: num estudo recente, 75% das mulheres "destreinadas" — ou seja, mulheres que nunca tinham feito nenhum tipo de rotina de exercícios com pesos — tinham uma quantidade significativamente maior de músculos de contração lenta do que de contração rápida. Nos homens destreinados essa proporção é mais equilibrada.

Para saber por que essa linha basal faz diferença quando nos perguntamos quem conseguia andar melhor em pé, se Ardi ou seus companheiros do sexo masculino, basta olhar para suas próprias pernas. Os músculos que cobrem a frente das suas coxas são sobretudo os quadríceps: duas cordas compridas e volumosas, responsáveis por levantar seu joelho em direção ao quadril. A menos que você more num lugar com muitas ladeiras, eles em geral não trabalham tanto quanto os músculos na parte de trás das suas coxas: os posteriores de coxa, responsáveis por endireitar a perna. Pense na mecânica do processo: não é preciso levantar muito o pé do chão para andar para a frente. Mas os posteriores de coxa e os *glutei maximi* (os músculos do seu bumbum) projetam seu corpo inteiro para a frente em cima do pé a cada passo que você dá. Se você estiver correndo, essa ação é ainda mais intensificada.

Essa diferença de uso também determina de que esses músculos são feitos. Os quadríceps tendem a ter mais fibras de contração rápida, boas para movimentos explosivos. Já os posteriores de coxa tendem a ter mais fibras de contração lenta, o que proporciona um movimento mais fluido ao longo de um período bem maior.

Jogadores de futebol, que precisam estar o tempo todo trotando pelo campo, mas *também* chutar e correr rápido, realizam muitos movimentos explosivos. De modo nem um pouco surpreendente, suas pernas são parecidas com troncos de árvore: eles desenvolveram a frente e as costas das pernas de modo relativamente equilibrado. Maratonistas profissionais, por sua vez, têm pernas um tanto finas, com nádegas e posteriores de coxa bem salientes. Velocistas têm posteriores de coxa *e* quadríceps bem mais grossos do que a maioria dos outros corredores, assim como os corredores de obstáculos que precisam pular por cima de barreiras, mais uma vez usando os músculos de contração rápida (localizados sobretudo na frente da perna) para realizar movimentos explosivos.

É mais difícil pedir aos seus quadríceps para realizar exercícios de resistência. Com certeza é possível forçá-los a isso: subir muitas ladeiras, por exemplo.* Mas, se o corpo puder escolher, a parte traseira da sua metade inferior consegue lidar melhor com desafios de resistência do que a da frente.

É claro que não temos nenhum dos músculos das pernas de Ardi para fazer comparações diretas, mas pelo que sabemos sobre nossos próprios músculos eles provavelmente tinham um tipo semelhante de equilíbrio entre fibras de contração rápida e lenta. Ou pelo menos eram mais parecidos com os nossos do que com os de um chimpanzé. Seus ombros eram muito mais fortes do que os de uma mulher moderna. E a base de suas costas provavelmente não tinha tantas fibras de contração lenta, porque ela passava muito mais tempo no alto das árvores que nós. No entanto, para manter essas pernas se movimentando no solo na postura ereta, seus músculos das pernas certamente já estavam se movendo em direção à resistência e seu metabolismo do tipo feminino talvez tenha proporcionado às suas habilidades para caminhar longas distâncias uma vantagem em relação ao *Ardipithecus* macho.

A essa altura, portanto, pelo visto as mulheres eram pelo menos tão boas quanto os homens e talvez até fossem naturalmente *melhores* em matéria de resistência muscular e metabólica brutas. Mais uma coisa a ser levada em conta: nós talvez consigamos lidar melhor com lesões nos tecidos musculares do que os homens. As mulheres se recuperam do exercício mais depressa do que eles.

Toda vez que você usa um músculo num exercício difícil acaba danificando-o um pouco. Isso é uma parte grande de como o músculo "cresce". Ao fazer seu sistema esquelético se esforçar, você aumenta a calcificação no ponto de ancoragem e cria microlesões no músculo em si. O tecido depressa se inflama, enchendo-se de sangue, fluido e todos os pequenos "ajudantes" microscópicos que reparam tecido lesionado. As células musculares próximas recebem o sinal: *É melhor proliferar para podermos lidar com isso da próxima vez*. Quando o músculo sara, ele volta mais forte, mais capaz, demorando mais para cansar. Em outras palavras, malhar com pesos é uma forma cuidadosa de espancar seu

* Em média, os suíços e os moradores de San Francisco têm quadríceps maiores do que seus equivalentes que vivem em terrenos planos. A frequência de subidas regulares e lentas de encostas gera mais resistência nesses músculos do que, digamos, agachamentos com pesos, para grande decepção dos ases da tecnologia treinados em academias que emigram de lugares como Boston e Nova York e acham que sua malhação os preparou bem.

corpo. Você pode exagerar na dose: lesões musculares graves existem, ossos se quebram, e você certamente não quer que isso aconteça. Mas, nas sociedades industrializadas modernas, o uso insuficiente do seu sistema musculoesquelético é um problema bem maior.

Lesionar-se e sarar são parte de como músculos e ossos fazem seu trabalho. Isso vale universalmente tanto para homens quanto para mulheres. Mas a maneira como os músculos das mulheres fazem isso é um pouco diferente.

Logo após o exercício, as mulheres perdem mais força nos músculos trabalhados do que os homens. Se você já tiver feito pilates, talvez reconheça a sensação de "pernas moles" depois de acabar o treino. Mas nos recuperamos bem mais depressa do que os homens. Em estudos feitos entre 1999 e 2001,[35] alguns homens levaram mais de dois meses para recuperar por completo a força perdida por causa de um exercício de flexão de cotovelo. Só que eles não tinham consciência disso: os participantes *relatavam* se sentir normais. A única maneira de extrair a verdade era lhes pedir para executar o mesmo exercício com o mesmo peso e a mesma tensão. E eles não conseguiam. As mulheres, radicalmente mais propensas a perderem força logo após o exercício, recuperavam-se muito mais rápido. Não é uma questão de ser mais forte ou mais fraco, mas sim de metabolismo e reparação de tecidos.

No curto prazo, os homens conseguem fazer mais "coisas de força" com seus músculos do que as mulheres, mas no longo prazo isso os prejudicará mais. As mulheres também conseguem fazer coisas de força. Talvez precisemos parar antes dos homens,[36] mas depois de uma pausa conseguimos retomar o esforço numa situação similar antes deles.

Em outras palavras, os técnicos podem tirar o couro dos homens, mas depois precisam deixá-los no banco. As mulheres, por sua vez, precisam ir antes para o banco para descansar, mas depois podem voltar a campo.

E foi exatamente isso que a capitã Griest fez, outra vez, e outra, e mais outra.

MULHERES E GUERRA

A capitã Griest estava cansada. Mergulhada até o pescoço num pântano da Flórida, esquivando-se do fogo inimigo, com cobras peçonhentas a poucos metros de distância. Era a reta final do desafio. Mas Griest tinha mais motivos para estar esgotada do que alguns de seus colegas: ela fora "reciclada". É assim que a Escola de Rangers do Exército chama os candidatos obrigados a voltar e refazer a parte do teste na qual não passaram, um privilégio concedido em grande parte com base em avaliações positivas por pares. Assim, a capitã Griest estava exausta não em pouca medida porque seus pares a respeitavam o suficiente para permitir que ela repetisse o processo de destruir sistematicamente o próprio corpo em cenários de combate. Em outras palavras, estar ali naquele pântano no final do curso era um verdadeiro inferno.

Essa prática de "reciclar" candidatos já existia antes da primeira turma mista da Escola de Rangers em 2015. Muitos dos homens também tinham sido reciclados. Mas a experiência de Griest foi particularmente intensa. Por ter começado o curso em abril de 2015 e terminado em agosto, a capitã suportou quatro meses de testes exaustivos, privação de sono e quase inanição.

Numa turma típica, 34% dos candidatos a Ranger terão de reciclar pelo menos uma parte do curso.[37] Mas a capitã Griest teve de encarar o pior dos casos: ela já estava no curso havia seis semanas quando o comandante lhe ofereceu a opção de recomeçar desde o primeiro dia. Não haveria tempo para descansar nem para se recuperar. Ela precisava ou refazer toda a avaliação física do zero ou desistir.

Sabendo que o Exército talvez não desse a ela ou a qualquer outra mulher uma segunda chance, a capitã aceitou o desafio, e em seguida concluiu o curso inteiro sem mais nenhuma reciclagem. Ela inclusive chegou em segundo lugar da turma inteira no percurso de vinte quilômetros com carga (uma trilha difícil carregando uma mochila pesada).

Quando estava chapinhando pelo pântano no final do curso, a capitã Griest já sabia que havia muito mais coisa em jogo do que o fato de mulheres poderem ser Rangers ou não. O fato de mulheres serem Rangers precisava ser algo bom por si só. Em situações de vida ou morte, a integridade de uma unidade de combate *tem importância*. Se alguém é abatido, outro alguém precisa assumir seu lugar, o que significa que em princípio todos os integrantes devem ser capazes de fazer tudo o que o grupo precisa fazer. Por isso a questão de integrar mulheres em tropas de combate não tem a ver apenas com combater o machismo. Há vidas em jogo. A capitã Griest devia ficar atenta às cobras não só para evitar perigo para o próprio corpo, mas para manter esse corpo disponível para ajudar os outros.

Algumas coisas em relação a grupos mistos são muito difíceis de quantificar. Por exemplo, o "vínculo" do grupo tem muito mais a ver com cultura do que com qualquer fator fisiológico. Falou-se muito na ideia de uma "irmandade" nos grupos de combatentes, aquele vínculo social necessário e efêmero que permite a membros de um grupo confiarem uns nos outros em situações de vida ou morte. Muita gente estava preocupada com o efeito que o ingresso de mulheres nas linhas de frente teria nesse vínculo.

As avaliações por pares da capitã Griest mostram que sua equipe tinha o máximo respeito por ela. Muitos se disseram dispostos a lhe confiar a própria vida sem pestanejar. Apesar de ter carregado aqueles homens nas costas por terrenos acidentados, aquela mulher fazia questão de se vestir separada dos homens nos alojamentos: o vislumbre de um corpo feminino nu ainda era tabu. Isso é frequente em situações mistas: quando conversei com meu primo, ex-líder de um pelotão de tanque e oficial veterano com 26 anos no Exército, ele disse já ter visto soldadas usarem ponchos para trocar de roupa ou urinar quando não havia como ter privacidade. Ele disse também que a nudez pública indesejada de modo geral tende a prejudicar o moral, mas tinha medo de que isso pudesse ser especialmente verdadeiro nos grupos mistos. Não era só na cabeça do meu primo que morava a perturbadora ideia de um corpo nu de mulher: quando um colega soldado que tinha feito o curso com a capitã Griest escreveu sobre a experiência para sua avaliação, fez um relato entusiasmado da sua disposição para o combate. E fez questão também de mencionar onde e como a capitã Griest tinha trocado de roupa.

Mas os homens acabaram por superar a questão do corpo feminino dela. Superaram também o fato de que as duas candidatas mulheres restantes passavam por eles no mictório. Ali estavam eles, urinando, e as candidatas simplesmente passavam direto por trás deles para chegar aos cubículos. Pelo visto a irmandade também é feita de estresse compartilhado.

Talvez então a questão na verdade se resuma ao que o ambiente de combate de hoje requer. O que em geral se pede para soldados na linha de frente fazerem? Pelo que pude apurar, eles precisam conseguir lidar com horários de sono estranhos. Embora em geral haja rações disponíveis, precisam ser capazes de lidar com uma disponibilidade variável de alimento e água. Precisam ser capazes de transportar equipamentos de um lugar ao outro em terrenos desafiadores. Devem estar alertas por períodos mais prolongados do que a vida normal exige. E ainda têm que tomar decisões rápidas e racionais em situações de extremo estresse.

Parte do que essa lista exige tem a ver com metabolismo, tamanho corporal e força musculoesquelética. O restante tem a ver com prontidão psicológica. Como todos os Rangers do Exército formados confessam sem o menor problema, o objetivo da Escola de Rangers na verdade é testar a *mente*: sua determinação. Sua resiliência. Sua capacidade de pensar com qualquer dose de clareza em situações de extremo cansaço. Todos os candidatos que ingressam no curso estão em boa forma física. Mas nem todos têm o mesmo tipo de estamina mental.

Por exemplo, a capitã Griest e seus colegas recrutas tiveram de subir com uma metralhadora de grandes dimensões por uma encosta escorregadia. O cara que a estava carregando começou a deixá-la cair. Seus músculos passaram a falhar. Griest se ofereceu para carregá-la no lugar dele.[38]

Parte disso teve a ver com sua resiliência psicológica. E outra parte talvez tenha tido a ver com o quanto estava em jogo para ela como recruta mulher. Mas Griest também pode ter conseguido carregar a metralhadora o resto do caminho pelo fato de ser mulher. Parece que o fez com um sorriso no rosto. Quando o homem que ela substituiu escreveu a avaliação dela (todos os Rangers precisam escrever essas avaliações dos colegas), disse ter ficado particularmente impressionado com o *entusiasmo* de Griest naquele instante. Ali estava ele, destruído, e ela quase saltitando.[39]

Isso é algo que muito poucos dos debates militares sobre mulheres em combate leva em conta: que os corpos femininos talvez possam proporcionar *vantagens* importantes às unidades de combate. Corrigindo a estatura, o peso e o percentual de gordura corporal — e o simples fato de que ingressar num exército voluntário já é naturalmente autosseletivo — uma comparação da força geral de soldados e soldadas talvez termine empatada. Mas se uma unidade de combate mista tiver alguns corpos particularmente bons em força explosiva e outros particularmente bons em resistência, será que esse grupo estará mais pronto para o combate do que outro formado apenas por homens?

A resposta provavelmente dependeria do tipo de situação de combate que a unidade estivesse enfrentando, e os estrategistas militares poderiam responder melhor do que eu. Mas posso dizer que, quando meu irmão jornalista trabalhou incorporado a tropas no Oriente Médio, ele me falou sobre o quão estranhamente *entediados* todos se sentiam na maior parte do tempo. Boa parte da guerra moderna tem a ver com o simples fato de manter uma posição desconfortável. Na maioria dos conflitos de hoje, na verdade não se pede aos soldados para marcharem longas distâncias transportando cargas pesadas. Hoje, soldados americanos na frente de batalha precisam principalmente chegar num lugar, garantir o controle da área, manter-se lá e permanecer *acordados*. Eles precisam lidar com o estresse da privação de sono, da monotonia, da capacidade muscular e do tipo de efeito neurológico advindo de precisar estar alerta num ambiente perigoso durante longos períodos.

Os corpos femininos são muito bons nisso. Não que as mulheres devam *substituir* os homens em posições de combate. Mas talvez seja besteira não tirar vantagem daquilo com que os corpos femininos poderiam contribuir em situações de combate. O objetivo de qualquer estratégia militar é *vencer* com o menor número de baixas possível. Algumas vantagens obtidas pela inclusão de soldadas em missões de combate poderiam ser fisiológicas. Outras poderiam ser psicológicas.

Quando o Peshmerga curdo retomou Sinjar das mãos do Estado Islâmico, interrompendo uma rota de abastecimento crítica na Rodovia 47 entre a Síria e Mosul, havia algumas soldadas no exército vitorioso. *Peshmerga* em curdo quer dizer "aquele que encara a morte". Embora sejam poucas em comparação aos homens, as mulheres curdas podem se alistar no Peshmerga. E de fato se alistaram. Elas combatem e vencem. Acreditam que os combatentes do EI temem morrer pelas suas mãos, preocupados que, caso sejam mortos por mulheres, não possam entrar no Paraíso. "Isso é uma arma para nós",[40] disse a um jornalista ocidental uma combatente do Peshmerga. "Eles não gostam de ser mortos por nós."

Não é verdade: o EI acredita que todos os seus "mártires" vão para o céu, sejam eles mortos por homens, por mulheres, ou pelos próprios explosivos numa missão suicida. Mas essa ideia se firmou no Peshmerga e aumentou sua coragem, tanto dos homens quanto das mulheres. Contam-se histórias sobre uma "tigresa" atiradora de elite por eles chamada de Rehana, que caça homens do EI e lhes rouba o Paraíso. *Ela já matou uns cem. Ah, é? Ouvi dizer que foram duzentos.* Olhos se arregalam. O EI, por sua vez, sentiu-se ameaçado o suficiente pela ideia de Rehana para fingir que a tinha capturado e degolado, postando em 2014 no Twitter imagens de um homem todo sujo de poeira com um sorriso idiota no rosto segurando a cabeça decapitada de uma mulher.[41]

Só que nenhuma dessas coisas é verdade. Existem de fato excelentes atiradoras de elite no Peshmerga, e existem de fato mulheres degoladas (e estupradas e torturadas e escravizadas todo santo dia) por grupos terroristas misóginos como o EI. Mas Rehana é um mito. Tudo começou com a fotografia de uma bela curda em trajes militares. A foto viralizou no Twitter. Só que a mulher não era atiradora de elite. Na verdade, seu nome provavelmente nem era Rehana: esse não é um nome curdo comum. Um jornalista esteve com a mulher no dia em que a foto foi tirada — 22 de agosto de 2014 — e conversou com ela rapidamente, mas não chegou a anotar seu nome. Eis o que ele recorda: a cor dos seus olhos. Dos seus cabelos. Que ela disse ter ido ajudar a manter a paz em Kobane, cidade na fronteira da Síria com a Turquia. O EI sitiou essa cidade durante quase um ano, mas os curdos mantiveram o controle da maior parte ao longo do cerco, que teve fim em janeiro de 2015. O jornalista também ficou sabendo que a moça estudava direito em Aleppo, mas quando o EI matou seu pai decidiu se alistar voluntariamente. Ele não conseguiu uma segunda entrevista nem faz ideia do que aconteceu com ela depois. Talvez agora esteja refugiada na Turquia. Talvez continue combatendo. Talvez tenha morrido, como tantas outras. Se estiver viva, tem motivos óbvios para ser discreta em relação ao próprio paradeiro: quando o EI *finge* degolar você, é seguro imaginar haver certo número de pessoas que abraçariam de bom grado a chance de fazer isso de fato.

Apesar de tudo, a história de Rehana, a tigresa atiradora de elite, é eficaz: um dos muitos contramitos sobre poder feminino — minúsculos e brutais contos de fadas — que se opõem aos mitos sobre a subjugação divinamente ordenada das mulheres. Se não houvesse mulheres lá combatendo, essa história não teria sido contada, inspirando as tropas a combaterem com mais afinco, enfraquecendo as reservas psicológicas do inimigo. Essa história é uma arma fabricada a partir do próprio *conceito* de ser mulher.

E, talvez, no fim das contas, isso faça parte do que o EI teme (e também determinadas figuras das Forças Armadas americanas). Quem sabe o debate sobre combatentes mulheres não tenha a ver com o que podem ou não fazer os corpos masculinos e femininos, com as forças e fraquezas de nosso sistema musculoesquelético sexualmente dimórfico, de nossos metabolismos, ou mesmo da nossa determinação psicológica. Talvez tenha a ver com a ideia dos corpos femininos no mundo: o que supostamente devem fazer, o que não devem, e como servem de contraponto para o conceito de masculinidade.

* * *

Após 162 dias de quase puro inferno, a capitã Griest concluiu o curso. Tinha carregado os homens. Tinha carregado as metralhadoras. Tinha subido e descido a montanha. Duas vezes. Estava em êxtase, claro. Estava também extremamente cansada. E, mais do que quase qualquer outra coisa no mundo, o que ela provavelmente queria era tomar um banho quente para se livrar do suor e da lama. E dormir. Com certeza estava ansiosa para poder dormir.

Uma mulher passar no teste foi um momento importante para as Forças Armadas americanas. No final de 2015,[42] o secretário de Defesa Ashton B. Carter já havia recomendado que todas as mulheres tivessem o mesmo direito de acesso a postos de combate em todas as Forças Armadas. Esse movimento foi em grande parte bem recebido, e não em pouca medida devido ao desempenho de Griest nos testes dos Rangers.* Até os SEALs da Marinha estão aceitando mulheres que consigam passar na sua fase classificatória, uma série de provas considerada por muitos ainda mais difícil do que as dos Rangers, talvez porque, ao contrário dos Rangers, os SEALs precisem ser capazes de *prender a respiração* debaixo d'água ao mesmo tempo que executam proezas físicas de força e flexibilidade. Mas mulheres se candidatam, e um dia algumas delas serão aprovadas, e nesse dia mais essa fronteira terá sido ultrapassada. A capitã Griest, por sua vez, tornou-se em 2016 a primeira oficial de infantaria mulher das Forças Armadas dos Estados Unidos.

Como seria de prever, ainda existe o tipo habitual de preocupação sobre "perda de moral" nas Forças Armadas caso um número excessivo de mulheres ingresse nas forças de combate. Mas estudos recentes — inclusive entre os Fuzileiros Navais, grupo que protestou especialmente contra a mudança — mostraram que unidades de combate mistas apresentam níveis altos de coesão e lealdade de grupo. Na realidade, a sensação de "pertencimento" nas unidades

* Outra mulher, a capitã Shaye Harver, concluiu o curso junto com a capitã Griest e recebeu elogios semelhantes de seus pares. A tenente-coronel Lisa Jaster concluiu o curso poucos meses depois. Na ocasião, Jaster tinha 37 anos e era mãe de dois filhos pequenos. Todas as três serviram no Afeganistão. A capitã Harver serviu como pilota de helicóptero e comandou a guarda de honra militar que transportou o caixão de Ruth Bader Ginsburg quando a juíza da Suprema Corte foi sepultada no Capitólio dos Estados Unidos em 2020. Em abril de 2020, cinquenta mulheres já haviam se formado na Escola de Rangers.

militares mistas é tão alta, e em alguns casos até mais alta, quanto nas de apenas um sexo.[43] Além disso, a taxa de agressões sexuais não é maior nos grupos mistos do que nos grupos só de homens.*

É difícil dizer se esse último fato é verdadeiramente um ganho. As Forças Armadas americanas como um todo têm um problema de abuso e agressão sexual,[44] de modo que saber que isso independe da exposição regular de determinados grupos a equipes mistas é desanimador. Mas pelo menos não se pode atribuir isso à simples presença de uma mulher.

E se a metralhadora começar a escorregar bem lá nas profundezas do pântano, daqui a alguns anos talvez uma mulher possa estar lá para carregá-la.

* Estupros de pessoas do mesmo sexo ocorrem nas Forças Armadas e, como todas as agressões sexuais, são subnotificados. A principal preocupação era que a presença de membros do sexo oposto numa unidade de combate pudesse tornar o estupro *mais* comum, visto que a maioria dos soldados é heterossexual. Isso não se deu. Talvez porque, como os psicólogos clínicos vêm dizendo há anos, o estupro humano tenha menos a ver com sexo do que com poder. Se os estupros não aumentam em unidades de combate mistas talvez seja porque você ter uma vagina não faz com que as pessoas dotadas de pênis se sintam automaticamente atraídas por você. O contrário também se aplica: posso afirmar, sem hesitação, não sentir atração pela maioria de pessoas dotadas de pênis *ou* de vaginas. Não que eu seja propriamente exigente: é que existem 8 bilhões de pessoas no mundo. Se eu quisesse fazer sexo com *a maioria*, teria um distúrbio mental, sem falar no problema óbvio de simplesmente não viver por tempo suficiente para realizar tal feito. Mas mesmo dentro do número espantosamente menor de pessoas que eu de fato irei conhecer ou mesmo *ver* durante meu tempo de vida, elas também serão em sua maioria pessoas por quem eu *não* sentirei atração sexual. Para a maioria das mentes saudáveis, o desejo sexual é por natureza tanto uma ocorrência rara quanto particularmente limitada em matéria de alvo.

Homo habilis

5. Ferramentas

Eu preferiria enfrentar o combate três vezes a dar à luz uma só.

Eurípides, *Medeia*[1]

ASSIM FALOU ZARATUSTRA

A Aurora do Homem. Uma luz amarelada vai tomando conta da paisagem. O plano de Stanley Kubrick se abre para mostrar um bando de hominínios machos reunidos em volta de uma fonte.* Seus corpos são esguios. Seu pelo é comprido e preto. Não há mulheres nem crianças, ou pelo menos que se possa discernir com facilidade. A paisagem é igualmente estéril: trechos de rocha ocre e pedras soltas que se transformam numa árida savana.

Os machos bebem a água marrom e coçam o pelo, nervosos. Um bando de hominínios vizinhos surge na crista de um morro. Eles guincham, gritam e afugentam os outros.

* Na verdade são mímicos britânicos fantasiados. O filme é *2001: Uma odisseia no espaço*, um dos mais aclamados pela crítica do século XX. E a música é Strauss, interpretando livremente Nietzsche, mais ou menos como todos parecemos ter passado os últimos duzentos anos zanzando pela floresta com um punhado de homens alemães.

O plano muda para um jovem macho agachado sozinho junto a uma ossada. Ele estende um dos braços e retira da pilha um osso grande. Passa alguns instantes encarando-o, então começa a golpear o chão, primeiro vagarosamente, então com fúria. O homem primitivo inventou a primeira arma.

O primeiro grupo volta à fonte e espanta os rivais, com exceção de um único macho do outro grupo, que se atreve a atravessar a água. Um dos homininios armados com ossos dá uma bordoada na cabeça do desafiante. Outros se juntam a ele e se revezam para espancar o corpo caído no chão. Os demais membros desarmados do bando observam, chocados, em seguida saem correndo, abandonando o companheiro à própria sorte. O inventor primordial lança seu osso no ar. Kubrick acompanha a trajetória do osso, e quando este por fim chega ao ponto mais alto — lá em cima contra o céu azul — corta para o futuro: uma espaçonave suspensa em sua órbita. E *Danúbio azul* começa a tocar.

Essa é a história do Triunfalismo das Ferramentas: o homem inventou as armas, conseguiu dominar seus semelhantes e o restante do reino animal, e todas as nossas conquistas decorrem daí. De porrete de osso a espaçonave, da Idade da Pedra aos dias de hoje, Kubrick não foi o único a contar essa história: o símio inteligente — macho, sempre — pega alguma coisa em seu entorno e a usa para caçar, para assassinar, para dominar a Terra.

Até hoje partimos do princípio de que essa habilidade é o que nos torna *humanos*, que nos separa dos animais. Partimos do princípio até de que essa inteligência especial é o motivo de termos tido sucesso como espécie: de que nosso bilhete premiado foi talhado com mãos capazes de *construir* e com um cérebro capaz de projetar coisas.

E pode ser que isso seja verdade mesmo, só que não da forma como talvez você pense, tampouco pelos motivos que a maioria das pessoas pressupõe serem os mais importantes.

MENOS TRIUNFANTE, MAIS MACGYVER APAVORADO

Se você tivesse de chutar a qual antepassado inventor de ferramentas Kubrick estava fazendo referência em *2001*, sua aposta mais segura seria o *Homo habilis*, uma Eva de aproximadamente 2 milhões de anos atrás. O rosto parece estar certo. O comportamento também bate com o dos primeiros homininios.

Mas as ferramentas não são exclusivas dos antepassados humanos. O primeiro a usar ferramentas provavelmente não foi macho. E nossa invenção primitiva mais importante talvez não tenha sido uma arma.

Longe de ser um grande símbolo de singularidade humana, o uso de ferramentas é um traço convergente. Muitos solucionadores de problemas inteligentes fazem isso. E não precisam nem ser mamíferos. O polvo usa ferramentas com seus tentáculos,[2] e seu parentesco mais próximo é com um *molusco*. Corvos são ávidos usuários de ferramentas.[3] E eles sequer têm mãos.

Os hominínios primitivos retratados por Kubrick se alimentavam sobretudo de capins e insetos, frutas e tubérculos.[4] Assim como outros primatas da atualidade, é provável que as primeiras "ferramentas" de nossos antepassados tenham sido pedras usadas para quebrar castanhas e gravetos afiados para retirar do solo algum tipo de nabo primitivo.[5] Mas os Triunfalistas das Ferramentas, como Kubrick, querem que a "Aurora da Humanidade" seja o momento em que começamos a usar ferramentas como armas para caçar animais e tirar o couro uns dos outros. Tudo bem, só que tem mais um porém: a primeira dessas armas poderia muito bem ter sido inventada por uma fêmea.

Neste exato momento, em algum lugar do Senegal, uma fêmea de chimpanzé está caçando.[6] Ela carrega numa das mãos uma lança, feita com um galho que tirou de uma árvore jovem e depois levou algum tempo preparando, removendo todas as folhas e brotos e então mascando a ponta com seus dentes poderosos até torná-la pontiaguda. Sua cria se agarra às suas costas enquanto ela avança pelo capim, pendurada nos seus longos pelos pretos. Já faz meses que o filhote está mamando. A mãe está magra e com fome. Está à procura de carne.

Ela aprendeu que, durante o dia, os galagos — minúsculos primatas de cérebro pequeno e olhos grandes — tendem a dormir nos ocos das árvores. Quando encontra um, ela o apunhala com seu graveto. O bicho acorda, rosnando e tentando arranhar. É demasiado pequeno e fraco para representar um perigo mortal, mas certamente poderia machucá-la e matar seu filhote. Melhor usar uma lança, que o mantém a uma distância segura. Ela torna a golpear o galago, e só o retira do tronco quando tem certeza de que ele está morto.

Quando chimpanzés machos saem para caçar, às vezes usam lanças, mas seus próprios corpos, maiores e mais fortes do que os das fêmeas, muitas vezes já são uma arma suficiente. Mesmo que eles se firam, nenhuma cria morrerá de fome. Do ponto de vista evolutivo, suas lesões não são tão custosas, porque na sociedade dos chimpanzés os machos não são cuidadores. Falando de modo geral, a inovação é algo que indivíduos mais fracos fazem para superar sua relativa desvantagem. Como me disse anos atrás uma primatóloga do Quênia: "Nós mulheres fazemos coisas inteligentes porque *precisamos* fazer". Ela estava falando sobre as primatas fêmeas que havia observado sendo inteligentes, mas é claro que se referia também às mulheres humanas. De uma perspectiva científica, nós, primatas fêmeas, temos mais a ganhar… e mais a perder. A maioria de nós é menor e mais fraca do que os machos.* Como são nossos corpos que precisam fabricar, parir e aleitar os bebês, as fêmeas têm também necessidades alimentares e de segurança mais urgentes do que os machos. As ferramentas simples foram a maneira mais fácil de atender a essas necessidades. Se as fêmeas em questão fossem também boas solucionadoras de problemas — como todos os primatas superiores —, faz sentido que elas fossem inventoras, embora não seja esse o retrato habitualmente pintado de nossos antepassados.

Habilis — "habilidoso", ou no caso "habilidosa" — viveu nas savanas de altitude da Tanzânia,[7] entre 2,8 milhões e 1,5 milhão de anos atrás. Essa Eva da fabricação de ferramentas tinha pouco mais de 1,20 de altura, braços compridos, pernas fortes, e um cérebro com mais ou menos metade do tamanho do nosso. Não temos ideia do quão peluda ela era nem de quanta gordura tinha nos seios. Mas Habilis possuía um cérebro maior do que os australopitecinos como Lucy, e era de modo geral mais parecida com os humanos modernos. Era oportunista para se alimentar, como nós somos, e comia alegremente todo tipo de alimento. Tinha as mandíbulas fortes e o esmalte dos dentes espesso, mas não tinha o hábito de usá-los para quebrar castanhas ou tubérculos duros. Por que fazê-lo se possuía ferramentas de pedra à mão para quebrar (e partir) os alimentos mais duros?

Nos locais em que encontramos seus fósseis, vimos também centenas de ferramentas de pedra. No desfiladeiro de Olduvai, na Tanzânia, arqueólogos acharam tantos fósseis e ferramentas que a tecnologia de ferramentas olduvaienses foi batizada em homenagem a esse lugar. As ferramentas olduvaienses são um dos bons motivos para considerarmos Habilis uma Eva das ferramentas. Embora os chimpanzés utilizem ferramentas hoje, e Lucy também utilizas-

* Embora as diferenças sejam bem mais pronunciadas nos primatas não humanos. Mais a esse respeito no capítulo "Amor".

se implementos de pedra primitivos, o estilo olduvaiense — adotado pelos australopitecos tardios, e por fim por Habilis e pelo *Homo erectus* que a sucedeu — foi nossa primeira tecnologia avançada de ferramentas. Nossas Evas moldavam deliberadamente esses seixos grandes, removendo com todo o cuidado lascas de pedra no ângulo exato para fazer com elas machados, raspadores ou furadores. No início, ela usou pedras que já apresentavam mais ou menos o mesmo formato que desejava, em sua maioria seixos de rio já polidos pela água. Depois passou a usar pedras vindas de quilômetros de distância que, se golpeadas do jeito certo, se esfarelavam para criar os formatos específicos que ela desejava. Podia usar um tipo de ferramenta para desenterrar tubérculos, outro para socar sua polpa e transformá-la em algo comestível, e outro ainda para picar capins e castanhas.

Habilis usava também as lascas. Mais compridas, mais finas, às vezes de aspecto frágil mas muito duras, essas lascas lhe permitiam realizar tarefas mais delicadas: separar a carne dos ligamentos, remover gordura de peles, retirar levemente as partes amargas de uma planta para chegar aos pedaços saborosos. Ela usava determinados tipos de pedra para cortar os filés mais suculentos do animal, e outros para moer ossos e chegar à medula, que chupava ainda morna.

Isso se conseguisse acesso a um animal que ainda estivesse morno. Embora adorasse uma carne quente, Habilis provavelmente não caçava muitos animais de grande porte. A maioria dos ossos de animais que os cientistas encontraram perto de seus fósseis é da extremidade. Ela provavelmente era uma comedora de carniça: uma ladra como babuínos ou hienas, só que bem menos perigosa. Se algum predador grande tivesse abatido uma presa, ela certamente ficava escondida até ele acabar de se alimentar, então corria para roubar parte da carcaça. Talvez usasse seu machado de pedra para decepar a parte inferior de uma perna, depois a pusesse nas costas e saísse correndo. Habilis não estava nem de longe no topo da cadeia alimentar. Assim como muitos hominínios, ela com frequência era a presa.[8]

De modo que suas ferramentas de pedra não eram exatamente triunfantes. Nenhuma luz alienígena brilhava em seus olhos. Como a mãe chimpanzé caçando com lança no Senegal, Habilis era apenas uma primata muito inteligente usando tudo o que conseguisse para sobreviver. Ela percorria amedrontada o mato alto, segurando firme um machado de pedra e qualquer pedacinho de carne roubada que encontrasse, com um bebê no seu encalço ou até no seu colo.

O uso de ferramentas é o primeiro traço deste livro que consiste unicamente num conjunto de comportamentos: não é um órgão, nem uma programação neurológica, mas sim algo que nossas Evas usavam suas capacidades cognitivas e físicas para *fazer* de modo a modificar sua relação com o mundo em volta.* Digamos assim: os paleoarqueólogos não ligam muito para pedras; eles dão importância ao que as pedras podem nos dizer sobre a vida das criaturas que as usavam e que as moldavam. Sem uma pessoa com fome por perto, um garfo não passa de um graveto com partes pontudas; em outras palavras, o uso de ferramentas tem a ver com a relação entre o objeto, o ser dotado de inteligência que o está usando e o mundo no qual ambos se situam. O estudo das ferramentas primitivas é sempre o estudo do comportamento primitivo. E, para um evolucionista, refletir sobre o uso de ferramentas pelos hominínios é um modo de acompanhar mudanças nos hábitos e capacidades de todos esses cérebros hominínios pró-sociais e solucionadores de problemas ao longo da linhagem ancestral da humanidade. Cérebros não têm como virar fósseis. Mas os artefatos do comportamento ligado ao uso de ferramentas têm e viram, em especial quando feitos de pedra e situados, de modo prático, junto aos ossos fossilizados de quem os fabricou, e ainda mais se estiverem perto de ossos de animais claramente abatidos. O motivo pelo qual qualquer um de nós deveria se importar com as ferramentas olduvaienses, em outras palavras, é que talvez elas possam nos dizer algo sobre a mente e a vida social de nossos antepassados: como eles fabricavam coisas, como colaboravam, como superavam adversidades.

Essa última parte é bastante importante. Para todas as espécies que o fazem, usar ferramentas tem a ver basicamente com solucionar problemas. No despertar da humanidade, nas profundezas da árida savana, Habilis tinha uma tonelada de problemas. Tinha fome. Tinha predadores. Todas as manhãs lutava com os anjos da morte, da doença e do desespero. E usava suas ferramentas de pedra para ajudar a solucionar muitos desses problemas.

Mas seu maior problema não era algo em que ela podia atirar uma pedra. Era parte integrante do seu próprio corpo. Habilis tinha tirado uma péssima mão de cartas no jogo da evolução.

* A maioria das pessoas parte do princípio de que o uso de ferramentas é um traço fundamental da linhagem dos primatas, o que de fato pressupõe algum tipo de "programação", mas sua chegada não seria tão óbvia quanto a expansão dos centros visuais do cérebro.

Vários pensadores importantes da evolução se surpreendem com o fato de nós, hominínios, termos conseguido ser bem-sucedidos. Trata-se de uma história improvável. Um dos principais tópicos, fora os mais comuns — ferramentas de pedra, caça, o desenvolvimento de cérebros realmente grandes —, é a vulnerabilidade dos nossos bebês. Eles precisam de cuidados não só quando recém-nascidos, mas durante um intervalo de tempo extraordinariamente longo.

Para os hominínios prosperarem, portanto, algum tipo de revolução cultural relacionada aos cuidados com os filhotes precisa ter acontecido. Afinal, de que outra forma espécies com bebês tão necessitados de cuidados teriam conseguido sobreviver? A sociedade dos chimpanzés não está de modo algum preparada para lidar com o tipo de trabalho ininterrupto necessário para manter vivos os recém-nascidos e crianças humanas durante a primeira infância. As mães morreriam de fome. O bebê morreria de fome antes. Assim, alguns cientistas defendem a invenção da monogamia, por mais improvável que pareça. Outros dizem que inventamos a eussociabilidade com nossos familiares, uma espécie de "tia solteirona" peluda. Talvez tenhamos até começado a praticar a aloparentalidade como praticamos até hoje, com pessoas que não eram parentes ajudando a cuidar dos bebês dos outros. Qualquer que tenha sido a mudança, muitos argumentam que ela constituiu a raiz da cultura humana: nós obviamente somos mais colaborativos do que chimpanzés e bonobos no quesito criação de filhos.[9] Somos também mais sociáveis, se é que isso é possível, com papéis altamente especializados em nossas diversas culturas humanas para ajudar essas comunidades a sobreviverem e prosperarem.

Sem levar em conta como exatamente a criação primitiva de nossos filhos mudou, é óbvio que isso aconteceu. O que se deixa com frequência de fora dessas argumentações é o que acontece *antes* do nascimento de nossos bebês notoriamente necessitados de cuidados.[10]

Na verdade, não existe problema maior para uma espécie do que aquele com o qual precisamos lidar: nós somos extremamente ruins em nos reproduzir, comprovadamente piores do que vários outros mamíferos. Somos piores do que a maioria dos outros primatas. Somos piores até do que os outros símios, cujos corpos se parecem tanto com os nossos que somos chamados de "terceiro chimpanzé". A gestação, o parto e o puerpério dos humanos são mais difíceis e mais demorados para as fêmeas, deixando-as significativamente mais propensas a complicações debilitantes. Essas complicações podem levar, e regularmente ainda levam, à morte da mãe, da cria, ou de ambas. E quando esses processos reprodutivos complicados não matam a mãe, podem torná-la estéril ou deformar a criança. A maioria dos aspectos que tornam nossa reprodução tão terrível provavelmente já estava consolidada quando Habilis chegou.[11] E só piorou para suas descendentes.

Na ciência da evolução, um fator que afeta diretamente o sucesso na transmissão dos genes de um indivíduo é o que chamamos de "seleção dura". Você pode viver mancando num pé só. Pode viver vendo com um olho só. Mas se não puder ter filhos sua linhagem ruma para a extinção.[12]

Apesar disso, não se sabe como, existem no presente momento 8 bilhões de *Homo sapiens* no mundo. Isso não é só impressionante: é algo que deveria ter sido impossível.

Há muitas outras espécies terríveis em se reproduzir. As outras que ainda estão por aí ou se encontram isoladas num pequeno bolsão ecológico esquisito, ou então avançam rumo à extinção. O rinoceronte branco. O panda gigante. O vombate-de-nariz-peludo-do-norte.*[13] Esse deveria ter sido o destino dos hominínios: relegados a curiosidades nos jardins zoológicos de outras criaturas.

Se quisermos falar sobre como a humanidade conseguiu sobreviver e prosperar, devemos falar sobre o que é preciso em primeiro lugar para fabricar esses bebês. Se Habilis tivesse sequer uma fração das dificuldades de reprodução que nós temos, esse era claramente o maior dos seus problemas a resolver. Minha sugestão é que ela o fez com a mais importante invenção de

* Todas essas espécies estão ameaçadas devido à perda de habitat e à caça ilegal. No entanto, enquanto outras espécies se adaptam bem a programas de reprodução em cativeiro, essas estão indo se juntar ao dodô. Por quê? Elas são péssimas, e digo péssimas mesmo, quando se trata de acasalar e se reproduzir. Notoriamente péssimas. Rinocerontes de várias espécies têm diversos problemas de reprodução, todos eles complicados (Pennington e Durrant, 2019). Esse tipo de vombate em geral só se reproduz de dois em dois anos, tem apenas um filhote por vez e fica estressado quando há outros vombates por perto (Horsup, 2005). Os pandas gigantes parecem ter em grande parte esquecido como se faz para acasalar. Há zoológicos fazendo-os assistir a filmes pornôs de panda (Wildt et al., 2006). Só funciona mais ou menos.

nossos antepassados. Não foram as ferramentas de pedra. Não foi o fogo.* Não foi a agricultura nem a roda nem a penicilina. A invenção humana mais importante, o próprio motivo pelo qual conseguimos ter sucesso como espécie, foi a ginecologia.

E nós a usamos até hoje. Em todas as culturas humanas contemporâneas, sem exceção. De acordo com os registros de que dispomos — e eles existem em quantidade surpreendente, desde registros escritos até espéculos primitivos feitos de ferro[14] — fizemos isso também em todas as culturas históricas conhecidas. Nós o fizemos de maneiras diversas, sustentadas por sistemas de crença distintos, mas todas as práticas ginecológicas humanas têm alguns aspectos bem básicos em comum: elas tentam preservar a vida da mãe, e se possível da criança. Tentam evitar e tratar o sangramento uterino excessivo. Tentam evitar e tratar infecções bacterianas.** Elas tentam guiar a intensidade dos esforços da mãe no trabalho de parto de modo a coincidir com a dilatação do seu colo do útero. Por fim, na maioria das culturas, tanto contemporâneas quanto históricas, essas práticas incluem uma ampla gama de técnicas, usos farmacológicos e aparelhos destinados a interferir na fertilidade da mulher: a promover ou evitar a reprodução feminina quando desejado. Porque não há como evitar de modo mais confiável as complicações da gravidez do que evitando a gravidez em si.

Esse conjunto de conhecimentos e práticas médicas em constante evolução é o que estou denominando, na falta de uma palavra melhor, "ginecologia".*** Ele é absolutamente fundamental para a aptidão evolutiva da nossa espécie. Sem ele, há dúvidas se conseguiríamos ter chegado tão longe.

* O fogo passou a ser amplamente usado cerca de meio milhão de anos depois de Habilis lascar suas pedras (Berna et al., 2012).

** Embora seus usuários possam não ter consciência de que é isso que estão fazendo. A intenção dessa afirmação não é de modo algum ser condescendente; sejam quais forem as visões de mundo que porventura se tenha, o que importa nesse caso são os desfechos biológicos. Por exemplo, você pode dar preferência ao uso de implementos de cobre sem dispor de uma teoria dos germes para as doenças. Não precisa *saber* que o cobre não é uma superfície favorável para bactérias para perceber que o uso do cobre numa sala de parto parece ajudar as mães recentes a sobreviverem melhor. O mesmo se pode dizer sobre ter tradições locais para servir comida bem cozida e água fervida para as gestantes e mantê-las afastadas de membros doentes da comunidade.

*** Pessoalmente, eu preferiria chamar de algo como "estudo e prática de como sobreviver ao simplesmente idiota sistema reprodutivo humano e mesmo assim chegar lá como espécie", mas seria um nome longo demais.

Isso pode ser difícil de aceitar. Afinal de contas, mulheres engravidam e dão à luz todos os dias. Algumas morrem. Alguns bebês morrem. Algumas mulheres ficam estéreis. A maioria de nós não. Então não pode ser algo tão importante assim, certo?

Errado. O efeito da ginecologia é imenso, sobretudo se estivermos falando em pegar um sistema reprodutivo como o nosso em seu estado primitivo e gerar uma população grande o bastante para migrar com sucesso pela maior parte do planeta, suportando repetidos períodos de fome à medida que se adaptava a ambientes distintos. Conforme nossas populações eram obrigadas repetidas vezes a enfrentar desafios sucessivos e ridículos, nossas Evas teriam precisado restabelecer uma população viável. É essa a questão em relação à migração e à adaptação: você precisa de uma geração subsequente *suficiente* para dar continuidade às suas inovações, sejam elas psicológicas ou comportamentais. Em outras palavras, era preciso crianças o bastante para amortecer os surtos de mortes aleatórios que faziam parte do mundo em mutação dos hominínios primitivos.

Mas como fazer isso quando seu sistema reprodutivo é inerentemente perigoso e sujeito a falhas reiteradas?

Outros primatas — criaturas cujos corpos são até hoje muito parecidos com o de Habilis — dão à luz com muito mais facilidade do que teria sido o caso dela. Na natureza, é muito improvável uma fêmea de chimpanzé morrer devido a complicações relacionadas à gestação. Entre os chimpanzés selvagens, esse tipo de morte materna é tão infrequente que os primatólogos sequer chegaram a um consenso em relação a um número representativo. Ele provavelmente é bem baixo.* Enquanto isso, nas mulheres humanas esse número oscila entre 1% e 2%.[15] Se isso ainda parece baixo, lembre-se de que se trata da taxa de *mortalidade* materna: a porcentagem de nós que de fato morre por causa da gestação e do parto dentro de uma janela estreita. A taxa de complicações da gestação e do parto — que, repetindo, pode facilmente deter o avanço de uma linhagem genética — alcança até *um terço* das mulheres humanas.

* O principal motivo pelo qual os chimpanzés são uma espécie ameaçada é que eles competem por território com os humanos, e os caçadores ilegais se aproveitam dos corpos dos chimpanzés para usá-los como troféus ou como alimento. Enquanto a lei ainda permitia, os centros de pesquisas com primatas nos Estados Unidos tinham grande sucesso na reprodução dessa espécie. O problema não está no projeto corporal do chimpanzé, e sim no mundo em que os chimpanzés normalmente vivem.

Nos Estados Unidos, 58% das mulheres têm problemas de saúde duradouros associados à gestação mais de seis meses após dar à luz; as taxas mundiais são mais altas ainda. Em Nairóbi, as complicações maternas são tão frequentes que algumas clínicas penduram grandes placas em letras grandes e gordas anunciando tratamentos para "Fístula", que podem ser vistas da outra ponta da rua. Uma fístula obstétrica acontece na maior parte dos casos devido a um parto demorado e difícil, no qual o corpo do bebê exerce tamanha pressão no assoalho pélvico que acaba abrindo um buraco entre a vagina e a bexiga ou o reto, causando incontinência na mulher.

São dois os motivos prováveis que tornam a reprodução humana tão arriscada. Em primeiro lugar, o risco de hemorragia interna. Nossas placentas altamente invasivas podem romper veias e artérias (raro), separar-se da parede uterina antes da hora (menos raro), ou sangrar durante ou logo após o parto (ainda raro, mas uma das principais causas de morte materna).

O segundo motivo pelo qual nossos sistemas reprodutivos causam tantos problemas é o que denominamos dilema obstétrico. Em comparação com os outros símios, as mulheres humanas têm uma abertura pélvica de fato pequena, e os bebês humanos, uma cabeça verdadeiramente grande. Quando os humanos evoluíram para andar em pé, a estrutura da nossa pelve precisou mudar, o que levou a uma abertura pélvica e um canal de parto menores. Para Ardi isso não devia ser tão complicado, mas para Lucy era, e quando Habilis e seus semelhantes vieram isso já tinha se tornado uma questão séria. É difícil fazer passar uma melancia por um buraco do tamanho de um limão-siciliano.[16]

Os partos devem ter demorado cada vez mais. A mulher americana fica hoje em média seis horas e meia em trabalho de parto. O trabalho de parto da chimpanzé dura por volta de quarenta minutos.[17] É de se presumir que Evas como Habilis se situassem em algum ponto entre os dois. Enquanto o colo do útero de uma chimpanzé só precisa se dilatar 3,3 centímetros, o nosso precisa chegar a dez. E, *cara*, como dói. Além de ser ridiculamente arriscado: seis horas e meia de batimentos cardíacos acelerados, picos de adrenalina e pressão baixa.* Tempo de sobra para a placenta começar a se descolar antes do que deveria, para os vasos sanguíneos da pelve sofrerem pressão e rupturas, ou para ser atacada por um bando de predadores famintos.

* De doze a dezoito horas, se for a primeira vez.

Uma vez dilatado o colo, as coisas ficam ainda mais doidas. O canal de parto humano moderno meio que é *torcido*, mais largo em determinados pontos e mais estreito em outros, o que significa que um recém-nascido na realidade faz um giro de noventa graus no meio da vagina ao nascer. Esse é mais um presente da evolução dos hominínios: cabeças grandes precisam de ombros largos para sustentar o desenvolvimento dos músculos do pescoço. Graças a todas as placas cranianas flexíveis que a compõem, a cabeça do recém-nascido é espremível. Mas as clavículas largas são rígidas, de modo que os ombros precisam passar pela abertura pélvica *de lado* depois que a cabeça sai. É faz força, gira e faz força outra vez.*

Em outros primatas o trajeto é reto até a linha de chegada.** Sendo assim, sem nenhuma surpresa, a expulsão de um chimpanzé, por oposição ao trabalho de parto que dilata o colo do útero, demora apenas alguns minutos. A nossa pode chegar regularmente a uma hora. E se o bebê ficar preso...

A partir de avaliações de tamanho médio do crânio, dos ombros dos recém-nascidos e das aberturas pélvicas em fósseis hominínios, parece que nossos fetos começaram a sair tortos já na época de Lucy. Quando Habilis chegou, os crânios e ombros dos recém-nascidos já deviam ser um problema importante. O trabalho de parto e a expulsão deviam demorar mais. A gestação provavelmente estava se alongando também: as gestações humanas modernas levam cerca de 37 dias a mais do que se poderia esperar para um símio do nosso ta-

* O formato peculiar de nosso canal de parto também é um presente da evolução: ele não só é mais estreito por causa da locomoção ereta como a pelve em si tem uma organização esquisita, tornando a parte superior do canal de parto redonda ao passo que a parte inferior é distintamente oval. Isso provavelmente acontece porque ter uma pelve de outro formato desestabilizaria o assoalho pélvico, demandando uma curva ainda mais acentuada de nossas colunas para manter a estabilidade (Stansfield et al., 2021).

** Existem algumas exceções, mas elas são muito raras. Macacos-esquilo, por exemplo, compartilham nosso dilema obstétrico e estão rapidamente seguindo o mesmo caminho do panda (Trevathan, 2015). Quase metade das gestações da espécie termina com a morte da cria, e as fêmeas só dão à luz um filhote por vez (ibid.). Algumas espécies do gênero *Macaca*, porém, que apresentam uma covariação semelhante à nossa entre placas cranianas fetais e organização pélvica (ou seja, mulheres de cabeça grande em geral parem bebês de cabeça grande *e* são mais propensas a ter pelves que acomodam melhor tais bebês), o que talvez indique que o nascimento dos primatas em geral envolve uma história profunda de ajustes entre mães e crias na hora do parto, pelo menos entre os Strepsirrhini (Kawada et al., 2020). Mas, afinal, seja de que tipo forem, os primatas do gênero *Macaca* não têm o mesmo problema de mortalidade e lesão materna que nós.

manho.[18] Em outras palavras, à medida que nossas Evas foram evoluindo, todo o processo de ter bebês, de alto a baixo, tornou-se mais perigoso e mais difícil.

Voltemos ao seguinte número: 8 bilhões de seres humanos. Considerando apenas a simples mecânica da reprodução, jamais se poderia pensar que a linhagem dos hominínios fosse tê-lo alcançado. Embora seus corpos sejam mais bem-adaptados para uma expansão populacional rápida, os chimpanzés são menos de 300 mil no mundo inteiro, e os babuínos-anúbis, menos de 1 milhão. Mas cá estamos nós. Bilhões de nós.

Em geral, a necessidade é mãe da invenção. Sabemos que as mães Habilis enfrentavam desafios obstétricos, portanto sabemos também que havia a *necessidade* de uma solução, provavelmente algo que apenas uma usuária de ferramentas muito social e muito inteligente seria capaz de inventar. A maior pista para o potencial ginecológico de Habilis são na realidade as célebres ferramentas olduvaienses. O mapeamento desses reservatórios — sua extensão, a consistência da tecnologia, a frequência com que são encontrados junto com fósseis — é a melhor forma que temos para acompanhar a partir de quando os hominínios começaram a compartilhar conhecimentos sociais complexos.

Essas usuárias de ferramentas olduvaienses eram indivíduos que passavam muito tempo juntos. O entalhe do sílex não é algo rápido nem fácil. É preciso aprender a fazer isso. Sendo assim, Habilis decerto vivia em grupos colaborativos de indivíduos tentando desesperadamente ser mais engenhosos e sobreviver a um mundo cheio de coisas musculosas e dentadas que ficariam muito felizes em devorá-los. Quando não estavam correndo, esses indivíduos estavam ocasionalmente dando à luz, em meio à dor e à dificuldade. E estavam sobrevivendo, não em pequena medida, por causa do mesmo tipo de comportamento que deu origem às suas ferramentas de pedra: estavam trabalhando *juntos*.

AJUDAR UMA IRMÃ

O advento das parteiras é um daqueles momentos na história dos hominínios em que podemos de fato dizer: "Foi aqui que começamos a nos tornar humanos".

Só que é difícil saber com precisão quando isso se deu, já que a prática do parto assistido não deixa um registro concreto da mesma forma que as ferramentas de pedra. É verdade também que, para fazer algo como ajudar outra pessoa a parir, essas Evas tinham de se tornar bem menos parecidas com os chimpanzés do que as que as precederam.

Nenhum outro mamífero do planeta foi observado ajudando de maneira regular outro indivíduo a parir. Ou pelo menos nenhum que nós conheçamos. Duas espécies de macaco foram observadas auxiliando no parto, mas ambos os casos parecem incrivelmente raros. Um deles foi um macaco-preto-de-nariz-arrebitado em 2013,[19] mas foi difícil tirar conclusões, uma vez que o parto aconteceu de dia e os partos dessa espécie em geral ocorrem à noite. O segundo, que envolveu um macaco langur, foi registrado em 2014, e se não tivesse sido gravado ninguém teria acreditado.

Primatólogos chineses vinham observando havia anos esse grupo de langures e viram que as fêmeas em geral pariam sozinhas. Mas não daquela vez. Numa protuberância de rocha, uma macaca mais velha se manteve próxima de uma jovem mãe claramente com problemas na fase ativa do trabalho de parto. O recém-nascido saiu pela metade. A macaca mais velha puxou depressa o filhote para fora da vagina da mãe, segurou o bebê por alguns segundos, lambeu-o, então o entregou à mãe. Essa talvez seja a primeira evidência concreta de parto assistido efetivo em qualquer mamífero que não seja humano.[20]

Como regra, a evolução não produz traços novos do nada. Isso vale tanto para a evolução comportamental quanto fisiológica, em especial quando se está falando sobre nossos antepassados anteriores à linguagem. Se o parto assistido foi algo que Habilis usou para se beneficiar, deve ter havido algum precursor que tivesse criado uma base sobre a qual se pudesse construir.

Mas pense na *confiança* necessária para deixar alguém ajudar no seu parto.* Nossas Evas teriam precisado de uma estrutura social que recompensasse os comportamentos altruístas. Mães podiam ajudar filhas, com certeza, mas para o parto assistido se generalizar uma colaboração entre membros de um grupo social mais amplo também teria sido importante.** Uma colaboração que *suplantasse* a competição.

* Ou no desespero?

** Muitos consideram esse o cenário mais provável para a primeira das parteiras homininias: a mãe ainda estaria ajudando os próprios genes a se transmitirem ao ajudar a filha a dar à luz um neto, de modo que se elas vivessem numa sociedade símia em que mães e filhas ficassem juntas isso teria uma recompensa genética evidente. As fêmeas de chimpanzé, porém, tendem a ir embora ao se tornarem adultas e a procurar novos bandos. Quando dão à luz, elas não estão sequer perto das próprias mães. Uma exceção é se sua mãe tiver um status alto no seu bando de origem: ao que parece, os privilégios sociais de ter uma mãe poderosa superam os riscos da endogamia.

Depois que os homininios primitivos passaram a se reunir regularmente dessa forma — não só para dormir à noite, mas durante o dia também —, eles começaram a comer juntos. Compartilhar alimento é uma coisa importante para primatas como nós. O compartilhamento de comida também é uma parte grande dos vínculos entre chimpanzés: eles não deixam qualquer um comer sua banana. Habilis já tinha um cérebro significativamente maior do que o das Evas anteriores. Muitos acham que ela usava toda essa potência cerebral suplementar para conseguir acompanhar uma vida social cada vez mais complexa.*

Para inventar a ginecologia, porém, nossas Evas precisavam de uma sociedade cooperativa *feminina*. As fêmeas tinham de poder confiar o suficiente umas nas outras para estarem próximas nesses momentos críticos de vulnerabilidade: trabalho de parto, expulsão e início da amamentação. Isso talvez tenha sido mais difícil do que se pensa. Nossas Evas homininias eram parecidas com os grandes símios de hoje. Como os parentes mais próximos dos humanos modernos são os chimpanzés e bonobos, comparemos o comportamento dessas duas espécies no parto.

Em sociedades de chimpanzés contemporâneos, apresentar um recém-nascido para o grupo é algo bem tenso. Depois de parir, a fêmea espera um pouco e fica amamentando seu filhote durante aquelas primeiras horas cruciais, mantendo-se discreta e afastada do bando.[21] Então ela em geral tenta apresentar o recém-nascido primeiro para seus aliados mais próximos. Se a fêmea alfa não for sua amiga, ela adia o quanto pode essa apresentação. Há diversos relatos que mostram mães chimpanzés com recém-nascidos tentando desesperadamente proteger o filhote enquanto são perseguidas por grupos de fêmeas competitivas.

E elas deveriam fazer isso mesmo. Chimpanzés fêmeas dominantes são conhecidas por matarem as crias de fêmeas de status inferior.[22] Talvez façam isso por despeito ou por maldade, mas do ponto de vista biológico é provavelmente porque isso as ajuda a manter sua posição social.[23] Elas não só matam o filhote como podem inclusive *comê-lo* na frente da mãe aos gritos.

É incrivelmente difícil imaginar a obstetrícia humana se desenvolvendo num ambiente social desses. Mas eu desconfio que exista um caminho mais fácil. E para isso podemos observar o lado hippie da nossa família primata: os bonobos.

* Mais sobre isso no próximo capítulo.

Logo do outro lado do rio em relação ao território dos chimpanzés, numa área farta em alimento fácil, a fêmea bonobo passa seus dias. Ao contrário dos chimpanzés, entre os quais os machos dominantes constituem uma ameaça constante, os bonobos são tanto matriarcais quando fortemente avessos a conflitos violentos. Eles brigam, sim. Na verdade, brigam o tempo inteiro. Só que tendem a solucionar esses conflitos com sessões curtas de sexo. E em algum lugar no meio de todo esse sexo existe na sociedade dos bonobos uma regra estrita: ninguém se mete com as crianças. Se um dos integrantes do bando assediar ou ferir um juvenil, ele é logo repreendido por adultos próximos. Assim, sem surpresas, a apresentação dos bonobos recém-nascidos para o grupo social não é tão complexa quanto no caso dos chimpanzés. E tem mais: em 2014, pesquisadores do Congo finalmente conseguiram presenciar o parto de uma bonobo.[24] Ela entrou em trabalho de parto no final da manhã, num ninho numa pequena árvore, junto com outras *duas fêmeas*.

Como o ninho ficava no alto da árvore, os pesquisadores não conseguiram ver o que aconteceu no momento do parto. Mas uma das fêmeas pareceu vigiar o entorno e observar interessada enquanto a mãe passava pelo trabalho de parto. E em determinado momento a segunda fêmea foi se juntar à que estava em trabalho de parto no ninho. Será que ela ajudou no parto? Não sabemos. O que sabemos é que as três depois dividiram a placenta, que engoliram aos bocados. A fêmea em seguida não pareceu estressada em relação a apresentar o recém-nascido ao restante do bando. E por que deveria? Apesar de décadas de pesquisas de campo cuidadosas, nenhum bonobo dominante jamais foi observado assassinando a cria de fêmeas de status inferior ou cometendo esse tipo de canibalismo.*

O que não quer dizer que eles não sejam capazes de tal coisa. Só parece que sua organização social específica não se presta facilmente a isso.**

* Em 2010, uma dupla de cientistas alemães viu sim uma fêmea bonobo devorar um filhote, mas ele já estava morto (Fowler e Hohmann, 2010). Uma fêmea dominante tirou o bebê morto de sua mãe de status inferior e começou a comê-lo, em seguida *dividiu* o corpo com outras fêmeas. Ao terminarem, elas devolveram para a mãe o que tinha sobrado: apenas uma das mãos e um pé, unidos por um pedaço de pele esfrangalhada. A mãe pendurou esse estranho *memento mori* no ombro e se afastou.

** Por acaso houve bastante contato genital entre fêmeas na ocasião dos partos de bonobos, e mais ainda quando a placenta foi dividida. Os bonobos fazem muito isso, mas especialmente quando há comida em jogo. É possível que uma troca dessa natureza — um pouco de placenta rica em nutrientes em troca de um comportamento protetor e assistivo — possa ter feito parte de como a cultura do parto assistido dos homininios começou.

Então, em 2018, pesquisadores reuniram mais três casos observados do que poderia muito bem ser chamado de parto assistido entre bonobos,[25] dessa vez em cativeiro, onde as observações eram naturalmente mais fáceis (os bonobos estavam acostumados a ter seres humanos em volta e o local dos partos era mais previsível e visível). Nos três casos, outras fêmeas se reuniram em volta da bonobo em trabalho de parto, catando sua pelagem e vigiando em volta. Em dois casos, as fêmeas chegaram a pôr as mãos em concha para aparar o recém-nascido quando ele estava saindo de dentro da mãe, e mais uma vez compartilharam um pedaço de placenta como uma recompensa sangrenta. Segundo os pesquisadores observaram, isso nada tem a ver com o comportamento do chimpanzé, seja na natureza ou em cativeiro, muito provavelmente — observam eles com clareza — porque a sociedade dos chimpanzés é dominada pelos machos, ao passo que a dos bonobos tem coalizões femininas fortes e é dominada pelas fêmeas.

Então, talvez, na evolução da ginecologia humana, os homininíos primitivos sejam mais parecidos com os bonobos do que com os chimpanzés. Talvez Habilis tenha tido esse tipo de estrutura social feminina. Não temos como provar. Pelo que os primatólogos já puderam observar entre as comunidades atuais de símios, porém, um ambiente feminino mais colaborativo poderia proporcionar o tipo de solo social fértil passível de permitir a uma criatura como Habilis inventar uma cultura generalizada de parto assistido.

Mas o advento das parteiras não foi a única coisa em jogo para nossas Evas. Houve outra base mais ampla sobre a qual elas puderam construir. A "ginecologia" humana, em cada estágio da sua evolução, inclui também muitos tipos de controle da natalidade, de aborto e de outras intervenções na fertilidade. A escolha reprodutiva das fêmeas é algo muito antigo.

UMA CORRIDA ARMAMENTISTA SEXUAL

Enquanto os genes seguem seu caminho de tentar se perpetuar, os animais do sexo feminino também estão, de modo geral, tentando permanecer vivos. Quando o assunto é reprodução, as fêmeas querem os melhores espermatozoides possíveis, de seus parceiros preferidos, na hora e na situação que quiserem. Os machos, por sua vez — que de modo geral desprendem muito poucos recursos com a questão da reprodução —, também estão tentando permanecer vivos, mas como a reprodução não lhes custa grande coisa eles tentam sobretudo inserir seus espermatozoides em qualquer fêmea possível. E isso, para todos os efeitos, significa que corpos masculinos e femininos vêm travando uma guerra há centenas de milhões de anos.

Veja o caso do pato: os patos-reais vivem estuprando os outros.[26] Grupos inteiros de machos encurralam e praticam estupro coletivo numa única fêmea. Consequentemente, ao longo de centenas de milhares de anos de evolução, as patas começaram a construir vaginas em forma de "alçapão", com um formato estranho e cheias de curvas, dobras e bolsas. Quando a fêmea acasala com um parceiro *desejado*, sua vagina se desdobra, liberando o caminho até os ovários. Quando ela é estuprada, partes da sua comprida e sinuosa vagina se fecham, encurralando os espermatozoides indesejados num túnel lateral. Depois que seus estupradores fogem, seu corpo se livra como pode desses espermatozoides. Às vezes ela chega a bater com o próprio bico no baixo-ventre para ajudar a expeli-los pela cloaca. Os machos não aceitaram isso sem reação. O pênis do pato-real evoluiu junto com a vagina em mutação da fêmea, e agora tem uma espécie de estrutura em forma de saca-rolhas, provavelmente para tentar evitar os alçapões.

Pode-se ver esse tipo de coevolução em todos os animais que se reproduzem com um pênis inserido numa vagina.[27] Os dois órgãos evoluem ao mesmo tempo. E como os corpos das fêmeas em geral evoluem de maneiras vantajosas para suas proprietárias, os corpos dos machos tendem a evoluir de modos que contrariam essas medidas. Assim, os genitais de espécies propensas ao estupro travam uma corrida armamentista sexual: quanto mais frequente for um macho forçar o coito, mais provável a fêmea evoluir diversos mecanismos antiestupro para tentar evitar ser fertilizada pelos espermatozoides do seu agressor.

Os cães têm um nó na ponta do pênis que incha e "trava" a fêmea no lugar durante uma boa meia hora, dificultando sua fuga antes que o macho tenha ejaculado. Um gato tem espinhos proeminentes no pênis, que arranham a parede da vagina toda vez que ele o retira. Esses arranhões parecem ajudar a estimular a ovulação, mas também parecem ser muito dolorosos, pelo menos para a fêmea (e isso na relação consentida). Enquanto isso, o pênis do golfinho é literalmente capaz de *girar*, tateando seu ambiente — de forma meio parecida com um tentáculo cego — antes de se enganchar numa vagina. O processo todo pode se tornar um tanto violento. Na natureza, bandos de golfinhos machos podem impedir uma fêmea visada de subir à superfície para respirar, exaurindo-a e sufocando-a até fazê-la se submeter, arranhando-a com os dentes e se revezando de todos os ângulos possíveis para empurrá-la e agarrá-la com seus pênis em forma de J.[28]

E os pinguins, bem, os pinguins são notoriamente horríveis. Deixarei ao seu encargo a exploração da selva da internet para investigar melhor esse tema.

SOBRE A EVOLUÇÃO DA ESCOLHA

De modo que há uma guerra em curso. Uma guerra sexual. Parte dela se dá nos órgãos sexuais externos. Parte se dá no comportamento deliberado. Outra parte ainda acontece no escuro: no receptáculo silencioso e violento dos ovários e do útero da fêmea.

Quando uma gestante perde o bebê, o que acontece é o que os médicos denominam aborto espontâneo. Os humanos não são a única espécie na qual isso ocorre. Os abortos são comuns em todos os mamíferos. Parte deles é de fato "espontânea", e parte é mais deliberada.

Se você puser uma rata prenhe numa gaiola junto com um macho que não seja o pai, ela vai abortar (isso se chama efeito de Bruce).* O consenso é que isso evoluiu em resposta à ameaça, já que ratos machos em geral matam e comem filhotes que não reconhecem como seus. Do ponto de vista do corpo da fêmea, por que investir energia dando à luz filhotes que o carinha novo vai comer? Melhor minimizar as perdas e abortar.

Depois que a comunidade científica reconheceu o efeito de Bruce, na década de 1950,[29] pesquisadores passaram a encontrá-lo em todo o mundo dos mamíferos. Roedores fazem isso.[30] Cavalos também.[31] Leões parecem fazê-lo.[32] Até *primatas* o fazem.[33]

Mas nós humanos não. O que é um tanto revelador.

Não temos de fato certeza de como exatamente as mamíferas que têm abortos de tipo Bruce alcançam seu objetivo. Mas descobrimos algumas pistas. Entre os camundongos, o processo parece relativamente automático: se a fêmea prenhe sentir o cheiro da urina de um macho desconhecido, ela aborta. Não

* Assim batizado em homenagem ao cientista que o descobriu, não à influência de pessoas chamadas Bruce.

precisa nem ver o macho.* Só que o período de gestação do camundongo não é muito longo — dura por volta de vinte dias —, e se a gestação tiver ultrapassado os dez dias o efeito de Bruce não parece ocorrer. Em suma, existe uma espécie de ponto de não retorno reprodutivo: se o corpo da fêmea já tiver investido determinada quantidade de energia na gestação, ela levará os filhotes a termo.

Não é fácil argumentar que, pelo menos nos roedores, o efeito de Bruce não seja comportamental, o que torna mais difícil compará-lo àquilo que em geral denominamos aborto: um ato em que mulheres humanas, de maneira deliberada e consciente, decidem interromper suas gestações.

Considere porém o caso dos babuínos-gelada.[34] Num trecho de savana de altitude na Etiópia, os primatólogos passaram quase uma década observando um bando de geladas. Eles são muito parecidos com os babuínos: grandes, peludos, inteligentes e altamente sociais. Em suas grandes sociedades, os grupos reprodutivos se baseiam no modelo do harém: um macho dominante com várias fêmeas, rodeado por bandos de machos externos à espreita, que tentam com frequência desafiar o macho alfa. Se um novo macho consegue arrebatar a coroa, algo curioso acontece: espantosos 80% das fêmeas prenhes na ocasião vão abortar no espaço de semanas após o novo macho assumir o comando. (Por que não 100%? Em primeiro lugar, sempre desconfie de números perfeitos. Os processos biológicos são algo bagunçado. Mas também, de modo bem parecido com as fêmeas dos camundongos, a coisa parece ter a ver com o quão avançada estava a gestação quando o novo macho gelada assumiu a posição dominante.)

Os machos geladas, assim como os camundongos, podem ser animais perigosos. Após assumir a liderança de um bando, o novo macho pode matar qualquer cria que ainda estiver amamentando e pode, inclusive, matar as

* Especificamente, seu sistema olfativo envia um sinal ao seu cérebro que modifica a atividade da sua glândula pituitária, que por sua vez tem uma influência em cascata no seu corpo lúteo. O corpo lúteo encolhe, os níveis de progesterona caem e o útero se contrai e se livra do seu revestimento, mandando embora assim os embriões. Mas existe uma exceção, já que a exposição ao pai (o macho conhecido) não põe em risco a gestação, ao passo que a exposição a um macho desconhecido (abortar!) funciona como gatilho, com mais exposição ao longo do tempo atenuando esses efeitos em casos variáveis (Yoles-Frenkel et al., 2022). Isso parece envolver diretamente um aprendizado por meio do sistema olfativo, sendo assim uma causa e efeito mais direta do que "ela ficou estressada": o efeito de Bruce nos camundongos fêmeas é um cenário abortivo mais confiável do que simplesmente aumentar os níveis de cortisol de uma fêmea prenhe (De Catanzaro et al., 1991). Mas ninguém está dizendo que ela fez uma escolha *consciente* em relação a isso. Ela segue sendo um camundongo.

recém-desmamadas. Isso provavelmente se dá porque as mães voltarão a ficar férteis antes do que voltariam caso estivessem cuidando desses bebês. O quanto antes as fêmeas ovularem, mais cedo o macho novo terá uma chance de transmitir seus genes. E para as fêmeas, assim como as de camundongo, continuar uma gestação que vai terminar com a morte da cria é um investimento bem ruim. Na verdade, entre os geladas, as fêmeas que *abortam* ganham uma vantagem reprodutiva clara: elas em geral engravidam em questão de meses.

Mais interessante ainda, para os nossos fins, é o fato de que nenhum macho gelada expulsará um macho dominante sem o apoio das parceiras sexuais atuais desse macho. Em outras palavras, não é tão simples quanto dizer que as fêmeas abortam por medo do novo macho: alguns cientistas até propõem que as fêmeas talvez abortem para se tornarem mais capazes de se vincular ao novo macho.

Lembre-se: estamos falando de primatas superiores; em termos evolutivos, o gelada é quase um grande símio. As fêmeas não abortam devido a um gatilho biológico simples como o cheiro da urina de um macho. Isso é algo que acontece como resultado de uma mudança social observada diretamente.

E há também os cavalos. É aí que as coisas se tornam de fato comportamentais. Éguas domesticadas têm uma probabilidade significativamente maior de aborto espontâneo do que éguas selvagens: até três vezes mais. Os pesquisadores passaram anos tentando entender o motivo. Seria o tipo de alimentação? O estresse? O estilo de cobertura do garanhão? A resposta era simples. Para evitar esses abortos espontâneos, é preciso deixar a égua acasalar com um macho conhecido.[35]

Assim como o gelada, um garanhão selvagem que assumir a liderança da manada pode matar qualquer potro que tiver motivo para desconfiar não ser seu. No entanto, a monogamia não é a regra. Após fazer exames de sangue em manadas selvagens, os cientistas determinaram que cerca de *um terço* dos potros não é filho do garanhão dominante.[36] Esse garanhão tem privilégios na hora de reproduzir, mas as éguas também acasalam "na encolha" com machos de fora. Em seguida procuram o garanhão de imediato e tentam acasalar com ele para "disfarçar". Mas e quando elas não têm a oportunidade de acasalar para disfarçar? É aí que em geral abortam.*

* Os geladas, aliás, também fazem sexo clandestino. Na verdade essa clandestinidade já foi demonstrada: se um macho não dominante faz sexo com uma fêmea, ele o faz fora do campo de visão do macho dominante, e o casal suprime suas vocalizações sexuais normais. Se perceber que está

As éguas domesticadas são em geral mantidas em cocheiras separadas dos garanhões de modo a evitar gestações não planejadas. Mas quando o criador afasta uma égua da "manada de casa" para ser coberta em outro lugar, essa égua vai procurar o garanhão de casa para acasalar assim que possível. Se os dois estiverem separados por uma cerca, ela chegará a lhe apresentar o traseiro do outro lado da cerca, com o rabo afastado de lado. Se conseguir esse acasalamento para disfarçar, ela se acalma. Caso contrário? Isso mesmo: na maioria das vezes ela aborta.

Assim, quer estejamos falando sobre reles roedoras, sobre éguas lascivas ou sobre primatas inteligentes, podemos ver que o aborto social — abortos "espontâneos" ocorridos em resposta ao ambiente social local, por oposição a um problema com o embrião em si — é uma parte bem documentada da biologia reprodutiva dos mamíferos. Abortar é apenas uma das coisas que as fêmeas mamíferas fazem. Ainda não conhecemos todos os detalhes dos mecanismos, e eles provavelmente variam dependendo da espécie. Mas se todas as três, roedoras, equinas e primatas, desenvolveram alguma versão do efeito de Bruce, então deveríamos parar de considerar o aborto humano algo singular. O modo como o levamos a cabo — usando a ginecologia humana — é distinto, mas interromper uma gestação problemática do ponto de vista do estresse social é algo que muitos mamíferos fazem.

Na realidade, o que é incomum é o fato de mulheres humanas *não* possuírem mecanismos internos evoluídos ao longo de muito tempo para apoiar a decisão reprodutiva feminina. Pesquisas mostram que uma mulher que engravida em decorrência de um estupro não tem uma taxa de aborto espontâneo mais alta do que outra grávida de um parceiro. Aparentemente, 5% dos estupros nos Estados Unidos vão produzir gestações.[37] As taxas em outras comunidades humanas são parecidas.[38] Pode não parecer muito, mas a chance de uma gestação resultante de uma única cópula no seu dia mais fértil é de apenas 9%, chance essa que cai para quase zero em dias não férteis.[39]

Durante algum tempo, entretanto, pareceu que as mulheres pudessem ter uma miniversão do efeito de Bruce: uma mulher que esteja fazendo sexo regu-

---

sendo enganado, o macho repreende ambos os parceiros de maneiras claramente punitivas (Le Roux et al., 2013). Que eu saiba, não existem dados que indiquem se a fêmea tem uma probabilidade maior de abortar no caso de não conseguir "se safar impunemente", como fazem as éguas.

larmente com um homem tem mais chances de engravidar e levar a gravidez a termo do que outra que só faça sexo uma ou duas vezes por volta do dia da ovulação.[40] No início, os pesquisadores achavam que isso poderia ser uma forma de garantir o sucesso dos espermatozoides de um macho conhecido — afinal, ele tem mais probabilidade de nos ajudar com as próprias crias, não? — e de reduzir as chances de levar a termo a gestação provocada por um macho aleatório. Após mais pesquisas, porém, isso não parece no fim das contas ser um turbinador natural da monogamia: contanto que não tenham uma infecção sexualmente transmissível (IST), mulheres que fazem sexo com vários homens também apresentam com frequência uma probabilidade *maior* de levar suas gestações a termo.* Então é provável que seja uma coisa imunológica: ser exposta com regularidade a espermatozoides, quer com um parceiro monogâmico ou com muitos parceiros, poderia ajudar o corpo de uma mulher a "reconhecer" os espermatozoides intrusos e atacá-los menos, um pouco como as pessoas levemente alérgicas podem se acostumar com o pólen ou com a caspa dos animais domésticos.

O motivo de as mulheres humanas sofrerem tantos abortos espontâneos depois que o óvulo fertilizado se implanta no útero talvez tenha pouco a ver com o parceiro. A maioria dos abortos espontâneos ocorre nas treze primeiras semanas, e eles são ainda mais comuns nas oito primeiras. E a maioria parece se dar devido a anormalidades cromossômicas. Isso significa das duas uma: ou o óvulo ou o espermatozoide já tinham problemas genéticos, ou então alguma coisa saiu errada em algum momento da divisão celular inicial. Isso não é um efeito de Bruce. É apenas um corpo interrompendo uma gestação que não teria gerado um bebê saudável.**

* Também não era muito bom para a experiência prática de viver como um casal monogâmico tentando ter um filho: nada arruína tanto o clima quanto a *obrigação* de transar muito. Casais com dificuldades para ter filhos relatam quase universalmente que o processo todo reduz de maneira drástica sua libido. Nos Estados Unidos, os testes para prever a ovulação têm um belo lucro. Não fica claro o que é pior: urinar numa pequena haste todo dia de manhã para fazer sexo em grande parte indesejado algumas vezes por mês ou fazer um sexo grande parte indesejado dia sim, dia não sem ter de urinar em nada. Essa segunda opção aumenta ligeiramente as chances.

** Já tive, que eu saiba, quatro abortos, e pelo menos dois não se deveram a problemas genéticos. Em todos os quatro casos, meu corpo não me ajudou especialmente. Uma das gravidezes era tubária, e tive de ser internada por causa de uma hemorragia interna; outra foi um caso de saco gestacional vazio, na qual tudo tinha se desenvolvido exceto o embrião propriamente dito; uma

O estresse também parece ter um efeito no começo da gravidez — mulheres humanas muito estressadas têm probabilidade maior de abortar —, mas ele não é tão previsível quanto o efeito de Bruce.[41] Afinal, milhares de bebês são concebidos e nascem em campos de refugiados todos os anos. Não consigo imaginar o que a palavra "estressada" possa significar para uma mulher hoje na República Democrática do Congo: as chances de que o pai do feto que ela carrega seja um estuprador são mais altas do que em quase qualquer outro lugar do mundo.[42] Mesmo assim, porém, quando ela passa do primeiro trimestre, provavelmente levará a gestação a termo.

Então aqui estamos nós. Os seres humanos modernos não têm nada parecido com o efeito de Bruce, o que significa que nossas antepassadas provavelmente tampouco tinham. Temos vaginas cheias de dobras, mas elas não são "alçapões", então também é provável não termos evoluído com uma quantidade muito grande de estupro coletivo. O sistema reprodutivo humano não revela um passado no qual homens competitivos cometessem regularmente seja violência sexual, seja infanticídio. Os homininios primitivos não estupravam com tanta frequência. Se fosse o caso, as mulheres provavelmente teriam vaginas esquisitas, os homens teriam pênis de alta tecnologia e as mulheres teriam uma resposta de aborto espontâneo mais confiável ao estupro e à ameaça masculina.*

Mas isso não significa que nossas Evas não estivessem fazendo todo o possível para poder ter uma escolha reprodutiva feminina. Como qualquer outro mamífero, elas eram exigentes em se tratando de parceiros. E em determinado momento do caminho evolutivo começaram a usar todas as substâncias farmacêuticas extraídas de plantas do mundo que conseguissem para controlar a reprodução.

As plantas vivem em guerra constante contra parasitas, contra os herbívoros e entre si. Em consequência, várias evoluíram para produzir componentes

---

terceira chegou ao segundo trimestre antes que os batimentos cardíacos cessassem e eu precisasse fazer uma dilatação e curetagem, e posteriormente uma cirurgia de emergência. A quarta na verdade foi minha primeira gravidez, ou a primeira da qual tenho conhecimento: passei por um aborto cirúrgico ainda jovem, sob considerável estresse. Não foi possível detectar os batimentos, embora naquela altura eles já devessem estar presentes. De modo que essa gravidez provavelmente também teria acabado em um aborto espontâneo.

* Entrarei em maiores detalhes com relação a isso no capítulo "Amor", mas por ora apenas observarei que homens e mulheres humanos continuam ativamente envolvidos na guerra dos sexos mamífera, a despeito de uma história evolutiva que provavelmente não apresentou quantidades significativas de estupro ou dominação masculina.

químicos capazes de melhorar suas chances de sobreviver e de prosperar. Esses componentes afetam diretamente a saúde das criaturas que se alimentam de plantas. A maioria aprenderá a evitar as que têm toxinas. E muitos animais — entre eles os primatas — também parecem buscar plantas que contenham componentes capazes de melhorar sua própria saúde.[43]

Esse campo de pesquisa é relativamente novo, mas os primatólogos conseguiram encontrar indícios fascinantes de automedicação. Em um dos casos, o remédio em questão eram o cerne e a seiva amargos dos brotos de *Vernonia amygdalina*. Chimpanzés das montanhas Mahale acometidos por vermes parasitários intestinais passam até oito minutos por dia descascando cuidadosamente os brotos para remover a casca e as camadas externas até chegar à polpa extra-amarga.[44] Eles então chupam o cerne até sugar toda a seiva. O sabor não é agradável. Chimpanzés adultos que não estão doentes evitam a planta. Os primatólogos coletaram amostras de fezes de antes e depois desse hábito de comer o cerne e encontraram menos ovos de parasitas no cocô pós-remédio. Por acaso os humanos da região *também* têm o costume de usar esse cerne amargo em remédios tradicionais para tratar parasitas intestinais. Como nos humanos, é de presumir que os chimpanzés aprenderam a se tratar dessa forma com outros chimpanzés.

Tipos semelhantes de comportamentos de automedicação foram encontrados em todo o mundo primata.[45] De chimpanzés e gorilas até babuínos e macacos, primatas não humanos parecem ter o costume de comer plantas com componentes secundários capazes de fazê-los se sentir melhor.

E os primatas parecem também usar as plantas para aumentar sua fertilidade.

Os fitoestrogênios são componentes das plantas que, nos corpos dos animais, funcionam de modo bem parecido com nosso estrogênio. Ingerir muitos fitoestrogênios pode "enganar" o corpo e fazê-lo funcionar como se estivesse numa fase diferente do ciclo menstrual. Uma mulher que ingerir uma quantidade excessiva de soja — rica em fitoestrogênios — pode de fato prejudicar sua fertilidade; muitos especialistas em fertilidade hoje aconselham suas pacientes a evitarem a soja se estiverem com dificuldades para engravidar.* Por isso tam-

* A soja, no entanto, parece particularmente útil durante a menopausa, pois ajuda a aliviar alguns dos sintomas mais desagradáveis; pense nisso como uma espécie de tratamento hormonal do mundo das plantas, só que com menos efeitos colaterais do que fármacos similares. Como sempre, porém, converse com seu/ua médico/a.

bém várias pessoas protestam para saber se componentes semelhantes ao estrogênio contidos em determinados tipos de plástico estão interferindo no equilíbrio natural de estrogênio do nosso corpo. Mas será que outros primatas procuram essas plantas com o objetivo de manipular a reprodução?

Em Uganda, um grupo de macacos colobos-vermelhos come sazonalmente as folhas de plantas ricas em estrogênio;[46] em determinada semana, as plantas podem responder por até um terço da dieta desses animais. Consequentemente, seus níveis de estradiol e de cortisol aumentam. E como esses perfis hormonais mudam, também muda seu comportamento, alterando a agressividade dos machos, a frequência dos acasalamentos e o tempo que passam catando uns aos outros. Em suma, eles fazem bem mais sexo quando estão comendo muitas dessas folhas.

Os chimpanzés do Sudão, enquanto isso, já foram vistos comendo folhas das espécies *Ziziphus* e *Combretum*. Isso não pareceria tão notável assim — chimpanzés comem folhas o tempo todo —, exceto pelo fato de humanos que moram na mesma área usarem essa planta para provocar abortos. A *Combretum* também é usada na medicina tradicional do Mali: se uma mulher estiver com amenorreia, ela bebe uma poção de flores secas da planta para provocar o sangramento da menstruação. Se a ingestão selecionada dessas folhas tivesse um efeito negativo na população dos chimpanzés, eles provavelmente as evitariam, da mesma forma que evitam outras plantas tóxicas. Mas como quem come as folhas são as fêmeas — não os machos — e como as plantas têm propriedades abortivas conhecidas, isso gera uma pergunta um tanto provocadora: será que essas fêmeas de chimpanzé estão controlando o intervalo entre suas gestações alimentando-se seletivamente de plantas que limitam sua fertilidade?

Tentar adivinhar as intenções de um animal é sempre algo complicado. Mas, considerando que os primatas de hoje em dia parecem possuir uma gama de conhecimento em relação às plantas do seu entorno — quais são seguras, quais não são e quais poderiam ser boas caso se esteja doente —, é provável que os hominínios primitivos também o tenham feito. Habilis devia usar tudo o que pudesse para influenciar a própria reprodução. Como ela não dispunha de nada tão confiável quanto o efeito de Bruce ou uma vagina em forma de alçapão, teria sido levada a fazer adaptações *comportamentais* para exercer sua escolha. Ela era social. Era uma solucionadora de problemas. Sabia usar ferramentas. Diante do próprio sistema reprodutivo falho, teria lidado com o problema como apenas um hominínio conseguiria fazê-lo: de modo social e inteligente, com quaisquer ferramentas que tivesse conseguido inventar.

Ser um primata social e inteligente sempre foi uma vantagem para nossas Evas hominínias. Quanto mais inteligentes fomos ficando e quanto mais complexas nossas sociedades, mais fácil teria sido pegar essas primeiras bases de conhecimento ginecológico e aprimorá-las. Embora Habilis decerto já tivesse com o que trabalhar, foram as Evas posteriores que apresentaram o tipo de cérebro capaz de ligar os pontos.

MUITO ALÉM DO JARDIM

Cada Eva tem seu Éden. Habilis nunca saiu da África.* Como a maior parte das espécies desta Terra, ela havia adaptado seu corpo e seu comportamento ao mundo específico no qual vivia, e quando esse mundo mudou Habilis entrou em extinção. Chamemos isso de espada ecológica de Uriel. Mas sua bisneta *Homo erectus* foi uma das hominínias mais bem-sucedidas a jamais ter existido.[47] O que Habilis começou, Erectus herdou.** Ela pegou esses conhecimentos e literalmente saiu correndo com eles... até chegar à China.

Extremamente mais altos do que Habilis, os *Homo erectus* machos chegavam a 1,75, uns bons 2,5 centímetros a mais do que a média atual dos homens nos Estados Unidos. E a Eva Erectus não era muito mais baixa.*** Seus braços e pernas eram compridos e graciosos, e seu rosto era mais achatado do que o

* Ou pelo menos a maioria dos paleontólogos tem razoável certeza de que não. É que os fósseis de hominínios não são tão abundantes assim.

** Os cientistas ainda não têm certeza se Erectus e Habilis vieram de uma Eva comum, se uma é descendente da outra ou se as duas espécies se reproduziram entre si. Os registros fósseis mostram que elas coexistiram na África durante meio milhão de anos e seus territórios se sobrepunham. Sabemos que no início ambas usavam ferramentas olduvaienses, tecnologia que haviam herdado dos australopitecinos que as precederam. Há inclusive quem sugira que a própria Habilis fosse uma espécie de australopitecino e que suas ferramentas de pedra fossem uma extensão natural do modo como outros símios usam pedras para quebrar castanhas duras.

*** Um sítio de fósseis parece indicar que os machos eram bastante maiores, com uma testa mais proeminente, mas isso não fica claro. De modo geral, a linhagem evolutiva hominínia vai apresentando progressivamente menos dimorfismo sexual: quanto mais nos aproximamos do *Homo sapiens*, mais parecido o tamanho corporal dos dois sexos. Mais sobre isso no capítulo "Amor".

de Habilis: um pouco mais parecido com o nosso e parte de uma longa cadeia evolutiva que deu origem ao rosto humano moderno. O cérebro de Erectus também era maior do que o de Habilis. E é possível acompanhar os indícios dessa potência cerebral nos registros fósseis: Erectus não só foi uma usuária de ferramentas, mas também foi a primeira hominínia a caçar animais de grande porte e a primeira a usar o fogo. Foram encontrados numa caverna, perto de seus ossos, resquícios carbonizados de 1 milhão de anos atrás.[48] Não está claro se ela acendeu o fogo ou se apenas usou de forma oportuna um incêndio na floresta. Mas com certeza cozinhou o jantar ali.

Erectus aprimorou a tecnologia de ferramentas de Habilis. Ela inventou as ferramentas acheulianas:[49] longos, finos e elegantes machados e facões manuais. Não era possível fabricá-las com qualquer pedra, sendo preciso procurar o tipo de pedra que iria funcionar. Era preciso planejar e esculpir as pedras da maneira exata, pensando em determinados tipos de lascas e no que elas se tornariam. Se as ferramentas olduvaienses levavam um tempo para serem fabricadas, as acheulianas levavam um tempo maior ainda, tornando-se o tipo de bem precioso que provavelmente se desejava manter consigo.

Tudo isso significa que, embora Habilis fosse inteligente, capaz e social, Erectus era tudo isso e mais. E sabemos que ela de fato era apta a viajar, o que quer dizer que era uma solucionadora de problemas adaptável, inteligente o bastante para assumir novos desafios. Só que esse cérebro extra tinha um custo, visto que sua abertura pélvica permanecia estreita. Muito provavelmente, as gestações e os partos de Erectus eram *ainda mais* terríveis do que os de Habilis, porque ela paria bebês com cabeças e ombros ainda maiores. Ou seja: Erectus precisava da ginecologia. Precisava muito. O *Homo sapiens* precisaria ainda mais.

Apesar de ter conseguido sair da África e ter colonizado diversos lugares, deixando seus fósseis e ferramentas de pedra pelo caminho, Erectus acabou extinto. As Evas hominínias da humanidade — desde criaturas como Erectus até o *Homo sapiens* primitivo — tentaram repetidas vezes abandonar seus Édens. Algumas talvez tenham virado criaturas de novas espécies, evoluindo de modo que se afastaram de seus antigos hábitos e deixaram para trás seus corpos. Com exceção do *Homo sapiens*, porém — que ainda não morreu nem virou outra espécie —, todas as outras Evas já se foram.

O que não deveria ser nenhuma surpresa: criaturas que não sejam reprodutoras prolíficas deparam com desafios ambientais e competitivos e, na falta de soluções adequadas, não conseguem se adaptar.

Isso se aplica particularmente ao caso da migração. Para uma espécie ser capaz de se mudar para um novo ambiente e de prosperar, é preciso estabelecer o que se chama de população mínima viável (PMV) nesse local.[50] Trata-se de um conceito da ciência ecológica, que representa a quantidade mínima de indivíduos passíveis de reprodução necessária para garantir a continuidade da sobrevivência de um grupo em algum lugar específico. Caso seu grupo tenha uma quantidade de membros suficiente para garantir ao mesmo tempo a continuidade da diversidade e a reprodutividade geral no seu ambiente local, você tem uma boa chance de sobrevivência.

O que as Evas migratórias precisavam fazer, em outras palavras, era *ter bebês*. Bebês bonitos, saudáveis e viáveis, que pudessem viver tempo o bastante para ter seus próprios bebês também.

Esse não era exatamente o forte dos hominínios. Quando Erectus surgiu, suas placentas já eram coisas esfomeadas, seus canais de parto, um corredor polonês, e seus bebês, uma vez nascidos com saúde, passavam muitos e muitos anos altamente dependentes. Talvez por isso apenas 50% das gestações humanas de fato produzam um bebê humano.[51] Talvez por isso uma mulher saudável que faz sexo no dia da ovulação mesmo assim tenha só 9% de chance de engravidar.*[52] Se gestações, partos e cuidados com filhos são coisas biologicamente custosas, seria de esperar que os corpos que necessitam fazer isso tudo evoluíssem de modo a garantir que apenas as gestações com a melhor chance de sucesso fossem em frente.

Se essas taxas lamentáveis de sucesso se aplicassem também a nossas Evas hominínias, provavelmente tenha sido por isso que apenas umas poucas espécies de hominínios conseguiram sair da África. Também é decerto seguro pressupor que isso é em grande parte o motivo pelo qual todas as espécies com exceção de uma se extinguiram.

Veja o caso dos tatus: um dos motivos pelos quais esse pequeno mamífero estranho e parcialmente encouraçado se dá tão bem em ambientes difí-

* Se a esta altura você estiver pensando "Tá, mas minha prima fulana engravida só de olhar esquisito para um cara", não está *errada*. Existem algumas pessoas particularmente férteis. Mas estatísticas como essa têm a ver com médias: não com sua prima que fabrica bebês em série, mas com o que *a maioria* dos corpos femininos tende a fazer. A maioria das mulheres não engravida fazendo sexo no dia da ovulação, embora tenha mais chances do que alguém que não faz sexo durante a janela de fertilidade.

ceis é o simples fato de sua fêmea conseguir controlar *quando* vai engravidar. No baixo-ventre do tatu-galinha, de modo quase milagroso, o embrião consegue parar de se desenvolver. Após ser fertilizado, ele simplesmente fica ali boiando e aguarda, às vezes até oito meses, para se implantar no útero. Assim, se a tatu fêmea por acaso estiver atravessando um trecho vasto e hostil de deserto, seu embrião vai apenas… *aguardar*. Quando ela chega num lugar com mais comida e mais água e se acomoda toda contente, o embrião retoma seu desenvolvimento.

A tatu, ao contrário das Evas hominínias primitivas, é boa em migração justamente por esse motivo. Ela consegue depressa adaptar seu "intervalo entre nascimentos" — quando tem bebês e com que frequência — conforme os desafios de qualquer ambiente considerado.* Tudo com que as mulheres humanas podem contar é um possível aborto espontâneo (por si só arriscado: uma gravidez abortada no segundo ou terceiro trimestres pode facilmente matar uma mulher ou torná-la estéril). Assim, a única maneira que temos para manipular nosso intervalo entre nascimentos com algum grau de confiabilidade é fazendo coisas que diminuem ou aumentam a fertilidade das mulheres, a depender de qual das duas coisas for mais vantajosa. E elas teriam tido de recorrer a todo o conhecimento ginecológico de que dispunham ao tentar transportar esses corpos, já longamente adaptados a determinados ambientes na África, em direção ao norte até chegar ao antigo Levante.

Ninguém sabe por que Erectus saiu da África. Existe um cenário de "atração", no qual corredores verdes se abriram na direção norte devido ao aumento da umidade, criando pequenos bolsões de territórios recém-disponibilizados e adequados aos hominínios, para os quais Erectus alegremente se mudou. Temos bastante certeza de que isso aconteceu para alguns dos *Homo sapiens* posteriores que emigraram da África meridional: um grande lago se transformou em extensas terras alagadas, estendendo-se nas direções nordeste e sudoeste. Isso aconteceu de 100 mil a 130 mil anos atrás, depois de um grupo de hominínios já estar se dando bastante bem ao redor do lago por uns 70 mil

* Seu embrião também se divide em quatro, produzindo quatro crias idênticas interligadas por uma única placenta, algo muito incomum entre os mamíferos e outro motivo que torna a espécie boa para migrações. Os tatus conseguem estabelecer uma população mínima viável em qualquer ambiente com relativa rapidez. Não fica claro por que eles não enfrentam os desafios normais da endogamia com todas essas crias idênticas.

anos.* Mas se Erectus foi "atraída" para fora da África rumo a um território recém-acolhedor, não demorou muito para esses novos territórios passarem por uma mudança climática, forçando-a a adaptar mais uma vez suas estratégias. E se em vez disso o cenário fosse de "expulsão" — quando um ambiente local muda tanto que um grupo não tem outra escolha a não ser mudar —,** ser capaz de se adaptar rapidamente seria ainda mais importante.

Para Erectus e os hominínios migratórios que a sucederam, seria mais vantajoso para alguns desses ambientes em mutação nascimentos que coincidissem com a colheita de frutas e castanhas, ou com uma onda de animais migratórios. Alguns ambientes deviam ser estéreis e desafiadores: melhor *aumentar* o intervalo entre nascimentos para reduzir o fardo. Outros ambientes deviam se revelar ricos o suficiente para sustentar uma reprodução mais pesada, de modo que ela também precisaria da ginecologia para sobreviver a todas essas gestações e períodos de aleitamento.

Se ela migrasse devagar o bastante, os processos evolutivos dariam ostensivamente conta dessas adaptações. Mas assumir o controle direto da sua reprodução muda inteiramente o jogo. Em vez de esperar milhões de anos até seu útero hominínio defeituoso recuperar o atraso, Erectus poderia influenciar diretamente seus desfechos reprodutivos durante seu período de vida. E de fato influenciou, uma vez que conseguiu se espalhar numa quantidade estonteante de ecossistemas distintos: não só por todo o continente africano,*** mas pelo Oriente Médio e mais além, subindo pela Europa, indo até o centro e o sul da Ásia, e até o Círculo do Pacífico. Ela dominou o mundo.

* Há indícios disso tanto nos registros fósseis e resquícios de pólen, que apresentam provas da mudança climática, quanto no DNA mitocondrial da humanidade se remontado até suas origens coletivas (Chan et al., 2019).

** Por exemplo, o que está acontecendo neste exato momento em muitas das ilhas de baixa altitude do mundo, onde o nível cada vez mais elevado do mar está forçando uma grande quantidade de pessoas a se mudarem. No ritmo atual, as Maldivas estarão totalmente submersas daqui a trinta anos (Storlazzi et al., 2018). No maior delta do mundo, o Sundarbans indiano, até 4,5 milhões de pessoas serão deslocados no próximo século. A água do mar vai se misturar com a água doce do delta de formas que tornarão insustentável a agricultura da região. Esses milhões de pessoas serão forçados a migrar, como muitas já estão fazendo (Pakrashi, 2014). Resta ver se o restante da Índia vai proporcionar uma "atração" suficiente, mas de modo geral a maioria dos modelos de mudança climática para os próximos anos mostra uma migração humana generalizada. Muitos de nós simplesmente não poderemos continuar vivendo nos lugares em que vivemos agora.

*** Que é *incrivelmente* grande, e ela o atravessou a pé.

Enquanto isso, lá na África, outra população de Erectus inventou as tais ferramentas acheulianas. Graças aos fósseis, podemos desenhar essa evolução num mapa: a primeira onda de Erectus a sair da África usava ferramentas olduvaienses. Esses fósseis foram encontrados na Rússia meridional, na Índia, na China e em Java, muitas vezes com ferramentas de pedra olduvaienses junto com as ossadas. Mas fósseis de Erectus *posteriores* encontrados na África começam a estar associados com as ferramentas acheulianas mais avançadas. Depois desse upgrade, ela levou consigo sua nova tecnologia para o Levante e mais além.

Esse é o primeiro registro que temos da história de sucesso dos hominínios: o fato de nossas Evas serem capazes de se adaptar a um amplo leque de novos ambientes. Elas fizeram isso graças a cérebros grandes. Graças a ferramentas de pedra. Ao aprimorarem essas ferramentas, levaram esse conhecimento consigo. Eventualmente, acabaram fazendo o mesmo com o fogo e os alimentos cozidos.

Mas nada disso teria sido possível sem a ginecologia. Em cada lugar novo, provavelmente mal conseguíamos chegar à nossa PMV, e com certeza precisávamos da ginecologia primitiva para chegar lá. Segundo um cálculo recente, a PMV para um grupo de humanos se reproduzindo de maneira isolada durante 150 anos seria de 14 mil,[53] com 40 mil sendo um número bem mais seguro. Desses 40 mil, apenas cerca de 23 mil constituiriam a "população efetiva", ou seja, machos e fêmeas se reproduzindo entre si. O restante é o pessoal que está fora da janela reprodutiva. Qual é a mais recente e melhor estimativa quanto à primeira incursão do *Homo sapiens* no Levante? De mil a 2500 indivíduos. E só. Dois milhares de pessoas que mal conseguiam se reproduzir.

Em outras palavras, houve uma sucessão de acontecimentos desse tipo: em várias ocasiões, um bando pequeno demais de hominínios primitivos migrou, passou a se reproduzir apenas entre si e fez o que podia para sobreviver, prosperar e ter ainda mais crias geneticamente semelhantes. Por isso eu e você temos um parentesco tão próximo, independentemente de onde vivamos no planeta. Deveríamos ser mais diversos do ponto de vista genético, mas não somos.

Não é difícil imaginar por que é assim. Eis um Gênesis mais realista: por volta de 60 mil a 100 mil anos atrás, uma população de *Homo sapiens* primitivos finalmente atingiu massa crítica na África meridional.

Um pequeno grupo deles migrou para a África oriental. Então, uns 10 mil anos depois, enfim floresceu o suficiente para permitir que outro bando migrasse, indo para o antigo Oriente Médio. De lá, foi preciso apenas cerca de 5 mil anos para grupos subsequentes se mudarem para a Europa e para a Ásia central e setentrional. Por fim, apenas 1500 anos atrás, para a América do Norte. Sabemos disso porque a maioria das pessoas que descendem dessa migração é muito parecida.

Toda vez que um grupo produzia uma população suficientemente grande para bandos menores se separarem e colonizarem áreas próximas, a diversidade genética do novo grupo teria se reduzido. Isso porque em *cada novo local* o grupo se reproduziria em grande parte entre si. Depois que essas mães fundadoras saíram da África meridional, gerações subsequentes produziram mais descendentes dentro de um pool genético limitado. E esse pool limitado teria então, mais uma vez, o mesmo efeito quando *eles* fossem embora, acumulando camadas de endogamia cujo ritmo naturalmente ultrapassaria a derivação genética normal. Esse é o melhor argumento para explicar por que a humanidade sofreu um gargalo genético por volta da época em que saímos da África.* Esse fenômeno se chama efeito fundador,[54] algo que é possível identificar com facilidade na história genética de uma espécie, quando um grupo migratório fica reprodutivamente isolado e seus descendentes se tornam menos diversos em termos genéticos do que se poderia esperar.

Quando afinal conseguimos povoar o mundo com *Homo sapiens*, numa época que os paleontólogos chamam de "Grande Expansão", também estávamos ao mesmo tempo reduzindo a diversidade genética da nossa espécie. Para evitar virar uma aberração de onze dedos, fadada à extinção devido à endogamia, cada bando de humanos migratórios teria sido submetido a *mais* pressão ainda para estabelecer e sustentar uma população mínima viável em seu novo local.

Intelectualmente, isso faz bastante sentido. Os números e o momento em que nosso gargalo genético ocorreu também se encaixam: esse modelo aco-

* Um "gargalo" se dá quando ocorre uma espécie de compressão na história genética de uma espécie: uma época que de alguma forma reduz radicalmente a diversidade genética dali em diante. Um dos cenários possíveis é a mortandade em massa: reduzir a quantidade de casais reprodutores por meio de um imenso inverno vulcânico, digamos, e de repente a espécie terá menos diversidade genética porque o pool está muito menor. O outro cenário plausível é um efeito fundador.

moda uma boa quantidade do conhecimento atual em várias disciplinas da ciência no que diz respeito ao que de fato aconteceu com nossos antepassados quando eles saíram da África. Para os indivíduos que tinham úteros que pariam crianças, porém, permita que eu torne a situação um pouco mais real: cada grupo de colonos primitivos precisava se reproduzir *mais* do que a taxa de substituição. Para estabelecer e manter uma PMV, cada par reprodutor precisa ter *no mínimo* mais dois filhos, e esses filhos precisam fazer o mesmo ao chegar na idade adequada. Bebês primitivos morriam muito. Dois não era nem de longe um número suficiente. E a maioria de nossas Evas mal tinha uma chance remota de sobreviver, que dirá de viver além da idade reprodutiva. A maioria dos hominínios — e até bem pouco tempo a maioria dos *humanos* — tinha sorte se chegasse aos 35. Isso significa que, se sobrevivessem à infância, nossas Evas teriam de passar a década seguinte, ou no máximo duas décadas, parindo, amamentando e tentando manter todo mundo vivo — ou pelo menos o bastante para fazer dois filhos deslancharem na idade adulta — e depois morrer.*

As crias humanas estão longe de serem autossuficientes aos dois anos de idade, ou seja, quaisquer filhos que essas Evas tivessem aos 33 anos teriam de lutar morro acima para chegarem eles próprios à puberdade. O cenário de sucesso reprodutivo mais *provável* envolve aglomerar os nascimentos no início da idade reprodutiva, de modo a ter tempo de manter as crias vivas até a adolescência.** Seria possível também escolher o caminho do chimpanzé e simplesmente

* Em outras palavras, Thomas Hobbes não estava de todo enganado: a vida da maioria de nossas Evas era *mesmo* brutal e curta. Embora essa "condição natural da humanidade" fosse menos ruim do que ele imaginou, porque a colaboração teria sido absolutamente vital para a sobrevivência, em especial quando se passa metade da vida grávida ou amamentando.

** Muito se alardeou o agrupamento de nascimentos na seara da paleoantropologia: ele muitas vezes é apontado como explicação para o sucesso migratório dos hominínios. Embora seja verdade que conseguir influenciar as engrenagens reprodutivas melhora imensamente as chances de sobrevivência, o que raramente se menciona é que, pelo menos no caso do *Homo sapiens*, ter gestações demais muito próximas umas das outras — em especial se vierem a termo — aumenta significativamente o risco de complicações e de mortalidade tanto para as crias quanto para as mães (Molitoris et al., 2019). Esse efeito ocorre em gestações com *menos de 36 meses de intervalo*: menos, em outras palavras, do que o intervalo médio entre nascimentos da maioria das sociedades de caçadores-coletores da atualidade. Isso significa que simplesmente turbinar a fertilidade no curto prazo não vai produzir com segurança uma população viável se significar abater uma porção de fêmeas. Assim, se você for um grupo de Evas primitivas que estiver optando pela alternativa de agrupar nascimentos, muitas de vocês e/ou de suas crias podem muito ter apenas um filho e criá-lo até ele conseguir grosso modo se virar sozinho. Para as chimpanzés, isso significa um filhote a cada quatro a seis anos. Mesmo assim, crianças humanas de seis anos de idade não são muito boas em sobreviver sem atenção parcialmente constante. Isso vale tanto para a sala de aula do jardim de infância quanto devia valer para a natureza do mundo primitivo. Seja como for — aglomerando os filhos na adolescência tardia ou os espalhando ao longo da casa dos vinte anos e início dos trinta —, você vai precisar de conhecimento ginecológico para ajudar seus pequenos a chegar lá. Parte desse conhecimento teria consistido em lançar mão das habilidades das parteiras. Outra parte ainda teria consistido em práticas sociais e médicas, incluindo fármacos, destinadas a regular sua fertilidade. Nenhuma estratégia devia ser perfeita, mas obviamente a *pior* delas teria envolvido um vale-tudo reprodutivo sem conhecimento compartilhado (e recursos compartilhados para cuidar dos filhos).

Em outras palavras, para cada ponto de transição nas migrações humanas primitivas, devia ser possível encontrar um grupo de pessoas magricelas e musculosas, que mal conseguiam produzir filhos suficientes para substituí-las, tentando contornar os problemas inerentes da endogamia e conseguindo sobreviver por milagre. Uma parte imensa dessa sobrevivência devia estar diretamente ligada à ginecologia.

"ELES APARECEM SOBRETUDO À NOITE. SOBRETUDO..."

A escolha reprodutiva feminina é um incrível conjunto de ferramentas biológicas. E depois que ela evoluiu até se transformar em algo tão eficiente quanto a ginecologia humana, as mulheres puderam passar a influenciar o próprio mecanismo da evolução, aumentando de modo direto a aptidão de sua espécie durante seu tempo de vida. Se você é capaz de manipular suas estratégias reprodutivas para se adaptar a quase qualquer ambiente, isso significa que, como espécie, está segurando as rédeas do próprio destino. Nossas Evas usaram o conjunto de ferramentas ginecológicas para superar seu maior desafio: as falhas do seu pró-

bem morrer por causa disso. O que não significa que *não vá* dar certo: dependendo da sua sorte e do tamanho do seu grupo, talvez dê. Com certeza algumas de nossas Evas conseguiram. Mas, durante esse processo, provavelmente perderam muitas irmãs, filhas e mães.

prio sistema reprodutivo mal projetado. Por isso que você pode fazer coisas como ler um livro sobre esse tema, o que não era nem de longe a sina da sua linhagem evolutiva. Mas, assim como nossas Evas usaram a ginecologia para sobreviver e prosperar nas profundezas do passado, ainda hoje podemos usá-la para superar algumas das maiores ameaças à nossa espécie.

Um bom exemplo disso são as doenças infecciosas. Sabemos que a placenta regula o sistema imunológico de uma gestante, como acontece com a maioria dos mamíferos. Mas isso é sobretudo verdadeiro no corpo humano, onde nossa placenta extrainvasiva precisa ter o dobro de trabalho para se manter. Desenvolver maneiras de fazer o sistema imunológico materno olhar para o outro lado faz total sentido para o embrião, pois na guerra de trincheiras da competição materno-fetal é preciso neutralizar o quanto antes a artilharia pesada do inimigo. No entanto, como examinamos no capítulo "Útero", atenuar o sistema imunológico também deixa seu corpo vulnerável a contrair infecções. Essas infecções podem ser coisas triviais como candidíase ou resfriados comuns — as pragas de toda grávida —, ou então episódios mais graves de gripe, parasitas intestinais ou doenças infecciosas como dengue ou zika.

Em 2016, mulheres do mundo inteiro ficaram apavoradas com o vírus da zika, infecção relativamente benigna transmitida por mosquitos em climas quentes e úmidos. Como a maioria das pessoas que contrai zika parece ter sintomas leves, a doença não era exatamente uma prioridade de saúde no nível mundial até mulheres brasileiras começarem a dar à luz bebês com cabeças diminutas. A microcefalia — transtorno raro do desenvolvimento no qual os crânios e cérebros dos bebês não evoluem normalmente — pode ter sequelas permanentes para um ser humano. A maioria das vítimas morre jovem. Antes de 2016, ninguém tinha percebido que a picada de um mosquito portador do vírus da zika durante a gravidez podia significar que seu filho nasceria com uma cabeça minúscula. Devido à nossa fisiologia feminina, o zika em mulheres poderia muito bem ser outra doença totalmente diferente.[55]

Pode-se dizer o mesmo sobre a malária. As gestantes parecem atrair duas vezes mais mosquitos portadores de malária do que as não gestantes.* Além

* Os cientistas não sabem se isso se deve à respiração aumentada — as grávidas têm a respiração mais pesada e mais frequente — ou ao aumento do fluxo sanguíneo ou da temperatura corporal, ou ao fato de gestantes talvez terem níveis mais elevados de sacarose na corrente sanguínea. Os mosquitos reagem a esses fatores durante a caça (Lindsay et al., 2000).

disso, uma vez picada, a gestante corre o risco de sofrer consequências graves. Nos lugares em que a malária é endêmica, até 25% de todas as mortes maternas podem estar vinculadas diretamente à malária. As gestantes têm três vezes mais chances de apresentarem uma versão grave da doença,[56] e quase 50% dessas mulheres vão morrer. Se não morrerem, terão complicações duradouras relacionadas à doença que podem muito bem vir a matá-las depois.

Mas o problema não é só com a mãe: o bebê de uma mãe com malária tem uma probabilidade bem maior de nascer prematuro e abaixo do peso. Isso provavelmente se deve em parte à mãe estar anêmica — um efeito colateral de combater a malária — e ao protozoário da malária se acumular na placenta. Bebês e crianças, com seus sistemas imunológicos imaturos, já estão bem mais propensos a terem complicações causadas pela malária, ou seja: onde quer que a malária viva, muitos recém-nascidos, bebês e crianças pequenas morrem. As taxas de mortalidade infantil estão diretamente ligadas à frequência com a qual as mulheres em geral engravidam, e estatísticas confirmam isso no mundo inteiro. Os mecanismos são bem óbvios: não apenas uma mulher ovula com mais frequência quando passa menos tempo grávida e amamentando, como os gatilhos culturais e é de presumir que os biológicos incentivam as mulheres a engravidarem de novo depois da morte de um filho. Isso aumenta as mortes maternas, já que a gravidez humana é sempre arriscada e afeta inevitavelmente o status social das mulheres nessas regiões. A malária, em outras palavras, é uma questão de direitos da mulher no mundo inteiro, e como ela afeta sobretudo os corpos femininos grande parte da pesquisa e do tratamento deveria se situar sob o guarda-chuva da ginecologia.

Só que isso não acontece, em geral porque muitos biólogos e médicos têm dificuldade para aceitar o fato de que as espécies sexuadas produzem dois tipos muito diferentes de corpos. Nós só agora estamos começando a ouvir vozes na comunidade médica defendendo caminhos de tratamento distintos para cada sexo. Mesmo fora da clínica, porém, saber como a malária funciona em gestantes pode ajudar também os homens e as crianças.

Devido à probabilidade muito maior de gestantes serem picadas pelo mosquito da malária, tirar especial vantagem dos corpos femininos gestantes talvez faça parte da estratégia mais ampla do ciclo de vida do protozoário. Sabemos que os protozoários se acumulam no tecido placentário.[57] Se sequestrar a placenta humana lhes permite escapar por mais tempo da detecção trata-se de uma clara vantagem, do tipo que a evolução em geral seleciona. Como no HIV, esses "reservatórios" parecem ajudar a preservar bolsões de células sanguíneas infectadas nas gestantes mesmo quando o resto de seus corpos consegue se livrar da infecção.

Os pesquisadores não descobriram ao certo como o protozoário "sabe" que deve se esconder na placenta, dada a ferocidade com a qual ela em geral combate as infecções corriqueiras (caso contrário, muitos bebês com sistemas imunológicos imaturos morreriam).* Mas se esconder ali ajuda o protozoário a evitar ser detectado quando os médicos solicitam a testagem sanguínea da mulher. Gestantes infectadas com frequência testam negativo para malária, e por conseguinte não recebem tratamento. Quando ressurge, o protozoário alcança o fígado, se reproduz e inicia novamente seu ciclo de vida.

Ainda não sabemos se vírus como zika usam estratégias semelhantes, embora tenha sido encontrado no tecido placentário de mulheres que sofreram abortos espontâneos. E a infecção por zika no primeiro trimestre parece estar relacionada a uma incidência maior de abortos espontâneos, assim como a malária, além de estar igualmente associada a malformações fetais de diversos tipos. Investigar essas questões deve estar no futuro da ginecologia humana, mas também das pesquisas em saúde global. Talvez telas antimosquito e inseticidas não sejam as únicas estratégias que deveríamos usar para combater essas doenças. A contracepção também deveria ser uma defesa de primeira linha: não apenas proteger mulheres e crianças, mas populações locais inteiras.

Pense da seguinte forma: os Estados Unidos conseguiram se livrar da malária no século XX matando uma quantidade maciça de mosquitos. Isso foi conseguido em parte borrifando quantidades colossais de inseticida dentro e ao redor das casas americanas. Mas foi feito também controlando o ambiente: drenando águas paradas, por exemplo, e mirando em áreas nas quais se soubesse que os mosquitos da malária se reproduziam. Essa estratégia pode pare-

* Como com qualquer outra coisa em biologia, é provável existirem alguns mecanismos distintos. Um dos caminhos conhecidos é as células infectadas fabricarem pequenas proteínas na sua superfície. Essas proteínas "enganchar" as células nas paredes de vasos sanguíneos menores, impedindo o corpo de se livrar delas e mandá-las para o baço, onde seriam detectadas e destruídas. Isso é uma grande parte do motivo pelo qual a malária causa tantos danos aos órgãos do corpo: ela obstrui o fluxo de vasos sanguíneos delicados. Como as placentas são especialmente ricas em pequenos vasos sanguíneos, isso talvez explique em parte como o protozoário vai parar lá.

cer óbvia hoje, mas sua simples concepção exigiu uma mudança de paradigma: um sistema de saúde pública eficaz demanda não só a quarentena e o tratamento de *pacientes*, mas também ações proativas que considerem *ambientes* maiores nos quais as doenças percorrem seus ciclos. Pensar na malária como um problema ginecológico — pensar, em outras palavras, não apenas que mulheres e fetos são "vulneráveis", mas que a gestação humana talvez seja um aspecto importante de como a doença funciona numa população mista de proporções maiores — exige uma mudança parecida. Isso quer dizer que precisamos pensar nos espaços do corpo humano como *ambientes*. Conforme discutimos no capítulo "Útero", a competição materno-fetal gira em torno do ambiente local do útero, o que significa que o útero humano grávido apresenta aspectos singulares que as doenças infecciosas podem evoluir para aproveitar. Se algo como a malária usa as placentas humanas como reservatório para se esconder do sistema imunológico da mãe, o que poderíamos obter oferecendo às mulheres escolhas seguras e saudáveis em relação a seus destinos reprodutivos? Não é pouco o que está em jogo: estamos falando do sofrimento de milhões de pessoas, no presente e no futuro. O que acontece quando proporcionamos às mulheres a escolha e as ferramentas para reduzir a quantidade de placentas por quilômetro quadrado?

TRIUNFALISMO DO ÚTERO

No lugar de vaginas sinuosas que são verdadeiros alçapões, agora temos a pílula anticoncepcional e o diafragma. Em vez do efeito de Bruce, temos o metotrexato e o misoprostol. Em vez de esperar um canal de parto menos perigoso evoluir, temos parteiras que ajudam nossos recém-nascidos a se espremer por esse corredor polonês e o milagre das cesarianas modernas.* Quando em outras espécies a evolução fisiológica teria criado um aspecto de evolução recente para permitir a escolha reprodutiva da fêmea, os homininios usaram

* Embora muito se tenha dito sobre a "medicalização" do parto humano, tenho muitas amigas, com muitos filhos, que poderiam ter morrido sem cesáreas. O fato de mães e filhos terem hoje uma probabilidade tão grande de sobreviver a esse tipo de cirurgia de emergência — probabilidade essa que não estava de modo algum garantida durante a maior parte da história da nossa espécie — é, sim, um milagre.

em vez disso inovações *comportamentais*, algumas sociais, outras com o uso de ferramentas e fármacos novos. Esse controle que temos do mecanismo mais poderoso de nossa aptidão evolutiva foi o que nos trouxe até onde estamos hoje. Ele permitiu à população humana primitiva finalmente explodir, expandindo-se para quase todos os nichos ecológicos com os quais nossos antepassados depararam. Além disso, melhorou a taxa de sobrevivência de toda fêmea grávida provida de uma pelve demasiado estreita e de uma placenta faminta.

O que nos trouxe até aqui não foi o triunfalismo das ferramentas, mas o triunfalismo do *útero*. O sucesso da nossa espécie foi, e é até hoje, sustentado pelas barrigas e colunas sobrecarregadas das mulheres que tomaram decisões difíceis ao longo de suas vidas reprodutivas. A história profunda da ginecologia não é apenas a história de como encontramos maneiras de mulheres sofrerem menos: ela é a história de por que todos nós estamos vivos hoje.

Sendo assim, talvez precisemos de uma narrativa melhor para descrever o "triunfo" da humanidade. Nossa história não começa com uma arma. Não começa com um homem. Os símbolos de nossos maiores avanços tecnológicos não deveriam ser a bomba atômica, a internet ou a represa Hoover Dam. Deveriam ser, isso sim, a pílula anticoncepcional, o espéculo e o diafragma.

Então tá, Kubrick, tomada dois:

ASSIM FALOU ZARATUSTRA

Uma aurora pálida vai tomando conta da paisagem. O plano se fecha. Um pequeno bando de hominínios, machos e fêmeas, adultos e crianças, está reunido em volta de uma fonte. Todos têm os corpos esguios. Seu pelo é comprido e preto. Mas o deserto esconde um maná: entre os trechos de rocha amarelada e pedras soltas há bagas e tubérculos, e as florezinhas que surgem depois da chuva.

Uma das fêmeas está num estágio avançado de gestação. Ela se agacha junto à água e faz uma careta enquanto se apoia nos braços compridos e musculosos. Os machos em grande medida a ignoram, observando uma crista de morro distante. Ela se inclina para beber, em seguida se afasta com seu andar pesado. Curiosa, uma fêmea mais velha vai atrás dela.

As duas sobem a encosta de um morro e abandonam o bando. A fêmea grávida para à sombra de uma pedra grande enquanto um líquido escorre por suas pernas peludas e empoça na terra batida amarelada do chão. Em trabalho de parto, ela faz força e se contorce enquanto a outra fêmea se mantém por perto, observando. Tentando fazer silêncio, a fêmea grávida arfa e geme para a outra, num submisso *não me machuque*. Tremendo, ela estende uma das mãos com a palma virada para cima: *me ajude*. A mais velha no começo não entende, mas então se aproxima e segura a mão estendida: *é seguro*. Ela se posiciona atrás da outra e fica ali sentada, catando seu pelo.

Quando o parto começa, a fêmea mais velha se agacha entre as pernas da mãe e ajuda a guiar o bebê para fora. Ela retira o muco da boca e dos olhos do bebê e o deposita sobre o peito arfante da mãe.

Vemos então uma montagem acelerada das escolhas reprodutivas das fêmeas: hominínias fazendo sexo, comendo plantas estranhas, parindo, amamentando, caminhando com as crias apoiadas no quadril para o outro lado da crista de morro rumo a um horizonte verdejante. Voltamos então ao recém-nascido, que agora mama no peito da mãe enquanto as duas fêmeas voltam juntas para onde o bando está. Perto da fonte, a mãe se deita, exaurida. A fêmea mais velha pega o recém-nascido e o ergue em direção ao céu. Com o perfil bem destacado contra o azul, o recém-nascido se transforma num bebê humano nos braços de uma mulher, com o contorno de ambos a se destacar na janela de uma espaçonave. Vemos o arco fino e brilhante do planeta ao fundo, a curvatura da Terra. Na mão livre da mulher, a câmera dá close num folheto: *Planejamento familiar: O melhor atendimento da órbita baixa*. E *Danúbio azul* começa a tocar.

Homo erectus

6. Cérebro

A menina se inclinava para trás na cadeira, recusando com teimosia o leite, enquanto o pai franzia a testa, o irmão ria baixinho, e a mãe dizia com toda a calma: "Ela quer a caneca de estrelinhas dela".

Sim, de fato, pensou Eleanor; de fato, eu também; uma caneca de estrelinhas, claro.

"É a canequinha dela", explicou a mãe, sorrindo como quem pede desculpas para a garçonete incrédula ao pensar que o bom leite rural da leiteria não era saboroso o suficiente para a menina. "Tem umas estrelas no fundo, e lá em casa ela sempre usa essa para tomar leite. Diz que é sua caneca de estrelinhas, porque dá para ver as estrelas quando bebe o leite." A garçonete aquiesceu, nada convencida, e a mãe disse à menina: "Você toma seu leite na caneca de estrelinhas hoje à noite, quando a gente chegar em casa. Mas agora, só para ser uma menina bem legal, será que poderia tomar um pouco neste copo?".

Não faça isso, disse Eleanor à menina; insista na sua caneca de estrelinhas; depois que eles a encurralarem para ser como todo mundo, você nunca mais vai ver sua caneca de estrelinhas;

não faça isso; e a menina olhou para ela, abriu um sorrisinho sutil e cheio de covinhas de quem entendia totalmente e balançou a cabeça com teimosia para o copo. Que menina corajosa, pensou Eleanor; que menina sábia e corajosa.

Shirley Jackson, *A assombração da Casa da Colina*[1]

ÁFRICA MERIDIONAL, 2 MILHÕES DE ANOS ATRÁS

A mãe vinha carregando o corpo por quase um quilômetro. Não era muito pesado; já tinha rasgado a barriga macia e comido o fígado, o coração e o estômago, recheado com as castanhas e frutas com as quais sua presa estava se refestelando quando ela a encontrou sozinha, agachada debaixo de uma árvore. Chegara a partir a caixa torácica e revelar os pulmões, aqueles pequenos sacos esponjosos cheios de ar.

Ela queria comer o resto de sua caça num lugar seguro e tranquilo, mas entrar na toca foi um desafio. Seu próprio corpo, esguio e comprido, passava por um triz pela fenda que ia dar na caverna. Ela tentou puxar o cadáver estraçalhado pelo pescoço, mas os membros não paravam de se emaranhar e enganchar. Então o largou na entrada da caverna e entrou sozinha, virou-se e estendeu uma das patas para pegá-lo. Não deu sorte. Por fim, virou a carcaça no chão, partiu o ombro com os dentes, soltou o braço da articulação e o dobrou para cima, em direção à cabeça que pendia.

Problema resolvido.

Dentro da caverna estava escuro e fresco, o ar tomado pelos miados agudos de suas crias. Resmungando contente consigo mesma, a mãe começou a roer a base da cabeça da criatura enquanto a segurava com uma imensa pata. Aqueles simiozinhos saborosos andavam pelo mundo sobre duas patas. Para chegar ao cérebro — a parte mais deliciosa da presa — era só romper os músculos semelhantes a cordas do pescoço, e a cabeça saía sozinha. Uma vez a cabeça solta, ela perfurou o crânio com os incisivos como quem abre um coco, e sal, água, açúcar e pequenos riozinhos de óleo se derramaram dentro da sua boca ávida.

Em pouco tempo os vaus iriam secar, e a carne se tornaria escassa por uma estação interminável. Ela sabia disso porque se lembrava. Sabia disso porque as células do seu corpo estavam programadas para *comer, comer, comer* enquanto pudesse. Como sua mãe tinha feito. E a mãe da sua mãe antes disso. De modo que ela foi chupando pedaços gordurosos do cérebro murcho por baixo da dura-máter partida, sem jamais sonhar que os descendentes daqueles deliciosos simiozinhos, nós das pernas e braços magros e dos cérebros gordos, um dia a batizaríamos de *Felidae*, e que seus primos seriam nossos animais de estimação. Nem que esses gatinhos fossem passar boa parte da vida implorando por restos despejados de latas com um *ploft* úmido e gelatinoso.

Depois que a mãe se fartou, com a barriga estufada e o gosto de suco oleoso de cérebro na língua, seus filhotes foram rastejando mamar. O leite estaria forte nesse dia. E seus corpinhos em crescimento iriam se ocupar com a divisão dos lipídios enquanto eles dormissem. Parte para os olhos. Parte para os músculos. Parte para seus próprios cérebros em desenvolvimento.[2]

SUA MISSÃO, CASO VOCÊ DECIDA ACEITÁ-LA...

Enquanto nossas Evas de aspecto cada vez mais humano andavam pelo mundo sobre suas duas pernas, povoando novos territórios e manipulando suas estratégias reprodutivas para tentar sobreviver, seus cérebros começaram a ficar maiores. Não aconteceu de uma hora para a outra, mas nós sabemos, graças à observação de caixas cranianas fossilizadas, que eventualmente incharam até atingir um tamanho improvável para simiozinhos tão graciosos. O córtex pré-frontal, em especial, não parou de crescer.[3]

Pela análise das ferramentas de Habilis, Erectus e dos muitos homininios usuários de ferramentas que as sucederam, sabemos também que junto com esse crescimento cerebral as muitas Evas da árvore genealógica dos homininios estavam se tornando cada vez mais inteligentes e cada vez mais sociais, caso isso fosse possível. É de supor que essas mudanças tenham ajudado nossas Evas a incrementar seu conjunto de ferramentas ginecológicas. Em determinado ponto, o parto assistido deve ter se tornado a norma. Em determinado ponto também os conhecimentos locais com relação ao uso de plantas para manipular a fertilidade da mulher devem ter se tornado a norma. Depois de algum tempo, a *linguagem* humana teria surgido, embora nossos cérebros homininios já fossem bastante grandes por um tempo muito longo antes de tudo isso acontecer.

Todo esse crescimento cerebral teve um custo: do ponto de vista metabólico, é extremamente custoso fabricar e alimentar o tecido cerebral, que corrigido pelo peso é a parte mais faminta do seu corpo.[4] Ela requer lipídios especializados. Requer uma quantidade ridícula de açúcar. E, dada a profunda história dos hominínios como uma *espécie predada*, um cérebro grande assim provavelmente devia ser um incentivo a mais para nossos predadores. A sobremesa, por assim dizer.

Assim, à pergunta por que nos demos ao trabalho de investir e reinvestir num traço desses, repetidas vezes, ao longo dessa longa e nebulosa história da evolução dos hominínios na África, não existe uma resposta direta. Se você acha que ter um cérebro grande é ótimo, olhe em volta: poucas espécies no mundo se dão ao trabalho de construir tamanha bola de futebol de tecido neurológico cheio de bugs, faminto e propenso a falhas. Se cérebros grandes são tão maravilhosos, não acha que todo mundo optaria por isso?

Sendo assim, por que nossas Evas seguiram esse caminho? Nós sabemos que elas o fizeram: com o passar do tempo, em pequenos e esquisitos saltos de rápida mudança, os cérebros de nossas Evas hominínias foram se tornando cada vez mais desproporcionalmente *grandes* em comparação ao restante de seus corpos. Na verdade, acabaram ficando tão grandes que elas precisaram de clavículas mais fortes para poder sustentar uma musculatura do pescoço capaz de manter aquele troço na vertical, o que complicou os partos humanos, sem falar no fato de agora nossos recém-nascidos passarem *meses* sem conseguir sequer sustentar a cabeça.*

O motivo pelo qual tantos cientistas suportaram tanto tempo pensando nessa série de acontecimentos, claro, é que a história da evolução do cérebro humano é o que muita gente considera a história de quando *eles* se transformaram em *nós*: de quando nossas Evas evolutivas se tornaram um pouco mais parecidas com nossos antepassados humanos. Temos uma admiração extrema por nossos cérebros. Eu diria que somos apaixonados por eles. Ou seja: o cérebro humano é apaixonado por si mesmo. Se houver uma única característica física que a maioria dos cientistas concorde ser aquilo que distingue os huma-

* Como você talvez se lembre dos capítulos anteriores, parir uma cabeça grande assim é bem horrível, mas as placas cranianas móveis do recém-nascido ajudam. Uma vez que a cabeça consegue entrar no canal de parto, o que tende a ficar entalado são os ombros largos.

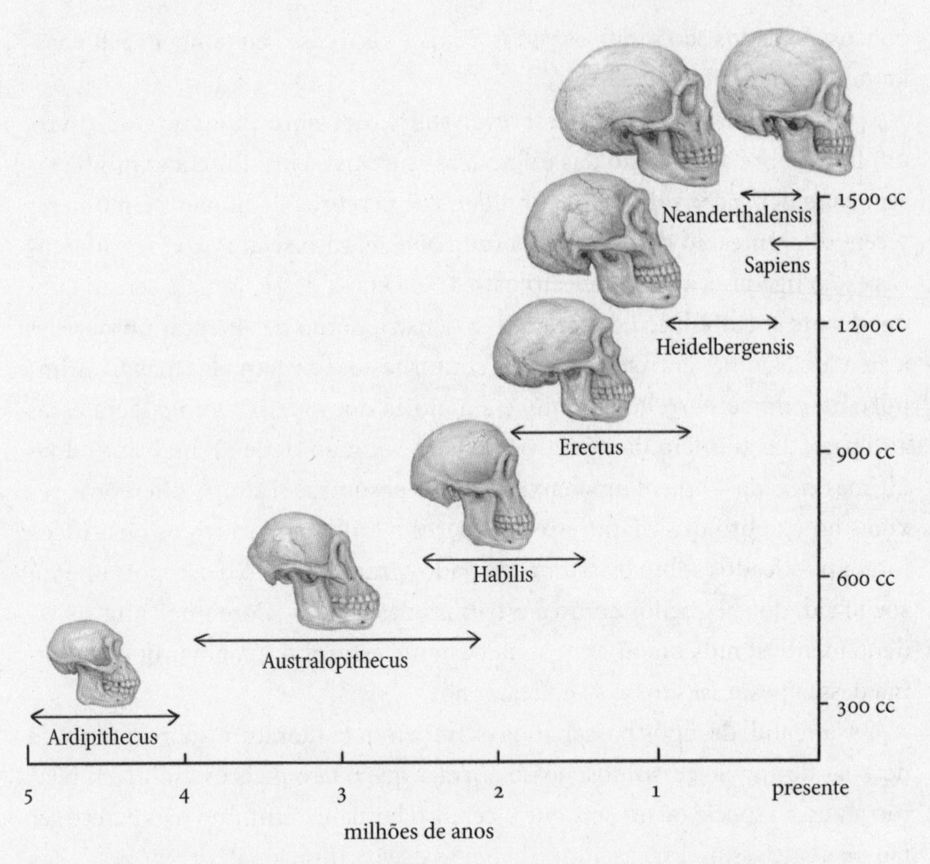

Cérebros e ferramentas: uma história da encefalização dos homininios.

nos dos outros símios é nosso cérebro imenso, cheio de calombos e extremamente inteligente.

E é justamente por isso que eu não queria escrever este capítulo.

Sabemos muito sobre nossos cérebros: todos os pequenos periódicos especializados transbordam com dados novos; ao mesmo tempo, porém, sabemos muito pouco. Essa área inteira, por ser tão nova e tão interessante, apresenta uma profusão de ideias difíceis de digerir. Eu adoro esse tipo de literatura, e com certeza não tenho medo de adentrar o campo minado da paleoantropologia. O mundo dos especialistas que debatem como os cérebros homininios evoluíram e para que eles eram bons — e, acima de tudo, o que os levou a evoluir para começo de conversa — é altamente controverso. Como os fósseis são muito poucos, os dados são muito escassos. *Nada* é certo. Isso eu também acho bastante divertido.

O problema para mim é escrever sobre o cérebro humano *neste* livro, um livro sobre a evolução das diferenças entre os sexos. Entenda: minha tarefa é me debruçar sobre a possibilidade de cérebros de homens e mulheres serem diferentes do ponto de vista funcional, e, caso sejam, se essas diferenças estão ligadas a algum aspecto nato. Cada etapa dessa tarefa é cercada por um debate sociopolítico de gênero tão denso a ponto de ameaçar obscurecer a ciência. Não há, entretanto, como contorná-lo. Existem algumas Evas importantes do cérebro hominínio, e a maioria dos cientistas considera essas antepassadas o início da nossa verdadeira "humanidade". E mais: nas duas últimas décadas, houve uma enxurrada de pesquisas sobre as diferenças sexuais no cérebro dos mamíferos. Milhares e milhares de artigos científicos foram publicados sobre o assunto, de dados grandes como o comportamento social a dados pequenos como a estrutura das células. Como nós muito evidentemente somos *mamíferos*, seria bastante estranho imaginar que nenhuma dessas pesquisas fosse se aplicar a nós.

Na realidade, após passar anos examinando a literatura sobre o tema de dezenas de ângulos distintos, posso afirmar que o fato mais estranho em relação à nossa espécie talvez seja que o cérebro humano feminino não parece ser tão diferente assim do masculino do ponto de vista funcional. Cérebros adultos humanos "femininos" são notavelmente parecidos, sob quase todos os aspectos passíveis de medição, das estruturas celulares às funções externas, com os cérebros adultos "masculinos". Isso não se aplica aos roedores: os roedores machos têm cérebros distintamente masculinos, enquanto as fêmeas têm cérebros claramente femininos; ambos têm mais ou menos o mesmo *tamanho*, proporcional a seus corpos, mas o modo como o cérebro de uma roedora fêmea reage a algo como um feromônio específico difere de maneira drástica do que o cérebro de um macho faz. E esses tipos de diferenças entre cérebros masculinos e femininos existem em todo o reino animal. Como o corpo da mamífera fêmea, em especial do tipo placentário,* precisa estar preparado para a série de

* Que são aquelas que assumem o grosso do investimento nas crias pelo fato de gestarem os filhotes, depois amamentá-los, depois cuidar deles ao longo da primeira infância ao mesmo tempo que estão aprendendo a ser uma tigresa siberiana ou fêmea de pangolim.

acontecimentos altamente estressantes e arriscados que denominamos maternidade, não seria de espantar se pudéssemos encontrar em seus cérebros traços passíveis de prepará-las para isso.

Por exemplo, as partes do cérebro que têm a ver com ansiedade (e, por extensão, com vigilância e sua relação com o aprendizado) parecem ter diferenças sexuais significativas, ao menos nos roedores.[5] Não sabemos ainda se isso se aplica a *todos* os mamíferos, mas com certeza é tentador imaginar por que os machos da maioria das espécies parecem mais propensos a apresentar comportamentos de risco e agressividade de modo geral se comparados às fêmeas.[6] Os cientistas em geral contam essa história falando sobre picos de testosterona. Mas os mamíferos machos típicos também têm mais receptores de androgênios em determinadas partes do cérebro do que as fêmeas,[7] ou seja, não é só o nível do sinal que importa, mas também a densidade dos receptores. Em comparação, os camundongos machos são um pouco menos bons do que as fêmeas em aprender a partir de estímulos negativos sutis.[8] Em outras palavras: talvez pelo fato de sua amígdala estar mais bem interligada ao restante do cérebro, inclusive aos centros de memória, a roedora fêmea não precisa levar um choque tão grande na pata para aprender a evitar parte de uma gaiola durante um experimento, enquanto os machos precisam de uma boa e forte descarga elétrica.*

Resta a determinar ainda se isso é um traço basal dos mamíferos — se, por exemplo, ele vai nos ajudar a entender por que as mulheres humanas têm uma probabilidade tão maior do que os homens de receberem diagnósticos de transtornos da ansiedade.[9] Para outros tipos de coisas que os cérebros mamíferos modelos tendem a fazer de modo um pouco diferente a depender do sexo, porém — diferenças na capacidade de fazer correspondência entre padrões, ou a habilidade de rastrear sinais sociais complexos, ou uma penca de outras coi-

* Como existem diferenças sexuais conhecidas em matéria de tolerância à dor, isso também pode ter a ver com o fato de fêmeas simplesmente perceberem as voltagens mais baixas como mais dolorosas do que os machos. Num estudo recente sobre tolerância à dor, ou seja, o limiar além do qual os animais pulam para longe do choque na pata, os machos pularam a aproximadamente 0,11 mA, e as fêmeas a 0,09 (Yokota et al., 2017). Pode não parecer muita diferença, mas lembre-se de que os camundongos têm patinhas sensíveis. Devido ao histórico dos biólogos e especialistas em comportamento de usarem na maioria machos, nós só descobrimos essa diferença numa data relativamente recente.

sas —, os cérebros humanos continuam a se revelar iguais.[10] Assim, aqui também a maior pergunta é: por que os cérebros da maioria das mulheres não são ainda *mais* diferentes dos cérebros dos homens do ponto de vista funcional?

Está claro que algumas pessoas não se dão conta de que é assim. Na verdade, muitas acreditam haver pelo menos um fundo de verdade em vários dos piores estereótipos relacionados aos cérebros femininos: que elas são naturalmente menos inteligentes, que são mais frágeis do ponto de vista emocional, que somos de modo geral menos *capazes* de fazer Coisas de Homem com nossos delicados "cérebros femininos". Afinal, a prova está aí, não é mesmo? As mulheres não são piores em matemática? Em se orientar espacialmente? Por que tão poucos laureados do Nobel possuem dois cromossomos X? E, como estamos *neste* livro, precisamos perguntar também: se existem diferenças nos cérebros humanos, como isso pode haver tido influência no fato de cérebros hominínios terem inicialmente evoluído para serem tão grandes? Será que nossos Adões foram ficando inteligentes enquanto nossas Evas foram ficando para trás, com seus intelectos prejudicados pelos rigores da maternidade?

Um alerta: se vamos fazer perguntas assim, precisamos levar a sério cada uma dessas ideias notoriamente machistas. Afinal, se estivermos propondo que a sede do Eu é sexuada — definida não só pelo gênero, mas pelo *sexo* —, então deveria haver algum dado científico para sustentar essa proposta.

O QUE SIGNIFICA DE FATO SER INTELIGENTE?

A grande felina que devorou nossa Eva na segurança da sua toca primitiva era inteligente. Como a maioria dos grandes felinos e as hienas nos dias de hoje, ela convivia com populações de criaturas semelhantes aos humanos. Caçava presas inteligentes. Era uma boa solucionadora de problemas, como criaturas semelhantes a ela são agora. Rasgar um ombro para fazer um cadáver passar por uma fenda requer inteligência espacial, premeditação, um pouco de memória autobiográfica e uma boa dose de criatividade. Como a maioria das grandes mães mamíferas, ela provavelmente reconhecia e até se importava com os próprios filhotes. Tomava decisões que levavam em conta o bem-estar futuro das crias. Alguns poderiam até dizer que ela tinha um Eu, no sentido mais profundo do termo.

Em outras palavras, é possível fazer *muita coisa* sem um cérebro humano. É possível ser muito inteligente, muito social e solucionar problemas complexos.

Ter um grande cérebro hominínio não salvou nossos antepassados de se tornarem presas. Isso pode inclusive ter feito deles um alvo, já que tais cérebros eram uma iguaria. Além do mais, o metabolismo de um humano adulto médio é muito mais acelerado do que o de um chimpanzé, em parte porque nossos cérebros são basicamente supercomputadores abastecidos por gordura e açúcar.[11] Alimentar e manter essas geringonças funcionando não é nem fácil nem simples. Em termos evolutivos, apostar num cérebro grande na verdade *não é* uma jogada segura.

Mas está claro que, em algum ponto entre Ardi e os seres humanos anatomicamente modernos — toda a linhagem dos hominínios, quer dizer, desde a australopitecina Lucy até Habilis, Erectus e todas que as sucederam até os seres humanos —, nossas Evas ficaram com um cérebro maior do que as criaturas que delas se alimentavam. Maior também do que o das Evas que as haviam precedido. Como o tecido cerebral é muito custoso, a maioria dos evolucionistas parte do pressuposto de que os hominínios construíram cérebros maiores porque isso foi, por algum motivo, necessário. Nossa capacidade de fazer todas essas coisas humanas, como matemática, engenharia, linguagem e mapeamento social complexo, depende totalmente do tipo de cérebro que nossos antepassados começaram a construir milhões de anos atrás.

Se a feminilidade é algo que o *cérebro* faz, então faz sentido pressupor que a evolução de nossos cérebros a tenha moldado. Na verdade, a melhor estratégia para uma investigação como essa talvez seja avançar de trás para a frente a partir do que sabemos sobre as diferenças sexuais nos cérebros humanos *modernos* para ver o que isso pode nos revelar sobre nosso passado. Assim, podemos muito bem começar com a pergunta que *menos* me agrada, já que essa parece ser a preocupação mais urgente de todo mundo:[12] os homens evoluíram para serem mais inteligentes do que as mulheres?

QI

Quando chamamos alguém de inteligente, em geral queremos dizer que a pessoa é muito boa num subconjunto de atividade cerebral específico. Embora seja verdade que o cérebro humano é importante para o que um saltador com vara olímpico consegue fazer, nós via de regra não chamamos um atleta de inteligente. Dizemos que a pessoa tem um "dom para o esporte".

Fazemos juízos semelhantes sobre o talento artístico, muito embora este seja mais obviamente baseado no cérebro do que o esporte. Também não temos tendência a chamar de inteligentes pessoas que pareçam muito boas em tarefas sociais *complexas*, como fazer com que os outros se sintam à vontade na sua presença. Dizemos que a pessoa é "simpática", ou que ela "gosta de gente", ou até, se reparamos que ela usa essas habilidades para seu progresso pessoal, que "é política".

Em geral, reservamos "inteligente" para aqueles que são bons em coisas como solucionar problemas. Cérebros inteligentes são aqueles capazes de avaliar depressa os problemas e encontrar soluções criativas. Cérebros inteligentes são bons em se lembrar de coisas e usar essas lembranças onde for adequado. São bons em aprender conjuntos de regras, entender simbolismos, acompanhar padrões.

Existem algumas formas diferentes de testar a capacidade que um cérebro tem de fazer tudo isso, como testes de aptidão padronizados adaptados para bebês e crianças. Estes medem como e quando as crianças alcançam determinados marcos: quão depressa conseguem acompanhar com o olhar rostos conhecidos, com que idade aprendem a falar usando frases completas. Crianças em idade escolar são testadas em relação ao que sabem e ao que conseguem fazer em determinado ano, não só em matérias específicas como história ou ciências, mas de modo geral, como ler e compreender trechos complexos de textos ou conseguir usar matemática básica para solucionar problemas. E existem também os testes cujo objetivo é medir traços gerais do próprio cérebro: sua *capacidade* de solucionar problemas. É para isso que servem os testes de QI. Eles foram projetados para testar seu quociente de inteligência: quão bem e quão depressa seu cérebro consegue aprender coisas novas e solucionar problemas.

A pontuação em testes de QI de meninos e meninas até por volta dos quinze anos de idade é mais ou menos equivalente. Na puberdade, porém, os meninos começam a ter médias de QI ligeiramente superiores às das meninas,[13] dando a entender que os homens adultos são "mais inteligentes" do que as mulheres. Se for verdade, então o "Cérebro Feminino" talvez de fato exista, ou comece a existir, em algum momento por volta da puberdade.

Para testar essa teoria, precisamos entender o que significam esses resultados. Os testes de QI são esquisitos. Se você for dos Estados Unidos ou tiver feito faculdade no país, talvez já tenha feito uma prova SAT.* Testes de QI são parecidos, e consistem em jogos ou quebra-cabeças curtos que você deve resolver em uma quantidade de tempo limitada antes de passar para o próximo. Na pergunta 1, você poderá ver algo parecido com o diagrama de montagem de um móvel da IKEA: uma caixa qualquer que você precisa imaginar se dobrando do jeito certo. Para dar a resposta correta, você precisa ser capaz de "visualizar" o resultado em sua mente. Ou pode ser que precise organizar uma porção de letras ou números em determinada ordem, ou então decifrar um código qualquer.

Isso pode parecer um jogo de salão levado ao extremo, mas os resultados dos testes de QI são levados muito a sério. Vários estudos constataram que seu QI tem forte correlação com o que você vai conseguir *realizar* na vida. Ele prevê até que nível você vai estudar, sua faixa de renda possível,[14] quantos filhos vai ter e até a sua longevidade. Os resultados dos testes de QI também parecem ser fortemente hereditários: gêmeos idênticos separados pela adoção tendem a pontuar de modo parecido nesses testes,[15] enquanto o mesmo não acontece com gêmeos fraternos. Pessoas sem qualquer parentesco entre si, mas com genes muito parecidos, também tendem a ter resultados parecidos. No presente momento, a maioria dos pesquisadores considera que o QI pode ser hereditário numa proporção que pode variar entre 50% e 80%, e as pesquisas mais recentes sugerem que essa proporção é mais próxima de 80%.[16]

Isso pressupõe que cada ser humano nasce com um potencial fixo de inteligência programado em nossos genes.

Só que o conceito de QI em si é controverso. Para começar, americanos brancos tendem a ter em média pontuações maiores do que afro-americanos nos testes de QI.[17] Se o resultado for corrigido pela *renda familiar*, porém, a maioria dessas diferenças desaparece.** Problemas semelhantes surgem em

* Os resultados dessas provas tendem a estar correlacionados: se você tiver feito o teste nos anos 1980 ou 1990, basta dividir sua pontuação SAT por dez e terá sua provável pontuação de QI, com uma margem de erro de dez pontos para mais ou para menos.

** Fazer um teste num idioma que não seja nativo quase sempre prejudica sua pontuação: a maioria dos americanos não se sairia bem num teste de QI em francês. Enquanto isso, um estudo recente, de 2015, mostrou que raça tinha mais influência na pontuação da prova SAT do

provas como a SAT, na qual sua pontuação determina se você terá a oportunidade de ingressar numa das escolas de elite dos Estados Unidos; as diferenças nos resultados também desaparecem em grande medida se corrigidas pela renda familiar. Isso sugere que o modo como as perguntas da prova são feitas dão mais vantagens a pessoas com determinados históricos. Sugere também que o modo como as crianças são criadas molda seu desenvolvimento cognitivo. Ser pobre é extremamente estressante. Talvez seja estressante também ser menina num ambiente típico de realização de provas.*

Se testarmos um grupo grande o suficiente de pessoas afro-americanas, porém, as variações de pontuação serão *maiores* do que a diferença média entre esse grupo e um grupo de americanos brancos ou de origem asiática.[18] Em outras palavras, é impossível tirar qualquer conclusão significativa sobre a "inteligência" de um grupo racial com base na pontuação em testes de QI. A curva de distribuição dos resultados em testes de QI para qualquer grupo de seres humanos tende a ter uma ponta comprida em ambas as direções. Existem variações demais — e sobreposições demais — para se conseguir associar o QI a raça de qualquer forma significativa.

O mesmo se pode dizer das diferenças de pontuação entre homens e mulheres. Tanto a mulher mediana quanto o homem mediano vão se encaixar direitinho debaixo da grande corcova dessa curva de distribuição. É nas pontas

---

que tanto renda familiar quanto nível de instrução dos pais (Geiser, 2015). No entanto, esses dados foram retirados especificamente das candidaturas para ingressar na Universidade da Califórnia entre 1994 e 2011, e mostram a influência da raça *aumentando*, em vez de estabilizarem (ibid.). Nesse mesmo período, as escolas de ensino médio nos Estados Unidos se tornaram cada vez mais segregadas, com a proporção de unidades com 99% a 100% de alunos não brancos chegando a uma em cada catorze (ibid.). Raça e classe social consideradas isoladamente estão mais uma vez se emaranhando nos ambientes educacionais: mais alunos não brancos que fazem a prova SAT estão estudando em escolas com apenas alunos não brancos, independentemente da renda familiar, e essas escolas do "apartheid americano" são famosas pela precariedade dos seus recursos financeiros e materiais.

* Testes de QI são algo que se faz habitualmente na adolescência ou depois, e crescer num ambiente estressante e empobrecido tende a ter efeitos no corpo, inclusive no cérebro. E mais: a pontuação nos testes de QI tende a variar ao longo da vida; testes projetados para crianças de cinco anos mostram um grau menor de diferença entre pessoas pobres e pessoas ricas do que testes projetados para crianças de onze anos (Von Stumm e Plomin, 2015). Em vez de considerar isso um "atraso de desenvolvimento" devido a alguma predileção nata pela estupidez, talvez fosse melhor considerá-lo um indício potencial de danos acumulados.

que se tende a encontrar mais diferenças.[19] Por isso a média dos homens se desloca: eles têm uma variação geral maior, mas ela aparece em determinadas áreas mais do que em outras. Por exemplo, se isolarmos aquilo que denominamos habilidades *matemáticas*, as pessoas do sexo masculino que fazem o teste apresentam uma variação bem maior do que as do sexo feminino,[20] com mais gênios homens numa ponta e mais incompreensão masculina na outra.

MATEMÁTICA

Mergulhemos, portanto, na questão da matemática. Em determinado momento da sua vida, você provavelmente assistiu a uma aula de matemática. Pode ser que tenha gostado, pode ser que não. Pode ser que tenha se considerado uma "pessoa com dom para a matemática", pode ser que não, mas tenho certeza de que ouviu dizer que as mulheres não são tão boas em matemática quanto os homens. É provável também que tenha ouvido que *por esse motivo* há mais homens nas carreiras científicas e técnicas: por isso há tantos homens no Google, no Facebook, na Nasa, e por isso quase todos os personagens de cientistas que você já viu em filmes é um homem magrelo, de óculos, que há tempos não vê o sol.*

Só que os cérebros não nascem com números. Não existe nenhum pedaço de tecido úmido na cabeça de um bebê que contenha o código 2 + 2. Os cérebros são supercomputadores *sim*, mas eles têm uma quantidade bem limitada de código original. Todo o resto precisa ser aprendido. Tanto meninos quanto meninas são perfeitamente capazes de aprender matemática, mas as diferenças sexuais podem *de fato* tornar os cérebros dos corpos XY melhores para aprender determinadas coisas que outras.

* Esses também são papéis de predileção para atores e atrizes da Ásia meridional e oriental, porque a escolha de elenco em Hollywood é machista *e* racista. É verdade que existem mais homens da Ásia meridional e oriental nas áreas relacionadas à matemática nos Estados Unidos se comparados a latinos ou afro-americanos. Mas essas proporções não se mantêm em outros países — tampouco os países asiáticos são os produtores de conhecimento humano dominantes em relação à matemática! —, de modo que isso provavelmente diz mais sobre a cultura local (e a história da imigração e das políticas trabalhistas americanas) do que sobre a aptidão nata para matemática dos homens asiáticos.

Por isso é importante definir aqui o que significa "matemática". A matemática básica envolve tarefas como contar e somar. Envolve também solucionar problemas que transformam símbolos em ideias com as quais seu cérebro pode trabalhar. A matemática ainda solicita um raciocínio espacial, ou "mudar as coisas de posição" mentalmente. Quando seu cérebro "pratica matemática", em geral está executando uma série de tarefas cognitivas distintas.

Homens e meninos tendem a pontuar melhor em testes que envolvam raciocínio espacial.[21] Se você pedir para um menino e uma menina girarem mentalmente uma figura tridimensional imaginária, os meninos tendem a fazer isso um pouco melhor do que as meninas.* Essa habilidade básica poderia influenciar todo tipo de coisa em nossa vida. Homens e mulheres adultos, por exemplo, apresentam diferenças sutis na capacidade de se deslocar espacialmente. Os homens tendem a decorar rotas de modo mais abstrato,[22] ao passo que as mulheres tendem a usar marcos *visuais* ao redor da rota para lembrarem aonde ir. Isso parece se alinhar com outras diferenças sexuais relacionadas à memorização de locais específicos: nisso as mulheres em geral são melhores, o que pode estar ligado ao truque das marcas visuais, enquanto os homens de modo geral são melhores no deslocamento em espaços tridimensionais virtuais.

Quando se modificam alguns aspectos-chave dos testes espaciais, porém, os resultados são outros. Por exemplo, se os testes tiverem a ver com figuras de aspecto humano, as mulheres pontuam tão bem quanto seus colegas homens. Digamos que se entregue à pessoa um pequeno mapa com uma rota realçada e se peça a ela que se imagine caminhando por essa rota e que escreva D ou E toda vez que precisar dobrar à direita ou à esquerda. Um homem tende a se sair um pouco melhor do que uma mulher nessa tarefa. Se incluirmos a diminuta figura de uma pessoa em cada esquina, porém, as mulheres pontuam tão bem quanto os homens.[23] Assim, talvez as mulheres tendam

* Se quem estiver fazendo o teste tiver um tempo ilimitado para responder, porém, tanto meninas quanto meninos parecem igualmente capazes de chegar à resposta certa, o que parece sugerir que os meninos talvez sejam de modo geral melhores em responder *rapidamente* a perguntas relacionadas à rotação de formas tridimensionais, o que poderia estar ligado a uma questão de autoconfiança nas situações de testagem, a uma verdadeira capacidade bruta, à avaliação precisa do que a pessoa sabe ou a alguma outra coisa totalmente diferente (Loring-Meier e Halpern, 1999; Robert e Chevrier, 2003; Peters, 2005; Voyer, 2011).

muito ligeiramente a prestar mais atenção em outros humanos do que os homens, e a recordar melhor detalhes sociais. Mas essa diferença aparece menos abaixo dos cinco anos e mais da puberdade em diante, de modo que talvez as meninas sejam socialmente *treinadas* a prestar mais atenção em outros seres humanos do que os meninos.*

Seja como for, a elaboração de determinadas perguntas dos testes de QI parece recompensar os cérebros masculinos.[24] Até o presente momento, ninguém sabe se é porque os cérebros masculinos *são melhores* em solucionar os problemas colocados pelos testes de QI e os cérebros femininos típicos precisam de uma ajudinha para se equiparar a essas habilidades, ou se os testes são simplesmente mal projetados.

Voltemos à questão da variabilidade. Em muitas métricas de capacidade quantitativa e visioespacial, homens e meninos têm mais *variação* em seus resultados. Mais resultados no extremo superior e mais resultados no extremo inferior. As mulheres que fazem o teste ficam mais condensadas dentro da norma.

Enquanto isso, mulheres e meninas têm um desempenho consistentemente melhor do que o de seus colegas do sexo masculino em muitos testes relacionados a linguagem.[25] E ainda mais quando os testes incluem redação.[26] E, embora a maioria das pessoas do sexo masculino de modo geral pontuem um pouco pior em questões relacionadas a linguagem, mais uma vez a variação é maior, com mais homens nos extremos inferior e superior, e uma variabilidade muito maior mesmo dentro da curva daquilo que se considera "normal".

Mas isso não basta para concluir que "meninas são boas com palavras" e "meninos são bons em matemática". O fato é que boas habilidades matemáticas *demandam* boas habilidades de linguagem. Profissionais de ciências, engenharia e matemática precisam ser capazes de comunicar de maneira adequada seu trabalho para outros membros da sua área, e idealmente também para pessoas

* Ou isso pode significar apenas que o experimento em si é realmente frágil: se for possível mudar significativamente um desfecho com uma modificação pequena do seu teste, talvez os resultados originais não sejam confiáveis. Talvez a realidade de como o cérebro se desloca por uma rota imaginária seja complexa demais para esse experimento conseguir dar conta dela.

externas à área de modo a garantir financiamento e apoio. Também precisam ser capazes de ler e compreender o trabalho de seus pares para poder evoluir a partir desse trabalho e participar dos principais debates de suas disciplinas.

Até mesmo a matemática do ensino fundamental requer um nível decente de habilidades de linguagem para ter sucesso, uma vez que vários problemas de matemática exigem que se escreva a resposta em frases explanatórias. Como regra, os meninos se saem um pouco pior nessas perguntas do que poderiam se sair de outra forma,[27] apesar de no geral pontuarem melhor em problemas com palavras na seção de matemática da prova SAT do que as meninas. E, como sempre, o tamanho do efeito nesse caso permanece um tanto pequeno.

Em outras palavras, os indícios de que o "Cérebro Feminino" é menos inteligente do que o masculino após a puberdade começam a ceder sempre que submetidos a pressão. Os testes de QI podem revelar *algum* tipo de diferença significativa, mas os resultados só se correlacionam um bocado com o que outras pesquisas já demonstraram sobre as aptidões cognitivas de meninas e meninos. Em meio a toda a bagunça do que sabemos e do que não sabemos sobre as diferenças sexuais em matéria de inteligência, o aspecto da lógica espacial é o mais convincente. Em relação às habilidades matemáticas como um todo, porém, a parte da linguagem torna tudo mais complexo.

USE AS PALAVRAS

Deixaremos portanto de lado a questão da matemática, porque é preciso deixar: os indícios de que o Cérebro Feminino está ligeiramente menos sintonizado com a matemática são ao mesmo tempo atraentes e extremamente frágeis.* Pode ser que essa minúscula diferença esteja por trás da disparidade

* Quando as diferenças são pequenas assim e atribuídas a aspectos tão limitados da ampla gama de funcionalidade cognitiva que denominamos "matemática", não há muita coisa que sustente uma alegação generalizada de vantagem masculina evidente na área da "matemática". Existem, *sim*, diferenças sexuais em matéria de lógica espacial, em particular em tarefas de rotação mental, e parece haver diferenças sexuais na *estratégia* de uma gama mais ampla de problemas desse tipo. Mas a maioria dos cérebros humanos, independentemente da disposição de seus cromossomos sexuais, ainda consegue produzir desfechos notavelmente parecidos quando essas tarefas lhes são apresentadas.

sexual nas disciplinas STEM, ou pode ser que não: as diferenças na capacidade testada são muito menores do que as diferenças em relação a quem consegue os empregos.[28]

Os resultados dos testes de linguagem, porém, são razoavelmente robustos: meninas se saem melhor em testes de linguagem do que meninos, e essas diferenças seguem presentes depois da puberdade. Sendo assim, será que o cérebro biologicamente feminino é mais naturalmente *verbal* do que o masculino?

Em várias culturas, as pessoas parecem de fato pensar que as mulheres falam mais do que os homens. Mas existem muito poucos estudos científicos que meçam quantas palavras homens e mulheres usam num dia.[29] E mais: embora haja inúmeros estudos sobre quantas palavras homens e mulheres proferem em situações *específicas*, as situações apresentadas aos participantes de um estudo em laboratório não são extraídas da vida real. Por exemplo, as mulheres tendem a falar menos em reuniões profissionais nas quais há homens presentes.*[30] Isso também acontece em sala de aula. No entanto, como a fala em muitos desses lugares é controlada por restrições formais, como ser solicitado/a a se manifestar por quem está ministrando a aula, a probabilidade de receber um pedido para se expressar é o fator que mais influencia quantas palavras você vai dizer. Como regra, mulheres e meninas são menos solicitadas em reuniões profissionais e contextos de sala de aula,[31] e consequentemente falam menos do que os homens.

Mas nós pelo visto acreditamos no contrário. Essa crença está tão arraigada que contraria a realidade: ao escutar conversas gravadas,[32] nós em geral conse-

* Tannen, 1990. Num punhado de estudos sobre tarefas de pequenos grupos, as mulheres de fato falam um pouco mais do que os homens, mas passam mais tempo *reagindo* às declarações alheias, ao passo que os homens gastam uma parte maior de seu tempo de fala na tarefa em si (ibid.). Assim, uma mulher tem uma probabilidade maior de gastar seu tempo usando expressões do tipo "Gostei da sua ideia, mas tem certeza de que...", ao passo que um homem tem mais probabilidade de *pular* esse tipo de verborragia social e ir direto para suas ideias sobre a tarefa em pauta. Estamos nos referindo aqui a pessoas em idade universitária e mais velhas, de modo que essas diferenças têm uma probabilidade maior de serem causadas por normas sociais aprendidas do que por qualquer fator nato. Também é verdade que muitos estudos como esse não corrigem seus resultados pelas relações *de poder*. Por exemplo, o laboratório Schwartz constata que os padrões de comunicação relatados também estão refletidos em grupos nos quais o poder social das mulheres é menor, e homens a quem também falte esse tipo de poder podem apresentar esses padrões mesmo dentro das fronteiras íntimas dos relacionamentos pessoais (Steen e Schwartz, 1995).

guimos bastante bem estimar quanto do tempo total cada pessoa passa falando se ambos os participantes forem do mesmo sexo. No entanto, ao escutar uma conversa entre um homem e uma mulher, em geral pensamos que a mulher fala mais do que de fato fala, mesmo se ela estiver lendo um roteiro com o mesmo número de palavras ao conversar com outra mulher.

Assim, as mulheres adultas não são mais tagarelas do que os homens. Talvez o estereótipo venha, isso sim, da observação das meninas. Como a linguagem não é algo que nascemos sabendo fazer, nossa facilidade geral é muitas vezes sinalizada pela rapidez do nosso aprendizado. Seja por qual motivo for, as meninas falam suas primeiras palavras e frases antes dos meninos.[33] Nesses primeiros anos cruciais, as meninas também têm vocabulários mais extensos e usam uma gama de frases maior do que meninos da mesma idade.* E essas vantagens iniciais rendem frutos: numa avaliação recente em escala internacional,[34] as meninas tiveram pontuações consistentemente maiores em testes verbais.

No entanto, assim como na matemática, nem todos os testes de linguagem são criados da mesma forma. Por exemplo, a seção verbal da prova SAT inclui uma série de perguntas sobre *analogia* verbal, quando se está tentando determinar a semelhança entre uma palavra e outra. Ao contrário da maioria dos tipos de tarefa de linguagem, isso exige que o/a participante construa um mapa conceitual das relações entre diferentes coisas, e os homens tiveram pontuações *mais altas* nessa parte da prova do que as mulheres.[35]

Assim, quando dizemos que "as meninas são melhores em linguagem", o que estamos querendo dizer é que as meninas pontuam melhor em *testes* verbais, dependendo do tipo de teste verbal que está sendo aplicado.

As mulheres são em geral melhores em leitura e redação. Isso vale para todas as idades de testagem dos cinco anos em diante, e a diferença tende a aumentar com a idade a partir da puberdade e a se manter relativamente estável depois disso. Conjuntos grandes de dados do Departamento de Educação dos Estados Unidos sustentam isso,[36] e esses tipos de diferenças podem ser vistos também em nível internacional. Independentemente das barreiras de

* Isso se aplica em particular à aquisição de vocabulário nos dois primeiros anos de vida, embora outros estudos mostrem a persistência dessas diferenças verbais. Embora haja alguma controvérsia na ciência relacionada a isso, o achado geral se manteve nas pesquisas desde 1966 até 2008 (Lutchmaya et al., 2002; Halpern et al., 2007).

linguagem e cultura, as meninas são propensas a suplantar os meninos em matéria de leitura desde cedo, e a manter essa propensão ao longo da vida. Os homens representam apenas 20% das pessoas que compram e leem romances.[37] Os números melhoram para livros de história e outros de não ficção, mas de modo geral as editoras das Américas e da Europa ocidental estão vendendo livros para mulheres.

É claro que esses números de vendas podem estar sendo influenciados por fatores culturais de todo tipo. Mas vale a pena notar que a leitura é a interpretação da linguagem escrita e que a redação é a produção de linguagem escrita: duas tarefas cognitivas bem distintas. Via de regra, os meninos não são muito bons em nenhuma das duas,[38] mas suas pontuações são *muito* mais baixas em redação do que em leitura.

Existem algumas razões possíveis para isso. Em primeiro lugar, a leitura em si é uma atividade profundamente estranha. Você está pedindo para um cérebro humano se desligar de quase todas as informações sensoriais do mundo exterior, durante um intervalo de tempo prolongado, para se concentrar numa pequena área de marcações pretas um tanto obscuras num fundo branco, percorrendo com cuidado essas marcas com os olhos numa direção específica. E, enquanto os olhos estão assim focados, os ouvidos devem ignorar qualquer som do entorno de modo que a mente possa identificar essas marcações como fragmentos de linguagem e *interpretar* de imediato essa linguagem sem quaisquer das dicas habituais dadas por quem fala: sem expressões faciais, sem gestos com as mãos, sem qualquer variação de tom reveladora... Ler é uma coisa extraordinariamente difícil de aprender para um cérebro humano. Nossos órgãos de percepção evoluíram com o intuito explícito de acompanhar com cautela o que ocorre no mundo. Milhões e milhões de anos treinaram olhos e ouvidos para prestar atenção no que está acontecendo à nossa volta. A própria sobrevivência de nossas Evas dependia disso. Da mesma forma, a linguagem humana evoluiu nos cérebros dos primatas juntamente com nossos órgãos sensoriais de primatas. Nossos cérebros priorizam as informações sensoriais ao processarmos qualquer instante em nossas vidas cotidianas. Eles também fazem isso para a linguagem.

Assim, não é de espantar tanto assim que nossa espécie só tenha conseguido inventar a escrita cerca de 4 mil anos atrás, tampouco que a maioria dos seres humanos não tenha sido nem de longe alfabetizada até poucas centenas de anos atrás.[39] Pessoas com dificuldade para ler em silêncio durante períodos prolongados deveriam ser a norma em nossa espécie, não a exceção.

E talvez sejam mesmo. À medida que a admissão das dificuldades de leitura vai se tornando socialmente mais aceitável, a quantidade de crianças diagnosticadas com alguma questão desse tipo aumentou. Nem todos os problemas de leitura se enquadram na dislexia, mas ela é relativamente comum. A mente de uma pessoa com dislexia pode *inverter* a ordem das palavras ou das letras ao tentar ler, às vezes virando-as de cabeça para baixo. Isso dificulta uma leitura tão veloz ou tão precisa quanto a das outras pessoas. Por motivos que ainda não foram elucidados, os meninos têm de duas a três vezes mais probabilidade de serem disléxicos do que as meninas.[40] Além disso, como as escolas não são muito boas em apontar essas dificuldades — em 2013, menos de 20% dos alunos identificados pelos pesquisadores como tendo limitações de leitura eram classificados por suas escolas como alunos com "deficiência de aprendizado" —,[41] os meninos provavelmente não estão recebendo ajuda com seus problemas de leitura conforme avançam no sistema educacional.

Isso significa que não estamos fazendo o necessário por nossos meninos na escola? Infelizmente, talvez sim. Como no caso da matemática, a diferença na habilidade de leitura aumenta à medida que os meninos ficam mais velhos.[42] E, ao contrário da matemática, a diferença entre os sexos em relação à leitura é bastante robusta: desde a primeira infância, bebês meninos alcançam marcos verbais mais tarde do que as meninas, de modo que talvez a linguagem de forma geral tenha um viés sexual, e não só a esquisita tarefa cognitiva de ler.

E há também a redação. Como muitas das tarefas de redação envolvem retórica, elas também demandam um alto grau tanto de raciocínio lógico quanto de consciência social, já que o sucesso de qualquer argumentação tende a envolver um grau elevado de *antecipação* das necessidades de quem lê. É preciso criar depressa na própria mente uma simulação de quem vai ler seu texto, para então formatar o que você quer dizer conforme a maneira como você antecipa que as suas palavras vão afetar essa pessoa. Assim, se o Cérebro Feminino se sai melhor do que o masculino em tarefas de escrita — pelo menos em situações de testagem — talvez não seja porque as mulheres são mais naturalmente "verbais" do que os homens. Quem sabe as mulheres pontuem melhor nas tarefas de redação porque, por um motivo qualquer, seus cérebros são bons em antecipar o que os outros querem.

Seja por qual motivo for, o que parece claro, seja qual for a maneira usada para medir, é que as diferenças funcionais muito pequenas de inteligência geral entre os sexos não representam grande coisa. Na infância, os cérebros masculinos ficam um tiquinho atrás em habilidades verbais, embora eles tendam a se recuperar bastante bem. Também na infância, o cérebro das meninas parece ser muito bom em situações de testagem de todos os tipos, ficando mais evidentemente para trás em matemática da adolescência em diante, com exceção de uma subseção muito específica relacionada à rotação tridimensional imaginária e algumas outras tarefas espaciais menores, e mesmo nesse caso as diferenças mal alcançam significância estatística. Mas voltemos ao que acontece na puberdade. Primeiro, examinemos outra categoria importante de diferenças funcionais no cérebro humano: a da saúde mental e sua recuperação.

O SEXO FRÁGIL

O Cérebro Feminino é supostamente frágil, e essa ideia existe há milhares de anos. As mulheres são consideradas depressivas, dadas a oscilações de humor, histéricas e facilmente propensas a colapsos nervosos. Conforme já foi com frequência assinalado, a palavra "histérica" vem da palavra grega para útero. Até pouco mais de um século atrás, europeus em tudo o mais inteligentes acreditavam que o útero causasse nas mulheres rompantes emocionais intensos e desestabilizantes. Originalmente, os europeus pensavam que um útero zangado e irritadiço pudesse inclusive se mover, subir flutuando até passar pelo estômago e pelo diafragma e chegar à garganta, para de alguma forma sufocar o cérebro de uma mulher.*

* Embora o útero móvel tenha sido desacreditado, o termo "histeria" permaneceu: numa data tão recente quanto a década de 1920, a estimulação clitoriana era considerada o tratamento adequado para a histeria feminina. Isso queria dizer que os médicos — em geral homens — eram obrigados a estimular mulheres com instabilidade de humor em contextos clínicos para fazê-las chegar ao orgasmo. De modo hilariante, a maioria dos médicos parecia considerar essa tarefa chata e maçante, o que levou à invenção do vibrador elétrico em Paris no final do século XIX. Longe de ser um brinquedo sexual, o vibrador tinha como finalidade explícita proporcionar um "paroxismo histérico" para tratar não só a histeria, mas também toda uma série de problemas dos quais uma mulher podia padecer, entre eles a prisão de ventre e as rugas faciais (Maines, 1999).

Embora hoje saibamos que o útero não se move dentro do corpo, parte dessas ideias ainda nos acompanha. Por exemplo, as mulheres supostamente ficam com o humor mais "instável" quando estão perto de menstruar. E isso talvez seja verdade. A tensão pré-menstrual é algo que *de fato* existe, e um dos sintomas mais frequentes é a instabilidade de humor, ou então, para as menos sortudas dentre nós, o equivalente a crises de depressão clínica de curta duração. Nem todas as mulheres as têm e nem todas as que têm sofrem em todos os ciclos, tampouco todas as mulheres têm sintomas de origem cerebral. Mas as flutuações hormonais parecem de fato ter um efeito direto no cérebro de muitas mulheres. Existem duas ocasiões bem documentadas em nossas vidas nas quais isso acontece: logo antes ou durante a menstruação e na gravidez.

Mas será que isso significa que o Cérebro Feminino é mais *instável* e frágil do que o masculino?

Examinemos mais a fundo. O lugar mais óbvio por onde começar é a depressão. Da puberdade em diante, as mulheres têm uma probabilidade maior do que a dos homens de receberem diagnósticos de transtorno depressivo grave.[43] Parte disso talvez se deva a uma parcialidade na hora do diagnóstico: quiçá as mulheres sejam mais propensas a buscarem atendimento psicoterápico ou serem mandadas por terceiros. Também é possível os sintomas das mulheres se "parecerem" mais com a depressão do que os dos homens, ainda que a causa subjacente seja similar. Em dados referentes aos Estados Unidos,[44] por exemplo, meninos e homens tendem a extravasar em casos de sofrimento psicológico, ao passo que meninas e mulheres tendem a se voltar *para dentro*. Assim, entre as pessoas com questões de saúde mental, uma mulher poderia estereotipadamente ser mais propensa a coisas como cortes autoinfligidos, restrições alimentares severas ou retração social, ao passo que um homem pode fazer coisas como socar uma parede.* Ninguém sabe se essas tendências têm a ver com diferenças cerebrais fundamentais ou com treinamento social.

* Embora seja verdade que as mulheres superam os homens de forma significativa em matéria de transtornos alimentares, pelo menos parte disso pode ser atribuída à pressão social sobre o peso feminino. Mas homens e meninos também têm transtornos alimentares, e esses diagnósticos vêm aumentando nos últimos vinte anos (Galmiche et al., 2019). Muitos casos dizem respeito a homens e meninos que passam muito tempo nas redes sociais, algo que pode ter um efeito particularmente deletério para a autoimagem e a autoestima do adolescente (Gorrell e Murray, 2019).

Para tentar nos distanciar do problema do diagnóstico, portanto, seria melhor examinarmos os pontos na vida de muitas mulheres em que a volatilidade previsível dos hormônios sexuais parece estar alinhada com diagnósticos comuns de doenças mentais. Quando *sabemos* que os hormônios de uma mulher estão fortemente diferentes da norma do seu corpo, ela tem uma probabilidade maior de ficar depressiva ou ansiosa?

No primeiro trimestre da gravidez, as mulheres tendem a reportar uma variabilidade emocional maior do que reportariam em geral. Isso pode acontecer mesmo *antes* de elas saberem estar grávidas: às vezes é esse o sintoma que leva uma mulher a ir comprar um teste de gravidez. Ela se pega chorando em filmes comoventes, rindo histericamente de algo que na verdade nem é *tão* engraçado assim, sentindo mais raiva do que de costume de coisinhas irritantes. Para um subconjunto pequeno de gestantes, porém, a oscilação de humor generalizada descamba para algo mais sério. Se alguma coisa antes pudesse deixá-la triste por um tempinho, em vez disso ela pode se pegar passando um dia inteiro ou muitos dias sem conseguir sair de casa por estar *triste demais* para lidar com as demandas da vida normal. Tudo parece doer. É como se tudo tivesse se tornado desprovido de cor. Nada a faz se sentir *bem*, nem *feliz*, nem *esperançosa*. É como se o cérebro tivesse de alguma forma sido desconectado dos seus centros de prazer.

Isso é depressão clínica. Nem todas terão isso quando grávidas, mas as mulheres correm um risco maior, sobretudo logo após o parto. A depressão pós-parto pode atingir até uma em cada oito mulheres no mundo inteiro. Mulheres que a têm em geral declaram se sentir como se tivessem atravessado o chão. Em vez de se vincularem emocionalmente a seus bebês, elas se sentem distanciadas, à deriva, sem âncora num mundo de repente todo cinza. E pior: muitas dessas mulheres se sentem culpadas por estarem assim. Como se não fossem boas mães. Como se não fossem boas *mulheres*. Mas talvez elas estejam sofrendo por serem *especialmente* femininas: a depressão pós-parto talvez se reduza a como os cérebros de algumas mulheres reagem ao ataque feminino normal de níveis altamente voláteis de hormônios sexuais.

O estradiol e a progesterona femininos apresentam um aumento acentuado enquanto seus ovários e útero trabalham para sustentar a gestação, causando todo tipo de efeito no seu corpo. Logo após o parto, esses hormônios despencam para seus níveis pré-gestação, em geral nas primeiras 24 horas. Essa queda abrupta pode ter efeitos cerebrais devastadores. O estradiol tem uma relação direta com a serotonina, o que faz parte de como ele influencia a dilatação dos vasos sanguíneos. Mas esse hormônio também parece influenciar muito a capacidade cerebral de acessar e manter a felicidade geral. Os antidepressivos mais usados no mundo operam diretamente nos circuitos da serotonina, aumentando a disponibilidade dessa substância. Imagine um cérebro que durante nove meses se acostumou com altos níveis de serotonina circulante. Agora promova uma queda desse nível que pode chegar à metade em 24 horas ou menos e imagine o que pode acontecer.

Mulheres que sofrem de depressão também relatam efeitos semelhantes, ainda que menores, quando os níveis de estradiol e progesterona flutuam ao redor da menstruação e também ao tomar determinados tipos de pílula anticoncepcional, destinados a imitar os níveis hormonais da gravidez.[45] A TPM pode fazer os cérebros de algumas mulheres se sentirem mais deprimidos do que o normal, em especial se eles já tiverem uma predisposição a padrões depressivos. Mulheres bipolares às vezes também relatam mais oscilações maníacas e depressivas no período ao redor da menstruação.[46]

As meninas, por sua vez, *não* parecem ser mais deprimidas do que os meninos.[47] E mulheres pós-menopausa acostumadas a ter episódios depressivos enquanto tomavam pílula, ou na época da gravidez e da menstruação, às vezes afirmam se sentir "libertas" disso depois que seus órgãos sexuais silenciam (no entanto, se já tiverem tido depressão, sua probabilidade é seis vezes maior de receber um diagnóstico depressivo durante a perimenopausa e a transição para a menopausa, o que torna sua passagem pela casa dos quarenta e início dos cinquenta um tanto atribulada).*

Tudo isso parece pintar um retrato do Cérebro Feminino como propenso à fragilidade emocional: pelo fato de termos ciclos menstruais e darmos à luz,

* O tratamento padrão dessas mulheres em geral consiste em reposição hormonal, inibidores da recaptação de serotonina (IRCS) e/ou psicoterapia com um profissional adequado. Em especial, mulheres com mais sintomas além da depressão podem receber um misto de reposição hormonal e IRCS, e há inclusive indicações de que a reposição hormonal sozinha já possa ser útil (Clayton, 2010). Como acontece com a maioria das coisas em relação aos corpos trans, as pesquisas nessa área inexistem para homens trans e pessoas não binárias que têm ovários e chegaram à menopausa, embora esse possa se revelar um período sensível e mereça mais atenção tanto da medicina quanto da ciência. Como sempre, se você for uma pessoa, de qualquer idade, dotada de ovários, leve a sério seu corpo e seus sentimentos e converse com seu/ua médico/a se algo estiver incomodando.

estamos fadadas a sofrer mais tristeza incapacitante e mais oscilação generalizada de humor do que os homens. Seria possível consequentemente pressupor que as mulheres são mais propensas a tipos extremos de instabilidade emocional — coisas como transtornos bipolares do humor, hipomania, ou qualquer um de uma série de rompantes extremos de emoção. Mas isso não se comprova. Embora elas tenham uma probabilidade cerca de 12% maior de receber tratamento para uma doença mental,[48] homens e mulheres recebem uma quantidade *igual* de diagnósticos de doenças psiquiátricas.

Nós tendemos a apresentar um conjunto de transtornos ligeiramente diferente daquele dos homens: por exemplo, temos duas vezes mais chances de receber um diagnóstico de depressão. Os homens têm uma probabilidade um tanto maior de receber um diagnóstico de esquizofrenia,[49] transtorno que parece ter uma influência genética forte, e uma probabilidade maior de receber um diagnóstico de qualquer transtorno cujos principais sintomas envolvam violência e/ou rompantes sociais inadequados. Os homens têm também uma probabilidade maior de apresentar vícios debilitantes em álcool e drogas,[50] o que *pode* estar ligado a algum tipo de obsessão ou compulsão masculinas natas, ao passo que as mulheres têm uma probabilidade maior de receber diagnósticos de ansiedade e transtornos de automutilação. Mas homens e mulheres têm a mesma probabilidade de receber um diagnóstico de TOC.[51] É uma espécie de diagrama de Venn de diferenças e sobreposições, mas a taxa geral de ocorrência de doença mental é provavelmente mais ou menos a mesma em homens e mulheres.

Entre as pessoas bipolares, as pacientes mulheres parecerem apresentar mais episódios depressivos do que os pacientes homens[52] — nesse caso, o cérebro feminino parece mais "baixo-astral" e o masculino, mais propenso à hipomania —, mas em termos de oscilação geral de humor os dois sexos aparecem empatados, apesar de toda a confusão hormonal que acompanha os ciclos menstruais. Na verdade, mais mulheres do que homens parecem ter uma forma mais branda do transtorno.*

* Mas quando elas *apresentam* a forma mais grave do transtorno, tendem também a apresentar ciclos mais rápidos entre as oscilações de humor — quatro ou mais por ano —, e esses ciclos mais rápidos infelizmente respondem menos às terapias farmacológicas (Erol et al., 2015). Isso poderia significar que o transtorno bipolar masculino é causado por mecanismos funcionais subjacentes diferentes daqueles da mulher. Ou poderia significar que o equilíbrio hormonal no

Para que fique bem claro: nenhum cientista ou médico do mundo dispõe de um quadro completo de como o cérebro é acometido por algo como a depressão. Sabemos em grande parte que cara tem uma falência cardíaca. Mas não temos a menor ideia de como um cérebro se deprime. Sabemos que algumas pessoas parecem ter uma predisposição genética à depressão, e sabemos que os hormônios têm seu papel e que o estresse do entorno também torna os cérebros mais vulneráveis. Um cérebro que estiver processando a morte de um pai ou de uma mãe, por exemplo, tem *muito* mais chances de se tornar clinicamente deprimido do que um cérebro que estiver assistindo a um filme triste. Mas ninguém sabe por quê. E, se o Cérebro Feminino é mais *depressivo* do que o masculino, não se pode dizer que seja mais frágil por causa disso.

Então como devemos entender a fragilidade nesse contexto? Profissionais de biologia poderão dizer: "Bem, o que de fato mata você?". Dispomos de alguns dados em relação a isso. Se existe algum marcador isolado de um cérebro humano que está passando por uma falência do órgão, com certeza é o cérebro que adoeceu tanto a ponto de ter dado um jeito de se convencer de que pular de uma ponte é a melhor solução para seus problemas. Mulheres se matam cerca de três vezes menos do que homens.[53] É uma diferença brutal. Antes pensavam que isso tinha a ver com a taxa de sucesso: que homens que tentam se matar costumam ter mais sucesso do que mulheres por tenderem a usar métodos mais explicitamente violentos, como armas de fogo, enquanto as mulheres têm mais probabilidade de tomar comprimidos, o que aumenta a chance de alguém conseguir salvá-las a tempo ou de sua tentativa por algum motivo fracassar. Isso explica parte da diferença, e as pacientes mulheres de fato relatam pensamentos suicidas mais frequentes do que os homens, mas isso depende muito de autodeclarações: talvez os homens pensem em se matar e não procurem atendimento, ou quando procuram sejam menos honestos. Seja lá o que estiver causando a diferença, o resultado é claro: os homens põem fim à própria vida com uma frequência radicalmente superior à das mulheres. Não é exatamente a guerra dos sexos que você gostaria de vencer, mas nesse quesito os homens estão muito à frente.

Existem algumas formas diferentes de interpretar esse dado. Mais mulheres do que homens sofrem de depressão clínica, porém a maioria das pessoas

---

cérebro tipicamente feminino está de algum modo interferindo no modo como determinadas terapias medicamentosas funcionam nesses cérebros.

deprimidas não é suicida.* Essa é, porém, uma comorbidade perigosa: pessoas que se tornam suicidas após sofrerem depressão podem ter uma chance maior de transformar pensamentos suicidas em ação. Ainda assim, entre essas pessoas, as mulheres têm uma probabilidade significativamente menor de tentar se matar do que os homens.

Os pesquisadores em geral atribuem essa desproporção ao fato de as mulheres terem uma rede de apoio social mais robusta:[54] quando se tem uma "teia" confiável de conexões com outras pessoas, essa "teia" pode funcionar como uma rede de proteção mental. Às vezes, a simples consciência de que a teia existe já pode bastar: você pode se apoiar nos outros, mas os outros também se apoiam em você. E aqui também pode ser que haja algumas diferenças entre os sexos: se as mulheres sentem uma responsabilidade social maior de seguir vivendo, mesmo quando seus cérebros doentes prefeririam não fazê-lo, então talvez isso ajude a segurá-las quando estiverem caindo. Apesar da nossa depressão pós-parto singularmente feminina, ser mãe torna uma mulher depressiva bem menos propensa a sentimentos suicidas, e as mães suicidas têm uma probabilidade menor de tentar.[55] Infelizmente, isso não é tão verdadeiro no caso dos pais, não por gostarem menos dos filhos, mas talvez (nesse modelo) por terem mais dificuldade para entender que são *necessários* tanto quanto as mães.**

* Como a comunidade psiquiátrica está descobrindo, não é preciso estar deprimido para ser suicida; as duas coisas só *tendem* a caminhar juntas. Na verdade, 54% das pessoas que morrem em decorrência de suicídio não tinham um transtorno mental diagnosticável, o que talvez se deva ao fato de não terem recebido tratamento e sido diagnosticadas, ou ao fato de seu início simplesmente ter sido demasiado rápido ou incomum para ser percebido (Stone et al., 2015). Um cérebro que pareça estar funcionando bastante bem mesmo assim pode apresentar ideação suicida, inclusive a ponto de transformá-la em ação. Ser suicida pode inclusive ser algo que surge muito depressa numa mente em tudo o mais saudável, sem os sintomas estereotipados. Alguns exemplos recentes famosos são as raras pessoas que têm reações a determinados remédios e que de repente se tornam suicidas sem muito histórico ou sem histórico algum de depressão. (Soníferos são uma das categorias nas quais esse problema é conhecido.) Pessoas com transtorno bipolar são ainda mais delicadas para a profissão psiquiátrica: depois de começado o tratamento, algumas podem se tornar suicidas, apesar de não terem apresentado indícios antes da medicação. Querer *pôr fim* à própria vida nem sempre está ligado a sentir uma falta de alegria ou de recompensa por um período prolongado.

** Se isso for verdade, a raiz mais óbvia é uma norma social que torna a maternidade mais imediatamente "importante" do que a paternidade e vincula o valor de uma mulher à sua

Ainda assim, nem todos os homens são pais e nem todas as mulheres são mães, e as grandes diferenças entre os sexos em relação às taxas de suicídio não podem simplesmente ser atribuídas aos aspectos sexuais normativos da maternidade ou da paternidade. E, embora as mulheres em algumas sociedades pareçam de fato ter redes sociais mais robustas do que seus equivalentes homens, não é verdade que os homens nessas culturas não tenham *nenhum* relacionamento íntimo. Embora alguns dos aspectos externos dessa intimidade possam parecer diferentes dependendo do sexo, a sensação geral de "proximidade"[56] parece ser mais ou menos a mesma, em especial no que diz respeito a "melhores amigos". Isso significa que não podemos reduzir a questão do suicídio apenas ao fato de homens se sentirem menos *próximos* de outras pessoas, embora o que pareça "permitido" expressar no espaço dessa intimidade — como reconhecer pensamentos suicidas — possa ter fortes normas de gênero.

Então tá. Se um Cérebro Feminino existir, talvez ele seja mais propenso à depressão, à ansiedade e a determinados tipos de automutilação, mas bem menos vulnerável a falhas catastróficas como o suicídio. Com exceção de coisas como a depressão pós-parto, o Cérebro Feminino não parece ser mais frágil. Talvez ele seja inclusive mais robusto: por exemplo, os homens têm uma probabilidade maior de acabarem no pronto-socorro por causa de lesões cerebrais traumáticas graves,[57] mas as mulheres têm uma probabilidade maior de se recuperar.

O que um paciente homem leva um ano para recomeçar a fazer — andar, digamos, ou então falar, ou então conseguir se vestir de manhã — pode levar apenas seis ou sete meses para uma mulher.[58] Isso é verdade mesmo ela tendo sofrido o mesmo tipo de lesão no mesmo lugar da cabeça, com a mesma quantidade de força e com o mesmo tipo de impacto. Não é porque as mulheres são boas em absorver um golpe de modo geral. É apenas porque um cérebro tipicamente feminino parece ser melhor em se recuperar, ou mesmo em evitar determinados tipos de danos.

---

capacidade de cuidar dos filhos. Resta aos homens um modelo de paternidade que não parece ser tão vital assim. Esse é, portanto, um exemplo de quando o machismo prejudica tanto os oprimidos quanto os opressores. *Todos nós* sairíamos ganhando se os pais fossem mais valorizados.

O principal problema de levar um golpe muito forte na cabeça não é o ponto em si onde o cérebro foi esmagado ou cortado, mas sim a inflamação descontrolada. Quando qualquer parte do cérebro é lesionada dessa forma, o cérebro inteiro incha. Se o tecido inchado não tiver espaço para se expandir, ele ficará espremido contra a caixa craniana.

A maior parte dos danos causados por lesões cerebrais traumáticas se deve não a alguma força externa, mas ao que as células próximas fazem como reação às células danificadas. Da mesma forma, quando se tem um AVC, não são só os pedacinhos de tecido que ficam sem irrigação depois do coágulo que morrem. Lesões podem se formar em torno dessas células mortas, e é muito difícil para um cérebro adulto reconstituir esse tecido. O melhor que ele pode fazer é isolar a zona de perigo e redirecionar os sinais onde for possível.

Os cérebros masculinos parecem sofrer inflamações mais extensas e mais lesões ao redor de locais de trauma do que os femininos.[59] E isso talvez se deva ao fato de que a progesterona e o estrogênio — os hormônios sexuais femininos clássicos — têm um efeito protetor no tecido cerebral, o que atenua essa resposta inflamatória. Se você fizer coisas horríveis com o cérebro de um camundongo em laboratório,[60] em seguida injetar nele imediatamente uma combinação de estrogênio e progesterona, o cérebro vai se recuperar mais depressa e de modo mais completo *tanto* nos camundongos fêmeas *quanto* nos machos. Na verdade, enquanto escrevo isso, estão em curso estudos clínicos com humanos para averiguar se doses de hormônios sexuais femininos podem ajudar pessoas que tiveram uma lesão cerebral traumática recente a se estabilizarem e se recuperarem.[61] Se esses estudos derem certo, os prontos-socorros do futuro terão um estoque disponível de hormônios sexuais femininos para ajudar a curar o cérebro de seus pacientes.

Como exatamente esses hormônios funcionam ainda não está claro. Para começar, o estrogênio parece estabilizar a barreira sangue-cérebro,[62] o que talvez ajude a impedir a entrada rápida de fluido extra passível de causar uma inflamação descontrolada. A progesterona também parece ter seu papel para atenuar a inflamação,[63] bem como para ajudar as células a reduzirem os radicais livres e outros problemas de oxidação.

Mas parte do prognóstico melhor das mulheres não se deve somente ao fato de o cérebro feminino típico ser um super-regulador de inflamação. As pacientes do sexo feminino também parecem ter uma autoconsciência maior em termos das próprias limitações após uma lesão ou doença,[64] o que talvez as faça correr menos riscos desnecessários após saírem do hospital. E mais: num dos raros vieses favoráveis do machismo, amigos e familiares de uma mulher talvez esperem *menos* dela após uma doença ou lesão, uma vez que a consideram mais frágil do que um homem. Consequentemente, podem distribuir entre si as responsabilidades da mulher, dando-lhe mais tempo para se curar e lhe permitindo pegar mais leve, em vez de mergulhar de cabeça outra vez na vida de antes.

Mas além disso outra coisa nas próprias células desse cérebro feminino talvez ajude. Quando se realizam culturas separadas de neurônios XY e XX, sem qualquer exposição aos hormônios sexuais, eles *mesmo assim* se comportam de maneira um pouco diferente. O que tem a ver sobretudo com sua forma de morrer.

Todas as células do corpo — sejam neurônios ou não — precisam lidar com o estresse. Às vezes elas se recuperam, e às vezes, em vez disso, "decidem" morrer. Se você injetar nas duas placas de neurônios coisas que conhecidamente os estressam ou até mesmo os matam, os neurônios XY morrem mais depressa e com mais frequência.* O principal motivo para isso acontecer, até onde os cientistas conseguem afirmar, é que as células masculinas XY têm mais dificuldade para lidar com o estresse oxidativo.**

Veja o caso do mal de Parkinson.[65] Os homens têm uma probabilidade significativamente maior de padecer dessa doença do que as mulheres. Quando as mulheres a desenvolvem, seus sintomas tendem a ser diferentes. Os homens têm uma probabilidade maior de desenvolver a rigidez característica, enquanto as mulheres, sem surpresa, têm uma chance maior de sofrer de de-

* E mais: eles morrem de maneiras diferentes. As células XY em geral morrem de uma forma que depende de um circuito que reage a um fator que induz a apoptose, o principal sinal ao qual uma célula reage quando o ambiente local "exige" sua morte. As células XX, por sua vez, geralmente morrem de uma forma que depende do citocromo c, que pode ser usado para induzir ou evitar a apoptose. Isso parece sugerir que as células femininas morrem por não conseguirem *evitar* a morte celular, por oposição à reação a um sinal para cometer haraquiri (Lang e McCullough, 2008).

** As células XY são meio ruinzinhas em regular a quantidade de glutationa dentro de suas paredes, que ajuda a proteger contra os danos oxidativos (Tower et al., 2020). Assim, se uma porção de células *ao redor* de um neurônio tipicamente masculino começa a morrer, é provável que esse neurônio morra também.

pressão. As mulheres também têm uma probabilidade maior de apresentar discinesia, aquele problema de movimentos incontroláveis que os pacientes com Parkinson têm. As doenças do sistema nervoso são um mistério e o Parkinson não é exceção, mas o fato de que acomete mais homens do que mulheres, e de que as mulheres que dele sofrem tendem a apresentar um padrão sintomático e uma progressão da doença distintos, provavelmente significa que alguma parte da maioria dos cérebros das mulheres está programada de outra forma. Essa diferença talvez esteja no modo como as células reagem aos hormônios, ou talvez até tenha a ver com como as próprias células lidam com determinados tipos de estresse.

Assim, segundo essas métricas, o Cérebro Feminino é frágil de outro jeito, e não mais frágil do que os cérebros masculinos, a depender da pergunta que se quiser fazer. Parte disso tem a ver com os hormônios sexuais e parte com diferenças profundamente codificadas no modo como as células dotadas de um cromossomo Y dão conta da sua tarefa de viver e morrer.* É evidente que nenhum dos dois sexos é particularmente *ruim* nessas coisas, caso contrário não teríamos uma população humana cerca de 50% masculina. Temos, sim, no entanto, algumas diferenças marcadas no modo como os sexos dão conta de fabricar *mais* de si mesmos, algo que, como vimos no capítulo "Ferramentas", faz diferença quando se trata de expandir território. E em última análise talvez seja por isso que os cérebros humanos modernos são tão parecidos nos dois sexos do ponto de vista funcional: a evolução da linhagem dos hominínios não consistiu apenas em sobreviver em *um* lugar, mas sim em construir um corpo e um conjunto de comportamentos capazes de funcionar em *muitos* lugares.

RESOLUÇÃO DE PROBLEMAS POR RESOLUÇÃO DE PROBLEMAS

Toda vez que o mundo mudou, nossas Evas também mudaram. Elas estavam entre as que tiveram sorte: seus corpos conseguiram mudar, adaptar-se e sobreviver. Seus filhos e netos usaram esses ajustes — muito, muito devagar — para vencer a competição contra seus primos. Nós não começamos *de repente* a ter leite. Tampouco começamos de repente a andar.

* Mais a esse respeito no capítulo "Menopausa".

Os australopitecinos como Lucy decerto estavam mais bem-adaptados para caminhar do que os do tipo de Ardi, mas eles também passavam muito tempo nas árvores; na verdade, alguns paleontologistas acham que Lucy morreu ao *cair* de uma árvore particularmente alta, despencando mais de dez metros até o chão. Segundo essa história, ela tentou se segurar, mas seus braços e pulsos se quebraram, e quando ela bateu no chão sua pelve se espatifou. A força da queda também fez o osso comprido do seu braço direito se enterrar no ombro, onde se partiu em quatro lugares.* Os cirurgiões dos prontos-socorros humanos veem ferimentos parecidos hoje, quando vítimas de acidentes de carro tentam se segurar contra o painel.

Nossas Evas sobreviveram ao asteroide. Sobreviveram à Terra se partindo em continentes separados. Sobreviveram à mudança para a copa das árvores. Sobreviveram à *descida* da copa das árvores quando o platô da África oriental se elevou, transformando suas antigas florestas num mosaico de rios, savanas e pequenas matas. A cada transformação, seus corpos se modificaram para se adaptar ao novo ambiente e se ajustaram lentamente ao novo normal.

A maior marca registrada da linhagem homininía não são nossos cérebros grandes e sofisticados. É o fato de usarmos esses cérebros para sobreviver em quase *qualquer lugar*, em qualquer temperatura, em qualquer ambiente. Deserto. Savana. Floresta. Até no Ártico. Os fósseis de nosso antepassados homininios podem ser encontrados em lugares radicalmente distintos, que abarcam a África oriental, o Oriente Médio, o Mediterrâneo e as Ásias central, meridional e oriental. Nossos cérebros são grande parte de como fizemos isso. A pressão para ser adaptável pode inclusive ser o motivo pelo qual nós os temos, para começo de conversa.

Assim como nossas Evas não começaram a ter leite de uma hora para a outra, os homininios tampouco começaram de repente a ter cérebros grandes. O tamanho dos cérebros homininios foi aumentando aos poucos, ao longo de milhões de anos. Então, num intervalo de cerca de 1,5 milhão de anos, os cérebros de uma ampla gama de homininios passaram a se expandir maciçamente. É nessa época que se veem os primeiros homininios migrarem da África. É

* Também é possível o esqueleto de Lucy apresentar padrões de fratura porque ossos fossilizados tendem a se partir e esfarelar com o tempo à medida que a terra se movimenta à sua volta. Como na maior parte desse tipo de trabalho, seria preciso uma máquina do tempo para ter certeza.

quando se vê essa tentativa fracassar e ser acompanhada por uma *segunda* e mais bem-sucedida migração.

Para muitos dos cientistas de hoje em dia, o motivo que deixou nossas Evas com um cérebro tão maior durante esse período foi a mudança climática.

Os animais em geral não se incomodam com períodos bem curtos de clima diferente, como as estações: frio durante parte do ano, quente no restante. Mas digamos que o lago que sua espécie usa como fonte de alimento *seque* em menos de 10 mil anos. E digamos que alguns poucos indivíduos consigam se adaptar a esse ambiente mais frio e mais seco. O lago então torna a se encher e tudo volta a ficar quente, pegajoso e molhado. Quantos de vocês vão sobreviver a essa reversão?

Nem tantos assim. E as espécies que forem *menos* especificamente adaptadas a um nicho ecológico são as que têm maior probabilidade de sucesso.

Muito antigamente uma Eva do hipopótamo moderno gostava bastante de ficar no rio.[66] Era *tão* adaptada aos rios e lagos que quando eles secaram morreu. O hipopótamo moderno, por sua vez, é um pouco menor, um pouco mais onívoro e consegue se deslocar por trechos extensos de terra seca. Caso seu rio mude, ele provavelmente não vai morrer.

O mesmo vale para o babuíno primitivo. Muito tempo atrás, os *Theropithecus oswaldi* — criaturas imensas parecidas com babuínos, que pesavam mais de sessenta quilos — viviam na savana primitiva. Eles tinham dentes grandes como os dos cavalos, totalmente adaptados para comer capim. Então sua savana secou e eles morreram.[67] O último fóssil encontrado deles tem no mínimo 600 mil anos de idade. Seu primo, o antepassado do babuíno de hoje, era um pouco menor, mais onívoro, mais adaptável, e, a julgar pelo tamanho do cérebro do babuíno moderno, um pouco mais inteligente. Ele sobreviveu.

Essa regra vale para *todos* os Mammalia: historicamente, ser onívoro é a melhor maneira de sobreviver. Num estudo recente de dentes fossilizados, pelo visto os mamíferos com as dietas mais diversas foram os que sobreviveram a uma mortandade planetária maciça 30 milhões de anos atrás.*

* De Vries et al., 2021. Ela foi causada por um resfriamento global que marcou a fronteira entre o Eoceno e o Oligoceno (ibid.). Mas foi especialmente ruim na África, pois vulcões gigantescos entraram em erupção na Etiópia cerca de 3 milhões de anos *depois* que o mundo já tinha começado a resfriar. Se você estiver conseguindo acompanhar, isso cai mais ou menos entre Purgi e Ardi, e exatamente na parte do mundo em que Ardi acabou sendo descoberta.

Os animais especializados foram extintos. Quase todos os mamíferos descendem de Evas sortudas o suficiente para terem bocas e intestinos capazes de se adaptar.

O *Homo sapiens* não tinha chegado ainda quando as tais savanas que eram o lar dos babuínos gigantes secaram — isso ainda levaria mais 400 mil anos —, mas a linhagem dos hominínios estava a todo vapor. Nós já vínhamos percorrendo a África oriental havia uns bons 5 milhões de anos. Ardi surgiu e se foi. Lucy também. E todos os hominínios dos quais você ouviu falar — *Homo habilis, Homo erectus, Homo rudolfensis* — já estavam percorrendo a terra, fazendo coisas parecidas com o que fazem os chimpanzés e de modo geral sobrevivendo em habitats variados.

Com o passar do tempo, porém, esses habitats passaram a ser ainda mais intensamente variados. Os cientistas estabeleceram isso de algumas maneiras. Em primeiro lugar, procurando coisas como pólen e matéria vegetal fossilizada, podemos saber que tipo de clima abrigava essas plantas. É assim que sabemos que Ardi vivia num misto de matas e savanas, e que Lucy e a maioria dos australopitecinos também.

Outra forma de saber é observando o que está acontecendo nos oceanos. Minúsculas criaturas chamadas foraminíferos vivem no leito do mar, como vêm fazendo há centenas de milhões de anos, muito antes de existirem mamíferos ou dinossauros. Ao morrer, elas deixam uma útil camada de microscópicos esqueletos. Nesses esqueletos, resquícios de oxigênio estável estão entremeados à matriz do osso fossilizado. Um tipo é mais comum quando o mundo está mais quente; outro quando ele está mais frio. Assim, se você moer uma pequena pilha de fósseis de foraminíferos, consegue obter um modelo bastante bom do clima primitivo.

Por volta de 6 milhões a 7 milhões de anos atrás[68] — quando nossas Evas se separaram dos chimpanzés —, a mudança climática acelerou. O clima começou a se alternar entre úmido e frio e quente e seco em apenas uns poucos milhares de anos. Tem um lago ali, depois não tem mais. Tem uma floresta ali, depois uma savana, depois um deserto, depois outra vez uma floresta. Como regra, mutações simples não serão rápidas o bastante para se adaptar a um mundo que muda radicalmente a cada mil gerações.

Só que algumas espécies, em vez de se adaptarem a ambientes *específicos*, evoluem com uma série de traços e comportamentos que são úteis em muitos

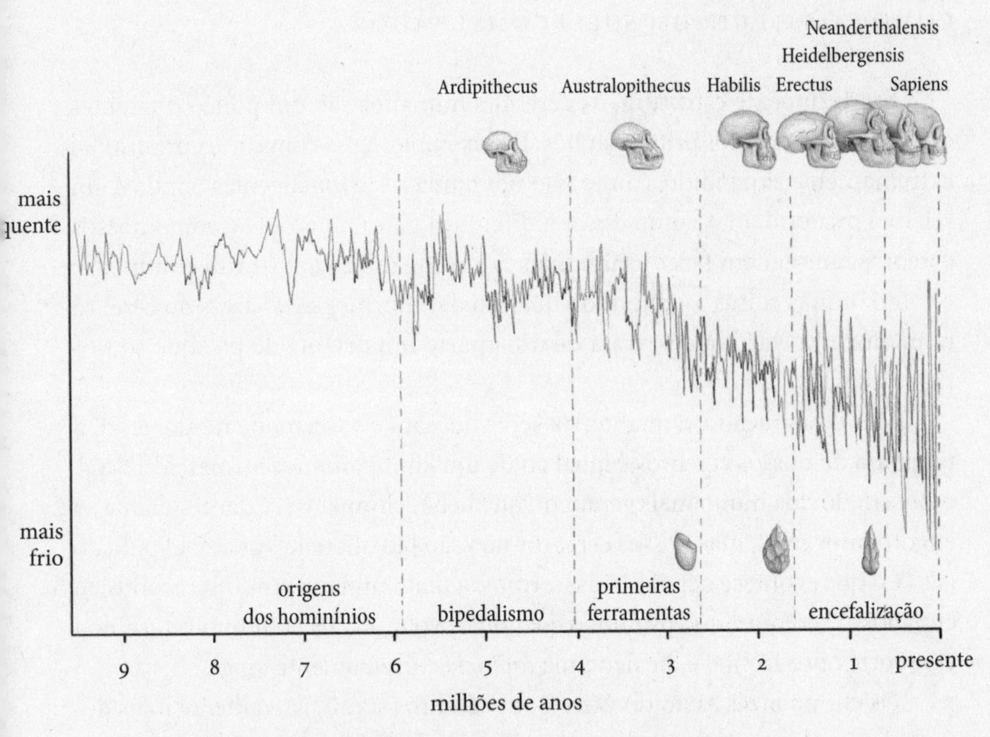

A hipótese da seleção por variabilidade.

ambientes distintos. Isso se chama seleção por "variabilidade". Ser onívoro é um bom exemplo: se um alimento específico desaparecer, você não vai morrer.

E melhor ainda do que ser onívoro: e se você descobrisse maneiras variadas de tornar quase qualquer coisa comestível? Assim, independentemente de *para onde* fosse, seria possível fazer a comida local funcionar para você. Cozinhar faz isso. Socar plantas duras com pedras faz isso. Partir ossos com ferramentas afiadas faz isso. Aprender a armazenar e transportar água também ajuda. Trata-se de mudanças comportamentais. De software, não de hardware.

Só que para rodar esse tipo de software você precisa de um computador grande. De processadores mais potentes. De memória mais rápida. De um conjunto ágil de algoritmos. Para aprender a modificar seu comportamento de modo a fazer qualquer ambiente funcionar para você, é preciso um supercomputador.

E o cérebro humano é isso: um supercomputador movido a açúcar.

Em termos de estrutura, os cérebros humanos são um pouco diferentes dos cérebros de nossos primos símios. Por exemplo, temos um córtex pré-frontal extremamente expandido. Como isso nos ajuda a ser "inteligentes" ainda é um relativo mistério, mas como essa é a diferença física mais óbvia, como nossos cérebros conseguem fazer muito mais em comparação aos de um chimpanzé e como muitas coisas saem errado quando danificamos essas áreas do cérebro humano, está claro que se trata de uma parte importante de por que somos tão diferentes.

Mas o engraçado é: quando os seres humanos nascem, de modo geral, o tamanho de nossos cérebros é igual ao de um chimpanzé recém-nascido.[69] Somos sem dúvida muito mais *gordos* do que bebês chimpanzé, e daí em diante só engordamos mais, mas nossos cérebros não são tão diferentes assim. O pulo do gato é o que acontece depois de nascermos: a maior diferença é o que aconteceu com nosso cérebro símio primitivo quando a evolução dos homininios turbinou esse córtex pré-frontal e lhe deu uma *infância* extremamente longa.

Os chimpanzés saem do útero com cérebros significativamente mais desenvolvidos do que os bebês humanos:[70] cerca de 40% do tamanho adulto para um chimpanzé e pouco abaixo de 30% para um humano. Parte dessa diferença pode ser atribuída ao fato de que parecemos nascer cerca de três meses prematuros do ponto de vista do desenvolvimento em comparação a outros símios. Mas essa não é a explicação completa. Os bebês humanos também se desenvolvem mais devagar de modo geral. Chimpanzés conseguem caminhar com quatro semanas de idade. Embora sigam se desenvolvendo por anos, aos nove meses de idade seus cérebros estão significativamente mais avançados do que os do bebê humano. Bebês humanos sequer conseguem engatinhar antes dos seis meses no mínimo (a maioria precisa de quase dez) e em geral só dão seu primeiro passo entre doze e catorze meses. Aos dois anos, seus cérebros ainda têm só cerca de 80% do tamanho adulto.

Isso é uma parte imensa do motivo pelo qual o crânio do humano recém-nascido é basicamente *mole*, com duas fendas entre as placas ósseas chamadas moleiras. À primeira vista, isso parece uma péssima ideia: por que vir ao mundo com dois gigantescos pontos moles bem em cima do seu *cérebro?* Basta um golpe bem dado e você já era. Mas essa foi apenas uma das contrapartidas do desenvolvimento que a evolução humana teve de aceitar. Para que nosso cérebro possa crescer até um tamanho tão imenso, não podemos ter ossos atrapalhando. Tampouco podemos fazer o que os chimpanzés fazem e construir cérebros com 40% do tamanho adulto dentro do útero. Se nossos corpos tentassem fazer isso, o resultado seria a morte tanto da mãe quanto do feto no parto (ou em algum cataclismo metabólico bem antes disso).

Assim, isso significa que, nas profundezas do passado da linhagem dos hominínios — em algum ponto entre Lucy e o *Homo sapiens* —, o genoma dos hominínios começou a brincar com três coisas dentro do útero e na primeira infância: crânio, cérebro e gordura.

Comecemos pela gordura. Os fetos humanos constroem seus depósitos de gordura no terceiro trimestre, e seguem aumentando a gordura corporal enquanto bebês e na primeira infância. Parte disso tem a ver com se precaver caso haja uma queda no suprimento de leite da mãe, mas o que leva nossas crianças a *precisarem* se precaver tanto é por nossos cérebros serem muito famintos. Como o tecido cerebral é o mais custoso para o corpo produzir, nossas crianças evoluíram ao longo de muito tempo para armazenar cada pedacinho de gordura que conseguirem.

Além disso, o metabolismo dos bebês humanos é aceleradíssimo. Recém-nascidos ingerem 16% do seu peso corporal em leite todos os dias nos primeiros seis meses de vida. Para fins de comparação, uma mulher mediana de 75 quilos só precisa comer e beber cerca de 5% do seu peso corporal por dia, um terço do que os recém-nascidos precisam. Bebês investem uma proporção imensa de toda essa energia, gordura e proteína diretamente na construção de seus cérebros avantajados.

Depois que nossos cérebros alcançam 80% de seu tamanho adulto, aos dois anos de idade, nós levamos um tempo bem mais longo para construir os 20% restantes. Nossos cérebros só acabam de se organizar internamente em algum momento no início ou meados da casa dos vinte anos.[71] A maior inovação que a linhagem dos hominínios produziu foi decerto a infância prolongada, que é justamente o motivo pelo qual nós somos tão inteligentes; não é só o tamanho, você sabe, é também o jeito de construir.

As duas principais táticas usadas por nossos corpos são a floração e a poda.

Primeiro vem o hardware. Conforme o cérebro vai ficando maior durante aqueles primeiros dois anos de vida, as células-tronco neuronais parecem *mi-*

grar de uma área do cérebro para outra, construindo maciçamente o córtex pré-frontal e abrindo vias expressas entre essa região cerebral "superior" e as áreas que controlam o movimento e as informações sensoriais.

Algumas diferenças sexuais parecem de fato surgir nesse processo. Por exemplo, como já mencionei, bebês meninas balbuciam e falam um pouco antes dos meninos. Elas também conseguem fazer contato visual, apontar para coisas que querem e de modo geral se comunicar com seus cuidadores um pouco antes. Até mesmo sua coordenação motora fina tende a superar a dos meninos: bebês meninas são melhores na manipulação de brinquedos, no uso de utensílios para se alimentar e (eventualmente) em escrever e desenhar com mais clareza. Bebês meninos, por sua vez, tendem a se contorcer e a chutar um pouco mais do que as meninas, e a atingir um pouco antes marcos *físicos* que envolvam grandes grupos musculares.[72] Mas tanto meninas quanto meninos em geral começam a andar por volta da mesma idade, então o que quer que os meninos estivessem fazendo para encorpar as partes de seus cérebros relacionadas ao movimento, as meninas pelo visto conseguem alcançar a tempo para a locomoção principal.

Ninguém sabe por que essas diferenças no desenvolvimento existem. Uma das possibilidades é que os bebês meninos têm uma probabilidade maior de nascerem ligeiramente prematuros[73] — talvez devido a algum misterioso conflito imunológico com o corpo da mãe, ou por outro motivo —, e até mesmo bebês ligeiramente prematuros em geral levam algum tempo a mais para alcançar seus pares. Mas a atuação dos hormônios sexuais no útero também poderia influenciar o modo como o cérebro constrói seu próprio projeto. E talvez isso tenha a ver com o modo como o cérebro faz a floração e a poda. O cérebro humano alcança a densidade sináptica máxima — quando a maior quantidade de neurônios está *mais* conectada a outros neurônios — quando temos cerca de dois anos de idade.* O cérebro então começa a se podar violentamente, qual um jardineiro hiperdedicado. Células gliais entram em cena e devoram sinapses. Células inibitórias começam a atenuar os sinais de alguns

* Isso é parte do motivo pelo qual crianças nessa idade começam de repente a parecer tão inteligentes. Também é parte do motivo pelo qual elas têm tantos chiliques: segundo a teoria, os centros emocionais do cérebro estão mais densamente conectados a todas as outras áreas do cérebro, e quando uma espécie de "cascata" emocional de experiências se inicia é meio difícil fazê-la parar.

circuitos, o que efetivamente aumenta a força dos sinais que percorrem circuitos próximos, um pouco como quem redireciona o tráfego. O cérebro de uma criança de dois anos padrão está na verdade se *reprogramando*, reconfigurando de maneira radical o material que acabou de construir. Na realidade, uma das teorias para o desenvolvimento do autismo infantil tem a ver com esse processo de poda: alguns cientistas acham que determinados tipos de cérebros autistas podam algumas áreas além da conta, ou não podam o suficiente, deixando outras inalteradas.[74]

Não sabemos exatamente quando esse padrão moderno de desenvolvimento cerebral evoluiu, mas, visto quão radicalmente nossos padrões de vida diferem daqueles de chimpanzés e bonobos, sabemos que o *Homo sapiens* primitivo já estava a caminho de uma infância estendida. Chimpanzés selvagens entram na puberdade por volta dos sete anos de idade, e as fêmeas atingem a maturidade reprodutiva aos dez e dão à luz pela primeira vez em algum momento entre dez e meio e quinze; até os treze anos, mais ou menos, elas são consideradas "subadultas". Os machos, por sua vez, começam a ejacular por volta dos nove anos, mas só atingem seu peso e maturidade física adultos aos quinze. Como os fatores sociais influenciam muito a probabilidade de qualquer chimpanzé macho conseguir ser pai de um filhote (ter *acesso* a fêmeas férteis nesse caso meio que faz a diferença), os chimpanzés machos têm uma probabilidade maior de estarem em plena idade adulta quando conseguem transmitir com sucesso seus genes.

Não sabemos ao certo se os neandertais, apesar de seus cérebros maiores (muitíssimo maiores do que os de Erectus e de todas as Evas anteriores, e inclusive competindo com o nosso em matéria de tamanho), também tinham esses padrões de infância semelhantes aos dos chimpanzés e amadureciam mais depressa do que nós (e possivelmente morriam mais cedo também).[75] Mas se o *Homo sapiens* de fato capitalizou a infância ao enésimo grau, isso pode ser parte da explicação para por que nós conseguimos ter sucesso enquanto os neandertais no fim das contas não.

Hoje, os meninos humanos tendem a alcançar as meninas na maioria dos aspectos cognitivos na pré-escola (entre os quatro e cinco anos), mas nem todas as diferenças desaparecem. Como já mencionei, as meninas tendem a tirar notas mais altas na escola, considerando todas as matérias, até a puberdade. Aí tudo começa a desandar.

Por que as adolescentes que *antes* tinham um desempenho melhor do que seus semelhantes masculinos da mesma idade começam a ficar para trás?

MAIS FLORAÇÃO E PODA

Se você estiver à caça do Cérebro Feminino, não há como ignorar a adolescência. Afinal, é nessa fase que a maioria dos corpos humanos se torna sexualmente madura. A testosterona é produzida numa taxa maciça na adolescência masculina; o mesmo se dá com o estradiol e outros estrogênios nas adolescentes. Sabe-se que essas alterações no perfil hormonal influenciam o desenvolvimento, de modo que os adolescentes passam por mudanças cerebrais significativas. O fato de algo fazer o desenvolvimento cerebral pender numa direção ou em outra fatalmente influencia sua funcionalidade.

Uma das coisas mais importantes que o cérebro humano precisa fazer num corpo sexuado é mapear com todo o cuidado seu papel em transformação no ambiente social local. Não se trata apenas de um desejo de transar: na maioria das sociedades humanas, quando as crianças atingem a maioridade sexual, suas responsabilidades mudam, às vezes de modo bastante súbito. Conforme se afastam da dependência dos pais, seres humanos de todas as culturas conhecidas precisam aprender o que significa "independência" em suas vidas cotidianas. As sociedades humanas em geral marcam essas transições com rituais formais de "entrada na vida adulta", alguns antes que a vida social da criança se modifique de modo notável, como a festa de quinze anos das meninas mexicanas, outros mais perto da idade adulta, como a tradição americana de tomar um porre homérico na noite em que se completa 21 anos. Há formaturas e cerimônias religiosas como o *bar* e o *bat mitzvah* ou a crisma dos católicos. Alguns desses rituais simbolizam tanto uma nova identidade que a pessoa chega a mudar de nome.

E há também o casamento, que para muitas culturas significa a última fronteira entre a infância e a idade adulta.

Tudo isso envolve muito trabalho cognitivo. Mas os padrões de desenvolvimento de nossos cérebros parecem estar programados para dar conta. Embora todas essas pesquisas sejam novas, vários mecanismos diferentes parecem estar em ação. As células-tronco do cérebro parecem migrar para o exterior, em direção ao córtex pré-frontal, brotando em pequenos grupos nessas áreas à medida que o cérebro cresce e se reorganiza. A "floração" da adolescência não é tão abundante quanto a da criança de dois anos,[76] e sim mais parecida com um minissalto de crescimento, em geral sincronizado com o crescimento de nossos ossos longos. Assim, ao mesmo tempo que um rapaz geme durante a noite por causa da dor causada por seus ligamentos e ossos se esticando, seu cérebro também está crescendo.

Mas o cérebro também *muda*. Existe um processo secundário maciço de "poda" que ocorre durante a puberdade, quando eliminamos algumas das sinapses construídas entre os dois anos e a pré-adolescência. Há ainda uma tarefa importante de isolamento em curso, com circuitos-chave recebendo uma camada extra de mielina (a capa de gordura que recobre as fibras nervosas), em especial no corpo caloso.[77]

As meninas tendem a iniciar esse processo entre os dez e os doze anos, e os meninos depois, tipicamente entre os quinze e os vinte. Embora os cérebros femininos e masculinos se podem mais ou menos na mesma proporção, os masculinos se podam mais tarde e *mais depressa*.[78] Esse pode ser um dos motivos pelos quais a esquizofrenia atinge com tanta força os meninos, e de modo tão previsível de meados para o fim da adolescência, ao passo que as esquizofrênicas em geral não adoecem antes de meados para o final da casa dos vinte. Essas mudanças estão relacionadas também à depressão e à ansiedade patológicas: a angústia da adolescência é algo que existe até no cérebro. Quando toda essa poda e toda essa mielinização diminuem de intensidade, a maioria dos cérebros se adapta muito bem. Mas talvez devido à vulnerabilidade genética, ou talvez devido à influência do entorno, o cérebro de algumas pessoas não o faz.

Quer durante a transição dos dois anos, a luta da adolescência ou qualquer um dos longos anos entre uma coisa e outra, o que os cérebros das crianças mais estão fazendo é um aprendizado social: prestando uma atenção extrema e cuidadosa no que os outros querem, tentando prever seus desejos, tentando descobrir maneiras rápidas e sorrateiras de comunicar aos outros os *próprios* desejos.

Veja o caso do café. Crianças de dois anos não sabem que é *ruim* importunar a mãe com um sem-fim de pedidos antes que ela tenha tomado seu café da manhã. Crianças mais velhas não têm a menor dificuldade de aprender essa regra social, e milhares de outras do mesmo tipo. Não que crianças mais velhas necessariamente "se importem" mais com o efeito que têm nos outros, mas elas aprenderam, isso sim, um conjunto de parâmetros para lidar com o estado cognitivo de sua mãe. Bebês sabem quando estão sendo alvo de atenção por meio do contato visual e do tato, e são propensos a chorar se não tiverem essas coisas. Mas crianças mais velhas aprendem que não precisam dizer "Mamãe, olha isso" mais de uma ou duas vezes para entender que ela provavelmente ouviu e vai acabar olhando. E mais: elas aprenderam que a mãe talvez se *irrite* se a insistência continuar. Essa é uma tarefa de teoria mental. E a teoria mental — construir um modelo do estado cognitivo interno de outro alguém, mapear seus potenciais desejos e se comunicar de acordo com isso — é algo que os seres humanos conseguem fazer extraordinariamente bem.

Crianças de dois anos, por exemplo, conseguem se sentar diante de uma mesa e apontar para algo que querem. Chimpanzés, porém, parecem sentir necessidade de se levantar, sair andando por cima da mesa, gesticular freneticamente e olhar de forma contínua e alternada para aquilo que querem e para seus cuidadores. Os chimpanzés se comunicam por meio de uma combinação de gestos físicos brutos, vocalizações e expressões faciais. A maioria das crianças humanas, por mais "hiperativas" que possam ser, parece "sacar" que basta apontar para alguma coisa, certificar-se de que alguém as viu apontar e prever que a outra pessoa vai entender o que elas estão tentando dizer. Isso significa que elas são boas — talvez *naturalmente* boas — na rápida construção de um entendimento social compartilhado.

Parte disso talvez seja um aspecto profundo de nossa linhagem hominínia. Mas boa parte também tem a ver simplesmente com o modo como mães e crianças humanas interagem, e como os humanos mais velhos interagem na frente da criança. Para começar, as crianças aprendem a apontar em parte porque *precisam* aprender, já que, ao contrário dos chimpanzés, elas não conseguem se locomover sozinhas, no mínimo, antes dos sete a doze meses de idade. Se um bebê humano quiser alguma coisa — um objeto, ir a algum lugar ou *sair* do cadeirão onde está preso —, precisa pedir ajuda aos outros.

Ter essa deficiência talvez faça parte de como os cérebros dos bebês se tornam mais humanos:[79] eles não têm outra escolha senão *pedir* as coisas. Não têm outra escolha senão se tornar melhores em comunicação, e especificamente em comunicação *referencial*. Os chimpanzés não precisam fazer isso por muito tempo, pois seus corpos lhes proporcionam independência muito antes que os bebês humanos a conquistem.

É uma questão do ovo ou da galinha: será que os humanos evoluíram para ter um primeiro ano de vida mais dependente por terem desenvolvido cérebros capazes de acomodar essa dependência? Ou será que nós desenvolvemos cérebros bons em comunicação social porque nossos bebês relativamente deficientes precisavam entender como pedir as coisas? Nunca saberemos. Também não há nenhum motivo para não poder ser os dois. A maneira como nós construímos nossos supercomputadores tem muito a ver com o treinamento da infância, então qualquer pequena mudança no genoma que tenha influenciado o desenvolvimento fetal e infantil teria tido o potencial de ajustar o cérebro de nossos antepassados. E quando nosso clima se tornou extremamente instável — talvez em algum momento por volta da época do *Homo habilis* — a capacidade geral dos cérebros de nossos bebês de serem treinados teria feito uma imensa diferença em sua capacidade de sobreviver. Essa capacidade geral teria uma finalidade tão importante que ambos os sexos precisariam dela. Em outras palavras, talvez o motivo pelo qual os cérebros humanos têm tão poucas diferenças na sua funcionalidade global seja que a necessidade de ser adaptável *suplanta* muitas das diferenças sexuais intrínsecas remanescentes de nossa herança mamífera.

Os filhos de nossas Evas precisavam aprender a solucionar problemas no seu ambiente, não só problemas específicos, mas *quaisquer* problemas. A interdependência social é um macete bem bom para solucionar uma porção de problemas, porque ela constrói um servidor de supercomputadores, por assim dizer, em vez de apenas máquinas isoladas. Para aprender a fazer isso, é preciso passar *anos* treinando com todo o cuidado seu cérebro social.

E esse talvez seja o verdadeiro ponto-chave de todas as perguntas sobre o Cérebro Feminino: não apenas o que ele é, mas *como nós o construímos*.

CÉREBRO DE MÃE

Os cérebros não chegam prontos quando se nasce. Na verdade, quase *nenhuma* parte do corpo está próxima da completude do ponto de vista do desenvolvimento quando inspiramos ar pela primeira vez. Isso é normal: quase toda a vida na Terra tem um planejamento em fases. Para os animais, essas fases em geral são o ovo, o embrião e o feto, a fase de recém-nascido ou neonato, a fase juvenil e a fase adulta reprodutiva. Como já discutimos, as transições entre fases de vida são muitas vezes radicais e envolvem todo tipo de reordenação corporal. Para um animal como uma borboleta, isso pode significar perder por completo a mandíbula. Para os seres humanos, os processos visíveis em geral consistem em se esticar, se alongar ou engrossar — no caso das fêmeas — o broto mamário, o que é bastante evidente durante a puberdade. Nas profundezas do cérebro humano, porém, a maioria dessas transições de fase envolve também uma quantidade grande das características floração, poda e reordenamento brutal generalizado. Esse processo faz parte de como construímos nossos gigantescos cérebros humanos e os colocamos para trabalhar ao longo do nosso tempo de vida.

Assim, nessa nossa caça ao Cérebro Feminino, teremos de falar sobre a infância humana. Mas primeiro teremos de falar das mães, porque claramente, embora construamos uma parte do cérebro humano dentro do útero, existe um cérebro humano bastante ativo no corpo que por acaso está *abrigando* esse útero e que também vai amparar mais tarde esse novo cérebro de bebê depois que ele sair do útero. E existe uma parte do Cérebro Feminino sobre a qual eu na verdade ainda não falei: se a característica singular da humanidade é o nosso cérebro, e mais, se o aspecto *mais* interessante e singular do nosso cérebro são as formas como parecemos ter evoluído para tirar vantagem das mudanças fisiológicas normais que acompanham essas transições predeterminadas do ciclo de vida natural de nosso corpo — da fase recém-nascida à juvenil, da juvenil à adolescente, da adolescente à adulta —, então não podemos ignorar o fato de que algumas mulheres adultas terão seus próprios bebês.

O motivo pelo qual isso faz diferença para a evolução dos cérebros humanos, naturalmente, é que as gestantes e lactantes por acaso têm cérebros que fazem algo *muito* parecido com o que os cérebros humanos fazem durante outras transições importantes do ciclo de vida de nosso corpo: eles passam por uma violenta reorganização. O cérebro de uma gestante, com grande regularidade, perderá até 5% de volume durante o terceiro trimestre, para depois se reconstruir de modo constante nos primeiros meses após o parto.*[80] Coisas

* Pelo que pude encontrar na literatura, não está claro se essa mudança ocorre em *todos* os terceiros trimestres e puerpérios humanos ou apenas nos primeiros; pressupõe-se uma escassez de cadáveres e exames de ressonância magnética de cérebros de gestantes ou mulheres no puerpério para permitir uma resposta adequada à pergunta.

parecidas parecem acontecer em outras mães mamíferas,[81] mas isso é particularmente radical nos cérebros humanos.

O cérebro grávido não encolhe em todos os lugares: a perda de volume é mais perceptível em áreas cerebrais fortemente ligadas a como nós humanos construímos vínculos emocionais, aprendizado geral e memória.[82] Alguns pesquisadores desconfiaram que isso se devesse sobretudo à perda de fluido (os cérebros não têm uma quantidade significativamente *menor* de neurônios no final da gravidez, e sim um volume geral menor), mas muitos agora desconfiam que tenha a ver com uma grande, silenciosa e em última instância violenta poda de sinapses, em especial na massa cinzenta, e em especial em determinadas regiões do cérebro (embora perdas tenham sido medidas em muitas áreas diferentes).

Assim, pode ser que as mulheres humanas tenham evoluído para se tornarem capazes de uma fase *extra* de desenvolvimento cerebral, de um tipo bem parecido com aquela por que todos nós humanos passamos quando crianças: uma poda radical que antecede um intenso período de aprendizado social.

Nenhum corpo masculino jamais vai vivenciar essa fase de desenvolvimento.* Assim como nenhuma mulher que passe a vida sem dar à luz. Essa fase é exclusiva às gestantes que chegam ao terceiro trimestre e em seguida dão à luz. É algo que o cérebro humano faz, de modo adaptativo, presume-se, para se preparar para a intensa fase de vida que está por vir: cuidar de um recém-nascido humano extraordinariamente necessitado de cuidados, e depois seguir

* Alguns exames de imagem do cérebro de pais recentes mostram, sim, mudanças estruturais em regiões semelhantes às das mães recentes (Diaz-Rojas et al., 2021), mas nenhum macho passa pelo mesmo tipo de preparação para as mudanças que as mães atravessam no terceiro trimestre e no início da lactação. Isso não quer dizer que os homens sejam naturalmente menos capazes dos tipos de cognição exigidos para ser um bom pai — já conheci vários pais sensacionais —, mas significa que os corpos da maioria das mulheres evoluíram para ter algumas formas cognitivas possivelmente úteis de se preparar para uma nova maternidade, que, assim como a puberdade, parecem ser provocadas por flutuações hormonais radicais. O estudo que examinou os cérebros de pais recentes concluiu em especial que eles haviam passado um intervalo de tempo considerável na expectativa da paternidade, que em grande parte moravam no mesmo lugar que a gestante em questão e que estavam profundamente comprometidos com os cuidados com a criança no início da vida do recém-nascido — ou seja, há aspectos de história de vida e aspectos culturais em jogo que talvez turbinem a reação dos cérebros masculinos à paternidade, o que pode não se revelar verdadeiro para os cérebros de todos os pais. Como na maioria das coisas relacionadas ao cérebro humano, as influências sociais têm desfechos cognitivos.

criando essa criança em ambientes profundamente sociais por um período muito longo. Não muito diferente da adolescência, porém, essas mudanças cerebrais parecem vir acompanhadas de um custo funcional de curto prazo: problemas de memória de curto prazo, de regulação emocional, de sono desregulado (não só devido a um corpo desconfortável, mas também às taxas hormonais subindo e descendo no próprio cérebro). O cérebro de uma gestante no terceiro trimestre é bem bagunçado, assim como nos primeiros meses após o parto. Mas, assim como a adolescência, contanto que consigamos sobreviver, isso felizmente passa, e nossos cérebros recém-remoldados são mais capazes de lidar com a vida que vem depois.

Não estou sugerindo aqui que as mulheres se tornem aquilo que em última instância "nascemos para ser" quando viramos mães. Não é o caso. Mulheres que nunca deram à luz estão perfeitamente preparadas para seguir pelo restante de suas vidas adultas como membros plenamente funcionais e produtivos da sociedade humana. Mas, para aquelas que dão à luz, o cérebro de uma mãe humana, por mais exausto e bugado que pareça estar, adapta-se de modo singular para ter sucesso nessa empreitada extremamente difícil, desaprendendo uma quantidade bem grande de como costumávamos dar conta de nossos dias e aprendendo novos jeitos de fazer as coisas.

Precisamos nos vincular socialmente a nossos bebês, porque vamos ser sinceras: é meio que o único jeito de ter certeza de que não vamos decidir matá-los.* Durante *anos*, precisamos ser capazes de reconhecer suas necessidades e tentar atendê-las, e acima de tudo de aprender a nos comunicar com eles enquanto forem incapazes de falar. Algo sobre o que poucas pessoas na comunidade científica já escreveram, porém, é o aprendizado social que a mãe precisa fazer de modo a se adaptar a seu novo papel de mãe numa *comunidade*.

É uma queixa comum: tendemos a esquecer as mulheres quando há bebês por perto; todos os olhares são atraídos para o bebê, sejam eles olhos sociais, numa sala, ou acadêmicos, dedicados a estudar bebês e mulheres e como eles podem ter evoluído. No entanto, assim como é errado as mães se descobrirem subitamente invisíveis por trás de seus filhos — tão transparentes quanto uma cortina diáfana flutuando diante de uma janela —, também é estranho, cienti-

* Quando um bebê pequeno está aos berros às três horas da manhã e parece haver muito pouca coisa que você possa fazer para ele se calar, amá-lo ajuda muitíssimo.

ficamente falando, pensar que a maternidade humana tem a ver apenas com a relação da mãe com sua cria. As mães humanas recentes, privadas de sono e de bem-estar geral, tipicamente se recuperando de um trauma pélvico e — em especial se for o primeiro filho — das feridas cotidianas da amamentação, precisam aprender a *existir* dentro de suas redes de sociabilidade. Elas precisam aprender a pedir as coisas de que precisam, ou até mesmo a perceber que coisas são essas. Precisam reavaliar muitas de suas relações em suas novas circunstâncias de vida: quais das pessoas à sua volta serão mais úteis para a criação de seus filhos? Quem merece confiança para dividir os cuidados com o bebê? Que coisas novas se esperam da mãe, e que coisas antigas que se *esperavam* vão mudar? Existem normas sociais que sustentem tudo isso? Existem formas de contornar essas normas quando elas não estiverem funcionando? *Em quem eu confio? Em quem eu me apoio?* Essas adaptações também devem ter se aplicado às mães humanas primitivas. E, à medida que nossas sociedades primitivas foram ficando cada vez mais interdependentes, mais complexas também devem ter ficado, inevitavelmente, as regras sociais da maternidade.

O que estou dizendo, em outras palavras, é que os cérebros das mulheres humanas parecem ter desenvolvido um processo, exclusivo às gestantes e puérperas,* que as ajuda a se adaptar à sociabilidade profundamente ancestral e cada vez mais desafiadora que acompanha a maternidade humana, e que esse processo é violento do ponto de vista neurológico.

Sob esse viés, a maternidade não consiste de forma nenhuma na *completude* da feminilidade. Essa é a última coisa que eu desejo sugerir. No entanto, como a maternidade vem exigindo há muito tempo das mulheres humanas um período singularmente desafiador de aprendizado social, não deveria ser nenhuma surpresa constatar que os cérebros das mulheres humanas talvez atravessem uma fase singular de *desenvolvimento* cerebral que as prepara para esses profundos desafios.

De modo bem semelhante à puberdade, essa fase parece ser provocada por uma sequência específica de mudanças hormonais no corpo da mulher, nesse caso os hormônios que ocorrem naturalmente quando ela adentra o terceiro trimestre da gestação e se prepara para o parto e para a lactação. E, em-

* Não necessariamente exclusivo aos mamíferos de modo geral, mas talvez reconfigurado em nossas vidas altamente sociais, com cérebros grandes e tipicamente humanas.

bora seu cérebro continue galgando essa longa curva de aprendizado social conforme ela for criando seu filho em suas muitas fases de crescimento, o período de adaptação mais radical é provavelmente durante aqueles poucos e críticos primeiros meses da maternidade, chamados por muitos de quarto trimestre, em que seu filho é particularmente necessitado de cuidados e a maternidade é particularmente nova, quando se trata de um primeiro filho.

Assim, se aquilo que caracteriza em especial a evolução dos cérebros humanos tem sobretudo a ver com nossas *infâncias* — ou seja, com nosso extenso período de aprendizado social e com as muitas coisas que nossos cérebros fazem durante esse período para otimizar o fato de viverem inseridos em redes profundas de grupos sociais interconectados —, então talvez quando pensamos nas mães humanas e em *seus* cérebros seja útil se perguntar se podem estar em jogo processos semelhantes que preparam as mulheres para maternidades especialmente exigentes. As mães recentes precisam fazer caber dentro de suas cabeças muitas informações novas, e parecem ter desenvolvido terceiros trimestres que dão conta de abrir espaço.

E talvez a cronologia disso tudo seja importante: o que não fica claro é se esse traço, que se presume ser adaptativo, surgiu primeiro de uma forma que se sobrepunha aos tipos padronizados de desenvolvimento cerebral hoje associados à adolescência. Conforme discuti no capítulo "Útero", a maioria das mulheres nas sociedades de caçadores-coletores de hoje em dia só tem sua primeira menstruação do meio para o final da adolescência e só dá à luz seu primeiro filho um pouco depois disso. Independentemente do que você possa ter ouvido falar sobre os casamentos aristocráticos na época de Shakespeare, durante a maior parte da evolução do ser humano (e dos homininíos primitivos, é de presumir), meninas no início da adolescência simplesmente não estavam prontas para ter bebês. Pelo que podemos observar nas comunidades atuais de caçadores-coletores, o início da ovulação ocorre no final da adolescência, o que coincide com a fase final de nosso longo período de aprendizado social e desenvolvimento cerebral juvenis.* Não sabemos exatamente em que

* Afinal, se você ainda estiver em plena fase juvenil, por que cargas d'água teria um bebê? Poucas outras espécies cometem uma besteira dessas. Na verdade, o ciclo de vida da maioria das espécies sociais reflete tanto o desenvolvimento físico quanto qualquer aprendizado social que possa ser necessário para os indivíduos conseguirem funcionar como adultos reprodutores em suas respectivas sociedades.

momento da linhagem hominínia isso pode ter acontecido, mas iniciar a fase reprodutiva mais tarde, uma vez encerrada a maior parte do período "juvenil" de desenvolvimento cerebral, com certeza parece ser uma estratégia evolutiva sólida. Existem cenários óbvios para como isso seria adaptativo, e é claro, mesmo se não fosse benéfico de imediato, outros cenários nos quais isso poderia ter sido basicamente inócuo.* Seja como for, nós perpetuamos esse traço: durante a maior parte da história humana, meninas chegavam à menarca quando nossos corpos já tinham acumulado uma quantidade suficiente de gordura gluteofemoral e de crescimento ósseo (além de uma quantidade adequadamente baixa de estresse cotidiano), para que o fato de engravidar não fosse demasiado prejudicial, o que também tinha a vantagem de se alinhar com um momento no desenvolvimento cerebral típico dos humanos que permitiria às mudanças cerebrais da maternidade não se sobreporem às da puberdade que a antecedia.** E as normas sociais com frequência reforçam uma data mais adequada, seja quando for o momento em que essa capacidade física se instala.***

Ainda assim, no fim das contas, talvez as normas sociais modernas sejam um dos maiores causadores de muitos dos estereótipos que temos em relação

* Ou seja, se não afetasse de modo significativo a probabilidade de que os bebês dessas meninas transmitam seus genes, o traço de programar a ovulação para ocorrer mais tarde no desenvolvimento cerebral poderia ser transmitido sem ser diretamente "selecionado" no sentido clássico da palavra. Nem todas as mutações são benéficas ou prejudiciais de imediato. Algumas só acabam por acaso entrando no pool genético porque não têm tanta importância assim para o sucesso reprodutivo. Se esses traços acabam se tornando prejudiciais ou benéficos é outra história.

** Conforme já mencionado, há meninas hoje iniciando a puberdade já aos oito anos de idade, antes de seus corpos ou cérebros estarem preparados para a maternidade! Ninguém sabe por que isso acontece, mas pesquisadores desconfiam que o aumento da obesidade, a predisposição genética e os hormônios (moléculas com potencial de imitar o estrogênio presentes no ambiente que disparam um falso gatilho para os ovários, ou algum outro fator novo incomum) estejam produzindo uma combinação pouco usual que antecipa o início da puberdade (Winter, 2022). Isso é ao mesmo tempo novo e potencialmente perigoso, e chegar à raiz do problema vai demandar tanto o que existe de mais moderno na ciência quanto redes radicalmente melhores de instituições de saúde pública e médicos particulares. Enquanto isso, o melhor que podemos fazer para proteger nossas meninas da puberdade precoce é uma combinação de alimentação saudável e redução da exposição a substâncias químicas tóxicas, ao mesmo tempo que as protegemos das reações sociais adversas aos seus corpos em transformação.

*** Em algumas culturas, as normas sociais permitem que uma menina engravide quando ela claramente não está preparada. Isso nunca dá certo; mais a respeito no capítulo "Amor".

ao Cérebro Feminino. Afinal, embora a maternidade pareça representar uma metamorfose neurológica importante no ciclo de vida cerebral de uma fêmea humana, bastante coisa já aconteceu com esse cérebro. Ele já passou, por exemplo, por aquilo que, na falta de uma expressão mais adequada, denominamos "infância da menina". E enquanto o mundo não mudar para melhor, os cérebros de suas filhas também vão passar.

INFÂNCIA DA MENINA

Existe um momento na vida de toda menina em que ela percebe que está sendo observada. Que seu corpo é algo que está sendo *visto*, e que quem o está vendo são os homens.

Como expressão, "olhar masculino" significa muitas coisas diferentes para ser útil nesse caso. Mas essa experiência fundamental — esse momento ou conjunto desconexo de momentos, em algum ponto entre os oito e os catorze anos de idade, em que uma menina passa a *saber* que ser visivelmente do sexo feminino significa ser algo que é visto de outra forma — me soa correta. Quando perguntei a conhecidas se elas conseguiam recordá-lo, a maioria respondeu que sim, com certeza. Algumas tinham lembranças nítidas e perfeitas de um acontecimento específico, em geral numa calçada; outras relatavam uma espécie de *sensação* invasiva que ia se acumulando com o tempo, uma paranoia crescente intrincadamente entretecida na trama da sua jovem Teoria da Mente.

As integrantes de gerações mais velhas com as quais conversei em geral tinham mais dificuldade de recordar um momento específico, embora todas concordassem com o princípio geral. Uma de minhas professoras na Columbia se lembrava de ter lido a descrição feita por James Watson de Rosalind Franklin, a mulher — quase esquecida pela história — cujo trabalho serviu de base para o modelo de dupla hélice do DNA. Em suas memórias, uma das principais queixas de Watson era que "Rosy" nunca se arrumava para ir ao laboratório; ele comentava que ela nunca usava batom para suavizar seus traços e que "seus vestidos tinham tanta imaginação quanto os de adolescentes inglesas metidas a intelectuais".[83] Ao longo de mais de duas décadas de conquistas científicas, minha professora tinha dado algum jeito de *esquecer* que o batom sequer existia. A leitura da descrição imbecil de Watson da mulher cujo trabalho possibilitou o prêmio Nobel dele foi seu redespertar para a realidade do machismo.

Minha primeira consciência foi aos oito anos, numa cena um tanto desengonçada numa calçada da Geórgia, depois de eu pegar emprestadas as botas vermelhas de salto da minha mãe. Já do meu redespertar tenho uma lembrança bem mais nítida. Eu era doutoranda e estava na plateia de um congresso científico importante, vendo uma de minhas mentoras ajustar seu projetor antes de sua palestra. Ouvi um homem mais velho comentar atrás de mim, num tom maldoso, com a pessoa sentada ao seu lado: "Sabia que muitas mulheres mais velhas agora estão usando penteados assim? Sei lá. Eu não acho adequado". Ele parecia estar se referindo à franja da minha mentora, uma cientista brilhante e conhecida na sua área. Fiquei sentada bufando naquela cadeira dobrável. Minha vontade era me virar e obrigá-lo a me encarar, talvez dizer alguma coisa ácida sobre o cabelo dele ou sobre suas bochechas de buldogue...

Qual é o custo desses momentos? Individualmente é pequeno: o fato de eu ficar pensando no que *deveria* ter dito, mas não podia dizer, interrompeu minha capacidade de me concentrar na palestra. Acumulados, porém, esses instantes — como acontece com frequência com outras mulheres pesquisadoras — afetam minha capacidade de me sentir pertencente a uma comunidade científica que inclui pessoas como *aquele cara*. Mas o custo geral de lidar com o machismo como mulher — digo, o modo como essas coisas vão se acumulando no cérebro ao longo de toda uma vida — acaba influenciando alguns aspectos funcionais básicos. E isso talvez nos proporcione, enfim, uma definição melhor do que é o Cérebro Feminino.

O cérebro tem essencialmente dois circuitos para lidar com desafios e ameaças.[84] O primeiro é o eixo simpático-adrenomedular (SAM). Nós usamos o SAM sobretudo em momentos clássicos de luta ou fuga, quando as coisas acontecem *rápido*. Digamos que você escute um alarme de tsunâmi e perceba que precisa correr. Seu cérebro envia um sinal para sua medula adrenal injetar epinefrina em todo o seu corpo. É a mesma substância que os médicos usam para fazer o coração voltar a bater depois de um infarto. A epinefrina é que vai lhe permitir subir correndo a montanha para fugir do tsunâmi. É ela que permite à gazela fugir do leão.

O segundo circuito do estresse é o eixo hipotálamo-pituitária-adrenal (HPA). O eixo HPA é o que ativa a liberação de cortisol, a clássica "molécula do estresse". Sempre tem um pouquinho de cortisol no seu corpo. Se precisar se manter vigilante, o jeito de seu corpo fazer isso é usando o cortisol. Quando os níveis de cortisol se mantêm altos por muito tempo, porém, eles atrapalham o ciclo do sono. Atrapalham a digestão. Tornam a memória de curto e longo prazo um pouco esquisita. O cortisol deprime o sistema imunológico. Enrijece as artérias. Um pouco de estresse é bom; muito estresse é reconhecidamente ruim.[85]

O eixo HPA é algo que nossos cérebros usam em períodos de "estresse na vida", mais longos e exigentes. Digamos que seu filho não esteja indo muito bem na escola nos últimos dois anos. Digamos que você saiba que sua empresa vai fechar e não sabe como vai voltar a trabalhar. Ou talvez você seja uma engenheira negra que trabalha na NASA. Ou uma mulher que ocupa uma posição de poder numa cultura machista.

A "ameaça do estereótipo" é algo real. As pesquisas em psicologia são bem claras em relação a isso.[86] Se você disser a uma mulher que meninas são ruins em matemática e em seguida lhe pedir para fazer um teste de matemática, ela não vai se sair tão bem quanto uma mulher que não tiver sido exposta a essa ameaça.[87] O efeito é espantosamente robusto: funciona para todas as idades, em quase qualquer cenário experimental possível, e mesmo quando não se está testando mulheres. Quando você diz a participantes do sexo masculino que homens não são tão bons em interpretar emoções, eles se sairão pior num teste que lhes peça para identificar o que significam determinadas expressões faciais.[88] Se você disser a participantes negros que as pessoas negras não são boas em engenharia, eles também terão pontuações piores em testes padronizados.[89]

Pessoas que deparam com ameaças todos os dias têm um eixo HPA hiperativo.[90] Elas acordam com níveis de cortisol mais altos do que pessoas que não sejam submetidas a esse tipo de estresse. Depois de certo tempo, o estresse crônico causa efeitos em cascata em muitas partes diferentes do corpo. Mas no cérebro, em especial, é que se pode ver esse padrão clássico: dificuldades de acessar a memória, um processamento geral mais lento e uma tendência maior à distração.

Podem-se ver padrões semelhantes em pessoas acometidas por dores ou depressão crônicas, e em refugiados recentemente obrigados a fugir de uma zona de conflito.[91] Cortisol em excesso todo dia de manhã. Picos aleatórios de epinefrina. Uma *vigilância* excessiva e demasiado frequente.

Por outro lado, se você experimentar uma quantidade suficiente de estresse baixo ao longo de um tempo razoável, sua tendência será desenvolver um *distanciamento* emocional e sensorial.[92] Essa anestesia é basicamente o que acontece quando o próprio cérebro se adapta para reagir com menos intensidade aos próprios sinais: o cortisol tem um efeito menor, e para experimentar um pico esses cérebros necessitam de mais epinefrina.

Nas universidades, muitos docentes e pesquisadores trabalham em áreas que estereotipadamente não foram "feitas para eles". Mulheres em disciplinas STEM. Afro-americanos em economia. Em vários estudos psicológicos distintos, esses indivíduos muitas vezes apresentam ao longo do tempo uma espécie de "desengajamento psicológico":[93] um isolamento do trabalho e das interações sociais com os colegas, menos estímulo positivo derivado da própria pesquisa.

Os cérebros humanos evoluíram por muito tempo para identificar cuidadosamente como cada indivíduo se encaixa num grupo maior. Cada um de nós dentro dos nossos grupos tem seu papel especializado que pode mudar a depender das circunstâncias. Nós passamos *anos* aprendendo com cuidado a viver com sucesso dentro de nosso mundo profundamente social. Esse é um dos aspectos mais característicos de nossa espécie: esse período extenso de aprendizado social. Nossos cérebros foram feitos para isso. Disso depende nossa espécie.

Quando você viola uma regra social, em geral precisa arcar com as consequências. Assim, você aprende a se comportar de modos que se encaixam, e a fingir um pouco quando não consegue fazer isso. Você sequer terá consciência da maioria dessas encenações. Isso demandaria energia demais. Você simplesmente sabe que deve sorrir quando outra pessoa sorri. Em geral não precisa nem pensar no assunto.

Mas e se você tiver aprendido que meio que *sempre* deve sorrir? Mesmo quando isso não for uma reação emocional direta e adequada ao sorriso de outra pessoa? Por exemplo, e se você for uma mulher andando por uma rua de Nova York e um cara qualquer na calçada gritar: "Ei, você, por que não está sorrindo?".

Isso deveria ser considerado um fator de estresse.* É uma reprimenda. É provável que treine você, consciente e inconscientemente, a sorrir mais.

Mas o monitoramento social tem também resultados *positivos*. Por exemplo, ser capaz de identificar corretamente oportunidades de aprofundar os vínculos sociais com seus amigos, familiares, pares e colegas de trabalho vai lhe render uma rede de apoio social mais robusta. E as mulheres, como já discutimos, tendem a ter redes de apoio social mais robustas do que os homens.

Portanto, se as mulheres *são* mais sintonizadas socialmente do que os homens, talvez por terem *aprendido* a ser assim, pela simples quantidade de horas que mulheres e meninas se sentem obrigadas a dedicar a essas habilidades. Uma espécie de memória muscular cognitiva. Se você fizer alguma coisa o suficiente, vai passar a fazer isso bem. Talvez as meninas adolescentes estejam sintonizadas com o tipo de ameaça social relacionado à ideia de que meninas são boas ou ruins em matemática, boas ou ruins na escola, boas ou ruins em serem competitivas ou ambiciosas, boas ou ruins em serem desejáveis. Uma das formas de lidar com essa ameaça é ser evasiva. Fingir-se de boba. Mulheres adultas fazem isso o tempo todo. Achamos mesmo que as adolescentes não? Elas podem resolver desistir do dever de matemática antes dos meninos por acreditarem que não devem ser boas naquilo. Podem decidir gastar mais energia em matérias que lhes rendam elogios sociais em vez de alienação e ridículo.

Não é correto dizer que a ameaça do estereótipo torna as adolescentes psicologicamente frágeis, que lhes falta "determinação". Algumas vezes ter determinação significa fingir e atravessar o campo minado. Assim, num mundo que pune alguém por ser inteligente, fingir ser menos inteligente do que na verdade se é significa não ter determinação? Ou significa que sua mente está aprendendo de modo rápido, discreto ou até inconsciente as regras da sobrevivência?

No fim das contas, se quisermos encontrar o Cérebro Feminino, ele não tem a ver apenas com hormônios ou com o hipocampo. Não tem a ver com as notas que se tiram na escola: isso é um sintoma, não a causa. Na verdade, até o

* A palavra da moda para designar isso é "microagressão", mas o desfecho em qualquer cérebro humano profundamente social é fácil de nomear: é estresse. Assim como uma lixa fina, quantidades pequenas de estresse social podem ser desgastantes no longo prazo. Os danos são cumulativos. Não é preciso ter a intenção de estressar o outro para fazer isso: quanto menor o ato, maior a probabilidade de que a pessoa responsável não tenha prestado a menor atenção dele.

início da puberdade, não existe nenhum modo confiável de diferenciar um cérebro XY que estiver sendo criado como menino de um cérebro XX que estiver sendo criado como menina. O mesmo se pode dizer de um cérebro trans jovem. Talvez seja possível encontrar pequenas diferenças entre a amígdala e o hipocampo,[94] e algumas diferenças estruturais no bulbo olfativo, se a coisa toda fosse batida no liquidificador e um computador contasse as células.[95] Para encontrar um cérebro humano "feminino" modelo, da forma como a maioria das pessoas entende isso, decerto seria preciso encontrar uma mente adulta que foi convencida a ser péssima em matemática, hipersocial, um pouco volúvel, dada a oscilações de humor radicais, um tiquinho frágil e no geral boa apenas numa gama estreita de coisas.

É preciso toda uma infância da menina num ambiente machista para construir um cérebro assim. É preciso ter passado pela puberdade como mulher nesse mundo machista. É preciso ter *sentido* aquele momento em que andar na rua mudou, porque os homens começaram a olhar para você de outra forma. Quando seu entendimento em relação às possibilidades da sua vida começou a encolher e você se sentiu impotente diante disso. Seria bem difícil construir esse tipo de mente na infância do menino moderna.*

Mas e os bebês XY que passaram por uma confirmação de gênero quando bebês devido a "genitais ambíguos"?[96] Digamos que até a puberdade essas crianças tenham tido, para todos os fins, um "Cérebro Feminino em Treinamento" estereotipado. Elas tiveram uma infância de menina. Foram tratadas como meninas. Foram treinadas para serem meninas. Talvez em alguns casos

* Se você estiver desconfiando que isso lembra muito Simone de Beauvoir, para quem "ninguém nasce mulher, mas se torna", sua percepção não está de todo equivocada (De Beauvoir, 1949/2011). É verdade que muitos filósofos e teóricos do feminismo me acusariam de "biologismo", pelo fato de que não acredito que *nada* do que fazemos está livre dos mecanismos biológicos naturais que produzem esses comportamentos. Eu acho mesmo que nosso "mundo físico" é basicamente aquilo que cria a mente humana e qualquer coisa que essa mente possa fazer. Como sistemas complexos naturalmente se comportam de modo complexo, ser queer é tão "natural" quanto ser cis. Quanto a mim, dado o que hoje se sabe sobre os cérebros humanos, a ideia de que a "infância da menina" (ou seja, o desenvolvimento cerebral infantil de uma pessoa identificada como pertencendo ao sexo feminino numa sociedade machista e as experiências acumuladas, influentes e lembradas associadas a esses anos) possa ser um dos fatores determinantes do conjunto um tanto estranho de coisas que acontece com a pontuação nos testes cognitivos de tantas meninas adolescentes é ao mesmo tempo verdadeira e em última instância libertadora.

tenham sido mais "molecas" do que algumas meninas, mas algumas meninas XX também são mais "molecas". Talvez a menina XY tenha se remexido um pouco mais quando bebê, ou gostado de brincadeiras mais brutas.[97] Mas algumas meninas XX também são assim.[98]

E as mulheres trans? Está claro que as mulheres trans *são* mulheres. Seus cérebros criam uma identidade de gênero por elas serem programadas como são e terem passado por mudanças comportamentais da maneira como passaram. A grande maioria dos cérebros humanos parece criar um entendimento de si como de alguma forma pertencente a um gênero. Isso decerto é tão instintivo e natural quanto a atração sexual, e nesse caso mais antigo do que muitos dos outros traços de ordem superior do cérebro humano.* A experiência trans de se identificar com um dos gêneros é tão autêntica quanto a de qualquer outra pessoa, e igualmente motivada por uma biologia muito antiga. Ter uma identidade baseada no cérebro que não se encaixa exatamente nas expectativas que uma sociedade tem em relação ao restante do corpo no qual essa identidade está alojada não a torna menos *real* do que seria em pessoas para quem ela "se encaixa". Falando de modo mais simples, se seu *cérebro* produz uma experiência de identificação como mulher, mas seus genitais por acaso incluem um pênis, isso significa que sua identidade como mulher é menos *real* do que a de outra pessoa?

De jeito nenhum.

Se ter um mecanismo fisiológico que impulsiona esse ou aquele traço é o que torna esse traço *real*, então o fato de um cérebro fazer algo é evidentemente tão real quanto se um fígado ou um pulmão fizerem alguma coisa. É verdade que ninguém sabe que aspectos funcionais do cérebro fazem determinado indivíduo se identificar como um gênero diferente daquele que lhe foi atribuído

* A fluidez e/ou pluralidade de gêneros também existem, e deveriam ser igualmente bem recebidas, pois é evidente que a maior autoridade em relação à experiência interna de uma pessoa na construção do seu Eu e da sua identidade de gênero é esse próprio Eu. A maioria das pessoas que se identificam atualmente como tendo um gênero fluido não é especialmente *neutra* em matéria de gênero; na verdade, ter sentimentos fortes em relação a isso em geral é o que leva a pessoa a considerar a questão para começo de conversa. Em outras palavras, desconfio que o natural seja o impulso de construir *algum* tipo de identidade de gênero nas vidas altamente sociais de hominínios sexuados como o *Homo sapiens*, e, como somos os únicos primatas capazes de falar, somos os únicos capazes de autorrelatar nossa experiência de forma profunda e nuançada.

ao nascer. Mas e daí? Nós tampouco sabemos o que faz uma mulher como eu se identificar como mulher.*

Posso dizer que parece incrivelmente provável esses mecanismos envolverem algumas ou todas as partes do cérebro humano que interagem com a sociabilidade de modo geral, uma vez que o gênero, por oposição ao sexo biológico, é basicamente um conjunto de comportamentos sociais ligado a como o eu de alguém e seu corpo interagem num ambiente social. Em outras palavras, está claro que não existe nada no DNA da pessoa que codifique usar *vestido*, mas talvez existam coisas que "codifiquem" uma probabilidade maior de receber feedbacks positivos com uma confirmação social baseada em apresentação de gênero, ou reações negativas quando a noção interna que se tem de identidade de gênero não parece se encaixar na expectativa social, e/ou quando essa pessoa percebe um feedback social negativo. No entanto, como muitas pessoas cisgênero iguais a mim — de novo: expressão contemporânea para designar pessoas a quem normalmente se atribui um de dois gêneros no nascimento, e que de modo geral se mostram satisfeitas com essa atribuição até o fim de suas vidas, excluindo reações normais ao fato de viver numa sociedade machista e queerfóbica** — têm uma gama variável de conforto em suas experiências so-

* O fato de que a nuança sutil da complexidade biológica escapa à nossa compreensão da causalidade inerente às identidades de gênero é importantíssimo. Para mim, a visão de mundo científica é um reducionismo da libertação: todas as sexualidades e identidades de gênero atípicas são fundamentalmente "naturais", porque nada que um corpo faça (inclusive na mente, que é em si um produto desse corpo) jamais poderia ser antinatural. Se algo é "imoral" é uma questão totalmente distinta, mas como humanista nunca vou considerar imoral uma sexualidade não prejudicial consentida entre dois adultos, tampouco jamais me consideraria uma autoridade maior em relação à identidade de gênero de outra pessoa do que essa própria pessoa. Um cérebro humano fez algo fora do comum na sua construção de gênero? Não há nada de estranho nisso. Um tenreco pode ter 29 mamilos. *Isso* é estranho. As mulheres trans são só mulheres cujos corpos são atípicos. Os tenrecos são o equivalente mamífero de "segura aqui minha cerveja que eu vou ali fazer uma besteira".

** A "satisfação" com o próprio gênero é algo complexo. Nunca conheci nenhuma mulher, fosse cis, trans ou outra coisa qualquer, que apreciasse 100% a experiência de viver como mulher ou como menina numa sociedade machista... O machismo é real, é terrível e faz parte da experiência vivida cotidiana de *todas* as mulheres e meninas. Assim, não se pode dizer que todas as pessoas que se identificam como mulher estejam "satisfeitas" com seu gênero, mesmo que, vista de fora, a aparência de uma mulher pareça totalmente aceitável debaixo do guarda-chuva das expectativas locais de gênero. É possível se sentir à vontade com a própria identidade de gênero e mesmo assim sentir exaustão com a experiência de vivê-la.

ciais de gênero, e da mesma forma uma gama muito variável de como processam essas reações e as integram numa identidade contínua, é difícil separar o que advém da predisposição genética de alguém e o que advém de seu entorno social. E isso porque o cérebro humano é simplesmente demasiado social, demasiado plástico, demasiado maleável, passível de revisão em demasiado para ser assim definido.

À medida que nosso mundo for se tornando cada vez menos sexista, ser trans vai se tornar menos difícil para quem tiver essa experiência. Se pessoas de todos os gêneros tiverem permissão para viver como quiserem, usar a roupa que quiserem e falar como quiserem falar, e ter empregos nos quais se sintam realizadas e fazer qualquer uma de uma infinidade de coisas que possam querer fazer, que diferença faria para uma criança com um corpo tipicamente de menino se sentir mais adaptada a viver a vida como menina? Por que ela se sentiria estressada por se vestir de modo diferente caso lhe fosse *sempre* permitido usar o que quisesse, mesmo seus pais não tendo sabido que ela era "ela" ao nascer? E por que cargas d'água teria importância que banheiro ela usaria se ninguém achasse que o corpo é motivo de vergonha ou, mais importante, se ninguém partisse do princípio de que ver o corpo de outra pessoa automaticamente faria quem está vendo se sentir no direito de receber sexo?

Nesse futuro de igualdade de gêneros, também é seguro pressupor que o lado *estressante* da ameaça do estereótipo vá se atenuar. Apesar das opiniões que se possa ter em relação às tendências recentes nos Estados Unidos, essa ameaça vem diminuindo há mais de duzentos anos.* Portanto, como nossas infâncias de meninas são hoje diferentes, o cérebro-padrão da mulher adulta provavelmente também é um pouco diferente do que era cem anos atrás. Não se poderia esperar de alguém que passou fome na infância ultrapassar 1,80 de altura, mesmo que seus genes contenham esse potencial. Tampouco se deve esperar de um cérebro que tenha efetivamente passado fome alcançar um QI de 150, mesmo o potencial genético estando presente. Às vezes pode ser que aconteça. Só que é mais difícil. Na verdade, uma Marie Curie na sua época é

* Não nas áreas dominadas pelo al-Shabaab, veja bem. Não nas áreas dominadas pelo Estado Islâmico. Não no inferno de manipulação psicológica que é o Afeganistão. Não nos enclaves ocultos de qualquer religião misógina. Tampouco na Suprema Corte americana, ou nas câmaras legislativas de determinados estados americanos. Mas para o restante de nós, se considerarmos os dados dos últimos duzentos anos, a tendência é clara.

mais impressionante do que uma Marie Curie atual. Teria sido preciso *muito mais* para construir num corpo feminino um cérebro capaz de alcançar o potencial natural de Marie Curie. É mais fácil para nós fazermos isso hoje. Não é *fácil*, é *mais* fácil. E, pressupondo que a tendência se mantenha, só vai ficar ainda mais fácil daqui para a frente.

Não porque a infância da menina algum dia vá desaparecer. Só porque ela vai ser menos horrível.

Homo sapiens

7. Voz

A história aqui é uma tradição oral, lendas transmitidas por boca a boca, um mito comunitário criado invariavelmente ao pé da mangueira na profunda escuridão da noite, na qual ecoam apenas as vozes trêmulas dos velhos, pois mulheres e crianças escutam fascinadas sem nada dizer. Por isso a hora noturna é tão importante: é quando a comunidade contempla o que é e de onde veio.

Ryszard Kapuściński, *Ébano*[1]

De tão envolvida que estava no papel de ingênua que me fora atribuído, dispus-me inteiramente a considerar essa possibilidade… Ele já estava me falando a respeito — com aquela expressão de superioridade que conheço tão bem de quando um homem desembesta a falar, olhos fixos no horizonte indistinto e distante da própria autoridade.[2]

Rebecca Solnit, *Os homens explicam tudo para mim*

Alguém o encontrou caído no acostamento de uma estrada de interior, com a moto a metros de distância.[3] Foi um dos piores traumas que o hospital comunitário já tinha visto. O homem tinha só 41 anos. Por baixo da maçaroca de osso e tecido que antes era seu rosto, ele lutava para conseguir respirar. A enfermeira tentou intubá-lo, mas entrar pelo nariz era impossível. Ao tentar inserir o tubo pela garganta até as vias aéreas, ela topou com edemas no tecido. O coração do homem batia. Seus pulmões e fígado estavam bem. Mas se ela não conseguisse abrir suas vias aéreas ele iria morrer.

O homem precisava de uma cricotireoidostomia, uma "crico". Abrindo um buraco em sua garganta, seria possível desviar do edema e levar ar puro até os pulmões. Como não era capaz de realizar o procedimento, a enfermeira bipou o cirurgião da equipe.

Abrir uma garganta humana é pedir para ter problemas. Os vasos sanguíneos que irrigam e drenam o cérebro passam por ali, junto com imensos emaranhados de nervos cruciais. Também é preciso desviar dos vasos sanguíneos e da laringe. Se cortar no lugar errado, ou no sentido errado, você lesiona um paciente para a vida inteira, e pode fazê-lo perder a voz. Ou talvez matá-lo. A maioria dos pacientes com dificuldades respiratórias pode ser intubada. Mas a maioria das pessoas não sai voando de uma motocicleta em alta velocidade e aterrissa diretamente sobre a face. Havia duas décadas que o cirurgião que estava de plantão não realizava uma crico.

Por sorte, o hospital comunitário fazia parte de um novo programa de telemedicina que o estado de Vermont estava testando. O cirurgião conseguiu entrar em contato com um médico que trabalhava num centro de traumatologia de excelência num hospital distante e ligou a câmera, permitindo ao colega de especialidade visualizar um close em tempo real do rosto e do pescoço dilacerados do paciente. O médico na tela concordou que era preciso fazer uma crico, e de imediato. Falando de modo lento e claro em seu pequeno microfone, ele guiou o cirurgião local na realização do procedimento.

Primeiro encontre o pomo de adão na garganta do paciente. Agora tateie até encontrar a saliência seguinte, uns 2,5 centímetros mais para baixo. * *Entre essas duas saliências tem uma membrana. É esse seu alvo.*

* Isso é a cartilagem cricoide, um tecido conectivo que protege a parte inferior da garganta.

O paciente chiava; seus lábios estavam começando a azular.

O primeiro cirurgião, sentindo-se de volta na escola de medicina, concentrou-se na voz do especialista em traumatologia. Seu dedo esquerdo encontrou o ponto certo. Com a mão direita, ele posicionou o bisturi, encostando delicadamente o fio da lâmina na pele, bem no centro da garganta do paciente à beira da morte.

Incisão vertical. Um centímetro de profundidade.

A pele cedeu sob o metal, revelando logo abaixo uma membrana reluzente e fibrosa.

Agora na horizontal.

Foi difícil e exigiu alguma pressão, mas a lâmina conseguiu penetrar.

Agora gire o bisturi. Pressione o cabo para dentro e faça um giro de noventa graus.

A membrana se abriu feito uma casa de botão. O sangue escorreu pelo metal do cabo do bisturi e pelas laterais do pescoço do paciente. A enfermeira estava a postos com o tubo de plástico, e o cirurgião o inseriu no buraco ao mesmo tempo que retirava o bisturi.

O paciente na maca voltou a respirar, primeiro de forma entrecortada, depois lenta e profunda. Num monitor ali perto, os números começaram a subir: 60% de oxigênio, 70%, 80%, 85%.

Não houve tempo para comemorar. O cirurgião agora precisava aliviar a pressão causada pelo edema cerebral do paciente. Ele empunhou a furadeira e abriu um furo no osso. Deu certo. Uma vez o paciente estabilizado, seu corpo mutilado foi transferido para o único centro de traumatologia do estado, em Burlington, a horas de distância dali. O homem iria sobreviver.

MAGIA COMUM

Na verdade, é como um truque de magia. Sem mover nada, sem construir nada, com pouco mais do que uma agitação elétrica a percorrer minúsculos filamentos que saem das extremidades das células, seu cérebro avisa à garganta e boca para produzirem um som. Com apenas umas poucas pulsações do ar, o som salta pelo espaço até os ouvidos de outro alguém, e num tempo que parece quase nada, milissegundos, sua ideia chega ao cérebro da outra pessoa.

Não foi preciso mostrar nada. Não foi preciso urinar num poste na rua nem gesticular. Mesmo assim, você consegue fazer um denso pacote de informações sair de um órgão dentro do seu corpo e ir para dentro *do corpo de outra pessoa.*

Nenhum outro animal do mundo consegue fazer isso. Nenhum cachorro é capaz de ensinar outro cachorro a realizar uma crico latindo num microfone a centenas de quilômetros de distância. Nenhum chimpanzé é capaz de fazer isso acontecer. Nenhuma baleia. O *Homo sapiens* é o único animal em toda a história dos animais a ter conseguido realizar esse truque fenomenal.

Nós somos o único símio falante.

Somos tão linguísticos, na verdade, que conseguimos inclusive inventar maneiras de criar linguagens sem qualquer som. Aqueles de nós que não conseguem escutar, ou que escutam pior do que a maioria, podem usar as mãos para criar uma linguagem. Apenas alguns milhares de anos atrás, nós descobrimos até como criar marcas para representar as palavras que formamos. Isso significa que os cérebros podem milagrosamente carregar ideias em outros cérebros que sequer conheceram.

Pode parecer ridículo eu estar dando tanta importância a isso. Afinal, falar com outro ser humano é uma coisa muito comum, muito cotidiana. Só que não é comum. Aqui na Terra urinar é comum. Transpirar é comum. Movimentar o próprio corpo para que outro membro da sua espécie possa ver o que você está fazendo e quem sabe talvez até entender por alto o que você quer é bastante comum. O mesmo vale para as vocalizações da maioria dos animais: eles cantam, grasnam, latem, rosnam e silvam, transmitindo "mensagens" rudimentares que outros animais conseguem entender.

Mas essas mensagens em geral são tão simples quanto um alarme de incêndio. E produzem respostas simples e automáticas programadas desde o nascimento. A maioria dos animais vem ao mundo pronta para se comunicar entre si. Filhotes de cachorro já sabem "se prostrar", abaixando-se sobre as patas dianteiras, para sinalizar que querem brincar. Ninguém precisa lhes ensinar isso. As sépias sabem mudar de cor para avisar que estão zangadas, cascavéis sabem chacoalhar a cauda, abelhas melíferas sabem executar suas estranhas e agitadas danças para avisar ao restante da colmeia onde estão as flores.

Nenhum outro animal tem a gramática humana. Eles não têm *linguagem.* Não conseguem preparar ideias complexas e jogá-las dentro do cérebro uns dos outros simplesmente trocando a ordem de alguns sons. Não conseguem ensinar alguém a cortar a traqueia de um homem com um bisturi e ali inserir um pedaço de tubo, depois abrir um furo na sua cabeça para lhe salvar a vida.

Falar com alguém está longe de ser comum.

E não está nada claro como ou quando nossos antepassados conseguiram realizar esse feito. No entanto, toda cultura humana viva possui linguagem. Talvez tenhamos começado a falar há tanto tempo quanto 1,7 milhão de anos atrás.[4] Ou tão recentemente quanto 200 mil anos atrás. Há quem pense que faz só 50 mil anos,[5] o que poderia muito bem ser considerado ontem na nossa evolução.

Não há como saber com certeza, mas existem probabilidades: coisas que mudaram nos corpos e comportamentos de nossos antepassados ao longo do tempo e tornaram a linguagem mais ou menos provável. Quando *Homo habilis* começou a fabricar suas ferramentas de pedra, provavelmente ainda não falava: a configuração de sua garganta, sua boca e seu peito teria tornado isso *muito* difícil de fazer. Seus descendentes imediatos provavelmente tampouco falavam. Eles tinham a garganta errada para isso. A boca errada também. Suas caixas cranianas não pareciam ter o formato clássico que os cérebros humanos dotados de linguagem têm, com as saliências certas nas áreas que hoje sabemos estarem associadas com o processamento da linguagem.

Se isso estiver correto, então todas aquelas elaboradas ferramentas de pedra e toda aquela ginecologia primitiva foram aprendidas e transmitidas por meio da *observação direta* e de gestos e sons muito simples. Éramos macacos fazendo imitação. Talvez tivéssemos também uma linguagem de sinais rudimentar. Podemos estar usando gestos manuais complexos há muito mais tempo do que somos capazes de fabricar a linguagem moderna com nosso aparato vocal. Nossos primos ainda o fazem: os chimpanzés articulam sons que são uma espécie de *ooo* bem delicado, combinados com uma das mãos estendida, punho frouxo e palma virada para baixo, que pode ser traduzido aproximadamente como: "Você é quem manda, não me machuque, eu não sou uma ameaça". Mas esse não é o tipo de coisa capaz de ensinar a um médico como realizar uma cricotireoidostomia.

Durante a maior parte da história dos hominínios, deixamos poucos vestígios de nossa cultura. Se tínhamos linguagem, portanto, não estávamos fazendo grande coisa com ela. Os primeiros hominínios que parecem ter possuído um aparato *vocal* moderno — garganta, maxilar e língua nos lugares corretos — viveram apenas uns poucos milhares de anos atrás. Então essa é a época mais remota na qual poderíamos ter tido a capacidade física de produzir a complexa linguagem vocal que produzimos hoje.[6] Neandertais, Heidelbergensis, *Homo sapiens*. Só esses três.

Uma vez que passamos a ter linguagem, ela teria se espalhado rapidamente por todo o pool genético, pois era muitíssimo útil: de uma hora para outra, passou a ser possível solucionar problemas em série. Não era mais preciso esperar comportamentos naturais serem codificados no DNA. Era possível encarar os desafios em tempo real.

Existe um ponto da história humana, aproximadamente entre 50 mil e 30 mil anos atrás, em que a inovação pareceu explodir.[7] Nós antes tínhamos ferramentas relativamente simples e culturas muito simples. Depois, passamos depressa a ter tecnologias diversas. E mais, passamos a ter uma cultura *simbólica*: pinturas rupestres. Esculturas simbólicas. Práticas funerárias. Pegamos nossas antigas ferramentas de pedra e fabricamos outras *bem* melhores. Essas inovações se espalharam depressa: subiram pelo Mediterrâneo até a Europa, tornaram a descer pela África e se alastraram pela Ásia até os confins do Pacífico.

Em outras palavras, a inovação se alastrou num ritmo que, na opinião da maioria dos cientistas, deve ter *requerido* a linguagem. Mas não sabemos por quanto tempo a tivemos antes desse ponto, nem sabemos se a complexidade linguística rudimentar tinha de alguma forma se modificado. Mas por que nossas Evas a inventaram, para começo de conversa?

A maioria das histórias sobre a origem da linguagem humana tem sido bastante masculina. Basta ver as pinturas rupestres de Lascaux, do Levante e espalhadas pela África setentrional: linhas borradas e esfregadas formando auroques, cervos, bisões. Do que trata a arte mais primitiva da humanidade?[8] Da caça. Poucos detalhes nesses desenhos sugerem características sexuais humanas, mas a pressuposição que a maioria das pessoas faz é que os caçadores retratados pelos artistas rupestres são do sexo masculino.

A maioria das histórias científicas sobre a evolução da linguagem humana segue essa mesma linha: a cada momento, a inovação humana era impulsionada por grupos de homens solucionando problemas de homem. Uma das versões preferidas afirma que a linguagem aconteceu porque nós *nos tornamos* caçadores, passando a formar grandes bandos (de homens) que precisavam gritar instruções complexas uns para os outros no amplo espaço das savanas.* Só que os lobos são caçadores bastante incríveis, fazem isso em grupo, conseguem bolar planos surpreendentemente complexos para caçar que dependem do fato de diferentes integrantes desempenharem diferentes papéis, e eles não dispõem de um pingo sequer de linguagem.

Além do mais, a maioria dos antepassados da humanidade não era particularmente boa em caçar. Na verdade, se tanto, nós éramos carniceiros e presas: o lanche preferido de grandes hienas, leões, e qualquer outra coisa que conseguisse nos capturar. Muitos cientistas acham até que o *Homo erectus*, o mais provável candidato a caçar presas grandes entre os hominínios mais primitivos, ainda dependia mais das carniças.[9]

Assim, talvez uma teoria melhor seja que a linguagem vocal evoluiu entre nossos antepassados mais temerosos, que gritavam uns para os outros ao identificarem um predador em seu território. Os macacos-de-campbell fazem isso hoje: eles têm diferentes chamados de alarme para águias e grandes felinos, e podem inclusive avisar de que direção está vindo a ameaça. O chamado de "grande felino" os faz fugir para o alto das árvores; o da águia os faz se abaixar. Na realidade, os chamados de alerta são tão flexíveis que o simples fato de alterar a ordem dos sons parece funcionar como uma espécie de protogramática:[10] *águia em cima e a oeste, gato embaixo e a leste.*

Talvez os machos, com seus corpos maiores e mais musculosos e seus pulmões mais potentes, fossem a escolha evidente para o trabalho de alertar o clã contra tais perigos, protegendo as fêmeas frágeis e as crianças vulneráveis.

* Na verdade, nós não sabemos se a maioria dos caçadores de animais grandes era homem, claro. Nos grupos de caçadores-coletores conhecidos, os papéis de gênero são variáveis, mas os homens estão fortemente associados à caça de animais grandes. No entanto, indícios primitivos das Américas sugerem que as mulheres tinham uma forte e corriqueira participação na caça de animais grandes, o que talvez não tenha sido incomum para nossas Evas pré-agrícolas (Haas et al., 2020). No modelo mais conhecido hoje, as mulheres com frequência assumem o papel mais "tradicional" de coletar plantas, processar alimentos que de outra forma seriam tóxicos e caçar animais menores e menos perigosos. Em termos de como os sexos contribuem para a ingestão total de proteína do grupo, porém, há um empate: mesmo que as mulheres coletem apenas plantas e insetos e cacem pequenos animais, elas estão contribuindo com tantos gramas de proteína para a ingestão total do grupo quanto os homens.

E, uma vez dotados de linguagem, a capacidade desses grupos de machos teria aumentado muito. Nada mais de choramingos e gestos. Eles agora podiam encarar todas as resoluções de problemas complexos e toda a interação social de que os antepassados humanos precisavam para poder competir, sobreviver e prosperar. Então talvez os homens tenham sido os motoristas e as mulheres, as passageiras tagarelas no banco de trás: participantes do jogo da linguagem, mas não líderes.

Talvez seja por isso que, em sucessivos estudos, participantes humanos gostem mais de ouvir vozes masculinas do que femininas.[11] Talvez por isso também os homens sejam tão frequentemente líderes políticos, com seus vozeirões poderosos que se propagam tão bem em recintos grandes. Os grandes oradores da história — Lincoln, Mandela, Ataturk, Churchill — também são do sexo masculino, praticamente todos com mais de 1,83 de altura, pescoços longos e másculos, peitos largos e vozes ribombantes feito um tambor.

Reconheço que dar aos homens o crédito pelo traço humano mais definitivo de todos não se encaixa muito bem com meus princípios feministas modernos. Mas a história da humanidade não é gentil nem igualitária. Sendo assim, deixemos de lado como queremos que o mundo seja e levemos essa ideia a sério.

UMA HISTÓRIA DE DOIS CLINTON

> *Portanto, amigos, é com humildade… com determinação… e com uma confiança sem limites no potencial dos Estados Unidos…*

Filadélfia, 2016.[12] Hillary Clinton estava prestes a fazer o que nenhuma mulher nos Estados Unidos jamais tinha feito. Numa cena que era uma cruza de comício político raiz com festa de aniversário infantil, milhares de pessoas animadas tinham se reunido para a Convenção Nacional Democrata, e estavam agora imprensadas entre cadeiras dobráveis, bandeirinhas de tecido e cartazes em movimento.

Vinte e quatro anos antes, Clinton tinha visto seu marido Bill fazer exatamente a mesma coisa: aceitar ser indicado candidato à presidência por um partido político americano importante. Ela estava pronta. Era bem preparada.

Talvez mais do que qualquer outro candidato na história da política dos Estados Unidos. Só havia um problema: Hillary estava perdendo a voz.

Não era só por causa da privação de sono devida à empolgação e à campanha extenuante. Não era só porque ela estava prestes a completar 69 anos. Não: milhões de anos de evolução haviam culminado naquele instante. Em pé diante do púlpito, com os olhos de todos nela. Ali estava Hillary: a segunda de dois Clinton diante do desafio de realizar o mesmo feito de proeza vocal. E em algum ponto do caminho uma série de acontecimentos desafortunados tornou a voz de Hillary *diferente* da voz de Bill. Diferente porque ela é do sexo feminino.

PRESSÃO

Basicamente, a fala nada mais é do que um jeito elaborado de prender a respiração. Um segundo antes de Hillary tentar dizer "Eu aceito...", ela precisava ingerir um pouco de ar que fosse durar até o final da frase. Só conseguiria inspirar de novo depois de terminada a frase.

Isso não é tão simples quanto se pode pensar. Nossos cérebros e diafragmas aprendem a impulsionar as palavras com nossa respiração quando somos jovens. Bebês não conseguem fazer isso. Crianças pequenas conseguem um pouco melhor, mas continuam sendo bem ruins. O controle da respiração maduro, do tipo que os adultos usam para conversar todos os dias, não parece ocorrer antes dos cinco anos de idade.*

Falar dá trabalho em qualquer idade. Isso acontece porque prender a respiração atrapalha a entrega de oxigênio para o sangue; o restante do corpo exaure depressa as próprias reservas. Os homens têm pulmões maiores do que as mulheres, o que significa que têm mais oxigênio ainda circulando enquanto estão falando. Esse é um dos motivos pelos quais o Clinton do sexo masculino

* Por isso se podem encontrar crianças com dom para a música exibindo seus talentos por meio de um instrumento antes dos cinco anos — como Mozart fez — ao passo que os cantores só surgem mais tarde. Eles não têm o controle da voz necessário nem os pulmões. A coordenação mão-olho e o reconhecimento do tom começam muito antes de uma criança conseguir cantar direito. Meu próprio filho, hoje com menos de cinco anos, passa o dia inteiro cantando o alfabeto aos berros, mas seu controle do tom e da respiração é bem mais ou menos.

teve mais facilidade para fazer seu discurso de aceitação. Ele simplesmente dispunha de uma quantidade maior de ar quente.

Não só o corpo de Hillary como um todo é menor do que o de seu marido como seus pulmões são *proporcionalmente* menores do que os dele. Os homens têm entre 10% e 12% a mais de volume absoluto de pulmões do que mulheres de mesmo peso,[13] ou seja, eles deveriam ter mais oxigênio num momento qualquer para gritar alertas sobre tigres que estivessem se aproximando. Mais oxigênio para fugir. E mais oxigênio, é de presumir, para enunciar frases bem compridas sobre a nomeação à presidência do Partido Democrata sem ficarem tontos.

Desde o instante em que Bill Clinton nasceu, em 1946, seus alvéolos — aquelas bolhinhas nos pulmões nas quais a troca gasosa ocorre — se multiplicaram um pouco mais depressa do que os de Hillary depois de ela nascer, no ano seguinte. Conforme os meninos crescem, as diferenças comparativas no crescimento pulmonar só aumentam. Quando Bill chegou à puberdade, no início dos anos 1960, seu peito se expandiu e ficou mais largo, adquirindo o formato de v característico, de ombros largos e cintura reta. Seu pescoço também ficou mais comprido e mais grosso, com músculos circundando o maxilar mais largo. A laringe desceu um pouco na garganta, formando o pomo de adão, e a cartilagem e as cordas vocais engrossaram.

A Hillary adolescente passou um pouco pela mesma coisa, só que num grau bem menor. Sua cavidade peitoral cresceu, mas não tanto quanto a de Bill. Sua laringe desceu um pouco e as cordas vocais engrossaram, mas nem de longe tanto quanto as de Bill. Assim como os de Bill, seus pulmões cresceram para abastecer seu corpo em crescimento. Mas eles não chegaram a ocupar o espaço inteiro debaixo da sua caixa torácica. E isso porque as costelas das mulheres não estão posicionadas no corpo da mesma forma que as dos homens. As costelas das mulheres são curvadas *para dentro* na parte de baixo, só um tiquinho, o que constitui grande parte do motivo pelo qual as cinturas das mulheres são mais estreitas do que as dos homens.

A evolução teve um bom motivo para dotar a Hillary adolescente dessa caixa torácica feminina: ela precisava de espaço para as futuras Chelseas. No terceiro trimestre de uma gestação humana, o feto já está tão grande que empurra os outros órgãos para longe. O estômago e o intestino ficam comprimidos. O fígado fica apertado. Em pouco tempo, torna-se difícil respirar fundo, pois todos os órgãos fora do lugar acabam sendo empurrados de encontro ao diafragma da mulher. Ao longo da gestação, suas costelas curvadas se deslocam para acomodar essa nova disposição dos órgãos, abrindo-se para fora em direção às paredes do tronco. Por isso as mulheres no final da gravidez parecem ter as costas mais largas: essas costelas mais compridas estão fazendo seu possível para ajudar a estabilizar e proteger todos os órgãos tirados do lugar pelo útero cada vez maior.

É um truque bacana. Mas não tão bacana levando em consideração todo o tempo que você passa *sem estar* grávida, quando teria apreciado um pouco mais de capacidade pulmonar. Como quando está se dirigindo à nação num dos momentos mais importantes da história política dos Estados Unidos.

Mas esse não foi o único desafio enfrentado por Hillary. Ela também precisava manter uma *pressão* constante nos pulmões conforme os esvaziava lentamente para impulsionar seu discurso. Nossos pulmões na verdade não deveriam ser capazes de fazer isso: a pressão deveria diminuir substancialmente quanto mais nós falamos, como um balão que murcha quando você deixa o ar escapar. Mas, como a fala exige controlar de modo muito preciso a distribuição dessa pressão, você efetivamente a faz ricochetear entre a laringe e os pulmões. Se não controlasse com cuidado essa pressão em movimento, correria o risco de rasgar algum tecido: a força do ar no trato respiratório humano quando estamos falando é impressionantemente grande.[14] Se nossos músculos e nossa programação de neurônios humanos não fizessem o que fazem tão impressionantemente bem, toda vez que falamos ou faríamos nossas cordas vocais sangrarem (de modo literal) ou danificaríamos com gravidade nossos pulmões.

Bill também tinha vantagem nesse ponto. Ele não só conseguia sorver inspirações mais fundas com seus pulmões maiores como tinha mais massa muscular ao redor dos pulmões, o que lhe permitia controlar melhor a liberação dessa pressão ao longo do tempo. Pesquisas recentes sustentam isso: quando falamos, os cérebros das mulheres enviam sinais de impulso mais frequentes do que os dos homens para o diafragma e para os músculos "inspiratórios".[15] Para dizer isso de modo mais simples, as mulheres os solicitam mais e com mais frequência, o que exige o envolvimento de mais controle neurológico. É possível que esse viés de maior controle nos torne melhores nas diferenças mais sutis de controle da voz (mais sobre isso daqui a pouco), mas na tarefa básica de garantir que nossos pulmões não explodam por causa das diferenças de pressão o peito masculino precisa se esforçar menos.

Até onde sabemos, nós somos os únicos mamíferos capazes de prolongar e controlar nossas expirações por meio de várias rajadas de ar minúsculas e vigorosas. Outros primatas não fazem isso. Nem os mais ruidosos. Aqueles chamados longos e estridentes de nossos primos mais ruidosos — os roncos dos bugios, os gritos dos macacos-vervet — são impulsionados por inspirações repetidas e vigorosas. Nenhum macaco consegue sequer se aproximar do comprimento de uma reles frase humana.

Golfinhos e baleias são capazes de prender a respiração por muito tempo, e até mesmo de projetar correntes de bolhas, mas sua principal forma de comunicação é por meio de cliques, guinchos e sonares que não mobilizam especialmente os pulmões. Em terra, a única outra espécie que parece fazer o que fazemos com nossos pulmões são os passarinhos.

Só que as aves não produzem som da mesma maneira que nós. De modo bem parecido com seus antepassados dinossauros, as aves de hoje têm nove bolsas de ar distintas que funcionam como foles. As aves inspiram o ar para dentro das bolsas e expiram pelos pulmões. Isso significa que têm sempre muito mais oxigênio disponível do que os mamíferos, o que torna bem mais fácil fazer coisas que requerem uma quantidade ridícula de energia, como *voar*.* E passar o dia cantando. Cantar, sob muitos aspectos, é um jeito rebuscado de prender a respiração bem parecido com falar.

Hillary na verdade precisou inspirar *cinco* vezes para pronunciar a frase crucial:[16] "[*inspira*] Portanto, amigos, é com [*inspira*] humildade, [*pausa*], determinação [*inspira*] e uma confiança sem limites no potencial dos Estados Unidos [*inspira*] que eu aceito sua indicação [*inspira*] para a presidência do país!".

Todas essas inspirações lhe permitiram falar de modo mais controlado e preciso. Também lhe permitiram fazer pausas para dar ênfase dramática —

* Os morcegos conseguem fazer isso por terem um método de voo bem mais eficiente do que o das aves ou insetos: as membranas elásticas e ossos com muitas articulações de suas asas lhes permitem fazer ajustes minúsculos e eficientes no formato de suas asas durante o voo (Tian et al., 2006). Por isso eles parecem "frouxos" e erráticos durante o voo, mas por isso também que conseguem voar. Se não conseguissem, eles ou morreriam no chão, recorreriam a um simples planar como os esquilos voadores, ou teriam de se virar para desenvolver pulmões *bem* maiores; mamíferos simplesmente não foram feitos para serem beija-flores.

aquilo que confere ao discurso público uma qualidade ao mesmo tempo melodiosa e retórica, a importância emocional de "fazer uma breve pausa" — e lhe proporcionaram pressão de ar suficiente para aumentar o volume da sua voz. Mas ao fazer isso ela soou forçada. Essa foi uma das maiores críticas que recebeu durante a campanha: "Parece que Hillary está *gritando* o tempo todo".* Provavelmente porque estava mesmo.

Embora muitas vezes machistas, as críticas à voz de Hillary em 2016 não eram totalmente sem fundamento. Apesar das habilidades de respiração acrobáticas com as quais a evolução nos presenteou, as vozes femininas nos deixam com regularidade na mão. Nós forçamos nossas cordas vocais mais do que os homens. Isso vale em especial para as mulheres que ganham a vida falando e cantando: professoras, palestrantes profissionais, atrizes, guias turísticas. Se você for uma mulher que usa profissionalmente a voz,[17] tem uma probabilidade maior de precisar ir ao médico por ter forçado as cordas vocais do que um homem com o mesmo trabalho. O estranho em relação a isso é que o instrumento vocal feminino não é inerentemente mais *frágil* do que o masculino. Pode ser até que nós tenhamos algumas vantagens mecânicas: um controle maior da musculatura respiratória, por exemplo, ou reações mais rápidas nos circuitos nervosos entre o cérebro e a boca e garganta. Provavelmente, o problema é que as mulheres treinam de modo inconsciente suas vozes para imitar as dos homens, sobretudo nas áreas pública, política e profissional.

Em pé atrás daquele púlpito, Hillary gastou muita energia apenas tentando se fazer ouvir, mesmo com a ajuda de um microfone. A acústica da maioria das salas de aula e dos auditórios acomoda bastante bem as vozes masculinas: contanto que se consiga "projetar a voz", as pessoas lá no fundo vão ouvir. (Isso tem especial utilidade para os ouvintes do sexo masculino, claro, que conforme aprendemos no capítulo "Percepção" começam a perder a capacidade auditiva de ouvir os sons mais agudos no início da casa dos vinte anos. Para alcançar os *homens* das fileiras do fundo, seria preciso falar de maneira ao mesmo tempo alta e precisa.) Mas quando se é uma mulher como Hillary, cuja voz de fala é

* Em setembro de 2016, alguns críticos republicanos tiveram inclusive a pachorra de medir a frequência com a qual ela *tossia* durante uma entrevista, como se os méritos da candidatura de uma pessoa pudessem ser quantificados em pigarros.

naturalmente mais aguda e um pouco menos alta do que a de Bill, "projetar como um homem" fica mais difícil.

Em outras palavras, ela grita mesmo quando não quer gritar. Ao começar sua corrida pela indicação presidencial, Hillary para todos os efeitos já vinha gritando havia décadas, projetando a própria voz em determinados registros de modo a preencher recintos grandes concebidos para vozes masculinas, fazendo-se ouvir em ambientes barulhentos. E sua garganta não foi feita para gritar: na verdade, as gargantas das mulheres parecem ter sido feitas para uma grande quantidade de comunicação vocal precisa e de curto alcance. Nesse sentido, a garganta e os pulmões de Bill são um pouco mais próximos do modelo mais antigo dos primatas. Talvez mais próximos ainda do momento em que a linguagem humana evoluiu originalmente.

BELO SÁCULO LARÍNGEO, CARA

Quando você quer falar mais alto, sua coluna vertebral emite um sinal — na forma de um impulso elétrico minúsculo e inconsciente — para seu diafragma e seus músculos intercostais: *mais volume agora*. Consequentemente, essa musculatura libera um pouco mais de pressão, permitindo às molas dos seus pulmões projetarem o ar para fora e fazê-lo chegar à sua laringe e às suas cordas vocais com uma força decidida. Esse movimento é primitivo: nossas primeiras Evas aprenderam a controlar a pressão do ar para tornar seus gritos mais altos. Mas nós *todos* falamos mais baixo do que antigamente, porque os hominínios perderam seus sáculos laríngeos.[18]

Assim como muitos primatas, os chimpanzés, gorilas e orangotangos atuais têm sáculos laríngeos. Ou, mais especificamente, "divertículos laríngeos": grandes becos sem saída de tecido que se projetam de um lado e outro da laringe e podem se encher de ar. Nos chimpanzés, esses sáculos descem por toda a garganta até a parte superior do peito. Nos orangotangos machos, eles formam uma imensa rede de balões infláveis, a descansar preguiçosamente numa dobra por cima do pescoço e do peito. Quando um macho grita, os balões se enchem de ar e produzem som, fazendo um *vruuuum* grave ecoar pela floresta. Assim, o sáculo laríngeo o ajuda a alertar os machos adversários quando eles estiverem vindo na sua direção. Também avisa as fêmeas quando há um macho por perto.

Um estudo cuidadoso de fósseis dos ossos do pescoço dos hominínios sugere que até muito recentemente nós tínhamos sáculos laríngeos.[19] Lucy e os australopitecinos ainda os tinham. E é fácil ver seu legado na garganta humana de hoje, com dobras profundas de um lado e outro da laringe. Se Bill Clinton fosse um australopitecino, essas dobras teriam se prolongado em bolsas. Quando ele expirasse, o ar encheria essas bolsas e vibraria, tornando sua voz mais alta e mais vibrante. Quando ele inspirasse, as bolsas liberariam o ar para dentro de seus pulmões, um pouco como acontece numa ave.

As primatas fêmeas também têm sáculos laríngeos, mas em geral menores. Nos machos, os sáculos surgem durante a puberdade, como parte do desenvolvimento sexual. Assim, quando nossos antepassados perderam seus sáculos laríngeos, os machos provavelmente foram os que mais saíram perdendo, quaisquer que fossem os usos dessas bolsas: reivindicar um território, talvez, ou então intimidar adversários, ou quem sabe parecer mais sexy para uma Hillary primitiva.

Imagine que os hominínios não o tivessem perdido. Imagine o Senado americano nos anos 1990, com um Bill Clinton mais jovem fazendo seu pronunciamento anual e os senadores democratas, em sua maioria homens, inflando majestosamente os sáculos laríngeos e produzindo vibrações de aprovação a cada pausa dramática. E do outro lado do corredor os senadores republicanos *também* inflando seus sáculos para emitir seus gritos contrários. O alarido teria se alastrado um quilômetro inteiro pela Constitution Avenue, feito encrespar o espelho d'água e ido até o obelisco. Os turistas fariam fila para ouvi-lo no National Mall, aquele *rugido* áspero e grave do coro da democracia ao amanhecer, interrompido apenas pelos pios alarmados dos pássaros.

Mesmo assim, embora um sáculo laríngeo volumoso proporcione volume de voz, ele não proporciona *precisão*. Isso não é um problema se você estiver se comunicando apenas com uma gama limitada de roncos-arquejos e chamados de alarme. Mas, se você quiser *falar*, bradar através de um sáculo laríngeo simplesmente não vai funcionar.

Não sabemos se a linguagem falada veio antes ou depois da perda dos sáculos laríngeos. Mas sabemos que a fala se beneficiou da sua ausência.[20] Ao usar computadores para simular uma voz humana com os antigos sáculos laríngeos ainda presentes, pesquisadores constataram que os ouvintes tinham dificuldade para detectar diferenças sutis entre os sons vocais de quem estivesse falando.*

É de presumir, pelo menos para os machos, que os ganhos *com certeza* superavam as perdas. A linguagem é um ganho bem grande. Talvez um dos maiores. Mas alguma outra coisa talvez tenha impulsionado a mudança: reduzir o risco de infecções.

As infecções nos sáculos laríngeos são um dos maiores desafios para se manter saudáveis primatas em cativeiro.[21] Muitos pesquisadores de primatas costumavam prender macacos rhesus em posição ereta em cadeiras, o que tornava os animais terrivelmente propensos a essas infecções. Quando se é um macaco rhesus normal cuidando da vida, a cabeça em geral fica inclinada para a frente, ou até mesmo paralela ao chão. Com a cabeça presa na vertical, o conteúdo de seus seios nasais vai escorrer direto para dentro da abertura dos seus sáculos laríngeos, que podem então infeccionar.

Imagine, portanto, nossos antepassados em pé, com as gargantas agora diretamente abaixo da parte posterior da cavidade de seus seios nasais. Ter um sáculo laríngeo ali talvez tenha sido uma vulnerabilidade maior do que antes que os hominínios começassem a andar sobre duas pernas. Talvez especialmente para os machos. Você não vai ser muito bom em soltar chamados sensuais e competitivos se estiver sempre produzindo muco.

Ainda assim, saber que os sáculos laríngeos são algo principalmente masculino vai contra a ideia de que a fisiologia masculina se prestou melhor à evolução da linguagem humana. Se o que queríamos para o desenvolvimento da fala era precisão e compreensibilidade, ser capaz de bradar através de um sáculo laríngeo não teria sido tão benéfico quanto as vantagens menores e de mais curto alcance de um instrumento vocal feminino.

* Alguns seres humanos pouco sortudos ainda acabam tendo sáculos laríngeos, tipicamente como consequência de terem forçado a voz ou fumado. Essas pessoas têm uma voz ofegante e imprecisa quando falam, e muitas vezes sentem um desconforto na garganta acompanhado por um calombo visível num ou em ambos os lados do pescoço. Os homens estão mais propensos a apresentar isso, em especial os saxofonistas. (Felizmente, Bill não toca com tanta frequência assim.)

Privada de um sáculo laríngeo ribombante, bem como dos pulmões maiores de seu equivalente masculino, Hillary Clinton precisava contar com o diafragma para fazer a maior parte do trabalho de aumentar o volume da sua voz. Rajadas de ar zumbiam e ressoavam ao tocar suas cordas vocais, ricocheteavam nas paredes da garganta, e então se projetavam pela boca e através do microfone para os 19 mil delegados que prestavam atenção em cada palavra sua durante a Convenção Nacional Democrata.

Mas Hillary queria mais do que apenas aceitar a indicação para a presidência. Ela queria aceitá-la com ênfase. E decidiu tentar um *crescendo*.

Para tanto, ela teve de recorrer a outro traço vocal profundamente desenvolvido ao longo da evolução. Mais ou menos da época do *Homo erectus* em diante, a laringe dos hominínios desceu em nossas gargantas,[22] dando à língua mais espaço para realizar todas as manobras complexas, retorcidas e acrobáticas que usamos para produzir a linguagem falada. Uma laringe mais baixa também nos permite manipular melhor o tom da nossa fala, um aspecto-chave da voz humana moderna.*

Nos bebês humanos, a laringe desce na garganta cerca de três meses depois do nascimento, e torna a descer na puberdade, de modo mais radical nos meninos. (Chimpanzés também têm essa primeira descida, mas não a segunda.) Conforme seus níveis de testosterona disparam, a laringe vai descendo na garganta dos meninos e suas cordas vocais engrossam e se alongam, em algum ponto entre os treze e os dezesseis anos de idade. A transição é tão radical que os cérebros dos meninos muitas vezes acham difícil se adaptar a seus novos instrumentos. Por isso a voz dos adolescentes oscila tanto, saltando a esmo entre os antigos registros mais agudos e os novos, mais graves. Quando as meninas passam pela puberdade suas vozes também ficam um pouco mais graves,

* Infelizmente, esse é também um dos novos traços mais mortais da fisiologia humana: nos Estados Unidos, uma criança morre engasgada a cada cinco dias, com estatísticas parecidas mundo afora. Os adultos se saem um pouco melhor, mas não tão bem quanto se poderia pensar: essa ainda é a quarta maior causa de "morte por lesão involuntária" (ou seja, quando você morre em decorrência de uma lesão, mas não porque você ou outra pessoa tenha querido que você se ferisse). Outros animais não engasgam tanto quanto nós, pois suas gargantas têm outra organização.

mas a voz masculina pode descer até uma oitava. A de Hillary? Só deve ter descido algumas colcheias. Tudo muito bom, tudo muito bem, mas existe nisso um fator evolutivo que faz do macho o beneficiário mais provável: os humanos do sexo masculino conseguem emitir notas graves que normalmente só seriam produzidas por animais com três vezes seu tamanho.[23]

Em muitas espécies, descer a laringe na garganta permite vocalizações mais graves. Quando um cervo-vermelho macho emite sons durante a temporada de acasalamento, ele na verdade *movimenta* sua laringe até fazê-la tocar o esterno, produzindo um som grave, profundo e francamente intimidador. (Ele também bombeia o pênis para cima e para baixo enquanto o está emitindo; cervos-vermelhos não são animais sutis.)[24] Como animais maiores têm cordas vocais mais compridas, imitar o som de um animal maior fazendo sua voz soar mais grave do que teria soado é uma adaptação evolutiva comum para espécies cujo tamanho não é particularmente intimidador. Para as muitas espécies de mamíferos que fazem isso, o macho é o que mais se beneficia dessa voz mais grave.

Para os homens atuais, vozes mais graves parecem ser percebidas como mais "dominantes", enquanto as vozes masculinas um pouco mais agudas são percebidas como mais "agradáveis". Para as mulheres a questão do tom é mais complexa, em grande parte devido às maneiras culturais de pensar sobre as vozes das mulheres na esfera pública. Vozes graves de mulher são em geral consideradas não "dominantes", mas profundamente desagradáveis. Vozes de mulher mais agudas são mais desejáveis e mais agradáveis.[25] No Japão moderno, por exemplo, as moças são famosas por falarem com os homens num tom mais agudo, reservando suas vozes "normais" mais graves para conversas com outras mulheres. Nos Estados Unidos, porém, as mulheres em geral usam o extremo mais grave do seu alcance vocal quando estão tentando falar de um jeito "sexy" (muitas vezes enfatizando também os aspectos de "rouquidão"). Pode ser difícil destrinchar quais partes da voz humana são culturais e quais são motivadas pela evolução, mas as mulheres com vozes naturalmente mais graves tendem a ter menos estrogênio de modo geral em seus organismos.[26] Assim, o caráter mais desejável das vozes femininas mais agudas poderia ser apenas uma questão de sinais de fertilidade.

Os ciclos menstruais também têm seu papel. Logo depois da ovulação, a progesterona está alta e o estrogênio, baixo. Então, logo antes da menstruação, a progesterona despenca e o estrogênio dispara, flutuação que pode afetar a voz da mulher. Ninguém tem certeza absoluta de por que razão isso acontece, ou por que algumas mulheres são afetadas e outras não; como muitos aspectos da vida das mulheres, essa é uma área de pesquisa nova. Mas a resposta provável são os hormônios. O revestimento da laringe da mulher parece mudar ao longo do ciclo menstrual.[27] Nas semanas que antecedem a ovulação, esse revestimento cresce e lubrifica as cordas vocais com um muco ralo. Na ovulação, tanto a laringe quanto a vagina da mulher parecem chegar a um "ápice de muco": o colo do útero gera mais muco para ajudar os espermatozoides a subirem nadando ao encontro do óvulo, e o revestimento da laringe e as cordas vocais se tornam suculentos, felizes e flexíveis. Ao longo do ciclo menstrual, as mulheres muitas vezes preferem as próprias vozes por volta da ovulação. Cantoras conseguem atingir todas as notas do seu alcance vocal, da mais grave à mais aguda, sem problema nenhum. Palestrantes profissionais relatam menor quantidade de rouquidão e esforço.

E então, assim como o revestimento uterino se altera e se rompe após a ovulação, o epitélio que reveste as dobras da laringe de uma mulher também parece se modificar. Seu muco se torna mais espesso, mais pegajoso e mais seco, e a laringe pode ficar irritada. Muitas cantoras profissionais constatam não conseguir alcançar as notas mais agudas ou cantar tão alto. Algumas evitam por completo gravar ou se apresentar durante uma boa semana por mês, porque suas cordas vocais ficam inflamadas. Algumas cantoras de ópera profissionais tomam pílula não só por quererem controlar a própria vida reprodutiva, mas porque não é economicamente viável passar treze semanas por ano de férias.

Como no caso da TPM, essas mudanças são mais radicais em algumas mulheres do que em outras. As que apresentam sintomas mais incômodos de TPM podem ter uma probabilidade maior de apresentar mudanças mais perceptíveis na sua qualidade vocal por volta da época da menstruação.[28]

A maioria das mulheres também nota mudanças em suas vozes na menopausa.[29] Muitas constatam que suas vozes ficam até uma oitava mais graves na casa dos cinquenta e sessenta. A idade também faz isso com os homens: a laringe, tão flexível quando jovem, se torna mais dura e mais rígida. As cordas vocais engrossam e ficam menos flexíveis. Para as mulheres, porém, essas mudanças podem ser radicais. Conforme os estrogênios despencam com a menopausa, todo o sistema vocal pode ficar um pouco fora de prumo.

O que nos leva de volta a Hillary Clinton. Depois de passar décadas tentando tornar sua voz feminina mais alta e mais grave para poder falar em recintos lotados, os hormônios do seu corpo mudaram com a menopausa. Se sua laringe fosse parecida com a da típica mulher na menopausa, ela provavelmente teve dificuldade para se adaptar ao novo ambiente, com menos estrogênio. As cordas vocais e as paredes da laringe provavelmente se inflamaram, ao mesmo tempo que sua carreira profissional passava a exigir que ela "projetasse" a voz com cada vez mais frequência, em recintos cada vez maiores. Assim, não é difícil imaginar como sua voz acabou ficando do jeito que ficou na convenção: um pouco rouca, mais grave, tendo que se esforçar para manter seu crescendo e seu volume e, de modo crítico, continuar sendo compreendida ao fazer isso. Um grito vago não era seu objetivo.

PRECISÃO

O músculo mais forte do corpo humano, em termos de pressão absoluta, é o masseter, o músculo da mandíbula. O útero é o músculo mais forte do corpo em termos de pressão constritiva.[30] Mas quando se trata de músculos dotados *tanto* de força *quanto* de flexibilidade, a clara vencedora é a língua humana, que precisa rolar e empurrar um bolo de comida mastigada de um lado para o outro da boca, insistindo nos pedacinhos mal mastigados antes de engolir, enquanto evita o tempo inteiro ser cortada ou esmagada pelos dentes em movimento. Se você algum dia já mordeu por acidente a língua ou a bochecha, sabe que a mastigação nem sempre é simples. Ter uma língua forte e flexível é importante.

No entanto, se os chimpanzés puderem ser considerados um exemplo, nossa língua é *muito* mais flexível do que as línguas de nossos antepassados. Chimpanzés não conseguem forçar o ar através da boca e dos dentes para formar um som de *sss* de alta pressão; eles não silvam. Os chimpanzés são bons em *aas* e *oos*, e são até capazes de produzir um *eee* longo e esganiçado, mas as consoantes não são sua especialidade. Mesmo que um chimpanzé *quisesse* dizer "Portanto, amigos, é com grande humildade", seria um desastre. Chimpanzés se contentam em grande parte com vogais, grunhidos, alguns estalos com a boca e uma ocasional e bem colocada vibração dos lábios.

A língua humana começa mais baixo na garganta do que a do chimpanzé, e é ancorada pelo osso hioide. Esse pequeno apoio suplementar nos ajuda a fazer o que precisamos fazer. Além disso, um grande buraco em nossa mandíbula chamado canal hipoglossal permite que um grosso feixe de nervos vá de nossos cérebros até nosso pescoço, maxilar e boca. Esses nervos controlam a cuidadosa coordenação de nossa laringe, musculatura da garganta, maxilar e língua no ato de falar.

Os australopitecinos costumavam ter os ossos hioides basicamente onde ficam os dos chimpanzés:[31] bem na base da língua, no fundo da boca. Raios X de ossos fossilizados da cabeça e do pescoço de hominínios mostraram onde e como diferentes tipos de ligamentos teriam se prendido, o que nos permite ter uma noção de como o instrumento vocal se organizava. Foi só por volta da época dos neandertais e heidelbergensis — hominínios *muito* recentes, do tipo com o qual o *Homo sapiens* fazia sexo — que a laringe e o osso hioide passaram a se situar tão baixo na garganta quanto nos humanos modernos. A posição mais baixa do hioide nos permite ancorar com mais eficiência o músculo da língua, o que por sua vez nos permite achatá-la, curvá-la, encostar sua ponta atrás ou entre os dentes, e assim por diante.

Mas estamos nos precipitando. Por que a língua desceu na garganta, para começo de conversa? Não se pode concluir que a língua tenha descido *antes* da fala, já que ela faz parte do que torna a fala possível. O melhor argumento em curso para explicar a mudança de posição é o simples fato de termos começado a andar em pé.[32] Ao fazermos isso, nossas cabeças se inclinaram no eixo, empurrando o maxilar mais para trás em direção à garganta e diminuindo o espaço horizontal no alto da via aérea. As línguas humanas são razoavelmente grandes. À medida que nossos rostos foram ficando mais achatados, a língua precisou encolher de forma radical, ficar pendurada na lateral da boca, ou então deslocar sua base mais para baixo em nossa garganta.* Seja qual tenha sido

* Se você quiser um exemplo desse tipo de processo em ação — em especial quando ele dá errado —, considere o cão pequinês. Muitos cães de pequeno porte, cujos crânios adquiriram uma esquisitice evolutiva mais depressa do que outras partes de seus corpos devido a cruzas deliberadas, têm hoje línguas que, por não caberem na boca, ficam penduradas na lateral. Felizmente, uma vez que seus corpos caninos não são eretos, isso não parece torná-los mais propensos a engasgos; para os hominínios primitivos, porém, não dava para ser assim. Nós mantivemos nossa língua grande, que é ótima para falar, e a ancoramos na parte superior da garganta.

a mudança exata, é provável que ela tenha começado *antes* de estarmos propriamente falando.

Se você estiver notando uma tendência aqui, tem razão: quando se observa a totalidade das pesquisas recentes sobre a evolução da linguagem, a ciência mais recente está se afastando da linha "como os humanos são especiais" em direção a algo um pouco mais simples, um pouco mais acidental. Uma parte significativa de por que os hominínios primitivos conseguiram inventar a linguagem vocal talvez seja nossas Evas terem evoluído para andarem em pé. Com o tempo, equilibrar nossos crânios na ponta de uma coluna vertebral vertical modificou naturalmente a estrutura de nossas gargantas e bocas. Nem todas essas modificações foram benéficas. Engasgar-se era um problema. Sáculos laríngeos infeccionados também. A perda do sáculo laríngeo deve ter levado os machos a desenvolverem uma voz mais grave para compensar, mas isso não chega a ser heroico, e com certeza não basta para sustentar a ideia de que os homens são oradores inerentemente melhores do que as mulheres.

Embora nossos instrumentos difiram um pouco, não existe nenhuma diferença avassaladora na mecânica de como os instrumentos vocais de homens e mulheres se organizam. As mulheres têm algumas vantagens muito pequenas em relação à fala no modo como nossas línguas menores se encaixam dentro de nossas bocas ligeiramente menores: para nós é mais fácil pronunciar consoantes e as complicadas transições entre sons. As meninas têm uma probabilidade menor do que os meninos de desenvolverem língua presa e outros problemas funcionais de fala;[33] também é mais fácil compreendê-las em volumes mais baixos, em especial se estiverem falando depressa... contanto que não estejam falando com homens mais velhos, que talvez tenham dificuldade para ouvir o registro completo das vozes femininas. Mas nem todas essas vantagens de precisão foram suficientes para ajudar Hillary Clinton no discurso mais importante de sua vida.

Ela começou seu crescendo bastante bem, mas à medida que se aproximava do clímax sua voz, que ia ficando cada vez mais aguda e mais alta, falhou. Hillary enfrentou isso com um sorriso, como a profissional que é, e o gigantesco recinto no qual ela estava tentando projetar sua voz feminina mesmo assim irrompeu em aplausos e gritos num frenesi entusiasmado. Missão cumprida. Nos muitos vídeos desse evento, é possível observar todo mundo tentando entender o que tinha acabado de acontecer. Anos depois, tudo ainda parece um pouco irreal. Até a própria Hillary fez uma pausa — de uns quinze segundos, na verdade —, que provavelmente lhe deu tempo justo suficiente para descansar e limpar a garganta antes de voltar a falar. Para mim, porém, uma figura se destaca no quadro nesse instante, alguém um tanto importante para o assunto em pauta.

Ela estava nas coxias, um pouco à esquerda, usando um vestido cor de cereja. Seu nome é Chelsea. E, embora ela não seja o *motivo* que valeu a Hillary o sucesso ou o fracasso em sua tentativa de alcançar a presidência, é, com toda certeza, o motivo pelo qual os seres humanos continuam a ter linguagem.

DE ZERO A MIL EM TRÊS ANOS

Exatamente zero bebês humanos nascem sabendo falar, mas a maioria nasce pronta para a linguagem. Nossos genes humanos únicos programaram nossos cérebros para serem capazes de aprender a linguagem, ou até mesmo para serem ávidos por ela.[34] Só que aprender a falar envolve muitos dados. Muitas regras. Exige uma quantidade impressionante de resolução de problemas altamente específica e rápida feito um raio. Nenhuma dessas coisas pode ser transmitida pelo DNA.

Para aprender a falar, é preciso uma infância humana. Para a linguagem ter podido evoluir e se manter do jeito que fez, os bebês primitivos precisaram de uma exposição constante a outro usuário de linguagem enquanto seus cérebros estavam em formação. Durante toda a pré-história humana, até as origens da linguagem em si, os seres humanos aprenderam a falar principalmente interagindo com suas mães.*

Portanto, a narrativa masculina sobre evolução da linguagem humana erra o alvo. A linguagem não é como os polegares opositores ou os rostos planos, traços que a evolução gravou em nossos genes. Nossa capacidade de

* Não se preocupem, papais, vocês também podem fazer esse trabalho. Durante longos períodos da história humana, porém, os pais provavelmente não o fizeram. As sociedades igualitárias do ponto de vista sexual são raras ao extremo. As fêmeas têm sido as principais cuidadoras de nossos descendentes há no mínimo 200 mil anos, quiçá 200 milhões. A díade mãe-bebê é o pareamento mais comum e mais importante da maioria das espécies de mamíferos, e isso continua valendo para a grande maioria dos *Homo sapiens*.

aprender e inovar em matéria de linguagem é nata, mas mesmo assim, para os ganhos maiores de comunicação intergeracional poderem se sustentar ao longo do tempo, cada geração precisa transmitir a linguagem à outra por meio de um esforço cuidadoso, de um aprendizado interativo e de um desenvolvimento guiado.* A linguagem, em outras palavras, é uma construção conjunta das mães e seus bebês, e depende do relacionamento entre essas duas partes nos primeiros três a cinco anos da vida humana, um período crítico. Uma longa e ininterrupta cadeia de mães e crias tentando se comunicar entre si: foi isso que sustentou a linguagem desde o início.** Embora não tenha nenhuma lembrança disso hoje, você também vivenciou essa curva de aprendizado da linguagem.

A capacidade de aprender e usar a linguagem de um recém-nascido é mínima. São necessários uns bons cinco meses para compreender ainda que vagamente o que a gigantesca criatura que dá leite está piando para você, e mais seis depois disso para conseguir pronunciar sua primeira palavra. Mesmo assim, seu cérebro está se desenvolvendo num ritmo frenético. E, embora você ainda não consiga falar nem compreender de verdade, consegue se comunicar com sua mãe, sobretudo por meio do choro.

Durante seus primeiros três meses de vida, você rapidamente entende a diferença entre vozes humanas e sons não humanos, e presta mais atenção nos sons humanos (em parte porque eles muitas vezes vêm acompanhados de alimento ou da remoção daquela umidade desconfortável frequente na sua bunda). Você também começa a imitar as qualidades musicais da linguagem à sua volta, provavelmente algo que aprendeu no útero. Por exemplo, bebês franceses recém-nascidos choram numa melodia crescente,[35] que é o modo típico como os franceses falam, com o tom tendendo a ficar um pouco mais agudo ao final

* Seria ótimo se um bando de crianças conseguisse, quem sabe, inventar do nada uma nova linguagem se por algum motivo houvesse sido privado de uma experiência plenamente fluente de díade com a mãe. Mas como diabos isso os ajudaria a se comunicar com gerações anteriores ou vice-versa? Como o *conhecimento* iria se sustentar sem o recurso da boa e velha imitação?

** Existem muitos modelos diferentes de criação de filhos, incluindo genitores biológicos de todas as identidades de gênero e todos os tipos de cuidadores que não são genitores. Nenhum deles tem mais valor do que qualquer outro. Nenhum está mais naturalmente fadado ao sucesso ou ao fracasso. Como *a maioria* das pessoas aprende a linguagem no contexto de uma díade mãe-filho, porém, o que teria sido igualmente o caso ao longo da história da nossa espécie, eu uso esse modelo aqui.

das palavras ou frases. Já recém-nascidos alemães choram num tom que vai ficando mais *grave*, um padrão de fala típico da língua alemã.

Ao final dos seus três primeiros meses, você já sabe viver muito melhor. É mais do que provável que sua visão e sua audição já sejam plenamente funcionais. Você também consegue comunicar uma gama mais ampla de choros: alguns indicam que sua fralda está suja, outros que você está com fome, outros ainda algo como "puxa, que tédio". Sua mãe provavelmente aprendeu, em grande parte, a lhe dar o que você quer nos momentos certos.

Quando você não está lhe pedindo coisas diretamente, passa horas e horas do seu dia balbuciando coisas ininteligíveis, testando sequências aleatórias de tons e sílabas. Os sons mais simples são mais fáceis no começo, como *p*, *b* ou *m*, aqueles dos quais a língua não participa.* Às vezes você diz coisas para chamar atenção. Às vezes tenta imitar os sons à sua volta. Às vezes simplesmente acha agradável ouvir uma voz humana, então ocupa o ambiente com a sua. Balbucia coisas quando está feliz e balbucia coisas quando algo está incomodando. Quando sua mãe lhe sorri, você sorri de volta e balbucia coisas para ela, que parece gostar. E você se sente feliz quando ela fica feliz. O leite dela também fica um pouco mais docinho.**

Pelo menos uns seis ou sete meses depois de nascer, você finalmente começa a entender que as estranhas sequências de ruídos que as pessoas à sua volta produzem são *palavras* isoladas. Ou pelo menos algumas são. Um bebê começa do zero, sem nenhum ponto de referência, e leva algum tempo para entender que *m* não tem significado, ao passo que "mãe" tem.

* Balbuciar coisas ininteligíveis não é algo que apenas os bebês *humanos* fazem. Aves de canto juvenis piam e assobiam em padrões aleatórios e repetitivos bem parecidos com os dos bebês humanos (Lipkind et al., 2013). E mais: aves como a corruíra-de-bewick compartilham com os seres humanos um conjunto regular de cinquenta mutações genéticas (Pfenning et al., 2014). Como acontece com a maioria das pesquisas genéticas, não sabemos *exatamente* o que esses cinquenta genes fazem, mas eles parecem ser críticos para o aprendizado vocal. São mais ativos nas regiões do cérebro ligadas à linguagem. De modo mais revelador ainda, aves que não precisam aprender cantos complexos não possuem esse conjunto de genes. Outros primatas também não. Pelo menos em termos de aprendizado vocal, isso talvez queira dizer que os seres humanos são mais parecidos com as aves do que com outros primatas. Talvez então, em vez de símio *falante*, fosse melhor chamar os humanos de símios cantantes.

** Relembrando o capítulo "Leite": quando mães e bebês ficam estressados, o leite materno contém mais proteína e cortisol, enquanto o leite "feliz" é comparativamente mais rico em açúcares. Para os bebês humanos, deixar as mães felizes é recompensador.

Quando os bebês balbuciam, eles estão testando seu aparato vocal para ver que sons *conseguem* fazer. Estão testando também suas faculdades cerebrais ligadas à linguagem, e vendo se as pessoas à sua volta reagem mais a um ou a outro som. Imagine aprender um instrumento antes mesmo de ter uma ideia do que seja *música*. Você toca uma ou duas notas, escuta, vê se gosta, vê se o público gosta, então toca outras. Só que o instrumento está localizado dentro do seu peito, da sua garganta e da sua cabeça. Enquanto isso, seu cérebro está se reprogramando com regras de comunicação de tipo simples, prestando cuidadosa atenção enquanto sua principal cuidadora conversa com você.* Para se tornar fluente de verdade no seu idioma principal, seu cérebro precisa de exposição já nos primeiros seis ou sete meses de vida. Bebês que não têm essa exposição, seja por qual motivo for, passam o resto da vida tendo dificuldade com coisas como sintaxe.** Seis ou sete meses é *muito* jovem. Você sequer engatinha. Antes mesmo de aprender a se locomover, seu cérebro já está começando a montar as primeiras peças do jogo da linguagem.

E, se sua vida for parecida com a da maioria dos seres humanos que viveu nos últimos 200 mil anos, a voz que você mais escuta é a da sua mãe. O principal rosto que você vê é o dela. Sem ela, é claro, você não conseguiria sobreviver. Mas ela constitui também a maior parte da sua vida social. Se existe alguém no mundo com quem você precisa aprender a se comunicar é ela. Afinal, você está se preparando para isso antes mesmo de ser *você*: os recém-nascidos reconhecem a voz da mãe (e reagem a ela de modo preferencial), que vêm escutando desde que seus ouvidos se desenvolveram no útero.***

* E ela precisa estar no mesmo recinto que você. Bebês que assistem a vídeos educativos não aprendem tão bem quanto bebês que ouvem o idioma ser falado presencialmente (Anderson e Pempek, 2005), embora ter outro bebê no recinto quando isso está acontecendo estranhamente pareça melhorar o aprendizado (Lytle et al., 2018). Como na maior parte do aprendizado humano, a interação social faz diferença.

** Bebês que nascem inteiramente surdos e sem qualquer tipo de linguagem de sinais em casa também têm dificuldades no aprendizado da linguagem. É em parte por isso que alguns médicos hoje recomendam que bebês surdos recebam implantes cocleares antes que essa janela se feche, para reforçar o aprendizado linguístico em conjunto com a língua de sinais, pois os implantes cocleares nem sempre funcionam tão bem quanto se poderia esperar (Wolbers e Holcomb, 2020).

*** Bebês que nascem totalmente surdos não têm essa vantagem, mas se sabe que eles reagem preferencialmente aos rostos das mães logo após o nascimento, assim como muitos bebês que veem (Field et al., 1984). Pessoas que nascem surdas e cegas são privadas de ambas as rotas de

Pressupondo que você tenha sucesso em comunicar suas necessidades para sua cuidadora, e pressupondo que consiga completar um ano de vida, finalmente conseguirá produzir sua primeira palavra. Alguns bebês — em geral meninos — levam um pouco mais de tempo. Mas mesmo antes de conseguir dizer essas palavras você começa a reconhecê-las. Poderá inclusive reagir a comandos básicos (quando estiver de bom humor), como "pare com isso" ou "venha cá". As regiões do seu cérebro ligadas à linguagem atingem a densidade máxima por volta do seu terceiro ano, que é quando seu vocabulário explode. Antes disso você tinha apenas uma dúzia de palavras. A partir daí, aprende rapidamente centenas delas. *Milhares*. Sua gramática também fica mais complexa. Suas frases passam de duas a três palavras a dez ou mais. Aos três ou quatro anos, você terá uma palavra para quase tudo no seu entorno. E quando não souber o nome de alguma coisa? Você inventará um nome, passeando pelo mundo a passos firmes como Adão no Éden, balbuciando novas palavras sem pensar duas vezes. E o melhor de tudo: sua mãe saberá o que você está querendo dizer e raramente fará alguma correção.*

Nesse caso, as duas partes estão motivadas. Afinal, se a sua mãe demorar demais para lhe dar o que você quer, existe o risco de você ter um ataque. E com toda essa densidade sináptica? Entre os dois e os quatro anos, você tem *muita* dificuldade para lidar com todas as fortes emoções que está sentindo. Mas, se ter esse cérebro infantil emocionalmente instável *também* torna você melhor no aprendizado da linguagem, pode ser que os ganhos superem os ataques. Seu cérebro em crescimento está passando por um tipo de desenvolvimento cognitivo muito especial: ele está construindo um motor de comunicação dentro da estreita janela em que seu cérebro é plástico o suficiente para conseguir se programar para essa tarefa.

---

vínculo social, o que por si só pode inibir o aprendizado inicial da linguagem. Mas essas crianças encontram outras maneiras de se vincular a seus cuidadores e de aprender a linguagem, em especial com ajuda terapêutica, e um idioma novo chamado língua de sinais tátil (uma variação da língua de sinais para surdos-cegos) talvez seja especialmente promissor para famílias com crianças surdo-cegas (Leland, 2022).

* Embora tenham sido traduzidos e debatidos um número incontável de vezes, os textos mais antigos que temos da Gênesis bíblica dizem que Deus criou as coisas e as "levou" para Adão para "ver como ele iria chamá-las", e como quer que ele as chamasse, esse virava seu nome (Gênesis 2,19-20). É difícil não ler esse modelo do Deus hebreu como um pai ou mãe incrivelmente paciente, fazendo de tudo para agradar a uma criança pequena e acatando qualquer tolice que a criatura afirme ser verdade.

Os cérebros humanos parecem ter um limite para tal programação. Se você aprende um novo idioma depois da puberdade, nunca será realmente fluente. Vai conseguir funcionar nesse idioma. A menos que seja uma pessoa rara, porém, nenhum americano vai falar francês bem o bastante para passar por parisiense.* Com certeza é possível brutalizar um cérebro mais velho para fazê-lo decorar novas regras gramaticais. Mas existe algo no modo como o cérebro aprende a linguagem quando jovem que os cérebros mais velhos simplesmente não conseguem reproduzir. Para adquirir fluência numa segunda língua, a data de corte oscila entre dez e dezessete anos, dependendo de para quem se pergunta.[36]

O que nos leva de volta às mães. Entre as aves de canto, a evolução já otimizou há muito tempo as interações entre pais e filhos para fazê-las aproveitar a vantagem da janela crítica. Durante essa janela, por exemplo, os pais dos mandarins-australianos se comunicam com suas crias de formas que parecem particularmente propícias para ensiná-las a cantar.[37] Uma vez fechada essa janela, os pais passam bem menos tempo se ocupando das crianças, que vão conquistando aos poucos sua independência.

Como o leite faz parte do nosso jeito de fabricar e criar bebês, nós mamíferos temos um período preestabelecido de infância, quando a mãe precisa interagir de perto com a cria. Se um mamífero fosse ter uma janela crítica para o aprendizado da linguagem, faria sentido a evolução otimizá-lo para quando a criança ainda estivesse mamando. Entre os caçadores-coletores modernos, o desmame completo das crianças só acontece entre os três e os cinco anos de idade, justamente a fase em que seus cérebros atingem a máxima densidade sináptica e em que os vocabulários e a sofisticação gramatical das crianças explodem.

Daria para chamar isso de coincidência. Ou daria para dizer que é uma otimização útil. Se os humanos têm uma janela crítica para o aprendizado da linguagem,[38] seria útil que coincidisse com a época em que a criança tem uma interação regular, necessária e próxima com um usuário da linguagem adulto. Considerando o quanto é caro fabricar e usar o tecido cerebral, também seria

* Durante minha breve estada em Marselha, meu francês excepcionalmente ruim às vezes me permitia "passar por" espanhola, em vez de americana. Mas isso só se devia ao fato de eu ter o mau hábito de pronunciar os erres atrás dos dentes, em vez de na parte de trás da garganta. Eu tinha estudado francês no ensino médio com uma freira em eterno estado de decepção.

prático fazer essa janela coincidir com uma época em que o acesso da criança ao alimento é regular, e quando ele é facilmente suplementado e denso em açúcares e ácidos graxos bons para o cérebro.

Portanto, quando pensamos na evolução da linguagem humana — em como ela se transmite entre gerações — é útil lembrar que aquela que parece ser a parte mais crítica da chamada janela crítica ocorre quando a criança está passando períodos regulares do seu dia no colo da mãe. Embora o cuidado coletivo com as crianças ocorra mais entre os humanos do que entre os chimpanzés ou gorilas, a maioria dos humanos bebês e crianças pequenas ainda passa a maior parte do seu tempo em contato próximo com as mães.

Em outras palavras, a mãe representa pelo menos metade de *como a linguagem acontece*. E ela não é passiva. Nem um pouco. As mães humanas evoluíram para serem máquinas de linguagem: prodigiosas usuárias e *professoras* de linguagem. Isso vale em especial para o período de pico sináptico cerebral de seus filhos. Durante todo esse tempo, o modo como as mães falam com seus bebês é tão nato, e tão claramente universal, que os cientistas chegaram a inventar um nome para ele.

MATERNÊS

A primeira coisa que uma nova mãe faz após se recuperar da exaustão de parir seu bebê é mudar a *musicalidade* do seu modo de falar.*

Aposto que, mesmo que você nunca tenha falado maternês, sabe o som que essa linguagem tem.** Então experimente. Primeiro, pronuncie a frase a seguir como faria com um/a amigo/a ou colega: "Que neném mais bonzinho".

* Embora os seres humanos tenham uma gama normal de tons e esses tons de fato variem, eles não variam tanto assim. Mas muito poucas pessoas falam de modo verdadeiramente monótono: em medicina, falar assim é considerado um indício clássico de trauma, doença, ou alguma doença mental subjacente (como esquizofrenia), e os profissionais de atendimento de emergência são treinados para ficarem atentos a isso durante os exames dos pacientes. Mas falar em tons extremamente *variáveis* também é raro. Não que nós não façamos isso; só não o fazemos com outro adultos.

** O mesmo se aplica aos deficientes auditivos: pais que usam a língua de sinais para se comunicar com seus filhos têm sua própria versão do maternês (Masataka, 1992). Em vez de variar o *tom*, eles tendem a gesticular mais devagar, variar a intensidade dos gestos, usar uma gramática simplificada e enfatizar mais as partes individuais de cada sinal e os intervalos entre palavras do que fariam com adultos (ibid.).

Agora diga a mesma frase como se estivesse falando com um bebê. Pronto: isso é o maternês.* O tom fica mais agudo, destacamos a pronúncia das consoantes e de determinadas vogais e muitas vezes exageramos o que nossas bocas fazem para produzir esses sons (franzimos nossos lábios mais do que o normal, ou então abrimos mais a boca). Aceleramos ou diminuímos a velocidade com que pronunciamos determinadas sílabas (a "cadência") em lugares das palavras nos quais normalmente não o faríamos. Tendemos a simplificar a gramática e *repetimos* mais as coisas, desde sílabas isoladas até palavras e frases inteiras. Em outras palavras, nós não falamos com crianças do mesmo jeito que falamos com adultos. E quanto mais novo o bebê, mais radical a diferença em nosso modo de falar.**

Na maioria das culturas, as mulheres têm uma propensão especial a falar em maternês,[39] e nós também temos uma probabilidade maior de exagerar os tons e tornar o registro geral mais agudo. Fazemos isso sem pensar. Do árabe ao inglês, do coreano ao marata, do xhosa ao letão, as mães falam com os bebês essencialmente da mesma forma. Se você puser para tocar a gravação de uma mulher falando com um bebê num idioma que não entende, é provável que mesmo assim perceba que ela está falando com um bebê.***

Os homens também falam assim, embora um pouco menos e de modo um pouco diferente. O maternês na verdade é tão universal que nós não o usamos apenas com bebês, mas também com nossos animais de estimação, ou então para provocar um adulto que consideramos estar se comportando de forma infantil.****

* Na literatura científica, isso também é chamado de fala direcionada às crianças, comunicação direcionada às crianças, parentês, cachorrês (quando usado para falar com animais de estimação), e assim por diante. Como estou reconhecendo a preponderância acachapante da díade mãe-bebê no aprendizado inicial da linguagem, usarei o nome mais simples e mais óbvio para essa prática.

** O maternês em geral também inclui alguma combinação de esticamento de sons, ênfase no limite entre consoantes e vogais e expressões faciais exageradas ao extremo. Sabemos disso porque o fato vem sendo incrivelmente bem estudado desde a década de 1980, tanto em inglês quanto em grupos linguísticos dos mais variados.

*** Trata-se de um resultado robusto: vários estudos distintos constataram isso. Quando o assunto é maternês, a maioria dos seres humanos não precisa entender o que alguém está dizendo para saber que a pessoa está falando com um bebê. Os padrões talvez sejam natos: os aspectos da fala direcionada às crianças e as canções que cantamos para os bebês possuem uma semelhança notável em numerosas culturas humanas (Hilton et al., 2022; Cox et al., 2022).

**** Em vez de "Que neném mais bonzinho", diga "Que cachorro mais bonzinho".

Tudo isso explica por que tantos cientistas consideram que o maternês foi algo que desenvolvemos para ajudar os bebês a aprenderem a se tornar seres humanos funcionais, ou pelo menos integrantes de um grupo social específico, uma vez que na realidade essa linguagem pode não se limitar à espécie humana.

De modo bem semelhante ao nosso, as mães dos macacos rhesus "falam" na presença de seus bebês usando um padrão vocal bem mais musical e bem mais agudo do que quando há somente adultos por perto, e isso parece especialmente eficaz para atrair a atenção do bebê.[40] Também é útil quando o objetivo é facilitar a interação social com outras mães. Macacos-esquilo também se dirigem a seus bebês usando tons e contornos bastante variáveis.[41] Até mesmo as mães golfinho se comunicam com os bebês de um modo diferente do que usam para se comunicar com o restante do grupo,[42] além de usarem assobios específicos que correspondem a "nomes" que parecem durar a vida inteira.

Sendo assim, será o maternês apenas uma forma bem-sucedida de atrair a *atenção* de um bebê?* Ou será que, no caso humano, ele foi especialmente adaptado para ensinar os bebês a falarem?

Considere o seguinte: lá está você, no colo da sua mãe, gorgolejando, balbuciando e ouvindo ela lhe falar em maternês. Do outro lado da janela há um ninho de passarinho. Nesse ninho estão dois filhotes de ave de canto. Eles são criaturas bem diferentes de você, mas assim mesmo a mamãe passarinha e o bebê passarinho estão fazendo muitas das coisas que você e sua mãe estão fazendo.

Os filhotes de aves de canto "balbuciam" de modo bem semelhante aos bebês humanos, produzindo combinações espontâneas de notas e volume. Assim como nós, eles fazem isso com sua mãe e seu pai, mas também o fazem perfeitamente bem sozinhos. As aves de canto com filhotes também usam com

* Os bebês humanos apreciam uma gama de estímulos mais "radicais": cores vibrantes, formas grandes e bem marcadas, expressões faciais exageradas, músicas com muitas repetições e variações de tom e padrões simplificados. Bebês não curtem sutileza. E como a atenção está intimamente relacionada à memória, fazer os bebês prestarem mais atenção em você com certeza vai ajudá-los a se lembrar do que quer que você esteja tentando lhes ensinar. Algumas partes do maternês, nesse caso, talvez tenham a ver com turbinar a *força do sinal* da exposição inicial à linguagem. Mas a maioria dos cientistas que estuda maternês acha que é mais complexo do que isso.

suas crias um tipo de canto com mais variações de tom e mais exagerado. Os filhotes de aves de canto que não ouvem nenhum canto de pai ou mãe têm enormes problemas para conseguir executar o canto adulto mais tarde; aqueles que ouvem um canto de estilo maternês parecem ter uma vantagem em relação às aves que só ouvem adultos cantando uns para os outros.[43] Bebês passarinhos que se comunicam *diretamente* com um pai ou uma mãe cantando em maternês são os que se saem melhor.* Mas o efeito existe mesmo na ausência de interação direta. O som em si tem seus próprios benefícios.

Estudos demonstram que bebês têm vantagens linguísticas quando suas mães falam em maternês: crianças que falam mandarim, que depende de sutis variações de tom, se saem melhor em testes de linguagem quando suas mães hiperarticulam os tons lexicais e dividem seus fonemas com mais ênfase, um traço muito comum do maternês em todos os idiomas.[44] O motivo mais óbvio para o maternês talvez ajudar é o tom mais agudo, mais fácil de ser escutado e compreendido pelos ouvidos dos bebê. Assim, tornar o registro um pouco mais *agudo* já dá uma ajudinha ao bebê. Assim como as mães que falam mandarim, nós exageramos os fonemas — as *menores* unidades da fala humana, como o "ff" de "faca" ou o "aa" do "aceito" de Hillary Clinton — de modo a torná-los mais fáceis de distinguir. Bebês cujas mães colocam mais ênfase nas vogais tendem a se sair posteriormente melhor em tarefas de linguagem.[45] E os fonemas, enquanto isso, podem ajudar a distinguir palavras diferentes numa série.[46] Eles também nos ajudam a aprender nossa língua materna. Até o primeiro ano de vida, os bebês conseguem distinguir entre todos os tipos de fonemas diferentes. Passado um ano, porém, eles só conseguem distinguir fonemas da língua materna de seus pais. Crianças chinesas de dois anos de idade, por exemplo, não conseguem muito bem ouvir a diferença entre o *l* e o *r*, pois o mandarim não distingue esses dois fonemas da mesma forma que o inglês.**

* Vale notar que a maioria desses cantos provavelmente deveria ser chamada de paternês, uma vez que as aves de canto estudadas em geral são espécies que apresentam cantos complexos do *macho*, em especial durante a temporada de acasalamento, e os machos dessas espécies são também muitas vezes conhecidos por cuidarem bem de seus filhotes. Nos mamíferos, a ênfase do cuidado cabe às fêmeas em grande parte por serem elas que fabricam o leite; entre os não mamíferos, a gama de modelos de cuidado é extensa.

** Adultos anglófonos que não tenham sido criados ouvindo mandarim são notoriamente péssimos na pronúncia correta das palavras nesse idioma. Numa língua tonal, alterar um pouco que

No fim das contas, a maioria dos profissionais que estuda essas coisas concorda que o maternês é útil. Mas será ele necessário? E, mais importante ainda para nosso propósito, estarão os aspectos característicos do maternês codificados em nossos genes? Será que existe um instinto natural de produzir esse tipo de fala direcionada às crianças?

É difícil dizer com certeza. Como a maioria de nós cresce escutando maternês durante nosso aprendizado inicial da linguagem, isso poderia ser algo transmitido de geração em geração numa cadeia ininterrupta desde a Eva da linguagem humana, não por meio da genética, mas pelo simples fato de ser uma estratégia eficiente para se comunicar com as crianças. É algo que você faz porque sua mãe fez e *funcionou*. A gama habitual de tonalidades do maternês por acaso está intimamente correlacionada com a gama de audição específica de uma criança,[47] e se você é uma cuidadora *sempre* é vantajoso se comunicar de um modo que seja de fácil percepção para sua cria. Se você e sua cria vivem dentro de um grupo social, vocalizar de modo característico também é útil: você quer que ela escute *você* melhor do que qualquer outro indivíduo. Também é perfeitamente normal para uma filha, quando adulta, se comunicar com os próprios filhos do mesmo jeito que sua mãe fez. Nós seguimos o modelo de nossos pais. Seres humanos fazem isso. Roedores fazem isso. Golfinhos e aves de canto provavelmente também.

Mas tem um porém. Crianças cujas mães enfatizam mais as vogais — do modo como se faz no maternês — alcançam os marcos de linguagem mais depressa do que as outras. E elas também se saem melhor em testes de linguagem. Filhos de pais que *não* usam nenhum tipo de maternês ficam para trás. Entre os usuários de línguas tonais, mães que enfatizam mais os fonemas ao falar com seus filhos acabam tendo filhos que aprendem o idioma mais depressa e de modo mais preciso do que aquelas que não o fazem. Assim, mesmo que o maternês não seja *necessário* para o aprendizado da linguagem, em muitos casos ele parece dar uma vantagem às crianças.

E, quando o assunto é evolução, ter uma vantagem é tudo. Apesar da estranheza do nosso instrumento vocal, de quão difícil é aprender a tocá-lo e dos

---

seja o tom de uma sílaba ou palavra pode mudar toda a palavra. Até 70% das línguas do mundo são tonais, da Ásia oriental à África e até mesmo à América do Sul. As línguas europeias e centro-asiáticas não têm essa característica.

anos que passamos proferindo coisas sem significado antes de sequer chegarmos perto da fluência, ser não verbal ainda é algo extremamente raro para um humano. Na verdade, trata-se de uma capacidade tão universal que alguns cientistas acham que nós nascemos com uma espécie de "instinto de linguagem": um impulso programado tanto para aprender quanto para desenvolver a linguagem, possibilitado pelas características singulares de nossos cérebros estranhamente desenvolvidos. Por exemplo, constatou-se que crianças surdas em idade escolar desenvolvem linguagens de sinais próprias em grupos sociais, mesmo sem terem aprendido a língua de sinais em casa.* Mas essas crianças surdas *tiveram* díades de comunicação importantes e saudáveis com seus cuidadores durante os períodos críticos da primeira infância, e já tinham desenvolvido sinais caseiros para indicar as coisas que queriam: água, leite, comida, banheiro e assim por diante. Embora não tenham aprendido uma gramática complexa do modo como uma criança pode aprender com um falante nativo, elas tiveram acesso à base da linguagem: sabiam o que eram palavras, por exemplo, códigos que já haviam decifrado ao desenvolver seus sinais caseiros.

Outros casos de crianças isoladas da linguagem não correram propriamente bem. Em quase todas as situações, elas nunca chegaram a desenvolver fluência linguística.** Parece haver algo na formação desses relacionamentos críticos com outros parceiros de comunicação — primeiro no começo da vida, em seguida ao longo da primeira infância em especial e da infância como um todo — realmente *importante* para o desenvolvimento do tipo de fluência que nós associamos à linguagem humana.

Em outras palavras, talvez a história da linguagem seja bem parecida com a história da evolução do cérebro humano em geral: o importante não é necessariamente sermos capazes de aprender padrões e regras, ou a mapear os ambientes sociais e prever os desejos de nossos parceiros de comunicação, entre

* Na psicologia da linguística isso é um caso bem conhecido; ele é basicamente a introdução ao desenvolvimento cognitivo.

** Infelizmente, em geral são também crianças que foram vítimas de graves abusos e negligência e cresceram isoladas e/ou totalmente abandonadas, fato que explica a circunstância extremamente rara de não terem aprendido a linguagem. Também se desconfiou que algumas delas tivessem deficiências de aprendizado ou outros problemas cognitivos *somados* ao abuso sofrido. O que fica evidente é que a díade criança-cuidador/a tem uma importância tão vital na infância humana que em praticamente todos os casos em que ela é prejudicada coisas ruins acontecem.

outras coisas complexas, ou a buscar naturalmente determinados tipos de aprendizado, ou mesmo o fato de termos uma infância. Tudo isso tem importância, claro. Mas muitos mamíferos têm essas coisas, em especial os símios hipersociais. O que nos distingue é termos uma longa infância repleta desses impulsos e capacidades, com saltos prolongados e singulares de desenvolvimento cerebral programados para acontecer justamente nos estágios em que precisamos aprender coisas bem difíceis e complexas para conseguir funcionar em nossas sociedades altamente sociáveis.* Em suma, portanto, a história da linguagem talvez tenha a ver com janelas de plasticidade cerebral: épocas em nossas jovens vidas nas quais nossas mentes ainda conseguem construir esses circuitos críticos, o que por acaso está programado para coincidir *perfeitamente* com o aleitamento materno e o maternês.

Só que o importante não são as palavras em especial. O ganho real é de gramática, a própria essência do pensamento humano.

A gramática nos parece tão natural que nem prestamos atenção nela: nós apenas *sabemos* dividir o mundo entre "sujeitos" que podem realizar "ações" e causar efeitos previsíveis. É isso que os substantivos e verbos na verdade representam: o leão (sujeito) espera no mato alto (ação); a cabra (outro sujeito) passa; a cabra não vê o leão; o leão captura seu almoço. Os mamíferos mais

* Ainda não entendemos muito bem os mecanismos exatos nos quais se baseiam nossas capacidades singulares. Mas esse conhecimento está progredindo. Por exemplo, uma mutação que está sendo anunciada como o "gene da linguagem" — FOXP2 — parece ter mais a ver com a complexidade de padrões e com o aprendizado do que com a linguagem em si (Schreiweis et al., 2014). É possível inserir uma mutação análoga num camundongo, que vai produzir sons mais complexos e mais melodiosos; ao longo de sua fase juvenil e de sua vida em laboratório ele também vai *aprender* mais depressa, o que é mais interessante. Camundongos com essa mutação se saem melhor na transição do passo a passo ao aprendizado repetitivo (ibid.). Por exemplo, quando eles entram num labirinto, talvez virar à direita os leve até onde está o alimento. Se isso for verdade um número suficiente de vezes, eles continuarão virando à direita mesmo quando outras características do labirinto mudarem. Isso na verdade é parecido com o modo como as crianças humanas aprendem a linguagem: após uma exposição exaustiva, nós passamos de um aprendizado passo a passo para regras derivadas, e em seguida começamos a ser criativos e a inovar a partir desses padrões lógicos básicos. Humanos com mutações diferentes no FOXP2 tendem a apresentar uma série de problemas de linguagem e cognição, e, embora ninguém saiba exatamente o que o FOXP2 faz no cérebro, esse gene parece ter uma forte relação com a plasticidade em áreas cerebrais relacionadas à linguagem (ibid.). O FOXP2 também tem relação, aliás, com os pulmões e intestinos do feto, e, portanto, como no caso de qualquer coisa no corpo, devemos pressupor reaproveitamento e *multitasking* evolutivos.

inteligentes conseguem depreender por que determinadas coisas acontecem e modificar seu comportamento de acordo com isso.

Quando você é capaz de *falar* sobre uma sequência de acontecimentos, porém, a própria linguagem que usa pode mudar sua cognição. Por exemplo, basta mudar o tempo verbal para começar a entender o *tempo* e o lugar que você ocupa nele.[48] Você sabe que algumas coisas aconteceram no *passado* e entende que existe uma quantidade praticamente ilimitada de passado, o que significa que existe um futuro no qual todo tipo de coisa poderia acontecer. Você pode falar e pensar sobre coisas que *talvez* aconteçam nesse futuro. Coisas como nasceres do sol, terremotos ou o jeito perfeito de passar um café. Coisas como *Jornada nas estrelas*, despedidas de solteira, ou a cura do câncer.

A linguagem é um arcabouço infinitamente flexível para a cognição. É isso que a gramática faz. Foi *isso* que sua mãe deu duro para ajudar você a aprender. Sim, Faulkner era capaz de escrever uma única frase gramaticalmente correta contendo 1292 palavras, mas isso era só um artista em ação. O que importa, na verdade, é que a flexibilidade infinita da gramática humana nos permite expressar um número *infinito* de ideias com um vocabulário finito.* Com a gramática, você não precisa de uma palavra para cada coisa que vá ver, ouvir ou querer fazer. Sem a gramática, você necessitaria de milhões de palavras distintas.

A evolução não gosta de desperdício. Ela não lhe dá espaço cerebral para bilhões de combinações de palavras, mas lhe dá a capacidade de aprender e criar conjuntos de regras flexíveis que permitem resolver praticamente qualquer problema. Seu cérebro desenvolveu essa capacidade de aprender e criar gramática. Nós somos a única espécie do planeta a ter conseguido fazer isso.**

Com a gramática humana, podemos fazer qualquer coisa se comportar como sujeito: um sapato pode querer; um cílio pode sussurrar. Da mesma forma, podemos transformar qualquer coisa em ação: podemos *pautar* um debate; podemos *carregar* a culpa. Podemos criar combinações sutis de ideias para

* O termo formal é "recursivo".

** Nós e *talvez* alguns macacos. A "linguagem" do macaco-de-campbell compreende um total de quatro vocalizações distintas e uma gramática extremamente simples (Ouattara et al., 2009). Mesmo assim, essa descoberta abalou os linguistas, pois pressupúnhamos que a gramática fosse a verdadeira fronteira entre nós e eles, e foi um choque perceber que outra espécie possuía uma gramática, ainda que rudimentar. É possível ensinar alguma linguagem de sinais a chimpanzés e gorilas, mas ela se limita ao vocabulário. A gramática e a sintaxe fluente nunca são absorvidas.

chegar a algo mais nuançado. Podemos criar cenários hipotéticos. Podemos tratar o impossível *como se fosse* possível.

É aí que as coisas ficam realmente doidas. Como já escrevi, matilhas de lobos são capazes de formar grupos de caça complexos. Sem linguagem nenhuma, eles conseguem aprender algumas "regras" básicas da caçada e a partir delas improvisar. Mas não conseguem, como nós, *planejar* uma caçada. Nem conseguem imaginar nada que se pareça com um unicórnio. Para a mente não linguística, o impossível permanece impossível. Lobos jamais sonharão com de onde vieram nem se perguntarão o que devem sentir ao assistir à morte de um coelho. Jamais erguerão os olhos para o céu e criarão histórias sobre as estrelas, jamais construirão uma espaçonave, jamais planejarão ir a Marte.

Tudo aquilo que importa para os humanos só é possível *porque nós temos linguagem*. A mente humana é feita para a linguagem, sim. Mas ela é também feita *de* linguagem. Os mesmos tipos de circuitos lógicos que regem a linguagem, que combinam coisas conhecidas com ideias novas, que destrincham o quebra-cabeça da comunicação dos outros para transformá-la em pensamentos e desejos passíveis de compreensão, também escrevem histórias, constroem significados e extraem do universo seus aspectos mais sutis e mais estranhos. Eles nos tornam aquilo que somos.

Por isso a gramática é uma das coisas mais importantes que a sua mãe já fez você aprender. Você captou os aspectos mais importantes do maternês em seu entorno e vai imitar essa musicalidade para seus próprios filhos, caso venha a tê-los, e assim vai ajudá-los no seu aprendizado da linguagem. Mas o momento em que você aprendeu a *gramática* pode muito bem ter construído a parte mais humana do seu cérebro. Depois que você aprende gramática, outra pessoa pode lhe ensinar a fazer uma crico de emergência. Você também pode inventar a crico e ensinar gerações inteiras a realizá-la. Porém a coisa mais bacana que você pode fazer, na verdade, é inventar a *civilização*.

O PRIMEIRO SER HUMANO

Eu não esqueci. Sei que ainda não falamos sobre a Eva da voz humana. Isso porque, de todas as Evas deste livro, ela é a mais difícil de identificar.

Ela é também a mais importante. Nada mais, nada menos do que a Eva da Humanidade.

Não somos capazes de apontar uma Eva da *comunicação*, assim como não poderíamos ter isolado uma Eva da *visão* ou uma Eva da *reprodução*: todas essas são características fundamentais do que significa ser um organismo vivo. Mas nós podemos encontrar, ao longo da linha da evolução, uma Eva que pareça ser, em um sentido profundo, aquela que representa melhor um traço que se tornou *mais* humano do que era. A chegada da linguagem humana não deixou fósseis nem qualquer depósito de pedras afiadas, mas podemos partir do pressuposto de que essa Eva tinha um instrumento de voz plenamente moderno, o que a situa entre o homem de Neandertal e o *Homo sapiens*. Ela provavelmente foi uma humana anatomicamente moderna, uma antepassada muito recente. Dotada de linguagem.

Mas será que nós somos "humanos" assim que a linguagem surge?

Não acho que sejamos. Desconfio fortemente que a linguagem humana tenha surgido de maneira não contínua,[49] ao longo de um extenso intervalo de tempo evolutivo, de forma não muito diferente da evolução do próprio cérebro hominínio. Nossas Evas sem dúvida já tinham todo tipo de comunicação social complexa antes de adquirirem a gramática recursiva. De que outra forma teriam conseguido sobreviver por tanto tempo? De que outra forma poderiam ter se tornado parteiras competentes?

Mas nem mesmo isso teria bastado. Mesmo uma vez adquirida a gramática, nossas Evas provavelmente não eram *humanas* do mesmo modo que eu e você, porque elas não pensavam o mundo como nós pensamos. Existe algo mais profundo em jogo aqui. Então eu acho que houve um momento na evolução da linguagem humana que foi um divisor de águas: antes dele nós ainda não éramos humanos, e depois éramos.

Deve ter sido uma coisinha de nada, nem heroica nem grandiosa. É mais do que provável que tenha sido aquele instante íntimo, decerto no comecinho da noite, no silêncio da penumbra azulada que antecede os sonhos, quando um ser humano contou a primeira história.

Duvido que ela tenha sido contada para um grupo. Pelo contrário, provavelmente ocorreu entre duas pessoas que já passavam a maior parte do tempo tentando falar uma com a outra: uma criança agitada que precisava dormir e uma mãe que precisava dormir mais ainda.

Imagine, portanto, uma mente dotada de linguagem, mas que nunca tivesse contado nem escutado uma *história*. Mentiras breves em benefício próprio, sim. Exageros, com toda certeza. Esses são fenômenos encontrados em outros animais: o engodo é algo primitivo.[50] Mas não uma história. Não uma religião. Não um conto moral. Não uma vida após a morte. Não um deus. Não uma fábula. Não uma lenda. Não uma história de origem. Não uma história especulativa. Nenhum tipo de história. A mente que existia como um ser humano inteligente, criativo e dotado de plena cognição *antes* do início de quase tudo o que identificamos como cultura humana era uma mente verdadeiramente alienígena.

Então é ela que eu vou escolher. A Eva do traço mais importante da voz humana possuía uma mente que deve ter sido profundamente diferente das mentes humanas de hoje. E essa mente em algum momento, em circunstâncias banais, deve ter inventado a primeira história do mundo.

Não vou lhe dar um nome. Ela deve ter sido uma *Homo sapiens*, embora anatomicamente falando possa muito bem ter sido uma *Homo neanderthalensis*. Ambas tinham instrumentos vocais modernos, ambas tinham a protuberância inchada característica do lado esquerdo da caixa craniana que supomos assinalar a linguagem, ambas tinham um canal alargado do nervo hipoglosso, ambas tinham o osso hioide e a traqueia nos lugares certos.

Mas a cronologia torna o *Homo sapiens* mais provável. Em algum ponto entre 30 mil e 50 mil anos atrás, a cultura humana explodiu. Passamos do uso das mesmas ferramentas relativamente simples a uma revolução cultural, não só aprimorando nossas ferramentas, mas aumentando de forma maciça a quantidade de objetos artísticos que produzíamos, de rituais funerários, de peças evidentes de joalheria... O simbolismo de repente começou a surgir *por toda parte*. Antes dessa revolução, durante um tempo muito longo houve muito do mesmo. Depois dele, para onde quer que se olhasse havia a Humanidade. Na África, no Oriente Médio, na Europa meridional, no centro e no sul da Ásia, na China...

A mudança aconteceu *tão* depressa que a bem da verdade chega a levantar certa suspeita: foi do tipo que dá origem à teoria de que alienígenas vieram à Terra e nos tornaram inteligentes, do tipo rápido e inexplicável que valeu o sucesso de Kubrick. Dez mil ou 20 mil anos, no máximo. E bum: a humanidade inteira adotou uma cultura simbólica complexa. Por toda parte. Aqui também, a maioria pensa que esse tipo de velocidade só pode acontecer com a linguagem. Enquanto as mudanças genéticas são lentas, as mudanças comportamentais abastecidas pela linguagem podem se alastrar feito fogo no mato. Desconfio que seja isso que acontece quando uma espécie inteligente já capaz de linguagem de repente adquire a narrativa simbólica.

E quem mais teria contado a primeira história senão uma mãe para um/a filho/a? Afinal, embora tanto homens quanto mulheres fossem (e sejam) igualmente hábeis do ponto de vista da linguagem, os corpos femininos são um pouco melhores na comunicação detalhada de curto alcance. A maioria dos adultos usa a musicalidade e o estilo do maternês para auxiliar o aprendizado da linguagem pelas crianças, mas as mulheres parecem ligeiramente mais propensas a usá-lo e ligeiramente mais hábeis ao falá-lo, pelo menos em matéria de manipulação de tom e de adaptação e reação ao aparato sensorial singular dos bebês humanos. Desconfio, porém, que uma razão melhor ainda seja que, dentre todas as instâncias de comunicação entre duas pessoas, esse pareamento de mãe e filho/a é o mais comum: a mãe vai falar mais com seu/ua filho/a pequeno/a no início da vida dessa criança do que possivelmente qualquer outra pessoa. Das muitas situações de comunicação possíveis, um número significativo teria a ver com a criança estar agitada, e a mãe precisar encontrar um jeito de acalmá-la, ou pelo menos de instruí-la e, com um pouco de sorte, de *entretê-la*.

Quer se esteja falando de pais históricos ou atuais, tentar distrair, instruir ou entreter uma criança com uma história é um recurso habitual.

Mas sobre o que falava essa primeira história? Afinal, uma *história* tem tanto a ver com o tema quanto com a estrutura: nem todos os relatos sobre acontecimentos *são* "histórias". Eu poderia lhe contar o que aconteceu hoje, mas isso seria apenas uma sequência de fatos sem grande interesse. A urgência tampouco é um critério: até os macacos-de-campbell conseguem avisar que tem uma águia no céu. Mas nenhum macaco vai lhe contar sobre as águias na obra de Tolkien.

Mas digamos que tenha sido *mesmo* uma história especulativa: uma explicação criativa de algum aspecto do mundo. Por que as cobras não têm patas. O que acontece quando morremos.

Porém a história não teria sido só sobre isso. A maioria das histórias especulativas da atualidade tem a ver com algum tipo de qualidade moral, algum conjunto de regras sociais que os personagens (e o público) precisam observar, caso contrário haverá consequências. Elas falam tipicamente sobre amor, ou sobre lealdade familiar, ou sobre respeito a uma hierarquia social.

Mas nenhum desses temas teria feito parte da primeira história, porque pouco da hierarquia social que conhecemos teria existido. Os líderes ou alfas existiam, mas nada que remotamente se assemelhasse a um senhor de terras ou um rei. Também devia haver bastante amor e sexo, mas nada que se assemelhasse ao "casamento".

Em vez disso, a história talvez tenha sido mais simples. Existe um tema duradouro que acompanha a humanidade desde o início: a fome.

Se a história de nossos antepassados for sobre alguma coisa, ela é sobre sobrevivência. Sobre fome, sobre migração, sobre a força implacável da morte sempre a nos conduzir avante e mais além, em direção à linha cinza de um comprido horizonte. Foi daí que nós viemos. É isso que nos conduz até hoje.

Homo sapiens

8. Menopausa

E no entanto, no entanto... Negar a sucessão temporal, negar o eu, negar o universo da astronomia são desesperos aparentes e consolos secretos. Nosso destino (por oposição ao inferno de Swedenborg e ao inferno da mitologia tibetana) não é assustador por ser irreal; ele é espantoso por ser irreversível e férreo. O tempo é a substância da qual sou feito. O tempo é um rio que me arrebata, mas eu sou o rio; é um tigre que me destrói, mas eu sou o tigre; é um fogo que me consome, mas eu sou o fogo. O mundo desgraçadamente é real; eu desgraçadamente sou Borges.

Jorge Luis Borges, *Labyrinths*[1]

Caramba, exagerei![2]

A mãe de Borges, em seu aniversário de 98 anos

JERICÓ, 8500 ANOS ATRÁS

Um novo amanhecer. A velha acordou com os passarinhos cantando e finas faixas da luz matinal riscando as esteiras do chão. Rolou de lado. Seus olhos buscaram primeiro a irmã, cujo rosto ainda estava relaxado e adormecido.

Então ela escutou o choramingo baixinho da neta. A moça estava num estágio avançado de gravidez, com o ventre gordo e inchado, pendurado feito um figo que passou do ponto. A velha, portanto, se levantou com esforço e foi até a esteira da neta, ignorando o modo como o quadril e as mãos latejavam de manhã cedo. Não havia tempo para as queixas de um corpo velho.[3] Ela se agachou ao lado da jovem, afastou-lhe do rosto uma mecha suada de cabelos e pousou uma mão na sua barriga, onde sentiu o útero se mover com uma forte contração. A neta buscou sua outra mão e a segurou com força.

O bebê estava vindo. Como a mãe da moça morrera no ano anterior, vítima de uma enchente,[4] cabia à velha ajudar aquele bebê a vir ao mundo — a quarta geração da sua família, o que era raro estar viva para ver. Ela acordou a irmã e a mandou buscar água limpa.

O trabalho de parto se estendeu pela manhã inteira: a moça praguejando e chorando, a velha e sua irmã fazendo o que podiam para aliviar sua dor. O xamã da aldeia apareceu sem ser chamado, e ela o enxotou dali: cânticos e ervas queimadas não iriam ajudar. O pai também espichou a cabeça para dentro, e a velha o despachou para buscar mais água. Todos pareciam querer fazer alguma coisa.[5] Mas ela era a pessoa mais velha da aldeia; todos agora a obedeciam.

Quando o sol já estava a pino e fazia calor do lado de fora da palhoça, a velha entendeu que tinha alguma coisa errada. Ao se agachar entre os joelhos da neta, logo percebeu o que era: ela viu um minúsculo *pé* sujo de sangue, com os dedinhos todos encolhidos, envolto numa membrana de tecido. O bebê estava tentando entrar no mundo pelo lado errado.

A velha já tinha visto aquilo duas vezes. Quando ainda era menina, sua tia tivera um filho que havia chegado pelos pés. O bebê a tinha matado. Da segunda vez, uma mulher virara a criança dentro do útero:[6] simplesmente enfiara o braço lá e virara o bebê, pressionando o ventre com a outra mão para ajudar. O bebê tinha sobrevivido, mas a mãe não.

A velha sugou o ar por entre os dentes. Já passara havia muito da idade de ter os próprios bebês, mas conseguira sobreviver aos seus partos e testemunhara muitos outros. Ela precisava tentar. Fez a garota se deitar outra vez e elevou seu quadril usando um rolo grosso feito de peles. Então lavou os braços até os cotovelos no cesto de água, inspirou fundo e enfiou a mão esquerda no corpo da neta.

Em determinado momento — em geral na casa dos quarenta — o ciclo menstrual de uma mulher começa a ficar meio esquisito. No início a menstruação pode se tornar mais abundante e menos espaçada. Ela pode começar a sentir um calor fora do normal durante a noite. Seja qual tiver sido seu padrão de TPM (dores de cabeça, oscilações de humor, inchaço), ele vai se modificar um pouco. Ela pode até começar a ter artrite devido às mudanças em suas taxas hormonais. Isso se chama perimenopausa. Pode durar um ou dois anos, ou pode chegar a dez.

Depois, a mulher vai entrar na menopausa propriamente dita. Em geral, é aí que aparecem os piores sintomas. Como suas taxas de estrogênio e progesterona estão caindo e podem oscilar muito, ela pode apresentar dores de cabeça, oscilações de humor, ondas de calor, problemas digestivos, secura vaginal, dores nos seios, secura na boca (ou então salivação excessiva), ganho de peso, redistribuição da gordura do bumbum para a barriga, e crescimento dos pelos nas pernas, nos braços, no buço, no queixo e ao redor dos mamilos. Ouvir falar na menopausa é uma coisa. Ver uma tia ou mãe atravessarem suando a sua é outra. Mas sentir o próprio corpo mudar dessa forma pode ser algo difícil de compreender.

A menos que você seja endocrinologista, provavelmente não sabe que os ovários são uma parte importante do sistema endócrino: que existe uma espécie de ligação direta entre os órgãos reprodutivos da maioria das mulheres, sua gordura corporal e a glândula chamada hipófise, situada na base do cérebro e responsável pela constante regulação do equilíbrio em permanente oscilação de seus hormônios sexuais. E, embora esses hormônios tenham papéis evidentes a desempenhar no sexo e na reprodução, eles também têm funções importantes nos sistemas digestivo, circulatório e neurológico. Não existe nenhuma parte do corpo humano que não seja afetada pelos hormônios sexuais. É por isso que uma mulher pode experimentar todos esses sintomas aparentemente desconexos durante a menopausa.

Considere por exemplo os fogachos: mais de 60% das mulheres na menopausa terão essas ondas de calor. Elas acontecem quando a flutuação hormonal engana seu hipotálamo e faz você pensar que a temperatura ambiente subiu. Ele então dispara o sinal para dilatar os vasos sanguíneos próximos à superfície da sua pele, de modo que o sangue que seu cérebro *pensa* estar quente demais seja bombeado por eles até esfriar.* Seu rosto e seu pescoço parecerão estar em brasa; você vai começar a suar e seu ritmo cardíaco vai aumentar; você pode inclusive querer tirar algumas daquelas camadas de roupa cujo uso é recomendado para mulheres de certa idade. Como os níveis de hormônios sexuais flutuam naturalmente ao longo do dia, em geral caindo até seu nível mais baixo à noite, é nesse horário que as mulheres têm a maior probabilidade de sentirem fogachos, até o corpo da menopausa se ajustar aos níveis mais baixos de estrogênio e eles pararem de acontecer.

Outros sintomas da menopausa seguem os mesmos princípios. Níveis mais baixos de estrogênio podem deixar as paredes da vagina finas e ressecadas. Manter uma vida sexual ativa talvez ajude com isso, mas a menopausa também pode ser complicada para a libido: em algumas mulheres ela se intensifica, em outras despenca.

Os hormônios sexuais também ajudam nossos ossos a reterem cálcio, possivelmente porque as placentas famintas sobre as quais escrevi no capítulo "Útero" têm um jeito dissimulado de tentar sugar o cálcio dos seus ossos. O estrogênio e a progesterona parecem proteger os ossos femininos contra o grosso desse ataque. Quando a menopausa baixa esses níveis, o corpo feminino pode começar a perder cálcio, motivo pelo qual as mulheres mais velhas em especial têm uma propensão maior à osteoporose.[7]

Felizmente, a menopausa não dura para sempre. Cada sistema do corpo foi treinado, desde a puberdade, a reagir a determinado padrão de hormônios sexuais. Assim, cada sistema precisa reaprender a reagir a um padrão muito distinto. A menopausa não é uma penitência eterna por um dia ter sido fértil, mas uma *transição.* O sinal de que essa transição chegou ao fim é simples: a mulher para de menstruar. O útero se cala. E junto com ele os ovários.

Quando uma mulher de meia-idade passa mais de doze meses sem menstruar, ela não está mais na menopausa, e sim na pós-menopausa, fase essa em que vai permanecer pelo resto da vida. Hoje, a maioria das mulheres viverá um

* Isso é especialmente verdadeiro nos pontos em que se tem muitos vasos sanguíneos próximos à pele: no rosto, no pescoço, nas mãos, na base das costas, nos pés, nas axilas e nas virilhas. Como você não tem tantos vasos sanguíneos próximos da pele assim na barriga ou nos tornozelos, não é nesses lugares que vai suar. Mas na região do buço? Na testa? Nesses lugares existem toneladas de vasos sanguíneos e glândulas sudoríparas. Esses também são os lugares onde você transpira quando está nervosa. Trata-se de mecanismos parecidos.

bom terço de suas vidas sem a possibilidade de engravidar. Sem menstruar mais, sem ter bebês. Para muitas que atravessaram esse portal isso parece perfeitamente normal, um alívio até, visto que elas não precisam mais se preocupar com anticoncepcionais, absorventes internos ou cólicas menstruais (apenas com ossos mais frágeis e com uma propensão maior a infartar).

Para os cientistas que estudam evolução, porém, isso é muito, muito esquisito.[8] A evolução funciona transmitindo genes ao longo das gerações. Assim, quanto mais descendentes férteis você tiver, maiores as chances de seus genes sobreviverem. Em termos evolutivos, qualquer coisa que reduza suas chances de transmitir seus genes é um preço imenso a pagar. Fabricar bebês deveria ser a prioridade número um, aquela que as espécies em geral só sacrificam de modo a poderem ajudar os bebês que já têm. A maioria dos animais segue se reproduzindo até morrer. Isso vale para os primatas. Vale para aves, lagartos e peixes. Vale até para a maioria dos *insetos*. Com exceção das orcas, nenhuma outra espécie faz o que nós fazemos.

Por isso a menopausa humana é um dos maiores mistérios da biologia moderna, juntamente com o motivo pelo qual morremos. Sabemos qual é o caminho geral das coisas. Já aprendemos o suficiente sobre os mecanismos do envelhecimento — como os tecidos se desgastam, como as células cometem suicídio —, mas não sobre o porquê. Em princípio, toda célula deveria seguir se reproduzindo para sempre. Com o ambiente certo, comida suficiente, oxigênio suficiente e algum lugar para onde mandar os resíduos metabólicos, todas as linhagens celulares deveriam ser imortais. Só que não são. O tecido se desgasta. Células se matam. Partes do corpo que passaram anos fazendo o mesmo trabalho decidem, após cruzar alguma linha invisível, que para elas chega, muito obrigada.

E, seja por qual motivo for, os ovários de uma mulher jogam a toalha muito mais cedo do que o resto do seu corpo. Nós paramos de ter filhos, mas continuamos vivas. É como se uma parte de nossos corpos envelhecesse *muito* mais depressa do que o resto.

Entender o porquê disso pode nos revelar muita coisa sobre como e por que os seres humanos morrem (e por que alguns de nós morrem tão mais cedo do que outros).

Num corpo feminino em tudo o mais saudável, por que eliminar a chance de ter outro filho?

Até muito recentemente, o consenso científico era que os seres humanos têm menopausa porque somos seres sociais. Embora fabricar bebês siga sendo a prioridade geral, a ideia era que fazíamos esse sacrifício de modo a proteger nossos irmãos e irmãs, sobrinhas e sobrinhos: nossos próximos. Pense da seguinte maneira: se seus esforços aumentam a chance de seus genes serem transmitidos, mesmo que por um parente, a evolução vai favorecê-los, e favorecer os tipos de corpos (e de estruturas genéticas) que os produzem. As avós dos cientistas, por exemplo, tinham cuidado deles, feito curativos em todos os seus machucados e preparado o jantar quando suas mães estavam ocupadas. Útil, não? Esse foi o ponto de partida da hipótese da avó.[9]

E se os humanos primitivos precisassem que as avós deixassem de ser férteis para serem bem-sucedidos? E se, à medida que eles foram ficando cada vez mais sociais, com papéis cada vez mais especializados na sociedade, as novas mães precisassem de mais ajuda para cuidar de suas crias vulneráveis e necessitadas de cuidados? Se o pai ou os avôs da criança não pudessem (ou não quisessem) fazê-lo, quem sabe as avós pudessem… contanto que não estivessem ocupadas com os próprios bebês.

Embora cada cientista conte a história de um jeito um pouco diferente, a hipótese da avó em geral sustenta que os seres humanos desenvolveram uma espécie de interruptor, um mecanismo que desliga os ovários, permitindo assim às avós pararem de fabricar bebês elas próprias para cuidar dos netos. Os cientistas apontavam para modelos desse tipo de arranjo em outros animais. As formigas, por exemplo, têm toda uma classe de operárias assexuadas que não se reproduzem. Tecnicamente as operárias são fêmeas, mas elas se desenvolvem de um modo que as torna inférteis. A rainha do formigueiro se torna imensa e capaz de botar ovos, enquanto as operárias permanecem pequenas e fortes, com os ovários atrofiados.* As formigas operárias renunciam ao próprio impulso de se reproduzir em nome de ajudar a colônia.

* Os machos tendem a ter vidas mais curtas, fertilizando a fêmea por breves períodos e, quando preciso, defendendo o formigueiro. Mas as formigas machos são principalmente um sistema de entrega de espermatozoides.

Talvez portanto, segundo a teoria, as mulheres humanas primitivas tenham evoluído para sustentar esse tipo de sociedade: machos fazendo o que quer que façam, jovens mães cuidando das próprias crias e uma classe eussocial de "avós" significativamente grande auxiliando na criação dessas crianças. Pressupondo que suas netas fossem se beneficiar de tal arranjo, um "gene da menopausa"* iria se espalhar depressa pela população. Com o tempo, passaria a ser tão útil que toda menina já nasceria com o código genético para desligar seus ovários aos cinquenta anos de idade.

É uma bela história. Eu também gostaria que houvesse uma história específica, benéfica, evolutiva para minhas avós. Elas eram mulheres maravilhosas. Uma curtia bordar. A outra morreu bem jovem, mas ainda lembro que ela tinha um imenso pote em formato de maçã, lotado de biscoitos com recheio de chocolate. Lembro-me do vermelho da maçã, da curva generosa do seu formato. Lembro-me das suas mãos magras e ossudas levantando a tampa. Eu quero que a ideia de que a evolução humana conduz inexoravelmente ao pote de biscoitos da minha avó seja verdadeira.

Só que a hipótese da avó tem problemas. Sendo o maior deles a ideia de um "interruptor".

ONDE FICA EXATAMENTE ESSE INTERRUPTOR?

Vou contar uma história de amor moderna: um amigo meu me perguntou recentemente se eu estaria disposta a lhe doar meus óvulos. Ele e a esposa, ambos professores de Harvard, queriam ter um filho. No entanto, assim como muitas mulheres bem-sucedidas com carreiras exigentes, ela já havia passado dos quarenta quando começou a cogitar seriamente engravidar, e acabou descobrindo não ter mais um único óvulo saudável. Na minha opinião, essa é uma das coisas mais lisonjeiras que uma pessoa poderia pedir: "Amiga, escuta: você toparia doar seus gametas? A gente está torcendo para ter uma remota chance de nosso filho sair igual a você". Eu disse sim.

Foi preciso passar por uma espécie de gincana, que incluiu um extenso questionário de saúde com informações sobre todos os problemas genéticos

* Ou melhor, uma série de mutações; não acho que ninguém vá pressupor que um único gene pudesse causar algo tão complexo.

que poderiam ocorrer na minha família (que é extensa: somos irlandeses católicos, e ainda por cima de Nova York, de modo que minha mãe tem oito irmãos, a maioria com vários descendentes). Como eu já havia passado dos trinta, também tive de provar que minha reserva ovariana ainda era robusta. Felizmente era, mas o fato de que poderia *não* ser é um dos principais motivos pelos quais a hipótese da avó talvez esteja equivocada. A clínica de FIV precisou checar minha reserva ovariana porque na verdade não existe nenhum interruptor ligado a uma data específica para disparar a menopausa. O que acontece é que nossos óvulos aos poucos vão acabando. Nós na verdade começamos a perder folículos ovarianos — aquelas pequenas bolsas cheias de fluido nos ovários, que abrigam nossos óvulos até eles se desenvolverem de maneira adequada — antes mesmo do *nascimento*. Se de fato tivermos uma data de vencimento ovariana natural, ela provavelmente é fixada no útero.

Chamemos isso de "teoria do cesto vazio". Enquanto os homens continuam fabricando novos espermatozoides até morrerem, uma mulher já nasce com todos os óvulos que terá. Ou melhor, com todos os *folículos ovarianos*.* Todo mês, quando a mulher percorre seu ciclo ovulatório, a hipófise prepara uma fornada de hormônios foliculoestimulantes. Os ovários reagem começando a "amadurecer" um punhado de folículos. Em geral, apenas um vai alcançar o estágio de óvulo plenamente amadurecido e conseguir chegar à trompa. É uma espécie de competição interna. Apenas o melhor sobrevive.

É de presumir que foi isso que aconteceu com a esposa do meu amigo. Como praticamente toda mulher do planeta, ela nasceu com cerca de 1 milhão de folículos ovarianos imaturos. Desde então, a cada ano, milhares deles morreram e foram reabsorvidos pelo seu corpo. Quando ela ficou adolescente, já lhe restavam apenas de 300 mil a 400 mil folículos. A partir dali, ela foi perdendo cerca de mil por mês. Se tiver começado a ovular aos treze anos de idade, estava fadada a ficar sem óvulos em algum ponto da casa dos quarenta. Que é exatamente quando a maioria das mulheres para de conseguir engravidar sem auxílio médico. Minha amiga tinha passado anos tomando pílula, algo que

* Pesquisas recentes indicam que talvez existam nos ovários células-tronco capazes de regenerar células ovarianas imaturas, mas as pesquisas são controversas (Grieve et al., 2015). E o resultado continua valendo: perda constante de óvulos ao longo do tempo, num padrão razoavelmente previsível.

seria de imaginar que economizasse óvulos. Mas não: retardar o processo de ovulação tomando pílula anticoncepcional não economiza óvulos. Na verdade, cada ano passado ingerindo anticoncepcionais hormonais de alta dosagem parece avançar em cerca de um mês o início da menopausa.*[10] Isso porque a perda de folículos ovarianos não é causada pela ovulação. A ovulação, sim, *salva* cerca de vinte folículos por mês de uma morte precoce, dos quais em geral apenas um chegará ao ponto de se tornar um óvulo maduro e conseguir descer pela trompa. Para esses vinte que são salvos, porém, 980 morrem.

Algumas mulheres perdem um pouco mais de folículos ovarianos por mês do que a média, outras perdem menos. E, por algum motivo, algumas mulheres na casa dos trinta e quarenta conservam mais óvulos de boa qualidade, enquanto outras parecem ficar com mais óvulos "ruins": óvulos com mais malformações cromossômicas, óvulos com mitocôndrias defeituosas, ou óvulos que simplesmente, por um motivo qualquer, não estão mais à altura da tarefa. Mas para começo de conversa não temos a menor ideia de por que nossos corpos evoluíram para descartar tantos óvulos.

Fiquei preocupada de que o fato de doar meus óvulos para meus amigos fosse pôr em risco minhas chances de ter bebês mais tarde. Felizmente não: doadoras de óvulos não parecem ter qualquer diminuição na própria chance de engravidar, apesar do modo invasivo que os profissionais das clínicas usam para extrair os óvulos maduros.** Mas ninguém soube dizer se doar óvulos me faria entrar na menopausa antes do que eu teria entrado caso contrário. (Os dados sugeriam que não.)[11] Ainda assim, *por que* nós queimamos tantos folículos a cada mês? Por que não perder cem em vez de mil? Como o corpo sabe quais óvulos guardar? Será que os óvulos bons estragam com o tempo, ou será que, dos milhões de folículos com os quais nascemos, apenas cerca de quatrocentos algum dia foram bons?

Em outras palavras: será que quase todos os óvulos de uma mulher estão *gorados*?

Durante quase meio século, a comunidade científica entendeu que os óvulos dos mamíferos poderiam ter uma data de validade.[12] Isso ajudaria a

* Felizmente, os anticoncepcionais atuais de baixa dosagem não antecipam a menopausa. Eles também têm uma probabilidade muito menor de causar problemas cardiovasculares: como em geral acontece no que diz respeito ao corpo, intervenções menos severas geram menos efeitos colaterais.

** Uma agulha comprida guiada por ultrassom atravessa a parede da vagina, fura a fina bolha na parte superior do folículo dentro do qual cada óvulo está se desenvolvendo e suga o óvulo.

explicar pelo menos um pouco a menopausa humana: talvez ela ajude a evitar transtornos genéticos. Talvez o corpo da minha amiga tivesse descartado tantos folículos ovarianos antes dos quarenta anos porque os óvulos tinham falhas importantes em seus códigos genéticos, como mais "quebras de fita dupla" no DNA. Pode ser que haja algo de errado com os milhares de óvulos dos quais a maioria das mulheres se livra a cada mês, provavelmente uma consequência do fato de óvulos serem muito mais difíceis de fabricar do que espermatozoides, e por isso haver mais oportunidade para erros.

Embora metade do seu DNA tenha vindo do seu pai e metade da sua mãe, a maior parte da sua mitocôndria e do seu citoplasma veio da sua mãe.* O espermatozoide é basicamente um sistema de entrega de informação que insere o DNA do pai no óvulo, ao passo que o óvulo precisa fornecer todos os materiais para construir o embrião. E esse é o principal motivo pelo qual os óvulos são cerca de 4 mil vezes maiores do que os espermatozoides: eles não são apenas metade do projeto, e sim metade do projeto mais a fábrica inteira.

Como os espermatozoides não exigem tanto material, os testículos não precisam trabalhar com muito afinco nem por muito tempo para fabricar seus gametas.** Os ovários, por sua vez, precisam despender mais esforço ao longo de um tempo muito maior para ajudar um óvulo a amadurecer: lembre que o feto humano fabrica seus folículos ovarianos enquanto ainda está no útero.

Quanto mais tempo uma célula vive, maiores as chances de ser danificada pelo acúmulo de resíduos e radicais livres. Existem mecanismos previstos para consertar os estragos, mas eles vão ficando menos confiáveis com o passar do tempo. É verdade também que óvulos mais velhos têm uma probabilidade maior de apresentarem problemas genéticos do tipo que pode causar a síndrome de Down.*** Pelo mesmo motivo, mulheres mais velhas têm mais abortos

* Nós antes achávamos que *todas* as mitocôndrias e todo o citoplasma de um bebê viessem da mãe, mas estudos recentes mostraram que às vezes o espermatozoide consegue inserir parte de seu material no óvulo (Luo, 2013). Só que isso parece ser a exceção, e o DNA mitocondrial do espermatozoide é quase inteiramente consumido, descartado ou afogado pelos mecanismos celulares do óvulo após a fertilização (Al Rawi et al., 2011; Luo, 2013).

** Apenas cerca de dois meses e meio, se você estiver fazendo as contas. Mas, se você for uma pessoa com espermatozoides e quiser mesmo, de verdade, engravidar sua parceira do sexo feminino (de forma consentida) com o melhor que puder produzir, é melhor já vir tendo um estilo de vida saudável por muitos anos antes de tentar.

*** Embora o risco permaneça baixo: uma mãe de 41 anos só tem 1,3% de probabilidade (Cuckle et al., 1987). Isso em comparação com 0,07% na casa dos vinte anos, mas mesmo assim é um risco

espontâneos precoces. Então talvez os corpos primitivos semelhantes aos humanos tenham de alguma forma previsto esses problemas e descartado tantos folículos ovarianos assim para evitar dar à luz bebês com deficiências.

Como a maioria dos mamíferos não vive tanto quanto nós, talvez eles não precisem lidar com os danos genéticos de óvulos velhos. Só que existem algumas exceções, e elas meio que abrem um furo nessa teoria. As elefantas dão à luz até a casa dos sessenta sem qualquer aumento nos defeitos genéticos. Algumas baleias também. Até as chimpanzés podem dar à luz na casa dos sessenta,[13] embora isso seja raro e só pareça acontecer em cativeiro: na natureza, a maioria dos chimpanzés morre antes dos 35. Dentre os raros mamíferos a viverem com regularidade tanto quanto nós, as fêmeas em geral seguem se reproduzindo até tarde.* De modo geral, todas essas mães geriátricas geram bebês perfeitamente saudáveis. Isso significa que os óvulos mamíferos envelhecidos não podem ser o único motivo pelo qual os seres humanos têm menopausa. Se outros mamíferos podem continuar dando à luz até uma idade mais avançada, por que nós não podemos?

A resposta talvez esteja nas profundezas do código: algo no modo como nossos ovários de primatas estão "programados" para funcionar que seja fundamental para nosso projeto corporal como um todo e que seja custoso demais de mudar. No entanto, como não sabemos exatamente por que outros mamíferos conseguem dar à luz até tão tarde sem problemas, tudo o que conseguimos determinar foi que não existe nada no *fato* de ser mamífero que exclua as mães

---

baixo (ibid.). A idade do pai também é um problema: pais mais velhos aumentam o risco de malformação cromossômica, mas até recentemente muito poucos estudos se davam ao trabalho de incluir essa variável. Pelo que sabemos hoje, ter um bebê com um homem de mais de quarenta anos significa que o risco de seu filho ter autismo, esquizofrenia e síndrome de Down aumenta (Callaway, 2012). A cada ano parece surgir um novo estudo reconhecendo que, no final das contas, a culpa não é só da mãe. Então talvez seja melhor pensar da seguinte maneira: coisas também saem errado com espermatozoides velhos. Só que há mais coisas que podem sair errado com os óvulos, porque eles são feitos de muito mais coisa.

* Ellis et al., 2018. Quero dizer, daquelas que conseguimos estudar com facilidade: a baleia-da-groenlândia parece viver duzentos anos ou mais, mas não sabemos o suficiente sobre seus hábitos sexuais para estabelecer se fêmeas mais velhas dão à luz habitualmente com duzentos anos de idade. Só ficamos sabendo que elas vivem tanto assim porque encontramos arpões do século XIX cravados em seus flancos. É muito difícil estudar a longevidade das baleias que vivem em águas profundas e geladas, em especial porque muitos cientistas só exercem sua atividade por quarenta e poucos anos.

mais velhas. Isso significa que das duas uma: ou a menopausa humana é uma mudança surpreendente no código profundo da reprodução dos primatas ou é um efeito colateral normal de um código preexistente, que por algum motivo se mostrou difícil demais de ajustar no longo processo de evolução de nossas Evas.

Já faz muito tempo que não somos mais primos próximos dos elefantes ou baleias. Talvez um bom lugar para investigar seja um ponto mais próximo da árvore genealógica, embora esses animais não vivam nem de longe tanto quanto nós: os ovários de outras grandes símias e seu processo de envelhecimento.

VOVÓS COM TUDO EM CIMA

Antigamente, nossas Evas simiescas tinham lábios vaginais imensos. Quando seus corpos estavam ovulando, esses lábios inchavam até se transformar em gigantescas almofadas cheias de sangue e outros fluidos para anunciar com praticidade que elas estavam férteis. As chimpanzés e bonobas ainda os têm. Nossas primas mais distantes, entre orangotangos, gorilas e outros primatas, também. Alguns desses lábios são mais vistosos do que outros, mas eles são um traço bastante comum nos primatas: quando uma fêmea está no período fértil, sua área genital incha e se enche de sangue, tornando-se quente, avermelhada e extremamente convidativa aos machos interessados.

Os cientistas acham que, quando os hominínios começaram a andar sobre duas pernas, passou a não haver mais lugar em suas pelves eretas para exibições genitais gigantes.* Essas abas de tecido encolheram, mas até hoje os lábios

* Há quem pense que os genitais inchados das primatas também ajudam a incentivar o cuidado paterno (Nunn, 1999; Alberts e Fitzpatrick, 2012). Outros acham que "esconder" nossa fertilidade pode ter tido suas vantagens em termos de escolha sexual feminina: por exemplo, se os machos não sabem quando você está fértil, eles nunca podem ter certeza se fazer sexo com você vai de fato gerar bebês. Isso pode diminuir a pressão sobre a fêmea durante seu período fértil, deixando-a com menos machos para repelir e potencialmente aumentando suas chances de escolher machos da sua preferência. E poderia também beneficiar a fêmea em matéria de incerteza da paternidade, já que os inchaços sexuais nos primatas estão alinhados com outras medidas que influenciam a incerteza da paternidade (Nunn, 1999), embora qualquer registro *consciente* talvez exigisse mais capacidade cerebral do que os hominínios primitivos possuíam: *Será que eu transei com a Lucy quando ela estava com os lábios inchados? Deixa eu ver, quantos meses tem isso? Ah, tá. Eu sou um australopitecino, não sei fazer contas.*

vaginais de uma mulher podem inchar um pouquinho quando ela está ovulando. Os pequenos lábios — as abas quase diáfanas aninhadas ao redor do clitóris e do seu capuz — podem escurecer um pouco devido ao afluxo de sangue quanto ela está particularmente excitada, e de modo mais pronunciado próximo à ovulação. Conforme as mulheres envelhecem, os pequenos lábios tendem a se manter escuros, um resquício de uma vida inteira de ciclos de fertilidade.* Quando uma mulher passa pela menopausa, seus grandes lábios podem encolher um pouco — apenas mais uma parte da nossa redistribuição de gordura ligada à menopausa —, ao mesmo tempo que os pequenos lábios mantêm seu tamanho ou se alongam.

Isso também acontece com as chimpanzés, e foi uma das maneiras centrais graças às quais nós enfim descobrimos se elas têm menopausa.

Ao que parece, assim como nós, a maioria das chimpanzés para de ovular por volta dos cinquenta anos.[14] Ou melhor, seus órgãos reprodutivos "senescem", o termo formal para o envelhecimento. Seus ovários envelhecem, e seus inchaços genitais também. No entanto, ao contrário de nós, uma chimpanzé de cinquenta anos é *muito* velha. Seus dentes e seu pelo estão começando a cair. Suas articulações fragilizadas rangem. Ela tem menos tônus muscular. Mesmo em cativeiro, onde vivem mais do que na natureza, os chimpanzés em geral morrem na casa dos cinquenta ou sessenta anos. Em outras palavras, talvez as chimpanzés não tenham uma menopausa como a nossa por *morrerem jovens demais*.

No entanto, ao contrário das normas culturais humanas, quanto mais velha a chimpanzé, mais atraente ela é para os rapazes. A gata mais quente do pedaço já é avó. Pode ser que seja até bisavó. Tem o pelo grisalho. Talvez tenha inclusive catarata em um ou dois olhos. Mas é ela que os machos preferem, e as fêmeas mais jovens não têm a menor chance. Os primatólogos não sabem exatamente por que isso acontece, mas concordam que de modo geral as vovós chimpanzés são muito atraentes.[15]

Quando as mulheres humanas começam a parecer mais velhas, isso em geral significa que estão se tornando menos férteis. Sendo assim, do ponto de vista evolutivo, faz sentido os homens as considerarem sexualmente menos

* A menopausa também pode provocar uma produção maior de melanina na pele do local: muitas partes da nossa pele podem mudar um pouco seu padrão de coloração conforme envelhecemos, e os genitais não são uma exceção.

atraentes.* Só que, nas chimpanzés, pelos grisalhos não querem necessariamente dizer que os ovários não estão mais funcionando, porque os sinais visíveis de envelhecimento aparecem *mais cedo* nos anos reprodutivos de uma chimpanzé do que nos de uma mulher humana. Na verdade, para as chimpanzés fêmeas, aparentar mais idade talvez sinalize que ela é portadora de um DNA de alta qualidade. Ela também talvez tenha uma posição bastante boa na sociedade local, uma vez que é mais difícil ter uma vida longa como pária social. Somadas, as duas coisas formam um belo pacote.

Mas voltemos ao número: cinquenta. Se as chimpanzés conseguem viver até essa idade, muitas parecem parar de ovular, igualzinho acontece conosco. Outras primatas apresentam padrões semelhantes. Quando examinamos o projeto reprodutivo dos primatas, os ovários das fêmeas parecem envelhecer em ritmos parecidos.[16] Se isso fosse verdade, da babuína à fêmea do gibão, da chimpanzé à mulher humana, cada uma de nós perderia aproximadamente a mesma porcentagem de folículos ovarianos a cada ciclo, e nossa reprodução declinaria na mesma proporção ao longo do tempo.**

Em outras palavras, a estrutura profunda dos ovários das primatas talvez seja fundamentalmente planejada para um tempo de vida de cerca de cinquenta anos. Nós *podemos* viver mais, mas não seremos mais tão boas em fabricar

* Ou pelo menos *afirmarem* considerar: a proliferação de pornografia MILF (acrônimo em inglês para "mãe com quem eu gostaria de transar") e "vovó" na internet talvez revele outra realidade. Como no caso dos chimpanzés e bonobos, a sexualidade humana não está ligada somente à reprodução.

** Existem exceções, claro — chimpanzés fêmeas que dão à luz depois dos cinquenta, por exemplo —, mas o mesmo vale para as humanas. A maioria das chimpanzés não dá à luz com sucesso nas casas dos cinquenta e sessenta anos, e, excetuadas intervenções como a FIV, transplantes de tecido ovariano ou transplantes totais de útero, a maioria das mulheres tampouco. Como vimos no capítulo "Ferramentas", nossa espécie tende a intervir tecnologicamente em nossas capacidades de fabricar bebês — intervenções essas que podem até ser o traço característico da humanidade, e algo que deveríamos considerar fundamental para nosso sucesso —, mas isso não quer dizer que nossos corpos tenham *evoluído* num horizonte de tempo maior para refletir isso. Com certeza ter mais mulheres sobrevivendo ao processo reprodutivo torna mais provável elas conseguirem sobreviver até uma idade avançada, mas isso por si só não produziu a menopausa humana. Em outras palavras, embora a FIV seja uma extensão da ginecologia, não é verdade que os ovários humanos de repente vão mudar seus códigos basais de primatas porque nossos ambientes sociais hoje conseguem apoiar gestantes mais velhas. Como sempre acontece, as inovações culturais são muito mais rápidas do que as mutações genéticas.

bebês, e o restante de nossos corpos também começa a falhar. Se for assim, então parece que aquilo que mudou em nossas Evas talvez não estivesse nos seus ovários. O que aconteceu foi que as mulheres de alguma forma retardaram o envelhecimento no *restante* de seus corpos, e os ovários humanos ainda não tiveram a chance de recuperar o atraso.

Mas isso ainda não responde totalmente à pergunta mais profunda: por quê? Por que precisamos de um bando de velhas senhoras para começo de conversa? Se não o simples fato de estar viva sem um recém-nascido próprio, o que no fato de ser *velha* era tão útil?

DE VOLTA A JERICÓ

O útero da jovem ondulou e se contraiu. A velha precisava tomar cuidado. Se rasgasse alguma coisa, sua neta iria morrer de hemorragia. E provavelmente a criança também. O colo do útero estava bem grande — isso era bom — e o quadril da moça parecia solto de ambos os lados. O pé estava ali, mas a velha só conseguia sentir um. Se apenas uma das pernas descesse…

Como, com a vida da moça em jogo, o tempo voava, a velha fez a primeira coisa que lhe ocorreu: empurrou o pé de volta para dentro do útero. O joelho do bebê se encolheu para cima junto ao peito. Ela tateou com dois dedos até encontrar o traseiro gosmento do bebê, enquanto falava baixinho para acalmar a neta. A jovem delirava de dor.

O mais rapidamente que conseguiu, a velha empurrou com força as pernas abertas da neta e ouviu um dos fêmures escapulir da articulação com um estalo alto e úmido. O bebê saiu em seguida: bumbum na frente, os braços cruzados bem apertados ao redor do peito. Um menino. *Só podia ser.* A velha o pôs em cima do ventre da mãe, e as duas ficaram acariciando as costas do recém-nascido. O menino não estava azul. Tampouco chorava, mas elas puderam ver que respirava. Ele iria viver.

Já em relação à neta a velha não tinha tanta certeza. A moça estava lívida e suada, com as pernas encharcadas de sangue. A irmã da velha estendeu a mão para tentar puxar o cordão, mas a velha afastou sua mão para longe. Era melhor a placenta sair sozinha. Uma vez tinham puxado o cordão umbilical de uma de suas tias e um imenso jorro de sangue saíra em seguida.

As próximas uma ou duas horas seriam críticas. Se a moça sobrevivesse, a velha iria cuidar do seu quadril machucado. Ela disse à irmã para manter os curiosos fora da palhoça. Agora não havia mais nada a fazer exceto esperar.

VOVÓS QUE TUDO SABEM

A velha de Jericó que venho imaginando na verdade representa duas Evas numa só: a Eva da menopausa humana e a Eva das *idosas*, pensada para representar uma das primeiras mulheres a atingirem uma idade avançada junto com outras mulheres velhas à sua volta.

Durante a maior parte da história humana, as pessoas idosas eram como os unicórnios. Você podia conhecer uma. Duas, talvez. Pode ser que só conseguisse ver de longe o branco ofuscante dos cabelos de uma velha. Ou vai ver ela era sua avó. Vai ver lhe dava pedacinhos de carne na boca. Vai ver dividia comida com sua mãe. Mas na grande maioria as pessoas simplesmente não *sobreviviam* por tempo suficiente para se tornarem de fato idosas.

Dez mil anos atrás, quando a agricultura humana realmente deslanchou, nossos antepassados podiam recorrer a estilos de vida colaborativos, a remédios e a um milhão inteiro de anos de comportamento ginecológico para ajudar as mulheres a sobreviverem. Nossa Eva da menopausa precisava ser também a Eva das idosas: não uma mulher *rara* que tivesse vivido um terço da sua vida após a data de vencimento de seus ovários, mas uma mulher que tivesse feito isso e vivido entre outras mulheres que também o tivessem feito. Em outras palavras, embora os mecanismos da menopausa sejam fisiológicos, ser uma espécie "menopausável" talvez seja um fenômeno profundamente social: é preciso que *a maioria* das fêmeas sobreviva de forma rotineira até no mínimo os sessenta anos, vivendo um terço de suas vidas após a fase reprodutiva. Como a evolução leva um tempo extraordinariamente grande para padronizar mudanças no projeto corporal de uma espécie, isso não tinha como se dar de uma vez só. A cultura muda depressa. A fisiologia, de modo geral, não.

Embora suas vidas sob muitos aspectos sejam tão "modernas" quanto as do restante de nós, podemos procurar algumas pistas nas populações bem estudadas de caçadores-coletores. Nos caçadores-coletores sãs de hoje, 50% de todas as crianças morrem antes dos quinze anos, e a expectativa de vida média é de 48 anos. Entre os 10% dos sãs que conseguem chegar aos sessenta, a maioria é mulher (vivemos mais do que os homens por toda parte, mas a diferença é mais marcada nos sãs). Mas será que as sãs têm menopausa? Apesar de toda essa mortalidade, a resposta é sim.

Só que nossos antepassados primitivos provavelmente não tinham um projeto corporal feito sob medida para a menopausa. Pelo que vimos nos fósseis, durante muito tempo foi extremamente raro os hominínios viverem além dos trinta e poucos anos. Mesmo o *Homo sapiens* moderno em termos anatômicos não parecia ultrapassar essa idade de início. Na verdade, o motivo pelo qual escolhi uma mulher que vivia em Jericó como minha Eva neste capítulo foi muitos paleoantropólogos pensarem que, antes do advento da agricultura, os seres humanos não viviam regularmente até os sessenta anos. Isso só aconteceu cerca de 12 mil anos atrás. Os corpos das mulheres podem ter sido programados para a menopausa antes disso, mas talvez nossos estilos de vida só tenham sustentado esse potencial mais tarde. Até sabermos mais sobre os fundamentos genéticos do envelhecimento, não seremos capazes de estabelecer essa data com muita precisão; temos de continuar nos apoiando naquilo que encontramos em ossos primitivos.

Mesmo assim, se nos limitarmos a dizer que a menopausa humana começou quando passaram a existir *sociedades* de idosos, então talvez até 12 mil anos seja cedo demais. Criar e manter uma classe constante de avós pós-menopausa talvez não tenha sido possível antes do surgimento de cidades agrícolas com uma densidade populacional maior.[17] E as avós — ou melhor, os idosos, a maioria dos quais era mulher — teriam sido particularmente úteis para a ascensão da sociedade agrícola.

Veja o caso da baleia-assassina: grupos de orcas nômades são os *únicos* mamíferos sociáveis não humanos a apresentarem confirmadamente uma menopausa.[18] Elas são difíceis de estudar, claro, não só porque são assassinas, mas porque o oceano é imenso. Pelo que conseguimos determinar, assim como as mulheres humanas, essas fêmeas vivem um terço inteiro de suas vidas adultas após pararem de ter filhotes. Sua sociedade é matriarcal. Os filhos permanecem a vida inteira com as mães. Se as mães morrem, os filhos sobreviventes não se saem tão bem. Eles não têm tantos filhotes. Não mantêm seu status no grupo. O sucesso de suas vidas, em outras palavras, depende das mães. Eles herdam o status social da mãe, e de acordo com esse status recebem privilégios diários, desde direitos alimentares a com quais fêmeas podem acasalar, quando e com que frequência.

Mas os deveres de uma avó orca não incluem passar muito tempo cuidando dos netos. Isso significa que as orcas não se encaixam na hipótese da avó. Pelo que as pesquisas mostraram, as orcas pós-menopausa não passam mais tempo cuidando dos netos ou de outros descendentes jovens após pararem de dar à luz.[19] Tampouco passam mais tempo defendendo os filhotes de ameaças externas, ou gastam o tempo extra catando alimento para a família comer. O fato de pararem de ter os próprios bebês não parece favorecer o equivalente cetáceo de ficar de babá.

A responsabilidade das avós é ensinar o grupo em momentos de crise.[20] Quando a comida escasseia, são elas que seguem na frente até lugares com uma probabilidade maior de terem bons alimentos. Quando o grupo chega, as avós têm uma probabilidade maior de serem aquelas que vão demonstrar como capturar esse alimento, no caso de haver desafios específicos. Como criando ondas para derrubar focas de cima de pedaços de gelo ou juntando cardumes de peixes.

O que as avós fazem, em outras palavras, é *lembrar.*

Viver por um tempo muito longo como um mamífero social é bom para duas coisas: reforçar o status social dos filhos adultos e garantir o bem-estar do grupo como um todo em momentos de crise, recordando como se sobrevive num mundo que muda ao longo do tempo.*

* Só para ficar claro: o simples fato de você ter idade suficiente para possuir lembranças que os mais jovens não possuem não significa que vá sempre tomar as decisões corretas. Por exemplo, enfiar um pé de volta para dentro do útero de uma mulher em trabalho de parto dentro de uma palhoça pequena, suja e mal iluminada é uma *péssima* ideia. Nunca faça isso! Mas não cortar o cordão umbilical logo depois de uma mulher ter parido? Essa é uma boa decisão. E há histórias sobre médicos da área que encontraram maneiras quase acrobáticas de alargar o canal de parto, o que traz o risco de articulações deslocadas (lembre-se: a mãe pode estar mais flexível do que o normal por causa de toda a relaxina). Deslocar um quadril não é recomendado e com certeza não é um procedimento padrão, mas, nas circunstâncias certas — em especial se você não dispuser das ferramentas para realizar uma cesariana segura —, pode ser que ajude. Essa provavelmente é a melhor maneira de imaginar as vantagens primitivas de se ter pessoas velhas por perto. Elas não são anciãs sábias e sobre-humanas, e sim pessoas normais tomando um misto de boas e más decisões com base na experiência prévia, cujo efeito somado ajuda em vez de atrapalhar a população.

Talvez, no lugar da hipótese da avó, devamos pensar em duas coisas: as avós na pós-menopausa talvez ajudem seus filhos a conservarem seu status social e seus recursos ao longo do tempo (chamemos isso de "hipótese da mãe"). E as avós talvez sejam úteis também por serem muito boas em recordar coisas. As pessoas velhas talvez tenham valor por serem *sábias*.

Precisamos olhar para além do apreço de nossas avós por potes de biscoitos e pensar no que a humanidade primitiva realmente demandava de seus velhos, como o conhecimento que se exige da Eva deste capítulo, a velha de Jericó.

Não é difícil encontrar suas equivalentes nas avós de hoje. Veja por exemplo uma afegã chamada Abedo.[21] Como muitas mulheres da sua região do mundo, ela enviuvou quando seu marido foi morto em combate. A primeira vez em que li a seu respeito foi numa matéria curta de um jovem correspondente de guerra, depois que meu irmão trabalhou no Afeganistão como repórter integrado às Forças Armadas; com o passar do tempo, fui me informando mais. Nos anos 1970, Abedo era casada com um mujahedin, nem de longe uma situação única. Ao ficar sabendo que o marido não iria voltar para casa, porém, em vez de fugir com os filhos como outros refugiados, ela decidiu combater. Começou a se vestir de homem, o que lhe parecia a única forma possível de fazer o que pensava ser a vontade de Deus, e veio a liderar muitos mujahedins durante a guerra contra os soviéticos.

Em 1989, os russos finalmente se retiraram, qual uma geleira que recua, deixando o país arrasado pelo rolo compressor da guerra. Durante algum tempo, Abedo conseguiu se acomodar numa vida mais "normal" em sua aldeia natal. Chegou a abrir uma loja e a vender mercadorias para seus companheiros combatentes. Seus filhos cresceram. Embora com certeza não fosse normal uma afegã viver como ela vivia, Abedo conseguiu manter sua independência e era muito respeitada pelos vizinhos. Vinte anos se passaram. Seus filhos tiveram filhos. Papoulas cor-de-rosa e brancas floriram no vale do rio.

Então, depois de outra guerra incendiar metade das cidades, o talibã começou a interferir nos negócios de Abedo, dizendo que ela não podia vender para o governo apoiado pelos Estados Unidos. O governo, por sua vez, lhe dizia para não vender para o talibã. Ela se recusou a escolher um lado. Provavelmente ainda estaria levando uma vida normal em sua aldeia caso o talibã não tivesse decidido tocar fogo na sua loja. Depois disso, com a bênção do governo apoiado pelos Estados Unidos, ela recrutou dez rapazes e formou seu próprio grupo paramilitar.

Quando comecei a fazer a pesquisa para este capítulo, ela ainda estava viva — e era uma mistura de avó encarquilhada com comandante militar — e seguia defendendo com armas bem lubrificadas a vida e o bem-estar cotidiano da sua aldeia. Graças à sua grande experiência tanto como combatente quanto como comandante militar, o tal governo apoiado pelos Estados Unidos a havia consultado para discutir informações de segurança e estratégia na região. "Os jovens policiais e militares de hoje não têm experiência", disse ela a um jornalista, "e é fácil eles serem mortos em combate, porque não sabem lutar."[22]

Ninguém com quem consegui entrar em contato sabia se Abedo conseguira sobreviver à desastrosa retirada americana do Afeganistão, em agosto de 2021, ou se vivera o suficiente para ver isso acontecer. É de presumir que o novo governo do talibã não fosse considerá-la uma aliada. Mas pelo menos sabemos que, durante um tempo surpreendentemente longo, Abedo continuou viva porque sabia lutar. Também continuou viva porque as mulheres humanas em geral vivem mais do que os homens. E, a exemplo de muitas mulheres mais velhas, Abedo conservou sua capacidade mental, o que ajudou a manter vivos também os homens que combatiam sob suas ordens. Ela pôde lhes ensinar por se lembrar de como a guerra *funcionava* em seu vale de rio. Liderou-os porque sabia fazê-lo, e eles lhe obedeceram por saberem que ela sabia.

Talvez Abedo seja um modelo fora da curva para a evolução da menopausa, uma vez que o Afeganistão moderno obviamente não é igual à Jericó primitiva. Mas ela é uma mulher que sobreviveu por tempo suficiente, em circunstâncias difíceis, para poder proporcionar conhecimento e liderança importantes dentro de um grupo social. Em vez de pensar na menopausa como algo que nós evoluímos para poder cuidar melhor das crianças, deveríamos pensar no que significa ter idade suficiente para recordar acontecimentos que nem seus filhos nem seus netos vivenciaram. Imagine alguém como a velha de Jericó vendo lavouras serem destruídas por uma enchente, algo que não acontecia em vinte anos. Seus filhos não saberiam o que fazer nem como sobreviver. Mas *ela* talvez soubesse.

E quando se tem um grupo social complexo fazendo algo tão difícil quanto entender como sobreviver à base de cereais do seu próprio cultivo — e como dividir e armazenar o alimento numa escala que nenhum ser humano conhecia —, talvez seja preciso pessoas velhas para ter sucesso. Se for assim, uma vez inventada a agricultura, deve ter havido uma espécie de círculo vicioso envelhecimento-agricultura,[23] com ambos se beneficiando mutuamente.

Lembre-se: o início da agricultura foi uma viagem atribulada. A moradia estacionária trouxe o desafio de fomes periódicas, doenças provocadas por resíduos e deficiências nutricionais advindas de uma alimentação menos diversificada. E nem todos os alimentos eram fáceis de comer, nem mesmo aqueles que cultivávamos. Comer cereais e tubérculos não é como comer figos tirados do pé. A pessoa precisa saber prepará-los para ter certeza de que eles não vão matá-la. Muitos dos alimentos domesticados de hoje são modificações de plantas que, em estado selvagem, poderiam fazer você passar muito, muito mal. A raiz da mandioca, por exemplo, amplamente usada hoje na culinária sul-americana e africana, precisa ser deixada de molho, fervida e socada para remover os alcaloides venenosos do tubérculo cru. Até mesmo a singela batata precisa de um conhecimento específico. Se as batatas forem expostas à luz por um tempo excessivo, elas ficam verdes, e se você comer batatas verdes demais pode passar muito mal: batatas verdes contêm solanina, uma substância química que basicamente faz as células cometerem suicídio. Enjoo, diarreia e vômitos são os efeitos colaterais mais brandos. Aos pesadelos é possível sobreviver. Mas será mais difícil superar as alucinações, a paralisia, a hipotermia e a morte. Morrer congelado/a numa tarde de calor por ter comido batatas verdes em excesso não é um bom dia para o advento da agricultura. E boa sorte se você tiver comido as folhas, caules ou brotos.

O *motivo* pelo qual muitas plantas agrícolas têm efeitos colaterais perigosos se não forem adequadamente processadas é que as plantas, assim como os animais, muitas vezes se defendem, e com frequência usando substâncias químicas. Plantas que já tivessem evoluído com determinados pesticidas e outras medidas de autodefesa embutidas teriam sido excelentes para uma horta primitiva: elas teriam a praticidade de resistir aos besouros e outros insetos que pudessem comê-las antes que os humanos conseguissem fazê-lo. Em outras palavras, a probabilidade de envenenamento é maior quando você come plantas do que quando se alimenta com carne.* O conhecimento social comparti-

* Você pode *se infectar* comendo carne, o que com certeza poderia ser fatal se os animais estivessem contaminados com micro-organismos que também fossem capazes de infectar seu corpo. Mas o cozimento e o sal são duas maneiras excelentes de evitar essa situação, contanto que você não coma carne já podre. O principal motivo que torna a carne *velha* tão perigosa não é só as bactérias terem tido muito tempo para se reproduzir e devorar o tecido apodrecido, mas também o fato de haverem tido tempo de liberar um monte de toxinas perigosas, do tipo que uma simples lavagem ou cozimento da carne pode não resolver.

lhado de caçadores-coletores ajudou nossos antepassados a lidarem com esse mundo vegetal perigoso e repleto de veneno juntamente com seus hábitos carnívoros. Mas a agricultura exigia saber não só quais plantas comer e quais evitar, mas também como plantar e cultivar as plantas certas, como armazenar e processar esses alimentos de uma forma que não fizesse com que *se tornassem* tóxicos com o tempo, e naturalmente quanta ingestão de um ou outro alimento não é um problema, e a partir de quando ela se torna um problema *grave*. Isso requer um conhecimento social muito superior em comparação com o estilo de vida anterior de nossos antepassados. Requer muita colaboração. E, antes do advento da linguagem escrita, talvez tenha requerido certa densidade de pessoas velhas como a nossa Eva. Pessoas que tivessem vivenciado muita coisa e aprendido com isso.

Na antiga Jericó, seria preciso alguém que lembrasse como o irmão da velha tinha morrido congelado numa tarde de calor após comer a coisa errada. Alguém que ensinasse a comunidade a semear lentilhas, ervilhas e farro, a ferver a amarga ervilhaca para remover as substâncias nocivas, que tipos de sementes plantar perto umas das outras para afugentar as pragas e enriquecer o solo.

Uma vez que a agricultura se firmou na cultura humana, ter gente velha por perto passou a apresentar muitas vantagens. Deixando a genética de lado, porém, estender o tempo de vida continua exigindo até hoje basicamente as mesmas coisas: alimento, medicina, estabilidade social e um plano de crise decente. As sociedades agrícolas são capazes de prover as três primeiras. E os velhos eram úteis para a quarta: o que fazer quando uma enchente levasse embora suas lavouras, o que fazer quando não chovesse o bastante, o que fazer em caso de conflito com um grupo vizinho, o que fazer quando os conflitos dentro do grupo estivessem ameaçando o bem-estar geral da comunidade. Essas pessoas eram os anciãos da comunidade.

Antes de sermos capazes de escrever as coisas, era especialmente importante ter alguém no grupo capaz de recordar as crises passadas. Em geral não é complicado encontrar alguém capaz de recordar algo difícil ocorrido dez anos atrás. Bem mais complicado é encontrar alguém capaz de recordar algo difícil ocorrido quarenta anos atrás, ou como exatamente a comunidade conseguiu dar um jeito na situação. A história oral tem um alcance limitado depois da morte de quem a conta. Viver tempo suficiente para ver uma crise rara acontecer outra vez é o jeito mais confiável de saber se determinada informação é algo que o grupo inteiro deveria aprender.

Como as caçadoras-coletoras de hoje não têm padrões de menopausa diferentes das moradoras urbanas, não é o caso de dizer que a invenção da agricultura tenha modificado nossos genes. E na verdade, sejam quais forem as mudanças genéticas ocorridas para ajudar a estender nosso tempo de vida, elas provavelmente se deram bem antes da Eva das Velhas.* O motivo pelo qual a agricultura tem importância no que diz respeito à menopausa é que ela foi um momento crítico na história da humanidade: nós estávamos tentando fazer algo muito, muito difícil. Que muitas vezes nos fazia passar mal. Que exigia formas inteiramente novas de viver. Ter anciãos capazes de se lembrar do que tinha dado certo e do que não tinha teria sido muito útil. Esses anciãos também teriam sido uma vantagem nas sociedades de caçadores-coletores, mas talvez as sociedades agrícolas tenham tornado as sociedades dos idosos simplesmente mais comuns.

Eu acho que essa é uma resposta mais simples para o mistério da menopausa. Em vez da hipótese da avó, que propõe um modelo complexo de eussociabilidade humana demandando mudanças radicais tanto na nossa programação genética quanto em nossas vidas sociais, consideremos a opção: talvez nós não tenhamos evoluído para ter menopausa. Talvez ela não tenha sido selecionada. Talvez ela tenha sido um efeito colateral natural da extensão do nosso tempo de vida. Em princípio, os corpos fazem praticamente tudo o que podem para evitar a morte. Sendo assim, não é difícil imaginar que a evolução tenha selecionado traços que nos ajudassem a evitar a cova. Nas espécies sociais, porém, também pode ser útil ter idosos por perto. Talvez isso pressione mais os genes que selecionam a extensão do tempo de vida e, nas mulheres, conduzem à menopausa.

Assim, a escolha da Eva deste capítulo tem a ver com encontrar um caso de aplicação bem-sucedida: as novas comunidades agrícolas precisavam das lembranças dos mais velhos. A agricultura não nos tornou mais bem equipados para sustentar nossas avós — pelo menos não logo de cara —, mas nós passamos a *necessitar* delas mais do que nunca. O verdadeiro início da meno-

* Um estudo de humanos e neandertais fossilizados faz essa data recuar potencialmente até 30 mil anos (Trinkaus, 2011). Mas esse trabalho é controverso, e talvez ainda fosse muito raro mais de uma ou duas mulheres em cada grupo social viverem mais. Uma das maneiras de considerar isso é pensar que o genoma hominínio talvez tenha produzido algumas mutações que permitiram às pessoas do sexo feminino viverem mais já há 30 mil anos, mas que talvez tivesse sido preciso algo como o surgimento da agricultura para que se pudesse ver consistentemente sociedades mais numerosas de mulheres idosas pós-menopausa.

pausa é quando um número suficiente de mulheres passou a sobreviver até uma idade suficientemente avançada para que uma menina pudesse algum dia *esperar* se tornar ela própria avó. A Eva da menopausa humana é na realidade a primeira mulher a ter vivido rodeada por um grupo de outras velhas. O que estamos procurando é a primeira roda de tricô da antiguidade, só que elas provavelmente não tricotavam tanto assim. Provavelmente eram líderes. Formavam conselho de anciãs. Nossa Eva não era necessariamente a avó prestativa. Ela era a avó *sábia*.

Assim, o aspecto-chave da menopausa não é que nós paramos de ovular. É que *seguimos vivendo* uma vez passada nossa data de vencimento prevista e biologicamente ajustada. Nós normalizamos o fato de envelhecer. Isso significa que o mais interessante na menopausa talvez não seja nem um pouco a menopausa em si, mas como os seres humanos conseguiram adiar a morte. E quando digo seres humanos estou me referindo às mulheres.

No mundo inteiro, as mulheres são simplesmente melhores em não morrer do que os homens. Contanto que consigamos sobreviver à ridícula montanha-russa da morte que nossos sistemas reprodutivos nos obrigam a encarar, nós em geral temos vidas mais longas e mais saudáveis do que a maioria dos homens. E essa diferença fundamental só vai se tornando mais evidente quanto mais velhas ficamos. Nos Estados Unidos, as mulheres em média vivem apenas de cinco a sete anos a mais do que os homens. Mas isso é a média da população inteira. Se considerarmos grupos *etários*, a diferença aumenta radicalmente. A cada década que passa, mais e mais homens de determinada faixa começam a morrer, e menos mulheres.

Os centenários costumavam ser unicórnios.[24] Hoje há mais de 53 mil nos Estados Unidos. No Canadá, 11 mil. No Japão, mais de 80 mil. Na Itália, 19 mil. No Reino Unido, pouco mais de 15 mil. E a maioria dessas pessoas não é homem.

Mais de 80% dos centenários da atualidade são mulheres.[25]

SUPERAVÓS

Todas as três pessoas vivas hoje que conseguiram confirmadamente alcançar os 115 anos de idade são mulheres.[26] A pessoa mais velha do mundo, uma francesa chamada Jeanne, viveu até os 122 anos e 164 dias antes de morrer tranquilamente em 1997. O homem mais velho era japonês e morreu em 2013, aos 116. Mas pouquíssimos homens passam dos cem anos, porque os corpos masculinos envelhecem mais rápido e de modo mais problemático do que os das mulheres. A característica que todas essas pessoas bastante velhas têm em comum é uma vida praticamente livre das doenças ligadas à velhice até pouco antes de morrerem. Elas não tiveram câncer nem problemas de coração nem qualquer demência, nada nos pulmões nem diabetes ou problemas intestinais. O fato notável em relação a elas, em outras palavras, não é só sua quantidade de anos, mas quão poucos desses anos passaram *envelhecendo* de forma deletéria.

Na verdade, não sabemos como os corpos femininos fazem isso. Durante décadas, os cientistas atribuíram a diferença de longevidade ao estilo de vida: os homens estão mais sujeitos a violência, acidentes, traumas. Houve quem dissesse que talvez os corpos masculinos ficassem mais estressados por precisarem trabalhar o dia inteiro fora de casa. Talvez os homens exerçam mais profissões exigentes, arriscadas e árduas para o coração, que desgastam seus corpos numa velocidade maior.* Talvez seja a carne vermelha. Talvez seja o deslocamento para trabalhar. Talvez sejam o cigarro e a bebida.

Mas, mesmo comparando um homem e uma mulher de saúde perfeita, com níveis de estresse parecidos, tipos de alimentação parecidos e tipos de profissão e hábitos parecidos, a mulher tem uma probabilidade maior de viver mais do que o homem. Como e por que isso acontece é um mistério, mas o fato em si já não é mais controverso. E ele se aplica a nossos primos símios também:[27] em chimpanzés, gorilas, orangotangos e até mesmo gibões, tanto na vida livre quanto em cativeiro, as fêmeas em geral vivem mais do que os machos.

É por isso que, do ponto de vista genético, nós provavelmente não deveríamos pensar na menopausa humana como resultado de uma seleção evolutiva de fêmeas idosas não reprodutoras. O que quer que ajude os corpos femininos a viverem mais pode beneficiar menos os corpos masculinos, e talvez

* Na verdade, os achados são díspares. Por um lado, profissões fisicamente exigentes dão aos homens 18% mais chances de morrerem antes da idade média de morte masculina (Coenen et al., 2018). Outros estudos, porém, demonstram que ter profissões físicas promove uma vida mais longa do que um trabalho de escritório (Dalene et al., 2021), e a maioria acredita que a atividade é melhor para o corpo humano do que o sedentarismo. De modo geral, é verdade que se manter ativo/a fisicamente numa idade avançada — ainda que apenas se cuide do jardim — tende a fazer a pessoa viver mais.

perder mais machos não tenha um custo tão alto assim para as sociedades de primatas. Soa duro dito assim, eu sei, mas é verdade: de uma perspectiva científica, os machos não precisam viver tanto quanto as fêmeas para perpetuar a espécie. Isso vale especialmente para os mamíferos. Como os biólogos gostam de dizer, mamíferos machos são "baratos". Ou seja, são facilmente substituíveis.

Contanto que chegue à idade adulta, um ser humano do sexo masculino precisa de apenas dois ou três meses para transmitir com sucesso os próprios genes, e o grosso desse tempo é gasto fabricando novos espermatozoides nos testículos. Uma vez os espermatozoides fabricados, é preciso apenas sessenta segundos para ejaculá-los. As mulheres, por sua vez, precisam de no mínimo 21 meses para transmitir seu DNA: doze para o folículo ovariano amadurecer plenamente e outros nove para gestar o bebê. E depois disso há ainda a amamentação. A maior parte do trabalho duro da reprodução e dos primeiros cuidados é feita por corpos femininos. Por isso a perda de uma *fêmea* em geral é uma perda grande para a aptidão evolutiva de uma espécie. Já a perda de um macho? Bom, de onde ele veio tem muitos outros.

Como a pressão sobre o genoma dos mamíferos é *maior* para preservar a vida da fêmea, quem sabe com o tempo determinados mecanismos tenham evoluído para proteger contra coisas ruins no processo de envelhecimento do corpo feminino. Repetindo: viver mais do que os homens, na verdade, tem a ver com *não morrer*. Existem marcadores relacionados à idade que todos os mamíferos apresentam ao ficarem mais velhos, como mudanças na gordura corporal, artrite e perda de massa muscular. Existem coisas que acontecem com a pele, para cuja reversão as revistas femininas se mostram mais do que dispostas a recomendar algum sérum caro. Mas é possível viver por muito tempo com a pele dos joelhos flácida. As rugas debaixo dos seus olhos não vão matar você. O verdadeiro objetivo é a *sobrevivência*. Falemos então sobre aquilo que realmente mata.

Em primeiro lugar, a morte é o que acontece quando seu cérebro morre. O que *em geral* mata seu cérebro é a falência de órgãos: o coração, os pulmões, os rins, o fígado, tudo começa sucessivamente a parar de funcionar. O sangue que chega ao seu cérebro já não está filtrado da maneira mais adequada. Oxigênio insuficiente, CO_2 em excesso, toxinas em excesso. Ou então uma quantidade insuficiente de sangue chega ao cérebro. Pode ser que um coágulo entupa o encanamento e as células do seu cérebro comecem a morrer. Você em geral vai perder a consciência antes que isso aconteça. Depois de algum tempo, a luz se apaga.

Ao contrário das crianças em muitas sociedades de caçadores-coletores, a maioria dos seres humanos do mundo industrializado atual sobrevive à infância.[28] Quando não morremos de algo estúpido como infecções preveníveis, violência ou acidentes, em geral morremos porque ficamos velhos. Mas "ficar velho" não é o que nos mata. O que nos mata são três grandes assassinos: câncer, doenças cardiovasculares e doenças pulmonares. É deles que temos de fugir. E, à medida que envelhecem, os corpos femininos simplesmente são melhores em escapar deles.

Na verdade, a única coisa que os corpos masculinos têm a seu favor nessa corrida parece ser social. Historicamente, como sempre prestamos mais atenção nos corpos masculinos[29] — em como eles prosperam, em como morrem —, a medicina moderna (e o conhecimento popular moderno também) privilegia os homens nesse quesito. As doenças cardiovasculares os matam significativamente antes das mulheres, mas, como os infartos em mulheres podem apresentar sintomas um pouco diferentes, a maioria das pessoas dos países industrializados de hoje fica atenta à reação dos corpos *masculinos* a um ataque do coração: levar a mão ao peito, uma queimação no braço ou no maxilar, a sensação de um peso esmagador, e assim por diante. As mulheres, por sua vez, muitas vezes afirmam sentir que estão tendo uma crise de azia particularmente forte ou esquisita, talvez acompanhada por ansiedade e tontura. Algumas têm a sensação clássica de peso no peito, mas muitas não. Consequentemente, mais mulheres morrem hoje de infarto do que deveriam, não por infartarem mais, mas por não levarem os sintomas suficientemente a sério ou por não saberem no que devem ficar de olho. Existem muitas campanhas para mudar a conscientização social em relação a essas questões, em especial nos Estados Unidos e na Europa ocidental, e pode ser que elas mudem um pouco as estatísticas. Mas o resultado apenas reforçará a norma já existente: menos mulheres morrerão de crises cardíacas porque elas reconhecerão seus sintomas e irão ao hospital mais cedo do que normalmente iriam, e os médicos lhes darão um atendimento de nível adequado. Em outras palavras, um número *ainda menor* de mulheres vai morrer de problemas cardíacos do que já morre. A diferença de longevidade entre mulheres e homens vai aumentar.

A verdade muito simples é que o sistema cardiovascular masculino parece se desgastar mais depressa do que o da mulher típica.[30] As paredes das artérias se enrijecem mais. Mais colesterol também tende a se acumular nessas paredes, o que talvez represente índices mais altos de inflamação. E essas mudanças começam muito, muito cedo, possivelmente no útero. O sistema cardiovascular masculino tem mais tendência à hipertensão numa idade precoce. Talvez por isso os homens jovens que receberam algumas das vacinas contra a covid em 2021 tivessem um risco maior, depois de imunizados, de apresentar miocardite e pericardite, inflamações da bolsa em volta do coração ou de seu revestimento. Mas é claro também que homens e meninos que contraíssem covid-19 *também* tinham uma probabilidade maior de apresentar problemas cardiovasculares como esses,[31] e tinham uma probabilidade significativamente maior de morrer durante a pandemia do que as mulheres. Embora a maioria das pessoas tenha considerado a covid-19 uma doença pulmonar, muitos hoje acham que o modelo mais adequado seria o de uma doença cardiovascular,[32] já que milhares de minúsculos coágulos entopem os pulmões, cada um deles causando uma inflamação ainda maior e mais morte celular no local, o que produz uma cascata sangrenta horrorosa em direção à falência pulmonar.

As doenças pulmonares, um dos Três Grandes Assassinos, também matam mais homens do que mulheres.[33] De modo um pouco parecido com o cérebro, os pulmões são extremamente ricos em dobras, e sua superfície equivale a meia quadra de basquete. O sistema imunológico que regula toda essa interação entre o corpo e o mundo é altamente influenciado pelo sexo do corpo em questão: seja no equilíbrio dos hormônios sexuais após a puberdade, que reagem rapidamente a sinais, ou então em processos regulatórios profundos ligados à composição cromossômica de células específicas, o sexo faz diferença para o sistema imunológico,[34] e com os pulmões acontece a mesma coisa. Assim, embora os coágulos sanguíneos fossem um motivo provável para a devastação pulmonar causada pela covid-19, as simples características do sistema imunológico masculino não devem ter ajudado todos os pobres homens que se contaminaram com o vírus e tiveram a falta de sorte de ter uma cascata de inflamação descontrolada nos pulmões. Apesar de mulheres terem pulmões *menores* — e, portanto, é de presumir, uma vulnerabilidade maior às lesões nesse órgão —, pacientes do sexo feminino em geral se saíam melhor.

Quero dizer, contanto que não estivessem grávidas. As gestantes sucumbiram à doença aos montes. No início ninguém tinha muita certeza: na fase inicial da pandemia, os dados eram muito confusos, e como as mulheres não ficavam grávidas *o tempo todo* naturalmente havia menos pacientes gestantes para serem incluídas nos conjuntos de dados. Com o passar do tempo, porém, o quadro foi ficando mais claro: as grávidas eram mais suscetíveis do que a maioria das pessoas de mesma idade a apresentarem as formas mais mortais de covid.[35] E provavelmente por dois motivos: primeiro, de modo bem parecido ao que acontece quando as gestantes ficam gripadas, seus sistemas imunológicos prejudicados podem reagir de maneira insuficiente a uma infecção inicial e de maneira exagerada a uma infecção instalada, o que as torna ao mesmo tempo mais propensas a *pegar* uma gripe e em seguida mais propensas a terem *reações* imunológicas mortais, uma vez que a gripe invade os pulmões e o sistema imunológico começa a funcionar, desencadeando cascatas mortais de sinalizações inflamatórias. Segundo, os pulmões das gestantes sempre ficam um pouco comprometidos no terceiro trimestre, ou seja, coisas como a gripe — e a covid-19 — podem ter assim suas consequências mais mortais.

E o mais surpreendente é que, quando os pulmões matam as mulheres, em geral fazem isso em duas fases da vida: ou durante a gestação, quando estão ao mesmo tempo imprensados e extraordinariamente sobrecarregados pelo útero cada vez maior e sua respectiva placenta, ou pós-menopausa, quando seu perfil hormonal mudou. Mesmo assim, embora o fato de sua avó ficar gripada não seja muito legal, ela tem menos probabilidade de desenvolver uma infecção pulmonar grave por causa disso, e seu prognóstico geral provavelmente será melhor do que o do seu avô. Quando nossos pulmões envelhecem, é melhor que eles sejam do sexo feminino.* O único jeito de isso ser um problema, na verdade, é as mulheres diagnosticadas com doenças pulmonares terem uma probabilidade menor de receberem tratamentos agressivos do que os homens,[36] o que pode diminuir suas chances de se recuperar. Se as doenças pulmonares das mulheres fossem tratadas como as dos homens, as estatísticas poderiam tender mais ainda a seu favor.

Em relação ao câncer, tirando o fator genético, muitas escolhas de estilo de vida diferentes podem influenciar o risco global de uma pessoa ter câncer:

* Contanto que a mulher não seja fumante. Os pulmões femininos humanos parecem reagir especialmente mal à exposição à fumaça de tabaco (Langhammer et al., 2003).

comer alimentos chamuscados e gordurosos, consumir açúcar, ser exposta a substâncias químicas tóxicas, ao álcool, não se exercitar o suficiente, viver *estressada*... O simples ato de consumir uma bebida alcoólica por dia aumenta em 14% o risco de câncer de *mama* de uma americana.[37] De modo geral, porém, mais homens têm câncer,[38] e eles o têm mais cedo e sua probabilidade de morrer disso é maior. Um em cada dois homens no mundo terá algum tipo de câncer antes de morrer. Para as mulheres, a proporção é de uma em cada três. Isso é especialmente significativo, visto que o envelhecimento por si só é um risco de câncer, justamente porque as diversas coisas que nossos corpos fazem para regular a divisão contínua de nossas células se tornam menos confiáveis conforme envelhecemos. Nós somos bastante bons em eliminar pequenas arestas de código genético malformado quando jovens (ou em bombardear células defeituosas quando elas não conseguem se autorregular), porém vamos piorando conforme nossos sistemas imunológicos se tornam mais velhos. O câncer que ocorre na juventude está fortemente ligado ao cromossomo Y, e o câncer na idade avançada, um pouco menos. No mundo inteiro, em qualquer ano considerado, para cada quatro meninos abaixo dos catorze anos diagnosticados com câncer há apenas três meninas;* homens na casa dos setenta (caso cheguem lá) têm um risco apenas um pouco maior de receberem tal diagnóstico do que mulheres da mesma idade.

Um dos motivos centrais pelos quais a maioria dos pesquisadores acha que isso acontece é que o cromossomo Y é minúsculo em comparação com o X: o X carrega cerca de oitocentos genes, enquanto o Y tem apenas de cem a duzentos, deixando grandes trechos do X sem correspondente na célula masculina.** O motivo pelo qual isso importa, claro, é que no útero os embriões do

* Existe certo problema de diagnósticos e machismo com relação a isso: a proporção é mais próxima nos países ricos, enquanto os países em desenvolvimento muitas vezes apresentam uma diferença maior. A pressuposição é de que crianças do sexo masculino podem ter uma probabilidade maior de serem levadas ao médico caso adoeçam e de terem o câncer diagnosticado. Isso deve ser um fator, mas não explica tudo, e com certeza não explica a diferença de sobrevida: meninos diagnosticados com câncer têm uma probabilidade significativamente maior de morrerem em decorrência dele em comparação com meninas diagnosticadas com os mesmos tipos de câncer (Dorak e Karpuzoglu, 2012). Uma criança que desenvolve um câncer antes da puberdade em geral se sairá melhor se for biologicamente do sexo feminino.

** Piada infame, mas instrutiva: o importante não é o tamanho, mas saber usar. O simples fato de ter mais genes não significa necessariamente que o está nesse cromossomo é mais *importan-*

sexo feminino desligam ou "desativam" um dos seus cromossomos X, sem dúvida para evitar a dupla codificação e atrapalhar o funcionamento. Assim, embora todas as linhagens celulares *carreguem* dois cromossomos X num corpo tipicamente feminino, cada célula viva em geral só ativa os genes num desses dois cromossomos.

Pressupondo-se que ela nasça, pelo resto da vida dessa pessoa do sexo feminino todas as células de alguma forma se lembram de qual X foi desligado inicialmente lá no útero e instruem todas as células subsequentes da linhagem — toda vez que a célula e sua progênie se dividem, por *toda* a duração da vida do corpo — a seguirem desligando esse X específico. Isso se revela verdadeiro *exceto* para cerca de cinquenta dos tais oitocentos genes,[39] como os pesquisadores descobriram em 2017; alguns desses genes parecem ser particularmente importantes para a autorregulação e o metabolismo do DNA celular, justo o que as células cancerígenas tendem a bagunçar, tanto quando os tumores se formam quanto para determinar a rapidez do seu crescimento, da sua reprodução e da sua eventual metástase.

Assim, se uma pessoa do sexo masculino tiver alguns genes defeituosos no seu cromossomo X, seu minúsculo cromossomo Y não vai conseguir abafar os potenciais tumores do mesmo jeito que ter dois cromossomos X faria. Esse problema é tão característico dos homens com determinados tipos de câncer, na verdade, que os pesquisadores decidiram batizar os genes X ainda ativos de EXITS, sigla em inglês para os supressores de tumor que escapam da inativação do X. Em 21 tipos diferentes de câncer,[40] cinco desses genes EXITS apresentavam mutações mais frequentes em homens do que em mulheres. Em outras palavras, ser *do sexo masculino* era uma parte importante daquilo que os estava matando. E é de presumir que, à medida que formos descobrindo aos poucos como desenvolver tratamentos para esses tipos de câncer, possamos muito bem começar a tentar tornar esses corpos masculinos afetados pelo câncer basicamente mais femininos.

Mas até aqui, pelo que mostraram os estudos com animais, não há muita coisa que a medicina possa fazer uma vez que um corpo já começou a seguir

---

te (o gene SRY no cromossomo Y tem um efeito imenso no organismo inteiro). Mas é verdade que, quando a questão são determinados defeitos genéticos, as pessoas do sexo masculino podem ter problemas por causa do seu cromossomo sexual comparativamente minúsculo.

um caminho tipicamente masculino. A menos que haja uma mudança drástica na nossa compreensão da biologia do sexo — e, mais importante ainda, na nossa capacidade de *intervir* nessa biologia —, as mulheres seguirão vivendo muitos anos a mais do que os homens.

A VIDA COM OS MORTOS EM JERICÓ

O povo antigo de Jericó enterrava os mortos debaixo das suas casas.[41] Sabemos disso porque, milhares de anos depois, encontramos suas ossadas, após desenterrar as fundações na terra compacta que as cobria. Encontramos seus crânios, alguns decorados com gesso, outros com búzios nos lugares onde antes ficavam os olhos. Encontramos esculturas de mulheres feitas de pedra. Imaginamos que fosse um "culto aos ancestrais". Sem saber que palavra usar, chamamos isso de religião.

Sabemos que eles viviam com seus mortos. Não sabemos como o faziam. Não sabemos se os invocavam com preces silenciosas enquanto cozinhavam nos fogos de seus lares, ou se pensavam nos mortos debaixo de suas casas enquanto moíam a cevada seca. Enquanto trançavam os cabelos das filhas. Enquanto davam à luz e encharcavam de sangue o chão de terra batida. Não sabemos o que eles pensavam dessas suas vidas tão junto dos mortos, todos os dias: todos os dias com os mortos debaixo de suas casas.

Sabemos que havia uma fonte de água próxima, motivo pelo qual a cidade foi construída ali. Sabemos que os vaus enchiam, motivo pelo qual se construiu uma muralha em volta da cidade. Nós encontramos a muralha. Encontramos as fundações das casas. Seguramos nas mãos seus crânios com búzios no lugar dos olhos.

Durante as grandes guerras do século XX, americanos e europeus escreveram muitas músicas populares. Elas em geral falavam de amor. Mas do amor ausente: namorados e maridos que partiam, moças que esperavam cartas chegarem. Todo o conceito de front civil era feminino. Mulheres semeando seus jardins da vitória em pleno racionamento. Mulheres fabricando bombas para serem transportadas de navio por milhares de quilômetros. Mulheres costurando paraquedas numa fábrica na esperança de que segurassem os corpos quando estivessem caindo.

Ser mulher nesses anos de guerra muitas vezes significava ser alguém que amava outro alguém ausente.*

Essa é uma história muito antiga, a de Penélope que espera a volta de Odisseu. Existem versões dela em sumério, em acadiano, nas pequenas flechas cuneiformes gravadas em antigas tabuletas de barro. Até mesmo a história de Inana, a deusa suméria do amor e da guerra, se encerra com ela chorando a morte de seu amado Dumuzi.

Mas não são só as guerras que tiram os homens de nós. Os corpos deles também nos traem. As mulheres vivem num campo de ausências acumuladas. Buracos abertos na terra. Cesuras.

Amo meu irmão mais do que qualquer outra pessoa neste mundo. Só que ele é cinco anos mais velho do que eu. Nem eu nem ele fumamos. Nem eu nem ele usamos qualquer droga digna desse nome. Embora não tenhamos crescido com muito dinheiro, hoje vivemos os dois bastante bem. Temos um bom plano de saúde e uma alimentação saudável. Moramos em cidades não muito poluídas. Eu sou um pouco mais gorda do que ele e um pouco menos saudável, e ele com certeza faz mais exercício do que eu.

Eu entendo, por mais doloroso que isso seja, que meu irmão provavelmente vai morrer antes de mim. Pode ser que eu viva até dez anos sem ele.

Estatisticamente falando, é esse o número com o qual trabalho. Não é uma certeza, mas é uma probabilidade. Cinco anos pela diferença de sexo, mais cinco pela diferença de idade. Dez anos.

Ainda não consegui aceitar como vou lidar com isso.

E isso é o mais importante em relação à menopausa. Não a sudorese noturna. Não a vagina seca. Na verdade, não tem nada a ver com a menopausa em si. O fato é que nós vivemos mais do que os homens que amamos. Vivemos mais do que nossos irmãos, maridos, amantes e amigos. Precisamos seguir vivendo, todas nós, e vê-los partir.

* Isso se aplicou às mulheres do Japão, da China, da Índia e da borda do Pacífico, além de partes da África também, onde muitos homens foram obrigados a lutar; refiro-me aqui somente às mulheres "ocidentais", porque são essas as músicas que eu conheço.

Homo sapiens

9. Amor

E um ser humano cuja vida seja cultivada com vantagem aumentada graças à desvantagem de outros seres humanos, e que prefere que as coisas continuem assim, é um ser humano somente na definição, pois tem muito mais afinidade com o percevejo, com o verme, com o câncer e com os carniceiros das profundezas do mar.

James Agee, *Cotton Tenants*

O homem tem uma teoria.
A mulher tem quadris.
Lá vem a Morte.

Anne Carson, *Decreation*

Quem está sem dinheiro faz muitas contas. Aluguel, gasolina, a dança do cartão de crédito… A álgebra percorre a mente como o refrão de uma velha canção que você nem percebe ainda estar cantarolando: *Se eu dirigir só 42 quilômetros por dia, esse tanque de gasolina deve durar até terça.* Era o que estava acontecendo enquanto eu seguia por aquela estrada de Indiana na virada do milênio, e os números zumbiam por trás das informações visuais: as árvores raquíticas, as emendas do concreto no chão, os prédios quadrados, os outdoors gigantescos anunciando Brake Depot, Jesus Saves, Midnight Runners XXX. Lembro-me da chuva no para-brisa. Meu Nissan vermelho tinha um rasgo na borracha da porta. Pingava água no meu ombro. Atravessei os limites da cidade e procurei a saída que tinha de pegar.

O anúncio no jornal dizia que a vaga era para atender ao telefone. Eu queria arrumar um emprego na Lilly Pharmaceutical — doze dólares a hora —, mas a empresa só contratava pessoas formadas, e ainda me faltava um semestre para terminar a faculdade. Então aquela era minha única opção. Apesar de estar só com vinte anos, eu já tivera muito empregos: de modelo-vivo, atendente de farmácia, chef confeiteira, transcritora, e trabalhara em uma empresa de catering. Chegara a ganhar algum dinheiro como cobaia para um hospital.* Só que juntar isso tudo não estava mais funcionando. Eu já havia trabalhado como telefonista. Conseguiria dar conta daquele emprego.

Tirei os olhos da estrada para mudar a estação de rádio. Ainda estava com um curativo no braço por causa da coleta de sangue no laboratório. Um dos médicos quisera me usar para outro estudo, sobre diabetes. Como eu não tinha a doença, estaria no grupo de controle, mesmo assim o estudo incluía perfurar uma artéria importante da minha virilha, o que apresentava um risco de hemorragia extensa, dificuldades de locomoção e/ou coágulos grandes que podiam — e a papelada garantia que isso era raro — causar uma embolia no coração ou um AVC. O estudo pagava mil dólares. Eu tinha dito não. Para mim um AVC valia no mínimo 10 mil.

Não muito longe da estrada, entrei num parque industrial sem nada de especial e corri os olhos por uma série de portas cinza em busca do endereço. Havia alguns carros estacionados. Não muitos. Antes de terceirizarmos a maior parte desse serviço para outros países, o telemarketing nos Estados Unidos em geral acontecia nessas zonas afastadas, centros comerciais de rua onde funcionavam negócios temporários. Aluguel barato. Limpeza. Relativo anonimato.

Talvez eu fosse jovem, ou então só era burra. Mas demorei uns bons dez minutos da entrevista para entender que estava me candidatando para atender ao telefone numa agência de garotas de programa.

* Tive de tomar erva-de-são-joão durante um mês e guardar todo o meu xixi. Quinhentos dólares. Eu levava um pote para onde fosse.

Ainda me lembro do estofamento da poltrona na qual me sentei — enrugado, de tweed — enquanto a cafetina me explicava que eu só precisava "soar simpática" quando os caras ligassem. Só que ela não os chamava de caras. Por oito dólares a hora, 35 horas por semana, eu cuidaria da agenda da empresa e conectaria "prestadoras de serviço" a "clientes", organizando também os "motoristas". O dinheiro era bom: 280 dólares por semana. Quase o dobro do que eu conseguiria ganhar numa cozinha. Sorri. Ela me mostrou o call center. Cubículos padronizados e fones de ouvido com microfone.

Enquanto estávamos apertando as mãos e trocando telefones, a cafetina se deteve e disse: "Sabe, tenho certeza de que você se sairia bem atendendo ao telefone, mas acho que você deveria ser uma das nossas meninas".

Aí seriam duzentos dólares por hora.

Há coisas que não dá para desaprender: quando eu tinha vinte anos, aprendi que o máximo de dinheiro que eu podia ganhar, dentre absolutamente *tudo* o que eu pudesse fazer, era alugando minha própria vagina.*

No fim das contas, não aceitei o trabalho. Mas cheguei bem perto de aceitar. Lembro-me de pensar: será que existe alguma coisa, alguma coisa mesmo, de *imoral* no fato de vender o corpo? Será tão diferente assim de sair com alguém que paga o jantar? Que leva você em uma viagem de férias? E o laboratório, eles não estavam comprando meu plasma? Comprando meu tempo, meus hábitos cotidianos? Eu não sorria para meus professores na faculdade porque achava que devia? Minha mãe não tinha me criado para "fazer um bom casamento"?

Que partes do corpo nós podemos vender? Se não os genitais, então quem sabe a boca? Podemos fazer o corpo sorrir, dizer coisas, pôr comida dentro dele ou não, dar-lhe um soco ou não, aparar as arestas da voz, torná-la mais grave, mudar seu ritmo; deixar que os outros o ouçam, mas não que o vejam. Deixar que o vejam, mas não que o toquem; deixar que o toquem, mas não que

* Ou, para ser mais exata, deixar uma mulher de meia-idade administrar uma série de locações no estilo Airbnb da minha periquita, todas direcionadas a uma clientela endinheirada, cada uma sustentada por uma equipe rotativa de prestadores temporários: motoristas, depiladoras, substitutas. Um cara para cuidar do site e quatro meninas para atender aos telefones. Como deveríamos chamar isso? Economia compartilhada?

o possuam; deixar que o alisem com os dedos como se alisa com a mão o capô de um carro.

Como eu não era o tipo de pessoa que mentia, ou por algum motivo dizia para mim mesma que não — não sobre coisas importantes —, falei para meu namorado que ainda estava pensando. E ele, ainda bem, foi incrivelmente claro: disse que se eu aceitasse o emprego iria terminar comigo.*

Eu gostaria de dizer que algum tipo de revelação feminista me iluminou nessa hora, uma bell hooks vestida de anjo, mas não.

É que eu amava meu namorado. Amava meu namorado e fiquei apavorada que ele não fosse mais me amar.

Então nem sequer liguei para a cafetina, simplesmente sumi. Aí ganhei uma bolsa que me levou para a Inglaterra, depois fiz mestrado, e por fim doutorado em Columbia. Que chique. Cheguei a conseguir um salário e um apartamento de aluguel controlado em Manhattan. E fui a várias festas frequentadas por homens ricos, alguns dos quais — e posso afirmar que assim é — levavam garotas de programa como acompanhantes. Não sempre. Não com frequência. Mas às vezes sim.

MULHERES APAIXONADAS

Eu não sou a Eva do amor humano. Não foi por isso que contei essa história. Provavelmente na verdade sequer existe uma Eva do amor. Mas eu sou uma Eva, assim como você, assim como todos os seres humanos vivos hoje. Somos nós quem conduzimos o amanhã da nossa espécie. Somos nós quem escrevemos o futuro da humanidade por meio das escolhas que fazemos, todos os dias, nestes corpos que habitamos, nas crianças que temos ou que ajudamos a criar e proteger, nas sociedades que confrontamos, com as quais colaboramos e nas quais inovamos. Nós vivemos, em cada momento, tanto no presente quanto nos longos rios do tempo evolutivo. Então essas vidas que estamos vivendo são todas as vidas de uma Eva. Essas horas. Essas pequenas coisas. Mi-

* Ele não se ofereceu para me ajudar com o aluguel, veja bem, tampouco me propôs ir para seu apartamento, onde morava sozinho com doze guitarras, uma cama d'água e um pôster antigo da Tori Amos.

nha lembrança da chuva vazando pela porta de um carro. Seja onde for que você tiver acordado hoje. Seja como tiver sorvido as primeiras inspirações conscientes do seu dia.

Mas agora chegamos ao fim de um livro como este, e na verdade só sobrou uma única coisa. Existe algo que hoje distingue nossa espécie, muitas vezes deixado de fora dos manuais de biologia, debatido sobretudo em seminários de pós-graduação e fóruns dedicados à ciência. É o modo inabitual como nós amamos uns aos outros: nossos vínculos amorosos singulares, complexos, muitas vezes bizarros e avassaladores, e o modo como somos capazes de *estender* esses vínculos amorosos a pessoas com as quais não temos relação de parentesco. Embora muitas outras espécies façam sexo como nós, façam filhos mais ou menos como nós, estabeleçam parcerias para a vida, ou sejam promíscuas, ou construam uma casa, ou traiam um parceiro, ou ajudem um grande amigo e chorem a sua morte quando ele se vai, as formas singulares como os seres humanos se amam ao longo de nossas vidas são coisas que os biólogos consideram curiosas, ao mesmo tempo que a maioria das pessoas acha que definem profundamente nossa humanidade.

E por acaso esse conceito de amor está entretecido na trama de como tanto cientistas quanto historiadores tendem a pensar nas mulheres humanas. Parte disso tem a ver com estratégias de acasalamento. Parte disso tem a ver com como associamos o conceito de mulheres ao conceito de criar filhos. E a maior parte provavelmente tem a ver com machismo. Mas posso afirmar que, desde o dia em que cheguei a Columbia para começar meu doutorado — extasiada com minha bolsa de valor baixo, tendo prendido por um tempo os cães do endividamento, com a lembrança da cafetina que quase foi minha se desbotando como uma antiga ferrotipia —, meus mentores, tanto nas áreas científicas quanto nas de humanas, por mais feministas, inteligentes e bem-intencionados que fossem, me contaram todos as mesmas duas histórias em relação às mulheres:

A primeira foi essa que acabei de contar: que aquilo que nos torna *mais* humanas é nossa capacidade de amar. De amar alguém de verdade. E embora eles nem sempre estivessem se referindo aos heterossexuais, nem mesmo necessariamente ao amor romântico ou sexual, era nisso de modo geral que todos estavam pensando. E com toda certeza estavam pensando no papel das mulheres. Esse papel era, como os acadêmicos gostam de dizer, o "arcabouço dominante".

E a segunda é: que a história das mulheres é uma história de prostituição — a "profissão mais antiga do mundo" — e que as origens evolutivas do casamento humano podem ser encontradas no primeiro instante em que algum símio primitivo trocou carne por sexo.

Eu preferiria pensar que nenhuma dessas duas coisas é totalmente verdadeira. "Mais" em geral quer dizer "melhor". Será amar um homem de fato a *melhor* coisa que uma mulher pode fazer? Quanto à segunda, eu preferiria muito que a história da feminilidade não fosse resumida como uma forma elaborada de meretrício.

No entanto, assim como fizemos com outros conceitos indigestos, precisamos explorar esses dois caminhos. *Como* os seres humanos evoluíram para amar uns aos outros e qual foi o papel das mulheres nessa evolução? Desde o início de prostitutas? Terá esse mundo dos vínculos "amorosos" sido sempre dominado pelos homens, como é hoje? Será o amor a característica definidora da nossa humanidade?

Toda cultura humana se sente segura de que sua forma específica de lidar com o amor e o sexo é a correta, enquanto as outras estão erradas. Muitos estudiosos liberais recorrem à história escrita para assinalar quão patriarcais sempre foram as principais culturas do mundo. Apontam para Salomão e suas muitas esposas, e dizem que a poliginia (um homem, muitas mulheres) devia ser a norma entre nossos antepassados. Outros mencionam o ciúme sexual — sua prevalência, seu caráter aparentemente natos — para dizer que evoluímos para a monogamia.

Os evolucionistas, por sua vez, tendem a se voltar para nossos companheiros mamíferos em busca de respostas. Alguns observam chimpanzés, com toda a sua truculência e promiscuidade. Outros observam gorilas e demais animais que têm haréns, com um macho dominante e uma penca de fêmeas, para defender a versão da poliginia. Pensando em como os hominínios primitivos emigraram da África, alguns chegam a olhar até para os lobos, cujas matilhas em geral são lideradas por um casal, um macho e uma fêmea, e onde todos os filhos vêm a seguir na escala de dominação social. Talvez fosse *assim* com os humanos primitivos: bandos familiares patriarcais, monogâmicos, que percorriam a savana com os pais na frente e as filhas se casando com membros de outras famílias.

Em outras palavras, quando o assunto é amor, sexo e o que quer que seja mais "natural" para nós, ninguém concorda. Nem os cientistas, nem os eticistas, nem mesmo os religiosos. A maioria das teorias aponta para patriarcados de um tipo qualquer, mas antes da invenção da palavra escrita os indícios correspondentes a cada caso não são nem de longe suficientes.

Para buscar a verdadeira história, é preciso algo mais antigo: o próprio corpo humano.

ESCRITO NO CORPO

Apesar de toda a sua lendária sabedoria, o rei Salomão viveu no máximo 3 mil anos atrás, e seu corpo e seus cânticos eram feitos de um barro que já havia passado por uma longa evolução.

Se nossos antepassados eram em sua maioria polígínos como os gorilas e o rei Salomão, com um macho dominante acasalando com muitas fêmeas, então nossos corpos deveriam contar essa história. Se éramos promíscuos como nossos primos primatas mais próximos e todo mundo basicamente fazia sexo com qualquer um que quisesse, teríamos vestígios dessa história escritos em nossos corpos.

Como os mamíferos machos em geral são aqueles que competem para acasalar com as fêmeas, os corpos masculinos em geral são o melhor lugar para se procurar sinais reveladores de estratégias reprodutivas. Nossos companheiros primatas têm dois traços físicos em geral ligados à poliginia:[1] os dentes e o peso corporal. Os machos têm caninos grandes — também conhecidos como colmilhos ou "presas" —, e seus corpos são significativamente maiores e mais pesados do que os das fêmeas. Isso vale tanto para babuínos quanto para gorilas. Chimpanzés e bonobos, por sua vez, também são maiores do que as fêmeas,[2] embora a diferença seja menos significativa. E embora seus caninos sejam menores do que os dos gorilas ou dos babuínos, ainda assim são bem mais intimidadores do que os de qualquer hominídeo. Ninguém em sã consciência iria querer contrariar um chimpanzé macho adulto e seus cem quilos de músculo e ira dentada e pontiaguda.

Além de rasgar alimento, caninos grandes servem principalmente para ameaçar. Machos ameaçam outros machos quando estão competindo por fêmeas. Eles também exibem os caninos para competir por dominação social. Assim, a maioria dos cientistas acha que esses dentes são como são porque a espécie em questão tem muita competição entre os machos pelas fêmeas. Isso parece ser tão verdadeiro para os mamíferos atuais quanto para nossos antepassados pré-mamíferos: fósseis de até 300 milhões de anos *também* apresentam esses sensuais "dentes de exibição",[3] mais adaptados para abrir um sorriso lascivo (e competitivo) do que para comer.*

Os primatas machos em geral têm esses corpos imensos, amedrontadores e dotados de dentes pontiagudos justamente porque é melhor *não* brigar. O melhor é fazer bastante barulho. Bater no próprio peito. Berrar um pouco. Mostrar suas armas faciais. Parecer assustador em geral já basta.

Esse é um princípio geral na biologia das diferenças sexuais: quanto mais difícil for para os machos ter uma chance de se reproduzir, mais eles vão competir uns com os outros pela oportunidade de fazer sexo.** Desenvolver corpos maiores e intimidadores, com dentes maiores e mais intimidadores, é uma estratégia cujo sucesso já foi demonstrado para vencer essas competições, idealmente sem precisar perder nenhuma orelha.

Mas e os humanos? Eles se parecem mais com os promíscuos chimpanzés ou com os gorilas e seus haréns?

Comecemos pelas categorias de peso:[4] os machos humanos são em média só 15% mais pesados do que as fêmeas. Em comparação, os chimpanzés machos adultos são 21% mais pesados do que as fêmeas, os bonobos machos, 23% mais pesados, e os gorilas de costas prateadas chegam a ser 54% mais pesados. Os mandris machos, que não vivem com o bando e só aparecem quando as fêmeas ficam férteis, são quase 163% mais pesados.

Em outras palavras, apesar de qualquer coisa que você já possa ter visto em competições de fisiculturismo, as mulheres humanas não são tão menores assim do que os homens.

Só que nem sempre foi o caso. Se examinarmos a linhagem de fósseis de primatas, os machos em geral eram significativamente maiores do que as fêmeas; essa é uma das formas como os paleontólogos distinguem os ossos quando não há nenhum quadril entre os fósseis. Quando os hominínios chegaram,

* Esses fósseis são os terapsídeos, aquelas criaturas semelhantes a lagartos que antecederam os mamíferos, as mesmas que acabaram dando origem a Morgie.

** A não ser que se esteja falando sobre os peixes-diabo, mas vamos ser sinceros: esses esquisitos animais, por mais fascinantes que sejam, não são exatamente um modelo de "normalidade".

porém, os machos já estavam ficando menores e as fêmeas, maiores. Isso é uma notícia bem fresca: um artigo de 2003 finalmente estabeleceu que os *Australopithecus* machos e fêmeas tinham mais ou menos a mesma diferença de tamanho dos humanos modernos.[5] Ou seja: fêmeas como Lucy eram apenas 15% menores do que os machos.

E os machos já estavam perdendo seus caninos avantajados. Se alinharmos os crânios dos hominínios ao longo do tempo, os caninos dos machos vão diminuindo cada vez mais,[6] até que o maior canino masculino que você vai conseguir encontrar seja do mesmo tipo que se pode ver hoje em homens como Tom Cruise: um pouco mais comprido, um pouco mais pontudo, mas não muito diferente daquele de uma mulher. O tamanho dos dentes parece ser modulado por uma mutação no cromossomo Y,[7] e os homens humanos ainda tendem a ter dentes maiores. Mas os caninos de exibição desapareceram quase por completo.

Portanto, se nossos antepassados tinham haréns, provavelmente eram antepassados bem remotos. Talvez antes ainda do ponto em que divergimos de chimpanzés e bonobos. Isso significa que Salomão e suas esposas, e também outros haréns dos quais você possa ter ouvido falar, representam uma inovação muito recente em nossas vidas sexuais. A tendência, pelo contrário, é a convergência:[8] os corpos dos homens ficando mais leves e menos intimidadores, e os das mulheres ficando maiores.

Mas e a promiscuidade? Os hominínios primitivos faziam muito sexo, como os chimpanzés e bonobos? E, se nós éramos promíscuos, por que nossos corpos não se acomodaram em algum ponto mais próximo dos chimpanzés, cujos machos ainda conservam seus dentes de aspecto cruel?

Pelo exame dos fósseis, é difícil dizer. Para começar, dentes são também aquilo que usamos para *comer*, e muitos hominínios primitivos tinham o hábito de comer tubérculos ricos em amido, castanhas e até mesmo cascas de árvore e eventualmente capim, tudo de difícil mastigação. (Nós só nos tornamos comedores de carne constantes muito depois em nossa história evolutiva.) Você algum dia já quebrou o dente em alguma coisa? Imagine quebrar seus grandes e chamativos caninos de exibição numa castanha dura e morrer de infecção. No longo prazo, isso não vai contribuir para preservar os genes de dentes compridos.

É possível nossos dentes terem evoluído para serem bons em *moagem* pesada e constante, por oposição ao corte. Da mesma forma, se o alimento fosse especialmente escasso, corpos menores com reservas de gordura maiores faziam mais sentido, em vez de corpos grandes com muitos ossos e músculos. Embora nossos corpos de fato narrem uma história sobre a redução da competição masculina em nossos antepassados homininios, alguns outros fatores também poderiam ter favorecido esses traços.

Como os testículos.

Primatas promíscuos têm sacos escrotais gigantescos.[9] Esse é um traço razoavelmente universal: os chimpanzés, os babuínos e os bonobos os têm. Isso porque, em sociedades promíscuas, as fêmeas fazem sexo com mais de um cara, de modo que os espermatozoides dos machos precisam competir entre si. Se você quiser que seu espermatozoide ganhe a corrida, basicamente precisa bombardear o colo do útero da fêmea com uma grande quantidade deles. Para ter uma grande quantidade de espermatozoides, você precisa de testículos grandes.

Já os gorilas? Eles têm saquinhos minúsculos. Verdadeiros amendoins.* Mas os gorilas de costas prateadas não precisam se preocupar tanto assim com outros machos fazerem sexo com seu harém. E mais: como as fêmeas não passam muito tempo no cio — apenas dois ou três dias por ciclo, em comparação com os dez a catorze das chimpanzés —, os gorilas machos não precisam fabricar tantos espermatozoides. Assim, se você não *precisa* de tantos, por que gastar toda a energia necessária para ter sacos escrotais gigantescos?

Nos primatas, o tamanho dos testículos está tão intimamente relacionado à competição masculina que às vezes esse tamanho chega a mudar dependendo do status social de seu dono. Quando os mandris competem uns com os outros por dominação, o saco do vencedor sofre um aumento acentuado de tamanho, e suas marcas faciais se tornam mais coloridas.[10] Já os testículos do perdedor vão murchando aos poucos após alguns anos de derrotas, e seus rostos ficam menos coloridos.

Os machos humanos, de modo geral, têm sacos escrotais de tamanho médio. Do tipo Cachinhos Dourados: nem grandes demais nem pequenos

* O tamanho dos testículos tem a ver também com o tamanho do trato reprodutivo da fêmea, ou seja, com a distância que o espermatozoide precisa nadar até encontrar o óvulo. Nadar mais significa mais perdas, e, portanto, é preciso um número maior de espermatozoides. Mesmo corrigida por esse fator, porém, a pequenez do saco escrotal dos gorilas é notável.

demais. Como hoje não há como determinar o tamanho dos testículos dos hominínios primitivos, não sabemos se os testículos dos homens modernos são maiores, menores, ou mais ou menos do mesmo tamanho daqueles de antigamente. Dadas as mudanças que conseguimos estabelecer, porém, não é difícil imaginar que nossos antepassados tenham tido sacos bastante maiores do que os testículos atuais. Independentemente de como eles ficaram assim, o fato de ter testículos médios *hoje* sugere que nossos antepassados não eram especialmente promíscuos, ou pelo menos não tanto quanto os chimpanzés.

E existe outro fator contrário à promiscuidade oculto em nossos corpos. Produzir mais espermatozoides em testículos maiores não é a única coisa que os machos competitivos fazem. Quando mamíferos machos querem ter certeza de que as fêmeas com as quais estão fazendo sexo terão seus bebês e não os de algum outro macho, eles às vezes produzem um fluido seminal grumoso e pegajoso que "tampa" ou bloqueia o colo do útero da fêmea para posteriores intrusos. Entre os primatas, pelo menos, quanto mais promíscua a espécie, mais grosso esse tampão seminal.[11] Os chimpanzés são os que têm o mais grosso de todos: dentro da vagina da fêmea, o fluido contido no sêmen do chimpanzé macho se transforma num naco de sêmen elástico e transparente com dez centímetros de comprimento. Os primatólogos sabem disso porque já viram esses tampões *caírem* da vagina de uma fêmea, em geral quando desalojados pelo pênis de outro macho. Muitos cientistas os recolhem do chão da floresta como se fossem pedras preciosas.

O sêmen humano também fica mais espesso, mas não tanto quanto o do chimpanzé. E ele só é grosso e pegajoso no começo,[12] liquefazendo-se cerca de quinze a vinte minutos depois que o homem ejacula. Mesmo assim, não é difícil imaginar que ele pudesse grudar no colo do útero da mulher e impedir qualquer outro sêmen de passar. Só que as fêmeas humanas produzem *muito* muco cervical quando férteis, o que é bom para fazer os espermatozoides subirem e atravessarem o colo do útero caso a mulher assim deseje, e *muito* bom para *remover* o excesso de material da vagina durante esse período. Quando em contato com o muco cervical fértil de uma mulher,[13] o sêmen humano pode se liquefazer mais depressa do que em contato com o ar.

E há também o fato de nós andarmos em pé. Uma parte significativa do tampão seminal parcialmente liquefeito de um homem poderia *cair* pouco depois que a mulher se levanta. Não seria preciso que o pênis de outro macho o desalojasse. O que significaria que a vagina de uma mulher estava basicamente disponível para um competidor em poucos minutos. Assim, a menos que nossas antepassadas tivessem o costume de passarem horas deitadas de costas depois do sexo quando estivessem ovulando, é improvável o sêmen dos humanos modernos ter evoluído para bloquear os espermatozoides de outros homens.

Sacos médios, esperma aguado, dentes curtos, corpos menores: essa não me parece uma definição do rei Salomão. Tampouco me parece uma definição do rei chimpanzé. Se havia muita competição masculina entre os hominínios primitivos, nossos corpos dão conta bastante bem de esconder essa história.

Mas existe outra forma como um hominínio primitivo macho poderia ter tentado o sucesso reprodutivo: estuprando a fêmea para alcançar a paternidade.

Esse é um dos assuntos mais tabus na ciência da sexualidade humana: se os machos humanos evoluíram para serem prolíficos estupradores. Não é difícil entender por que essa pergunta seria feita: no presente momento, em todos os lugares do mundo, homens estuprarem mulheres é um acontecimento comum. Ele é especialmente prevalente em tempos de guerra e conflito social violento: há muito estupro no Congo; o Estado Islâmico usa o estupro como uma de suas principais armas; e, imediatamente depois da invasão da Ucrânia, começaram a surgir relatos acusando soldados russos de cometer estupro como crime de guerra.

Todo estupro é um horror. Infelizmente, ele tampouco é exclusivo da nossa espécie. Mas será que o corpo humano conta a história de uma evolução repleta de estupro? Em vez de Salomão, será que deveríamos nos debruçar sobre Zeus?

É melhor examinar nossos parentes mais próximos. Como há muito pouco estupro na sociedade dos chimpanzés, o provável é que isso fosse ainda menos comum entre os hominínios primitivos. Para começo de conversa, era perigoso: uma hominínia fêmea adulta podia dar uma baita surra em quem tentasse, e uma chimpanzé fêmea também. Embora os chimpanzés machos possam ser uns totais imbecis com as fêmeas do seu bando, eles raramente praticam cópula forçada ou violenta. Isso também é verdadeiro entre os bonobos, babuínos, mandris e até gorilas. Agressão, coerção e assédio generalizado, sim, mas estupro é extremamente raro.[14]

Na verdade, quando o assunto é sexo, os chimpanzés machos se mostram tipicamente mais persuasivos, solícitos, simpáticos até.[15] Ou então lançam mão de táticas *muito* parecidas com as dos abusadores domésticos humanos. Os chimpanzés machos assediam as fêmeas de maneira física e vocal, muitas vezes numa tentativa de isolá-las socialmente, estressá-las e vencê-las pelo cansaço. Eles posicionam seus corpos masculinos agressivos entre a fêmea que escolheram como alvo e o restante do bando. Fazem o que podem para impedi-la de se relacionar com outros machos, e se por acaso observarem a fêmea socializando com outros machos têm uma probabilidade maior de bater nela depois. Os primatólogos chamam esse comportamento de "guarda de parceira",[16] e ele parece dar aos chimpanzés machos uma vantagem reprodutiva: embora os machos dominantes sigam tendo as melhores chances de transmitir seus genes, machos menos dominantes que guardam parceiras têm uma chance melhor do que aqueles que *não* espancam regularmente as fêmeas.

Mas lembre-se: os chimpanzés, de modo geral, são uma sociedade dominada pelos machos. Os bonobos são dominados pelas fêmeas. Quando um bonobo macho tenta bater numa fêmea, ele não provoca apenas a ira dela. Todas as integrantes fêmeas do bando podem se juntar contra ele. As fêmeas bonobo formam uma rede social incrivelmente coesa e interdependente, e usam essa rede para se defender de qualquer macho que saia da linha. Elas podem inclusive expulsar do bando em definitivo um macho agressivo demais.[17] Sendo assim, os bonobos não praticam muito a guarda de parceira.[18]

Não sabemos se os antepassados humanos eram mais parecidos com os chimpanzés ou com os bonobos. Geneticamente falando, nós temos o mesmo parentesco com as duas espécies.[19] Sabemos que às vezes machos humanos que praticam violência doméstica são também estupradores. Mas nem sempre. E, embora não pareça haver nenhum dado confiável sobre se homens abusadores têm mais descendentes do que homens não abusadores, ao que parece, homens com menos dinheiro e status social têm uma probabilidade maior de praticarem violência e abuso contra suas parceiras do que homens que não têm esses problemas.* Então talvez os homens humanos tenham *sim* evoluído para lan-

* (Flynn e Graham, 2010.) Para que fique claro: a violência doméstica e o estupro estão presentes em todas as classes sociais. Mas a violência física, ou seja, denúncias de abuso físico e subsequentes detenções, que são de onde a maior parte dos estudos sobre o tema tira seus dados,

çar mão de uma guarda violenta de parceira como estratégia reprodutiva. Ou pelo menos, na condição de primatas incrivelmente parecidos com os chimpanzés, talvez nossos corpos e nossos cérebros tenham sido preparados para o abuso: com uma situação social na qual machos menos dominantes tivessem a alternativa de usar a guarda de parceira como estratégia, não era uma extrapolação tão grande assim nossos antepassados começarem a usá-la. Talvez seja em parte por isso que alguns homens ainda o façam.

É uma ideia a se pensar.* Mas ela ainda assim não responde por completo à pergunta sobre estupro. Os abusadores humanos, embora predominantemente do sexo masculino, nem sempre são estupradores, assim como os estupradores, também geralmente homens, nem sempre praticam violência doméstica.** Mas existe uma coisa que ambas as categorias de homens têm em comum: pênis desinteressantes ao extremo.

Suponha que corpos masculinos desejem "transmitir" seus genes. Suponha que corpos femininos também queiram a mesma coisa. Suponha também que os corpos masculinos queiram as *melhores* fêmeas, e os corpos femininos da mesma forma queiram os *melhores* machos. Só que o jogo não é equilibrado. Nem um pouco. Embora as fêmeas tecnicamente possam "estuprar" machos, elas não podem estuprar machos de uma forma que os obrigue a ser o pai

---

é mais provável em lugares onde as pessoas vivem abaixo da linha da pobreza (Bonomi et al., 2014). Nos Estados Unidos, no Canadá e no Reino Unido, bem como em muitos países da Europa, a violência e os assassinatos em parcerias íntimas afetam de modo desproporcional os pobres e as pessoas não brancas, com os homens muito mais propensos a serem agressores do que vítimas (Stockman et al., 2015). Pessoas não heterossexuais e trans de ambos os gêneros também tendem a sofrer de maneira desproporcional com a violência doméstica e o estupro, mas após correção por raça e renda parte dessa diferença pode desaparecer (Rothman et al., 2011; Flores et al., 2021). Em outras palavras, é extremamente caro, em todos os sentidos da palavra, ser uma pessoa que existe às margens da sociedade. E esses custos se alastram inclusive para dentro da suposta segurança do lar.

* No mínimo isso deveria nos levar a rever a forma como usamos a expressão "cultura do estupro". E se a "cultura do estupro" fosse no fundo algo profundamente influenciado pelo conflito de classe e pela competição masculina? E se uma das melhores formas de combater a "cultura do estupro" fosse na verdade *econômica?*

** O estupro é tão comum que os números quase acompanham a população geral: você tem uma probabilidade maior de estuprar alguém quando ganha menos, sim, mas não *muito* maior. A não ser que você esteja numa zona conflagrada no Congo, a pessoa com mais chances de estuprá-la é alguém com quem você já tem um relacionamento íntimo (BJS, 2017). Não um desconhecido, mas seu namorado, marido, um parente ou amigo.

dos seus filhos.* Isso porque os corpos masculinos na verdade não contribuem tanto assim para a reprodução: de modo geral, os machos têm testículos, mas não útero. As fêmeas em geral têm útero. Portanto, se os machos conseguirem dar um jeito de forçar seus espermatozoides para dentro do trato reprodutivo de uma fêmea, eles têm uma chance de transmitir seus genes. Essa tática faz sentido. No entanto, com tempo suficiente — o tipo de escala evolutiva que permite o favorecimento de alguns genes em reação à pressão do ambiente —, o corpo da mulher provavelmente vai produzir contraestratégias. Portanto, se os hominínios primitivos fossem particularmente adeptos do estupro, é razoável pensar que algum vestígio dessa história estaria escrito em nossos corpos.

Pense nisso como uma Guerra Fria sexual. O estupro é comum em todo o reino animal. Mas espécies que comumente usam o estupro como estratégia reprodutiva muitas vezes são aquelas que têm os pênis mais rebuscados, como o pênis em espiral do pato-real.[20] Isso porque as vaginas que eles estupram têm sua própria estratégia, ou pelo menos os genes que deram origem a essas vaginas, cujo "objetivo" em geral é serem transmitidos do modo mais competitivo possível. Só que as vaginas humanas têm poucas dobras.[21] Elas são quase uma estrada reta até o colo do útero. O pênis humano também é direto: comprido, de circunferência mediana, sem qualquer firula digna de nota. Ele não é espiralado. Não tem nó. Não tem *nenhuma* arma estrutural evidente. Poxa, ele não tem báculo, aquele pequeno osso que outros animais usam para sustentar suas ereções. Isso significa que um homem que tenta regularmente forçar a entrada de sua arma intumescida numa região do corpo da mulher abrigada de modo bem pouco prático entre dois membros musculosos capazes de espernear — sem falar na proximidade do seu mui real e forte osso púbico — corre o risco de quebrá-la.**

* Em casos incrivelmente raros, as fêmeas humanas conseguem fazer isso, mas nesse ponto estamos falando de conceitos complexos, nuançados e muito modernos de consentimento. Sim, uma mulher humana moderna poderia forçar um homem a fazer sexo com ela contra a vontade dele e por conseguinte engravidar desse homem (que é o único tipo de estupro que nos interessa aqui, pois estamos falando de um estupro que perpetue os genes do estuprador; sodomia forçada e outros horrores não contam). Sim, esse caso raro seria considerado estupro. Mas não, isso não é algo que os hominínios primitivos fossem ter conseguido fazer, nem aliás qualquer outro animal do planeta, pelo menos não de um jeito que fosse coerente com uma definição moderna de estupro.

** Os chimpanzés e gorilas têm báculo, embora bastante pequeno. O nosso desapareceu em algum ponto da linhagem hominínia.

E os pênis humanos de fato quebram, mesmo quando não estão tentando estuprar. Se não for tratado, o membro lesionado tem muito menos probabilidade de transferir qualquer espermatozoide para qualquer fêmea no futuro.

Portanto, se o pênis e a vagina humanos evoluíram em meio a uma competição repleta de estupros, não é essa a história revelada pela nossa anatomia atual. Pelo contrário: nossos corpos parecem revelar bastante sexo consensual sem muita competição masculina violenta, e talvez até uma competição continuamente *reduzida* ao longo do tempo, com antepassados mais remotos mais competitivos e antepassados mais recentes cada vez menos competitivos.

Dois aspectos de nossos órgãos sexuais sustentam essa ideia. Os pênis dos chimpanzés não têm nenhuma cabeça evidente, mas têm uma coluna peniana. Os pênis humanos, por sua vez, têm aquele modelo clássico em formato de flecha, com o corpo inteiramente liso. Ambos esses traços podem ter surgido porque nossos antepassados mudaram sua forma de acasalar.

Vamos começar pela cabeça. O pênis do chimpanzé — que não é muito comprido, aliás — é mais grosso na base e mais fino na ponta, formando uma espécie de cunha alongada. O pênis humano tem a glande, aquela ponta sulcada cuja base é tipicamente mais grossa do que o corpo do pênis.

Existe um bom motivo para os chimpanzés *não* terem pênis com uma cabeça larga e um corpo estreito: eles seriam péssimos para desalojar o tampão seminal de outro macho.* Se você quiser tentar desalojar um naco de borracha de dentro de um tubo tampado, sua melhor aposta é uma cunha estreita: algo que consiga entrar na vagina lateralmente em relação ao tampão de um rival, e então, ao arremeter depressa, ajudar a puxá-lo para fora. Tentar fazer isso com um pênis largo simplesmente faria a porcaria do tampão entrar mais fundo ainda, além de potencialmente machucar seu próprio pênis no processo.

Uma das teorias relacionadas ao formato do pênis humano é a seguinte: contanto que o sêmen de um rival não seja espesso demais, talvez a cabeça seja boa para *remové-lo como se fosse uma colher*. Um laboratório chegou a criar

* O formato de ponta de flecha também pode fazer os pênis de alguns homens ficarem presos dentro do próprio prepúcio quando eretos. Isso pode ser muito doloroso, e evidentemente não favorece a seleção genética. Por sorte, porém, os casos mais graves são raros. Podem ser solucionados pela circuncisão, mas a medicina moderna também é capaz de cuidar com segurança do problema sem circuncisão, caso o homem prefira. Os chimpanzés têm prepúcio, mas devido à cabeça estreita do pênis eles não enfrentam esse problema.

uma vagina artificial e uma série de pênis artificiais.[22] A vagina foi enchida com um mingau de aveia aguado, parecido com sêmen. (Estou falando sério.) Os pênis com os formatos de cabeça mais humanos, aquela glande ligeiramente sulcada e mais grossa do que o corpo, foram os que melhor conseguiram tirar uma quantidade maior do falso sêmen da vagina. Portanto, conclui o artigo, o pênis humano desenvolveu esse formato específico para poder ajudar os homens na competição de espermatozoides.

Poderia ter acontecido assim, claro. No entanto, como em muitos artigos do gênero, os autores ignoraram um aspecto-chave: a extrema improbabilidade de uma mulher primitiva deitada de costas ser continuamente inseminada numa velocidade maior do que três homens diferentes por hora. Lembre-se: o sêmen humano fica ralo em vinte minutos e escorre gradualmente da vagina como qualquer outro fluido. E mais: andar em pé significa que nós temos *ainda mais* perda seminal do que nossos primos primatas.

Então para o que mais a glande poderia servir? Que tal para sugar o muco cervical fértil? Embora o pênis humano não se encaixe de modo tão perfeito na cavidade vaginal a ponto de formar um vácuo total, a maioria produz *sim* uma leve força de sucção durante as arremetidas. Assim, cada vez que o pênis sai, uma leve sucção puxa material da parte superior da vagina para fora em direção à borda sulcada e ao corpo do pênis.

O meio ácido da vagina na realidade é tóxico para os espermatozoides humanos.[23] Seu pH é alto demais. Os espermatozoides morrem bastante depressa dentro da vagina. Já o muco cervical fértil tem o pH certo para os espermatozoides. Ele tem também uma estrutura útil, que permite aos espermatozoides nadarem pelo colo em direção ao útero e às trompas de Falópio.[24] Assim, quanto mais muco fértil estiver recobrindo a parte superior da vagina e o colo do útero quando um homem ejacular, melhores as chances de seus espermatozoides *darem o fora dali* pelo colo antes de serem todos mortos pelo pH da vagina. A melhor posição para se estar, na verdade, é ejacular o mais perto possível do colo do útero, com bastante muco fértil *ao redor e atrás* dos espermatozoides no momento da ejaculação, protegendo essa minúscula bolha de sêmen por alguns minutos cruciais enquanto os espermatozoides nadam desesperadamente em direção à sua estrela-guia.

Um formato de pênis bastante bom em fazê-los chegar o mais perto possível do colo do útero, com quaisquer potenciais barreiras eliminadas e uma "estação de acoplagem" convenientemente lacrada, seria uma vantagem.

Para isso, porém, não basta arremeter uma ou duas vezes com seu novo pênis chique com cabeça de flecha. Vai ser preciso mais esforço. E nós nos esforçamos: os humanos demoram em média *quatro vezes mais* para ejacular durante o sexo do que os chimpanzés.[25] E parte de como conseguimos isso, infelizmente, talvez tenha a ver com o pênis humano ter se tornado menos sensível.

O pênis dos chimpanzés, assim como o de muitos outros primatas, tem pequenas estruturas feitas de queratina, o mesmo material dos seus cabelos ou unhas. Essas colunas penianas dos mamíferos ocorrem em formatos e tamanhos variados. Nos gatos, elas são verdadeiros espinhos. Nos chimpanzés, porém, parecem mais com pequenos calombos arredondados. Quanto maiores essas colunas, e quanto mais colunas um macho tiver, mais depressa ele consegue ejacular durante o sexo.[26] Talvez isso aconteça porque os nervos no pênis do chimpanzé reagem a sinais desses pequenos calombos. Em outras palavras, deve ser muito, muito gostoso quando eles são esfregados.

É claro que ter um pênis sensível é uma recompensa por si só. Quando o sexo é bom, você se sente mais motivado a fazê-lo, permitindo aos seus genes se perpetuarem. Além do mais, no mundo competitivo dos chimpanzés, não há muito tempo disponível para longas sessões de sexo. Com todos os machos competindo entre si pelo acesso aos órgãos sexuais das fêmeas, se você quiser mostrar algum serviço provavelmente vai ter de trabalhar depressa. Ter um pênis sensível poderia ser uma forma de fazer isso.

O sexo ser *menos* gostoso teria de ser especialmente recompensador, do ponto de vista evolutivo, para que esse traço sobrevivesse. Se nossas colunas penianas primitivas de fato geravam sensações agradáveis, provavelmente seria preciso um motivo decente para a linhagem hominínia as ter perdido. Comparando os genomas dos chimpanzés, dos humanos e dos neandertais, os geneticistas estão começando a identificar que partes do nosso DNA podem ter sido apagadas ao longo da nossa evolução. Até agora parecem ter sido cerca de 510 eliminações.[27] Uma delas — um receptor de androgênio que provoca determinados tipos de desenvolvimento nos corpos masculinos[28] — é a provável responsável pela perda de nossas colunas penianas. E os homens a perderam bastante recentemente: em algum ponto depois de nossa linhagem divergir da linhagem do chimpanzé, mas antes de nos dividirmos em humanos primitivos e neandertais, 700 mil anos atrás. Nós perdemos também a sequência genética que nos fazia ter bigodes sensíveis no rosto, o que talvez também seja uma parte de como perdemos as sensíveis colunas penianas.

Seja como for, elas se foram e não vão mais voltar. Nós com toda certeza as perdemos por um acidente genético, mas dada a importância do sexo para a evolução é possível que sua perda tenha representado algum tipo de vantagem. Talvez sessões mais prolongadas de sexo levassem a um vínculo maior do par formado pelo homem e pela mulher. Ou talvez ajudassem a sugar mais muco fértil para proteger os espermatozoides. Ninguém sabe ao certo.

Seja por qual motivo for, porém, não era tão problemático assim os machos levarem mais tempo para ejacular, sugerindo haver menos ameaça *imediata* de outros machos.

Num ambiente reprodutivo movido pelo estupro, seria de esperar todo tipo de sinal de competição violenta entre os machos, tanto nos corpos dos homens quanto nos órgãos reprodutivos das mulheres. Os seres humanos não apresentam esses sinais. Tampouco existem indícios de mecanismos invisíveis: quer um homem force uma mulher ou eles façam sexo consentido, contanto que ela esteja no período fértil continuará tendo aproximadamente 25% de chances de produzir um bebê. Entre os patos-reais, um macho estuprador tem apenas 2% de chance de ter descendentes,[29] bem menos do que se a fêmea estivesse consentindo. Uma proliferação de estupro entre patos, em outras palavras, existe há tempo suficiente para o corpo da fêmea ter evoluído de modo compensatório; isso não é verdade nos hominínios. Assim, por maior que seja a prevalência do estupro na época moderna, nossos antepassados humanos provavelmente não o praticavam muito, não tinham muita competição violenta por parceiras e eram apenas tão promíscuos quanto se poderia esperar de um primata com saco escrotal de tamanho mediano.

ASSASSINOS DE BEBÊS

Se os fósseis (e nossa fisiologia atual) contam uma história, esta parece ser a seguinte: com o tempo, os hominínios do sexo masculino passaram a competir cada vez menos entre si por parceiras. Mas por quê? O que motivou todas essas mudanças nos dentes e no tamanho do corpo, no formato do pênis e no comportamento dos espermatozoides?

A monogamia. O argumento preferido da literatura científica é que os humanos primitivos começaram a ser monogâmicos e não precisaram mais competir tanto por parceiras.[30] Se cada macho tivesse uma boa chance de ter acesso *exclusivo* a uma fêmea, mais genes de "caras pequenos" começariam a aparecer no pool genético. Como ter um tamanho corporal menor e caninos menores é menos custoso do que ter um corpo grande e dentes grandes, depois de um tempo a versão menor venceria. Os genes não apenas influenciam o comportamento; o comportamento pode modificar a probabilidade de um gene ser transmitido.

O que vemos no registro fóssil, em outras palavras, talvez seja o início da família nuclear: um marido, uma esposa, uma quantidade de filhos adequada para as circunstâncias. Um macho não precisa competir com outros, porque muito provavelmente haverá alguma fêmea por aí para fazer sexo com ele e com mais ninguém, e para parir e criar todos os seus descendentes. Numa sociedade assim, uma vez que os machos estabelecem entre si o acordo tácito de não roubar as esposas dos outros, eles vão ficando menores. As fêmeas, por sua vez, passam alguns milhões de anos ficando um pouco maiores e um pouco mais altas, em parte por estarem se alimentando bem graças à contribuição de seus parceiros. E durante todo esse tempo nossos bebês grandes e vulneráveis conseguem sobreviver até a idade adulta porque a sua mãe tem um marido para ajudar a protegê-los (e a ela).

Parece um bom acordo para uma fêmea. Em troca da exclusividade sexual, ela tem um marido que a ajuda a alimentar a família e a defendê-la dos predadores. Como seus filhos homininios são muito indefesos, ela precisa de toda a ajuda que puder obter. E quanto maior seu cérebro fica, e mais faminta sua placenta, mais difícil é gestar e dar à luz, o que torna as fêmeas mais necessitadas ainda de ajuda. Com o tempo, todos esses bebês cabeçudos precisam de cada vez mais tempo de amamentação, exigindo ainda mais do corpo da mãe e aumentando mais ainda a necessidade de alimento, o que significa que ela precisa de mais ajuda ainda do parceiro. Então por que não lhe oferecer acesso sexual exclusivo? Assim ele sabe que filhos são *seus* — de outra forma não haveria como saber — e vai ficar ainda mais agradecido.

Essa é a maneira como a ciência diz que a história da feminilidade humana é uma história de meretrício, de troca de sexo por proteção e comida. Fim.*

* Muito poucos artigos sobre a evolução da monogamia se dão ao trabalho de falar sobre se os machos também eram sexualmente exclusivos. Se estivermos falando sobre a evolução dos *haréns* humanos, claro, é de presumir que o corpo masculino fosse ter um aspecto bem diferente — esse é o modelo dos gorilas, ou pior: as flanges faciais do orangotango —, de modo que se pode presumir uma distribuição mais equilibrada de fidelidade masculina e feminina no surgimento da monogamia humana.

Isso se encaixa direitinho com os registros fósseis. Além de ajudar a explicar por que a cultura sexual humana é tão diferente daquela dos primatas nossos semelhantes. Só tem um problema: a monogamia não era um arranjo tão bom assim para as hominínias fêmeas. Como no caso de outros símios, nossa promiscuidade primitiva não era só um hábito prazeroso. Ela era uma estratégia, e uma estratégia necessária. Porque entenda: machos primatas não são só um perigo uns para os outros. Eles são extremamente perigosos para os *bebês*.

Em todos os nossos primos próximos primatas — chimpanzés, bonobos, até orangotangos —, a promiscuidade tem uma finalidade clara para a fêmea. Ela não está apenas obtendo prazer. Está se certificando de que nenhum macho próximo saiba quem é o pai. Em biologia, isso se chama "incerteza da paternidade".[31] Quando falam sobre a evolução da monogamia humana, os pesquisadores em geral falam sobre o que a fêmea ganha ao deixar os machos terem certeza de quem é o pai de todas as crianças. Mas eles raramente falam sobre quão perigoso isso é para as fêmeas e seus filhos pequenos.

Embora chimpanzés machos raras vezes matem bebês chimpanzés do próprio bando, quando em guerra contra outros bandos os machos matam regularmente os bebês de seus inimigos, já que bebês produzidos com espermatozoides de machos inimigos não constituem nenhuma vantagem para eles. Chimpanzés machos também têm o hábito de estuprar — ou pelo menos coagir com violência — suas inimigas fêmeas, tanto para reforçar seu domínio, é de presumir, quanto para potencialmente produzir novos filhotes.* Assim, segundo muitos argumentam, a principal coisa que impede os chimpanzés machos de matarem bebês do próprio bando é que eles nunca têm *absoluta* certeza de que não são filhos seus.

Isso não acontece nas sociedades baseadas em haréns. Entre os gorilas da montanha, mais de *20%* das mortes infantis são causadas por um macho adulto: como os gorilas têm haréns, a paternidade é mais certa.**

* Pode ser difícil para primatólogos em trabalho de campo traçar um limite. Tipicamente, as fêmeas em guerra parecem bastante *contrárias* e protestam muito, mas "consentimento" é um conceito muito humano, e bons cientistas preferem evitar a antropomorfização.

** (Robbins et al., 2013.) Para que fique claro: os chimpanzés machos às vezes matam *sim* bebês do próprio bando. Em muitos casos, o agressor em seguida come o filhote; chimpanzés não desperdiçam carne. Assim, é possível os machos fazerem isso em caso de problema com o sistema local de alimento. Ou então, como chimpanzés são animais muito agressivos, às vezes a agressão se volta para seus semelhantes, mesmo que isso vá prejudicá-los geneticamente. As

É esse o grande problema do argumento a favor da monogamia.

Imagine um grupo de hominínios primitivos. Primitivos de verdade, talvez até anteriores ao *Australopithecus*. Lá estavam eles, fazendo sexo e tendo bebês. Provavelmente sendo tão promíscuos quanto os chimpanzés, de modo que os pais não tinham muita certeza de quem eram seus filhos. Então imagine uma fêmea decidindo dar exclusividade sexual a um macho em troca de alimento. É melhor esse cara ser *imenso*. Porque agora ele não precisa apenas guardar sua parceira. Precisa garantir que seu filho, que todos os outros machos do bando agora sabem que é *dele*, e não seu, não seja morto por um rival.

Em outras palavras, em se tratando de fisiologia, se a monogamia existiu entre os hominínios primitivos — pré-linguagem, pré-cultura —, ela deveria ter transformado esses hominínios em gorilas. Porque cada um de nossos antepassados do sexo masculino tinha o potencial evidente de se tornar um desenfreado assassino de bebês.

Isso significa que a cultura cooperativa *precisa* ter vindo antes da monogamia. Era preciso ter outros empecilhos culturais estabelecidos antes de medidas para criar a certeza da paternidade fazerem sentido. Era preciso ter bandos de hominínios primitivos interdependentes, que tivessem criado consequências claras e severas para qualquer comportamento que ameaçasse as crianças.

Era preciso, basicamente, um matriarcado.

FAÇA AMOR, NÃO FAÇA A GUERRA

Como os seres humanos primitivos eram acima de tudo *primatas*, examinemos três primatas bem estudados que vivem em matriarcados hoje: os babuínos-anúbis, os babuínos-gelada e os bonobos. Nossos antepassados talvez tenham sido um pouco parecidos com eles.

---

sociedades de chimpanzés são também políticas: se uma fêmea irrita você por fazer amizade com um dos seus inimigos, você pode puni-la — e também seu rival — comendo seu bebê. Ou talvez você só queira que ela fique de novo fértil mais cedo do que caso contrário ficaria. A doença mental também é uma possibilidade. Vai saber? Estamos falando de chimpanzés. Assim como no caso dos humanos, questões relacionadas ao seu comportamento nem sempre têm respostas óbvias.

Para os anúbis, geladas e bonobos, viver em matriarcados não significa que os papéis de "macho" e "fêmea" são invertidos. Elas não são maiores do que eles. As fêmeas tampouco competem violentamente por atenção masculina. Continuam sendo aquelas que precisam investir mais na reprodução, e consequentemente os machos ainda competem por elas. Portanto, seus corpos têm uma aparência típica de corpos de primatas, assim como os de nossos antepassados mais remotos.

Só que nessas sociedades são as fêmeas alfa que decidem aonde o grupo irá naquele dia. Os recursos são compartilhados de uma forma que tende a beneficiar as fêmeas. Se a sociedade estiver passando por uma transformação, são elas que vão determinar como as coisas vão se resolver. Se integrantes do grupo tiverem conflitos, fêmeas dominantes intervêm para ajudar um dos lados a sair vitorioso. As fêmeas, não os machos, dominam a distribuição de aceitação ou rejeição social — ou seja, do *crédito* social. As filhas herdam seu status social da mãe,[32] e todos os outros meio que correm atrás.

Ser uma sociedade primata matriarcal é um pouco parecido com passar a vida inteira numa escola de ensino médio em que as meninas com maior prestígio mandam. É tipo o filme *Meninas malvadas*. As mais importantes formam alianças complexas, que reforçam o próprio poder e limitam a influência das meninas "menos importantes". Quando o grupo como um todo decide fazer alguma coisa, todo mundo busca a orientação das meninas mais importantes. Elas também tendem a receber atenção dos caras mais cobiçados, enquanto os caras de status menor fazem de tudo para aumentar seu status. Às vezes eles tentam acesso por meio de "amigas das amigas", as fêmeas de menor status que têm permissão para conviver com as de maior prestígio. Às vezes eles tentam fazer amizade com os machos de maior status, para meio que ganharem prestígio por tabela. Às vezes os caras sem prestígio "se contentam" com fêmeas de status menor, partindo do princípio de que é melhor do que ficar sozinho.

Só que na sociedade dos bonobos todo mundo faz sexo o tempo todo. Machos com machos, machos com fêmeas, fêmeas com fêmeas, até jovens com adultos. Ninguém recomendaria uma coisa dessas para uma sociedade humana dotada de moral, mas se você for bonobo é assim que se resolvem os problemas. É assim que se gasta o tempo. Essa na verdade é só uma das coisas cotidianas que você *faz*, quando não está procurando alimento nem catando o pelo dos outros.

Nem é preciso dizer que os pais bonobos não têm *a menor ideia* de quem sejam seus filhos. A incerteza da paternidade é um dado. E, assim como no restante do mundo primata, as mães são as que mais tomam conta dos bebês. Só que, ao contrário dos bandos de chimpanzés, nos bonobos todas as fêmeas cuidam dos bebês.[33] Elas formam coalizões de fêmeas com vínculos estreitos, e ai de qualquer macho que as contrarie. Muitas dessas "sororidades" são formadas por fêmeas sem relação de parentesco entre si. Isso porque, assim como as chimpanzés, as fêmeas bonobos deixam seu bando natal ao atingirem a maturidade sexual. Elas precisam encontrar um novo grupo e fazer amizade depressa com as fêmeas de lá, idealmente com a de status mais alto à qual conseguirem se aliar, mas no começo quase qualquer uma serve. As filhas das fêmeas de status mais alto herdam o status social da mãe e são basicamente princesas, até precisarem deixar o bando para encontrar um novo lar. Essas meninas têm sempre alguém catando seu pelo. Os machos buscam sua atenção. Quando chega a hora de comer, elas em geral recebem alguns dos melhores alimentos.

Os chimpanzés também são matrilineares, mas as fêmeas não têm tantos privilégios e quem manda ainda são os caras. O simples fato de você *herdar* pelo lado da mãe não significa que as fêmeas detenham todo o poder social numa sociedade matrilinear.*

Se nossos antepassados humanos eram matriarcais, por que a monogamia sequer surgiria? Que motivo os machos teriam para colaborar com as fêmeas na criação dos filhos e na obtenção de comida? Por que eles não ficariam vadiando o dia inteiro, comendo chocolates primitivos? A prostituição monogâmica é *realmente* a única forma de tirar os homens do sofá?

Há uma teoria alternativa bizarra, ainda que sedutora: num matriarcado, os bebês constituem bons anteparos para a agressividade.

Veja os babuínos da savana, por exemplo. Eles são altamente sociáveis, altamente inteligentes e altamente adaptáveis. São matriarcais, portanto as fê-

* Para um exemplo humano, veja o judaísmo. Para ser "oficialmente" judeu, é preciso ter nascido de um ventre judaico. Ter um pai judeu não basta, embora uma criança de mãe judia e pai não judeu seja considerada judia segundo a maioria das autoridades da comunidade judaica. Hoje isso não tem tanta importância: até a Lei do Retorno de Israel permite aos judeus de outros países obterem a cidadania israelense caso seu pai ou seu avô tenha sido judeu. Mas antigamente, excetuados horrores perpetrados por comunidades *não judaicas*, nascer de mãe judia trazia todo tipo de privilégio. E essa tradição veio de uma cultura notoriamente patriarcal.

meas mandam, mas não usam o sexo para solucionar conflitos como fazem os bonobos. Não, os babuínos lutam, e lutam com violência. E, diferente dos bonobos, as filhas ficam com as mães a vida inteira. Quem vai embora são os machos. Isso significa, portanto, que a hierarquia social feminina é mais estável em comparação com as sociedades patrilocais, e a hierarquia social masculina está em constante transformação. Ser um macho dominante não traz tantas vantagens nesse modelo, já que machos subordinados também têm chance de acasalar com uma fêmea de status superior se ela assim o decidir. E ela decide mesmo: não existe estupro na sociedade dos babuínos. Manipulação social, sim. Até alguma coerção violenta. Mas coito forçado, não. E ao contrário dos bonobos existe infanticídio, com grande frequência praticado pelos machos: os bebês certamente estão sob ameaça.[34] Mas as coalizões de machos e/ou fêmeas podem impedir bastante coisa, e em grupos mistos grandes matar um bebê lactente não é uma aposta tão segura assim para transmitir os próprios genes.

Então o que um macho ambicioso deve fazer?

Na realidade, os machos estabelecem relações com *bebês*. Primatólogos já viram isso várias vezes em campo.[35] Digamos que um macho esteja brigando com outro macho. As fêmeas em grande parte ignoram o conflito, contanto que este não incomode nem a elas nem seus filhos. Mas então um dos combatentes se afasta e pega um bebê, que alegremente se agarra aos seus pelos do peito ou das costas. O macho então vai até o outro com o qual estava brigando. Se o bebê gostar do macho em cujo colo está, ele vai gritar com o oponente se este agir de modo agressivo. Nesse caso, ou o outro macho recua, ou então é atacado pelas amigas da mãe, incentivadas pelos gritos do bebê. Na verdade isso é tão eficiente que alguns machos simplesmente *andam com um bebê no colo*, como uma espécie de guarda-costas fofinho, para prevenir as brigas antes mesmo de começarem. Um macho também leva para uma briga uma fêmea de quem seja amigo, para usá-la como anteparo. Isso pode funcionar, mas talvez não seja tão eficiente quanto pegar uma criança. Atacar uma fêmea não é um tabu tão grande na sociedade dos babuínos quanto na dos bonobos.

Imagine, portanto, um mundo em que os hominínios primitivos fossem matriarcais como os bonobos e babuínos. Imagine dois machos brigando. Um deles já é amigo de uma criança do bando. O outro não. O que acontece se esse hominínio usar uma criança como anteparo? Ter uma boa relação com as fêmeas e descendentes de um grupo matrilinear é muito vantajoso para os machos. Quanto maior a afiliação, maior a vantagem para o macho e seus descendentes.

Os geladas têm características sociais parecidas.* Eles também vivem em matriarcados complexos, subdivididos em haréns e com um ou outro bando só de machos.** No entanto, numa variação interessante, às vezes um harém de geladas pode ter *dois* integrantes machos regulares, um dominante e o outro não. Apenas o macho dominante pode fazer sexo. O outro, tipicamente mais novo, ajudará a criar os descendentes depois de completarem cerca de seis meses de idade, o que poderia dar ao macho secundário uma "dianteira" em suas perspectivas de futuro. Ficar por ali ajudando com as crianças também lhe dá mais oportunidades para fazer sexo escondido quando o macho dominante estiver longe; é como uma versão invertida do mundo dos macacos dos homens que têm caso com a babá.[36]

Coisas parecidas podem acontecer na sociedade dos babuínos: quanto mais amigo você for das crias de uma fêmea, maior sua probabilidade de fazer sexo com ela,[37] quer você seja ou não um macho dominante.

Ainda assim, talvez seja difícil imaginar todos esses machos ajudando com as crianças. Decerto parece estranho pensar nisso, em parte por estarmos muito acostumados com histórias sobre homens humanos sendo agressivos com mulheres e crianças. Mulheres cometem violência doméstica, sim, e homens podem ser as vítimas. No entanto, nos Estados Unidos e no Reino Unido, os homens têm uma probabilidade maior de serem os agressores e uma probabilidade muito maior de serem agressores *frequentes*, avassaladoramente de mulheres.[38] Da mesma forma, as mulheres têm muito mais probabilidade de serem assassinadas por seus parceiros e ex-parceiros do sexo masculino do que os homens por suas parceiras do sexo feminino; essa é uma parte grande do motivo pelo qual se consideram os homens humanos mais agressivos e violentos do que as mulheres. É difícil imaginar um passado homininío em que não tenha sido assim.***

* Você já os encontrou antes neste livro: nossas amigas macacas da Etiópia que abortam. As fêmeas geladas ajudam a aprovar e organizar os golpes de Estado dos machos. Se elas estiverem no começo de uma gestação do macho derrotado na ocasião, em geral terão abortos espontâneos.

** Os geladas são extremamente parecidos com os babuínos, muito embora ocupem um galho distinto na árvore da evolução. Sua principal diferença, além de viverem apenas na Etiópia, é que comem uma grande quantidade de capim. Os babuínos-anúbis são mais onívoros e podem viver em praticamente qualquer lugar.

*** Na realidade, a probabilidade ligeiramente maior é de *mães* cometerem infanticídio, não pais (Friedman et al., 2005). É difícil saber como interpretar esse dado, mas talvez isso se deva ao simples número de horas que as mães tendem a passar com seus bebês: se esse tipo de maldade

Esses hominínios primitivos do sexo masculino deviam ser violentos e agressivos também. Mas os comportamentos de cooperação e de afiliação talvez os tenham recompensado com mais sucesso do que a violência e a agressão, sobretudo numa sociedade matriarcal. Os caras prestativos transavam. Bastante. O que significa que machos que tivessem relacionamentos amigáveis com fêmeas e crias tinham uma probabilidade maior de transmitir seus genes. Portanto, eles conseguiam se beneficiar sendo agressivos com outros machos, mas também conseguiam se beneficiar mudando esses comportamentos com as fêmeas que de fato mandavam no pedaço. Isso seria ainda mais verdadeiro se suas sociedades fossem ao mesmo tempo matriarcais *e* matrilocais,[39] ou seja, as fêmeas ficam onde estão e são os machos que "casam fora" e se transferem de local quando chegam à idade adulta, como os babuínos-anúbis. Ter um bom relacionamento com as fêmeas poderosas num novo círculo social seria ainda mais importante.

Mas não é só nisso que pensamos quando pensamos nas sociedades humanas modernas ou históricas, não é mesmo? Embora exista *alguma* história conhecida sobre matriarcados entre as sociedades humanas, o modelo dominante hoje parecem ser os *patriarcados.** E não só patriarcados, mas patriarcados patrilocais e patrilineares, em que os filhos herdam o status e os recursos dos pais, e com muitas sociedades nas quais esses filhos inclusive permanecem "locais" na mesma família ao longo de toda a vida.** A sociedade humana mas-

---

e doença mental estivesse dividido igualmente entre os genitores, em termos estatísticos essas mulheres teriam mais oportunidades. Quanto ao neonaticídio — ou seja, genitores que matam seus recém-nascidos em até 24 horas depois do parto —, os dados estatísticos pesam fortemente a favor das mães no pós-parto (ibid.), mas esses números provêm em grande parte de estudos conduzidos numa época bastante recente em sociedades ocidentais, onde cometer tal ato é ao mesmo tempo contra a lei e socialmente inaceitável. Como muitos estudiosos já disseram, na história da humanidade o infanticídio parece ter sido extremamente comum (Hausfater e Hrdy, 2017). Por mais horrendo que isso possa parecer para a mente moderna, de um ponto de vista biológico o fato de fêmeas primitivas decidirem matar as próprias crias é algo bem diferente de viver sob a ameaça de ver um *macho* local matar suas crias sem seu consentimento. O que estou descrevendo aqui é uma ameaça constante de machos primitivos, não o que uma fêmea no pós--parto possa fazer com os próprios filhos.

* Refiro-me aqui ao sentido biológico, não ao "Patriarcado".

** Essa localidade pode significar várias coisas diferentes: viver na casa do próprio pai, trabalhar no negócio do pai, usar os contatos do pai para ajudar o início de carreira. "Herança" e "localidade" do tipo ao qual nos referimos aqui têm várias manifestações na sociedade humana moderna, mas não são tão difíceis assim de identificar.

culina pode ser *muito* estável nesse sentido, com um respeito pela irmandade entre os machos ao mesmo tempo profundamente significativo e que reforça as estruturas de poder.

A sororidade entre fêmeas, por sua vez, encontra-se um tanto esfrangalhada hoje. Nós não estamos nem perto de mandar. Em comparação com os matriarcados dos primatas, nossos vínculos femininos são fracos. Na maioria dos casos não podemos sequer contar com o parentesco para manter intactas as coalizões entre fêmeas: na maioria das culturas humanas históricas, as jovens noivas tendiam a se transferir para o grupo familiar do marido, a ponto inclusive de mudarem de nome. E se herdássemos alguma coisa, o que não era nem de longe uma certeza, herdávamos principalmente de nossos pais.

O que estou dizendo, em outras palavras, é que em determinado momento da história dos hominínios a sociedade humana deve ter virado de ponta-cabeça para ficar da forma que é hoje. O que nós fazemos hoje não é *nem um pouco* o que outros primatas fazem. Outros primatas podem ser patrilocais, mas nunca são patrilineares: à exceção dos haréns, como os homens sequer poderiam saber que filho era deles?* E outros primatas nunca são verdadeiramente monogâmicos. Os machos quase nunca se limitam a uma só fêmea, e a menos que façam parte de um harém as fêmeas raras vezes se limitam a um só macho.

Então como foi que passamos de matriarcados que praticavam o amor livre à monogamia dominada pelos machos?

O PACTO COM O DIABO

A transição não teria sido repentina. Não se pode simplesmente passar para um patriarcado monogâmico numa tarde de terça-feira qualquer. Mas seria possível começar aos poucos, com hominínios primitivos do sexo masculino se apropriando vagarosamente do poder feminino. Existem algumas formas diferentes de como isso poderia ter acontecido.

* Recentemente surgiram dados sedutores sugerindo que alguns chimpanzés machos, em determinadas circunstâncias, podem saber e têm uma probabilidade maior de tratar esses descendentes de modo preferencial, mas talvez eles estejam conseguindo acasalar tomando cuidado com seu modo de tratar os descendentes de uma fêmea com quem fizeram muito sexo (Murray et al., 2016).

Um cenário possível: num passado remoto, em algum lugar da África oriental, hominínios machos adultos acham útil travar amizade com fêmeas e seus bebês. Como os babuínos-anúbis e geladas machos de hoje, eles apreciam em especial travar amizade com fêmeas *de status elevado*. Então começam a ajudar no cuidado com as crianças. A trocar comida por favores sociais. A catar seu pelo. A ingressar na coalizão de poder.

Não sabemos se esses machos continuam vivendo no mesmo grupo dos pais, como os bonobos, ou se entraram para outro grupo social, como os babuínos e geladas. Seja como for, eles seguem sendo perigosos. Seguem sendo primatas do sexo masculino, portanto ainda são assassinos de bebês em potencial. As fêmeas, em algum nível, sabem disso. Mas, felizmente, uma sororidade violenta ajuda a manter essa agressividade sob controle. Com o tempo, vai se tornando normal as fêmeas mais importantes terem amigos próximos machos. Esses amigos em consequência conseguem fazer muito sexo, além de obter vários outros privilégios sociais. Os machos menos amigáveis, não.

Só que não estamos falando de primatas comuns. Esses primatas são hominínios. E coisas estão mudando em seus corpos. Ao longo de imensas quantidades de tempo, parir vai se tornando mais difícil e mais perigoso para as fêmeas. Elas começam a colaborar entre si para tentar sobreviver e cuidar dos filhos. Seus machos preferidos passam a ajudar *mais ainda* com as crianças. Assim, esses caras bacanas passam a transar ainda mais, e a transmitir seus genes prestativos e colaborativos de Cara Bacana.[40]

Mas os Caras Bacanas não deixaram de ser primatas. Ainda é potencialmente perigoso lhes permitir saber que os filhos não são deles. Enquanto isso, se as gestações, os partos e os cuidados iniciais com as crias estão ficando mais perigosos, isso significa também que ser bem promíscua é mais arriscado. É útil ter mais controle sobre a frequência das próprias gestações. E as ISTs são sempre um problema potencial.

Nesse ambiente, e se algumas das fêmeas começassem a fazer pactos com os machos mais amigáveis? Em troca da certeza de quais filhos são dele, será que um macho ofereceria proteção em relação a outros machos e fêmeas competitivas?

Acredite ou não, esse é o tipo de pacto que os primatólogos estão começando a encontrar entre os chimpanzés de hoje: fêmeas que passam mais tempo com machos amigáveis têm uma probabilidade menor de perderem suas crias para o infanticídio.[41] Isso provavelmente se deve ao fato de parte dos infanticídios entre os chimpanzés ser cometida por outras *fêmeas*.[42] Numa sociedade violenta e dominada pelos machos como a dos chimpanzés, é útil encontrar um equilíbrio entre a ameaça de outras fêmeas assassinas e a ameaça de machos assassinos. Veja bem, chimpanzé nenhum é monogâmico. Passar bastante tempo com um macho durante a lactação não aumenta a probabilidade de uma chimpanzé fêmea acasalar com esse cara da próxima vez (o que, nos chimpanzés, significa de quatro a seis anos depois). Enquanto um bebê pequeno ainda é vulnerável, ter um pouco de músculo suplementar por perto ajuda, mas a incerteza da paternidade continua sendo valiosa na sociedade dos chimpanzés.

Consideremos então as hominínias primitivas e seu pacto com o diabo. Nos matriarcados promíscuos, as fêmeas já teriam mais poder do que têm as fêmeas de chimpanzé, portanto as crias no início não precisariam de muita proteção. Se um macho começasse a se comportar mal, ai dele: as coalizões femininas não toleram agressões de crias. Talvez alguns machos bem posicionados comecem a participar de revides violentos contra esses transgressores. Talvez eles comecem a se comportar um pouco mais como *capangas*, chegando a espancar os inimigos de suas aliadas fêmeas. Às vezes as crias dos inimigos são pegas no fogo cruzado. E se esses Adões seguranças parecidos com chimpanzés seguirem obtendo mais sexo exclusivo apesar do seu mau comportamento, e seguirem se mostrando agradáveis e prestativos em relação às próprias crias, talvez isso incentive outras Evas a fazerem pactos parecidos.* Num momento específico qualquer, numa geração qualquer, ninguém se dá conta do que está acontecendo. Mas, de modo lento e seguro, as fêmeas estão abrindo mão da incerteza da paternidade. Esses novos comportamentos, e sejam quais forem as bases genéticas que os favorecem, estão sendo preferidos porque *funcionam*, e permitem a mais bebês sobreviverem e se reproduzirem.

* Podem-se ver pistas disso nos babuínos-anúbis. Os machos em geral se transferem de um bando para outro, em especial se a proporção de machos em relação às fêmeas mudar e passar a haver machos demais em determinado bando. Mas às vezes, se um macho tiver conseguido fazer bastante sexo num grupo e tiver se tornado pai de vários bebês, ele pode ficar mais tempo (Alberts e Altmann, 1995). Mesmo se surgir um bando de jovens machos cheios de marra. Ele pode já não estar obtendo tanto sexo quanto antes, mas algo na sua simples presença parece beneficiar seus descendentes ainda imaturos. Talvez ele esteja ajudando a defender os jovens de machos malcomportados. Talvez esteja ajudando a manter unida a coalizão de fêmeas. Ninguém sabe ao certo. Mas, se não fosse vantajoso para ele continuar ali, ele provavelmente não o faria.

Só que essa mudança teria de apresentar uma vantagem real para esse tipo de mudança pegar. Lembre-se: livrar-se da incerteza da paternidade ainda é uma aposta arriscada. E ela também abre a porta para os filhos herdarem status dos pais. Em espécies como a nossa, os machos em geral precisam competir por hierarquia. Isso vale para absolutamente todas as espécies de primatas sociais, menos a nossa. Entre nossos primos primatas, é possível nascer princesa, mas *nunca* príncipe. Para ser príncipe é preciso se esforçar.*

Uma vez que nossos antepassados passaram a ter príncipes, os machos dominantes conquistaram muito mais poder. A capacidade de herdar status social criou coalizões masculinas mais coesas. E, por fim, a pequena diferença no tamanho corporal entre machos e fêmeas pode haver começado a ter um efeito maior. Um grupo de fêmeas se reunir para espancar um único macho que estiver incomodando é uma coisa. Um grupo de *machos* se juntar para espancar uma fêmea é outra.**

Nesse cenário, de novo, a coisa não acontece toda de uma vez, e sim como uma lenta maré. Os machos vão ganhando mais poder. As irmandades de machos se fortalecem. Grupos de machos começam a se unir para resistir às Meninas Malvadas. Alguns machos começam até a guardar parceiras, como os chimpanzés. Talvez grupos inteiros de machos comecem a guardar parcerias. Mas não estou convencida de que a história seja tão simples quanto parece: fêmeas vítimas de poder masculino na história humana primitiva. Em vez disso, acho que as fêmeas provavelmente foram *instrumentais* na mudança para os patriarcados.

O pacto com o diabo não foi só um acordo que as mulheres fizeram com os homens: foi um acordo que elas fizeram com outras mulheres.

* As hienas machos parecem herdar as redes sociais das mães e parte de seus privilégios ligados ao status, mas principalmente se a mãe tiver um status elevado; como os machos não tendem a se manter locais, o efeito é bem maior nas filhas (Ilany et al., 2021). Que nós saibamos, só existe um mamífero no qual os machos herdam o status social da mãe de forma vitalícia: as orcas nômades. Os filhos permanecem com as mães durante a vida inteira e herdam o status *delas*. As orcas também são matriarcais, e são a única outra espécie em que se provou haver menopausa.

** As coalizões de machos entre os bonobos não são nem de perto tão coesas quanto as entre os chimpanzés. E, por se tratar de uma espécie matriarcal, a maioria dos bonobos machos não vai correr o risco de perder a simpatia das fêmeas saindo em defesa de seu amigo macho.

Você já tachou alguma mulher de destruidora de lares? Ou pensou isso de alguma mulher? Já ficou *uma fera* com alguma mulher, talvez inclusive alguém com quem sequer tenha encontrado, por ter ouvido dizer que ela teve um caso com um homem casado? Já se pegou sentindo mais raiva da mulher do que do homem, apesar de ter sido ele quem "arruinou" o próprio casamento?

Pois é. Eu também já.

É uma reação extremamente comum. De modo geral, as americanas e europeias são muito mais severas em relação a mulheres respeitarem regras sexuais do que homens violarem essas regras. Quando homens transgridem, as mulheres ficam com raiva. Quando *mulheres* transgridem, as outras mulheres ficam enfurecidas. Nessas regiões do mundo, os homens seguem padrões semelhantes, mas em geral não julgam tanto o mau comportamento feminino quanto as próprias mulheres. Sim, os homens usam e abusam da palavra "vagabunda". Mas pesquisas confirmam que as mulheres usam essa palavra praticamente tanto quanto eles.[43]

E embora a maior parte dessas pesquisas tenha sido feita em países ocidentais, regras semelhantes se aplicam ao Oriente Médio e ao Japão. As mulheres são machistas. Nós pensamos coisas machistas em relação a outras mulheres. Fazemos coisas machistas no mundo. Criamos regras machistas e as reforçamos com rigor. Então a pergunta é: que motivação poderíamos ter para manter uma cultura machista que desfavorece principalmente as mulheres?

Eu proponho que as mulheres são machistas porque nós *evoluímos* para ser assim. Não é síndrome de Estocolmo; não estamos simplesmente internalizando o machismo. Tampouco é algum tipo de tentativa cínica de conquistar o poder. A maioria das mulheres não está procurando maneiras de ter sucesso passando por cima de outras mulheres.

Não: o machismo é uma das formas que nossas antepassadas encontraram para solucionar nosso problema mais difícil, que como já discuti longamente é o fato de sermos absolutamente execráveis em matéria de reprodução.

Eu considero o machismo e a ginecologia dois lados da mesma moeda: duas estratégias comportamentais que nossa espécie utilizou — e até hoje utiliza — para tentar manipular um sistema defeituoso. Se as gestações são perigosas e os bebês necessitados de cuidados, é preciso dar um jeito de contornar isso. Como espaçar as gestações para controlar a frequência com que as meninas do seu bando engravidam. A ginecologia lhe dá ferramentas para controlar a natalidade e para abortar. Mas você também pode criar regras culturais em relação a quando e onde os machos têm acesso aos corpos femininos e em seguida criar punições para quem transgredi-las.

O cerne do machismo é isso: um conjunto gigantesco de regras que funcionam para controlar a reprodução. Os aspectos variam a depender do lugar, mas absolutamente todas as culturas do mundo têm regras em relação ao que as mulheres devem vestir a onde podem ir e em que circunstâncias a com quem devem conversar e em que momento, e com toda certeza a quando, como e com quem elas podem fazer sexo. Cada uma dessas regras regula o acesso ao corpo da mulher, moldando assim os parâmetros da sua vida reprodutiva. Ter uma regra que exclui as mulheres do espaço de trabalho, na origem, tem a ver com controlar quando, onde e em que contexto as mulheres podem estar em espaços coletivos. Ela influencia o acesso masculino aos corpos das mulheres. Ao tempo das mulheres. Influencia a quantidade de horas que as mulheres devem dedicar aos cuidados com os filhos. Em outras palavras, essa regra tem a ver com sexo.

Os homens também têm regras relacionadas ao sexo, mas elas não são nem de longe tão numerosas ou de aplicação tão rigorosa quanto as regras relacionadas às mulheres. Nossos bebês são fabricados dentro de úteros, e quem tem úteros são as mulheres. Como o papel do homem na reprodução humana é relativamente pequeno, controlar o acesso aos corpos masculinos não é tão crucial. Os seres humanos dão *muita* importância a regras sexuais, mas especialmente em se tratando das mulheres.

Mas como foi que isso aconteceu?

Não existem genes específicos que codifiquem as crenças individuais machistas. Não há nada escrito em nosso DNA que nos faça ser contra ou a favor do comprimento da saia de uma mulher. Mas nós *somos* programados para nos importar com sexo. E somos programados para nos importar com as normas sociais. E a consequência da importância que damos ao sexo e às normas sociais é um calhamaço de regras que se aplicam em sua maioria às mulheres, compilado ao longo de mais de 100 mil gerações.

Ninguém nunca se sentou para assinar um contrato concordando com um patriarcado monogâmico e machista. Afinal, Lucy não sabia ler nem escrever, e nós sequer tivemos linguagem por muito tempo depois dela. Mas os corpos dos homens já estavam diminuindo de tamanho quando Lucy surgiu. Isso provavelmente quer dizer que a competição violenta entre machos estava diminuindo. Então talvez, quando Lucy apareceu, nós já estivéssemos começando a nos afastar dos matriarcados promíscuos em direção à monogamia. Depois de algum tempo, formamos patriarcados. E há uma boa chance de que o machismo estivesse embutido nessas mudanças desde o início. Nem todas as culturas humanas acabaram assim. Mesmo na história escrita, há relatos de culturas mais igualitárias e até matriarcais. Mas a maioria da qual jamais ouvimos falar é patriarcal e preponderantemente monogâmica.*

Então sim, em determinado momento nossas Evas trocaram sexo por comida, proteção e ajuda com as crianças, e sim, é bem possível que isso tenha começado nos matriarcados dos primatas primitivos, com os machos tentando obter parte do poder das fêmeas. E, com o tempo, as regras sexuais se tornaram parte de como os seres humanos construíram a cultura humana moderna. A manutenção dessas regras nos ajudou a assumir o controle de nossos sistemas reprodutivos, mas elas também destruíram o legado dos matriarcados. As coalizões femininas modernas são dispersas, vulneráveis, frágeis.**

Só que hoje ninguém se dá conta de ter trocado nada por nada, ou de que estamos continuamente renovando esse contrato a cada geração que passa. Isso porque o modo como o comportamento humano produz a cultura humana não é direto. Aquilo que chamamos de cultura é o produto resultante de um sistema gigantesco e complexo: indivíduos tomando decisões, na maioria das

* Quanto *mais* patriarcal e machista uma cultura, mais provável encontrar poliginia ou haréns em sua história. Mesmo nas culturas que têm haréns, contudo, a monogamia era o arranjo mais provável para famílias individuais. Isso vale tanto para o auge do império islâmico quanto para a época de Salomão. Afinal, ter várias esposas custava caro.

** Se as mulheres humanas tivessem coalizões como as dos bonobos, todos os integrantes do Estado Islâmico já teriam sido mortos há tempos. Todos os traficantes de pessoas que tentassem vender meninas para a prostituição. Seria o fim da Tailândia. Das Ilhas Marshall. Exércitos de mulheres armadas até os dentes teriam extraído o Boko Haram de seus fétidos buracos no meio da floresta uma *hora* depois de ele se atrever a raptar as meninas de Chibok. Num mundo de verdadeira coalizão feminina não haveria nenhum discurso limpinho sobre "diferenças culturais": qualquer coisa que ameaçasse o bem-estar das mulheres e de suas filhas seria rapidamente eliminado. Os matriarcados de primatas não hesitam. Meninas malvadas são malvadas *umas com as outras*, mas não toleram muita bobagem dos homens. Essa, aliás, não é uma sociedade na qual eu fosse gostar de viver: os matriarcados de primatas são violentos. Se a humanidade vivesse nesse tipo de sociedade, a única coisa que sobraria do Boko Haram seriam as folhas manchadas de sangue e alguns dentes espalhados.

vezes inconscientes, que coletivamente e ao longo de muitos milhares de anos passam a fazer parte da identidade local.

Imagine um painel de controle. Nele existem vários tipos de botões e de alavancas. Se girarmos um botão as mulheres podem mostrar os joelhos, então as bainhas sobem. Se empurrarmos uma alavanca os genitores têm mais controle sobre a escolha de parceiros das filhas, e surgem coisas como os casamentos arranjados. Outros botões afetam o aleitamento materno. Outras alavancas, o trabalho remunerado das mulheres. Esse painel de controle tem milhares e milhares de controles, e cada um manipula algum aspecto da cultura humana local, dos mais banais aos mais profundos. Nem todos os controles têm a ver com os corpos das mulheres; esse é apenas um subconjunto grande. Outro subconjunto tem a ver com alimento, outro ainda com os bens. E, assim como qualquer outro gigantesco painel de controle, há muita sobreposição e redundância, com alguns controles causando efeitos cascata sobre outros.

O motivo que nos leva a execrar as mulheres que têm casos com homens casados não é apenas termos "internalizado" a dominação masculina. A bem da verdade, isso dá crédito demais aos homens e de menos às mulheres. Todo ser humano é um agente ativo na geração e manutenção da própria cultura, e por extensão do que significa ter essa identidade cultural. Quando uma mulher tem um caso com um homem casado numa sociedade com fortes regras relacionadas à monogamia, o comportamento dessa mulher representa uma violação de vários padrões culturais diferentes.

Esses padrões são responsáveis por muita coisa. Do ponto de vista de um biólogo, as regras culturais dos primatas podem diminuir a competição, solucionar conflitos e garantir que os integrantes de menor status sigam recebendo comida suficiente. Mas os padrões que controlam o *sexo* estão entre os ajustes mais difíceis de modificar, porque os controles sexuais têm muito poder do ponto de vista evolutivo. Em nosso passado remoto, "acertar" esses ajustes no ambiente específico de qualquer grupo cultural podia significar a diferença entre a sobrevivência e a aniquilação.

A evolução não liga para sofrimento.* Para os genes que fluem pelo tempo, os direitos humanos são irrelevantes. A evolução não liga se Hillary Clinton,

* Tecnicamente, a evolução não "liga" para nada. A evolução é um sistema de acontecimentos em cascata em sistemas biológicos medido ao longo de imensos períodos de tempo. A questão é que as coisas para as quais *nós* ligamos, na condição de primatas sociais sencientes, muitas

Elizabeth Warren ou Donald Trump assumirem a presidência.* A evolução sequer liga para regimes terroristas como o Estado Islâmico. Se as culturas com ajustes explicitamente machistas em seus painéis de controle produzem mais bebês, e se esses bebês sobrevivem — e se essa tendência se mantém ao longo de muitos milhares de anos, competindo e superando culturas com outros ajustes em seus painéis de controle —, então, em termos evolutivos, a estratégia machista foi bem-sucedida.

À medida que as circunstâncias de cada cultura se modificam ao longo do tempo, as regras sexuais também mudam. Os seres humanos são incrivelmente adaptáveis. Se houvesse apenas um conjunto de regras sexuais que tivessem desfechos universalmente positivos, *todos nós* teríamos as mesmas regras sexuais. Só que nós não temos. Sendo assim, ficamos o tempo todo mexendo nos ajustes. Na verdade, essa é uma das primeiras coisas que qualquer cultura humana faz em épocas de mudança cultural. Nessas épocas, os humanos tendem a se tornar rígidos em relação à aplicação das suas regras sexuais específicas, às vezes em populações inteiramente novas. Qual é a primeira coisa que o Estado Islâmico faz ao conquistar uma cidade? Obrigar os moradores a se transformarem numa polícia religiosa e a patrulharem a cidade para se certificar de que as mulheres estejam cobrindo seus corpos quando na presença de homens. O Talibã faz isso. A Mutaween também. E quando a França fica particularmente nervosa em relação à sua população muçulmana, o governo reafirma a "galicidade" do país criando regras em relação ao uso do hijab por mulheres na praia.

Mas isso não é apenas um fenômeno moderno, e se recuarmos um pouco a câmera é fácil ver que na verdade não tem nada a ver com o islamismo. Os colonizadores europeus faziam um tremendo estardalhaço em relação a "cobrir" o corpo das americanas originárias. Os astecas também estenderam os próprios padrões sexuais para os povos que conquistaram. A China idem. E o Japão. E a União Soviética. Ao longo da história da humanidade, quando culturas com regras sexuais diferentes entram em contato, algumas regras são abandonadas e outras, violentamente reforçadas.

---

vezes não combinam muito com aptidão evolutiva. *Eventualmente*, arranjos como o Estado Islâmico sairão perdendo por envolverem muito assassinato, endogamia e estupro infantil, todas coisas que reduzem o pool genético e provocam intensa agressão por parte de grupos rivais em seu território.

* Isto é, excetuando-se desfechos nucleares.

Boa parte do discurso da direita francesa sobre os hijabs não passa de preconceito antiquado. Mas as diferenças culturais em relação às mulheres tendem a chamar mais atenção. Acho que isso se deve ao fato de nossas regras sexuais terem tido vital importância na evolução da nossa espécie. Por isso nos importamos com elas, e por isso vivemos *manipulando* essas regras. Nós não estamos apenas selecionando regras específicas: na verdade nós estamos selecionando o próprio impulso de ter regras sexuais.

É muito, muito difícil parar. Mas ao que parece vamos ser obrigados. No presente momento, o machismo está nos matando.

SAUDÁVEIS, RICOS E SENSATOS

Deixemos de lado, por enquanto, os argumentos morais muito bons sobre por que culturas que são menos machistas melhoram a vida das mulheres e meninas (e de todas as outras pessoas nelas). Em vez disso, investiguemos se o machismo ainda está cumprindo o papel que evoluiu para cumprir. O machismo nos ajuda como costumava ajudar?

A contracepção de nossos antepassados tinha seus limites. Nosso parto assistido só conseguia salvar um número limitado de vidas. Nossos abortos costumavam ser muito arriscados.* Nós ainda *precisávamos* do machismo para chegar até onde precisávamos chegar em matéria de sobrevivência. Ao longo dos milênios, a ginecologia foi progredindo aos poucos, conforme as culturas ajustavam constantemente o painel de controle para criar desfechos reprodutivos melhores. O número certo de bebês, no momento certo, criado de um modo que funcionasse dados os recursos do grupo em questão. A contracepção e o parto assistido deram conta de parte do trabalho. O machismo deu conta do resto.

* Hoje não são. Quem afirma o contrário não sabe nada sobre ciência, medicina ou o corpo da mulher. Contanto que realizado por um médico bem formado e habilitado num ambiente adequado, o aborto é seguro e tem uma probabilidade muito menor de gerar qualquer complicação no longo prazo do que uma gestação humana que siga seu curso. Em outras palavras, o que é comparativamente arriscado são *a gravidez e o parto*, não o aborto legal. O mesmo não se pode dizer dos abortos clandestinos, muitos dos quais não são realizados por médicos ou em qualquer tipo de ambiente adequado.

Mas o que acontece quando o machismo se transforma num trem desgovernado? O que acontece quando as regras sexuais de uma cultura começam a *reduzir* a saúde, a fertilidade e a viabilidade competitiva global de uma população?

Eis o que diria um biólogo: se um conjunto de comportamentos *antes* vantajoso começa a tornar um grupo menos "apto", então é só uma questão de tempo para esses comportamentos mudarem. Se os comportamentos estiverem seja de que modo for codificados no genoma, estamos falando de um intervalo de tempo evolutivo. Mas eventualmente esses comportamentos serão removidos, quer por meio de uma mudança cultural dentro do grupo em questão ou por meio da morte dessa subpopulação. Se os comportamentos forem globais para a espécie — isto é, se todos estiverem fazendo aquilo —, o mesmo deveria acontecer, só que com consequências mais graves. Ou os comportamentos mudam, ou a espécie inteira entra em extinção.

Os seres humanos não são nenhuma exceção quanto a isso. A única diferença é que nós temos a capacidade cognitiva de identificar quando algo assim está acontecendo. No presente momento, num leque muito amplo de culturas distintas, o machismo está começando a prejudicar nossa espécie como um todo. Para parafrasear um americano famoso, o machismo moderno está nos tornando menos saudáveis, menos ricos e menos sábios.*

MENOS SAUDÁVEIS

Seria de pensar que, no pior dos casos, regras machistas fossem manter as pessoas sexualmente ativas saudáveis. De maneira paradoxal, no mundo moderno elas tendem a surtir o efeito contrário, acelerando a propagação de infecções sexualmente transmissíveis e de gestações não planejadas e reduzindo o acesso ao atendimento de saúde materno. O machismo está nos fazendo adoecer. Todos nós: homens *e* mulheres.

* Famoso inclusive por ser machista, aliás: Benjamin Franklin escreveu também que ter uma amante de trinta e poucos ou trinta e muitos anos era tão bom quanto ter uma mais nova, porque desde que você cobrisse a metade superior do corpo dela com um cesto seus genitais são iguaizinhos. Ele também apreciava o fato de que as amantes velhas se sentiam "muito gratas!". Franklin também tinha gerado um filho com uma amante aos 24 anos de idade, e sua companheira, com quem ele não era oficialmente casado, criou a criança (Franklin, 1745/1961; Isaacson, 2004).

A castidade feminina é uma regra sexual comum. Na maioria das culturas, as mulheres "direitas" não devem ter vários parceiros sexuais ao longo da vida. Muitos pais e mães ocidentais ainda acham que incentivar suas filhas a serem mais castas vai proteger sua saúde no longo prazo. Parece um raciocínio sensato. Em princípio, a castidade deveria pelo menos reduzir as infecções sexualmente transmissíveis. Parasitas, vírus e bactérias têm menos chance de se propagar se diminuirmos o número de parceiros sexuais que um indivíduo tem. Uma regra de castidade deveria produzir culturas com muito menos gonorreia, sífilis, HIV, clamídia, herpes e HPV. Do ponto de vista biológico, isso parece uma vantagem e tanto: todas essas ISTs podem prejudicar a fertilidade, e, portanto, a aptidão evolutiva. Só que a coisa não funciona muito bem, porque a maioria das mulheres não se limita a fazer sexo com um homem só, nem hoje nem historicamente.*[44] Mais importante ainda, porém, os homens não fazem sexo com uma mulher só. Pelo contrário: homens em culturas contemporâneas com "mulheres castas" são *incentivados* a terem diversas parceiras sexuais ao longo da vida. Em muitas das culturas atuais, ter um longo e rico histórico sexual é um critério de macheza bem-sucedida.

O que nos deixa com um duplo padrão: as mulheres só devem fazer sexo quando estiverem num relacionamento monogâmico com um cara só, idealmente para a vida inteira. Os homens, por sua vez, devem ter muitas parceiras sexuais de modo a demonstrar virilidade. Em biologia, isso parece um caso clássico de escolha reprodutiva feminina versus impulso sexual de machos querendo espalhar seus espermatozoides. O único problema é que as mulheres

* Mesmo na Europa medieval e pré-moderna, onde até 14% da população feminina não se casava devido a questões financeiras e à influência das Igrejas cristãs, o homem mediano *ainda* tinha provavelmente três ou mais parceiras sexuais ao longo da vida, muitas vezes por meio de prostitutas ou criadas domésticas (se tivesse dinheiro para isso), que com frequência eram na verdade escravas sexuais dos homens associados às famílias para as quais trabalhavam (Fauve-Chamoux, 2001; Dennison & Ogilvie, 2014; Karras, 2012). Muitos religiosos "celibatários" da mesma forma se envolviam com trabalhadoras do sexo e/ou criadas domésticas, apesar dos riscos para seu ganha-pão e status social (Ingram, 1990). Na verdade, as vantagens mais claras das regras sexuais cristãs eram para a própria Igreja: sem filhos legítimos capazes de reivindicar a herança de seus sacerdotes, a Igreja se conservou como a proprietária inconteste de todos os seus bens em sucessivas gerações. O motivo pelo qual a Igreja católica é até hoje extraordinariamente rica não é aquele pratinho que eles passam aos domingos. É o legado de um portfólio imobiliário descomunal detido pela mesma instituição por séculos.

humanas em geral não têm liberdade para exercer sua escolha reprodutiva. Há influências culturais demais em jogo.

Sem falar no simples fato de que a conta não fecha. O que acabamos tendo é um grande grupo tanto de homens quanto de mulheres com aproximadamente o mesmo número de parceiros, e uma minoria de pessoas mais promíscuas num dos extremos da curva. Não existe um grupo de mulheres extremamente promíscuas "atendendo às necessidades" de homens candidatos à promiscuidade;* tampouco é verdade que o homem tem em média mais parceiras sexuais do que a mulher.**

Como seria de esperar, historicamente são os mais promíscuos entre nós que têm perpetuado muitas das ISTs. E o tabu reflete essa ideia de "prostituta imunda" e "vadia nojenta". Como esse tabu recai com todo o peso sobre ombros femininos, as culturas que jogam esse jogo estão se condenando ao fracasso: quanto mais a promiscuidade masculina for incentivada, e quanto mais rigidamente se aplicar a castidade para as mulheres, menos obstáculos haverá para a propagação de doenças. É nesse ponto que a evolução da ginecologia humana *deveria* nos ajudar. Por exemplo, desde meados do século XX, seria de pensar que os preservativos fossem ter resolvido o problema das ISTs. De modo geral, eles são a estratégia mais eficaz, contanto que os homens os usem. Todas as vezes. Sem falha.

* Na verdade não existem tantas prostitutas assim em atividade hoje. Segundo as estimativas mais generosas, as trabalhadoras do sexo respondem por apenas 0,6% da população dos Estados Unidos, e em lugares onde a prostituição é legal e regulamentada elas tendem a ser *mais* vigilantes e consistentes em relação ao sexo seguro (Platt et al., 2018). Segundo as estatísticas mais recentes, tem-se menos chance de contrair uma IST de uma prostituta do estado de Nevada num prostíbulo regulamentado do que de uma jovem típica de San Antonio (Rodriguez-Hart et al., 2012; CDC, 2022). Note que estou me referindo aqui a estudos sobre a prostituição conhecida que pode muito bem ser fruto de coerção, mas que não é explicitamente forçada, e não do horror global que é o tráfico de pessoas.

** Em meados do século XX, os americanos ficaram famosos por declararem três vezes mais parceiras sexuais do que as americanas (Kinsey et al., 1948). Essa diferença caiu para apenas duas vezes mais nos anos 1990, embora não fique claro se foi devido à mulher mediana fazer mais sexo, ao homem mediano fazer menos sexo, a ambos os sexos serem mais honestos ou a uma combinação das três coisas (Wiederman, 1997). É matematicamente impossível o homem mediano ter três vezes mais parceiras sexuais do que a mulher mediana. A única coisa que se pode depreender desses estudos é que, entre as pessoas que mentem sobre esses assuntos, as práticas sexuais tendem a distorcer os dados numa ou noutra direção: os homens afirmam ter tido mais parceiras, e as mulheres afirmam ter tido menos, com a estranha exceção da Nova Zelândia, onde as mulheres relatam mais parceiros do que os homens, algo igualmente impossível visto que as neozelandesas superam os neozelandeses em 70 mil (Durex, 2007). Ou será que elas estão importando parceiros?

Coisa que eles não fazem, em especial nas culturas nas quais a promiscuidade masculina está relacionada ao conceito geral de macheza. O uso consistente de preservativos é impressionantemente baixo em lugares famosos por serem machistas,[45] do Brasil ao Texas, da Coreia do Sul à África do Sul. Pelo visto, em todos os lugares nos quais se espera que os homens sejam promiscuamente "machos" eles também deixam de proteger sua masculinidade. Segundo um estudo recente, homens de origem latina na grande Miami julgam no momento se vão usar ou não preservativo,[46] em grande parte com base numa sensação de que a mulher em questão é "limpa" ou "suja". (O julgamento deles, aliás, não é particularmente bom nesse sentido.)

Pesquisas mostram que as ISTs diminuem de modo consistente em lugares onde todos são ensinados a usar preservativos, e onde eles estão disponíveis a baixo custo.* Se *outros* conceitos machistas forem mantidos, porém — como o de que mulheres não deveriam ter muitos parceiros e homens, sim —, parasitas e bactérias serão favorecidos. Nos Estados Unidos, muitas pessoas promíscuas são hoje mais cautelosas em relação à prática do sexo seguro. Enquanto isso, porém, devido à *pressuposição* de segurança entre as menos promíscuas — a ideia de que serem mais exclusivas com seus parceiros sexuais as torna imunes ao risco —, elas estão se tornando vetores importantes de doenças. Essas pessoas não usam preservativos porque se consideram seguras.

O efeito vira rapidamente uma bola de neve: um parceiro pega uma infecção de um parceiro anterior, transmite para seu parceiro medianamente promíscuo seguinte, e esse parceiro por sua vez a transmite para parceiros subsequentes, todos os quais deixam de praticar sexo seguro por pressuporem estar fazendo sexo com pessoas menos promíscuas.

Se as pessoas menos promíscuas em questão forem mulheres, elas terão mais probabilidade de contrair toda uma série de ISTs do que os homens.[47] Isso porque o pênis e a vagina são o que são: um ejaculador e um receptáculo.**

* (Dodge et al., 2009.) Ensinar é importante. Deixar uma tigela de camisinhas ao lado de uma banana não ajuda ninguém.

** Não é difícil ver o resultado: impressionantes 75% dos africanos com HIV são mulheres e meninas (Unaids, 2004). Isso não se explica por elas não terem conseguido ser relativamente castas, mas pelo fato de seus parceiros do sexo masculino não usarem camisinha. O sexo feito em *outros* orifícios tem seus próprios perigos, claro, e muitas relações acontecem entre dois parceiros do mesmo sexo. O sexo anal é particularmente vulnerável à transmissão de doenças, porque o reto não sofreu as mesmas pressões evolutivas como orifício sexual, de modo que seu tecido é mais

Deve-se também ao fato de mucosas serem mais vulneráveis a infecções do que a pele externa, e as vaginas são revestidas por essas membranas, ao passo que os homens só estão expostos no minúsculo revestimento da uretra.*

Basicamente, portanto, são mulheres relativamente *castas*, pudicas e monogâmicas em série que estão impulsionando gigantescos surtos de sífilis, herpes, gonorreia e clamídia em lugares com culturas que promovem a castidade feminina e a promiscuidade masculina. Os Centros de Controle e Prevenção de Doenças (CDC, da sigla em inglês) vêm monitorando esses surtos pelos Estados Unidos inteiros.[48] Minnesota atingiu um recorde de ISTs em 2014. Montana mais do que dobrou a taxa de transmissão de gonorreia entre 2013 e 2014. Em matéria de sífilis, clamídia e gonorreia, os campeões são Louisiana, Mississippi, Geórgia e Texas, todos estados com algumas das mais fortes ênfases sociais na importância da castidade feminina (e, como é previsível, alguns dos mais baixos financiamentos públicos para educação sexual e uso de preservativos).** As taxas de sífilis triplicaram entre 2012 e 2014 na Louisiana,[49] estado onde mais de 60% da população frequenta regularmente cultos religiosos.

---

frágil. No entanto, como a maior parte do coito humano envolve um pênis e uma vagina, a maioria das ISTs envolve uma combinação dos dois. Esse é o motivo pelo qual estou sendo heteronormativa aqui: estamos falando em números *imensos*, em estatísticas que dizem respeito a grandes populações. Também estou falando de regras sexuais normativas que regulam o comportamento heterossexual de homens e mulheres, e as populações queer — já consideradas tabu — funcionam de modo um pouco diferente sob regras sexuais sociais mais amplas. Dito isso, o comportamento homossexual masculino ainda é influenciado por conceitos locais de macheza e promiscuidade, que podem da mesma forma impulsionar a transmissão de ISTs nesses grupos.

* Os homens podem contrair ISTs pela pele externa de seus genitais, e homens de todas as orientações sexuais podem praticar sexo anal, o que traz seus próprios riscos. Mas quando comparamos uma uretra masculina com um canal vaginal, fica evidente qual dos dois é mais vulnerável.

** Não ter a menor noção de como usar corretamente um preservativo, ou mesmo da utilidade de fazer isso de modo consistente, é o mais evidente impulsionador da propagação de ISTs nessas comunidades. No entanto, como a ênfase cultural na castidade é um grande impulsionador do baixo financiamento da educação sexual com base na ciência, não é difícil identificar mais do que uma simples correlação entre essas coisas. É de presumir que poderia haver um mundo no qual tanto a educação sexual real, baseada em evidências, quanto uma forte ênfase cultural na castidade pudessem coexistir de forma pacífica. Uma aposta melhor é simplesmente subsidiar a educação sexual real e deixar a cultura se adequar como puder. Não acho que nenhum/a adolescente jamais tenha se sentido inspirado/a a transar *mais* depois de aprender o que a gonorreia faz com o corpo. Além disso, como ter menos ISTs significa no longo prazo uma fertilidade melhor, pelo menos os biólogos qualificariam esse tipo de política como bem-sucedida em termos evolutivos.

Embora a ironia seja meio pesada, pelo menos as infecções sexualmente transmissíveis são significativamente menos frequentes hoje do que cem anos atrás. As camisinhas de látex de fato existem. Do ponto de vista evolutivo, porém, o problema não é só a carga infecciosa: é o fato de as ISTs interferirem na fertilidade feminina.

A clamídia e a gonorreia são bichinhos traiçoeiros. A maioria das infecções por clamídia na verdade não tem qualquer sintoma perceptível:[50] a mulher provavelmente não tem a menor ideia de que algo está se instalando no colo do útero dela. O parceiro do sexo masculino que a infectou também provavelmente nem faz ideia, porque a probabilidade de que a doença gere sintomas no corpo masculino é menor ainda do que no feminino. Então a clamídia fica ali, irritando vagarosamente o tecido do colo do útero, causando uma leve inflamação. Essa inflamação pode subir até o útero e as trompas de Falópio, onde pode provocar algo chamado DIP, ou doença inflamatória pélvica, na qual os órgãos sexuais femininos passam continuamente por ciclos de inflamação que lesionam a região. Infecções por gonorreia sem tratamento podem fazer a mesma coisa.

Às vezes a DIP é extremamente dolorosa. Outras vezes, de maneira misteriosa, causa poucos sintomas perceptíveis e permanece "subclínica" até a mulher tentar engravidar. E não conseguir. Ou pior: engravidar e, como suas trompas estão cheias de cicatrizes devido a anos de uma infecção por clamídia não diagnosticada, a gravidez é tubária.* Se a mãe conseguir sobreviver à gravidez tubária — algo que só é possível graças à intervenção ginecológica moderna —, uma de suas trompas provavelmente ficará irremediavelmente inutilizável. Se a infecção tiver estragado as duas trompas, então somente se a mulher tiver como *bancar* algumas rodadas muito caras de fertilização in vitro ela terá a chance de transmitir seus genes.

Caso contrário, a evolução vai tirar mais uma mulher do pool genético.**

* Aproximadamente uma em cada cinquenta gestações nos Estados Unidos é tubária. No Reino Unido, a estimativa é de uma em cada noventa (Cantwell et al., 2011), mas não fica claro se a diferença se deve a estratégias de medição diversas ou a uma distância real na prevalência. É verdade que a clamídia e a gonorreia não estão por trás de *todos* os casos de gravidez tubária, mas elas são as principais causas.

** Estar infectada quando grávida também tende a significar que você terá um parto prematuro, o que é arriscado para o bebê, que ainda pode nascer com problemas oculares passíveis de levar à cegueira. Existem muitas formas de ISTs reduzirem a aptidão evolutiva de uma espécie.

O machismo costumava manter esse tipo de coisa sob controle. Criar um tabu em relação à promiscuidade feminina funcionava bastante bem quando as populações humanas eram *pequenas*. Como nossa população global é muito maior, porém, e a tecnologia de transportes, muito melhor do que 2 mil anos atrás, as infeções se alastram depressa. A cada ano, cerca de 62 milhões de pessoas se infectam com gonorreia.[51] A doença está se espalhando pelos Estados Unidos feito fogo pelo mato, e fritando as trompas das mulheres por onde passa.

Como há quem pense que a gonorreia existe desde a época do Velho Testamento,[52] nós obviamente ainda não conseguimos superá-la do ponto de vista evolutivo. Por sorte, o comportamento humano consegue derrotá-la. Podemos usar preservativos. Podemos reduzir o uso de antibióticos para ajudar a conter a propagação da resistência a eles. Recentemente, uma vacina para a clamídia tem se revelado promissora,[53] de modo que poderíamos até tentar criar uma imunidade de rebanho bem antes de nossos genes conseguirem produzi-la. Isso demandaria anuência cultural, é claro, e falando como uma americana em tempos de covid sei que alcançar a imunidade de rebanho pela vacina não é uma tarefa fácil. Mas com certeza vale a pena tentar.

E há sempre a alternativa menos atraente: nós poderíamos fazer menos sexo. Temo, porém, que a abstinência não vá sair vencedora. Historicamente, isso nunca aconteceu. E a esta altura qualquer regra que reforce a castidade feminina tende muito mais frequentemente a prejudicar a fertilidade feminina e a saúde geral da população do que a ajudar.

É claro que existem exemplos mais extremos de formas como o machismo prejudica nossa saúde. E não me refiro apenas a coisas como a mutilação genital feminina em partes da África e do Oriente Médio. Estamos falando sobre desfechos que sabotam os próprios motivos que nos levaram a adotar o machismo. Embora prejudicar a reprodução tenha um efeito óbvio na aptidão evolutiva no longo prazo, sabe o que é ainda mais devastador e tem uma ação mais rápida? Matar a mãe.

Durante a maior parte da história humana, a maioria das meninas só atingia a maturidade sexual aos dezesseis ou dezessete anos. Isso ainda vale para os grupos de caçadores-coletores bem estudados de hoje.[54] No povo !kung, a idade média da menarca é 16,6 anos. Entre os agta negritos das Filipinas é 17,1. Em ambos esses grupos, a idade média do primeiro parto oscila entre dezenove e vinte anos, de dois a três após a maioria das meninas menstruar pela primeira vez.

Sendo assim, por que *qualquer* cultura do mundo casaria meninas abaixo dos dezoito anos? De modo mais inexplicável ainda, por que algumas culturas as casam aos *oito*?

Uma mulher que dê à luz aos dezoito anos tem uma chance bastante boa de sobreviver em qualquer lugar do mundo, e não apenas sobreviver, mas ter uma gestação saudável e um bebê saudável, *e* sobreviver para dar à luz outros filhos depois. Isso mesmo levando em conta o sistema reprodutivo horroroso dos humanos. Se ela tiver menos de quinze anos, porém, suas chances de sobrevivência despencam. Abaixo dos treze, são mais baixas ainda. A idade é o fator isolado que mais influencia a probabilidade de uma menina morrer pelo simples fato de ter engravidado.[55] Reduzir em nem que seja 10% a quantidade de meninas que se casam abaixo dos dezoito anos pode fazer a mortalidade materna de um país cair 70%.

Assim, as culturas machistas que praticam o casamento infantil — lugares como Níger, Chade, Bangladesh e Nepal* — são também as que mais matam meninas, nem que seja pelo simples fato de forçá-las a se casarem e a fazer sexo com homens mais velhos antes de seus corpos terem se desenvolvido o suficiente para conseguir sobreviver a isso. Quando elas sobrevivem, sua aptidão reprodutiva fica gravemente comprometida. Meninas obrigadas a se casarem antes de entrar na puberdade[56] com frequência sofrem infecções e traumas na região pélvica, às vezes a ponto de terem prolapsos, causados pelo cumprimento de seus "deveres conjugais" com órgãos genitais que não estão plenamente desenvolvidos para tal.

É óbvio que isso não é sustentável numa escala evolutiva: nenhum grupo comportamental que machuque deliberadamente fêmeas jovens conseguiria sobreviver e prosperar no longo prazo. O fato de tais práticas serem

* O governo nepalês está comprometido a mudar isso, e proibiu o casamento de qualquer pessoa menor de vinte anos. O crime é passível tanto de multa quanto de pena de prisão. No entanto, por algum motivo, 37% das meninas nepalesas continua se casando antes dos dezoito anos (Unicef, 2022). O Níger mal parece estar tentando: três em cada quatro meninas de lá se casam antes dos dezoito. Em determinadas regiões, quase 90% das meninas se casam na infância (ibid.). Em números brutos, a Índia é de longe a maior responsável, com 15,5 milhões de meninas que se casam na infância (ibid.). Mas a Índia é também um dos países que mais melhoraram: as taxas caíram de 50% para 27% das meninas só na última década (ibid.). O fato de esse número continuar alto se deve à população numerosa do país, mas a rapidez da mudança em relação ao casamento infantil mostra também quão eficaz pode ser um esforço generalizado.

vistas como "antigas" é apenas uma prova da miopia da humanidade. Claro, houve um tempo em que os casamentos infantis também eram relativamente normais em lugares como China e Europa, mas estamos falando de apenas poucas centenas de anos atrás, e desde então a prática caiu em desuso. A Grécia antiga mirava mais perto dos dezesseis anos,[57] assim como a China antiga, enquanto a idade do casamento na Roma antiga variava entre catorze e vinte anos. E mais: em Roma, as noivas mais novas eram com frequência *ricas* e se casavam por questões políticas;[58] as plebeias em geral se casavam no final da adolescência ou início da casa dos vinte. O mesmo acontecia na China e na Grécia.

É seguro dizer que, durante a maior parte da história da nossa espécie, meninas não engravidavam em consequência de estupros aos onze anos de idade. Se fosse assim, nós jamais teríamos chegado até aqui. No jogo dos mamíferos, sempre se pode fabricar mais meninos. A perda de uma fêmea jovem e saudável é extremamente custosa.

Mas não são só esses casos de machismo extremo que estão prejudicando o avanço da nossa espécie. O casamento infantil é algo flagrante, mas as pessoas nos Estados Unidos, Europa e regiões mais prósperas da Ásia podem dizer: "Nós aqui não temos isso".* Não onde há mais dinheiro. Nos lugares onde as pessoas leem livros como este.

* Quarenta e oito dos cinquenta estados dos Estados Unidos permitem o casamento infantil com a "autorização" dos pais, o que é uma forma juridicamente autorizada de abuso infantil (Ochieng, 2020). Infelizmente, os Estados Unidos permitem aos pais fazer todo tipo de coisas com os filhos, em geral sob o manto da "religião" ou da "preferência cultural". Por exemplo, em 21 de nossos cinquenta estados é juridicamente permitido forçar uma filha — seja de que idade for — a prosseguir com uma gestação quando ela não quer, ou pior, quando é jovem demais para ser capaz de compreender as consequências físicas e existenciais de fazê-lo (AGI, 2023). Se você tem onze anos e seus pais lhe dizem para dar à luz um bebê por causa de uma crença cultural preestabelecida que eles têm, você vai *mesmo* conseguir dizer não? E, se disser, vai conseguir fugir de casa, atravessar divisas de estado e dar um jeito de fazer um aborto dentro de um período que permita que o procedimento seja simples e seguro? Nenhum adulto teria permissão legal para ajudá-la. Além desses 21 lugares horrorosos para ser menina, outros dezesseis estados exigem que os pais sejam notificados sobre tal procedimento, o que é uma maravilha se você por acaso viver num lar abusivo (muitas vezes o caso das meninas de onze anos grávidas). Você pode peticionar a um juiz e tentar contornar seus pais, se tiver tanto os recursos quanto a autoconfiança necessários para tal, mas sem qualquer garantia de que o juiz vá ficar do seu lado. Essa alternativa existe porque a Suprema Corte americana exigiu a criação de uma alternativa judicial, e até

Então por que exatamente a mortalidade materna está subindo nos Estados Unidos?

Nos últimos dez anos, as gestantes e mães recentes estão morrendo mais do que antes no país.[59] Isso é uma inversão direta das tendências gerais dos últimos dois séculos; em geral, lugares ricos têm *menos* mães mortas por ano, não mais. No entanto, uma combinação explosiva de racismo, machismo, capacitismo, redução do apoio público à saúde feminina e redução da educação sexual com base na ciência acabou tornando o fato de engravidar mais perigoso para as americanas do que costumava ser.* Os americanos lideram decididos esse retrocesso a uma espécie de idade das trevas para as mulheres, mas tendências similares estão surgindo em partes da Europa. Embora as mortes maternas europeias sigam caindo, o ritmo da queda está começando a diminuir, em especial entre os menos abastados. O que está acontecendo então?

Em parte tem a ver com a obesidade. Embora toda gravidez traga riscos, a gestação é estatisticamente mais arriscada para mulheres obesas do que para não obesas. Do ponto de vista médico, várias coisas podem sair errado, muitas delas ligadas a uma série de comorbidades comuns à obesidade. Embora ninguém saiba se a obesidade é uma *causa* direta dessas coisas ou vice-versa, é verdade que os corpos obesos tendem a ter sistemas cardiovasculares que apresentam mais esforço e mais danos, inflamações generalizadas pelo corpo, problemas nas articulações e questões associadas ao sono de má qualidade, como a apneia do sono;** ou seja: pessoas obesas com frequência têm várias questões que sobrecarregam o corpo de modo geral. Como estar grávida também sobre-

---

mesmo isso corre o risco de ser extinto agora que o aborto legal foi revogado no nível federal. Enquanto isso, não existe nenhuma exigência de controle em relação a quantos desses pedidos judiciais são bem-sucedidos, ou de mantê-los igualmente acessíveis a todos os estratos da sociedade, tampouco qualquer proteção para os adultos que possam decidir ajudar meninas novas necessitadas nos casos em que essa ajuda é contra a lei. Sendo bem clara: os Estados Unidos simplesmente não se importam o suficiente com suas meninas para proteger seus direitos acima das crenças dos pais. Caso contrário, leis como essa não existiriam.

* As taxas de mortalidade materna são especialmente ruins entre as afro-americanas; parte dessa diferença talvez desapareça corrigindo pela renda (o sistema americano é horrível para os pobres, e o racismo sistêmico encurrala muitas pessoas não brancas nas classes mais baixas), mas não toda (Hoyert, 2022).

** Distúrbio no qual a pessoa para de respirar durante breves períodos enquanto dorme. Obter oxigênio suficiente é bem importante para a saúde de alguém.

carrega o corpo — até mesmo a mais saudável das mulheres pode ficar cansada durante a gravidez —, combinar as duas coisas é algo difícil para esse corpo fazer. Também é verdade que nem todos os médicos estão plenamente capacitados para cuidar das necessidades singulares de pacientes obesas durante a gestação, e devido à vergonha social associada à obesidade as pacientes podem ter dificuldade para construir relacionamentos produtivos com seus médicos.* Quanto aos motivos por trás do aumento da obesidade, a redução da qualidade dos alimentos está afetando pessoas pobres no mundo inteiro, como sempre aconteceu, mas a proliferação de alimentos e bebidas *açucarados* baratos está fortemente ligada ao aumento da obesidade materna nas populações mais pobres da Europa e dos Estados Unidos.

Nem tudo se deve ao aumento da obesidade, porém. De um modo perverso, o machismo moderno inibe diretamente o avanço da ginecologia. Ainda que as culturas machistas pareçam querer que as mulheres fiquem grávidas com mais frequência, elas têm também por hábito reduzir o atendimento de saúde disponível para as gestantes. Onde morrem mais americanas grávidas?[60] Nas comunidades pobres, sim, mas em especial nas comunidades pobres do Texas, do sul do país e de Minnesota. São todos lugares em que o acesso das mulheres ao atendimento de saúde e à educação sobre saúde foi drasticamente reduzido nos últimos anos por meio de campanhas antiaborto, políticas educacionais que preconizam apenas a abstinência e uma série de cortes em clínicas de saúde financiadas pelo poder público. Consequentemente, as mulheres nessas regiões estão engravidando com mais frequência, contraindo mais ISTs, tendo mais complicações ligadas à gestação, menos acesso ao atendimento pré-natal e partos mais difíceis. Depois desses partos difíceis, a tendência é que tenham alta do hospital mais cedo do que deveriam, em parte pela falta de dinheiro. Ir para casa antes da hora aumenta ainda mais seu risco de hemorragia pós-parto e outras complicações. Em outras palavras, a condição de saúde das mulheres nessas comunidades está começando a parecer com o que era cinquenta anos atrás.

* Escreveu-se muito mais sobre essas questões do que eu seria capaz de resumir numa nota de rodapé. De modo geral, porém, acho que é seguro dizer que *todas* as mulheres precisam de relacionamentos mais saudáveis com médicos, e questões como gênero, peso e raça só fazem aumentar os problemas tanto para elas quanto para os profissionais. Se quisermos resolver os profundos problemas do atendimento de saúde às mulheres hoje, elas precisam confiar mais na ciência e os cientistas e médicos precisam confiar mais nelas.

É de presumir que toda espécie queira as mães e crias mais saudáveis possíveis, dentro dos limites de recursos do seu entorno específico. Mas permitir que a mortalidade materna *aumente?* Em evolução isso não faz o menor sentido. Se a mãe morrer por causa de uma política antiaborto local, isso significa que nunca mais terá nenhum filho. Se ela morrer por não ter tido acesso a um bom atendimento de saúde e a um bom planejamento familiar, não terá mais filhos. Isso é o contrário de uma otimização para ter o maior número possível de bebês saudáveis.

É o equivalente biológico de cortar fora o próprio nariz para punir o rosto.

MENOS RICOS

Como americana, posso com facilidade lhe dizer como um atendimento de saúde ruim pode ser *caro*. Mas a questão não é só se a pessoa tem um plano de saúde com cobertura nacional: um atendimento de saúde ruim é extremamente caro para as comunidades ao longo de *gerações*, não só porque as pessoas transmitem dívidas, mas por prejudicar o potencial de renda de qualquer família com um integrante passando por um problema de saúde. Afinal, que escolhas você faz se precisar cuidar de pai ou mãe doentes? E se tiver enviuvado? E se for a principal fonte de renda de sua família e estiver perdendo tempo potencial de trabalho cuidando da própria saúde? Como cuidar bem da saúde dos seus filhos se seu próprio corpo estiver fraquejando? Que efeito isso terá na trajetória de vida dos seus filhos?

O imperativo moral nesse caso é claro. O custo do machismo para a saúde global é imenso, e esse custo é ao mesmo tempo metafórico e literal. Mais uma vez, usemos uma abordagem mais biológica da pergunta: Em termos *evolutivos*, o que significa reduzir o potencial de riqueza de uma comunidade?

A riqueza humana é um dos fatores mais fáceis para prever o sucesso eventual de uma criança. A quanto dinheiro os pais de uma criança têm acesso influencia não só quanto dinheiro essa criança tem a probabilidade de possuir quando adulta, mas a probabilidade de chegar à idade adulta com sua fertilidade intacta.[61]

A verdade é que a maneira mais fácil, barata e confiável de aumentar a riqueza de uma comunidade é investir em suas mulheres e meninas. Por mais contraintuitivo que isso possa parecer, apoiar financeiramente as mulheres em geral torna a comunidade inteira mais rica, mais até do que investir a mesma quantidade de dinheiro nos homens dessa mesma comunidade.[62]

Existem algumas formas de mensurar isso. Comecemos pelo controle e pela independência financeiros. Em muitas das culturas mais abertamente machistas da atualidade, os homens detêm pleno controle legal dos recursos de suas famílias.* Mulheres e meninas não têm poder de decisão em relação ao destino do dinheiro, mesmo que seu trabalho seja a principal fonte de renda da família. Mas, se instituirmos uma política que permite às *mulheres* controlarem o próprio dinheiro, os resultados podem ser radicais.

Numa ampla variedade de estudos em culturas que vão dos Estados Unidos rurais à Índia urbana, as mulheres têm uma probabilidade maior de alocar recursos financeiros de uma forma que afete diretamente o bem-estar dos próprios domicílios e comunidades locais. Quando há oportunidade, as mulheres têm uma probabilidade maior de gastar o dinheiro da família em alimentação, vestuário, saúde e educação dos filhos. Os homens, por sua vez, têm uma probabilidade maior de gastar com entretenimento e armas, e — se estivermos considerando tendências globais — com jogos de azar ou seu equivalente local.** No mundo inteiro, meninas e mulheres gastam até 90% de sua renda com as próprias famílias. Homens e meninos gastam apenas entre 30% e 40%. Quando as indianas tiveram oportunidade de participar de governos locais como ministras e servidoras, esses governos investiram mais em coisas como serviços e infraestrutura pública, desde o gerenciamento do lixo até água potável e ferrovias,[63] coisas que, no fim das contas, pareciam ser *mais importantes* para as políticas mulheres.

Não que políticos homens não liguem para problemas comunitários e de infraestrutura. É que eles parecem ligar menos para essas coisas, ou no míni-

* Inclusive na cultura americana até muito recentemente: a lei só permitiu às mulheres herdarem no final do século XIX (Knaplund, 2008). Havia diversos sistemas de dotes e presentes permitindo que as meninas levassem parte do dinheiro de suas famílias ao se se casarem, quando ele imediatamente se tornava propriedade legal do marido. Entre as ricas, *enviuvar* era o caminho mais seguro que uma mulher podia seguir rumo à independência financeira. Para as pobres, isso com frequência era devastador.

** Estamos nos referindo aqui a estatísticas de grande escala, não a indivíduos. O mui masculino pai dos meus filhos não tem o menor interesse por jogos de azar.

mo, se tiverem essas preocupações, suas ações concretas em relação a elas são menos frequentes. Tendências similares podem ser observadas nos hábitos eleitorais das mulheres nos Estados Unidos e na Europa.[64] Por mais perturbador que isso seja, os dados existem: quando se deixam os homens no comando, estradas, pontes e barragens são para todos os efeitos largadas para apodrecer. Por algum motivo, quando as mulheres são empoderadas nos governos locais,[65] elas têm uma probabilidade maior de votarem a favor da infraestrutura (e dos serviços de saúde e de gastos públicos locais e com impacto direto) do que políticos do sexo masculino, e na Europa elas têm inclusive a probabilidade de aumentar a transparência do governo.

É claro que esses dados não se referem às Margaret Thatchers do mundo. Afinal, a maioria das mulheres não é Margaret Thatcher: a maioria não tem vidas com esse tipo de poder social. Então o que está impulsionando esses números?

Há quem considere que essas inclinações possam estar ligadas ao fato de que as mulheres são responsáveis pela maior parte da criação dos filhos, o que mantém seu foco nas preocupações locais, mas a verdade é que não sabemos ao certo o que está por trás dessas diferenças. No entanto, mesmo sem entender plenamente o mecanismo, podemos dizer que não é preciso se importar com os "direitos" das mulheres para encontrar bons motivos para empoderá-las financeiramente. Basta olhar para desfechos conhecidos. Talvez você possa apenas se importar com o estado geral da sua economia. Muitos economistas conceituados já escreveram sobre isso:[66] dê mais dinheiro às mulheres, e dê a elas o poder de tomar decisões sobre onde gastá-lo, e suas comunidades como um todo se tornarão mais produtivas economicamente.* Programas inteiros da ONU, do Banco Mundial e do FMI têm por base essa premissa. A presidência do Banco Mundial e a diretoria-executiva do FMI fizeram discursos sobre esse tema es-

* Como em tudo relacionado à ciência, o modo como se efetua a medição faz diferença: por exemplo, embora tenhamos dados sobre programas recentes que investiram propositalmente em mulheres nos países em desenvolvimento e possamos ver os efeitos locais no curto prazo, é bem mais difícil extrair uma correlação versus uma relação de causa e efeito em lugares como Estados Unidos e Europa ocidental, onde as economias já são relativamente igualitárias em matéria de sexo há algum tempo. É possível que a estratégia de investimento feminino surta mais efeito em lugares onde a equidade entre os sexos é mais rara. No entanto, como tais intervenções em geral têm apenas poucas décadas de idade, o trabalho de campo decerto ainda precisa de mais tempo e de mais dados para interpretar melhor essas tendências.

pecífico na última década.* Se você quiser investir numa comunidade, uma boa aposta é simplesmente investir em mulheres. Mas o importante não é só investir nas mulheres *adultas*. Você também pode turbinar seu resultado investindo na educação das meninas.

Atualmente, no mundo inteiro, os homens ganham mais por hora de trabalho do que as mulheres, em praticamente qualquer indústria que se puder citar. É verdade também que a educação formal aumenta de modo confiável o eventual salário que uma pessoa vai ganhar.[67] No entanto, investir em meninas tem um efeito ainda mais radical no potencial de renda, tanto para essas meninas quanto para sua comunidade local. Para cada ano adicional que se educa uma menina, seu salário médio ao longo da vida aumenta 18%.[68] Para os meninos, aumenta só 14%. Parte da diferença advém do fato de, em muitos países, as mulheres terem uma probabilidade muito menor de serem instruídas, e, portanto, as instruídas são radicalmente mais competitivas no mercado de trabalho. Mas isso não explica tudo. Um fator importante é o simples fato de mulheres instruídas terem menos filhos.

O Banco Mundial estima que, para cada quatro anos de instrução, a fertilidade de uma mulher se reduza em cerca de um nascimento por mãe.[69] Coloquemos isso da forma mais simples possível: quatro anos de estudo significam um bebê a menos.

Se a taxa de fertilidade do estado indiano de Kerala é de 1,9 filho por casal,** ao passo que no estado de Bihar é superior a 4, é provavelmente porque

* Se você estiver preocupado com o fato de que o Banco Mundial e o FMI são bastiões do liberalismo, em 2015 o McKinsey Global Institute chegou fundamentalmente à mesma conclusão: melhorar a igualdade de trabalho para as mulheres poderia injetar até 12 trilhões de dólares no PIB anual global até 2025 (Woetzel et al., 2015). O pessoal de consultoria, sabe? Eles são especialistas em capitalismo e mais informados sobre as economias em funcionamento, é de imaginar, do que o economista acadêmico padrão. E ganham os tubos para isso. O MGI é seu braço de pesquisa. Em 2018, o MGI foi mais específico: nos países asiáticos do Pacífico, seus modelos previam um aumento de 12% no PIB regional caso houvesse promoção da igualdade para as mulheres (Woetzel et al., 2018). É preciso reconhecer que todos os seus modelos têm por base o lado da oferta — eles mesmos reconhecem isso —, ou seja, seria preciso acompanhar o crescimento do emprego e a expansão educacional de modo a preparar essas economias para absorverem toda a mão de obra feminina a mais. Em outras palavras, esse é um cenário otimista. Mas ainda assim.

** Segundo a maioria das fontes, a taxa de substituição reprodutiva em países economicamente estáveis e sem guerra em curso é de 2,1; esse número leva em conta as pessoas aleatórias que não têm filhos e as crianças que morrem cedo. (Em países em crise a taxa pode chegar a 3,4.)

mais mulheres de Kerala têm instrução,[70] enquanto metade daquelas de Bihar não tem. Embora Kerala esteja localizado no sul da Índia, região tradicionalmente desfavorecida, o estado está se saindo bastante bem no presente momento. Apesar de boa parte da economia local ainda ser ligada ao turismo — uma ameaça conhecida à estabilidade econômica no longo prazo —, empresas internacionais estão começando a se estabelecer lá. O Google abriu um escritório, e outros grupos de tecnologia estão fazendo o mesmo. Os salários locais estão subindo. Enquanto o resto do sul economicamente deprimido da Índia fica para trás, Kerala avança a passos largos, expandindo sua renda média e alimentando centenas de novas startups de tecnologia e ciência, entre elas uma proeminente empresa de biotecnologia fundada por uma mulher natural do estado.*

Isso se estende também a outros países: quanto maior a quantidade de meninas que frequentam o ensino médio, maior o crescimento da renda per capita.[71] Parte disso pode ser atribuído a um apreço cultural geral pela educação e pela intelectualidade. À medida que as economias do mundo vão se tornando mais movidas pela tecnologia e pela ciência, ter uma população mais bem instruída ajudará a criar o tipo de força de trabalho que tende a se sair bem hoje. Mesmo nas comunidades rurais, porém, educar as meninas turbina

---

(Espenshade et al., 2003.) No entanto, como a Índia tem uma migração interna importante, assim como muitos outros lugares no mundo, Kerala não corre o risco de ter problemas com uma população de idosos grande demais. E se a Índia algum dia conseguir alcançar uma taxa de reprodução como a de Kerala em nível nacional? Bem, a imigração e os programas de trabalho internacionais são sempre uma alternativa. A Alemanha vem fazendo isso há anos. Apesar dos muitos idosos do país, a maior parte da histeria relacionada ao fato de que as alemãs não estão tendo bebês suficientes é movida pela ansiedade cultural, não pela ameaça de uma crise financeira. A Alemanha vem recebendo há décadas turcos, bósnios, russos, *todo tipo* de estrangeiro para trabalhar em seu país. E o PIB alemão? A capacidade do país de cuidar de seus idosos? Isso mesmo: vão bem, obrigado. Na verdade, estão entre os melhores da Europa. Quase todas as projeções catastróficas relacionadas a taxas de natalidade ignoram a imigração e os programas de trabalhadores internacionais. Em outras palavras, a maioria das notícias que você já escutou a esse respeito é movida por temores *identitários*: o medo não é de não conseguir arcar com uma população envelhecida, e sim de que Outros talvez entrem no país para trabalhar. Essas notícias também ignoram o efeito potencial dos avanços tecnológicos, em que a tecnologia torna os trabalhadores individuais mais produtivos, mas isso é uma discussão bem mais longa.

* Vale observar que, antes da era colonial, Kerala era tradicionalmente uma sociedade *matriarcal*. Até a virada do século XX, os bens eram herdados por via matrilinear, as mulheres podiam ter vários maridos, e com frequência ocupavam posições de poder em suas comunidades locais (Jeffrey, 2004).

a economia local.[72] E uma das formas como isso funciona, repito, pode ser reduzindo o número total de bebês que nascem a cada ano.

Um número menor de crianças nascendo significa uma comunidade com mais riqueza para dedicar a cada uma. Quando se tem menos bocas para alimentar, todo mundo come um pouco mais. Os gastos com saúde caem. Os gastos com educação também. Portanto, há mais dinheiro disponível para coisas como infraestrutura, desenvolvimento econômico, ou qualquer uma entre um milhão de coisas que o dinheiro pode comprar para ajudar a construir a estabilidade econômica de uma comunidade no longo prazo. E, se as mulheres locais não estiverem gastando todo seu tempo ficando grávidas e doentes, talvez elas venham até a ocupar cargos de governança e promover gastos com infraestrutura local.

Não precisamos nos importar com essas questões apenas porque é bom se importar com a dor do outro. Devemos nos importar também porque isso é bom para nossa própria segurança: o terrorismo e os distúrbios violentos se criam em lugares com muita instabilidade econômica e social. Tornar esses lugares mais seguros aumenta a segurança de *todos* nós. Isso significa que precisamos gastar menos dinheiro, menos tempo e menos estresse geral com projetos militares imensos e mais com nossos objetivos mais nobres. Afinal, nós queremos fazer coisas como resolver a crise climática, criar inteligências artificiais sencientes, aumentar o tempo de vida humano, curar o câncer. Mais do que tudo, nós realmente não queremos entrar em extinção antes de termos oportunidade de fazer qualquer uma dessas coisas.

Existem muitas maneiras diferentes de nos projetar em direção a qualquer futuro brilhante que preferirmos. Mas uma coisa está clara: para conseguir fazer isso, precisamos que o máximo de nós seja realmente, verdadeiramente *inteligente*.

MENOS SÁBIOS

Ser inteligente faz diferença. E não por ajudar você a tomar decisões "sensatas": ser inteligente ajuda a tomar decisões, para começo de conversa. Sua capacidade de solucionar problemas, sua capacidade de construir relacionamentos profundos com outras pessoas, sua capacidade de contribuir para sua comunidade, sua capacidade de garantir a segurança dos seus filhos: tudo o que você possa querer fazer com seu cérebro humano depende de quão inteligente ele for.

Mais uma vez, porém, adotemos um ponto de vista biológico: quão inteligente você é afeta sua probabilidade de continuar vivo. Se você tiver um QI até quinze pontos acima da média aos onze anos de idade, terá uma chance 21% maior de sobreviver até os setenta.[73] Isso é um incremento maior da longevidade do que praticamente qualquer outra coisa em que se possa pensar, maior do que aquele proporcionado pelo seu grau de riqueza e pelo seu acesso à medicina combinados.

Conforme discuti no capítulo "Cérebro", seu QI é influenciado pelos seus genes, mas ser "inteligente" não é algo nato. A "inteligência" é algo que os cérebros *fazem* ativamente. Ela também é fortemente moldada pelo modo como seu cérebro se desenvolveu no útero, durante a infância, e mesmo pelos tipos de coisas que você lhe pede para fazer na idade adulta. O machismo pode comprometer o desenvolvimento cognitivo das crianças de ambos os gêneros. Em outras palavras, o machismo torna *todo mundo* menos inteligente.

Talvez você ache que eu esteja prestes a falar sobre educação outra vez. Mas vamos começar com algo ainda mais básico: comida. O cérebro humano é construído a partir da comida. Todos os açúcares, proteínas e gorduras que um feto usa para construir seu cérebro vêm diretamente do corpo da mãe. Então o que acontece quando as mulheres e meninas passam fome? Seus futuros fetos e lactentes também passarão.

Em muitos estados indianos, é normal as mulheres jovens e recém-casadas comerem por último.[74] Em Maharashtra, por exemplo, a regra cultural é os convidados comerem primeiro, em seguida os homens mais velhos, em seguida os homens mais jovens, em seguida as mulheres mais velhas, em seguida as crianças. Nas famílias tradicionais, uma mulher mais jovem só come depois de *todos os outros* já terem sido alimentados. Essa regra não muda se ela estiver grávida.

Mais de 90% das adolescentes indianas são anêmicas. Mais de 42% de todas as mães indianas estão abaixo do peso. E isso não se deve apenas à pobreza: apenas cerca de 16,5% de mães subsaarianas estão abaixo do peso. Pior ainda: a mulher média na Índia pesa *menos* no terceiro trimestre de gestação do que a maioria das africanas subsaarianas pesa *assim* que engravida.*[75] A desnutrição é mortal e perigosa o tempo inteiro, mas em especial quando se está grávida. Se tanto a mãe quanto o bebê conseguirem sobreviver, o recém-nascido em geral chega antes da hora, demasiado pequeno e demasiado frágil. Muitos morrem semanas depois de nascer. Os que não morrem enfrentam problemas de saúde graves ao longo de toda a vida, inclusive de desenvolvimento cognitivo.

É verdade que as gestantes das áreas rurais da Índia estão mais vulneráveis a esses problemas. Mas os indianos rurais representam 68% da população do país.** A maior parte da segunda nação mais populosa do mundo vive em regiões onde com frequência não há comida suficiente, e pela regra as gestantes são as últimas a comer.

Em outras palavras, o machismo está fazendo a Índia passar fome de dentro para fora. Ao mesmo tempo, o país está investindo muitos de seus recursos na tentativa de se tornar um dos grandes centros de tecnologia do mundo. É preciso muitos bons cérebros para ser um gigante da tecnologia. Cérebros bem alimentados. Para construí-los, vai ser preciso fazer as grávidas furarem a fila do jantar.

Veja bem, eu não sou nem um pouco o tipo de pessoa que deseja pensar nas mulheres apenas como fábricas de bebês. Mas, como espécie, digamos que todos nós queiramos ficar mais inteligentes. Que é isso que é preciso para curar o câncer. Para solucionar a crise climática. Como podemos fazer tal coisa? Para começar, talvez queiramos reconhecer que os cérebros humanos são algo fabricado principalmente a partir dos corpos das mulheres: primeiro no seu útero, em seguida a partir do seu leite, e depois disso a partir da qualidade das interações que as mães têm com seus filhos. Assim, se você quiser a melhor chance possível de fabricar muitas crianças com QIs altos, você quer mulheres saudáveis bem *alimentadas*, e que tenham sido bem alimentadas de modo consistente por pelo menos duas décadas antes de engravidarem. Quer que elas tenham uma educação infantil rica e com bastante apoio. E quer que elas sejam bem cuidadas ao longo de suas vidas reprodutivas, com informações de fácil acesso

* Parte disso é porque as indianas têm baixa estatura, mas a maioria das mulheres da África subsaariana não é muito mais alta. Na verdade é porque, em média, elas são magérrimas e anêmicas. Corrigindo por todos os outros fatores, o principal motivo pelo qual isso acontece é cultural.

** Para fins de comparação, apenas 19% dos americanos vivem em regiões rurais.

sobre nutrição, hábitos saudáveis e cuidados com recém-nascidos. Quer que elas tenham recursos comunitários disponíveis quando adoecerem e quando seus filhos adoecerem. E, como as ISTs têm um efeito demonstrado sobre a saúde reprodutiva, você quer que elas tenham acesso fácil a métodos contraceptivos e uma boa educação sexual.

Não basta nem de longe dizer que o simples fato de ser *rica* aumenta sua probabilidade de parir e criar bebês com QI mais alto. Bebês nascidos em famílias ricas de fato tendem a ter menos obstáculos em seu caminho à medida que seus cérebros crescem e aprendem coisas. Mas até os bebês nascidos ricos ainda estão sujeitos a muitos dos obstáculos produzidos pelo machismo.

Por exemplo, vem se tornando tendência entre as mulheres ocidentais de classe alta tentar ter corpos com um percentual de gordura corporal muito baixo. Graças ao aumento das fotos de celebridades logo após o parto e a um número infindável de matérias na mídia popular, a coisa chegou ao ponto de tais mulheres imaginarem que vão continuar magras *mesmo enquanto grávidas*. E se uma mulher ganha gordura corporal durante a gravidez, espera-se que ela volte ao peso anterior à gravidez o quanto antes após dar à luz. Isso não é o que os médicos recomendam para suas pacientes. É o que a mídia diz para as mulheres. É o que mulheres dizem para outras mulheres. Claramente um corpo gestante de status elevado é magro, e um corpo lactante de status elevado é magro, e todo mundo — de alto a baixo, tanto entre os mais ricos quanto na classe média — está se esforçando para alcançar esse padrão.

Certo nível de consciência alimentar é bom para evitar a obesidade e o diabetes gestacional ligados à gravidez. Quando o assunto é fabricar bebês, porém, a mãe fazer dieta é terrível de modo geral, e mais terrível ainda se ela já não tinha muita gordura corporal excedente antes.

Conforme aprendemos no capítulo "Cérebro", o tecido cerebral é o que mais usa energia em proporção ao peso de todos os tecidos do corpo humano. E ele é um material bastante frágil. Quando obrigado a passar fome, os efeitos são drásticos. Se você algum dia sentiu mau humor ligado à fome, sabe como a comida influencia algo tão simples quanto a sua disposição. Se algum dia já passou um período de dieta, provavelmente também já vivenciou a clássica "névoa cerebral" de quem faz dieta, em que tudo parece se mover um pouco mais devagar. As conversas ficam confusas. Os problemas podem parecer impossíveis de compreender.

E isso é um cérebro *já* construído passando fome. Para um feto, e para a criança que vem depois, a desnutrição é uma força inegável: destrutiva, duradoura, e em alguns casos irreversível. A má nutrição na primeira infância está notoriamente ligada a um QI mais baixo, mesmo quando corrigido pelo QI da mãe.[76] Os desfechos comportamentais também ficam comprometidos. Bebês desnutridos tendem a virar adolescentes com dificuldades de autocontrole, de planejamento no longo prazo, com impulsos violentos e outros tipos de agressão social.[77] Mães desnutridas têm uma probabilidade muito maior de terem bebês desnutridos, e uma probabilidade maior de darem à luz recém-nascidos abaixo do peso — outro fator que influencia o QI mais baixo e o desenvolvimento cognitivo atrofiado — e/ou a darem à luz antes do termo, mais um fator que comprovadamente compromete os cérebros dos bebês.[78] Essas crianças alcançam seus marcos cognitivos mais tarde na vida e tendem de modo geral a pontuar pior em matemática, raciocínio espacial e linguagem. Seja de que modo os testes forem feitos, em outras palavras, atrapalhar a alimentação e a saúde reprodutiva das mulheres tende a tornar todo mundo na cultura local um pouco menos inteligente. Não por estarmos geneticamente predispostos a sermos assim, mas porque *passamos fome* para chegar a tal ponto.

Então essa é a primeira maneira pela qual o machismo nos torna menos sábios: em todo o leque de culturas humanas, repetidamente, o machismo nos leva a correr o risco de fazer passar fome os próprios cérebros que construímos no útero e na primeira infância. Se você quiser que uma cultura produza crianças inteligentes, é preciso cuidar da nutrição materna e infantil.

Mas alimentar um cérebro em crescimento não é a única coisa que influencia seu potencial. Há também a questão de como ele aprende. Sabemos que os cérebros vão se formando conforme crescem: construindo redes cruciais, aprendendo normas sociais, pavimentando atalhos para linguagem, matemática e resolução de problemas de todo tipo. Quando um cérebro humano em crescimento é *negligenciado*, provavelmente não vai alcançar seu potencial intelectual pleno. Com o tempo, um cérebro pode facilmente aprender que não precisa ser "inteligente" — ou pior, que não "deve" ser inteligente — e em alguma medida se construir a partir dessa premissa.

Então voltemos aos custos de uma infância machista para as meninas. As bebês meninas respondem por quase metade de todos os recém-nascidos do mundo. Mas os cérebros das meninas têm uma probabilidade muito menor de receberem instrução formal. E, quando recebem, elas têm uma probabilidade muito menor de continuar com essa instrução depois dos dez anos.[79] Quando conseguem frequentar a escola, sua educação com frequência é interrompida por um casamento precoce, ou pela decisão de um genitor de que a educação de uma filha é menos importante do que a de um filho. Embora essa seja claramente uma escolha machista, não é uma escolha desprovida de lógica, uma vez que a instrução formal não é gratuita na maior parte do mundo e as famílias pobres precisam escolher em que filho investir. Se a educação de uma filha não parece ter retornos evidentes, então é lógico que sejam as meninas aquelas a serem retiradas da escola. É extremamente difícil convencer pais diante desse tipo de escolha de que investir na educação das meninas vai algum dia tornar *todo* mundo na comunidade mais inteligente e mais rico. Muitos desses pais precisam lidar com problemas mais prementes.

Mesmo assim, as dificuldades enfrentadas por essas famílias não tornam a afirmação menos verdadeira: disparidades grandes na educação infantil entre meninos e meninas prejudicam a futura força de trabalho. Mais estudos do que eu seria capaz de listar sustentam essa ideia. Não só metade da população fica menos instruída do que deveria em lugares como Níger ou Mali, mas, como as futuras *mães* são negligenciadas em matéria de educação, a capacidade dessas futuras mães de apoiarem integralmente a educação de seus futuros filhos também fica comprometida.

Mudemos o foco por um instante. A questão não é apenas fazer comunidades em lugares como Níger, Mali ou regiões rurais "recuperarem o atraso" e se tornarem sociedades mais igualitárias. Existem também toneladas de indícios de que uma educação mais igualitária entre os sexos tende a estar associada com as idades de ouro das civilizações humanas de nosso passado. Em outras palavras, nossas sociedades parecem se tornar *as melhores possíveis* quando educamos as meninas.

Um exemplo bem estudado é a história do islã no Oriente Médio, na África e na Europa. Sob muitos aspectos, as sociedades islâmicas medievais eram mais igualitárias em matéria de gênero do que o mundo árabe de hoje. Na verdade, a primeira esposa do profeta Maomé, Khadija — famosa por ser sua preferida —, era mais velha do que ele, tinha enviuvado duas vezes, já era mãe e era uma negociante respeitada quando ele a conheceu.* No século XII, o fi-

* Segundo o Alcorão, o profeta Maomé a conheceu quando ela era sua *patroa*, e a ideia do casamento partiu dela, não dele. Ele também se recusou a tomar uma segunda esposa enquanto Khadija

lósofo islâmico Ibn Rushd (Averróis) escreveu que as mulheres deveriam ser consideradas iguais aos homens sob todos os aspectos, inclusive a educação e as oportunidades de trabalho.[80]

Lembre-se de que estamos falando sobre a Idade Média. O islã da época não só era mais igualitário do que as sociedades europeias: era também mais produtivo *intelectualmente*. Como os muçulmanos acreditavam que ler o Alcorão era vital para a alma, essas sociedades esperavam que todas as crianças, tanto do sexo masculino quanto do feminino, fossem letradas e bem instruídas, não só em relação ao Alcorão como também a toda uma gama de disciplinas consideradas de valor: artes visuais, matemática, ciências e até música. A educação pública era bem financiada e amplamente disponível. O ensino público só se firmou entre os cristãos da Europa e da América do Norte com a Revolução Industrial.[81] Se você fosse uma criança nascida entre 1100 e 1400, com certeza iria querer nascer numa sociedade islâmica, quer fosse do sexo masculino ou feminino.

Os retornos foram imensos. A idade de ouro do islã produziu a álgebra, a química, a bússola magnética, modos de navegação melhorados e todo tipo de avanço em medicina e biologia. Enquanto a Europa perdia tempo dizendo que a peste era causada por uma névoa maligna, médicos islâmicos já tinham entendido que instrumentos de cobre e de prata eram melhores para realizar cirurgias (esses metais são antimicrobianos). A filosofia também prosperou, com novas ideias sobre formas mais humanas de governar e sobre interdependência social, muitas das quais tiveram influência direta na ascensão do Iluminismo europeu. Em outras palavras, a idade de ouro do islã produziu uma das sociedades mais intelectualizadas, igualitárias, cosmopolitas e profundamente influentes da sua época. E as mulheres estavam bem na dianteira, contribuindo para esse sucesso.*

Isso não quer dizer que o único motivo para o declínio das civilizações seja o avanço do machismo. Muitos fatores contribuíram para a derrocada das

---

ainda estivesse viva, contrariando bastante o costume local para qualquer homem capaz de sustentar mais de uma esposa, e ele seria capaz, em grande medida por causa da fortuna e dos contatos profissionais *dela*, que foram fundamentais para a primeira expansão do islã. Para usar uma expressão moderna, Khadija não foi apenas a mulher de Maomé: foi a investidora-anjo do islã.

* O lento declínio dessa civilização também por acaso começou quando o islã absorveu Bizâncio e passou a ser mais influenciado pelo pensamento *ocidental*, inclusive pelo isolamento crescente de mulheres e meninas, tão apreciado na Pérsia, e pela falta de ênfase na importância da educação e da "mundanidade" para o sexo feminino (Ahmed, 1986).

nações islâmicas, sendo que o colonialismo foi de suma importância. E o dinheiro certamente importa para a probabilidade de uma civilização ser ou não intelectualmente produtiva. (Idades de ouro são chamadas assim por um bom motivo.) Em 1989, porém, muitas nações do mundo árabe já tinham se tornado espantosamente ricas,[82] mas mesmo assim só haviam conseguido produzir quatro dos artigos científicos citados com mais frequência. Os Estados Unidos, por sua vez, tinham produzido 10 481. Por quê? Para começar, esses países tinham impedido sistematicamente o acesso à educação de metade da sua população. Aproximadamente 65 milhões de adultos no mundo árabe são hoje analfabetos, dos quais dois terços são mulheres.* Muitas dessas mulheres vivem em países riquíssimos, como Irã ou Arábia Saudita. Lugares que um dia brilharam com as mais fortes luzes do progresso intelectual. Mas nós jamais saberemos quais delas poderiam ter sido uma Khadija moderna. Jamais conheceremos sua Marie Curie ou sua Ada Lovelace. Quaisquer contribuições que essas mulheres e meninas pudessem ter feito foram sacrificadas em nome da função simbólica do seu recato. A menos, é claro, que elas consigam fugir dessas comunidades mais restritivas e obter o apoio de que precisam em outro lugar, mas e se elas não tiverem recursos para isso?

Em lugares onde a educação das mulheres é subestimada, sociedades inteiras acabam por ruir. Se a história se mostrar verdadeira, negligenciar a educação das meninas é sinal do declínio de uma civilização. Não se pode negligenciar para sempre metade dos cérebros da sua comunidade.

ASTEROIDES E BABACAS

Nós evoluímos para sermos machistas. Talvez estejamos todos manipulando e defendendo os ajustes básicos de nossos painéis culturais porque hou-

* Hammoud, 2006. Não culpem exclusivamente essas nações: segundo um estudo da ONU de 2015, dois terços de *todos* os adultos analfabetos do mundo são mulheres (ONU, 2015). É verdade que a África subsaariana e partes do Oriente Médio impulsionam esses números, considerando quantas mulheres alfabetizadas vivem em outras partes do mundo. Os dados referentes às regiões árabes aqui mencionados vêm de dados e relatórios de 2002 e 2006 (Hammoud, 2006). Vale observar que as taxas de analfabetismo das mulheres entre quinze e 24 anos na Jordânia e no Bahrein são quase inexistentes: trata-se de um problema sob muitos aspectos geracional (ibid.).

ve um tempo em que as regras sexuais nos ajudaram a superar nossos sistemas reprodutivos péssimos. Se for assim, talvez seja demais pedir para os americanos pararem de dar importância ao fato de alguma celebridade ter "roubado" o marido de outra mulher. Em nome da justiça, podemos exigir que os padrões se tornem mais igualitários. Podemos modificar de forma deliberada as regras sexuais nos Estados Unidos. Mas não podemos pedir às pessoas para não darem importância a essas mudanças. As regras sexuais fazem parte da nossa identidade cultural. Essas regras já nos ajudaram a sobreviver.

Isso se deve em parte ao fato de que compartilhar e aplicar regras sexuais não tem a ver apenas com nos tornar mais competentes em matéria de fabricar bebês. Fazer isso também é útil para termos o mesmo *tipo* de machismo que as pessoas à nossa volta. Compartilhar regras culturais ajuda a tapear o cérebro humano e fazê-lo pensar que sua vizinha é sua irmã.

Podemos chamar isso de truque dos primatas. Os primatas sociais são bastante bons em estender comportamentos de "parentesco",[83] motivo pelo qual é possível ter um grupo de 150 babuínos num mesmo bando, ou cem bonobos, ou oitocentos geladas, apesar de muitos integrantes do grupo não serem parentes imediatos. Por isso também é possível ter algo como uma nação humana. A humanidade ser capaz de *conceber* algo como as "Nações Unidas" se deve justamente ao fato de sermos primatas sociais. De modo bem parecido com os bonobos, nós seres humanos temos um longo histórico evolutivo de encontrar truques para fazer nossos cérebros *se importarem* com pessoas que não sejam nossos parentes. Isso é uma das coisas mais bacanas que somos capazes de fazer.

Assim, não é totalmente exato dizer que amar outra pessoa é a *melhor* coisa que os seres humanos fazem. Talvez a melhor coisa seja nosso modo de amar aquelas que não são nossas irmãs da mesma forma que amamos nossas irmãs. O impulso de proteger os filhos dos outros, porque a maioria de nós tem um impulso de proteger crianças em geral. A capacidade de reconhecer e valorizar a humanidade que temos em comum. Essa é a melhor coisa humana: foi assim que aprimoramos o fato de sermos primatas.

Uma das maneiras de humanos fazerem isso acontecer é contando uns aos outros histórias a nosso respeito, histórias que criam ideias esquisitas como "eu sou cidadã/o de um país". Nosso painel de controle compartilhado de normas culturais serve para fortalecer essas histórias: coisas que todas as culturas fazem e que ajudam todo mundo a sinalizar uns para os outros "aqui é nosso lugar". De modo geral, quanto mais o painel de controle é compartilhado, mais forte se torna uma cultura local. É em boa parte a isso que se referem os sociólogos quando falam em "coesão social": o que acontece quando todos os aspectos compartilhados do painel de controle, e todas as histórias compartilhadas, se unem para criar essa coisa humana doida que chamamos de identidade cultural. Esse é o principal motivo pelo qual nós não nos dividimos em clãs familiares rivais: temos um jeito útil de enganar a nós mesmos para pensar que pessoas sem qualquer parentesco conosco na verdade são nossos semelhantes.

Em outras palavras, o que move o machismo não é *apenas* o sistema reprodutivo horroroso da humanidade. É também nosso profundo impulso social.

É difícil pôr um contra o outro dois de nossos mais valiosos e singulares comportamentos. Embora suas raízes evolutivas sejam profundas, a ginecologia é exclusiva dos humanos. Nosso comportamento de parentesco também. As regras sociais compartilhadas são uma das principais maneiras que as culturas têm para produzir uma identidade extensível. E o compartilhamento de regras sexuais — não o fato de ser machista, mas de ser machista do mesmo *jeito* que outros membros do nosso grupo cultural — é uma das nossas formas importantes de reforçar o pertencimento a grupos. Nós gostamos da sensação de estar com gente que "compartilha nossos valores".

Cristãos conservadores dos Estados Unidos, por exemplo, usam suas regras sexuais para ajudar a sinalizar uns para os outros que todos acreditam nas mesmas coisas em relação ao mundo, que todos pertencem àquele grupo, quer isso signifique agir de um modo menos receptivo para com seus vizinhos não cristãos ou estender o pertencimento ao seu grupo a cristãos em partes do mundo não anglo-saxãs. As regras sexuais também podem possibilitar a entrada num grupo do qual você de outra forma não faria parte: promover o casamento gay encontrou apoio em determinadas comunidades cristãs que jamais teriam aprovado uma vida amorosa homossexual promíscua. "Afinal", dizem muitos cristãos, "eles estão sendo monogâmicos e criando filhos. Nós valorizamos isso. Talvez possamos adaptar essa regra, a de não fazer sexo com alguém do mesmo gênero, e incluí-los."

Livrar-se do machismo é difícil. Talvez até impossível. Mas nós precisamos tentar, porque ele não está mais funcionando. Ou pelo menos não como funcionava antes.

Embora o machismo continue a representar uma força que promove a coesão social local, ele também causa a *separação* social entre diferentes grupos culturais.* A maioria de nós não vive mais em cidades pequenas. A cultura humana se globalizou. Conflitos em outras partes do planeta têm custos *muito* maiores do que costumavam ter. Quando você arranca um hijab da cabeça de uma mulher em algum lugar da França, a notícia imediatamente provoca uma quantidade colossal de raiva no Oriente Médio, raiva essa que move as ações dos extremistas. Quando o Estado Islâmico estupra menininhas sob o falso manto da religião, o resto do mundo se indigna, e temos toda razão de nos indignar. Mas nós não nos indignamos *nem de longe* o bastante quando países negam o direito à contracepção às suas cidadãs. Nem quando essa negação mantém essas mulheres na pobreza, o que serve de combustível para tensões sociais e torna populações inteiras vulneráveis.

A história do feminismo — ou seja, a história da tensão entre a escolha reprodutiva feminina individual e as estratégias coletivas de reprodução — com certeza é tão antiga quanto nossa espécie. O feminismo tem no mínimo 300 mil anos de idade. Mas só agora estamos chegando a uma compreensão da verdadeira história da nossa espécie, e conseguindo montar o quebra-cabeça do que realmente significa ser "humano", do que significa ser "mulher", de em que consiste nossa história num horizonte de tempo que é muito mais longo do que as míticas histórias sobre nossas origens levavam em conta ou sequer poderiam ter imaginado. Armados com essa compreensão, nós agora podemos decidir, como espécie, como queremos prosseguir. Podemos *escolher* como equilibrar a escolha reprodutiva individual com a reprodução coletiva.

Como acontece com tudo, provavelmente vamos partir em mil direções diferentes ao mesmo tempo. Tudo bem. Nenhuma cultura humana é menos evoluída do que outra; por definição, todo ser humano vivo hoje é igualmente moderno. E, na essência, toda cultura é uma espécie de *experimento* para entender o que funciona para nós, para nossas necessidades específicas, no nosso ambiente específico. Alguns desses experimentos dão certo. A maioria não.

Poderíamos usar algumas diretrizes básicas. Por exemplo, embora erradicar o machismo pareça bastante impossível, nós podemos prestar mais atenção

* Em especial sinalizando nós contra eles. Usar ou não usar hijab no Uzbequistão? Deixar ou não deixar os pais arranjarem seu casamento nos Estados Unidos?

nas escolhas que fazemos em matéria de regras sexuais. Podemos decidir ativamente criar instituições sociais que combatam os efeitos negativos do machismo. Podemos reforçar a necessidade de ter mais igualdade. E, acima de tudo, podemos escolher apoiar e defender o avanço da ginecologia.

Porque, embora as inovações culturais humanas surjam de forma aleatória — pressões climáticas, mutações locais, decisões individuais que são adotadas ou recusadas —, não é inteiramente verdade dizer que as culturas humanas se desenvolvem em direções aleatórias. Por exemplo, quando o conhecimento e as tradições ginecológicas da sua cultura chegam a certo grau de eficiência, eles superam depressa a utilidade do machismo. E quando finalmente passa a haver ginecologia *suficiente*, como contracepção e aborto seguros e cuidados pré e pós-natais adequados, mas continua havendo muito machismo, ser machista pode inclusive *prejudicar* a ginecologia. Atrapalhar a saúde das mulheres e das crianças inevitavelmente atrapalha a população que está fazendo isso.

Repetidas vezes ao longo da história, o machismo recua e a ginecologia torna a ascender. Apesar dos retrocessos machistas atuais, ainda acredito que estamos avançando de modo irresistível em direção ao futuro coletivo da nossa espécie: um futuro de verdadeira igualdade entre os sexos, sustentado por uma medicina ginecológica cada vez melhor. Estamos assumindo o controle de nossos sistemas reprodutivos. Estamos *decidindo* como queremos engravidar, e quando, e com quem, e teremos uma distribuição mais equilibrada entre os sexos no que diz respeito ao cuidado com as crianças. Não que os homens vão começar a amamentar, mas o simples volume de horas, esforço e dinheiro necessários para criar as crianças será dividido de modo mais equilibrado pela população.

Em outras palavras, nós estamos escapando de nosso destino evolutivo. E estamos fazendo isso sendo *humanos*: sendo solucionadores de problemas inteligentes e colaborativos, que contam histórias uns para os outros e revisam essas histórias para criar outras melhores.

Só que esse tipo de progresso (na falta de uma palavra melhor) é sempre frágil, e no presente momento existem dois obstáculos básicos no caminho: os asteroides e os babacas.

Digo isso tanto no sentido literal quanto no metafórico: se algo como um asteroide nos atingir, e se for grande o suficiente, poderia eliminar nossa espécie inteira antes de pararmos de ser machistas. Coisas parecidas já aconteceram antes. Na verdade, repetidas vezes na história humana, acontecimentos catastróficos que mataram quantidades imensas de seres humanos modificaram de forma radical a história humana. Alguma coisa levou embora uma boa parcela dos hominínios do mundo cerca de 80 mil anos atrás — talvez tenha sido um supervulcão, talvez tenha sido a mudança climática de modo geral, ou talvez tenha sido um conglomerado particularmente ruim de coisas —, obrigando-nos a sair da África *duas vezes* antes de nos tornarmos uma espécie global. O resfriamento generalizado do globo tampouco foi tão bom assim para o avanço humano na Ásia setentrional: a agricultura surgiu no Oriente Médio, não em Moscou. Avancemos rapidamente para a Idade Média, quando a Peste Negra matou *um terço* da população da Europa.[84] Há quem diga que foi por isso que a Europa atravessou a Idade das Trevas, enquanto os impérios islâmicos conseguiram florescer. Até mesmo a gripe espanhola de 1918 teve um legado sinistro:[85] embora possa ter ajudado a fazer a guerra pender a favor dos Aliados — doença importada do Kansas, por incrível que pareça, ela se alastrou rapidamente entre as tropas alemãs do outro lado das trincheiras —, a gripe *também* deixou a Alemanha muito mais devastada depois da guerra, perfeita para o surgimento do populismo ressentido e eventualmente do fascismo.

É bem verdade que a morte em grande escala nem sempre é *de todo* ruim: há quem diga que os europeus só puderam desenvolver a classe média pré-moderna porque muitos pobres morreram na Peste Negra,[86] modificando as estruturas sociais que antes reforçavam o feudalismo. Resultado: o Iluminismo, a Reforma, o advento da era pré-moderna. Já se disseram coisas parecidas sobre a segunda onda do feminismo nos Estados Unidos: que se não fosse a ausência radical de homens jovens durante a Segunda Guerra Mundial, as mulheres americanas talvez tivessem levado bastante mais tempo para se acostumarem com a ideia de que trabalhar fora de casa era uma coisa aceitável e útil.

Mas matar de forma deliberada grandes partes da população, além de ser imoral, não gera necessariamente mais liberdade ou sociedades mais igualitárias no longo prazo. Além do mais, não temos como controlar o tamanho dos asteroides. Existem acontecimentos aleatórios e catastróficos na história da humanidade, e inevitavelmente haverá *outros* acontecimentos aleatórios e catastróficos em nosso futuro humano.

Então esse é o problema do asteroide:* acontecimentos imensos e externos fora do nosso controle podem nos exterminar ou nos fazer recuar centenas de anos, senão milhares. As culturas tendem a reagir ao estresse e à ameaça com uma aderência mais forte à identidade cultural local,[87] uma versão comportamental de como as pessoas se unem para enfrentar uma tormenta. As regras machistas fazem parte da identidade local de toda cultura. O *retorno* a ajustes antigos — coisas que parecem mais seguras, talvez, ou mais "confirmadas", ou que pelo menos são mais conhecidas do que ajustes mais recentes — é um desfecho mais provável dos asteroides do que a liberdade das mulheres.

Mas não é só com os desastres de grande escala que temos de lidar. Existem também os grandes babacas. E não são só os Hitlers, Pol Pots ou Assads, ou mesmo tipos menos explicitamente assassinos, como os Trumps. Existe o problema constante dos babacas *cotidianos*. Uma quantidade suficiente deles, no momento certo, nas condições certas, pode exercer uma influência extraordinária no progresso de uma civilização. Na Índia, como em tantos outros lugares do mundo, a corrupção generalizada; muitos governos nacionais funcionam segundo os mesmos princípios do crime organizado. Isso mantém uma parte grande da população do país na pobreza. Degrada a confiança da população no sistema de direito penal. E, na maior parte dos casos, não se trata apenas de funcionários de alto escalão do governo estarem levando propina. (O que também acontece nos Estados Unidos.) Trata-se de precisar ou não subornar seu carteiro. Ou o cara encarregado do sistema de saneamento básico da sua região. Ou seu vizinho. Ou o policial numa rodovia, no seu caminho para o trabalho. Ou o cara que garante que sua região *tenha* uma rodovia com manutenção regular. Os grandes babacas causam estragos imensos, mas são os pequenos babacas que vão minando a confiança de cada cidadão e cidadã naquilo que eles podem *confiar* que outras pessoas farão dentre todo o necessário para que um país funcione.

Embora alguns desses exemplos mudem quando passamos a falar sobre lugares como os Estados Unidos, esse tipo de coisa também acontece por aqui.** E quando sente que não pode confiar nas grandes instituições, você

* Muitos desses eventos são chamados de acontecimentos Cisne Negro, mas nem todos os nossos asteroides metafóricos e literais são tão imprevisíveis assim, tampouco tão repentinos. Por exemplo, se não assumirmos já o controle da mudança climática, ela vai — de modo muito previsível — destruir boa parte do que entendemos atualmente como "vida humana moderna" neste planeta.

** Diversos analistas acreditam que a ascensão de grupos de extrema direita nos Estados Unidos não é apenas uma reação ao sucesso da inclusão social liberal, mas na realidade um sinto-

recorre à sua família imediata. Aos amigos. À sua aldeia. E sim, aos aspectos da sua identidade local que mantêm esses grupos fortemente coesos. Incluindo suas regras sexuais locais.

Quanto mais clânico você se torna, quanto mais *local* e rígida fica sua identidade, quanto mais você recorre ao planejamento no curto prazo, quanto mais a corrupção se alastra, quanto mais as instituições *colapsam* — enfraquecidas por falta de financiamento e falta de confiança da população —, mais vulnerável você fica aos grandes babacas. Aos babacas que mudam o mundo. Aos demagogos. Aos autocratas.

Aos monstros.

Monstros não têm um histórico muito bom em matéria de promoção do progresso humano. Monstros a quem se permite obter um verdadeiro poder social em geral nos fazem retroceder, não só por aflorar aquilo que a natureza humana tem de *pior*, mas porque se recuperar depois que eles morrem é muito difícil. O Camboja ainda não se recuperou de Pol Pot. O aiatolá Khomeini fez o Irã retroceder sob muitos aspectos, e não só para as mulheres. Assad algum dia vai morrer, muito provavelmente seguro e quentinho numa cama, enfiado em lençóis com um número de fios impressionante. Mas Aleppo? A Síria inteira? Vão levar mais de uma geração para se reerguer. Talvez nunca cheguem a se reerguer. Porque todas essas lindas instituições que construímos são frágeis. A menos que trabalhemos juntos, *coletivamente*, para reforçá-las, vamos perdê-las para qualquer asteroide ou qualquer babaca que aparecer.

Então na verdade, quando penso em como responder àquela pergunta do início deste capítulo, parece-me que amar alguém não é a melhor coisa que uma mulher pode fazer. A melhor coisa que qualquer ser humano pode fazer demanda todos os nossos traços singularmente humanos: um amálgama de nosso comportamento de parentesco estendido, de construção de narrativas e de resolução de problemas. A melhor coisa que nós podemos fazer é criar *instituições* capazes de apoiar e de proteger esses frágeis vínculos estendidos.

---

ma de uma crise cada vez mais profunda causada por uma decepção reiterada com governanças locais. Suas causas são profundas e numerosas, mas algumas são bem evidentes: se você não acredita que entrar em contato com funcionários da prefeitura vai fazer com que algum dia o buraco na sua rua seja consertado, e se você *sabe* que esses mesmos funcionários consertam regularmente as ruas em frente às próprias casas, sua confiança na democracia inevitavelmente vai se erodir.

E essas instituições, quer gostemos delas ou não, são justamente aquilo que nos permite superar nossos comportamentos menos desejáveis: o territorialismo, o machismo, a competição por dominação. Elas são a forma que temos de extrapolar as limitações da evolução de nossos corpos. É por meio delas que nos tornamos verdadeiramente livres.

Não sei se eu conseguiria explicar nada disso para a cafetina que tentou fazer eu me prostituir. Sequer saberia como encontrá-la agora, embora ela provavelmente continue viva, e administrando o mesmo negócio naquele pequeno parque industrial nos arredores da cidade. Ela deve ser uma pessoa razoavelmente inteligente. Não é *fácil* administrar um bordel clandestino com uma clientela de alto padrão. Se eu algum dia voltar a encontrá-la e tentar lhe dizer essas coisas, não é que ela não *conseguiria* entender. Mas não sei se ela iria se importar.

Talvez ela se importasse com Assad; acho que a família dela vinha dessa região. A cafetina me disse que eles ainda tinham uma casa numa pequena ilha do Mediterrâneo. Acho que ela mencionou isso porque é assim que recruta suas funcionárias: fazendo-as acreditar que suas vidas poderiam ser lindas, se elas apenas... Para as meninas dos Estados Unidos, o conceito de uma casa numa pequena ilha é lindo. Um lugar muito distante. Muito ensolarado. Muito quente. O oposto da vida num parque industrial de portas cinza em que você pensava estar batendo para arrumar um emprego de telefonista.

Mas será que ela entenderia que o que fez ao tentar comprar meu corpo tem uma história evolutiva de 200 *milhões* de anos? Que o instante em que me conheceu faz parte dessa mesma melodia — um estranho e leve trinado que remonta até os dinossauros —, mas que não é a *única* história da feminilidade? Que as mulheres já foram matriarcas. Que nossas avós primitivas foram uma parte imensa de como inventamos a cultura humana. Que as bocas das mulheres são a raiz da linguagem humana. Como eu poderia lhe dizer que aqueles mesmos peitos murchos enfiados dentro do seu velho e esgarçado sutiã do Meio-Oeste fazem parte de como os mamíferos dominaram a terra, que eles são o motivo pelo qual nós temos sistemas imunológicos capazes de sobreviver a pandemias, o *motivo* pelo qual a maior parte do mundo, que ela jamais pôde vislumbrar, tem a aparência que tem?

Eu gostaria de poder lhe dizer que nem sempre foi assim. Que o mundo de uma mulher é maior do que a equação que a cafetina calculou administrando seu bordel. E mais antigo, e mais estranho, e mais belo. Não acho que fosse tentar convencê-la a desistir. Não tentaria lhe dizer que ela não deveria estar fazendo o que faz. Mas acho que iria lhe sugerir doar parte do lucro para clínicas de atendimento à mulher. Para hospitais infantis. Para a pesquisa. Para o que quer que possa tornar o mundo mais fácil para mulheres e meninas. E gostaria de poder lhe dizer, como um dia direi a meus próprios filhos, que todo o poder que os homens jamais tiveram sobre as mulheres foi um poder que nós lhes *demos*. Nós apenas nos esquecemos disso.

Esquecemos que podemos parar.

Agradecimentos

Este livro não teria sido possível sem o amor, o apoio e a paciência espantosa de meus amigos, familiares e comunidades profissionais. Entre os muitos que terão minha eterna gratidão: meu marido Kayur, que me apoiou por anos durante meu doutorado e a escrita deste livro. Meu irmão John, que me puxou repetidas vezes do fundo do poço durante as versões iniciais dos capítulos. Meus editores Andrew e Anne — cujo trabalho aqui só pode ser qualificado de heroico —, que também fizeram o favor de me lembrar de que nem todas as minhas piadas eram aceitáveis. Minha talentosíssima agente Elyse, que vem segurando minha mão há quase uma década. Meus orientadores e mentores na Universidade Columbia, que por algum motivo acreditaram que apesar de ter assinado um contrato para um livro ao mesmo tempo que qualificava meu projeto de doutorado terminaria a tese e seguiram acreditando à medida que os anos passaram, e seguiram acreditando até depois de eu mesma perder a fé, até o momento da defesa, e que inclusive disseram coisas muito legais que eu com certeza não merecia totalmente. Meus filhos, que de alguma forma continuam vivos e conseguem até gostar de mim, parte do tempo. E o mais importante: cada um dos cientistas cujo trabalho está representado nestas páginas, seus laboratórios, sua labuta, seu sono perdido, seus pedidos de financiamento, suas intermináveis reanálises de dados, suas rixas internas e cátedras concorridas e falta de jeito para falar em congressos, suas apresentações, revisões e pequenas vitórias, e seus anos, anos e mais anos de obstinada resistência ao impulso perfeitamente sensato de desistir… nós devemos muito a eles. Sem seu trabalho, não saberíamos praticamente nada sobre a biologia das diferenças entre os sexos. A maré está virando graças à sua força de vontade.

Notas

INTRODUÇÃO [pp. 9-31]

1. Rich, 1978.
2. Scott, 2012.
3. Eid, Gobinath e Galea, 2019; Sramek, Murphy e Cutler, 2016; LeGates, Kvarta e Thompson, 2019.
4. Mogil, 2020. Observe que, ainda que os mecanismos subjacentes que causam essas diferenças sejam provavelmente complexos, e vão desde a forma como processamos esses medicamentos no sistema digestivo e no fígado até o modo como nosso sistema nervoso reage, elas também podem estar relacionadas às diferenças sexuais no modo como nossos nervos processam a dor de forma geral (Ray et al., 2022).
5. Shehab et al., 2013; Shaw et al., 2008. Parte da disparidade aqui pode ser atribuída à idade: as mulheres em geral procuram atendimento em idades mais avançadas do que os homens com tais problemas, e ser mais velho é por si só um risco. Mas as taxas estão aumentando em mulheres mais jovens também (Mozaffarian et al., 2015).
6. McSweeney et al., 2016. Para pelo menos algumas boas notícias em relação a essas questões, bem como a áreas problemáticas restantes, ver o relatório de 2010 do Comitê de Pesquisas em Saúde da Mulher do U.S. Institute of Medicine.
7. Buchanan, Myles e Cicuttini, 2009.
8. Ferretti et al. 2028.
9. Van Heck, Buchmann e Kraaykamp, 2019.
10. Para uma avaliação crítica recente das influências de sexo e de gênero na saúde que considere *tanto* as diferenças biológicas de sexo *quanto* questões importantes relacionadas à construção social de gênero (coisa rara nesse tipo de trabalho), ver Mauvais-Jarvis et al., 2020.

11. Mogil e Chanda, 2005; Beery e Zucker, 2011.

12. Beery e Zucker, 2011; Hayden, 2010; Wald e Wu, 2010. Até mesmo o estimado Francis Collins afirmou isso em 2014, num esforço um tanto público para tentar inverter a maré, mas infelizmente o número no mostrador não mudou nem de longe o suficiente (Clayton e Collins, 2014).

13. Prendergast, Onishi e Zucker, 2014.

14. Os artigos relacionados à profundidade das diferenças sexuais no nosso projeto corporal mamífero são numerosos demais para citar, mas, para dar um exemplo recente, Oliva constata a presença de diferenças sexuais na expressão dos genes das células em vários tipos de tecido no corpo humano (Oliva et al., 2020).

15. Mazure e Jones, 2015; Heinrich, 2000.

16. English, Lebovitz e Griffin, 2010.

17. Simoni-Wastila, 2000; Serdarevic, Striley e Cottler, 2017; Darnall, Stace e Choi, 2012; Herzog et al., 2019.

18. Uma ressalva importante em relação à afirmação sobre os remédios contra dor: segundo a FDA, mulheres têm uma probabilidade maior de receberem prescrição de remédios desse tipo, e em doses mais altas e por períodos mais longos. No entanto, elas podem demorar mais tempo para tomá-los: após uma cirurgia, os homens têm uma probabilidade maior de receberem prescrição de remédios contra dor, e as mulheres de sedativos.

19. Mais especificamente, a empresa se esqueceu de testar as diferenças sexuais nas mulheres em idade reprodutiva, e não projetou adequadamente um experimento capaz de testar diferenças sexuais em qualquer idade. Sabemos que foi conduzido um estudo clínico em cerca de 130 pacientes, em sua maioria idosos com osteoartrite, 76% dos quais eram mulheres — fato que talvez não seja surpreendente, considerando se tratar de uma doença que afeta uma população mais velha (e, portanto, com probabilidade maior de ser mulher). O grau de redução da dor foi um pouco melhor do que o placebo ao longo dos catorze dias do estudo, com a dose de 20 mg melhor do que a de 10 mg. As diferenças sexuais em relação ao grau do efeito não foram analisadas, embora o efeito adverso do remédio tenha sido analisado quanto às diferenças sexuais e não apresentava nada digno de nota. (Repare no quanto o sinal feminino teria sido maior nesses dados: com 76% de apenas cerca de 130 pessoas em sua maioria idosas, fica difícil extrair qual pode ser o sinal masculino médio em idades variadas.) Também vale observar que quase um terço (32%) dos participantes que receberam a dose de 20 mg saiu do estudo devido a efeitos colaterais. Mesmo assim, o estudo recomendou a dose de 20 mg como sendo a mais eficaz.

O motivo pelo qual sabemos essas coisas, claro, é documentos jurídicos terem tornado públicas as informações sobre o estudo clínico. Não temos acesso aos dados do estudo clínico, tampouco aos estudos anteriores com roedores relativos ao desenvolvimento do princípio ativo original do Oxycontin (oxicodona), mas é seguro pressupor, visto que o estudo aconteceu muito tempo atrás, que pacientes mulheres em idade reprodutiva deviam ter uma probabilidade muito baixa de formarem parte significativa da amostra estudada. Até hoje, no ano de 2022, qualquer pessoa pode acessar aqui as informações sobre o estudo clínico do Oxycontin: <www.documentcloud.org/documents/6562785-21-Purdue-Docs-1-20-to-29.html>.

20. Vale mencionar o contexto do estudo com o Oxycontin: a empresa queria comercializá-lo para a população sem câncer e torná-lo um medicamento comumente receitado. Assim, o estudo ter examinado especificamente uma população mais velha com dores crônicas e livre de câncer

não é apenas uma questão de limpar os dados para evitar confusão: essas eram as pessoas para quem a Purdue queria vender o remédio (Chadrakar e Ross, 2010).

21. Freire et al., 2017; Lamvu et al., 2019.

22. Jones et al., 2010.

23. Ko et al., 2016.

24. Hirai et al.; Mossabeb e Sowti, 2021.

25. Patrick et al., 2020.

26. Gan et al., 1999; Mencke et al., 2000; Kreuer et al., 2003; Sarton et al., 2000; Buchanan, Myles e Cicuttini, 2009.

27. Parra-Peralbo et al., 2021.

28. Kolata, 2011. Kolata estava escrevendo sobre Hernandez et al., 2011. Embora a ilustração do *Times* mostre principalmente braços maiores, o estudo em si revelou uma "redistribuição" para o abdome, com apenas alguma redistribuição para a parte superior dos braços, enquanto as coxas permaneciam menores. (O texto é mais representativo do que a ilustração, parabéns a Kolata por isso!) Todas as 32 participantes do estudo eram do sexo feminino e tinham trinta e poucos anos, em outras palavras estavam na pré-menopausa, mas não em idade pré-reprodutiva no sentido clássico. O estudo não menciona se essas mulheres já tinham filhos nem quanto tempo fazia desde os potenciais nascimentos nem se elas pretendiam ter filhos depois. Pressupõe-se, pelo menos, que elas não fossem gestantes nem lactantes durante o período do estudo, pois isso com certeza as teria excluído devido aos perfis de risco de candidatos a uma cirurgia, sem falar na imensa confusão metabólica para interpretar quaisquer dados.

29. Phinney et al., 1994.

30. Cunnane e Crawford, 2003, 2014. Cunnane é um dos personagens de um debate científico em curso sobre se nossas Evas de cérebro maior poderiam ter obtido uma quantidade suficiente desses lipídios em alimentos terrestres ou de fontes aquáticas (Carlson faz uma negação divertida em Carlson e Kingston, 2007). Cunnane está convencido de que o cérebro de nossos antepassados ficou maior em terra, mas talvez faça diferença que terra foi essa (Joordens et al., 2014); os registros fósseis mostram Evas de cérebro maior tanto perto da água quanto em áreas mais terrestres; e talvez seja difícil identificar nos registros fósseis se coisas como peixes-gatos e tartarugas faziam parte da dieta, porque nem todo alimento aquático deixa vestígios fáceis na rocha após ser abatido (Braun et al., 2010). Reconheço gostar menos da história aquática do que de nossos traseiros gordos atuais: seja como tiver se dado sua evolução inicial, os aspectos especiais desses depósitos no corpo humano moderno sustentam de modo convincente a opção de não interferir neles.

31. Rebuffé-Scrive et al., 1985; Rebuffé-Scrive, 1987; Guo, Johnson e Jensen, 1997; Karastergiou et al., 2012; White e Tchoukalova, 2014.

32. Lassek e Gaulin, 2008; Haggarty, 2004. Para que fique claro: ninguém está dizendo que a gordura do bumbum das mulheres *só serve para isso*. Por exemplo, camundongos dão sinais de pré-diabetes quando se faz lipoaspiração em seus traseiros, o que talvez indique que parte dos depósitos de gordura da parte inferior do corpo dos mamíferos evoluiu inicialmente como um modo de preservar a homeostase geral do corpo em caso de variação na dieta, e a funcionalidade dos lipídios raros surgiu como um aspecto posterior (Cox-York et al., 2015). O conceito de que depósitos de gordura diferentes têm funções diferentes não chega a ser controverso, e há indícios disso até mesmo no nível da expressão dos genes (Rehrer et al., 2012).

33. Fredriks et al., 2005; Walker et al., 2006; Lassek e Gaulin, 2007. Uma ressalva importante aqui: muitas coisas podem estimular a menarca, não só a gordura do bumbum. Por exemplo, mesmo excetuando-se peculiaridades genéticas potenciais — mulheres que menstruam cedo tendem a ter filhas que menstruam cedo —, a exposição contínua a coisas que tendem a acelerar o crescimento das crianças, como níveis ligeiramente elevados de cortisol, pode ser por si só um fator que contribui para a menarca precoce. Considere o estudo de 2002 conduzido por Freedman et al. sobre meninas dos Estados Unidos, com uma coorte dividida segundo a origem racial: meninas negras tendem a menstruar antes das brancas, algo que se mantém estatisticamente significativo mesmo quando corrigido por altura, peso e percentual de gordura corporal. Considerando as diferenças conhecidas em matéria de doenças cardiovasculares nessas populações numa etapa posterior da vida, às vezes atribuída ao padrão de "desgaste" associado ao estresse contínuo, a menarca precoce das meninas afro-americanas talvez seja mais um custo psicológico associado à exposição de uma vida inteira ao estresse do racismo.

34. American Society of Plastic Surgeons, 2021.

35. Seretis et al., 2015.

36. Parra-Peralbo et al., 2021.

37. Leibovitz e Sontag, 2000.

38. Todos os artigos que serviram de base para as Evas, sejam elas antepassadas exemplares ou que se pressupõem verdadeiras, serão citados nos capítulos específicos aos quais estiverem associados. Mas esse apanhado das Evas deve muito tanto ao dr. Advait Jukar, que teve o imenso trabalho de me ajudar a encontrar e selecionar as espécies adequadas para cada traço e seus respectivos entornos primitivos, quanto ao fantástico trabalho da Human Origins Initiative [Iniciativa Origens Humanas], da Smithsonian Institution. Uma das coisas mais maravilhosas no trabalho da Smithsonian é o modo como propõe listas simples daquilo que se conhece e daquilo que ainda se desconhece em relação a nossas Evas hominínias. Você pode consultá-las em <humanorigins.si.edu>.

1. LEITE [pp. 33-77]

1. Rimbaud, 2011. "Depois do Dilúvio", de 1886, teve como inspiração o capítulo 9 do Gênesis.

2. A campanha publicitária Got Milk ("Tem leite aí?") teve um sucesso estrondoso, não em pouca medida devido às numerosas (e exclusivas) fotografias de celebridades com bigodes de leite feitas por Annie Leibovitz. Sua então companheira, Susan Sontag, chegou inclusive a acompanhá-la numa das sessões de fotos para poder "conhecer" Caco, o Sapo (Hogya e Taibi, 2002, em Daddona, 2018). A campanha foi concebida originalmente em 1993 por uma agência de publicidade contratada pelo California Milk Processor Board [Conselho de Processamento de Leite da Califórnia], depois assumida pelo Milk Processor Education Program [Programa de Educação sobre Processamento de Leite], e ficou na mente do público americano durante a década de 1990 (Daddona, 2018).

3. Slater, 2013. Massas corporais fornecidas no suplemento. Para um belo panorama escrito de muitos dos traços que incluí na cena de Morgie, ver Brusatte e Luo, 2016.

4. Kermack, Mussett e Rigney, 1973; Kielan-Jaworowska, Cifelli e Luo, 2005. Alguns dos apelidos que uso para as Evas neste livro já são usados corriqueiramente na comunidade paleon-

tóloga — a Smithsonian, por exemplo, chama a espécie *Morganucodon oehleri* de "Morgie" em sua exibição no Behring Hall of Mammals, bem como o Museu Nacional do País de Gales em Cardiff —, mas outros têm por objetivo personalizá-las. *M. watsonii* foi uma descoberta inicial do País de Gales em 1947, mas estou usando o gênero Morganucodon como um todo como base para "Morgie".

5. Liu et al., 1997; Gerkema et al., 2013; Borges et al., 2018; Morin e Allen, 2006.

6. Grothe e Pecka, 2014.

7. Gill et al., 2014.

8. Ver Luo, 2007, para um bem escrito panorama dos indícios cada vez mais numerosos que apontam para a diversidade dos primeiros mamaliformes, entre eles traços como cavar tocas. A maioria pressupõe, contudo, que Morgie vivesse em tocas, e assim como outros tipos de mamíferos primitivos tivesse uma pelve larga.

9. Carrano e Sampson, 2004.

10. Luo, 2007; Gill et al., 2014. Na verdade existiam vários tipos de animaizinhos semelhantes a mamíferos, de tamanhos variados, até mesmo no Jurássico e antes; alguns dos primeiros indícios diretos que temos da pelagem dos mamíferos vêm do que parece ter sido uma criatura de corpo mediano semelhante a uma lontra (Ji et al., 2006). No entanto, a ideia de que evoluir "debaixo da terra" (ou seja, dentro de nichos bons para corpos relativamente pequenos) era uma estratégia útil para mamíferos primitivos como Morgie é um pensamento comum em biologia evolutiva.

11. Kielan-Jaworowska, Cifelli e Luo, 2005.

12. Gould, 1992. Essa citação é com frequência creditada erroneamente a Charles Darwin, que provavelmente devia ter a mesma opinião (talvez com uma crença maior num Deus cristão), mas que nunca se provou ter dito nada semelhante. Quanto a Haldane, a frase exata pode até ser apócrifa, mas seu amigo Kenneth Kermack declarou o seguinte, que parece adequado incluir aqui: "[Haldane de fato falou] 'Deus tem um apreço especial por estrelas e besouros'... Ele estava fazendo um comentário teológico: Deus muito provavelmente vai ter dificuldades para reproduzir a própria imagem, e suas 400 mil tentativas de criar o besouro perfeito contrastam com sua criação desleixada do homem. Quando encontrar o Todo-Poderoso cara a cara, verá que ele se parece com um besouro (ou com uma estrela), não com o dr. Carey [o arcebispo de Canterbury]" (Gould, 1993). Kermack e sua esposa também foram fundamentais para aumentar nosso conhecimento em relação a Morgie.

13. Benoit, Manger e Rubidge, 2016.

14. Shubin, 2013. Na realidade a proporção parece variar entre 73% e 78%, a depender do pediatra consultado — minha cunhada é pediatra hospitalar, de modo que tive oportunidade de falar com ela —, mas 75% parece um meio-termo adequado. O motivo para os recém-nascidos serem tão estruturalmente úmidos se deve em grande parte ao fato de seus membros serem muito curtos e magros. Apesar de nascerem quase tão gordos quanto um bebê foca, o corpo do recém-nascido humano médio é quase todo formado por um tronco gorducho e uma cabeça grande e gorda. No nível dos tecidos, os pulmões humanos são cerca de 83% água, enquanto músculos e rins são cerca de 79% e o cérebro, cerca de 73% (Mitchell et al., 1945). O motivo pelo qual a maioria dos humanos adultos é composta de apenas 60% de água é que nossas infâncias e puberdades fabricam bastante osso, músculo e gordura novos. As pernas de um adulto médio, por exemplo, do tornozelo até o osso externo do quadril, representam quase metade da altura dessa pessoa, mais

uma daquelas coisas que os alunos de artes iniciantes tendem a desenhar errado em sessões como as do capítulo "Percepção".

15. Khesbak et al., 2011.

16. Boquien, 2018. Observe, porém, que o leite dos primatas é especialmente aguado, provavelmente devido ao fato de mantermos nossos bebês junto de nós por tanto tempo: as mães primatas tendem a fazer sessões de amamentação frequentes "sob demanda", e os bebês têm períodos juvenis prolongados. O leite de cada espécie é feito sob medida tanto para o projeto de desenvolvimento do bebê quanto para o padrão de cuidados da mãe. Se o leite humano não fosse tão aguado, o corpo da mãe ficaria rapidamente depauperado tentando acompanhar nossos sedentos bebês (Hinde e Milligan, 2011).

17. Hopson, 1973.

18. Stewart, 1997.

19. Larison, 2001. Nem todas essas criaturas vivem em locais com disponibilidade imediata suficiente de cálcio, porém, e podem armazenar o excesso nos ossos das pernas, que diminui após a postura (ibid.). Essa ideia decerto vai parecer conhecida para as leitoras que já tiverem engravidado: existem indícios muito bem consolidados de que a gestação humana tira cálcio dos ossos das mães (Kovacs, 2001). Em outras palavras, independentemente de onde eles fiquem inicialmente abrigados, fabricar bebês utiliza *todas* as partes do corpo materno, não apenas seus órgãos reprodutivos. Isso vale para todo o reino animal.

20. Janson et al., 2001. O estudo de Janson matiza de modo útil esse achado com a possibilidade de linhagens genéticas distintas poderem produzir desfechos distintos, mas o estudo estabeleceu que há uma correlação significativa pelo menos em matéria de frequência e consistência da postura dos ovos. Como as galinhas das granjas industriais são manipuladas para produzir mais ovos com mais frequência do que fariam em condições de tipo selvagem, os mecanismos evoluídos ao longo do tempo pela ave para compensar os custos em cálcio da produção de ovos não conseguem dar conta do recado.

21. Oftedal, 2012; Griffiths, 1978. O muco de modo geral tem origens muito antigas na nossa longa guerra contra os micróbios: nossos intestinos têm bons motivos para serem revestidos por essa substância, bem como nossas vias respiratórias e em grande medida também nossos óvulos e canais de parto (Bakshani et al., 2018).

22. Oftedal, 2012; McClellan, Miller e Hartmann, 2008.

23. Hinde e Milligan, 2011.

24. Harrison, 2004.

25. Kunz et al., 1999.

26. O colostro foi em grande medida considerado ruim para as crianças por séculos, ideia essa que desafortunadamente devemos a Aristóteles (Yalom, 1997).

27. Prühlen, 2007. O texto foi publicado pela primeira vez em 1473. A versão utilizada foi tirada da tradução mencionada em Ruhräh, 1925.

28. Hinde e Milligan, 2011. Nos humanos, o ato de amamentar durante a primeira hora de vida de um bebê é um fator importante para prever o risco de morte dessa criança (Boccolini et al., 2013). Esse é um dos motivos pelos quais as maternidades modernas hoje promovem a amamentação imediata após o parto.

29. Kunz et al., 1999.

30. Carr et al., 2021.

31. Underwood, 2013.

32. Coppa et al., 2006; Kunz et al., 2000; Morrow et al., 2004. A ideia de que os oligossacarídeos do leite são "feitos para" nossas bactérias comensais, no sentido de que estas os consomem, além de terem a utilidade de "combater" de diversas maneiras nossos inimigos bacterianos, o que cria um ambiente menos competitivo para bactérias que evoluímos para abrigar, é hoje largamente aceita (Marcobal et al. 2010).

33. Embora sua presença perdure de forma significativa depois da fase do colostro e o quanto o bebê recebe pareça ter correlação com seu desenvolvimento cognitivo aos dezoito meses de idade (Oliveros et al., 2021). Ninguém sabe exatamente como nem por quê, mas ao contrário de outros oligossacarídeos os metabólitos da 6'-SL (especificamente o ácido siálico) parecem ir para o cérebro dos bebês, enquanto outros podem funcionar por meio do eixo cérebro-intestino ou do nervo vago (ibid.). Outros estudos demonstraram uma conexão entre o microbioma intestinal dos bebês e seu desenvolvimento cognitivo, o que permanece verdadeiro em graus variados na idade adulta (em especial quando conjugado à ansiedade) (Foster e McVey Neufeld, 2013). O NeuAc, a forma predominante do ácido siálico em humanos, foi aprovado como aditivo alimentar nos Estados Unidos e na China em 2015 e na Europa em 2017, mas sua produção permanece incrivelmente ineficiente (Zhang et al., 2019). O principal a se saber aqui é que o cérebro humano, seja em que estágio for, é profundamente sensível ao nosso relacionamento com o entorno, e um dos pontos de interação mais óbvios está no trato digestivo, constantemente mediado por nossas numerosas bactérias.

34. Coppa et al., 1999.

35. Bactérias probióticas *também* foram encontradas no leite materno humano, e constatou-se que elas são benéficas (Lara-Villoslada, 2007). Portanto, talvez se possa pensar que alguns daqueles primeiros colonizadores dos intestinos de um bebê chegaram com as próprias carroças de comida e mantimentos, parte das quais veio do seio, parte do microbioma do canal de parto (Shao et al. 2019), parte da placenta (Stinson et al., 2019, embora controverso: ver De Goffau, 2019). Mais sobre os micróbios relacionados ao parto no capítulo "Útero".

36. Isso é particularmente verdadeiro para os bebês prematuros infectados com bactérias intestinais nocivas, o que representa um risco para eles, por diversos motivos (Mowitz, Dukhovny e Zupancic, 2018). Para um bem escrito panorama sobre o lado econômico desse tema, inclusive sobre o custo típico do suplemento Prolacta, ver Pollack, 2015.

37. Pollack, 2015.

38. Palsson et al., 2020; Xiao et al., 2018; Maessen et al., 2020. Sobre os oligossacarídeos de tipo frutose (mais fáceis de obter do que derivados do leite humano) e seus usos na doença de Crohn, ver Lindsay et al., 2006.

39. Easter e Freedman, 2020.

40. Boquien, 2018. Na realidade, ele parece ter um dos teores de proteína mais baixos de todos os leites de mamíferos: por exemplo, o leite de rata tem cerca de dez vezes mais proteína, ao passo que o leite humano tem uma quantidade significativamente maior de colesterol e LC-PUFAS do que a maioria dos leites de mamíferos (ibid.). Faz sentido: os bebês humanos têm uma trajetória de crescimento bem mais lenta. E as proteínas que nosso leite tem, em comparação com o leite das macacas rhesus, parecem em grande parte direcionadas para o desenvolvimento do in-

testino, do sistema imunológico e do cérebro, o que se alinha bastante bem com o padrão humano de crescimento somático: nós temos mais desenvolvimento a fazer nessas áreas enquanto estamos amamentando, e o leite da nossa espécie foi adequadamente ajustado para isso (Beck et al., 2015). Assim, se os fisiculturistas humanos esperam ficar particularmente gordos e com cérebros particularmente grandes, podem tomar leite humano. Mas, como os circuitos de desenvolvimento são *programados*, é pouco provável que isso tenha algum efeito.

41. Para mais sobre as fronteiras cada vez mais porosas do organismo individual, recomendo fortemente dois livros: *The Extended Phenotype* [O fenótipo estendido], de Richard Dawkins — com certeza sua obra mais importante, apesar do mau humor que toma conta dele mais tarde na carreira em relação às extensões exageradas do fenótipo — e *I Contain Multitudes* [Eu contenho multidões], de Ed Yong, que é ao mesmo tempo maravilhosamente bem escrito e divertido.

42. Cammarota, Ianiro e Gasbarrini, 2014.

43. Milligan e Bazinet, 2008.

44. Newburg et al., 1999; Tao et al., 2011; Urashima et al., 2001; Urashima et al., 2012.

45. Oftedal, 2002.

46. Essa expressão vem da dra. Katie Hinde, especialista em leite de primatas e diretora do Laboratório de Lactação Comparativa da Universidade Estadual do Arizona (embora eu a tenha conhecido em Harvard). Devo muito ao trabalho acadêmico e de divulgação da dra. Hinde ao longo de todo este capítulo.

47. Organização Mundial da Saúde, 2009.

48. Dobolyi et al., 2020.

49. Brody e Krüger, 2006. Infelizmente, parece que o aumento relativo é muito maior depois do coito (heterossexual) do que da masturbação, o que é ótimo se você *tiver* um orgasmo durante o sexo, mas para muitas mulheres com frequência isso não acontece (Shirazi et al, 2018).

50. Drewett, Bowen-Jones e Dogterom, 1982.

51. Schneiderman, 2012. Níveis mais altos de ocitocina nos estágios iniciais de uma relação são fatores que podem prever quão longeva ela será, pressupondo-se que você seja uma pessoa heterossexual em idade universitária. Como a ocitocina tem relação com o vínculo entre casais em outras espécies, essa não é uma extrapolação tão grande assim. A questão é a causalidade: será porque você tem outros mecanismos impulsionando seu vínculo, e portanto produz mais ocitocina, ou será que seu sentimento de vínculo é algo que decorre de ter mais ocitocina circulante? É de pressupor uma via de mão dupla, mas um pequeno peptídeo não faz você se apaixonar.

52. Scheele et al., 2012. Ou melhor, homens que se identificam como estando num relacionamento monogâmico com uma mulher tendem a se manter mais afastados de outras mulheres quando injetam ocitocina no nariz com a ajuda de um spray. O laboratório interpretou isso como um sinal de que os homens reduziam seus sinais de "disponibilidade" e interesse sexual potencial para as mulheres não parceiras quando seus narizes estavam cheios de ocitocina. Nos arganazes-da-pradaria — espécie em grande medida monogâmica —, a ocitocina promove a criação de vínculos entre fêmeas, enquanto uma molécula diferente faz o mesmo nos machos (Insel et al., 2010). Talvez a mais intrigante teoria para a ocitocina como modificador de comportamento seja a de que ela *coordena* melhor os muitos padrões motores e sensoriais necessários para a reprodução. Ou pelo menos isso vale para os nematoides, certamente os mais antigos usuários de ocitocina estudados em laboratório. Os *C. elegans* machos são piores em procurar, reconhecer e fazer

sexo com potenciais parceiras quando não têm os receptores corretos para sua versão da ocitocina (Garrison et al., 2012).

53. Goodson et al., 2009; De Dreu et al, 2010.

54. De Dreu et al., 2010; Insel, 2010.

55. É em parte por isso que a amamentação é incentivada para cimentar o vínculo mãe-bebê (e que os problemas de aleitamento são considerados uma ameaça a esse processo de vínculo); outra parte, claro, é apenas machismo: montes de mães se vinculam muito bem a seus bebês mesmo que a amamentação não dê certo para esse conjunto específico de corpos. Mas é verdade que o incremento hormonal naturalmente envolvido no processo de aleitamento pode dar um empurrãozinho. Contanto que o bebê não esteja involuntariamente contrariando o processo ao massacrar o pobre mamilo até transformá-lo numa maçaroca sanguinolenta (sinais de dor tendem a fazer um pouco mais de barulho no cérebro do que a ocitocina), o aleitamento ajuda as mães mamíferas a se sentirem vinculadas a suas crias, e vice-versa.

56. Cera et al., 2021. Observe por favor que as pessoas fazem *todo tipo* de coisa durante e depois de ter orgasmos, entre elas gargalhar, de modo que se deve pressupor que qualquer alegação normativa em relação à ocitocina e aos orgasmos esteja ocorrendo em meio a uma grande mistura de estados fisiológicos e psicológicos (Reinert e Simon, 2017).

57. Wilde, Prentice e Peaker, 1995.

58. Riskin et al. 2012.

59. Gardner et al., 2017; Hinde et al., 2014.

60. Gray et al., 2002; Harrison et al., 2016. Repare que esse é um efeito complexo. A maioria dos estudos examina bebês mamando, não apenas bebendo leite, de modo que há fatores de confusão aos montes: contato pele a pele, estabelecimento de vínculo com a mãe, olfato, temperatura, o som da voz da mãe. Ainda assim, esse é um fenômeno amplamente aceito: amamentar faz os bebês sentirem menos dor.

61. Drewnowski et al., 1992; Lewkowski et al., 2003. Note que os circuitos fisiológicos envolvidos podem ter o efeito contrário. Por exemplo, existem alguns indícios de que o estresse crônico influencia muito a escolha do tipo de alimento, e determinados tipos de alimento (a saber os ricos em gordura e em carboidratos), embora ajam reduzindo algumas das manifestações fisiológicas do estresse, podem criar um efeito rebote que incentiva essas escolhas alimentares conforme o corpo começa a contar com os efeitos alimentares para sentir menos dor física e psicológica (Dallman et al., 2003).

62. Forrester et al. 2019.

63. Tomaszycki et al., 1998; Boulinguez-Ambroise, 2022. De modo interessante, o fato de um bebê ser segurado no colo do lado esquerdo influencia também a probabilidade de que a criança venha a ser canhota ou ambidestra; ou pelo menos assim é nos babuínos (ibid.).

64. Harris, 2010.

65. Embora isso possa depender do tipo de processamento emocional do qual se está falando, com um envolvimento do hemisfério contrário dependendo parcialmente da valência (Killgore e Yurgelun-Todd, 2007). Em outras palavras, nós usamos bastante o hemisfério direito para processar expressões de emoção, e é de presumir que haja algum incremento nisso pelo fato de segurar no colo do lado esquerdo (o lado direito do cérebro processa o campo visual da esquerda graças ao quiasma óptico), porém tem mais coisas acontecendo aí do que o olho consegue ver (piada infame).

66. Hinde et al., 2014.

67. Ibid.

68. Ibid.

69. Casolini et al., 1997.

70. Glynn et al., 2007.

71. Ibid.

72. Crofton, Zhang e Green, 2015.

73. Hinde et al., 2014.

74. Usar o próprio cuspe para limpar a chupeta de um filho também é comum, e pode até ajudar a diminuir o potencial da criança de ter alergias (Hesselmar, 2013). Por ter feito isso, porém, posso também relatar como anedota que é um jeito tiro e queda de pegar qualquer doença que a criança tenha trazido da creche. Manter uma orientação unidirecional para o cuspe, excetuando-se o que quer que aconteça no mamilo, é melhor para a saúde da mãe.

75. Vitetta, Chen e Clark, 2019.

76. Hewlett, 1991.

77. Nem todos esses casos são bons, é claro. Houve relatos de homens vítimas de campos de concentração durante a Segunda Guerra Mundial que lactaram depois de serem resgatados, é de presumir pelo fato de que a fome prejudica o corpo inteiro, das glândulas até o fígado, e as glândulas se recuperam mais depressa do que o fígado; alguns homens com doença hepática avançada também começam a produzir leite (Greenblatt, 1972; Diamond, 1995).

78. Reisman e Goldstein, 2018; Wamboldt, 2021. Devido aos desafios evidentes de se conduzir um estudo clínico adequado sobre essas questões, o que existe na literatura científica é um punhado de estudos de caso. No entanto, por ter entrevistado pessoalmente uma consultora de amamentação para mulheres trans em Seattle, fiquei sabendo que há muito mais casos em campo do que relatados nos periódicos, e entre os médicos que trabalham com essas populações o protocolo Newman-Goldfarb é o mais usado, assim como aconteceria com mulheres cis que adotassem e desejassem amamentar seu novo bebê. O que não fica claro é se existem riscos exclusivos para a população trans ao adotar esse tratamento. São necessárias mais pesquisas.

79. De Blok et al., 2017. Detalhe importante: isso parece ocorrer principalmente durante os primeiros seis meses de terapia hormonal, e o desenvolvimento é modesto e em geral resulta em seios um pouco menores do que o tamanho de bojo AAA americano (ibid.). Isso faz parte do motivo pelo qual a "cirurgia de cima" é tão frequentemente escolhida pelas mulheres trans, e não deveria ser considerada nem um pouco diferente de quando uma mulher cis com seios pequenos decide fazer uma cirurgia para aumentá-los. Em ambas as populações, porém, tal cirurgia não é isenta de riscos, entre eles uma chance aumentada de câncer de mama (FDA, 2022).

80. American Society of Plastic Surgeons, 2021. Na realidade o número de intervenções caiu pela primeira vez em vinte anos em 2022, mas isso provavelmente se deveu à pandemia, não a alguma mudança global nas opiniões sobre seios.

81. Leves assimetrias são comuns no reino animal — nos humanos, por exemplo, um olho tipicamente é "mais alto" do que o outro no rosto —, mas assimetrias radicais não. Em humanos, uma assimetria importante entre os dois seios na verdade está associada a um risco maior de câncer de mama (Scutt, Lancaster e Manning, 2006), o que pode apontar para problemas mais profundos no desenvolvimento dos tecidos desses corpos. Como sempre, se alguma coisa estiver preocupando você, converse com seu/ua médico/a.

82. Weber et al., 2022.

83. Embora seios maiores possam armazenar mais leite entre uma mamada e outra, a grande maioria do leite é fabricada sob demanda; assim, seios maiores podem permitir a uma lactante fazer intervalos maiores entre as mamadas, mas isso aumentaria seu risco de mastite (Daly e Hartmann, 1995). Além disso, o tamanho dos seios de uma lactante não é constante: eles em geral diminuem seis meses após o parto (Kent et al., 1999). Os autores atribuem isso à redistribuição de tecido no seio e a uma eficiência maior do que fica. No entanto, como esse período também está associado à introdução dos alimentos sólidos, o precipício dos seis meses também pode ser apenas uma questão de precisar fabricar menos leite agora que o bebê começou a suplementar as mamadas.

84. Singh et al., 2010.

85. Jasieńska et al., 2004.

86. Bentley, 2001.

87. LeBlanc e Barnes, 1974.

88. Todo mundo sabe isso. Mas, se você quiser indícios *documentados*, é só dar uma olhada num número da *National Geographic* que tenha fotos de mulheres multíparas com seios de fora acima dos, digamos, 35 anos de idade.

89. Lloyd et al., 2005.

90. Veale et al., 2015.

91. Mautz et al., 2013.

92. Chance, 1996.

93. Keele e Roberts, 1983; Di Stefano, Ghilardi e Morini, 2017.

94. O maior culpado aqui talvez seja Galeno. Em sua obra, ele menciona longamente a transformação do sangue menstrual em leite, e chega a dizer: "Esse é o motivo pelo qual as fêmeas não podem menstruar adequadamente e amamentar ao mesmo tempo; uma das partes está sempre seca quando o sangue se volta para a outra" (Galeno, 170).

95. Kuhn, 1970. Para uma explicação útil da história do pensamento de Kuhn e suas aplicações contemporâneas, ver Parker, 2018.

96. Isso é ponto pacífico na história da ciência. Uma das barreiras, no caso dos postulados de Robert Koch, era que as infecções virais não eram algo que pudesse ser reproduzido numa cultura e observado com a tecnologia disponível na época (Brock, 1988).

97. Ver, por exemplo, qualquer coisa que o Santa Fe Institute esteja fazendo em biologia de sistemas.

98. Essa pelo menos é a narrativa dominante na paleoarqueologia, embora seja possível inovações sociais terem surgido de forma independente (Emberling, 2003). Como em tudo relacionado à história humana, a revolução agrícola ocorreu em saltos, com a "domesticação" chegando de modo muito gradual antes que as verdadeiras sociedades agrícolas tomassem forma (Fuller, 2019). E além da típica narrativa sobre lavouras de cereais, nossas Evas humanas também voltaram ao seu profundo relacionamento com as árvores, o que impulsionou ainda mais o crescimento dos centros urbanos, pois o investimento de longo prazo na manutenção de pomares demandava estruturas sociais urbanas mais complexas (e uma permanência mais óbvia) do que os ganhos de curto prazo advindos do farro (Fuller e Stevens, 2019). Mais sobre as dificuldades de se tornar agrícola no capítulo "Menopausa".

99. A infecção é o mais óbvio nesse caso, embora seja de presumir que as sociedades primitivas tivessem uma diferença parecida de efeito dependendo da classe social. Ao longo da história, os pobres são radicalmente mais devastados do que os ricos, padrão que se mantém hoje com a covid-19 (Wade, 2020).

100. Detalhe interessante: nas sociedades em que a agricultura foi amplamente adotada, indícios de um aumento na fertilidade aparecem nos dados históricos (Bocquet-Appel, 2011). Ou pelo menos um aumento das ossadas de crianças encontradas em cemitérios. A pressuposição habitual é calórica: como precisavam se esforçar menos para obter a mesma quantidade de alimento, os corpos femininos nessas sociedades talvez tenham se tornado mais capazes de se reproduzir. Quer dizer, contanto que as mulheres não se envenenassem com tubérculos malcozidos.

101. Konner e Worthman, 1980.

102. Ibid. Entre os hadza o número varia entre quatro e seis (Blurton Jones, 2016; Marlowe, 2010).

103. Howie e McNeilly, 1982.

104. Isso é bem conhecido tanto pelos médicos quanto pelos biólogos, mas para os mecanismos específicos que possam estar na origem desse fenômeno nas sociedades de caçadores-coletores atuais, ver Konner e Worthman, 1980.

105. Jones, 2011.

106. Macy et al., 1930.

107. Hamurabi, 2250 a.C.

108. Fildes, 1988.

109. Ibid.

110. West e Knight, 2017. Essa prática de ser obrigada a servir como ama de leite ia muito além das fronteiras americanas, claro, e provavelmente remonta à Antiguidade. Para uma visão comparativa dos efeitos naturalmente traumáticos dessas práticas nos Estados Unidos e no Brasil, ver Wood, 2013.

111. Gruber, 1989.

112. Clark, 2013.

113. Fildes, 1986.

114. Embora existam muitas versões do mito sumério do Dilúvio (Spar, 2009), a que mais uso aqui é o mito de Atrahasis, composto em acadiano e produzido aproximadamente durante o reino do bisneto de Hamurabi, Ammi-Saduqa, por volta de 1640 a.C. Esse texto enfatiza como os deuses criaram os humanos de modo a não precisarem trabalhar tanto e como, quando as cidades ficaram superpopulosas e barulhentas, eles se irritaram e inventaram a morte (e regras sobre quais mulheres poderiam fazer sexo, em quais contextos e com quem) como um útil controle populacional uma vez baixadas as águas (Dalley, 1991).

115. American Cancer Society, 2020.

116. Siegel et al., 2022.

117. American Cancer Society, 2020.

2. ÚTERO [pp. 79-125]

1. Traduzido do grego, ao que se presume traduzido por sua vez ou do aramaico ou do hebraico. Muitos estudiosos bíblicos consideram o livro do Apocalipse um documento político

profundamente codificado e que pode ser mais bem compreendido dentro de seu contexto histórico (Pagels, 2012).

2. Bardeen et al., 2017; Vellekoop et al., 2014.

3. Robertson et al. 2004.

4. Lowery et al., 2018; Robertson et al., 2004

5. Donovan et al., 2016, 2018.

6. Embora vindo de onde tenha sido objeto de controvérsia, o que nos últimos tempos tem dado crédito à tese do cometa. Um punhado de profissionais da astrofísica proeminentes vêm se afastando de uma origem mais local (ou seja, o cinturão de asteroides localizado entre Marte e Júpiter) em direção à nuvem de Oort, onde qualquer uma de uma série de coisas poderia ter arremessado a pedra na nossa direção, desde Júpiter exercendo uma atração maciça sobre "cometas rasantes" até um plano de energia escura desviando um cometa de sua rota (Siraj e Loeb, 2021; Randall, 2015).

7. Gulick et al., 2019.

8. Schulte et al., 2010.

9. Kring e Durda, 2002; Robertson et al., 2004; Bardeen et al., 2017.

10. Robertson et al., 2004.

11. Farmer, 2020. Tecnicamente, a viviparidade surgiu mais de 150 vezes na história da vida sobre a Terra (Blackburn, 2015), a maior parte delas em répteis escamados (alguns lagartos e cobras). Parece muito, mas o intervalo de tempo desses eurecas uterinos compreende quase 400 milhões de anos.

12. Embora diversos animais de sangue frio deem à luz crias vivas (como alguns tubarões), a viviparidade em geral está ligada a criaturas que possuem endotermia, e o controle da temperatura durante o desenvolvimento talvez seja um dos fatores mais importantes a ter impulsionado a evolução da viviparidade em geral (Farmer, 2020). Um porém em relação a esses tubarões: as fêmeas nadam em águas mais quentes durante a gestação (ibid.).

13. Lloyd et al., 2005.

14. O'Leary, 2013. A linha do tempo depende de para quem se pergunte. Luo et al. (2011) se interessam por cerca de 160 milhões de anos atrás, e gostam da ideia de que a vida nas árvores pode ter sido uma vantagem ecológica útil para os placentários primitivos, que podiam assim "manter distância dos dinossauros lá embaixo".

15. Drews et al., 2013. Note por favor que se pode ver isso pessoalmente em imagens do ultrassom publicadas na internet em <youtu.be/Cig30jSw0ZY>.

16. Esses corpos tampouco são raros na história humana (Reis, 2009). Naturalmente, essa afirmação só vale contanto que o/a paciente viva num lugar onde seja inaceitável punir o/a próprio/a filho/a ou esposa por contrariar expectativas de gênero. Os chamados assassinatos por honra, que têm uma base de gênero evidente, ainda não foram erradicados do mundo humano (Kulczycki e Windle, 2011), e a diferença de gênero em países como Índia e China sugere fortemente abortos, infanticídios e/ou tráfico de pessoas seletivos em relação ao gênero (Hesketh et al., 2011), coisas que estão acontecendo com pessoas cujos corpos já se enquadram nas expectativas de gênero. Enquanto isso, nos Estados Unidos, a "correção" cirúrgica de genitais atípicos se popularizou nos anos 1960 e só saiu de moda recentemente, apesar das consequências negativas generalizadas de se forçar uma afirmação de gênero nesses bebês "intersexuais" (Dreger, 1998; Reis, 2009).

17. Luo, 2007; Luo et al., 2011.

18. Norton e Brubaker, 2006. Essa é uma estimativa conservadora; alguns estudos chegam a indicar 40%, a depender do tempo transcorrido desde o parto. Mulheres que passaram por cesáreas também podem ter incontinência (qualquer gestação danifica o assoalho pélvico e, para usar termos simples, reorganiza as coisas lá embaixo), mas o parto vaginal é um forte fator de risco independente. E infelizmente a uretra tampouco é o único espaço que pode ser danificado ali: mães que sofrem lesões nas estruturas de suporte de seus esfíncteres anais (algo que pode acontecer com lacerações de terceiro e quarto graus no períneo, que ocorrem em aproximadamente 6% dos partos vaginais em primíparas) relatam problemas de incontinência fecal até vinte anos após o parto, e o impacto parece ser cumulativo, com mais de uma lesão desse tipo quase dobrando o risco de problemas no longo prazo (Jha e Parker, 2016; Nilsson et al., 2022).

19. Procedimento denominado colpocleise, e restrito a casos graves.

20. Mahar et al., 2020. Observe que estou me referindo a uma atividade sexual cisgênero, heterossexual e com a presença de um pênis, aquela em que foram baseados praticamente todos os estudos relacionados ao tema, o que é problemático. As mulheres que declaram ter orgasmos durante o sexo muitas vezes excluem o recebimento de sexo oral, que para muitas tem uma probabilidade maior de produzir orgasmos (ibid.).

21. Parada et al., 2010; Parada et al., 2011.

22. Jannini et al., 2009; Kruger et al., 2012.

23. Herrera et al., 2013.

24. Sanger et al., 2015.

25. Herrera et al., 2013.

26. Embora o báculo possa ter evoluído originalmente não apenas para sustentar um pênis ereto, mas para estimular a fêmea: ratos machos com um báculo maior têm mais sucesso na inseminação de fêmeas, contanto que arremetam bastante (André et al., 2022). Como as ratas basicamente controlam as ocorrências de sexo (são elas que as solicitam), é de presumir que gostem desse estímulo (Parada et al., 2010). Como as mulheres humanas são bastante variadas no que tange às suas preferências de estímulo vaginal, a falta de báculo do pênis humano não parece ser um problema com relação a isso.

27. Essas medidas se referem à observação na natureza. Em ambientes de cativeiro, o acasalamento pode ocorrer em meia hora apenas, mas empecilhos como cistos uterinos ou outras dificuldades reprodutivas também cobram seu preço (Nicholls, 2012). O fato de algumas espécies parecerem ovular como reação ao acasalamento com um macho com certeza não ajuda, e leva muitos programas de conservação a recorrerem à FIV (Foose e Wiese, 2006).

28. Felshman e Schaffer, 1998; Foose e Wiese, 2006. E mais: como apenas uma proporção menor de rinocerontes em cativeiro se reproduz com sucesso, isso está prejudicando a diversidade genética da espécie (Edwards et al., 2015).

29. Partridge et al., 2017.

30. Brawand et al., 2008.

31. Embora versões rudimentares da estrutura possam ter surgido antes e a verdadeira linhagem divirja bem mais tarde. Para um bom panorama de como tudo isso é controverso, em especial entre as "pedras e relógios", ver Foley et al., 2016. Entre os melhores estudos sobre "relógios", um artigo recente de Stanford defende algo mais próximo de 120 milhões de anos e encontra uma

expressão genética específica da espécie em placentas maduras, o que aponta para as muitas formas como a placenta evoluiu para corresponder aos projetos de desenvolvimento específicos de suas hospedeiras (Knox e Baker, 2008).

32. Miller et al., 2022.

33. Chapman et al., 2013.

34. Tomita et al., 2018.

35. Luo et al., 2011.

36. O'Leary et al., 2013.

37. Grimbizis et al., 2001; Saravelos et al., 2008.

38. Ibid.

39. Ibid. Note que essas são apenas estimativas arredondadas, baseadas majoritariamente em achados de ambientes clínicos, que estão naturalmente vulneráveis ao viés de amostragem: mais mulheres com problemas nos órgãos reprodutores têm seus órgãos examinados, algo improvável em mulheres sem problemas, o que poderia enviesar a frequência com a qual mulheres com órgãos sexuais esquisitos têm dificuldades para fabricar bebês e/ou sentem prazer no sexo, e quão comum isso é na população em geral (Chan et al., 2011).

40. Fontana et al., 2017.

41. Coffman et al., 2017. A estimativa original de Kinsey de meados do século XX era mais próxima de 10%, mas autodeclarações exatas são incrivelmente complicadas de se obter, diante do preconceito (ibid.).

42. Admito que essa é uma afirmação anedótica baseada no meu conhecimento de outros cientistas e em como essas coisas são abordadas na comunidade, e não fui capaz de encontrar um estudo adequado sobre as crenças da comunidade científica em relação ao tema. Mesmo assim, creio, o conjunto colossal de pesquisas sobre os mecanismos biológicos da homossexualidade, bissexualidade e queeridade em geral é um indício suficiente. Para um artigo de análise crítica recente, ver Bogaert e Skorska, 2020. Os autores infelizmente observam que estudos com participantes mulheres nessas áreas são escassos, bem como estudos com participantes não cisgênero.

43. Savolainen e Hodgson, 2016.

44. Aguilera-Castrejon et al., 2021. Note que o objetivo nesse caso não era encontrar uma solução tecnológica para nosso inferno uterino mamífero, e sim desenvolver novas e poderosas formas de estudar o desenvolvimento embrionário sem toda a trabalheira de precisar engravidar corpos vivos, seja de camundongos ou outros.

45. Emera et al., 2012.

46. Queria que isso não fosse comum nas escolas americanas, mas infelizmente com demasiada frequência é assim. Desde os anos 1990 as coisas melhoraram nesse sentido (um pouco, em alguns lugares), mas não vou dourar a pílula aqui. Nos Estados Unidos, as exigências para aulas de educação sexual — tê-las ou não, que formação profissional a pessoa precisa ter para lecioná-las, qual deveria ser o currículo, quem financia essas aulas — são deixadas quase inteiramente a cargo dos governos estaduais, sem qualquer lei federal. Em 2022, apenas dezessete dos cinquenta estados exigem que a educação sexual nas escolas públicas seja precisa do ponto de vista médico (AGI, 2022).

47. Strassmann, 1997; Eaton et al., 1994.

48. Eaton et al., 1994.

49. Isso está em grande parte ligado ao risco de anomalias cromossômicas, que é bem mais significativo acima dos quarenta anos do que aos 35 (Frederiksen et al., 2018), mas não vamos esquecer as agruras da gravidez em si, simplesmente mais difícil para corpos mais velhos suportarem, com mais desfechos obstétricos se tornando um problema dos quarenta anos em diante (a maioria dos ginecologistas e obstetras dirá que qualquer pessoa acima dos 35 deve receber monitoramento e atendimento adicionais).

50. Ou pelo menos têm sua felicidade menos turbinada, embora isso possa se dever a muitos abortos espontâneos antes do primeiro filho em mulheres em meados da casa dos trinta para a frente (Myrskylä e Margolis, 2014).

51. Profet, 1993.

52. Strassmann, 1996.

53. Knight, 1991.

54. Embora tais mulheres possam constituir "exceções", elas com certeza existem, e os mecanismos subjacentes à sexualidade humana já se revelaram repetidas vezes complexos em laboratório. O único pico confiável de desejo/motivação sexual para mulheres normalmente férteis acontece por volta da ovulação, com um declínio quanto mais a menstruação se aproxima; embora num dos estudos a progesterona tenha acompanhado de perto a queda no desejo quanto mais se aproximava o início da menstruação das mulheres, os pesquisadores não conseguiram identificar uma métrica previsível para o aumento do desejo por volta da ovulação (Roney e Simmons, 2013). Em outras palavras, nós temos alguma ideia de quais hormônios sexuais estão relacionados à queda do desejo nas mulheres, mas menos em relação àquilo que nos excita.

55. Knight, 1991.

56. O'Leary, 2013.

57. Goldman, 2014. Observe por favor que o dr. Omar Lattouf, cirurgião cardíaco, realizou uma cirurgia heroica que salvou a vida dessa mulher, e merece todos os elogios por isso. Observe também que, em entrevistas que deu sobre o caso, ele disse repetidas vezes que sua motivação foi se certificar de que aquele recém-nascido tivesse uma mãe. Tudo indica que ele queria que a paciente vivesse porque ela merecia por mérito próprio ter uma vida. No entanto, preocupa-me que o fato de uma mulher ter ou não filhos continue a ser um fator de motivação para salvar sua vida. Pode-se chamar isso de machismo ou o que for, mas é fato que gestantes regularmente sofrem quando médicos hesitam em tratar a mulher e não o feto, o que é um fator importante para as taxas de mortalidade materna, portanto esses momentos não existem num vácuo (MBRRACE-Reino Unido, 2016)

58. Duckitt e Harrington, 2005.

59. Le Ray et al., 2012. Em especial, mães mais velhas que usam óvulos doados têm uma taxa maior de pré-eclâmpsia, o que talvez se deva a uma questão imunológica. Pense numa doação de órgãos: o feto criado com o material genético da própria mãe é um enxerto parcialmente alogênico, ao passo que fetos criados a partir de óvulos doados são um enxerto 100% alogênico. Normalmente, uma placenta fabricada pelo óvulo da própria mãe só precisa "convencer" o sistema imunológico materno para que este não o considere um corpo estranho durante parte do tempo. Com um óvulo doado, é de presumir que a placenta vá ter mais trabalho para distrair e enganar o sistema imunológico (ibid.).

60. Bergman et al., 2020. Em especial, mulheres que sofrem de pré-eclâmpsia numa gestação de feto único têm um risco aumentado de desenvolver doenças cardiovasculares mais tarde, en-

quanto mulheres com gestações gemelares não. Isso sugere que mulheres que sofrem de pré-eclâmpsia com apenas um feto também podem ter problemas cardiovasculares subjacentes, enquanto nas gestações gemelares é mais provável que a pré-eclâmpsia seja um resultado da placenta imunoativa e da sobrecarga de uma gestação extragrande (ibid.).

61. Mutter e Karumanchi, 2008.

62. Kliman et al., 2012.

63. Kliman, em Rabin, 2011; Kliman et al., 2012.

64. A PP13 está sendo considerada uma potencial terapia para evitar a pré-eclâmpsia em mulheres com risco mais alto, e como uma métrica potencial para prever tal risco, porque mulheres com níveis mais baixos de PP13 circulante no primeiro trimestre têm uma probabilidade maior de desenvolver pré-eclâmpsia mais tarde (Huppertz et al., 2013).

65. Haig, 2015.

66. Isso é especialmente verdadeiro em relação a doenças autoimunes tipicamente femininas. A paridade eleva seu risco em 11%, e o efeito é particularmente forte em caso de aborto espontâneo (Jørgensen et al., 2012). Segundo a teoria, num aborto espontâneo mais material que serve de gatilho para o sistema imunológico pode acessar a corrente sanguínea da mãe, embora também seja difícil separar o aborto espontâneo de quaisquer problemas de saúde preexistentes que possam ter contribuído tanto para o aborto quanto para a eventual doença autoimune (ibid.).

67. Há dados sobre isso em muitos lugares. As pesquisas mais recentes indicam que, com exceção dos primeiros cinco anos após a gestação, os riscos de câncer de mama parecem ser menores se você tiver engravidado e amamentado um bebê, embora o efeito seja bastante pequeno e demore bastante tempo para aparecer (Nichols et al., 2020). Mais importante, a quantidade e a duração do aleitamento têm correlação direta com a redução do risco de câncer de ovário (Babic et al., 2020). Talvez isso se deva a o aleitamento reduzir a quantidade total de ciclos menstruais que seus ovários precisam suportar; no entanto, ter uma vida reprodutiva mais longa significa que seu risco de câncer da tireoide é mais alto (Schubart at al., 2021).

68. Isso é tão óbvio para qualquer um que estude biologia dos mamíferos que fica difícil escolher os melhores artigos para citar. Digamos assim: nos Estados Unidos, o risco de morte para uma pessoa grávida é catorze vezes maior do que o risco de morte associado a abortos legais e seguros (Raymond e Grimes, 2012). Ou pelo menos era em 2012; infelizmente, agora que muitas americanas precisam percorrer distâncias consideráveis e esperar mais tempo para poderem fazer abortos legais e seguros (isso se essa alternativa sequer estiver realisticamente disponível para essa pessoa), é de presumir que os números vão mudar. Existe uma grande diferença entre um aborto legal e seguro feito com oito semanas e um aborto feito bem mais tarde (mais caro e mais difícil). Isso porque a duração da gestação tem uma relação direta com o grau de risco, não só devido ao risco relativamente pequeno de complicações médicas decorrentes do aborto tardio, mas também ao risco muito maior de se passar mais tempo grávida.

69. Frohlich e Kettle, 2015. Além disso, dependendo do perfil de risco, o padrão de lesão de longo prazo perdura por no mínimo um ano e potencialmente pela vida inteira (Miller et al., 2015).

70. Schantz-Dunn e Nour, 2009.

71. Kortsmit et al., 2021.

72. Kassebaum et al., 2016.

73. Ibid.

74. Schantz-Dunn e Nour, 2009. Queira observar, porém, que outros 30% a 50% de mortes maternas na África subsaariana se devem a abortos inseguros (AGI, 1999; Henshaw et al., 1999). Parte dessas mulheres e meninas mortas estava também infectada com HIV, outra parte com malária, outra parte com nenhuma das duas coisas. Mas a causa mortis imediata foram complicações de um aborto inseguro. Como restrições legais ao aborto não reduzem a quantidade de abortos realizados nessas comunidades, apenas levam as mulheres que precisam abortar a aceitar o que estiver disponível, inclusive consultar charlatães em becos escuros e se automutilar (Henshaw et al., 1999), o que na verdade matou essas mulheres e meninas foram as leis antiaborto. Mais sobre por que isso é ao mesmo tempo previsível e bizarro nos capítulos "Ferramentas" e "Amor".

3. PERCEPÇÃO [pp. 127-75]

1. Rūmī, 1270/1927. É decerto impossível transmitir a prosódia do trabalho de Rūmī numa língua que não seja a original: a tradição poética persa à qual ele pertencia era algo tanto falado ou lido quanto cantado, de modo que a métrica do original está profundamente entranhada tanto na experiência estética quanto na compreensão de quem ouve. Apesar disso, como ele foi alguém que refletiu profundamente sobre a percepção humana, pensei que cairia bem aqui.

2. Berry, 2020.

3. Carvalho et al., 2021; Benton et al., 2022. Não é verdade, porém, que as grandes árvores frutíferas só surjam depois do asteroide: durante o Cretáceo tardio, as angiospermas coexistem com coníferas e outros tipos de árvores (Jud et al., 2018). O que acontece depois é que surgem imensas copas interligadas de árvores frutíferas, aquilo que em geral se visualiza quando se pensa na copa de uma floresta, e em especial quando se pensa na evolução dos primatas. Quanto ao surgimento das angiospermas de modo geral (não só florestas, mas todas as plantas frutíferas), isso ocorre no médio Cretáceo e poderia muito bem ter sido um fator de estresse para mamíferos que não estivessem bem adaptados para uma ecologia em transformação, favorecendo assim os insetívoros de corpo pequeno (Grossnickle e Polly, 2013).

4. Chester et al., 2015.

5. Van Valen e Sloan, 1965; Clemens, 2004.

6. Wilson Mantilla et al., 2021.

7. Chester et al., 2015.

8. Ou pelo menos dar ênfase a funções de equilíbrio e estabilidade nas patas traseiras, o que pode liberar as dianteiras para outras tarefas conforme a necessidade (Patel et al., 2015). Sabemos bem mais sobre os primatas em relação a isso do que sobre outros mamíferos arbóreos, mas o traço está claramente presente também em outros mamíferos arbóreos, com as espécies cuja alimentação esteja mais baseada em frutas como os juparás apresentando mãos particularmente hábeis e capazes de agarrar (McClearn, 1992).

9. Sussman, 1991; Rasmussen, 1990; Sussman et al., 2013; Benton et al., 2022.

10. Purgi era mais provavelmente uma plesiadapiforme basal, mas ainda existe um debate considerável em relação a esse ponto (Clemens, 2004). No que nos diz respeito, isso não tem tanta importância: como muitas das Evas, Purgi deveria ser considerada uma espécie exemplar para a Eva do nosso aparato sensorial primata.

11. Sussman et al., 2013.

12. Benton et al., 2022.

13. Podos e Cohn-Haft, 2019. De modo bizarro, esse barulho foi produzido próximo a uma fêmea, que rapidamente saiu do ponto do galho em que estava para evitar a força total do som (ibid.).

14. Dunn et al., 2015. Queira observar também que, quanto mais altos os gritos de um indivíduo, menores seus testículos (ibid.).

15. Coleman, 2009. Observe, porém, que traços sociais podem exercer sua própria pressão sobre sistemas auditivos, em especial quando se tem um conjunto cada vez mais sociável de espécies como os primatas tardios (ver Ramsier et al., 2012). Na verdade, como desconhecemos o grau de sociabilidade de Purgi e de outras Evas basais semelhantes a primatas, é difícil dizer quando exatamente isso se tornaria importante.

16. Mitani e Stuht, 1998. Esse modelo é controverso, porém, e quando se observam *todos* os mamíferos com gamas de audição adequadamente testadas os primatas se situam dentro da curva geral (Heffner, 2004). De modo geral, os primatas menores ouvem tons mais agudos (o que também por acaso é melhor para uma comunicação de curto alcance), e os primatas maiores (em especial os que passam bastante tempo no chão) perdem parte dessa sensibilidade aos registros mais agudos (Coleman, 2009). Quando a vida nas savanas já era comum, porém, os australopitecinos primitivos mostram uma transição distinta para uma sensibilidade ao tom de tipo mais humano (mesmo limite grave dos chimpanzés, porém mais capacidade nos agudos), no que se presume ser uma adaptação tanto à comunicação social quanto à mudança ecológica (Quam et al., 2015).

17. Sem deixar de lado a porção audível da experiência materna, foi demonstrado que a parte ultrassônica do choro de um bebê, quase sem que a mãe perceba, também modifica a quantidade de sangue oxigenado no seio da mãe que escuta, algo que não ocorre se as partes ultrassônicas forem deixadas de lado (Doi et al., 2019). No entanto, a mãe precisa escutar as partes audíveis para isso funcionar: o simples fato de bombardeá-la com ondas ultrassônicas inaudíveis não tem o mesmo efeito (ibid.).

18. Pearson et al., 1995.

19. Messina et al., 2015. Note, porém, que reagir ao choro de um bebê é algo que todos os mamíferos fazem, e até cervos já foram observados reagindo a choros de filhotes de outras espécies, inclusive da nossa (Lingle et al., 2014). Assim, ainda que os machos reajam de modo menos óbvio na espécie humana, não é verdade que eles de alguma forma escaparam de toda a programação mamífera relacionada aos cuidados com os filhotes.

20. Parsons et al., 2012.

21. Gordon-Salant, 2005.

22. Ibid.

23. Dubno et al., 1984.

24. Assim como muitas pressuposições desse tipo, essa está sendo cada vez mais comprometida ou complicada por resultados obtidos em laboratório. Um dos estudos mais recentes demonstra que, mesmo quando expostos a níveis de ruído equivalentes em matéria de risco, participantes homens tinham uma perda auditiva consideravelmente maior (Wang et al., 2021). Assim, ainda que homens operem mais britadeiras do que mulheres, eles também correm um risco significativamente maior de perder a audição ao fazê-lo (algo que, na minha concepção, é mais um fator importante a favor de bateristas mulheres em bandas).

25. A trilha sonora é fantástica. E a empresa de games, a Bethesda, é conhecida por sua qualidade. Digamos apenas que Boston é um pouco menos interessante do que Tamriel.

26. E esse "enfraquecimento" do amplificador coclear parece estar presente em toda a classe Mammalia, devido em parte, é de presumir, à exposição aos androgênios pré-natais (McFadden, 2009).

27. Ibid.

28. Gillam et al., 2008.

29. Van Hemmen et al., 2017.

30. McFadden et al., 2011.

31. McFadden et al., 1996.

32. McFadden, 2009.

33. Williams et al., 2000.

34. Que infelizmente contamina até a compreensão científica da orientação sexual e enviesa achados que favorecem um modelo feminizado de queeridade masculina em detrimento do modelo hipermasculino (Gorman, 1994).

35. Firestein, 2001.

36. Cain, 1982.

37. Rosen et al., 2022. Esse cheiro também faz o macho sentir menos dor, por mais estranho que pareça, porém não está claro se isso é apenas uma reação normal ao estresse ou se tem algum benefício específico: mães roedoras prenhes atacam violentamente os machos próximos, em parte, é de presumir, porque os machos são conhecidos por serem infanticidas.

38. Roberts et al., 2012.

39. Barton, 2004.

40. Yoder, 2014; Gilad et al., 2004.

41. Trotier et al., 2000. No entanto, essa região ainda pode ter um papel na fase pré-natal do desenvolvimento, em mais um caso da regra evolutiva de inovar nas etapas finais do desenvolvimento, mas deixar em paz os padrões estruturais profundos nos estágios iniciais da formação do corpo (Smith et al., 2014).

42. Saxton et al., 2008.

43. Savic e Berglund, 2010.

44. Wyart et al., 2007. Essa substância era a androstadienona, um composto almiscarado similar, também presente no suor e naturalmente produzido nos testículos tanto de humanos quanto de porcos. É importante observar que nem todo nariz humano é capaz de detectar esse cheiro (Keller et al., 2007), o que naturalmente reduz qualquer estudo olfativo relacionado a ele em participantes humanos.

45. Savic et al., 2005. No entanto, num estudo que usou PET-scan, lésbicas suecas pareceram processar a AND em redes olfativas em vez do hipotálamo anterior (Berglund et al., 2006).

46. Sargeant et al., 2007. É importante notar que os participantes eram oriundos do Reino Unido, onde os banhos frequentes e o uso de desodorante são o padrão, e como a complexidade do cheiro de sovaco é produzida tanto a partir do corpo quanto do microbioma do sovaco em questão (Bawdon et al., 2015), os hábitos de higiene podem muito bem influenciar os tipos de cheiro que a pessoa produz ao longo do tempo, bem como as escolhas alimentares e uma série de outras influências. Em outras palavras, não está claro que as mulheres héteros do Reino Unido

sentem mais atração por homens gays por causa de algum tipo de distinção fisiológica, mas elas talvez prefiram os tipos de odores corporais que um estilo de vida gay masculino tende a produzir em seus sovacos. Ou pelo menos os estilos de vida dos nove homens gays que participaram do estudo. O hedonismo é um troço complicado.

47. Berglund et al., 2008. Observe que essas mulheres não se identificaram como homossexuais, tampouco haviam passado por uma cirurgia de confirmação de gênero antes que o estudo fosse conduzido. Resultados semelhantes foram produzidos em menores de idade (tanto crianças quanto adolescentes) nos Países Baixos em 2014, embora seja importante notar que eram crianças diagnosticadas com disforia de gênero; nem todas as pessoas na comunidade trans têm disforia de gênero, e a experiência trans tampouco deveria ser automaticamente equiparada a um transtorno médico ou a uma doença mental.

48. Miller et al., 2008.

49. Lobmaier et al., 2018.

50. Ibid., 2018; Roberts et al., 2008.

51. Gelstein et al., 2011. As lágrimas os deixavam menos excitados, tanto na autodeclaração quanto no ambiente extremamente sexy de um aparelho de ressonância magnética funcional.

52. Roberts et al., 2008; Lobmaier et al., 2018. O mais famoso, que em grande parte deu origem à tendência, foi um estudo suíço de 1995 que examinou o MHC (sigla em inglês de complexo principal de histocompatibilidade) dos participantes e verificou se o olfato ajudava na seleção de parceiros imunologicamente compatíveis (Wedekind et al., 1995). Mulheres que não tomavam pílula preferiram camisetas fedidas usadas por homens aparentemente mais compatíveis — durante dois dias, sem desodorante nem sabonete — a camisetas usadas por homens menos compatíveis, ao passo que aquelas que utilizavam contraceptivos não apresentaram essas preferências.

53. Cain, 1982; Sorokowski et al., 2019; Cherry e Baum, 2020; Oliveira-Pinto et al., 2014.

54. Kass et al., 2017; Doty e Cameron, 2009. Como as outras espécies não conseguem relatar exatamente que cheiro estão sentindo, boa parte desses dados é comportamental, embora algum progresso tenha sido feito no estudo desses mecanismos. Nos camundongos, por exemplo, as fêmeas parecem transmitir mais sinais ao bulbo olfativo (Kass et al., 2017). Um dos fatores por trás disso talvez seja a seleção sexual: marcadores de odor masculinos em muitos mamíferos parecem ser mais complexos do que os femininos (Blaustein, 1981), o que naturalmente daria às fêmeas uma vantagem caso elas conseguissem discernir melhor os aspectos complexos desses cheiros. O que vai muito além do benefício básico de sobrevivência proporcionado por fêmeas boas em evitar toxinas, que, conforme já mencionei, é particularmente crítico para a placenta feminina.

55. Holton et al., 2014. Esse traço só aparece por volta da puberdade: os narizes das crianças são mais ou menos os mesmos em ambos os sexos (ibid.). O nariz masculino maior também independe dos traços faciais (e do tamanho corporal) ligeiramente maiores dos machos de modo geral, e isso, segundo se pensa, tem a ver com a massa muscular mais custosa dos corpos masculinos pós-puberdade. Sob muitos aspectos, o nariz deveria ser considerado uma parte do nosso aparato sensorial e uma extensão dos nossos pulmões: os pulmões masculinos também são em média um tiquinho maiores. Mais sobre respiração no capítulo "Voz".

56. Kass et al., 2017.

57. Doty e Cameron, 2009.

58. Ou melhor, aumentado sua atenção consciente em relação ao fato de ter reparado no cheiro: não existem muitos indícios consistentes de que as capacidades olfativas basais de uma mulher aumentem durante a gestação (na verdade durante o terceiro trimestre seu olfato vai estar pior, provavelmente por causa de um entupimento do nariz), mas existem indícios abundantes, tanto anedóticos quanto científicos, de que as mulheres têm sensações mais intensas de *nojo* por alguns cheiros, classificam muitos cheiros como menos agradáveis e de modo geral têm alguma reação emocional forte a cheiros durante a gravidez, em especial durante o primeiro trimestre (Cameron, 2014).

59. Oliveira-Pinto et al., 2014.

60. A sustentação científica concreta para esse conceito permanece controversa, porém (Cameron, 2014). De fato, parece que sofrer de anosmia (incapacidade de sentir cheiros) está associado com menos enjoo em gestantes (Heinrichs, 2002), porém é preciso mais pesquisas nessa área. Mais claramente, uma resposta *emocional* aumentada aos estímulos olfativos parece ocorrer no corpo gestante (Cameron, 2014), e portanto a relação entre gestação, enjoo e olfato talvez esteja no próprio cérebro, e não nas vias nasais (ibid.).

61. Barton, 2004.

62. Heesy, 2009.

63. Barton, 2004.

64. Heesy, 2009.

65. E nesses sistemas podem ser encontradas diversas diferenças sexuais (Yan e Silver, 2016).

66. Segers e Depoortere, 2021; Hoyle et al., 2017; Santhi et al., 2016.

67. Fernandez et al., 2020.

68. Talvez isso se deva, não em pouca medida, ao fato de que, ao contrário dos ovários, os testículos não apresentam muita influência circadiana (Kennaway et al., 2012).

69. A ideia de que a noturnalidade impulsionou o dicromatismo dos mamíferos se deve em grande parte a Walls (1942). Desde então, essas ideias se complicaram. Por exemplo, há alguma controvérsia em relação a se houve uma mudança total para a visão diurna ou uma ênfase na luz fraca, isso sim, como no crepúsculo ou na aurora, ou ocasionalmente durante a lua cheia (Melin et al., 2013). Também não está claro se o dicromatismo era um estado basal para os mamíferos ou foi uma mudança para a noturnalidade que impulsionou a alteração (Jacobs, 1993).

70. Hunt et al., 1998.

71. Hiramatsu et al., 2009.

72. Osorio e Vorobyev, 1996; Caine et al., 2010. As vantagens dos dicromatas na luz fraca também se estendem à coleta de insetos (Melin et al., 2007), enquanto existe uma paridade maior para frutas em condições de luz forte (Vogel et al., 2007), o que talvez sugira que não só o consumo de frutas, mas também a mudança de horário da coleta de alimento de modo geral podem proporcionar vantagens diferentes para membros do grupo conforme sua visão, a depender do ambiente em que a espécie vive. Também é possível que os dicromatas simplesmente passassem mais tempo coletando o mesmo tipo de alimento, como parece acontecer nos zoológicos (ibid.).

73. Nas pesquisas auditivas, isso muitas vezes é chamado de "problema do jantar em grupo". Mas não se trata apenas de turbinar o próprio som para superar outro: sistemas sensoriais distintos também influenciam uns aos outros conforme a atenção muda. Por exemplo, prestar atenção em informações visuais torna a cóclea menos reativa; os mamíferos de fato "se desligam" conforme a necessidade (Delano et al., 2007; Marcenaro et al., 2021).

74. Zokaei et al., 2019.
75. Heisz et al., 2013; Sammaknejad et al., 2017.
76. Jordan et al., 2010.
77. Ibid.

4. PERNAS [pp. 177-213]

1. Thoreau, 1862.

2. Lemire, 2009. Zilpah White era uma ex-escrava que morava perto da plantação de feijão de Thoreau, na mata junto ao lago. Ao contrário de muitos ex-escravos, que permaneciam na mesma casa que os havia escravizado e levavam vidas em grande parte iguais, Zilpah partiu por conta própria ao conquistar a liberdade. Mas o terreno junto ao lago era arenoso. Não se prestava bem ao cultivo. E como alguém incendiou sua casa em 1813, ela precisou reconstruí-la também. Zilpah viveu até os oitenta e tantos anos junto àquele lago, fabricando vassouras; as vassouras agora eram remuneradas, mas não muito (ibid.). Muito já foi dito sobre o modo como a mãe de Thoreau e outros (que lembram *Mothers and Others*, de Hrdy) possibilitaram essa vida miserável filosófica à beira de um pequeno lago no Massachusetts, parte a favor (Solnit, 2013; Shultz, 2015), parte menos. Mas será que deveríamos dar mais importância aqui ao trabalho invisível de mulheres e ex-escravos? À mentira? Ao racismo desbragado? (Entenda como quiser.) Não: na minha opinião, o mais interessante em Thoreau é a ideia de que a Natureza pertence à perna do homem, sempre em movimento, que se transforma no passo da América em sua marcha incessante rumo ao Oeste, quando a *verdadeira* história da grande caminhada da humanidade foi provavelmente *para o norte e para fora*, e em grande parte empreendida por uma perna feminina com capacidade de resistência, conforme exponho neste capítulo.

3. A frase "*welcome to the suck*", ou "bem-vindo ao pântano", é provavelmente mais conhecida graças à campanha de marketing do filme *Soldado anônimo*, de Sam Mendes, de 2015. Embora várias versões e referências ao pântano sejam usadas em todas as Forças Armadas, a maioria das pessoas com as quais conversei (e sobre as quais li) acha que ela se firmou nos primeiros anos do século XXI durante a guerra no Iraque (embora o autor do livro em que *Soldado anônimo* foi baseado fosse fuzileiro naval, e tenha incluído a expressão, ele serviu na Arábia Saudita e no Kuwait durante a Guerra do Golfo nos anos 1990). Mark Boal, roteirista do filme de Kathryn Bigelow *Guerra ao terror* — ele próprio jornalista incorporado às Forças Armadas no Iraque em 2004 — também usou "o pântano" para se referir às realidades cotidianas do combate, depois, é de presumir, de ter ouvido os soldados à sua volta usarem a expressão. Para uma visão interna geral da Escola de Rangers do Exército e seu alinhamento geral com o pântano, ver Lock, 2004.

4. Spencer, 2016.

5. E mulher cis, ainda por cima. Meu retrato de Griest tem por base entrevistas realizadas com diversos jornalistas, e suas próprias declarações públicas durante esse período e posteriormente, a maioria disponível na internet. Em especial, apoiei-me muito nas reportagens feitas pelo *New York Times*, pela CBS News, pelo *Washington Post* e pelo *Army Times*, em entrevistas particulares com integrantes das Forças Armadas e em relatórios militares apresentados ao Congresso sobre questões ligadas à integração de gênero nas Forças Armadas (por exemplo, Oppel e Cooper,

2015; Kamarck, 2016; CBS News, 2015; Tan, 2016). Mais recentemente, em 2021, Griest escreveu um editorial no qual rejeitava a proposta de mudança de padrões para incluir mais mulheres nas Forças Armadas, o que lhe valeu um intenso bullying digital, incluindo acusações de que ela havia de alguma forma "internalizado o machismo"(Lamothe, 2021). Para Griest, porém, mudanças desse tipo não só diminuiriam sua própria conquista como poriam em risco a prontidão para o combate das tropas (Griest, 2021). Quanto ao conceito de machismo internalizado, favor ver o capítulo "Amor", embora eu na verdade não ache que Griest esteja sendo machista ao pedir para os padrões permanecerem como estão.

6. Fleagle, 2003.

7. Senut et al., 2009.

8. Sepulchre et al., 2006; Pik, 2011; Wichura et al., 2015.

9. Os números mais recentes mostram que nosso genoma tem 98,7% de genes em comum com o dos bonobos e 96% com o dos chimpanzés, mas devido a questões de sobreposição, inserções e deleções a maioria dos entendidos — como a Smithsonian — em geral afirma que compartilhamos 99% com as duas espécies (Prüfer et al., 2012; Waterson et al., 2005; Mao et al., 2021).

10. Hunt, 2015.

11. Lovejoy et al., 2009. Muitos artigos sobre a descoberta de Ardi foram publicados de modo basicamente simultâneo; um punhado deles pode ser encontrado nas referências bibliográficas.

12. Latimer, 2005.

13. Para um excelente panorama da literatura atual sobre a mecânica do passo e os hominínios primitivos, o que sabemos e o que poderíamos saber a partir de fósseis da pelve e dos membros inferiores e de experimentos anatômicos contemporâneos com seres humanos vivos, ver Warrener, 2017.

14. Maradit Kremers et al., 2015. As mulheres também fazem mais cirurgias de prótese de quadril, e, embora o envelhecimento seja um fator independente para essas cirurgias nas articulações, a substituição de quadril feminina está mais ligada à idade do que a de joelho (ou seja, mais pessoas idosas colocam próteses de quadril e mais pessoas idosas são mulheres, mas até em idades mais jovens mais mulheres do que homens precisam de correção ou de próteses nos joelhos).

15. E quando esses níveis se desviam da norma a relaxina pode inclusive ter um papel na prematuridade do parto (Weiss e Goldsmith, 2005).

16. Essa afirmação está subdimensionada: substâncias análogas à relaxina são encontradas também em peixes, e a família de peptídeos à qual a relaxina pertence deveria ser considerada extremamente primitiva no reino animal. A exemplo de muitas moléculas úteis, é de presumir que o papel da relaxina na reprodução placentária teria sido em grande medida um reaproveitamento de sistemas existentes. Por exemplo, embora se saiba que ela tem um papel no início da gestação dos micos, uma parte grande desse papel talvez seja o crescimento de novos vasos sanguíneos (Goldsmith et al., 2004).

17. Whitcome et al., 2007.

18. Estou simplificando, e existem alguns sistemas complexos diferentes em jogo, mas o conceito central aqui é que suportar peso com a mediação dos músculos afeta diretamente o crescimento ósseo ao longo da vida, e que é uma falha profunda pensar no esqueleto como independente da musculatura com a qual ele interage (Tagliaferri, 2015). Apesar disso, é verdade que os ossos masculinos e femininos se constroem de maneiras ligeiramente diferentes, com os ossos

tipicamente masculinos formando uma camada interna maior e uma camada externa mais fina, ao passo que os femininos constroem uma camada cortical mais grossa e um núcleo mais fino, o que torna os ossos tipicamente femininos mais alongados. Isso os torna mais vulneráveis a fraturas, uma vez que essa camada externa se afina após a menopausa. Para um bom panorama do que se conhece sobre o envelhecimento dos sistemas musculoesqueléticos, ver Novotny et al., 2015.

19. Round et al., 1999. Para um estudo recente específico sobre os efeitos musculares em homens trans que fazem terapia hormonal de confirmação de gênero, ver Van Caenegem et al., 2015.

20. O'Neill et al., 2017.

21. Ronto, 2021.

22. Maher et al., 2009; Maher et al., 2010.

23. Cerling et al., 2010; Cerling et al., 2011; Louchart et al., 2009; White et al., 2009; White et al., 2010; WoldeGabriel et al., 2009.

24. Esse terreno já foi bastante explorado na área, porém acho que a crítica mais articulada é fornecida por uma antiga analogia de David Pilbeam: da mesma forma que nossas hábeis mãos não evoluíram para tocar violino, as capacidades de caça do nosso bipedalismo são provavelmente um acréscimo posterior, e o bipedalismo em si foi em essência "pré-adaptativo" em relação a isso, evoluindo primeiro de formas que mais provavelmente envolviam comportamentos alimentares focados em plantas e apenas mais tarde utilizados para coisas como correr e caçar (Pilbeam, 1978).

25. Lieberman é decerto o mais ferrenho defensor dessa teoria no meio acadêmico, e seus argumentos em defesa da evolução da corrida de resistência são particularmente convincentes (Bramble e Lieberman, 2004). Junto ao público geral, Christopher McDougall fez sucesso com seu *Nascido para correr*, de 2009, no qual apresentava as teorias evolutivas relacionadas à resistência e ao bipedalismo com suas histórias mais contemporâneas. Em relação à necessidade específica do suor, Liberman também propõe que a locomoção e os sistemas de resfriamento dos hominínios evoluíram em separado e só se interligaram (capacidade de correr e capacidade de suar para se resfriar durante a corrida) mais tarde (Lieberman, 2015).

26. Esse é um comportamento bastante conhecido entre os primatas de hoje, em especial os chimpanzés. Jablonski, porém, faz um ajuste interessante na teoria da "exibição" do bipedalismo: em ambientes competitivos, a existência regular de exibições de ameaça (ficar em pé, estufar o peito, comportar-se de modo ameaçador sobre duas patas) e apaziguamentos poderia ter funcionado bem para os hominínios primitivos. Em termos mais simples, ela significa a diferença entre ameaças e uma guerra de verdade. Uma custa vidas, a outra, apenas orgulho (Jablonski e Chaplin, 1993).

27. White et al., 2015. Reconheço que é estranho o dr. Lovejoy ser um dos muito poucos cientistas que cito pelo nome fora das notas. Levando em conta a imensa quantidade de trabalho de cientistas que serviu de base para estes capítulos, fiz a opção proposital de deixar as ideias falarem por si, em vez de narrar uma jornada do herói desse ou daquele laboratório. (A ciência é na base um processo colaborativo, e muitos autores da área são culpados de apagar esse processo tamanho seu desejo de nomear heróis.) No entanto, considerando a extrema importância do trabalho do dr. Lovejoy e considerando que discordo dele — ou pelo menos assinalo com toda a delicadeza a improbabilidade de que a monogamia dos primatas primitivos esteja ligada ao bipedalismo (que não chega a ser o foco das suas importantes contribuições para os estudos sobre o *Ardipithecus*, mas mesmo assim é uma interpretação comportamental na qual ele se apoia) —,

pareceu-me mais respeitoso citá-lo pelo nome. Para mais indícios da dificuldade envolvida na criação de uma sociedade de primatas majoritariamente monogâmica, quanto mais de uma versão patriarcal disso, ver o capítulo "Amor".

28. O melhor argumento em defesa de quando devemos ter perdido os pelos é a divergência entre piolhos e chatos, que remonta aproximadamente a 190 mil anos, o que torna nossas Evas não humanas bastante peludas e piolhentas, eu diria (Reed, 2007; Toups et al., 2011).

29. Gomes e Boesch, 2009.

30. Carvalho et al., 2012.

31. A resistência ao cansaço é uma boa parte de como pegar um corpo semelhante ao de uma chimpanzé de nossas Evas primitivas e fazê-lo andar para lá e para cá o tempo inteiro. Não que caminhar fosse necessariamente nossa única ação que exigisse resistência. Passar o dia inteiro desenterrando tubérculos também exige bastante resistência ao cansaço, além de um metabolismo capaz de produzir resistência suficiente para fazer tais atividades valerem a pena, e diversos comportamentos humanos de obtenção de alimento hoje também se apoiam na capacidade singular de resistência da nossa espécie (Kraft et al., 2021).

32. Lemmon, 2015.

33. Perhonen et al., 2001.

34. Fitts et al., 2001.

35. Semmler et al., 1999; Sayers and Clarkson, 2001.

36. Um fato interessante é que até mesmo um relatório dos Fuzileiros Navais dos Estados Unidos constatou recentemente indícios desse fenômeno, e de modo um tanto involuntário: numa unidade mista, as recrutas mulheres apresentaram uma alta incidência de lesões musculoesqueléticas (40,5% contra 18,8%). No entanto, embora elas portanto tivessem uma probabilidade maior de estarem indisponíveis para treinar devido à lesão, também passavam menos dias fora do que os homens que se lesionavam. Em outras palavras: mais lesões, porém recuperações mais rápidas (USAMEDCOM, 2020). A disponibilidade geral para treinar, contudo, acabou ficando bem parecida: 98,4% dos recrutas homens disponíveis, contra 96,8% das recrutas mulheres, o que sugere uma diferença bem pequena em matéria de prontidão geral. Em ambos os sexos, a maioria dessas lesões teve a ver com atividades ligadas a carregar peso (ibid.).

37. Tan, 2015, citando o coronel David Fivecoat, comandante da Brigada de Treinamento Aéreo e de Rangers.

38. DVIDS, 2015; Oppel e Cooper, 2015.

39. DVIDS, 2015. Na verdade existem dois relatos de Rangers que concluíram o curso com Griest e outras mulheres, ambos sobre como elas assumiram cargas pesadas de seus colegas homens quando eles ficaram cansados demais, em especial quando outros recrutas homens eram simplesmente incapazes de fazê-lo. É possível escutá-los no vídeo DVIDS 2015, a partir da marca dos 13'06".

40. Lemmon, 2021. Para um panorama mais geral da situação das mulheres e da guerra entre os curdos, ver também Sankey, 2018. O autor é um acadêmico pertencente ao Air College da Força Aérea dos Estados Unidos. Nenhum desses livros nem de longe lhe dirá tudo o que você precisa saber sobre os curdos, e o trabalho de Sankey menciona um tanto rapidamente a influência marxista no surgimento do Partido dos Trabalhadores do Curdistão. Para quem quiser se iniciar, porém, os livros fornecem um contexto para a história de Rehana; a verdade é que o

conflito sobre como se deveria lidar com o gênero é uma parte importante do conflito entre a Turquia e o povo curdo. Para uma análise mais profunda de como o gênero está entrelaçado à ascensão do PKK, ver Açik, 2013.

41. Rakusen et al., 2014; Silverman, 2015. Existe também uma história grande no Twitter sobre Rehana, parte da qual envolve o fio de Silverman sobre a história de Rehana e o fato de Carl Drott, o jornalista sueco que se encontrou com a mulher da foto, ter certeza absoluta de que ela não matou cem integrantes do Estado Islâmico, tampouco foi atiradora de elite. Eu também não consegui encontrar o paradeiro dessa verdadeira mulher-fantasma, e torço muito para ela estar em boa saúde e vivendo confortavelmente em algum lugar, em vez de ter sido assassinada como o pai.

Com relação às citações: por acaso, na mesma época em que este livro estava passando pelo copidesque, Elon Musk tinha acabado de finalizar a compra do Twitter, de modo que hesitei em citar diretamente as fontes do Twitter, apoiando-me em vez disso em fontes secundárias quando possível. Confesso que não sei o que vai acontecer com o registro público produzido por essa estranha pequena empresa de rede social, e não sou a única a me preocupar com isso: até a Biblioteca do Congresso americana está com dificuldade para acompanhar a situação (Stokol-Walker, 2022).

42. Pellerin, 2015.

43. Além disso, em tarefas cognitivas especialmente desafiadoras, os grupos mistos dos Fuzileiros Navais dos Estados Unidos parecem ter um desempenho melhor (MCCDC, 2015).

44. Morral et al., 2015. Para um bom argumento sobre por que o treinamento básico com integração de gêneros pode ser particularmente bom para reduzir esses problemas em todas as Forças Armadas, ver Lucero, 2018.

5. FERRAMENTAS [pp. 215-55]

1. A tradução varia. A expressão deveria ser "empunhar três vezes o escudo", como na tradução para o inglês de David Kovacs, querendo dizer que ela preferiria ir à guerra (ao que tudo indica na versão grega antiga da frente de batalha, em formação cerrada) a parir uma única vez. Embora seja tentador pensar que Eurípides teve alguma espécie de compreensão presciente da depressão pós-parto nesse trecho, ou então um profundo conhecimento intuitivo do sofrimento de nossas Evas, acho que o trecho é, isso sim, um lembrete de que a personagem central da peça — uma mulher! — deveria ser entendida como alguém tão heroico (ou pelo menos com uma experiência equivalente em relação ao perigo) quanto os típicos heróis que o público grego poderia ver em outras peças no mesmo palco. Medeia é também uma mulher oprimida e desprezada numa terra estrangeira. Como Countee Cullen escreve a seu respeito em 1935, o fato de levar os filhos mortos embora na carruagem tem tanto a ver com "salvá-los" quanto com privar Jasão de alegria. "Não vou deixar meus filhos aqui para morrerem por outras mãos que não a minha", diz ela. "Eu mesma irei enterrá-los onde mão hostil nenhuma os poderá desenterrar para profanar seus pequenos ossos" (Cullen, 1935, 54, 61). Então lá vai ela, na carruagem que lhe foi dada pelos deuses, para depois curar Héracles da loucura que os deuses lhe impuseram e que o fez assassinar a esposa e os filhos. Na Grécia se assassinavam muitos filhos. Muitos.

2. Finn et al., 2009.

3. Rutz et al., 2018.

4. Em especial, a dieta pressuposta de Habilis era menos variada do que a do *Homo erectus*, o que sugere uma estratégia de alimentação bem mais ampla, envolvendo toda uma gama de coisas mais duras e de coisas mais macias, o que mostra tanto sua notável capacidade de migração quanto seu caráter onívoro oportunista mais geral (Ungar e Sponheimer, 2011).

5. Harmand et al., 2015.

6. Pruetz et al., 2015.

7. Leakey et al., 1964. Queira observar que existe um debate em curso sobre se Habilis sequer pertence ao gênero Homo, ou se ela é uma australopitecina, ou mesmo tem seu próprio gênero (Wood, 2014). Usar Habilis como uma espécie exemplar não tem por objetivo acabar com esse debate, mas é uma homenagem a Leakey e a escolha óbvia, junto com Erectus, para Evas que tinham todas as peças certas no lugar para as origens da ginecologia humana.

8. Brochu et al., 2010; Arriaza et al., 2021.

9. Não acho que seja possível exagerar a influência do trabalho de Sarah Hrdy para a compreensão científica da aloparentalidade e de por que ela é tão importante para a evolução humana. Seu livro *Mothers and Others* [Mães e outros] (2009) é provavelmente o mais conhecido, além de leitura extremamente prazerosa: se você ainda não tiver lido, vale a pena. Na verdade, um dos motivos pelos quais me concentro nas gestações e nos puerpérios de nossas Evas não é só o fato de tal tema ter sido até agora negligenciado e ter um efeito muito óbvio na evolução da nossa espécie; aquilo que acontece *depois* do puerpério já é discutido tão lindamente por Hrdy que eu passaria o tempo inteiro levantando sua bandeira.

10. Trevathan propõe o dilema obstétrico (e o bipedalismo de modo geral) como tiro de largada em nossa corrida rumo ao parto assistido (e, como tal, ao fato de que o parto assistido se tornou não apenas um comportamento hominínio basal, mas um imperativo para regras complexas relacionadas ao parto, preparando assim o terreno para estruturas de poder implícitas relacionadas aos corpos femininos nas sociedades hominínias). É um argumento fascinante, mas ele reconhece estar ligado sobretudo ao ato de auxiliar o nascimento durante o trabalho de parto e a expulsão, deixando de lado a maior parte do que vem muito antes ou depois (Trevathan, 1996). Como qualquer bom ginecologista e obstetra vai lhe dizer, o que acontece nesse instante é profundamente influenciado pelo atendimento pré-natal que se recebeu, e, embora seja preciso estar preparado para uma profusão de maneiras nas quais o parto poderia sair dos trilhos, até mesmo partos perfeitamente normais continuam sendo bastante perigosos nos dias *subsequentes* ao parto em si.

11. De acordo com a maioria das estimativas, o problema do canal de parto estreito já existia quando Lucy tocava seu peludo dia a dia, embora, ao contrário dos humanos, seus bebês pelo menos não precisassem girar tanto para sair (Rosenberg, 1992; DeSilva et al., 2017; Laudicina et al., 2019). Os neandertais, enquanto isso, tinham partos aproximadamente tão difíceis quanto nós, embora seus mecanismos fossem um pouco mais primitivos do que os nossos (Weaver e Hublin, 2009). O problema da placenta invasiva é mais difícil de datar, mas pode estar relacionado à encefalização (cérebros em crescimento são famintos) ou à instabilidade climática (é bom ter bebês gordos numa terra devastada), ambos os quais têm uma história longa e fragmentada, que começa algum tempo depois de Lucy e de seus semelhantes australopitecinos, e atinge o ápice quando chegamos ao gênero Homo (Potts, 2012). Para mais sobre climas e nossas cabeças gigantescas, ver o capítulo "Cérebro".

12. Essa é uma afirmação autoexplicativa. No entanto, eu também gostaria de assinalar que a mortalidade materna é um problema específico para muitos primatas de muitos tipos: não só a morte materna precoce aumenta a probabilidade de que a cria de uma fêmea morra antes de se reproduzir, mas se essa cria sobreviver e tiver as próprias crias, elas (ou seja, as netas da mãe morta) também terão uma probabilidade menor de gerar descendentes capazes de sobreviver até a idade adulta reprodutiva (Zipple et al., 2020). Em outras palavras, o modelo de reprodução dos primatas se apoia tanto na mãe que deixar a mãe aleijada e/ou morta tem um efeito ainda maior na aptidão evolutiva do que teria em outras espécies. Isso torna ainda mais improvável o sistema reprodutivo absurdo dos humanos. Sem inovações comportamentais para contornar esses problemas, nós já teríamos ido para o beleléu.

13. Sem querer falar mal dessas moças, elas também preferem cavar suas tocas num solo arenoso muito específico perto de leitos secos de córregos na Austrália, e mesmo assim muito especialmente no extenso complexo de raízes de uma árvore específica (Queensland Government, 2021). Você já conheceu alguém que só quisesse namorar um único tipo muito específico e quase inexistente de pessoa? Alguém que fica reclamando como é chato tentar encontrar um parceiro e que talvez tenha uma grande coleção de papéis de chiclete dos anos 1980 cuidadosamente passados a ferro e guardados em invólucros plásticos? Essa pessoa na verdade não quer namorar ninguém. Ela é um vombate-de-nariz-peludo-do-norte enrustido.

14. Hargest, 2020; Milne, 1907.

15. Qual seria esse número na humanidade primitiva? Temos algumas ideias, mas elas são complicadas. Por exemplo, determinadas populações humanas pré-modernas carentes de atendimento médico moderno têm taxas baixas de mortalidade durante o parto (inferiores a 3%), mas essa é uma janela particularmente estreita de se testar, uma vez que não inclui as mortes durante a gestação nem durante o puerpério estendido (Lahdenperä et al., 2011). Mais importante ainda, porém: até mesmo as populações "pré-modernas" (sejam os finlandeses e canadenses representados nesse estudo ou mesmo comunidades de caçadores-coletores estudadas em outras partes do mundo) dispõem da ginecologia no sentido ao qual me refiro aqui: com parteiras e um conhecimento compartilhado sobre a reprodução feminina. Existem práticas médicas estabelecidas e uma farmacologia associada à fertilidade feminina. E, como discuto no capítulo "Amor", existem também outras intervenções comportamentais relacionadas à fertilidade feminina: regras culturais estabelecidas em relação a quando as mulheres devem engravidar e dar à luz (uma parte das vantagens evolutivas do machismo). Assim, esses 3% representam aonde se pode chegar uma vez que se tem alguma forma de ginecologia. É difícil dizer quais deviam ser as taxas de mortes e complicações na aurora da linhagem dos homininios, mas se a ginecologia estivesse dando seus primeiros passos entre os australopitecinos ela certamente já estaria bem estabelecida quando chegássemos a Habilis, e quando chegássemos ao *Homo sapiens* (bem mais tarde) provavelmente já deveria ser considerada parte integrante da versão basal de comportamentos sociais da nossa espécie.

16. Wittman e Wall, 2007. Houve quem tenha defendido recentemente que o dilema obstétrico costumava ser mais variável do que é hoje, o que poderia ter a ver com a agricultura (nós fabricamos bebês maiores agora porque temos o alimento necessário para fazê-lo) (Wells et al., 2012), mas, mesmo com alguma variabilidade no efeito advinda de uma obstrução direta do canal de parto, isso não elimina esse fato como parte das dificuldades reprodutivas mais amplas da

nossa espécie (Haeusler et al., 2021), entre elas todas as variadas maneiras como sofremos infartos e/ou AVCs e/ou hemorragias e/ou lesões renais e/ou falência hepática e/ou problemas metabólicos duradouros por causa de nossas gestações humanas terríveis, baseadas em nossas placentas profundamente invasivas (Abrams e Rutherford, 2011).

17. Elder et al., 1931; Hirata et al., 2011.

18. Dunsworth et al., 2012. Thurber chega a comparar a gestação e a lactação humanas com a caminhada no Ártico e outras "atividades metabólicas extremas" para calcular o limiar humano máximo de sobrecarga metabólica (Thurber et al., 2019). É um artigo convincente. Ele também proporciona um ponto de vista interessante sobre por que as mulheres humanas se saem tão bem em ultramaratonas.

19. Ding et al., 2013.

20. Pan et al., 2014.

21. Nishida et al., 1990. É de notar que não são só as *fêmeas* que poderiam assassinar o recém-nascido: até machos do mesmo bando podem arrancar o bebê dos braços da mãe e comê-lo caso ela dê à luz num lugar onde outros possam vê-la (Nishie e Nakamura, 2018).

22. Goodall, 1986, 1977, 2010; Pusey et al., 2008.

23. Pusey e Schroepfer-Walker, 2013.

24. Douglas, 2014.

25. Demuru et al., 2018.

26. Prum, 2017. Isso na verdade vale para uma boa quantidade de espécie de pato, embora o pato-real seja provavelmente o mais falado, em parte por ser uma espécie tão comum e tão visível nos subúrbios americanos e seus lagos, lagoas e riachos. Para a mente de um americano, saber que os patos-reais são estupradores contumazes talvez seja meio parecido com consultar o registro de agressores sexuais do país para saber quantos deles moram no seu bairro. Fique à vontade para tentar, mas vou logo avisando: você não vai gostar. Ver: <www.nsopw.gov>.

27. Hosken et al., 2019.

28. Esses comportamentos são em geral chamados de "agrupamento", o que faz pensar no cão pastor australiano, mas infelizmente a realidade é bem mais estupradora (Smuts e Smuts, 1993; Connor et al., 1992; Connor et al., 2022). Devido a problemas óbvios de observação direta, a coerção sexual dos golfinhos machos é deduzida posteriormente, por exemplo por meio de marcas de dentes (Scott et al., 2005). A vagina da fêmea do golfinho parece ter desenvolvido um tipo de medida para coibir o estupro, algo visto com frequência em outras espécies com um histórico significativo desse comportamento (Orbach, 2017).

29. Bruce, 1959. Para uma boa base de referência para entender tanto o infanticídio quanto o efeito de Bruce, ver Zipple et al., 2019, que põe ambos sob o mesmo guarda-chuva de "perda pré-natal mediada pelo macho".

30. Mahady e Wolff, 2002; De Catanzaro et al., 2021; Yoles-Frenkel et al., 2022.

31. Bartos et al., 2011.

32. Bertram, 1977.

33. Roberts et al., 2012.

34. Ibid.

35. Bartos et al., 2011.

36. Bowling e Touchberry, 1990.

37. Holmes et al., 1996.

38. Um estudo etíope relatou uma taxa muito superior (17%), mas não fica claro que isso se deve ao fato de envolver um questionário anônimo de autodeclaração preenchido por alunas do ensino médio, o que pode não ter levado em conta coisas como quantos eventos sexuais haviam ocorrido em datas próximas ao estupro e à subsequente gravidez (Mulugeta et al., 1998).

39. Em outras palavras, ser estuprada não diminui suas chances de engravidar em comparação com o sexo consensual, tampouco aumenta essas chances (conforme discutido mais em detalhes em Fessler, 2003).

40. Kenny e Kell, 2018. Ela também terá um risco menor de pré-eclâmpsia caso haja morado com o homem por no mínimo doze meses e feito sexo com ele com uma frequência semirregular durante esse período (Di Mascio et al., 2020).

41. Qu et al., 2017.

42. É a conclusão natural, levando em conta que pelo visto 48 mulheres são estupradas por hora na RDC (Peterman et al., 2011) e refugiadas mulheres têm uma chance significativamente maior de serem vítimas de violência sexual em comparação com a população geral (Hynes e Lopes Cardozo, 2000). Isso também vale para os homens e crianças nas populações de refugiados, mas bem menos para os homens adultos (ibid.).

43. Huffman, 1997; Fruth et al., 2014.

44. Huffman, 1997; Huffman et al., 1997.

45. Huffman, 1997.

46. Wasserman et al., 2012.

47. Potts e Teague, 2010.

48. Berna et al., 2012.

49. De la Torre, 2016.

50. Shaffer, 1981. Por definição, qualquer espécie que tenha conseguido sobreviver à expansão geográfica e ao efeito fundador resultante deu algum jeito de chegar à sua PMV em pelo menos alguns de seus novos territórios, e a força desse efeito pode ser relacionada tanto com o caráter recente quanto com a velocidade por meio do exame da perda genética de diversidade nas populações atuais (Peter e Slatkin, 2015). Para a humanidade, análises como essa são em geral usadas para sustentar modelos atuais para migrações humanas primitivas a partir da África (Ramachandran et al., 2005).

51. March of Dimes, 2017. Esse número permanece um mistério, não em pouca medida porque só é provável algumas poucas gestações humanas chegarem ao conhecimento da pessoa que passa por elas, quanto mais do médico responsável por essa pessoa. Se contarmos gestações com implantação confirmada, a taxa de abortos espontâneos parece girar em torno de 30% (Hertz-Picciotto e Samuels, 1988). É verdade também que uma "gestação" só começa depois da implantação bem-sucedida no útero: embora o desenvolvimento já tenha se iniciado, um embrião fertilizado ainda não é uma gravidez. Se contássemos todos os embriões humanos fertilizados que já tiveram uma breve existência nas pelves humanas, o número seria significativamente maior.

52. Wilcox et al., 2001.

53. Smith, 2014.

54. Amos e Hoffman, 2010.

55. Lee et al., 2021.

56. Schantz-Dunn e Nour, 2009.
57. Ibid.; Fried e Duffy, 2017.

6. CÉREBRO [pp. 257-315]

1. Jackson, 1959/2006. Como boa parte da obra de Jackson, esse livro fala principalmente sobre a Condição Feminina na época da autora. Fique à vontade para discordar, mas uma porção de gente vai ficar contra você em relação a isso. A loucura do livro é a loucura da América, mas a Casa do título é a Dela. Se é que serve de confirmação, Jackson usou o dinheiro obtido com a venda dos direitos cinematográficos do livro para comprar cortinas, um piano e uma máquina de lavar roupas (Franklin, 2016). Para a autora, também, a domesticidade seguiu seu curso.

2. Minha descrição da Eva homininia de cérebro grande se apoia muito em pesquisas sobre os hominínios primitivos como uma espécie predada e sobre os hábitos dos carnívoros locais de se alimentarem de cérebros (Brain, 1981; Hart e Sussman, 2005; Arriatza et al., 2021), bem como em conversas com diversos cientistas em campo, entre eles Rick Potts, da Smithsonian. Embora o trabalho de Brain se concentre especificamente nas marcas de dentes de felinos em crânios de australopitecinos, trabalhos posteriores também mostram hienas fazendo a mesma coisa (Arriatza et al., 2021). E hominínios primitivos também faziam isso, claro, ao transportar a cabeça de animais já mortos por longas distâncias para quebrá-las e compartilhar o cérebro em casa (Ferraro et al., 2013). Não fica claro se hominínios tardios como Erectus teriam servido de presa com a mesma frequência que os australopitecinos, visto sua capacidade de correr e caçar, mas o conceito de que nossas Evas foram desenvolvendo cérebros cada vez maiores pelo simples fato de terem se tornado dominantes na sua cadeia alimentar local nunca me caiu muito bem. Também me pareceu útil, desde o início, assinalar quão suculentos os cérebros dos hominínios deviam ser para seus predadores: encharcados de açúcares, entremeados de sangue e gordura, e cada vez mais custosos de fabricar e manter. Os corpos dos hominínios de cérebros grandes (potencialmente com bastante tecido adiposo para sustentar esse crescimento cerebral prolongado e servir de anteparo para um estoque irregular de alimento) também teriam sido uma recompensa e tanto para qualquer predador que conseguisse neles cravar os dentes.

3. Ruff et al., 1997. E pelo visto em especial do lado esquerdo, o que talvez seja uma tendência generalizada na linhagem dos símios, tornando as Evas homininias tardias um exemplo extremo de Cérebros de Símios em Geral (Smaers et al., 2011; Smaers et al., 2017). O formato globular típico dos humanos, contudo, seguiu evoluindo até entre 100 mil e 35 mil anos atrás, o que pode estar misteriosamente ligado ao comportamento humano moderno (Neubauer et al., 2018), mas algumas características da caixa craniana talvez se desenvolvam de modo independente da organização interna do cérebro em si, o que dificulta a interpretação dos moldes endocranianos (Alatorre Warren, 2019). O que fica extremamente claro, porém, é que o grau de encefalização aumentou de maneira radical em toda a linhagem homininia.

4. Quão custoso? O corpo humano moderno dedica aproximadamente entre 20% e 25% de sua taxa metabólica basal à atividade cerebral (Leonard et al., 2003).

5. Premachandran et al., 2020.

6. Trivers, 1972; Byrnes et al., 1999; Apicella et al., 2017; Campbell et al., 2021.

7. Goldstein et al., 2001; Sato et al., 2004; Dart et al., 2013. Ver, contudo, a meta-análise recente de três décadas feita por Eliot dos estudos sobre dimorfismo sexual, na qual se observa que, embora os receptores de androgênios de fato tenham uma densidade variável de maneiras que são sexualmente dimórficas, o achado mais robusto em ambos os sexos em humanos têm a ver principalmente com o tamanho (Eliot et al., 2021).

8. Yokota et al., 2017.

9. Kessler et al., 2012.

10. Eliot et al., 2021. Na verdade, a semelhança de funcionalidade cognitiva geral entre os sexos humanos é tão espantosa que alguns inclusive cogitaram batizá-la de "hipótese das semelhanças entre os gêneros", cujas implicações exploro neste capítulo (Hyde, 2005).

11. Pontzer et al., 2016.

12. Pelo menos tanto adultos quanto crianças parecem considerar o brilhantismo intelectual uma coisa masculina (Storage et al., 2020).

13. Lynn e Kanazawa, 2011; Ellis et al., 2013.

14. McCall, 1977; Deary et al., 2007; Strenze, 2007; Griffiths et al., 2007. Observe, porém, que sua *riqueza* na idade adulta é dissociada do seu QI, mas sua renda não, o que significa que muita gente inteligente acaba não economizando o suficiente pelo caminho, e naturalmente a riqueza dos seus pais segue sendo o fator mais importante para prever sua riqueza na idade adulta (Zagorsky, 2007). Observe também a dificuldade para excluir eugenistas notórios de listas curtas como essas numa nota; por exemplo, eu excluí as pesquisas de Richard Lynn, apesar da frequência com a qual ele é citado em relação à questão da fertilidade. Na verdade, faço isso não por motivação política (embora preferisse que as ideias dele estivessem erradas), mas porque com frequência existem problemas tanto na interpretação dos dados desses estudos quanto nos seus arcabouços, conforme demonstrado por pesquisas e análises subsequentes feitas por terceiros (como Rojahn e Naglieri, 2006; Savage-McGlynn, 2012). Para uma crítica útil e científica do trabalho de Lynn sobre QI e fertilidade, ver a análise crítica de Nicholas Mackintosh (Mackintosh, 2007). Posso afirmar que, embora de fato exista uma ligação entre fertilidade e QI no século XX, a fertilidade não parece poder ser facilmente isolada das influências socioeconômicas gerais, ou de quaisquer das outras coisas complicadas que influenciam a probabilidade de uma mulher ter filhos seja qual for sua idade.

15. Segal, 2000; Deary et al., 2009; Lee et al., 2010.

16. Deary et al., 2009; Lee et al., 2010; Panizzon et al., 2014; Lean et al., 2018.

17. Dickens e Flynn, 2006.

18. Essa ideia já foi amplamente debatida. Não é minha intenção entrar muito na controvérsia sobre QI neste livro, basta dizer que no último século os negros americanos aumentaram significativamente a média de QI do seu grupo em relação aos americanos brancos, o que faz cair por terra a ideia de que fatores genéticos são a única causa das diferenças entre grupos (Dickens e Flynn, 2006). Ninguém que trabalhe com a ciência da inteligência humana parte do princípio de que o QI é consequência só da natureza ou só da criação; é um amálgama das duas coisas. Por exemplo, o QI parece estranhamente mais hereditário na idade adulta do que na primeira infância, mas depois torna a declinar em idade muito avançada (Lee et al., 2010). Talvez porque, até há pouco, a maioria de nós não sobrevivesse até a velhice, ou porque os complicados fatores que causam a senescência humana não são inteiramente genéticos, e o envelhecimento está associado ao declínio cognitivo (ibid.).

19. Deary et al., 2003; Johnson et al., 2008.

20. Deary et al., 2003; Johnson et al., 2008.

21. Halpern et al., 2007.

22. Maguire et al., 1999. Outra forma de dizer isso, num contexto matemático, é que os homens e mulheres que fazem o teste lidam com determinadas questões de matemática usando estratégias diferentes, e que a probabilidade de encontrar diferenças nas pontuações é maior quando as perguntas recompensam apenas determinadas estratégias (Spelke, 2005).

23. Tarampi et al., 2016. Detalhe importante: essa inclusão também é apresentada como uma tarefa social, alardeada como algo em que as mulheres são melhores, o que potencialmente incluiu a ameaça do estereótipo como um fator no desempenho dos participantes (ibid.).

24. Isso é um pouco contraintuitivo, porque os testes de QI são em grande parte projetados para gerar os mesmos resultados independentemente do gênero, selecionando no seu desenvolvimento perguntas com uma probabilidade maior de gerar pontuações neutras em relação ao gênero e se livrando das que tiverem um viés de gênero mais forte (Halpern et al., 2005). Assim, não fica muito claro como acabamos indo parar onde estamos nos conjuntos de dados atuais. A resposta poderia ser mais simples do que se pensa: por que não partir do princípio de que existem algumas pequenas diferenças sexuais nos cérebros, que geram estratégias sexualmente diferenciadas para determinadas tarefas cognitivas, com determinadas estratégias mais recompensadas nos testes de QI atuais? Pensando nas tarefas de rotação mental, por exemplo, e em que mecanismos estariam na raiz dessas diferenças sexuais, muitos apontam para o lobo parietal, que parece ter uma proporção diferente entre massa branca e cinzenta dependendo do sexo. Num desses estudos, mesmo dentro de um mesmo sexo, essas proporções tinham forte relação com tarefas de rotação mental (Koscik et al., 2009). No entanto, como observam os autores, provavelmente se trata de uma questão de estratégia e eficiência: talvez pessoas do sexo masculino rotacionem o objeto inteiro num espaço imaginário, ao passo que as do sexo feminino (ou melhor, pessoas com uma organização do lobo parietal tipicamente feminina, que tendem a ser do sexo feminino) rotacionam em vez disso o objeto em partes, de acordo com sua organização parietal específica. Essa segunda estratégia é menos eficaz, mas não necessariamente menos precisa, caso haja tempo suficiente para realizar a tarefa (ibid; tempo x estratégia é discutido em mais detalhes por Peters, 2005; Halpern et al., 2007 e Voyer, 2011). Será, portanto, que partimos do pressuposto de que isso é uma diferença na inteligência geral basal? Ou apenas uma pequena e estranha peculiaridade numa função que em tudo mais é a mesma nos dois sexos? E como exatamente se deveria projetar um teste de QI para permitir tais peculiaridades sexuais sem ser rapidamente acusado de elaborar testes para o Harrison Bergeron de Kurt Vonnegut?

25. Hirnstein et al., 2023; Halpern and LaMay, 2000.

26. Adams e Simmons, 2019; Pargulski e Reynolds, 2017. Queira observar, porém, que os tamanhos dos efeitos aos quais estamos nos referindo aqui são pequenos, em especial nos testes de QI, e só aparecem de modo mais significativo em testes que já não estejam levando em conta a diferença de gênero, como avaliações de redação em nível nacional (Reilly et al., 2019).

27. Halpern e LaMay, 2000. Talvez tudo dependa de como exatamente a pergunta é feita nesses problemas de matemática em formato de resposta curta — estilos que favorecem a rotação mental para chegar à solução podem favorecer um cérebro tipicamente masculino, independentemente de quanta redação for exigida depois desse cérebro —, mas aqui também, numa ampla gama de coisas

que exigem habilidades articuladas de redação como parte do desempenho do participante, os meninos parecem se sair um pouco pior, em especial se o participante tiver de escrever textos longos.

28. Spelke, 2005.

29. Um estudo de 2007 com alunos de graduação da Universidade do Arizona estabeleceu que tanto homens quanto mulheres falam em média 16 mil palavras por dia. Os homens, porém, apresentavam um desvio maior, do cara que só falava cerca de quinhentas palavras ao outro que falava cerca de 47 mil (para grande infelicidade dos seus amigos, é de presumir) (Mehl et al., 2007).

30. Kendall e Tannen, 1997. Detalhe importante: elas também falam menos em congressos científicos de modo geral, mas talvez seja porque têm uma probabilidade menor de solicitar uma sessão de fala mais longa do que os homens; ambos têm a mesma probabilidade de conseguirem a sessão (Jones et al., 2014).

31. Esse é um achado conhecido e replicado ao longo dos últimos quarenta anos de pesquisas na área. No entanto, talvez tenha tanto a ver com a estrutura das aulas dos professores quanto a *interrupção* masculina: embora as vozes masculinas tenham tendência a ocupar o espaço sonoro de uma sala de aula aproximadamente 1,6 vez mais em comparação com as femininas, é verdade também que eles falam com mais frequência sem levantar a mão (Lee e McCabe, 2021).

32. Cutler e Scott, 1990.

33. Eriksson et al., 2012. De modo fascinante, os meninos de quatro anos também parecem ter níveis mais baixos da proteína FOXP2 no córtex do seu hemisfério esquerdo do que as meninas da mesma idade, mas como em todos os estudos desse tipo amostras maiores de participantes produziriam informações melhores (Bowers et al., 2013).

34. Hirnstein et al., 2023.

35. Spelke, 2005.

36. Peterson, 2018.

37. Weiner, 2007, citando pesquisas da Nielsen Bookscan em Estados Unidos, Canadá e Reino Unido.

38. Scheiber et al., 2015. Como a redação não é testada com tanta frequência quanto outros tipos de habilidade verbal, o conhecimento dessa diferença não é tão amplamente sustentado quanto outras diferenças de habilidade verbal, porém merece mais atenção (Reilly et al., 2019).

39. Apesar de avanços globais na área da educação nos últimos vinte anos, até mesmo a alfabetização básica — a simples capacidade de ler textos na língua materna — se mantém mundialmente em obstinados 86% (Unesco, 2014). Se esse número parece baixo, considere que quarenta anos atrás eram 68%, o que também pode parecer razoável até você se dar conta de que, no início do século XIX, aproximadamente 12% do mundo humano adulto tinha qualquer capacidade de ler e escrever, e o século XIX inteiro só fez esse número subir cerca de 9% (Unesco, 1953; Unesco, 1957). Até a Roma antiga, considerada uma das sociedades mais alfabetizadas da Antiguidade, parece haver tido uma taxa de alfabetização que jamais superou os 10%, e a maioria dessas pessoas estava concentrada nas cidades (Harris, 1991). Ler não é algo que a espécie humana tenha feito muito, em lugar nenhum, nunca. Estou dizendo isso numa nota de fim num livro já longo, o que é algo estranho de se fazer, mas mesmo assim é verdade.

40. Rutter et al., 2004; Quinn e Wagner, 2015.

41. Quinn e Wagner, 2015.

42. Reilly et al., 2013.

43. Baxter et al., 2014. Queira observar, contudo, que nos dados globais a diferença nos diagnósticos de TDG entre pessoas do sexo masculino e feminino parece diminuir à medida que a igualdade de gênero das sociedades aumenta, o que poderia refletir tanto uma redução nos fatores de estresse dos papéis de gênero femininos quanto o acesso das mulheres à contracepção, que por si só poderia ter um efeito na redução da depressão ao controlar os ciclos hormonais e, naturalmente, reduzir a quantidade de vezes que o cérebro de uma mulher corre o risco de sofrer depressão pós-parto (Seedat et al., 2009).

44. Eaton et al., 2012.

45. Soares e Zitek, 2008.

46. Rasgon et al., 2003.

47. Cyranowski et al., 2000.

48. Terlizzi e Norris, 2021.

49. Aleman et al., 2003.

50. NIDA, 2020. As mulheres na verdade têm a mesma probabilidade de desenvolver transtornos de abuso de substâncias, mas os homens têm taxas bem mais altas de uso e dependência (ibid.).

51. Embora as pessoas do sexo feminino tendam a ser diagnosticadas mais tarde durante a vida, ambos são aproximadamente iguais em matéria de diagnóstico e desfechos de tratamento (Mathes et al., 2019).

52. Arnold, 2003.

53. Krysinska et al., 2017.

54. Isso é famoso por ser de difícil mensuração, claro, devido ao fato de ser inteiramente autodeclarado: dizer que alguém tem uma forte rede de apoio tem tanto a ver com a sensação de apoio da pessoa quanto com as pessoas reais efetivamente envolvidas, e tanto os pacientes depressivos quanto os suicidas são bastante conhecidos por serem ruins na percepção positiva das opiniões que os outros possam ter a seu respeito. Mesmo assim, é verdade que ou se tem ou não se tem amigos, familiares ou parceiros amorosos para os quais ligar. E as mulheres em geral relatam tanto sentimentos mais intensos de apoio social quanto uma quantidade maior de pessoas envolvidas nesses grupos. Quando elas envelhecem, isso também está fortemente ligado ao tempo que têm a probabilidade de viver (Shye et al., 1995).

55. Dehara et al., 2021. Infelizmente não é o caso das mães cujos filhos são confiados aos Serviços de Proteção à Infância (Wall-Wieler et al., 2018). Além disso, entre as gestantes e puérperas, o fato de ter ou não vivenciado algum abuso é um forte fator de risco para a ideação suicida, bem maior, aliás, do que as questões ligadas ao apoio social, embora mulheres sem muito apoio social ainda tenham uma probabilidade maior de tentar se matar do que outras mães (Reid et al., 2022).

56. Machin e Dunbar, 2013.

57. No entanto, na pequena quantidade de dados publicados disponíveis em relação a LCTS adequadamente analisadas no que diz respeito às diferenças sexuais, as mulheres parecem se sair um pouco pior (Farace e Alves, 2000), estranhamente, apesar de as opiniões clínicas defenderem a ideia de que as pacientes mulheres se saem melhor e dos indícios avassaladores de que camundongos fêmeas em laboratório se saem melhor pela maioria das métricas. Esse paradoxo pode ter alguns fatores diferentes por trás: primeiro, os poucos estudos publicados a apresentarem e analisarem de forma correta as diferenças sexuais nesse caso talvez representem uma seleção dema-

siado ruim: uma meta-análise do ano 2000 contou oito deles (ibid.). Segundo, as mulheres humanas modernas têm mais ciclos menstruais do que teriam tido historicamente, o que inclui a abstinência mensal após picos de progesterona.

58. Queira observar que isso se refere principalmente a LCTs graves. Lesões de leves a moderadas parecem ter desfechos piores para pacientes mulheres (Gupte et al., 2019). Portanto, existe certa diferença entre a expectativa clínica e os desfechos dos pacientes, talvez devido em parte às diferenças na síndrome pós-concussão em mulheres, que tem uma apresentação diferente (e parece durar mais tempo) em comparação com o que acontece nos homens (ibid.). Uma das chaves para essas diferenças talvez seja o fato de, nos casos leves (concussivos) de LCT, o que está mais em jogo seja menos o edema generalizado e a morte celular que se veem nas lesões graves e mais a maneira como os axônios locais reagem no cérebro em volta e no local do trauma, talvez influenciada pela estrutura existente ali antes da lesão, que sabidamente tem diferenças sexuais (Dollé et al., 2018).

59. Isso vale em especial para LCTs graves, constatado tanto em roedores quanto em humanos, e a ligação entre as diferenças sexuais vistas em modelos animais e os relatos clínicos em humanos se atenua um pouco nas meta-análises, com o maior efeito constatado nos casos graves de LCT (Caplan et al., 2017).

60. O'Connor et al., 2005.

61. Dois desses estudos concluídos na última década revelam resultados inconsistentes (Skolnick et al., 2014; Wright et al., 2014). Talvez dependa de quando e como a progesterona for administrada: pouco tempo após a lesão sem nenhuma continuidade hormonal não parece ajudar, e aumenta levemente a chance de um AVC (Wright et al., 2014). Mas isso talvez se deva em parte ao fato de que ministrar uma dose rápida de progesterona sem continuidade pode apresentar o risco de uma abstinência de progesterona posterior, o que por si só põe os cérebros em risco — como se pode ver nas mulheres durante a menstruação — para uma série de desfechos cerebrais ruins, entre os quais a desestabilização de humor. Na verdade, quando uma mulher sofre uma LCT na fase lútea, quando a progesterona está naturalmente alta e logo depois despenca, ela terá um prognóstico pior do que mulheres que estiverem usando um método anticoncepcional (e tiverem uma progesterona consistentemente alta) ou mulheres em outra fase do ciclo (Wunderle et al., 2014). Infelizmente, mulheres e meninas em idade menstrual também têm uma probabilidade maior de sofrer lesões desse tipo durante a fase lútea devido a articulações mais soltas, o que talvez explique em parte os desfechos ruins apresentados pelas mulheres nos dados (Wunderle et al., 2014). Resumindo: a progesterona se revela promissora para as LCTs graves, mas faz diferença quando ela é administrada, e em que dose, e por quanto tempo, e no fim das contas a substância talvez simplesmente ajude mais os cérebros masculinos do que os femininos.

62. Sohrabji, 2007. Isso talvez seja particularmente importante para uma estabilização não hospitalar após a lesão (zonas rurais/de combate), com as mulheres (como de costume) sobrevivendo melhor do que os homens (Mayer et al., 2021).

63. Roof e Hall, 2000; Sayeed e Stein, 2009. Para um sólido artigo de análise crítica destacando os dados confusos e os resultados de modo geral inconsistentes de tais estudos, ver Caplan et al., 2017. Os microgliócitos podem ter um papel importante, talvez em especial sob a influência da progesterona. Os hormônios sexuais não podem ser descartados de cara, uma vez que meninas pós-púberes e mulheres apresentam uma sobrevivência melhor em casos de LCT do que homens de qualquer idade e meninas pré-púberes (ibid.). No entanto, a idade na qual uma lesão ocorre

não indica apenas o status hormonal. Embora autores como Caplan tendam a examinar grupos pediátricos pré e pós-púberes em busca de sinalizações hormonais, é verdade também que cérebros em desenvolvimento reagem a lesões de modo um pouco diferente justamente por estarem num circuito de crescimento, o que constitui fator de confusão independente (Arambula, 2019).

64. Turkstra et al., 2020; Rigon et al., 2016. Elas também são conhecidamente mais proativas na procura de atendimento médico e fisioterapia (Chan et al., 2016).

65. Gillies et al., 2014.

66. Existem algumas nos registros fósseis, mas o caso mais evidente seria o do *Hippopotamus gorgops*, animal imenso com cerca do dobro do tamanho do hipopótamo moderno. De modo interessante, esse hipopótamo primitivo e as Evas hominínias primitivas parecem ter migrado em épocas parecidas (por volta de 1,9 milhão de anos atrás), quando o aumento da umidade fez crescer os lagos e rios, tornando o Saara possível de atravessar (Zhang et al., 2014; Van der Made et al., 2017). Considerando quantos humanos são mortos pelos hipopótamos de hoje, porém, não é provável que os dois tenham sido amigos (Van der Made et al., 2017). Na verdade, Erectus tinha também o hábito de abatê-los quando possível (Hill, 1983; Lepre et al., 2011) — bem diferente dos bebês hipopótamos fofinhos que admiramos e protegemos nos zoológicos de hoje.

67. A dieta foi um fator importante para sua extinção, mas não só devido à mudança climática: a competição com ungulados locais também deve ter sido importante, já que o capim existe em quantidade limitada (Cerling et al., 2013). Os últimos sobreviventes desse gênero, os geladas aos quais fomos apresentados no capítulo "Ferramentas", não são tão grandes nem têm tantos protoantílopes primitivos com quem competir nas savanas de altitude da Etiópia. Note também que nossa Eva Erectus pode ter contribuído para a extinção da espécie, visto o grande número de jovens abatidos encontrados em Olorgesailie, no Quênia (Shipman et al., 1981). Considerando que os chimpanzés de hoje caçam habitualmente outros primatas quando a oportunidade se apresenta, não é uma extrapolação tão grande assim pensar que Erectus pode ter caçado os membros mais vulneráveis de um bando local de babuínos comedores de capim. Não que os cérebros maiores não poderiam ter tornado nossas Evas mais dominantes na cadeia alimentar local, mas parece improvável a caça por si só ser o impulsionador central.

68. Aqui estou me baseando muito em Potts com relação à seleção por variabilidade. Em especial no seu artigo de 2015 com Faith.

69. DeSilva e Lesnik, 2006.

70. Ibid.

71. Goddings et al., 2019.

72. Fausto-Sterling et al., 2012. Detalhe importante: estamos nos referindo aqui ao iniciozinho da infância, predominantemente aos primeiros quatro meses de vida. As diferenças sexuais em termos de habilidades motoras parecem diminuir depois disso e tornam a aumentar aos doze meses, o que talvez tenha tanto a ver com a interação da criança com as expectativas de gênero no brincar quanto com o corpo em si (ibid.).

73. Blencowe et al., 2012. Infelizmente, bebês prematuros também não se saem tão bem no caso de serem do sexo masculino, apesar de tenderem a pesar mais, o que de outra forma é considerado uma vantagem para os prematuros (Peacock et al., 2012).

74. Essa é uma área vasta, e o que hoje denominamos espectro autista provavelmente vai acabar representando muitos transtornos diferentes com diversos mecanismos subjacentes.

Mas para um artigo sólido relacionando especificamente o autismo à poda sináptica, ver Tang et al., 2014.

75. Um estudo com dentes indica que eles podem ter adentrado a idade adulta mais ou menos três anos antes do *Homo sapiens* (Smith et al., 2010), enquanto outro sugere que eles já conseguiam processar melhor alimentos suplementares aos dois anos de idade (Mahoney et al., 2021). No quesito padrões de desenvolvimento, isso situa as infâncias dos neandertais em algum ponto entre a do chimpanzé médio e a do ser humano médio.

76. Goddings et al., 2019.

77. Chavarria et al., 2014; Genc et al., 2023.

78. De Bellis et al., 2001; Neufang et al., 2008.

79. Piantadosi e Kidd, 2016.

80. Hoekzema et al., 2017; Hoekzema et al., 2022.

81. Barba-Müller et al., 2019.

82. Hoekzema et al., 2017; Barba-Müller et al., 2019.

83. Watson, 2001.

84. Koss e Gunner, 2018; Wadsworth et al. 2019.

85. Miller et al., 2007; Koss e Gunnar, 2018; Wadsworth et al., 2019.

86. Mrazek et al., 2011; Berger e Sarnyai, 2015.

87. Johns et al., 2005.

88. Eisenberger e Lieberman, 2004.

89. Sellers et al., 2003.

90. Wadsworth et al., 2019.

91. Ibid.

92. Eisenberger e Lieberman, 2003.

93. Ibid.

94. Fish et al., 2020.

95. Oliveira-Pinto et al., 2014.

96. Johannsen et al., 2006.

97. Dinkle e Snyder, 2020.

98. Ibid.

7. VOZ [pp. 317-57]

1. Kapuscinski, 2001. Amo grande parte do que esse homem escreveu. Talvez menos suas opiniões sobre "os africanos".

2. Solnit, 2001.

3. Minha versão desse acidente se baseou num relatório sobre telemedicina em Vermont e no norte do estado de Nova York em 2001 (Rogers et al., 2001).

4. Everett, 2017. De modo ainda mais controverso, um artigo recente estipula que *nenhuma* das mais alegadas restrições anatômicas às capacidades de fala é particularmente exclusiva na linhagem hominínia, fazendo recuar assim o surgimento da fala a mais de 20 milhões de anos (Boë et al., 2019). Outros, talvez bem alimentados por Chomsky, não arredam pé e seguem afirmando

o caráter especial do ser humano, sentindo-se confortáveis apenas com uns 200 mil anos ou algo assim: depois do surgimento da nossa espécie, mas antes de um comportamento fortemente simbólico.

5. Lieberman, 2007.

6. Barney et al., 2012.

7. Aiello e Dunbar, 1993; Dunbar, 1993, 1996.

8. Bem, a menos que se levem em conta as impressões de mãos (Sharpe e Van Gelder, 2006; Bednarik, 2008; Zhang et al., 2021; Fernández-Navarro et al., 2022). Usando um junco cheio de ocre vermelho em pó, várias culturas deixaram impressões de mãos espectrais nas paredes de cavernas primitivas. Em outras ocasiões, minúsculas impressões de palmas foram encontradas gravadas em lama mole. Mas nós só recentemente descobrimos que muitas dessas mãos provavelmente pertenciam a crianças — algumas com idades tão jovens quanto dois ou três anos —, o que joga um balde de água fria na teoria de que a arte primitiva tem a ver apenas ou com a caça ou com deuses (Langley e Litster, 2018). Embora isso possa ter representado uma espécie de cerimônia religiosa de batismo ou um caso de inclusão das crianças em atividades normalmente reservadas aos adultos (ou seja, o evitamento de uma pirraça em condições adversas), também pode ter sido um pouco parecido com o que as mães fazem com crianças pequenas hoje: dar-lhes um projeto de arte qualquer para passar o tempo entre a hora do café da manhã e a da soneca.

9. E como muitos grandes carnívoros seus contemporâneos, ao exemplo dos felinos que descrevo na cena de abertura do capítulo "Cérebro", por acaso costumam deixar grandes quantidades de carne em suas presas, a quantidade de criaturas desse tipo que viveram juntamente com nossas Evas hominínias em qualquer Éden primitivo considerado pode muito bem ter fornecido uma nutrição desse tipo suficiente para criaturas como Erectus (Pobiner, 2015).

10. Outtara et al., 2009.

11. E vozes masculinas (ou seja, mais graves) em mulheres também, em determinados papéis de liderança (Anderson e Klofstad, 2012), mas não necessariamente no caso de uma interação amorosa, que é mais influenciada pela cultura e pela individualidade.

12. O vídeo do evento está disponível gratuitamente na PBS NewsHour, em: <youtu.be/pn-Xiy4D_I8g>.

13. Bellemare et al., 2003.

14. Nishimura, 2006; MacLarnon e Hewitt, 1999; Lieberman, 2007; Ghanzafar e Rendall, 2009.

15. Esse controle mais sutil talvez explique em parte por que os diafragmas das mulheres também parecem estar mais protegidos do cansaço (Geary et al., 2019), e ambas as coisas talvez expliquem em parte por que as mulheres se saem tão bem em esportes de resistência.

16. É possível vê-la fazendo isso, se você quiser, porque o vídeo desse momento está largamente disponível na internet.

17. Hunter et al., 2011.

18. De Boer, 2012.

19. Ibid.

20. Ibid.

21. Lowenstine e Osborn, 2012.

22. Lieberman, 2007. Note que, assim como muitas coisas no meio acadêmico, o debate sobre se o aparato vocal humano é ou não o aspecto central da evolução da fala humana é motivo de controvérsia. W. Tecumseh Fitch (certamente o mais renomado cientista dessa área) discorda de Lieberman em relação a se os macacos rhesus conseguiriam produzir sons de fala com base na sua anatomia: Fitch afirma que sim, e que apenas a evolução neurológica os impede, enquanto Lieberman acha que o cérebro menos elétrico ainda faz diferença (Fitch et al., 2017). Em alguma medida, é provável que se trate apenas de uma rixa intergeracional, mas isso também representa divisões mais profundas em relação a como os cientistas abordam essas questões: o que podemos aprender a partir dos fósseis (Lieberman) versus a fisiologia de mamíferos vivos (Fitch) modelando como nossas Evas evoluíam para criar algo tão complexo quanto a fala humana.

23. Fitch e Reby, 2001.

24. Ibid.

25. Zuckerman e Driver, 1989.

26. Ibid.

27. Ryan e Kenny, 2009.

28. Banai, 2017; Ryan e Kenny, 2009.

29. Schneider et al., 2004.

30. Tanto em matéria de pressão constritiva em geral quanto de força potencial em relação ao peso do músculo: o útero humano médio pesa cerca de 120 gramas, mas é capaz de exercer uma força de até 400 newtons a cada contração durante o trabalho de parto. Isso equivale a cerca de quarenta *quilos* de pressão para baixo.

31. Capasso et al., 2008; Steele et al., 2013.

32. Steele et al., 2013.

33. Black et al., 2015.

34. Tanto já se escreveu sobre esse tema que mencionar uma única citação parece bobo. Mas se você quiser ler um livro quase perfeito, leia *The Language Instinct* [O instinto da linguagem], de Steven Pinker. Eu posso discordar da sua opinião sobre o maternês, mas tirando isso sou uma aluna óbvia do seu trabalho. Na verdade uma acólita.

35. Mampe et al., 2009.

36. Hartshorne et al., 2018.

37. Gobes et al., 2019; Chen et al., 2016.

38. Friedmann e Rusou, 2015.

39. Piazza et al., 2017. Nos casais homossexuais, porém, houve algumas diferenças entre o/a primeiro/a e o/a segundo/a cuidador/a dentro do casal (Grinberg et al., 2022). Como os bebês do sexo masculino provavelmente são expostos a esses padrões de fala na própria infância, não há motivo para pressupor que os homens adultos não fossem se mostrar perfeitamente capazes de usá-la. Talvez a predominância do uso do maternês pelas mulheres reflita, portanto, uma norma mais cultural: as mulheres em geral são as primeiras cuidadoras dos bebês humanos, e portanto talvez tenham mais oportunidades para treinar.

40. Slonecker et al., 2018.

41. Biben et al., 1989.

42. King et al., 2016.

43. Chen et al., 2016.

44. Han et al., 2018. Essas mães também mudam a intensidade com a qual modificam sua fala à medida que a criança cresce, como se vê com frequência em culturas com outros idiomas que usam o maternês (Liu et al., 2009).

45. De modo fascinante, isso funciona para os computadores também: um modelo de computador ao qual foram apresentadas amostras de fala conseguiu identificar melhor as vogais quando as amostras eram em paternês (De Boer e Kuhl, 2003).

46. Thiessen et al., 2005.

47. Entre os britânicos, enquanto isso, o "paternês" difere um pouco do "maternês" no fato de pais manipularem mais do que mães a prosódia da sua fala direcionada a bebês (Shute e Wheldall, 1999).

48. E essa compreensão, de modo interessante, pode ser específica a um idioma e a uma cultura. Falantes de mandarim e de inglês parecem ter uma compreensão ligeiramente diferente do tempo, o que talvez se deva em parte ao fato de que o uso de seus respectivos idiomas os orienta para construtos ligeiramente diferentes de temporalidade (Boroditsky, 2001).

49. Como vários cientistas proeminentes fizeram a gentileza de assinalar, os humanos anatomicamente modernos já viviam no mundo há um bom tempo sem qualquer indício específico de cultura simbólica. O corpo estava lá. O cérebro estava lá. A boca, a garganta, a língua e o canal do nervo hipoglosso estavam lá. Mas se a cultura simbólica tem suas raízes no tipo de cognição narrativa que nós associamos à linguística, à criação de histórias simbólicas, essas Evas não tinham muito dessas coisas.

50. King, 2019.

8. MENOPAUSA [pp. 359-91]

1. Borges, 1962/2007.

2. Borges, 1978. Ele parecia gostar dessa anedota depois que a mãe morreu, embora o aniversário específico parecesse mudar dependendo da entrevista: às vezes era o de 95 anos, às vezes o de 98. A mãe de Borges era bastante conhecida por estar sempre ao seu lado; já a memória do escritor infelizmente não (Alifano, 1984).

3. Pelo visto, ao menos uma das mutações genéticas associadas à nossa partida da África aumentou muito o risco de osteoartrite. Ela diminuiu nosso crescimento ósseo, o que era ótimo para climas mais frios porém bastante ruim para o desgaste no longo prazo (Capellini et al., 2017). A mesma mutação foi encontrada nos neandertais e nos denisovanos (ibid.). Quando nossa Eva de Jericó surgiu, a probabilidade de que também fosse portadora desse risco primitivo de sentir dores nas juntas era significativa, mais uma forma como as jornadas de nossas Evas seguem vivendo em nossos corpos muito depois de seus Édens terem desaparecido.

4. Enchentes eram um problema recorrente na antiga Jericó e podem muito bem ter sido o motivo que levou as muralhas a serem construídas (Bar-Yosef, 1986).

5. Há uma forte ligação, afinal, entre o luto e a realização de tarefas, e em momentos de crise a sensação de que se tem algo para fazer pode ser incrivelmente motivadora e tranquilizadora (Riches e Dawson, 2000).

6. Como muitos fetos humanos ainda não viraram de cabeça para baixo antes de 37 semanas, os partos sentados constituem um risco específico para os bebês prematuros (Bergenhenegouwen

et al., 2014), mas seguem sendo um problema para as mulheres atuais, como é de presumir que tenham sido ao longo da história humana. No século XVII, em Londres, os conselhos relacionados ao parto assistido eram um bom negócio, e a questão de como lidar com o parto de um bebê sentado era quase sempre incluída (Walsh, 2014). Hoje, em geral se recomenda uma cesariana quando possível, mas a probabilidade de uma mãe sobreviver a uma coisa dessas na antiga Jericó teria sido ínfima.

7. Karlamangla et al., 2018. No entanto, o período em que ocorre a perda óssea mais rápida são os três anos ao redor do último ciclo menstrual, o que prepara o terreno para a posterior osteoporose (ibid.).

8. Ellis et al., 2018.

9. Hawkes, 2003.

10. De Vries et al., 2001.

11. Estudos longitudinais com doadoras de óvulos são meio escassos na literatura, claro, visto quão recentemente a doação de óvulos (e a FIV de modo geral) se popularizou. Segundo a teoria geral, porém, o que se recruta durante um ciclo de coleta de óvulos não são óvulos "extras", mas óvulos que em tempo normal seriam perdidos para a atresia.

12. Na verdade, quebras de fita dupla podem inclusive estar ligadas ao envelhecimento ovariano (Oktay et al., 2015), mas, considerando que outros animais de vida longa seguem dando à luz em idade avançada (elefantas, por exemplo), parece menos provável a menopausa humana estar ligada a uma propriedade natural dos óvulos dos mamíferos.

13. Thompson et al., 2007.

14. Hawkes e Smith, 2010; Herndon et al., 2012.

15. Muller et al., 2006.

16. Hawkes e Smith, 2010; Alberts et al., 2013. Observe que Alberts constata, com razão, que numa gama de primatas maior o sinal mais importante é menos "os ovários das primatas param de trabalhar aos cinquenta anos" (muitas espécies simplesmente não vivem tanto assim, mas também apresentam alguma quantidade de senescência reprodutiva em diferentes momentos da vida) e mais que os corpos humanos têm uma sobrevida radical em relação à produção de óvulos: contanto que a mulher tenha ovários com funcionamento normal, o resto do corpo dela envelhece num ritmo bem mais vagaroso ao longo da vida do que esses ovários envelhecerão.

17. Embora sociedades atuais de caçadores-coletores tenham mulheres que alcançam idades pós-menopausa, os números são menores. A consideração da "menopausa" como um fenômeno tanto físico quanto social exige outras métricas. No entanto, seria preciso observar que, como as vidas de muitas dessas mulheres são mais vigorosas ao longo dos anos, alguns dos sintomas que fazem sofrer mulheres com estilos de vida agrícolas/urbanos podem na verdade ser menos incômodos. Por exemplo, os fogachos têm uma probabilidade maior de ser um problema para as nova-iorquinas do que para mulheres em comunidades de caçadores-coletores (Freeman e Sherif, 2007), o que talvez esteja ligado a uma quantidade menor de tecido adiposo e/ou à saúde cardiovascular como um todo.

18. Marsh e Kasuya, 1986.

19. Brent et al., 2015.

20. Ibid.

21. Ehsan, 2011.

22. Ibid.

23. Austad, 1994. Uma pressão importante que eu não mencionei — e que talvez seja um bom argumento para antecipar o advento da utilidade da menopausa — é o Último Máximo Glacial (UMG) associado à última grande era do gelo em nosso planeta. Metade da Europa ficou coberta por geleiras. O clima também mudou na África e no Oriente Médio, e na verdade em qualquer lugar do planeta em que se pudesse estar. Populações humanas se abrigaram em refúgios ao redor do Mediterrâneo (Posth et al., 2023). O clima mudou bem depressa e se mostrou mortal para muitos. Embora os humanos nessa época fossem caçadores-coletores, o UMG proporcionou várias oportunidades para a utilidade do conhecimento intergeracional em ambientes intensamente desafiadores. Quantas dessas mulheres potencialmente mais velhas sobreviveram na época eu não saberia dizer. Sabe-se que nossa população global diminuiu consideravelmente em face da mudança climática (ibid.), de modo que algum ponto depois que o gelo recuou (14 mil anos atrás) me parece uma aposta melhor para quando as sociedades de mulheres mais velhas teriam tido uma chance de começar a existir.

24. As estatísticas internacionais desse parágrafo vieram do relatório Perspectivas para a População Mundial da ONU de 2015.

25. Meyer, 2012.

26. Elas são Maria Branyas, Fusa Tatsumi e Edie Ceccarelli. Quando terminei de escrever este capítulo eram quatro, mas Lucile Randon (118 anos) infelizmente morreu em janeiro de 2023. O melhor lugar para procurar quem ainda está vivo na verdade é o Gerontology Research Group, ONG internacional cuja base de dados de supercentenários confirmados tem a praticidade de estar disponível em: <grg.org/WSRL/TableE.aspx>. Embora muitos censos governamentais também acompanhem essas coisas, os relatórios públicos não são atualizados com tanta frequência.

27. Bronikowski et al., 2011.

28. You et al., 2015. Observe por favor que não foi assim durante a maior parte da história humana (Volk e Atkinson, 2013).

29. Shaw et al., 2008; Maas e Appelman, 2010.

30. Mozaffarian et al., 2016.

31. Takahashi et al., 2020.

32. Reynolds et al., 2020.

33. Gordon e Rosenthal, 1999.

34. Para um bem executado artigo de análise crítica recente sobre o tema, ver Klein e Flanagan, 2016.

35. Smith et al., 2023.

36. Martinez et al., 2012.

37. Lowry et al., 2016.

38. Dunford et al., 2017.

39. Ibid.

40. Ibid.

41. Nigro, 2017; Kenyon, 1957.

9. AMOR [pp. 393-462]

1. Plavcan e van Schaik, 1992; Lindenfors et al., 2007; Plavcan, 2001, 2012b.

2. Plavcan, 2012b.

3. Benoit et al., 2016.

4. Plavcan, 2001.

5. Reno et al., 2003; Reno et al., 2010.

6. Suwa et al., 2009; Plavcan, 2012a. Embora seja possível os caninos já serem bastante pequenos na época de Ardi (Suwa et al., 2021), o que sugere que pelo menos parte desse padrão de redução visto em hominínios posteriores pode ser uma espécie de evolução em mosaico (Manthi et al., 2012), ou então um problema de método estatístico em estudos anteriores (Suwa et al., 2021).

7. Alvesalo, 2013. A exposição aos androgênios no útero também pode fazer diferença (Ribeiro et al., 2013).

8. Plavcan, 2012a; Reno et al., 2010; Lovejoy, 2009.

9. Shultz, 1938; Anderson et al., 2007; Kappeler, 1997.

10. Setchell e Dixson, 2001.

11. Dixson e Anderson, 2002.

12. Zaneveld et al., 1974. Em outras palavras, a eficácia do esperma é bastante temporária.

13. Suarez e Pacey, 2006.

14. De Waal, 2022.

15. Ibid.

16. Muller et al., 2007.

17. Tokuyama e Furuichi, 2016.

18. Smuts e Smuts, 1993; de Waal, 2022.

19. Mao et al., 2021.

20. Brennan et al., 2007; Orbach et al., 2017; Brennan e Orbach, 2020.

21. As dobras que temos são chamadas de rugas, e parecem estar relacionadas em grande parte com proporcionar tecido suficiente para permitir uma expansão adequada quando ficamos excitadas e um membro grande e intrometido talvez esteja prestes a fazer uma visita interna (ou um bebê de cabeça grande prestes a realizar uma saída violenta), o que também é um dos melhores argumentos para explicar por que o pênis humano é mais grosso e mais comprido do que o dos outros símios (Bowman, 2008).

22. Gallup et al., 2003.

23. Brannigan e Lipshultz, 2008.

24. Ulcova-Gallova, 2010.

25. McLean et al., 2011; Reno et al., 2013.

26. McLean et al., 2011.

27. Suntsova e Buzdin, 2020.

28. McLean et al., 2011; reno et al., 2013. Para um panorama recente das colunas penianas em primatas, ver Dixon, 2018.

29. Snow et al., 2019.

30. Lovejoy, 2009; Dixon, 2009; Leigh e Shea, 1995.

31. Hrdy, 1979. Na verdade, num modelo recente, quanto maior a probabilidade de infanticídio em determinada comunidade de primatas, maior se torna o período de receptividade sexual da fêmea (até, é de presumir, chegarmos a algo como o chimpanzé ou o bonobo, nos quais a receptividade sexual ocorre basicamente o tempo inteiro) (Rooker e Gavrilets, 2020).

32. Melnick e Pearl, 1987.

33. Furuichi, 2011; Tokuyama e Furuichi, 2016; De Waal, 2022.

34. Alberts, 2018. Isso parece depender muito da cultura e das pressões demográficas, com alguns grupos apresentando taxas tão baixas quanto 2,3% de mortes de bebês ligadas a infanticídio e outros qualquer coisa entre 38% e 70% (ibid; Zipple et al., 2017). O infanticídio existe de modo mais confiável entre os babuínos-chacma, em que machos matarem bebês parece constituir uma parte profunda da estratégia reprodutiva deles (Palombit et al., 2000). Entre todos os babuínos, a probabilidade de machos imigrantes cometerem infanticídio é maior do que a dos residentes (Alberts, 2018), e esses últimos casos são impedidos de modo mais confiável por grupos de coalizões de machos residentes motivados, é de presumir, pela incerteza da paternidade (Noë and Sluijter, 1990).

35. A literatura relacionada aos anteparos agonísticos e aos machos carregarem bebês no colo existe de forma bastante consistente a partir dos anos 1970 e é observada com frequência em campo. Ela também está presente em outros primatas sociais. Os geladas machos também carregam bebês no colo como uma estratégia para diminuir conflitos (Dunbar, 1984), e os macacos rhesus parecem ter essa prática de anteparos agonísticos (Deag e Crook, 1971). No caso dos rhesus, pode ser que isso esteja ligado a uma estratégia de "cuidar, em seguida acasalar", na qual um macho ajuda uma fêmea lactante a cuidar de seu filhote, depois ganha uma oportunidade quando ela ovular novamente (Ménard et al., 2001).

36. Tais acasalamentos em geral serão ocultados por meio de um tipo qualquer de engodo, para evitar a ira do macho dominante (Le Roux et al., 2013), embora ele possa tolerá-los em alguma medida em troca da ajuda com os filhotes e/ou na defesa do seu harém (Snyder-Mackler et al., 2012).

37. Smuts, 1985. Note que machos e fêmeas que formam vínculos também vivem mais tempo, potencialmente devido à redução do estresse oriunda de mais catação (Campos et al., 2020). Na realidade sua probabilidade de morrer é 28% menor, seja qual for sua idade (ibid.). Em outras palavras, relacionamentos entre os sexos têm muitas vantagens para os primatas, e nem todas elas são diretamente reprodutivas.

38. Leemis et al., 2022; ONS, 2020; Hester, 2013.

39. Aqui eu deveria dizer que, se nossas Evas hominínias fossem matrilocais, isso teria sido muito, muito tempo atrás. Pesquisas recentes indicam que as mulheres viajavam bem mais do que os homens há muitos milhares de anos, o que é um forte indício de uma história patrilocal durante a expansão global da humanidade (Dulias et al., 2022), embora os homens também tenham viajado bastante pela Eurásia, de modo que talvez houvesse outras forças em jogo dependendo da cultura da época (Goldberg et al., 2017). No entanto, conforme mapeei ao longo deste capítulo, como a mudança de estratégias reprodutivas anteriores para outras com menos competição masculina tem indícios ao longo da linhagem dos hominínios, o pacto com o diabo deve ter acontecido realmente muito tempo atrás.

40. Difícil saber quais seriam esses "genes" que levam um macho a ser mais solícito e simpático com as fêmeas e suas crias. Mas houve um caso famoso de um bando de babuínos que mudou de maneira radical seu comportamento, de competitivo para simpático: uma porção de machos

dominantes agressivos morreu de repente de infecção, e os machos que sobraram eram mais simpáticos. Não demorou muito para o comportamento geral do bando inteiro passar de competitivo para simpático e colaborativo, o que se manteve em gerações subsequentes (Sapolsky e Share, 2004).

41. Lowe et al., 2018. Isso é verdade em especial se esses machos forem de status elevado, e particularmente em épocas de instabilidade social no bando (ibid.).

42. Townsend et al., 2007.

43. Bartlett et al., 2014; Armstrong et al., 2014.

44. Será que eu deveria dizer que é por bom senso? Formalmente, vamos considerar Kinsey, 1948, e partir do princípio de que o pedacinho de história que os mil anos anteriores representam não tenha pesado muito nos 300 mil anos de história da nossa espécie.

45. Felisbino-Mendes et al., 2021; Fernandez-Esque et al., 2004; Kim e Cho, 2012; Harrison et al., 2008.

46. Sastre et al., 2015.

47. Newman et al., 2015.

48. CDC, 2015.

49. Bowen et al., 2015; CDC, 2015.

50. Wiesenfeld et al., 2012.

51. Kirkaldy et al., 2019.

52. Como a gonorreia não deixa vestígios no esqueleto, ela é um pouco mais difícil de encontrar; é preciso confiar mais nos textos do que nos indícios concretos. Uma raspagem de placa bacteriana dentária, pelo menos, a situa solidamente no século XII (Warinner et al., 2014). Para um relato completo e divertido da caça à gonorreia antiga, ver Flemming, 2019.

53. Abraham et al., 2019.

54. Howell, 1979/2017.

55. Raj e Boehmer, 2013.

56. Nour, 2006.

57. Baber, 1934; McClure, 2020.

58. Frier, 2015. Da mesma forma, mesmo na Europa medieval, onde histórias de membros da realeza se casando aos doze anos eram comuns, a idade mediana do casamento para uma mulher que não fosse nobre era entre vinte e 25 anos (Shapland et al., 2015).

59. Hoyert, 2022.

60. Martin e Montagne, 2017.

61. Currie e Goodman, 2020.

62. Os impactos são vistos tanto em programas de desenvolvimento de grande escala (Woetzel et al., 2015) quanto em dados vindos do mundo dos microempréstimos (Quigley e Patel, 2022; Mahjabeen, 2008), mas estão mudando a forma como alguns economistas modelam tendências históricas nos Estados Unidos e na Europa (Diebolt e Perrin, 2013).

63. Chattopadhyay e Duflo, 2004.

64. Hessami e da Fonseca, 2020.

65. De Araujo e Tejedo-Romero, 2016; Stanić, 2023. No Congresso americano, legisladoras mulheres também mandam aproximadamente 9% mais recursos discricionários de volta para suas regiões de origem do que seus colegas homens (Anzia e Berry, 2011).

66. FMI, 2018.

67. Autor, 2014. Embora nos Estados Unidos o custo dos empréstimos estudantis complique um pouco o quadro (ibid.).

68. Wodon et al., 2018.

69. Caldwell encontrou essa tendência em dados históricos já em 1980. Para investigar um pouco mais a fundo os dados da OMS, ver Pradhan, 2015.

70. Nair, 2010; Nussbaum, 2003.

71. Wodon, 2018.

72. Ibid.

73. Whalley e Deary, 2001.

74. Hathi et al., 2021.

75. Coffey, 2015.

76. Northstone et al., 2012.

77. Galler et al., 2012.

78. Li et al., 2016.

79. Wodon et al., 2018.

80. Belo, 2009. Eu gostaria de mencionar, contudo, que ele também escreveu que, apesar de a natureza e o potencial geral da mulher serem iguais aos do homem, "como as mulheres nessas cidades não estão preparadas no que tange a quaisquer das virtudes humanas, elas com frequência se parecem com plantas. O fato de serem um fardo para os homens dessas cidades é uma das causas da pobreza" (Averróis, 1974). A tentação é grande de comentar que o trabalho não remunerado das mulheres é uma grande contribuição para a capacidade de outros poderem exercer um trabalho remunerado, por mais incultas e despreparadas em matéria de virtudes que essas mulheres possam ser — basta ver o custo cada vez maior das babás nos Estados Unidos —, mas as ideias modernas sobre pobreza e renda (e até sobre dinheiro de modo geral) são bem diferentes de qualquer coisa que existisse na época de Averróis. E, repetindo, o islamismo nesse período tratou as mulheres bastante melhor do que o cristianismo, sob muitos aspectos.

81. Considere por exemplo a Lei da Educação Básica de 1891, pela qual a Inglaterra só então tornou gratuito o ensino primário, que custava cerca de dez xelins por aluno (Boos, 2013). Dois anos mais tarde, o governo britânico ampliou o ensino público até mais ou menos os onze anos e decidiu que isso também seria uma boa ideia para crianças surdas e cegas. Dickens ficaria orgulhoso.

82. ONU, 2002, 67.

83. Vigilant e Groeneveld, 2012. Para considerações brilhantes sobre por que isso tem importância para a aloparentalidade, ver Hrdy, 2009. Para uma visão nuançada do altruísmo e das "motivações" dos primatas, ver De Waal e Suchak, 2010.

84. Courie, 1972.

85. Barry, 2005

86. Courie, 1972.

87. Morris et al., 2011.

Referências bibliográficas

ALBRECHT, S.; LANE, J. A.; MARINO, K.; AL BUSADAH, K. A.; CARRINGTON, S. D.; HICKEY, R. M. e RUDD, P. M. "A comparative study of free oligosaccharides in the milk of domestic animals." *British Journal of Nutrition*, v. 111, n. 7, 2014, pp. 1313-28.

ALEMAN, A.; KAHN, R. S. e SELTEN, J. P. "Sex differences in the risk of schizophrenia: Evidence from meta-analysis." *Archives of General Psychiatry*, v. 60, n. 6, 2003, pp. 565-571. DOI: 10.1001/archpsyc.60.6.565.

ALTMANN, J.; GESQUIERE, L.; GALBANY, J.; ONYANGO, P. O. e ALBERTS, S. C. "Life history context of reproductive aging in a wild primate model." *Annals of the New York Academy of Sciences*, v. 1204, 2010, pp. 127-38. DOI: 10.1111/j.1749-6632.2010.05531.x.

ALVESALO, L. "The expression of human sex chromosome genes in oral and craniofacial growth." In: *Anthropological Perspectives on Tooth Morphology*. Org. de G. R. Scott e J. D. Irish. Cambridge, UK: Cambridge University Press. 2013, pp. 92-107.

AMBROSE, S. H. "Paleolithic technology and human evolution." *Science*, v. 291, n. 5509, 2001, pp. 1748-53.

AMERICAN CANCER SOCIETY. *Breast Cancer Facts and Figures 2019-2020*. Atlanta: American Cancer Society, 2020.

AMERICAN SOCIETY OF PLASTIC SURGEONS (ASPS) *National Plastic Surgery Statistics Report, 2020*. ASPS National Clearinghouse of Plastic Surgery Procedural Statistics. 2021. Disponível em: <www.plasticsurgery.org>.

AMOS, W. e HOFFMAN, J. I. "Evidence that two main bottleneck events shaped modern human genetic diversity." *Proceedings of the Royal Society B: Biological Sciences*, v. 277, n. 1678, 2010, pp. 131-7. DOI: 10.1098/rspb.2009.1473.

ANDERSON, D. R. e PEMPEK, T. A. "Television and very young children." *American Behavioral Scientist*, v. 48, n. 5, 2005, pp. 505-22. DOI: 10.1177/0002764204271506.

ANDERSON, M. J.; CHAPMAN, S. J.; VIDEAN, E. N.; EVANS, E.; FRITZ, J.; STOINSKI, T. S. et al. "Functional evidence for differences in sperm competition in humans and chimpanzees." *American Journal of Physical Anthropology*, v. 134, 2007, pp. 274-80.

ANDERSON, R. C. e KLOFSTAD, C. A. "Preference for leaders with masculine voices holds in the case of feminine leadership roles." *PLOS ONE*, v. 7, n. 12, 2012, p. e51216. DOI: 10.1371/journal.pone.0051216.

ANDRÉ, G. I.; FIRMAN, R. C. e SIMMONS, L. W. "The effect of genital stimulation on competitive fertilization success in house mice." *Animal Behaviour*, v. 190, 2022, pp. 93-101. DOI: 10.1016/j.anbehav.2022.05.015.

ANTÓN, S. C. "Natural history of *Homo erectus*." *American Journal of Physical Anthropology*, v. 122, n. S37, 2003, pp. 126-70.

ANTÓN, S. C.; POTTS, R. e AIELLO, L. C. "Evolution of early *Homo*: An integrated biological perspective." *Science*, v. 345, n. 6192, 2014, 1236828.

ANZIA, S. F. e BERRY, C. R. "The Jackie (and Jill) Robinson effect: Why do congresswomen outperform congressmen?" *American Journal of Political Science*, v. 55, n. 3, 2011, pp. 478-93. DOI: 10.1111/j.1540-5907.2011.00512.x.

APICELLA, C. L.; CRITTENDEN, A. N. e TOBOLSKY, V. A. "Hunter-gatherer males are more risk-seeking than females, even in late childhood." *Evolution and Human Behavior*, v. 38, n. 5, 2017, pp. 592-603.

ARAMBULA, S. E.; REINL, E. L.; EL DEMERDASH, N.; MCCARTHY, M. M. e ROBERTSON, C. L. "Sex differences in pediatric traumatic brain injury." *Experimental Neurology*, v. 317, 2019, pp. 168-79. DOI: 10.1016/j.expneurol.2019.02.016.

ARCHIBALD, J. D.; ZHANG, Y.; HARPER, T. e CIFELLI, R. L. "Protungulatum, confirmed Cretaceous occurrence of an otherwise Paleocene eutherian (placental?) mammal." *Journal of Mammalian Evolution*, v. 18, 2011, pp. 153-61.

ARMSTRONG, E. A.; HAMILTON, L. T.; ARMSTRONG, E. M. e SEELEY, J. L. "'Good girls': Gender, social class, and slut discourse on campus." *Social Psychology Quarterly*, v. 77, n. 2, 2014, pp. 100-22. DOI: 10.1177/0190272514521220.

ARNOLD, L. M. "Gender differences in bipolar disorder." *The Psychiatric Clinics of North America*, v. 26, n. 3, 2003, pp. 595-620. DOI: 10.1016/s0193-953x(03)00036-4.

ARRIAZA, M. C.; ARAMENDI, J.; MATÉ-GONZÁLEZ, M. Á.; YRAVEDRA, J. e STRATFORD, D. "The hunted or the scavenged? Australopith accumulation by brown hyenas at Sterkfontein (South Africa)." *Quaternary Science Reviews*, v. 273, n. 107252, 2021. DOI: 10.1016/j.quascirev.2021.107252.

ATSALIS, S.; MARGULIS, S. W.; BELLEM, A. e WIELEBNOWSKI, N. "Sexual behavior and hormonal estrus cycles in captive aged lowland gorillas (*Gorilla gorilla*)." *American Journal of Primatology*, v. 62, 2004, pp. 123-32.

AUSTAD, S. N. "Menopause: An evolutionary perspective." *Experimental Gerontology*, v. 29, n. 3, 1994, pp. 255-63. DOI: 10.1016/0531-5565(94)90005-1.

AUTOR, D. H. "Skills, education e the rise of earnings inequality among the 'other 99 percent.'" *Science*, v. 344 n. 6186, 2014, pp. 843-51. DOI: 10.1126/science.1251868.

AVERRÓIS. *Averroes on Plato's Republic*. Trad. de R. Lerner. Ithaca, N.Y.: Cornell University Press, 1974. (Escrito originalmente no século XII; manuscritos remanescentes em hebraico traduzidos a partir de então.)

BABER, R. E. "Marriage in ancient China." *The Journal of Educational Sociology*, v. 8, n. 3, 1934, pp. 131-40. DOI: 10.2307/2961796.

BABIC, A.; SASAMOTO, N.; ROSNER, B. A.; TWOROGER, S. S.; JORDAN, S. J.; RISCH, H. A. et al. "Association between breastfeeding and ovarian cancer risk." *JAMA Oncology*, v. 6, n. 6, 2020, p. e200421. DOI: 10.1001/jamaoncol.2020.0421.

BAKSHANI, C. R.; MORALES-GARCIA, A. L.; ALTHAUS, M.; WILCOX, M. D.; PEARSON, J. P.; BYTHELL, J. C. e BURGESS, J. G. "Evolutionary conservation of the antimicrobial function of mucus: A first defence against infection." *NPJ Biofilms Microbiomes*, v. 4, n. 14, 2018. DOI: 10.1038/s41522-018-0057-2.

BANAI, I. P. "Voice in different phases of menstrual cycle among naturally cycling women and users of hormonal contraceptives." *PLOS ONE*, v. 12, n. 8, 2017, p. e0183462. DOI: 10.1371/journal.pone.0183462.

BAR-YOSEF, O. "The walls of Jericho: An alternative interpretation." *Current Anthropology*, v. 27, n. 2, 1986, pp. 157-62. DOI: 10.1086/203413.

BAR-YOSEF, O. e BELFER-COHEN, A. "From Africa to Eurasia — early dispersals." *Quaternary International*, v. 75, n. 1, pp. 19-28.

BARBA-MÜLLER, E.; CRADDOCK, S.; CARMONA, S. e HOEKZEMA, E. "Brain plasticity in pregnancy and the postpartum period: Links to maternal caregiving and mental health." *Archives of Women's Mental Health*, v. 22, n. 2, 2019, pp. 289-99. DOI: 10.1007/s00737-018-0889-z.

BARDEEN, C. G.; GARCIA, R. R.; TOON, O. B. e CONLEY, A. J. "On transient climate change at the Cretaceous-Paleogene boundary due to atmospheric soot injections." *Proceedings of the National Academy of Sciences*, v. 114, n. 36, 2017, pp. E7415-E7424. DOI: 10.1073/pnas.1708980114.

BARNEY, A.; MARTELLI, S.; SERRURIER, A. e STEELE, J. "Articulatory capacity of Neanderthals, a very recent and human-like fossil hominin." *Philosophical Transactions of the Royal Society of London. Series B, Biological Sciences*, v. 367, n. 1585, 2012, pp. 88-102. DOI: 10.1098/rstb.2011.0259.

BARROS, B. A.; OLIVEIRA, L. R.; SURUR, C. R. C.; BARROS-FILHO, A. A.; MACIEL-GUERRA, A. T. e GUERRA-JUNIOR, G. "Complete androgen insensitivity syndrome and risk of gonadal malignancy: Systematic review." *Annals of Pediatric Endocrinology & Metabolism*, v. 26, n. 1, 2021, pp. 19-23. DOI: 10.6065/apem.2040170.085.

BARRY, J. M. *The Great Influenza: The Story of the Deadliest Pandemic in History*. Nova York: Penguin, 2005. [Ed. bras.: *A grande gripe: A história da gripe espanhola, a pandemia mais mortal de todos os tempos*. Trad. Alexandre Raposo, Carmelita Dias, Cássia Zanon, Livia Almeida, Maria de Fátima Oliva do Coutto e Paula Diniz. Rio de Janeiro: Intrínseca, 2020.]

BARTLETT, J.; NORRIE, R.; PATEL, S.; RUMPEL, R. e WIBBERLEY, S. "Misogyny on Twitter." 2014. Disponível em: <www.demos.co.uk/files/MISOGYNY_ON_TWITTER.pdf>.

BARTON, R. A. "Binocularity and brain evolution in primates." *Proceedings of the National Academy of Sciences*, v. 101, n. 27, 2004, pp. 10113-5. DOI: 10.1073/pnas.0401955101.

BARTOS, L.; BARTOŠOVÁ, J.; PLUHÁČEK, J. e ŠINDELÁŘOVÁ, J. "Promiscuous behaviour disrupts pregnancy block in domestic horse mares." *Behavioral Ecology and Sociobiology*, v. 65, n. 1567-72, 2011. DOI: 10.1007/s00265-011-1166-6.

BAWDON, D.; COX, D. S.; ASHFORD, D.; JAMES, A. G. e THOMAS, G. H. "Identification of axillary *Staphylococcus sp.* involved in the production of the malodorous thioalcohol 3-methyl-3-sufanylhexan-1-ol." *FEMS Microbiology Letters*, v. 362, n. 16, 2015. DOI: 10.1093/femsle/fnv111.

BAXTER, A. J.; SCOTT, K. M.; FERRARI, A. J.; NORMAN, R. E.; VOS, T. e WHITEFORD, H. A. "Challenging the myth of an 'epidemic' of common mental disorders: Trends in the global prevalence of anxiety and depression between 1990 and 2010." *Depression and Anxiety*, v. 31, n. 6, 2014, pp. 506-16. DOI: 10.1002/da.22230.

BAYLE, P.; MACCHIARELLI, R.; TRINKAUS, E.; DUARTE, C.; MAZURIER, A. e ZILHÃO, J. "Dental maturational sequence and dental tissue proportions in the early Upper Paleolithic child from Abrigo do Lagar Velho, Portugal." *Proceedings of the National Academy of Sciences*, v. 107, n. 4, 2010, pp. 1338-42. DOI: 10.1073 /pnas.0914202107.

BECK, K. L.; WEBER, D.; PHINNEY, B. S.; SMILOWITZ, J. T.; HINDE, K.; LÖNNERDAL, B. et al. "Comparative proteomics of human and macaque milk reveals species-specific nutrition during postnatal development." *Journal of Proteome Research*, v. 14, n. 5, 2015, pp. 2143-57. DOI: 10.1021/pr501243m.

BEDNARIK, R. G. "Children as Pleistocene artists." *Rock Art Research: The Journal of the Australian Rock Art Research Association* (aura), v. 25, n. 2, 2008, pp. 173-82.

BEERY, A. K. e ZUCKER, I. "Sex bias in neuroscience and biomedical research." *Neuroscience and Biobehavioral Reviews*, v. 35, n. 3, 2011, pp. 565-72. DOI: 10.1016/j.neubiorev.2010.07.002.

BEKKERING, S.; QUINTIN, J.; JOOSTEN, L. A. B.; VAN DER MEER, J. W. M.; NETEA, M. G. e RIKSEN, N. P. "Oxidized low-density lipoprotein induces long-term proinflammatory cytokine production and foam cell formation via epigenetic reprogramming of monocytes." *Arteriosclerosis, Thrombosis e Vascular Biology*, v. 34, n. 8, 2014, pp. 1731-8. DOI: 10.1161/ ATVBAHA.114.303887.

BELLEMARE, F.; JEANNERET, A. e COUTURE, J. "Sex differences in thoracic dimensions and configuration." *American Journal of Respiratory and Critical Care Medicine*, v. 168, n. 3, 2003, pp. 305-12. DOI: 10.1164/rccm.200208-876OC.

BELLIS, M. A.; DOWNING, J. e ASHTON, J. R. "Adults at 12? Trends in puberty and their public health consequences." *Journal of Epidemiology and Community Health*, v. 60, n. 11, 2006, pp. 910-1. DOI: 10.1136/jech.2006.049379.

BELMAKER, M. "Early Pleistocene faunal connections between Africa and Eurasia: An ecological perspective." In: *Out of Africa I: The First Hominin Colonization of Eurasia*. Org. de J. G. Fleagle, J. J. Shea, F. E. Grine, A. L. Baden e R. E. Leakey. Dordrecht: Springer, 2010, pp. 183-205.

BELO, C. "Some considerations on Averroes' views regarding women and their role in society." *Journal of Islamic Studies*, v. 20, n. 1, 2008, pp. 1-20. DOI: 10.1093/jis /etn061.

BEN-DOR, M.; GOPHER, A.; HERSHKOVITZ, I. e BARKAI, R. "Man the fat hunter: The demise of *Homo erectus* and the emergence of a new hominin lineage in the Middle Pleistocene (ca. 400 kyr) Levant." *PLOS ONE*, v. 6, n. 12, 2011, p. e28689.

BENOIT, J.; MANGER, P. R. e RUBIDGE, B. S. "Palaeoneurological clues to the evolution of defining mammalian soft tissue traits." *Scientific Reports*, v. 6, n. 1, 2016, p. 25604. DOI: 10.1038/ srep25604.

BENOIT, J.; MANGER, P. R.; FERNANDEZ, V. e RUBIDGE, B. S. "Cranial bosses of *Choerosaurus dejageri* (Therapsida, Therocephalia): Earliest evidence of cranial display structures in Eutheriodonts." *PLOS ONE*, v. 11, n. 8, 2016b, p. e0161457.

BENSON, R. B. J.; BUTLER, R. J.; CARRANO, M. T. e O'CONNOR, P. M. "Air-filled postcranial bones in theropod dinosaurs: Physiological implications and the 'reptile'-bird transition." *Biological Reviews*, v. 87, n. 1, 2012, pp. 168-93.

BENTLEY, G. R. "The Evolution of the human breast." *American Journal of Physical Anthropology*, v. 114, n. S32, 2001, p. 38.

BENTON, M. J.; WILF, P. e SAUQUET, H. "The angiosperm terrestrial revolution and the origins of modern biodiversity." *New Phytologist*, v. 233, 2022, pp. 2017-35. DOI: 10.1111/nph.17822.

BERGE, C. e GOULARAS, D. "A new reconstruction of Sts 14 pelvis (*Australopithecus africanus*) from computed tomography and three-dimensional modeling techniques." *Journal of Human Evolution*, v. 58, n. 3, 2010, pp. 262-72.

BERGENHENEGOUWEN, L. A.; MEERTENS, L. J. E.; SCHAAF, J.; NIJHUIS, J. G.; MOL, B. W.; KOK, M. e SCHEEPERS, H. C. "Vaginal delivery versus caesarean section in preterm breech delivery: A systematic review." *European Journal of Obstetrics & Gynecology and Reproductive Biology*, v. 172, 2014, pp. 1-6. DOI: 10.1016/j.ejogrb.2013.10.017.

BERGER, M. e SARNYAI, Z. "'More than skin deep': Stress neurobiology and mental health consequences of racial discrimination." *Stress*, v. 18, n. 1, 2015, pp. 1-10. DOI: 10.3109/10253890.2014.989204.

BERGLUND, H.; LINDSTRÖM, P. e SAVIC, I. "Brain response to putative pheromones in lesbian women." *Proceedings of the National Academy of Sciences*, v. 103, n. 21, 2006, pp. 8269-74. DOI: 10.1073/pnas.0600331103.

BERGLUND, H.; LINDSTRÖM, P.; DHEJNE-HELMY, C. e SAVIC, I. "Male-to-female transsexuals show sex-atypical hypothalamus activation when smelling odorous steroids." *Cerebral Cortex*, v. 18, n. 8, 2008, pp. 1900-8.

BERGMAN, L.; NORDLÖF-CALLBO, P.; WIKSTRÖM, A. K.; SNOWDEN, J. M.; HESSELMAN, S.; BONAMY, A. K. E. e SANDSTRÖM, A. "Multi-fetal pregnancy, preeclampsia, and long-term cardiovascular disease." *Hypertension*, v. 76, n. 1, 2020, pp. 167-75. DOI: 10.1161/HYPERTENSIONAHA.120.14860.

BERNA, F.; GOLDBERG, P.; HORWITZ, L. K.; BRINK, J.; HOLT, S.; BAMFORD, M. e CHAZAN, M. "Microstratigraphic evidence of in situ fire in the Acheulean strata of Wonderwerk Cave, Northern Cape province, South Africa." *Proceedings of the National Academy of Sciences*, v. 109, n. 20, 2012, pp. E1215-20.

BERRY, K. "The first plants to recolonize western North America following the Cretaceous/Paleogene mass extinction event." *International Journal of Plant Sciences*, v. 182, 2020. DOI: 10.1086/11847.

BERTRAM, B. C. R. "Social factors influencing reproduction in wild lions." *Journal of Zoology*, v. 177, 1975, p. 463.

BIBEN, M.; SYMMES, D. e BERNHARDS, D. "Contour variables in vocal communication between squirrel monkey mothers and infants." *Developmental Psychobiology*, v. 22, 1989, pp. 617-31. DOI: 10.1002/dev.420220607.

BLACK, L. I.; VAHRATIAN, A.; HOFFMAN, H. J. "Communication disorders and use of intervention services among children aged 3-17 years: United States, 2012." Relatório de dados do NCHS, nº 205. Hyattsville, Md.: National Center for Health Statistics, 2015.

BLACKBURN, D. G. "Evolution of vertebrate viviparity and specializations for fetal nutrition: A quantitative and qualitative analysis." *Journal of Morphology*, v. 276, n. 8, 2015, pp. 961-90.

BLAUSTEIN, A. R. "Sexual selection and mammalian olfaction." *The American Naturalist*, v. 117, n. 6, 1981, pp. 1006-10. DOI: 10.1086/283786.

BLAUSTEIN, J. D. "Animals have a sex, and so should titles and methods sections of articles." *Endocrinology*, v. 153, n. 6, 2012, pp. 2539-40. DOI:10.1210/en.2012-1365.

BLENCOWE, H.; COUSENS, S.; OESTERGAARD, M. Z.; CHOU, D.; MOLLER, A. B.; NARWAL, R. et al. "National, regional, and worldwide estimates of pre-term birth rates in the year 2010 with time trends since 1990 for selected countries: A systematic analysis and implications." *Lancet*, v. 379, n. 9832, 2012, pp. 2162-72. DOI: 10.1016/S0140-6736(12)60820-4.

BLUMENSCHINE, R. J.; BUNN, H. T.; GEIST, V.; IKAWA-SMITH, F.; MAREAN, C. W.; PAYNE, A. G. et al. "Characteristics of an early hominid scavenging niche [and comments and reply]." *Current Anthropology*, v. 28, n. 4, 1987, pp. 383-407.

BLURTON JONES, N. G. *Demography and Evolutionary Ecology of Hadza Hunter-Gatherers*. Cambridge, UK: Cambridge University Press, 2016.

BOBE, R. e BEHRENSMEYER, A. K. "The expansion of grassland ecosystems in Africa in relation to mammalian evolution and the origin of the genus *Homo*." *Palaeogeography, Palaeoclimatology, Palaeoecology*, v. 207, n. 3-4, 2004, pp. 399-420.

BOCCOLINI, C. S.; DE CARVALHO, M. L.; DE OLIVEIRA, M. I. C. e PÉREZ-ESCAMILLA, R. "Breastfeeding during the first hour of life and neonatal mortality." *Jornal de Pediatria*, v. 89, n. 2, 2013, pp. 131-6. DOI: 10.1016/j.jped.2013.03.005.

BOCKTING, W.; BENNER, A. e COLEMAN, E. "Gay and bisexual identity development among female-to-male transsexuals in North America: Emergence of a transgender sexuality." *Archives of Sexual Behavior*, v. 38, n. 5, 2009, pp. 688-701. DOI: 10.1007/s10508-009-9489-3.

BOCQUET-APPEL, J.-P. "The agricultural demographic transition during and after the agriculture inventions." *Current Anthropology*, v. 52, n. S4, 2011, pp. S497-S510. DOI: 10.1086/659243.

BOË, L.-J.; SAWALLIS, T. R.; FAGOT, J.; BADIN, P.; BARBIER, G.; CAPTIER, G. et al. "Which way to the dawn of speech? Reanalyzing half a century of debates and data in light of speech science." *Science Advances*, v. 5, n. 12, 2019, p. eaaw3916. DOI: 10.1126/sciadv.aaw3916.

BOFFOLI, D.; SCACCO, S. C.; VERGARI, R.; PERSIO, M. T.; SOLARINO, G.; LAFORGIA, R. e PAPA, S. "Ageing is associated in females with a decline in the content and activity of the b-c1 complex in skeletal muscle mitochondria." *Biochimica et Biophysica Acta (BBA) — Molecular Basis of Disease*, v. 1315, n. 1, 1996, pp. 66-72.

BOGAERT, A. F. "Asexuality: What it is and why it matters." *The Journal of Sex Research*, v. 52, n. 4, 2015, pp. 362-79. DOI: 10.1080/00224499.2015.1015713.

BOGAERT, A. F. e SKORSKA, M. N. "A short review of biological research on the development of sexual orientation." *Hormones and Behavior*, v. 119, 2020, p. 104659. DOI: 10.1016/j.yhbeh.2019.104659.

BONOMI, A. E.; TRABERT, B.; ANDERSON, M. L.; KERNIC, M. A. e HOLT, V. L. "Intimate partner violence and neighborhood income: A longitudinal analysis." *Violence Against Women*, v. 20, n. 1, 2014, pp. 42-58. doi.org/10.1177 /1077801213520580.

BOOS, F. S. "Education and work: Women and the education acts." In: *Berg Cultural History of Women in the Age of Empire*. Org. T. Mangum. Oxford: Berg, 2013, pp. 141-60, 224-8

BOQUIEN, C.-Y. "Human milk: An ideal food for nutrition of preterm newborn." *Frontiers in Pediatrics*, v. 6, 2018. DOI: 10.3389/fped.2018.00295.

BORGES, J. L. "Entrevista concedida a César Hildebrandt." *Caretas*, 19 dez. 1978. Disponível em: <borgestodoelanio.blogspot.com>.

BORGES, J. L. *Labyrinths: Selected Stories and Other Writings*. Org. D. A. Yates e J. E. Irby. Nova York: New Directions, 2007.

BORGES, R.; JOHNSON, W. E.; O'BRIEN, S. J.; GOMES, C.; HEESY, C. P. e ANTUNES, A. "Adaptive genomic evolution of opsins reveals that early mammals flourished in nocturnal environments." *BMC Genomics*, v. 19, n. 1, 2018, pp. 1-12. DOI: 10.1186/s12864-017-4417-8.

BORODITSKY, L. "Does language shape thought? Mandarin and English speakers' conceptions of time." *Cognitive Psychology*, v. 43, n. 1, 2001, pp. 1-22. DOI: 10.1006 /cogp.2001.0748.

BOUDOVÁ, S.; COHEE, L. M.; KALILANI-PHIRI, L.; THESING, P. C.; KAMIZA, S.; MUEHLENBACHS, A. et al. "Pregnant women are a reservoir of malaria transmission in Blantyre, Malawi." *Malaria Journal*, v. 13, n. 1, 2014, p. 506. DOI:10.1186/1475-2875-13-506.

BOULINGUEZ-AMBROISE, G.; POUYDEBAT, E.; DISARBOIS, É. e MEGUERDITCHIAN, A. "Maternal cradling bias in baboons: The first environmental factor affecting early infant handedness development?" *Developmental Science*, v. 25, n. 1, 2022, p. e13179. DOI: 10.1111/desc.13179.

BOUTY, A.; AYERS, K. L.; PASK, A.; HELOURY, Y. e SINCLAIR, A. H. "The genetic and environmental factors underlying hypospadias." *Sexual Development*, v. 9, n. 5, 2015, pp. 239-59. DOI: 10.1159/000441988.

BOWEN, V.; SU, J.; TORRONE, E.; KIDD, S. e WEINSTOCK, H. "Increases in incidence of congenital syphilis — United States, 2012-2014." *MMWR Morbidity and Mortality Weekly Report*, v. 64, n. 44, 2015, pp. 1241-5.

BOWERS, J. M.; PEREZ-POUCHOULEN, M.; EDWARDS, N. S. e MCCARTHY, M. M. "Foxp2 mediates sex differences in ultrasonic vocalization by rat pups and directs order of maternal retrieval." *The Journal of Neuroscience*, v. 33, n. 8, 2013, pp. 3276-83. DOI: 10.1523/JNEUROSCI.0425-12.2013.

BOWLING, A. T. e TOUCHBERRY, R. W. "Parentage of Great Basin feral horses." *The Journal of Wildlife Management*, v. 54, n. 3, 1990, pp. 424-9. DOI: 10.2307/3809652.

BOWMAN, E. A. "Why the human penis is larger than in the great apes." *Archives of Sexual Behavior*, v. 37, 2008, p. 361. DOI: 10.1007/s10508-007-9297-6.

BRADSHAW, C. D. "Miocene climates." In: *Encyclopedia of Geology*. Org. de D. Alderton e S. A. Elias. 2 ed. Oxford: Academic Press, 2021, p. 486-96.

BRAIN, C. K. *The Hunters or the Hunted? An Introduction to African Cave Taphonomy*. Chicago: University of Chicago Press, 1981.

BRAMBLE, D. M. e LIEBERMAN, D. E. "Endurance running and the evolution of *Homo*." *Nature*, v. 432, n. 7015, 2004, pp. 345-52. DOI: 10.1038/nature03052.

BRANNIGAN, R. e LIPSHULTZ, L. *The Global Library of Women's Medicine*, 2008. DOI: 10.3843/GLOWM.10316.

BRAUN, D. R.; HARRIS, J. W. K.; LEVIN, N. E.; MCCOY, J. T.; HERRIES, A. I. R.; BAMFORD, M. K. et al. "Early hominin diet included diverse terrestrial and aquatic animals 1.95 Ma in East Turkana, Kenya." *Proceedings of the National Academy of Sciences*, v. 107, n. 22, 2010, pp. 10002-7. DOI: 10.1073 /pnas.1002181107.

BRAWAND, D.; WAHLI, W. e KAESSMANN, H. "Loss of egg yolk genes in mammals and the origin of lactation and placentation." *PLOS Biology*, v. 6, n. 3, 2008, p. e63. DOI: 10.1371/journal.pbio.0060063.

BRENNA, J. T.; SALEM, N. Jr.; SINCLAIR, A. J. e CUNNANE, S. C. "Alpha-Linolenic acid supplementation and conversion to n-3 long-chain polyunsaturated fatty acids in humans." *Prostaglandins, Leukotrienes, and Essential Fatty Acids*, v. 80, n. 2-3, 2009, pp. 85-91. DOI: 10.1016/j.plefa.2009.01.004.

BRENNAN, P. L. R. e ORBACH, D. N. "Copulatory behavior and its relationship to genital morphology." In: *Advances in the Study of Behavior*, v. 52. Org. de M. Naguib, L. Barrett, S. D. Healy, J. Podos, L. W. Simmons e M. Zuk. Cambridge, Mass.: Academic Press, 2020, pp. 65-122.

BRENNAN, P. L. R.; PRUM, R. O.; MCCRACKEN, K. G.; SORENSON, M. D.; WILSON, R. E. e BIRKHEAD, T. R. "Coevolution of male and female genital morphology in waterfowl." *PLOS ONE*, v. 2, n. 5, 2007, p. e418. DOI: 10.1371/journal.pone.0000418.

BRENT, L. J. N.; FRANKS, D. W.; FOSTER, E. A.; BALCOMB, K. C.; CANT, M. A. e CROFT, D. P. "Ecological knowledge, leadership, and the evolution of menopause in killer whales." *Current Biology*, v. 25, n. 6, 2015, pp. 746-50. DOI: 10.1016/j.cub.2015.01.037.

BROADFIELD, D. C.; HOLLOWAY, R. L.; MOWBRAY, K.; SILVERS, A.; YUAN, M. S. e MÁRQUEZ, S. "Endocast of Sambungmacan 3 (Sm 3): A new *Homo erectus* from Indonesia." *The Anatomical Record*, v. 262, n. 4, 2001, pp. 369-79.

BROCHU, C.; NJAU, J.; BLUMENSCHINE, R. e DENSMORE, L. "A new horned crocodile from the Plio-Pleistocene hominid sites at Olduvai Gorge, Tanzania." *PLOS ONE*, v. 5, n. 2, 2010, p. e9333. DOI: 10.1371/journal.pone.0009333.

BROCK, T. D. *Robert Koch: A Life in Medicine and Bacteriology*. Heidelberg: Springer Berlin, 1988.

BRODY, S. e KRÜGER, T. H. "The post-orgasmic prolactin increase following intercourse is greater than following masturbation and suggests greater satiety." *Biological Psychology*, v. 71, n. 3, 2006, pp. 312-15. DOI: 10.1016/j.biopsy cho.2005.06.008.

BRONIKOWSKI, A. M.; ALTMANN, J.; BROCKMAN, D. K.; CORDS, M.; FEDIGAN, L. M.; PUSEY, A. et al. "Aging in the natural world: Comparative data reveal similar mortality patterns across primates." *Science*, v. 331, n. 6022, 2011, pp. 1325-8. DOI: 10.1126/science.1201571.

BROOKS, R.; SINGLETON, J. L. e MELTZOFF, A. N. "Enhanced gaze-following behavior in deaf infants of deaf parents." *Developmental Science*, v. 23, n. 2, 2020, p. e12900. DOI: 10.1111/desc.12900.

BRUCE, H. M. "Exteroceptive block to pregnancy in the mouse." *Nature*, v. 184, n. 4680, 1959, p. 105.

BRUSATTE, S. e LUO, Z. X. "Ascent of the mammals." *Scientific American*, v. 314, n. 6, 2016, pp. 28-35. DOI: 10.1038/scientificamerican0616-28.

BRYAN, D. L.; HART, P. H.; FORSYTH, K. D. e GIBSON, R. A. "Immuno-modulatory constituents of human milk change in response to infant bronchiolitis." *Pediatric Allergy and Immunology*, v. 18, n. 6, 2007, pp. 495-502.

BRYANT, G. A. e HASELTON, M. G. "Vocal cues of ovulation in human females." *Biology Letters*, v. 5, n. 1, 2009, pp. 12-5. DOI: 10.1098/rsbl.2008.0507.

BUCHANAN, F. F.; MYLES, P. S. e CICUTTINI, F. "Patient sex and its influence on general anaesthesia." *Anaesthesia and Intensive Care*, v. 37, n. 2, 2009, pp. 207-18. DOI: 10.1177/0310057X0903700201.

BUNN, H. T. "Archaeological evidence for meat-eating by Plio-Pleistocene hominids from Koobi Fora and Olduvai Gorge." *Nature*, v. 291, n. 5816, 1981, pp. 574-7.

BURKE, S. M.; COHEN-KETTENIS, P. T.; VELTMAN, D. J.; KLINK, D. T. e BAKKER, J. "Hypothalamic response to the chemo-signal androstadienone in gender dysphoric children and adolescents." *Frontiers in Endocrinology*, v. 5, n. 60, 2014. DOI: 10.3389/fendo.2014.00060.

BUTLER, P. M. e SIGOGNEAU-RUSSELL, D. "Diversity of triconodonts in the Middle Jurassic of Great Britain." *Palaeontologia Polonica*, v. 67, 2016, pp. 35-65.

BYRNES, J. P.; MILLER, D. C. e SCHAFER, W. D. "Gender differences in risk taking: A meta-analysis." *Psychological Bulletin*, v. 125, n. 3, 1999, p. 367.

CAFAZZO, S.; NATOLI, E. e VALSECCHI, P. "Scent-marking behaviour in a pack of free-ranging domestic dogs." *Ethology*, v. 118, 2012, pp. 955-66. DOI: 10.1111 /j.1439-0310.2012.02088.x.

CAIN, W. S. "Odor identification by males and females: Predictions vs. performance." *Chemical Senses*, v. 7, n. 2, 1982, pp. 129-42.

CAINE, N. G.; OSORIO, D. e MUNDY, N. I. "A foraging advantage for dichromatic marmosets (*Callithrix geoffroyi*) at low light intensity." *Biology Letters*, v. 6, n. 1, 2010, pp. 36-8. DOI: 10.1098/rsbl.2009.0591.

CALDWELL, J. C. "Mass education as a determinant of the timing of fertility decline." *Population and Development Review*, 1980, pp. 225-55.

CALLAWAY, E. "Fathers bequeath more mutations as they age." *Nature*, v. 488, n. 7412, 2012, pp. 439. DOI: 10.1038/488439a.

CAMERON, E. L. "Pregnancy and olfaction: A review." *Frontiers in Psychology*, v. 5, 2014. DOI: 10.3389/fpsyg.2014.00067.

CAMMAROTA, G.; IANIRO, G. e GASBARRINI, A. "Fecal microbiota transplantation for the treatment of *Clostridium difficile* infection: A systematic review." *Journal of Clinical Gastroenterology*, v. 48, n. 8, 2014, pp. 693-702.

CAMPBELL, A.; COPPING, L. T. e CROSS, C. P. *Sex Differences in Fear Response: An Evolutionary Perspective*. Cham: Springer, 2021.

CAMPOS, F. A.; ALTMANN, J.; CORDS, M.; FEDIGAN, L. M.; LAWLER, R.; LONSDORF, E. V. et al. "Female reproductive aging in seven primate species: Patterns and consequences." *Proceedings of the National Academy of Sciences*, v. 119, n. 20, 2022, p. e2117669119. DOI: 10.1073/pnas.2117669119.

CAMPOS, F. A.; VILLAVICENCIO, F.; ARCHIE, E. A.; COLCHERO, F. e ALBERTS, S. C. "Social bonds, social status and survival in wild baboons: A tale of two sexes." *Philosophical Transactions of the Royal Society B: Biological Sciences*, v. 375, n. 1811, 2020, p. 20190621. DOI: 10.1098/rstb.2019.0621.

CANTWELL, R.; CLUTTON-BROCK, T.; COOPER, G.; DAWSON, A.; DRIFE, J.; GARROD, D. et al. "Saving mothers' lives: Reviewing maternal deaths to make motherhood safer: 2006-2008. The Eighth Report of the Confidential Enquiries into Maternal Deaths in the United Kingdom." *British Journal of Obstetrics and Gynaecology*, v. 118, n. S1, 2011, pp. 1-203. DOI: 10.1111/j.14710528.2010.02847.x.

CAPASSO, L.; MICHETTI, E. e D'ANASTASIO, R. "A *Homo erectus* hyoid bone: Possible implications for the origin of the human capability for speech." *Collegium Antropologicum*, v. 32, n. 4, 2008, pp. 1007-11.

CAPELLINI, T. D.; CHEN, H.; CAO, J.; DOXEY, A. C.; KIAPOUR, A. M.; SCHOOR, M. e KINGSLEY, D. M. "Ancient selection for derived alleles at a GDF5 enhancer influencing human growth and osteoarthritis risk." *Nature Genetics*, v. 49, n. 8, 2017, pp. 1202-10. DOI: 10.1038/ng.3911.

CAPLAN, H. W.; COX, C. S. e BEDI, S. S. "Do microglia play a role in sex differences in TBI?" *Journal of Neuroscience Research*, v. 95, n. 1-2, 2017, pp. 509-17. DOI: 10.1002/jnr.23854.

CARDINALE, D. A.; LARSEN, F. J.; SCHIFFER, T. A.; MORALES-ALAMO, D.; EKBLOM, B.; CALBET, J. A. L. et al. "Superior intrinsic mitochondrial respiration in women than in men." *Frontiers in Physiology*, v. 9, 2018. DOI: 10.3389 /fphys.2018.01133.

CARLSON, B. A. e KINGSTON, J. D. "Docosahexaenoic acid, the aquatic diet, and hominin encephalization: Difficulties in establishing evolutionary links." *American Journal of Human Biology*, v. 19, n. 1, 2007, pp. 132-41. DOI: 10.1002 /ajhb.20579.

CARO, T. M.; SELLEN, D. W.; PARISH, A.; FRANK, R.; BROWN, D. M.; VOLAND, E. e MULDER, M. B. "Termination of reproduction in nonhuman and human female primates." *International Journal of Primatology*, v. 16, n. 2, 1995, pp. 205-20. DOI: 10.1007/BF02735478.

CARR, L. E.; VIRMANI, M. D.; ROSA, F.; MUNBLIT, D.; MATAZEL, K. S.; ELOLIMY, A. A. e YERUVA, L. "Role of human milk bioactives on infants' gut and immune health." *Frontiers in Immunology*, v. 12, 2021, p. 604080. DOI: 10.3389 /fimmu.2021.604080.

CARRANO, M. T. e SAMPSON, S. D. "A review of coelophysoids (Dinosauria: Theropoda) from the Early Jurassic of Europe, with comments on the late history of the Coelophysoidea." *Neues Jahrbuch für Geologie und Paläontologie-Monatshefte*, n. 9, 2004, pp. 537-58. DOI: 10.1127/njgpm/2004/2004/537.

CARVALHO, M. R.; JARAMILLO, C.; DE LA PARRA, F.; CABALLERO-RODRÍGUEZ, D.; HERRERA, F.; WING, S. et al. "Extinction at the end-Cretaceous and the origin of modern Neotropical rainforests." *Science*, v. 372, n. 6537, 2021, pp. 63-8. DOI: 10.1126/science.abf1969.

CARVALHO, S.; BIRO, D.; CUNHA, E.; HOCKINGS, K.; MCGREW, W. C.; RICHMOND, B. G. e MATSUZAWA, T. "Chimpanzee carrying behaviour and the origins of human bipedality." *Current Biology*, v. 22, n. 6, 2012, pp. R180-81. DOI: 10.1016/j.cub.2012.01.052.

CASOLINI, P.; CIGLIANA, G.; ALEMA, G. S.; RUGGIERI, V.; ANGELUCCI, L. e CATALANI, A. "Effect of increased maternal corticosterone during lactation on hippocampal corticosteroid receptors, stress response and learning in offspring in the early stages of life." *Neuroscience*, v. 79, 1997, pp. 1005-12.

CBS NEWS. "First women to pass Ranger School recount milestone." 20 ago. 2015. Disponível em: <www.cbsnews.com>.

CENTERS FOR DISEASE CONTROL AND PREVENTION (CDC). *Sexually Transmitted Disease Surveillance 2014*. Atlanta: U.S. Department of Health and Human Services, 2015.

CENTERS FOR DISEASE CONTROL AND PREVENTION (CDC). *Sexually Transmitted Disease Surveillance 2020*. Atlanta: U.S. Department of Health and Human Services, 2022. Disponível em: <www.cdc.gov>.

CENTERWALL, B. "Race, socioeconomic status, and domestic homicide." *Journal of the American Medical Association*, v. 273, n. 22, 1995, pp. 1755-8.

CERA, N.; VARGAS-CÁCERES, S.; OLIVEIRA, C.; MONTEIRO, J.; BRANCO, D.; PIGNATELLI, D. e REBELO, S. "How relevant is the systemic oxytocin concentration for human sexual behavior? A systematic review." *Sexual Medicine*, v. 9, n. 4, 2021, p. 100370. DOI: 10.1016/j.esxm.2021.100370.

CERLING, T. E.; CHRITZ, K. L.; JABLONSKI, N. G.; LEAKEY, M. G. e MANTHI, F. K. "Diet of *Theropithecus* from 4 to 1 Ma in Kenya." *Proceedings of the National Academy of Sciences*, v. 110, n. 26, 2013, pp. 10507-12. DOI: 10.1073 /pnas.1222571110.

CERLING, T. E.; LEVIN, N. E.; QUADE, J.; WYNN, J. G.; FOX, D. L.; KINGSTON, J. D. et al. "Comment on the Paleoenvironment of *Ardipithecus ramidus*." *Science*, v. 328, n. 5982, 2010, p. 1105.

CERLING, T. E.; WYNN, J. G.; ANDANJE, S. A.; BIRD, M. I.; KORIR, D. K.; LEVIN, N. E. et al. "Woody cover and hominin environments in the past 6 million years." *Nature*, v. 476, n. 7358, 2011, pp. 51-6.

CHAKRADHAR, S. e ROSS, C. "The history of OxyContin, told through unsealed Purdue documents." *Stat*, 3 dez. 2019. Disponível em: <www.statnews.com>.

CHAN, E. K.; TIMMERMANN, A.; BALDI, B. F.; MOORE, A. E.; LYONS, R. J.; LEE, S. S. et al. "Human origins in a southern African palaeo-wetland and first migrations." *Nature*, v. 575, n. 7781, 2019, pp. 185-9.

CHAN, Y. Y.; JAYAPRAKASAN, K.; ZAMORA, J.; THORNTON, J. G.; RAINE-FENNING, N. e COOMARASAMY, A. "The prevalence of congenital uterine anomalies in unselected and high-risk populations: A systematic review." *Human Reproduction Update*, v. 17, n. 6, 2011, pp. 761-71. DOI: 10.1093/humupd/dmr028.

CHANCE, M. R. A. "Reason for externalization of the testis of mammals." *Journal of Zoology*, v. 239, n. 4, 1996, pp. 691-5. DOI: 10.1111/j.1469-7998.1996.tb05471.x.

CHAPMAN, D. D.; WINTNER, S. P.; ABERCROMBIE, D. L.; ASHE, J.; BERNARD, A. M.; SHIVJI, M. S. e FELDHEIM, K. A. "The behavioural and genetic mating system of the sand tiger shark, *Carcharias taurus*, an intrauterine cannibal." *Biology Letters*, v. 9, n. 3, 2013, p. 20130003. DOI: 10.1098/rsbl.2013.0003.

CHATTOPADHYAY, R. e DUFLO, E. "Women as policy makers: Evidence from a randomized policy experiment in India." *Econometrica*, v. 72, n. 5, 2004, pp. 1409-43.

CHAVARRIA, M. C.; SÁNCHEZ, F. J.; CHOU, Y. Y.; THOMPSON, P. M. e LUDERS, E. "Puberty in the corpus callosum." *Neuroscience*, v. 265, 2014, pp. 1-8. DOI: 0.1016/j.neuroscience.2014.01.030.

CHEN, Y.; MATHESON, L. E. e SAKATA, J. T. "Mechanisms underlying the social enhancement of vocal learning in songbirds." *Proceedings of the National Academy of Sciences*, v. 113, n. 24, 2016, pp. 6641-6. DOI: 10.1073/pnas.1522306113.

CHERRY, J. A. e BAUM, M. J. "Sex differences in main olfactory system pathways involved in psychosexual function." *Genes, Brain and Behavior*, v. 19, 2020, p. e12618. DOI: 10.1111/gbb.12618.

CHESTER, S. G. B.; BLOCH, J. I.; BOYER, D. M. e CLEMENS, W. A. "Oldest known euarchontan tarsals and affinities of Paleocene *Purgatorius* to primates." *Proceedings of the National Academy of Sciences*, v. 112, n. 5, 2015, pp. 1487-92. DOI: 10.1073/pnas.1421707112.

CHOI, H.; DEY, A. K.; PRIYAMVARA, A.; AKSENTIJEVICH, M.; BANDYOPADHYAY, D.; DEY, D. et al. "Role of periodontal infection, inflammation and immunity in atherosclerosis." *Current Problems in Cardiology*, v. 46, n. 3, 2021, p. 100638. DOI: 10.1016/j.cpcardiol.2020.100638.

CLARK, J. D.; DE HEINZELIN, J.; SCHICK, K. D.; HART, W. K.; WHITE, T. D.; WOLDEGABRIEL, G. et al. "African *Homo erectus*: Old radiometric ages and young Oldowan assemblages in the Middle Awash Valley, Ethiopia." *Science*, v. 264, n. 5167, 1994, pp. 1907-10.

CLARK, P (Org.) *The Oxford Handbook of Cities in World History*. Oxford: Oxford University Press, 2013.

CLAYTON, J. A. e COLLINS, F. S. "Policy: NIH to balance sex in cell and animal studies." *Nature*, v. 509, n. 7500, 2014, pp. 282-3. DOI: 10.1038/509282a.

CLEMENS, W. A. *Purgatorius* (Plesiadapiformes, Primates?, Mammalia), a Paleocene immigrant into northeastern Montana: Stratigraphic occurrences and incisor proportions. *Bulletin of Carnegie Museum of Natural History*, v. 2004, n. 36, 2004, pp. 3-13.

COENEN, P.; HUYSMANS, M. A.; HOLTERMANN, A.; KRAUSE, N.; VAN MECHELEN, W.; STRAKER, L. M. e VAN DER BEEK, A. J. "Do highly physically active workers die early? A systematic review with meta-analysis of data from 193696 participants." *British Journal of Sports Medicine*, v. 52, n. 20, 2018, pp. 1320-6. DOI: 10.1136/bjsports-2017-098540.

COFFEY, D. "Prepregnancy body mass and weight gain during pregnancy in India and sub-Saharan Africa." *Proceedings of the National Academy of Sciences*, v. 112, n. 11, 2015, pp. 3302-7. DOI: 10.1073/pnas.1416964112.

COFFEY, D. e HATHI, P. "Underweight and pregnant: Designing universal maternity entitlements to improve health." *Indian Journal of Human Development*, v. 10, n. 2, 2016, pp. 176-90.

COFFMAN, K. B.; COFFMAN, L. C. e ERICSON, K. M. M. "The size of the LGBT population and the magnitude of antigay sentiment are substantially underestimated." *Management Science*, v. 63, n. 10, 2017, pp. 3168-86. DOI: 10.1287/mnsc.2016.2503.

COHAN, A. B. e TANNENBAUM, I. J. "Lesbian and bisexual women's judgments of the attractiveness of different body type." *The Journal of Sex Research*, v. 38, n. 3, 2001, pp. 226-32. DOI: 10.1080/00224490109552091.

COLCHERO, F.; ABURTO, J. M.; ARCHIE, E. A.; BOESCH, C.; BREUER, T.; CAMPOS, F. A. et al. "The long lives of primates and the 'invariant rate of ageing' hypothesis." *Nature Communications*, v. 12, n. 1, 2021, p. 3666. DOI: 10.1038/s41467-021-23894-3.

COLCHERO, F.; RAU, R.; JONES, O. R.; BARTHOLD, J. A.; CONDE, D. A.; LENART, A. et al. "The emergence of longevous populations." *Proceedings of the National Academy of Sciences*, v. 113, n. 48, 2016, pp. E7681-90. DOI: 10.1073/pnas.1612191113.

COLEMAN, M. N. "What do primates hear? A meta-analysis of all known nonhuman primate behavioral audiograms." *International Journal of Primatology*, v. 30, n. 1, 2009, pp. 55-91.

COLMAN, R. J.; KEMNITZ, J. W.; LANE, M. A.; ABBOTT, D. H. e BINKLEY, N. "Skeletal effects of aging and menopausal status in female rhesus macaques." *The Journal of Clinical Endocrinology & Metabolism*, v. 84, n. 11, 1999, pp. 4144-8. DOI: 10.1210/jcem.84.11.6151.

COMANDO DE DESENVOLVIMENTO DE COMBATE DA CORPORAÇÃO DE FUZILEIROS NAVAIS (MCCDC, Estados Unidos). *Analysis of The Integration of Female Marines into Ground Combat Arms and Units*. Quantico, Va., 27 ago. 2015.

CONARD, N. J. "Cultural evolution during the Middle and Late Pleistocene in Africa and Eurasia." In: *Handbook of Paleoanthropology*. Org. de W. Henke e I. Tattersall. Berlin: Springer, 2015, pp. 2465-508.

CONITH, A. J.; IMBURGIA, M. J.; CROSBY, A. J. e DUMONT, E. R. "The functional significance of morphological changes in the dentitions of early mammals." *Journal of the Royal Society Interface*, v. 13, n. 124, 2016, p. 20160713. DOI: 10.1098/rsif.2016.0713.

CONNOR, R. C. e SMOLKER, R. "'Pop' goes the dolphin: A vocalization male bottlenose dolphins produce during consortships." *Behaviour*, v. 133, 1996, p. 643-62.

CONNOR, R. C.; KRÜTZEN, M.; ALLEN, S. J.; SHERWIN, W. B. e KING, S. L. "Strategic intergroup alliances increase access to a contested resource in male bottlenose dolphins." *Proceedings of the National Academy of Sciences*, v. 119, n. 36, 2022, p. e2121723119. DOI: 10.1073/pnas.2121723119.

CONNOR, R. C.; SMOLKER, R. A. e RICHARDS, A. F. "Two levels of alliance formation among male bottlenose dolphins (*Tursiops sp.*)." *Proceedings of the National Academy of Sciences*, v. 89, n. 3, 1992, pp. 987-90.

COPPA, G. V.; PIERANI, P.; ZAMPINI, L.; CARLONI, I.; CARLUCCI, A. e GABRIELLI, O. "Oligosaccharides in human milk during different phases of lactation." *Acta Paediatrica* supl., v. 88, n. 430, 1999, pp. 89-94. DOI: 10.1111/j.1651-2227.1999.tb01307.x.

COPPA, G.V.; ZAMPINI, L.; GALEAZZI, T.; FACINELLI, B.; FERRANTE, L.; CAPRETTI, R. e ORAZIO, G. "Human milk oligosaccharides inhibit the adhesion to Caco-2 cells of diarrheal pathogens: *Escherichia coli*, *Vibrio cholerae*, and *Salmonella fyris*." *Pediatric Research*, v. 59, 2006, pp. 377-82.

COQUERELLE, M.; PRADOS-FRUTOS, J. C.; ROJO, R.; MITTEROECKER, P. e BASTIR, M. "Short faces, big tongues: Developmental origin of the human chin." *PLOS ONE*, v. 8, n. 11, 2013, p. e81287.

CORVINUS, G. "*Homo erectus* in East and Southeast Asia, and the questions of the age of the species and its association with stone artifacts, with special attention to handaxe-like tools." *Quaternary International*, v. 117, n. 1, 2004, pp. 141-51.

COURIE, L. W. *The Black Death and Peasant's Revolt*. Londres: Wayland, 1972.

COX, C.; BERGMANN, C.; FOWLER, E.; KEREN-PORTNOY, T.; ROEPSTORFF, A.; BRYANT, G. e FUSAROLI, R. "A systematic review and Bayesian meta-analysis of the acoustic features of infant-directed speech." *Nature Human Behaviour*, 3 out. 2022. DOI: 10.1038/s41562-022--01452-1.

COX-YORK, K.; WEI, Y.; WANG, D.; PAGLIASSOTTI, M. J. e FOSTER, M. T. "Lower body adipose tissue removal decreases glucose tolerance and insulin sensitivity in mice with exposure to high fat diet." *Adipocyte*, v. 4, n. 1, 2015, pp. 32-43. DOI: 10.4161/21623945.2014.957988.

CRISTIA, A.; DUPOUX, E.; GURVEN, M. e STIEGLITZ, J. "Child-directed speech is infrequent in a forager-farmer population: A time allocation study." *Child Development*, v. 90, n. 3, 2019, pp. 759-73. doi.org/10.1111/cdev.12974.

CROFT, D. P.; BRENT, L. J. N.; FRANKS, D. W. e CANT, M. A. "The evolution of prolonged life after reproduction." *Trends in Ecology & Evolution*, v. 30, n. 7, 2015, pp. 407-16. DOI: 10.1016/j.tree.2015.04.011.

CROFTON, E. J.; ZHANG, Y. e GREEN, T. A. "Inoculation stress hypothesis of environmental enrichment." *Neuroscience Biobehavioral Review*, v. 49, 2015, pp. 19-31. DOI: 10.1016/j.neubiorev.2014.11.017.

CUCKLE, H. S.; WALD, N. J. e THOMPSON, S. G. "Estimating a woman's risk of having a pregnancy associated with Down's syndrome using her age and serum alpha-fetoprotein level." *British Journal of Obstetrics and Gynaecology*, v. 94, n. 5, 1987, pp. 387-402. DOI: 10.1111/j.1471-0528.1987.tb03115.x.

CULLEN, C. *The Medea, and Some Poems*. Nova York: Harper & Brothers, 1935.

CUNNANE, S. C. e CRAWFORD, M. A. "Survival of the fattest: Fat babies were the key to evolution of the large human brain." *Comparative Biochemistry and Physiology. Part A, Molecular & Integrative Physiology*, v. 136, n. 1, 2003, pp. 17-26. DOI: 10.1016/s1095-6433(03)00048-5.

CUNNANE, S. C. e CRAWFORD, M. A. "Energetic and nutritional constraints on infant brain development: Implications for brain expansion during human evolution." *Journal of Human Evolution*, v. 77, 2014, pp. 88-98. DOI: 10.1016/j.jhevol.2014.05.001.

CURRIE, J. e GOODMAN, J. "Parental socioeconomic status, child health, and human capital." In: *The Economics of Education*. Org. de S. Bradley e C. Green. 2 ed. Elsevier, 2020, pp. 239-48

CUTLER, A. e SCOTT, D. "Speaker sex and perceived apportionment of talk." *Applied Psycholinguistics*, v. 11, n. 3, 1990, pp. 253-72. DOI: 10.1017/S0142716400008882.

CYRANOWSKI, J. M.; FRANK, E.; YOUNG, E. e SHEAR, M. K. "Adolescent onset of the gender difference in lifetime rates of major depression: A theoretical model." *Archives of General Psychiatry*, v. 57, n. 1, 2000, pp. 21-7. DOI: 10.1001/archpsyc.57.1.21.

DADDONA, M. "Got Milk? How the iconic campaign came to be, 25 years ago." *Fast Company*, 2018. Disponível em: <www.fastcompany.com>.

DAHLBERG, E. L.; EBERLE, J. J.; SERTICH, J. J. W. e MILLER, I. M. "A new earliest Paleocene (Puercan) mammalian fauna from Colorado's Denver Basin, U.S.A." *Rocky Mountain Geology*, v. 51, n. 1, 2016, pp. 1-22. DOI: 10.2113/gsrocky.51.1.1.

DALENE, K. E.; TARP, J.; SELMER, R. M.; ARIANSEN, I. K. H.; NYSTAD, W.; COENEN, P. et al. "Occupational physical activity and longevity in working men and women in Norway: a prospective cohort study." *The Lancet Public Health*, v. 6, n. 6, 2021, pp. e386-95. DOI: 10.1016/S2468-2667(21)00032-3.

DALLEY, S. *Myths from Mesopotamia*. Oxford: Oxford University Press, 1991.

DALLMAN, M. F.; PECORARO, N.; AKANA, S. F.; LA FLEUR, S. E.; GOMEZ, F.; HOUSHYAR, H. et al. "Chronic stress and obesity: A new view of 'comfort food.'" *Proceedings of the National Academy of Sciences*, v. 100, n. 20, 2003, pp. 11696-701.

DALY, S. E. e HARTMANN, P. E. "Infant demand and milk supply. Part 2: The short-term control of milk synthesis in lactating women." *Journal of Human Lactation*, v. 11, 1995, pp. 27-37.

DANESH, J.; COLLINS, R. e PETO, R. "Chronic infections and coronary heart disease: Is there a link?" *The Lancet*, v. 350, n. 9075, 1997, pp. 430-6. DOI: 10.1016/S0140-6736(97)03079-1.

DARNALL, B. D.; STACEY, B. R. e CHOU, R. "Medical and psychological risks and consequences of long-term opioid therapy in women." *Pain Medicine*, v. 13, n. 9, 2012, pp. 1181-211.

DART, D. A.; WAXMAN, J.; ABOAGYE, E. O. e BEVAN, C. L. "Visualising androgen receptor activity in male and female mice." *PLOS ONE*, v. 8, n. 8, 2013, p. e71694. DOI: 10.1371/journal.pone.0071694.

DAWKINS, R. *The Extended Phenotype*. Ed. rev. Oxford: Oxford University Press, 1999 (1982).

DE ARAUJO, J. F. F. E. e TEJEDO-ROMERO, F. "Women's political representation and transparency in local governance." *Local Government Studies*, v. 42, n. 6, 2016, pp. 885-906. DOI: 10.1080/03003930.2016.1194266.

DE BELLIS, M. D.; KESHAVAN, M. S.; BEERS, S. R.; HALL, J.; FRUSTACI, K.; MASALEHDAN, A. et al. "Sex difference in brain maturation during childhood and adolescence." *Cerebral Cortex*, v. 11, n. 6, 2001, pp. 552-7. DOI: 10.1093/cercor/11.6.552.

DE BLOK, C. J. M.; KLAVER, M.; WIEPJES, C. M.; NOTA, N. M.; HEIJBOER, A. C.; FISHER, A. D. et al. "Breast development in transwomen after 1 year of cross-sex hormone therapy: Results of a prospective multicenter study." *The Journal of Clinical Endocrinology & Metabolism*, v. 103, n. 2, 2017, pp. 532-8. DOI: 10.1210/jc.2017-01927.

DE BOER, B. "Loss of air sacs improved hominin speech abilities." *Journal of Human Evolution*, v. 62, n. 1, 2012, pp. 1-6.

DE BOER, B. e KUHL, P. K. "Investigating the role of infant-directed speech with a computer model." *Auditory Research Letters On-Line (*arlo*)*, v. 4, 2003, pp. 129-34.

DE CATANZARO, D.; MACNIVEN, E. e RICCIUTI, F. "Comparison of the adverse effects of adrenal and ovarian steroids on early pregnancy in mice." *Psychoneuroendocrinology*, v. 16, n. 6, 1991, pp. 525-36. DOI: 10.1016/0306-4530(91)90036-S.

DE DREU, C. K. W.; GREER, L. L.; HANDGRAAF, M. J. J.; SHALVI, S.; VAN KLEEF, G. A.; BAAS, M. et al. "The neuropeptide oxytocin regulates parochial altruism in intergroup conflict among humans." *Science*, v. 328, n. 5984, 2010, pp. 1408-11. DOI: 10.1126/science.1189047.

DE GOFFAU, M. C.; LAGER, S.; SOVIO, U.; GACCIOLI, F.; COOK, E.; PEACOCK, S. J. et al. "Human placenta has no microbiome but can contain potential pathogens." *Nature*, v. 572, n. 7769, 2019, pp. 329-34. DOI: 10.1038/s41586-019-1451-5.

DE HEINZELIN, J.; CLARK, J. D.; WHITE, T.; HART, W.; RENNE, P.; WOLDEGABRIEL, G. et al. "Environment and behavior of 2.5-million-year-old Bouri hominids." *Science*, v. 284, n. 5414, 1999, pp. 625-9.

DE LA TORRE, I. "The origins of the Acheulean: Past and present perspectives on a major transition in human evolution." *Philosophical Transactions of the Royal Society*, v. 371, 2016, p. 20150245. DOI: 10.1098/rstb.2015.0245.

DE VRIES, E.; DEN TONKELAAR, I.; VAN NOORD, P. A. H.; VAN DER SCHOUW, Y. T.; TE VELDE, E. R. e PEETERS, P. H. M. "Oral contraceptive use in relation to age at menopause in the DOM cohort." *Human Reproduction*, v. 16, n. 8, 2001, pp. 1657-62. DOI: 10.1093/humrep/16.8.1657.

DE WAAL, F. *Different: Gender Through the Eyes of a Primatologist*. Nova York: W. W. Norton, 2022. [Ed. bras.: *Diferentes: O que os primatas nos ensinam sobre gênero*. Trad. Laura Teixeira Motta. São Paulo: Zahar, 2023.]

DE WAAL, F. B. e SUCHAK, M. "Prosocial primates: Selfish and unselfish motivations." *Philosophical Transactions of the Royal Society*, v. 365, n. 1553, 2010, pp. 2711-22. DOI: 10.1098/rstb.2010.0119.

DEAG, J. M. e CROOK, J. H. "Social behaviour and 'agonistic buffering' in the wild Barbary macaque Macaca sylvana L." *Folia primatologica*, v. 15, n. 3-4, 1971, pp. 183-200.

DEARY, I. J.; JOHNSON, W. e HOULIHAN, L. M. "Genetic foundations of human intelligence." *Human Genetics*, v. 126, n. 1, 2009, pp. 215-32. DOI: 10.1007/s00439-009-0655-4.

DEARY, I. J.; STRAND, S.; SMITH, P. e FERNANDES, C. "Intelligence and educational achievement." *Intelligence*, v. 35, n. 1, 2007, pp. 13-21.

DEARY, I. J.; THORPE, G.; WILSON, V.; STARR, J. e WHALLEY, L. "Population sex differences in IQ at age 11: The Scottish Mental Survey 1932." *Intelligence*, v. 31, 2003, pp. 533-42. DOI: 10.1016/S0160-2896(03)00053-9.

DEFENSE VISUAL INFORMATION DISTRIBUTION SERVICE (DVIDS). Vídeo de alunos Rangers após Griest e Haver concluírem o curso. Disponível em: <www.dvidshub.net/video/420406/ranger-course-student-panel>.

DEGIORGIO, M.; JAKOBSSON, M. e ROSENBERG, N. A. "Out of Africa: Modern human origins special feature: Explaining worldwide patterns of human genetic variation using a coalescent-based serial founder model of migration outward from Africa." *Proceedings of the National*

Academy of Sciences of the United States of America, v. 106, n. 38, 2009, pp. 16057-62. DOI: 10.1073/pnas.0903341106.

DEHARA, M.; WELLS, M. B.; SJÖQVIST, H.; KOSIDOU, K.; DALMAN, C. e SÖRBERG WALLIN, A. "Parenthood is associated with lower suicide risk: A register-based cohort study of 1.5 million Swedes." *Acta Psychiatrica Scandinavica*, v. 143, n. 3, 2021, pp. 206-15. DOI: 10.1111/acps.13240.

DELANO, P. H.; ELGUEDA, D.; HAMAME, C. M. e ROBLES, L. "Selective attention to visual stimuli reduces cochlear sensitivity in chinchillas." *The Journal of Neuroscience*, v. 27, n. 15, 2007, pp. 4146-53. DOI: 10.1523/JNEUROSCI.3702-06.2007.

DEMURU, E.; FERRARI, P. F. e PALAGI, E. "Is birth attendance a uniquely human feature? New evidence suggests that Bonobo females protect and support the parturient." *Evolution and Human Behavior*, v. 39, n. 5, 2018, pp. 502-10. DOI: 10.1016/j.evolhumbehav.2018.05.003.

DENNISON, T. e OGILVIE, S. "Does the European marriage pattern explain economic growth?" *The Journal of Economic History*, v. 74, n. 3, 2014, pp. 651-93. DOI: 10.1017/S0022050714000564.

DESILVA, J. e LESNIK, J. "Chimpanzee neonatal brain size: Implications for brain growth in *Homo erectus*." *Journal of Human Evolution*, v. 51, n. 2, 2006, pp. 207-12.

DESILVA, J. M. "A shift toward birthing relatively large infants early in human evolution." *Proceedings of the National Academy of Sciences*, v. 108, n. 3, 2011, pp. 1022-7.

DESILVA, J. M.; LAUDICINA, N. M.; ROSENBERG, K. R. e TREVATHAN, W. R. "Neonatal shoulder width suggests a semirotational, oblique birth mechanism in *Australopithecus afarensis*." *The Anatomical Record*, v. 300, n. 5, 2017, pp. 890-9.

DI MASCIO, D.; SACCONE, G.; BELLUSSI, F.; VITAGLIANO, A. e BERGHELLA, V. "Type of paternal sperm exposure before pregnancy and the risk of pre-eclampsia: A systematic review." *European Journal of Obstetrics & Gynecology and Reproductive Biology*, v. 251, 2020, pp. 246--53. DOI: 10.1016/j.ejogrb.2020.05.065.

DI STEFANO, N.; GHILARDI, G. e MORINI, S. "Leonardo's mistake: Not evidence-based medicine?" *The Lancet*, v. 390, n. 10097, 2017, p. 845. DOI: 10.1016/S0140-6736(17)32140-2.

DIAMANTI-KANDARAKIS, E.; BOURGUIGNON, J. P.; GIUDICE, L. C.; HAUSER, R.; PRINS, G. S.; SOTO, A. M. et al. "Endocrine-disrupting chemicals: An Endocrine Society scientific statement." *Endocrine Reviews*, v. 30, n. 4, 2009, pp. 293-342.

DIAMOND, J. "Father's milk." *Discover*, v. 16, n. 2, 1995, pp. 82-7.

DICKENS, W. T. e FLYNN, J. R. "Black Americans reduce the racial IQ gap: Evidence from standardization samples." *Psychological Science*, v. 17, n. 10, 2006, pp. 913-20. DOI: 10.1111/j.1467-9280.2006.01802.x.

DIEBOLT, C. e PERRIN, F. "From stagnation to sustained growth: The role of female empowerment." *American Economic Review*, v. 103, n. 3, 2013, pp. 545-9. DOI: 10.1257/aer.103.3.545.

DIEZ-MARTÍN, F.; SÁNCHEZ, P.; DOMÍNGUEZ-RODRIGO, M.; MABULLA, A. e BARBA, R. "Were Olduvai Hominins making butchering tools or battering tools? Analysis of a recently excavated lithic assemblage from BK (Bed II, Olduvai Gorge, Tanzania)." *Journal of Anthropological Archaeology*, v. 28, n. 3, 2009, pp. 274-89. DOI: 10.1016/j.jaa.2009.03.001.

DING, W.; YANG, L. e XIAO, W. "Daytime birth and parturition assistant behavior in wild black--and-white snub-nosed monkeys (*Rhinopithecus bieti*) Yunnan, China." *Behavioural Processes*, v. 94, 2013, pp. 5-8. DOI: 10.1016/j.beproc.2013.01.006.

DINKEL, D. e SNYDER, K. "Exploring gender differences in infant motor development related to parent's promotion of play." *Infant Behavior & Development*, v. 59, 2020, p. 101440. DOI: 10.1016/j.infbeh.2020.101440.

DIOGO, R.; MOLNAR, J. L. e WOOD, B. "Bonobo anatomy reveals stasis and mosaicism in chimpanzee evolution, and supports bonobos as the most appropriate extant model for the common ancestor of chimpanzees and humans." *Scientific Reports*, v. 7, n. 1, 2017, p. 608.

DIXSON, A. F. "Copulatory and Postcopulatory Sexual Selection in Primates." *Folia Primatologica*, v. 89, n. 3-4, 2018, pp. 258-86. DOI: 10.1159/000488105.

DIXSON, A. L. e ANDERSON, M. J. "Sexual selection, seminal coagulation and copulatory plug formation in primates." *Folia Primatologica*, v. 73, n. 2-3, 2002, pp. 63-9. DOI: 10.1159/000064784.

DOBOLYI, A.; OLÁH, S.; KELLER, D.; KUMARI, R.; FAZEKAS, E. A.; CSIKÓS, V. et al. "Secretion and function of pituitary prolactin in evolutionary perspective." *Frontiers in Neuroscience*, v. 14, 2020, p. 621. DOI: 10.3389/fnins.2020.00621.

DODGE, B.; REECE, M. e HERBENICK, D. "School-based condom education and its relations with diagnoses of and testing for sexually transmitted infections among men in the United States." *American Journal of Public Health*, v. 99, n. 12, 2009, pp. 2180-2. DOI: 10.2105/AJPH.2008.159038.

DOLLÉ, J. P.; JAYE, A.; ANDERSON, S. A.; AHMADZADEH, H.; SHENOY, V. B. e SMITH, D. H. "Newfound sex differences in axonal structure underlie differential outcomes from in vitro traumatic axonal injury." *Experimental Neurology*, v. 300, 2018, pp. 121-34. DOI: 10.1016/j.expneurol.2017.11.001.

DONG, X.; MILHOLLAND, B. e VIJG, J. "Evidence for a limit to human life span." *Nature*, v. 538, 2016, pp. 257-9. DOI: 10.1038/nature19793.

DONOVAN, M. P.; IGLESIAS, A.; WILF, P.; LABANDEIRA, C. C. e CÚNEO, N. R. "Rapid recovery of Patagonian plant-insect associations after the end-Cretaceous extinction." *Nature Ecology & Evolution*, v. 1, n. 1, 2016, p. 12. DOI: 10.1038/s41559-016-0012.

DONOVAN, M. P.; IGLESIAS, A.; WILF, P.; LABANDEIRA, C. C. e CÚNEO, N. R. "Diverse plant-insect associations from the Latest Cretaceous and Early Paleocene of Patagonia, Argentina." *Ameghiniana*, v. 55, n. 3, 2018, pp. 303-38. DOI: 10.5710/AMGH.15.02.2018.3181.

DORAK, M. T. e KARPUZOGLU, E. "Gender differences in cancer susceptibility: An inadequately addressed issue." *Frontiers in Genetics*, v. 3, 2012, p. 268. DOI: 10.3389/fgene.2012.00268.

DOTY, R. L. e CAMERON, E. L. "Sex differences and reproductive hormone influences on human odor perception." *Physiology & Behavior*, v. 97, n. 2, 2009, pp. 213-28.

DOUGLAS, P. H. "Female sociality during the daytime birth of a wild bonobo at Luikotale, Democratic Republic of the Congo." *Primates*, v. 55, n. 4, 2014, pp. 533-42. DOI: 10.1007/s10329-014-0436-0.

DREGER, A. D. *Hermaphrodites and the Medical Invention of Sex.* Cambridge, Mass.: Harvard University Press, 1998.

DREWETT, R.; BOWEN-JONES, A. e DOGTEROM, J. "Oxytocin levels during breast-feeding in established lactation." *Hormones and Behavior*, v. 16, n. 2, 1982, pp. 245-8.

DREWNOWSKI, A.; KRAHN, D. D.; DEMITRACK, M. A.; NAIRN, K.; GOSNELL, B. A. "Taste responses and preferences for sweet high-fat foods: Evidence for opioid involvement." *Physiology and Behavior*, v. 51, 1992, pp. 371-9.

DREWS, B.; ROELLIG, K.; MENZIES, B. R.; SHAW, G.; BUENTJEN, I.; HERBERT, C. A. et al. "Ultrasonography of wallaby prenatal development shows that the climb to the pouch begins in utero." *Scientific Reports*, v. 3, n. 1, 2013, p. 1458. DOI: 10.1038/srep01458.

DUBNO, J. R.; DIRKS, D. D. e MORGAN, D. E. "Effects of age and mild hearing loss on speech recognition in noise." *The Journal of the Acoustical Society of America*, v. 76, n. 1, 1984, pp. 87-96. DOI: 10.1121/1.391011.

DUCKITT, K. e HARRINGTON, D. "Risk factors for pre-eclampsia at ante-natal booking: Systematic review of controlled studies." *British Medical Journal*, v. 330, n. 7491, 2005, p. 565.

DULIAS, K.; FOODY, M. G. B.; JUSTEAU, P.; SILVA, M.; MARTINIANO, R.; OTEO-GARCÍA, G. et al. "Ancient DNA at the edge of the world: Continental immigration and the persistence of Neolithic male lineages in Bronze Age Orkney." *Proceedings of the National Academy of Sciences*, v. 119, n. 8, 2022, p. e2108001119. DOI: 10.1073/pnas.2108001119.

DUNBAR, R. "Coevolution of neocortical size, group size, and language in humans." *Behavioral and Brain Sciences*, v. 16, n. 4, pp. 681-735.

DUNBAR, R. *Grooming, Gossip, and the Evolution of Language*. Londres: Faber & Faber, 1996.

DUNBAR, R. I. M. "Infant-use by male gelada in agonistic contexts: Agonistic buffering, progeny protection or soliciting support?" *Primates*, v. 25, 1984, pp. 28-35.

DUNFORD, A.; WEINSTOCK, D. M.; SAVOVA, V.; SCHUMACHER, S. E.; CLEARY, J. P.; YODA, A. et al. "Tumor-suppressor genes that escape from X-inactivation contribute to cancer sex bias." *Nature Genetics*, v. 49, n. 1, 2017, pp. 10-6. DOI: 10.1038/ng.3726.

DUNN, J. C.; HALENAR, L. B.; DAVIES, T. G.; CRISTOBAL-AZKARATE, J.; REBY, D.; SYKES, D. et al. "Evolutionary trade-off between vocal tract and testes dimensions in howler monkeys." *Current Biology*, v. 25, n. 21, 2015, pp. 2839-44. DOI: 10.1016/j.cub.2015.09.029.

DUNSWORTH, H. e ECCLESTON, L. "The evolution of difficult childbirth and helpless hominin infants." *Annual Review of Anthropology*, v. 44, 2015, pp. 55-69.

DUNSWORTH, H. M.; WARRENER, A. G.; DEACON, T.; ELLISON, P. T. e PONTZER, H. "Metabolic hypothesis for human altriciality." *Proceedings of the National Academy of Sciences*, v. 109, n. 38, 2012, pp. 15212-6. DOI: 10.1073/pnas.1205282109.

DUREX. "The face of global sex 2007.", 2007. Disponível em: <www.durexnetwork.org>.

EASTER, M. e FREEDMAN, A. "Here's why breast milk isn't a good workout supplement for bodybuilders." *Men's Health*, 11 ago. 2020. Disponível em: <www.menshealth.com>.

EATON, N. R.; KEYES, K. M.; KRUEGER, R. F.; BALSIS, S.; SKODOL, A. E.; MARKON, K. E. et al. "An invariant dimensional liability model of gender differences in mental disorder prevalence: Evidence from a national sample." *Journal of Abnormal Psychology*, v. 121, n. 1, 2012, pp. 282-8. DOI: 10.1037/a0024780.

EATON, S. B.; PIKE, M. C.; SHORT, R. V.; LEE, N. C.; TRUSSELL, J.; HATCHER, R. A. et al. "Women's reproductive cancers in evolutionary context." *The Quarterly Review of Biology*, v. 69, n. 3, 1994, pp. 353-67. DOI: 10.1086/418650.

EGELAND, C. P.; DOMÍNGUEZ-RODRIGO, M. e BARBA, R. "The 'home base' debate. In: *Deconstructing Olduvai: A Taphonomic Study of the Bed I Sites*. Dordrecht: Springer, 2007, pp. 1-10.

EHSAN, G. A. "Female militia chief keeps peace in Helmand District." *Institute for War & Peace Reporting*, 7 set. 2011. Disponível em: <iwpr.net>.

EID, R. S.; GOBINATH, A. R. e GALEA, L. A. M. "Sex differences in depression: Insights from clinical and preclinical studies." *Progress in Neurobiology*, v. 176, 2019, pp. 86-102. DOI: 10.1016/j.pneurobio.2019.01.006.

eisenberger, N. I. e lieberman, M. D. "Why rejection hurts: A common neural alarm system for physical and social pain." *Trends in Cognitive Science*, v. 8, 2004, pp. 294-300.

eisenberger, N. I.; lieberman, M. D. e williams, K. D. "Does rejection hurt? An fmri study of social exclusion." *Science*, v. 302, 2003, pp. 290-2.

elder, J. H.; yerkes, R. M. e cushing, H. W. "Chimpanzee births in captivity: a typical case history and report of sixteen births." *Proceedings of the Royal Society B: Biological Sciences*, v. 120, n. 819, 1936, pp. 409-21. doi: 10.1098/rspb.1936.0043.

eliot, L.; ahmed, A.; khan, H. e patel, J. "Dump the "dimorphism": Comprehensive synthesis of human brain studies reveals few male-female differences beyond size." *Neuroscience & Biobehavioral Reviews*, v. 125, 2021, pp. 667-97. doi: 10.1016/j.neubiorev.2021.02.026.

ellis, L.; hershberger, S.; field, E.; wersinger, S.; pellis, S.; geary, D. et al. *Sex Differences: Summarizing More Than a Century of Scientific Research*. Nova York: Psychology Press, 2013.

ellis, S.; franks, D. W.; nattrass, S.; cant, M. A.; bradley, D. L.; giles, D. et al. "Postreproductive lifespans are rare in mammals." *Ecology and Evolution*, v. 8, n. 5, 2018, pp. 2482-94. doi: 10.1002/ece3.3856.

emberling, G. "Urban social transformations and the problem of the 'First City': New research from Mesopotamia." In: *The Social Construction of Ancient Cities*. Org. de M. Smith. Washington, D.C.: Smithsonian Institution Press, 2003, pp. 254-68.

emera, D.; romero, R. e wagner, G. "The evolution of menstruation: A new model for genetic assimilation: Explaining molecular origins of maternal responses to fetal invasiveness." *BioEssays*, v. 34, n. 1, 2012, pp. 26-35. doi: 10.1002/bies.201100099.

english, R.; lebovitz, Y. e giffin, R. *Transforming Clinical Research in the United States: Challenges and Opportunities: Workshop Summary*. Washington, D.C.: National Academies Press, 2010.

eriksson, M.; marschik, P. B.; tulviste, T.; almgren, M.; pérez pereira, M.; wehberg, S. et al. "Differences between girls and boys in emerging language skills: Evidence from 10 language communities." *British Journal of Developmental Psychology*, v. 30, n. 2, pp. 326-43.

escritório nacional de estatística (ons, Reino Unido). *Domestic Abuse Victim Characteristics, England and Wales: Year Ending March 2020*. 2020. Disponível em: <www.ons.gov.uk>.

espenshade, T. J.; guzman, J. C. e westoff, C. F. "The surprising global variation in replacement fertility." *Population Research and Policy Review*, v. 22, n. 5, 2003, pp. 575-83. doi: 10.1023/B:POPU.0000020882.29684.8e.

eurípides. "Medea." In: *Cyclops.; Alcestis.; Medea*. Org. e trad. David Kovas. Cambridge, Mass.: Harvard University Press, 1994. [Ed. bras.: "Medeia". In: *Teatro completo I*. Trad. Jaa Torrano. São Paulo: Editora 34, 2022.]

everett, D. *How Language Began: The Story of Humanity's Greatest Invention*. Londres: Profile Books, 2017. [Ed. bras.: *Linguagem: A história da maior invenção da humanidade*. Trad. Maurício Resende. São Paulo: Contexto, 2019.]

exton, M. S.; bindert, A.; kruger, T.; scheller, F.; hartmann, U. e schedlowski, M. "Cardiovascular and endocrine alterations after masturbation-induced orgasm in women." *Psychosomatic Medicine*, v. 61, n. 3, 1999, pp. 280-9.

FAGUNDES, N. J. R.; RAY, N.; BEAUMONT, M.; NEUENSCHWANDER, S.; SALZANO, F. M.; BONATTO, S. L. e EXCOFFIER, L. "Statistical evaluation of alternative models of human evolution." *Proceedings of the National Academy of Sciences*, v. 104, n. 45, 2007, pp. 17614-9. DOI: 10.1073/pnas.0708280104.

FAIRWEATHER, D. "Sex differences in inflammation during atherosclerosis. Clinical Medicine Insights." *Cardiology*, v. 8, supl. 3, pp. 49-59. DOI: 10.4137/CMC.S17068.

FALK, D. "A reanalysis of the South African australopithecine natural endocasts." *American Journal of Physical Anthropology*, v. 53, n. 4, 1980, pp. 525-39.

______. "Cerebral cortices of East African early hominids." *Science*, v. 221, n. 4615, 1983, pp. 1072-4.

FALK, D. "Prelinguistic evolution in early hominins: whence motherese?" *The Behavioral and Brain Sciences*, v. 27, n. 4, 2004, pp. 491-583. DOI: 10.1017/s0140525x04000111.

FALK, D.; ZOLLIKOFER, C. P. E.; MORIMOTO, N. e PONCE DE LEÓN, M. S. "Metopic suture of Taung (*Australopithecus africanus*) and its implications for hominin brain evolution." *Proceedings of the National Academy of Sciences*, v. 109, n. 22, 2012, pp. 8467-70.

FARACE, E. e ALVES, W. M. "Do women fare worse: A meta-analysis of gender differences in traumatic brain injury outcome." *Journal of Neurosurgery*, v. 93, n. 4, 2000, pp. 539-45.

FARIA, J. B.; SANTIAGO, M. B.; SILVA, C. B.; GERALDO-MARTINS, V. R. e NOGUEIRA, R. D. "Development of *Streptococcus mutans* biofilm in the presence of human colostrum and 3'-sialyllactose." *The Journal of Maternal-Fetal & Neonatal Medicine*, v. 35, n. 4, 2022, pp. 630-5. DOI: 10.1080/14767058.2020.1730321.

FARMER, C. G. "Parental care, destabilizing selection, and the evolution of tetrapod endothermy." *Physiology*, v. 35, n. 3, 2020, pp. 160-76. DOI: 10.1152/physiol.00058.2018.

FAUSTO-STERLING, A.; COLL, C. G. e LAMARRE, M. "Sexing the baby: Part 1 — What do we really know about sex differentiation in the first three years of life?" *Social Science & Medicine*, v. 74, n. 11, 2012, pp. 1684-92. DOI: 10.1016/j.socscimed.2011.05.051.

FAUVE-CHAMOUX, A. "Marriage, widowhood, and divorce." In: *The History of the European Family, Vol. 1: Family Life in Early Modern Times, 1500-1789*. Org. de D. I. Kertzer e M. Barbagli. New Haven: Yale University Press, 2001, pp. 221-56.

FDA (2022). *Breast Implants: Reports of Squamous Cell Carcinoma and Various Lymphomas in Capsule Around Implants: FDA Safety Communication*. 8 set. 2022. Disponível em: <www.fda.gov.

FELISBINO-MENDES, M. S.; ARAÚJO, F. G.; OLIVEIRA, L. V. A.; VASCONCELOS, N. M.; VIEIRA, M. L. F. P. e MALTA, D. C. "Sexual behaviors and condom use in the Brazilian population: Analysis of the National Health Survey, 2019." *Revista brasileira de epidemiologia*, v. 24, supl. 2, 2021, p. e210018. DOI: 10.1590/1980-549720210018.supl.2.

FELSHMAN, J. e SCHAFFER, N. "Sex and the single rhinoceros." *Chicago Reader*, 20 fev. 1998, 1998, pp. 24-7.

FERNANDEZ, R. C.; MOORE, V. M.; MARINO, J. L.; WHITROW, M. J. e DAVIES, M. J. "Night shift among women: Is it associated with difficulty conceiving a first birth?" *Frontiers in Public Health*, v. 8, 2020, p. 595943. DOI: 10.3389/fpubh.2020.595943.

FERNANDEZ-ESQUER, M. E.; ATKINSON, J.; DIAMOND, P.; USECHE, B. e MENDIOLA, R. "Condom use self-efficacy among U.S.-and foreign-born Latinos in Texas." *The Journal of Sex Research*, v. 41, n. 4, 2004, pp. 390-9.

FERNÁNDEZ-NAVARRO, V.; CAMARÓS, E. e GARATE, D. "Visualizing childhood in Upper Palaeolithic societies: Experimental and archaeological approach to artists' age estimation through cave art hand stencils." *Journal of Archaeological Science*, v. 140, 2022, p. 105574. DOI: 10.1016/j.jas.2022.105574.

FERRARO, J. V.; PLUMMER, T. W.; POBINER, B. L.; OLIVER, J. S.; BISHOP, L. C.; BRAUN, D. R. et al. "Earliest archaeological evidence of persistent Hominin carnivory." *PLOS ONE*, v. 8, n. 4, 2013, p. e62174. DOI: 10.1371/journal.pone.0062174.

FERREIRA L. F. "Mitochondrial basis for sex-differences in metabolism and exercise performance." *American Journal of Physiology: Regulatory, Integrative and Comparative Physiology*, v. 314, n. 6, 2018, pp. R848-9. DOI: 10.1152/ajpregu.00077.2018.

FERRETTI, M. T.; IULITA, M. F.; CAVEDO, E.; CHIESA, P. A.; SCHUMACHER DIMECH, A.; SANTUCCIONE CHADHA, A. et al. "Sex differences in Alzheimer disease — the gateway to precision medicine." *Nature Reviews Neurology*, v. 14, n. 8, 2018, pp. 457-69. DOI: 10.1038/s41582-018-0032-9.

FESSLER, D. M. T. "Rape is not less frequent during the ovulatory phase of the menstrual cycle." *Sexualities, Evolution & Gender*, v. 5, n. 3, 2003, pp. 127-47. DOI: 10.1080/14616660410001662361.

FIELD, T. M.; COHEN, D.; GARCIA, R. e GREENBERG, R. "Mother-stranger face discrimination by the newborn." *Infant Behavior and Development*, v. 7, n. 1, 1984, pp. 19-25. DOI: 10.1016/S0163-6383(84)80019-3.

FILDES, V. *Breasts, Bottles and Babies: A History of Infant Feeding*. Edinburgh: Edinburgh University Press, 1986.

FILDES, V. *Wet Nursing: A History from Antiquity to the Present*. Oxford: Basil Blackwell, 1988.

FINN, J. K.; TREGENZA, T. e NORMAN, M. D. "Defensive tool use in a coconut-carrying octopus." *Current Biology*, v. 19, n. 23, 2009, pp. R1069-70. DOI: 10.1016/j.cub.2009.10.052.

FIRESTEIN, S. "How the olfactory system makes sense of scents." *Nature*, v. 413, n. 6852, 2001, pp. 211-8. DOI: 10.1038/35093026.

FISH, A. M.; NADIG, A.; SEIDLITZ, J.; REARDON, P. K.; MANKIW, C.; MCDERMOTT, C. L. et al. "Sex-biased trajectories of amygdalo-hippocampal morphology change over human development." *NeuroImage*, v. 204, 2020, p. 116122. DOI: 10.1016/j.neuroimage.2019.116122.

FITCH, W. T. "The evolution of speech: A comparative review." *Trends in Cognitive Sciences*, v. 4, n. 7, 2000, pp. 258-67. DOI: 10.1016/S1364-6613(00)01494-7.

______. *The Evolution of Language*. Cambridge, UK: Cambridge University Press, 2010.

FITCH, W. T. e GIEDD, J. "Morphology and development of the human vocal tract: A study using magnetic resonance imaging." *The Journal of the Acoustical Society of America*, v. 106, n. 3 pt. 1, 1999, pp. 1511-22. DOI: 10.1121/1.427148.

FITCH, W. T. e REBY, D. "The descended larynx is not uniquely human." *Proceedings of the Royal Society B: Biological Sciences*, v. 268, n. 1477, 2001, pp. 1669-75.

FITCH, W. T.; DE BOER, B.; MATHUR, N. e GHAZANFAR, A. A. "Response to Lieberman on 'Monkey vocal tracts are speech-ready.'" *Science Advances*, v. 3, n. 7, 2017, p. e1701859. DOI: 10.1126/sciadv.1701859.

FITTS, R. H.; RILEY, D. R. e WIDRICK, J. J. "Functional and structural adaptations of skeletal muscle to microgravity." *The Journal of Experimental Biology*, v. 204, n. 18, 2001, pp. 3201-8. DOI: 10.1242/jeb.204.18.3201.

FLEAGLE, G. J. *Primate Adaptation and Evolution*. San Diego: Academic Press, 2013.

FLEAGLE, J. G.; SHEA, J. J.; GRINE, F. E.; BADEN, A. L. e LEAKEY, R. E. *Out of Africa I: The First Hominin Colonization of Eurasia*. Dordrecht: Springer, 2010.

FLEMMING, R. "(The wrong kind of) gonorrhea in antiquity." In: *The Hidden Affliction: Sexually Transmitted Infections and Infertility in History*. Org. de S. Szreter. Rochester: University of Rochester Press, 2019.

FLORES, A. R.; MEYER, I. H.; LANGTON, L. e HERMAN, J. L. "Gender identity disparities in criminal victimization: National Crime Victimization Survey, 2017-2018." *American Journal of Public Health*, v. 111, n. 4, 2021, pp. 726-9. DOI: doi.org/10.2105/AJPH.2020.306099.

FLYNN, A. e GRAHAM, K. "'Why did it happen?' A review and conceptual framework for research on perpetrators' and victims' explanations for intimate partner violence." *Aggression and Violent Behavior*, v. 15, 2010, pp. 239-51.

FOLEY, N. M.; SPRINGER, M. S. e TEELING, E. C. "Mammal madness: Is the mammal tree of life not yet resolved?" *Philosophical Transactions of the Royal Society B*, v. 371, 2016, p. 20150140. DOI: 10.1098/rstb.2015.0140.

FONTANA, L.; GENTILIN, B.; FEDELE, L.; GERVASINI, C. e MIOZZO, M. "Genetics of Mayer--Rokitansky-Küster-Hauser (MRKH) syndrome." *Clinical Genetics*, v. 91, 2017, pp. 233-46. DOI: 10.1111/cge.12883.

FOOSE, T. J. e WIESE, R. J. "Population management of rhinoceros in captivity." *International Zoo Yearbook*, v. 40, 2006, pp. 174-96.

FORRESTER, G. S.; DAVIS, R.; MARESCHAL, D.; MALATESTA, G. e TODD, B. K. "The left cradling bias: An evolutionary facilitator of social cognition?" *Cortex*, v. 118, 2019, pp. 116-121. DOI: 10.1016/j.cortex.2018.05.011.

FOSTER, E. A.; FRANKS, D. W.; MAZZI, S.; DARDEN, S. K.; BALCOMB, K. C.; FORD, J. K. B. e CROFT, D. P. "Adaptive prolonged postreproductive life span in killer whales." *Science*, v. 337, n. 6100, 2012, p. 1313. DOI: 10.1126/science.1224198.

FOSTER, J. A. e MCVEY NEUFELD, K.-A. "Gut-brain axis: How the microbiome influences anxiety and depression." *Trends in Neurosciences*, v. 36, n. 5, 2013, pp. 305-12. DOI: 10.1016/j.tins.2013.01.005.

FOWLER, A. e HOHMANN, G. "Cannibalism in wild bonobos (*Pan paniscus*) at Lui Kotale." *American Journal of Primatology*, v. 72, n. 6, 2010, pp. 509-14. DOI: 10.1002/ajp.20802.

FOWLER, A.; KOUTSIONI, Y. e SOMMER, V. "Leaf-swallowing in Nigerian chimpanzees: Evidence for assumed self-medication." *Primates*, v. 48, 2007, pp. 73-6. DOI: 10.1007/s10329--006-0001-6.

FRANKLIN, B. "Old mistress apologue, 25 June 1745." In: *The Papers of Benjamin Franklin, Vol. 3, January 1, 1745, Through June 30, 1750*. Org. de L. W. Labaree. New Haven: Yale University Press, 1961 (1745), pp. 27-31.

FRANKLIN, R. *Shirley Jackson: A Rather Haunted Life*. Nova York: Liveright, 2016.

FREDERIKSEN, L. E.; ERNST, A.; BRIX, N.; BRASKHØJ LAURIDSEN, L. L.; ROOS, L.; RAMLAU--HANSEN, C. H. e EKELUND, C. K. "Risk of adverse pregnancy outcomes at advanced maternal age." *Obstetrics & Gynecology*, v. 131, n. 3, pp. 457-63. DOI: 10.1097/AOG.0000000000002504.

FREDRIKS, A. M.; VAN BUUREN, S.; FEKKES, M.; VERLOOVE-VANHORICK, S. P. e WIT, J. M. "Are age references for waist circumference, hip circumference and waist-hip ratio in Dutch children useful in clinical practice?" *European Journal of Pediatrics*, v. 164, n. 4, 2005, pp. 216-22. DOI: 10.1007/s00431-004-1586-7.

FREEDMAN, D. S.; KHAN, L. K.; SERDULA, M. K.; DIETZ, W. H.; SRINIVASAN, S. R. e BERENSON, G. S. "Relation of age at menarche to race, time period, and anthropometric dimensions: The Bogalusa Heart Study." *Pediatrics*, v. 110, n. 4, 2002, p. e43.

FREEMAN, E. W. e SHERIF, K. "Prevalence of hot flushes and night sweats around the world: A systematic review." *Climacteric*, v. 10, n. 3, 2007, pp. 197-214.

FREIRE, G. M. G.; CAVALCANTE, R. N.; MOTTA-LEAL-FILHO, J. M.; MESSINA, M.; GALASTRI, F. L.; AFFONSO, B. B. et al. "Controlled-release oxycodone improves pain management after uterine artery embolisation for symptomatic fibroids." *Clinical Radiology*, v. 72, n. 5, 2017, pp. 428.e421-5. DOI: 10.1016/j.crad.2016.12.010.

FRIED, M. e DUFFY, P. E. "Malaria during pregnancy." *Cold Spring Harbor Perspectives in Medicine*, v. 7, n. 6, 2017, p. a025551. DOI: 10.1101/cshperspect.a025551.

FRIEDMAN, S. H.; HORWITZ, S. M. e RESNICK, P. J. "Child murder by mothers: A critical analysis of the current state of knowledge and a research agenda." *American Journal of Psychiatry*, v. 162, n. 9, 2005, pp. 1578-87.

FRIEDMANN, N. e RUSOU, D. "Critical period for first language: The crucial role of language input during the first year of life." *Current Opinion in Neurobiology*, v. 35, 2015, pp. 27-34. DOI: 10.1016/j.conb.2015.06.003.

FRIER, B. W. "Roman law and the marriage of underage girls." *Journal of Roman Archaeology*, v. 28, 2015, pp. 652-64.

FROHLICH, J. e KETTLE, C. "Perineal care." *BMJ Clinical Evidence*, 2015, p. 1401.

FRUTH, B.; IKOMBE, N. B.; MATSHIMBA, G. K.; METZGER, S.; MUGANZA, D. M.; MUNDRY, R. e FOWLER, A. "New evidence for self-medication in bonobos: Manniophyton fulvum leaf- and stemstrip-swallowing from Lui-Kotale, Salonga National Park, DR Congo." *American Journal of Primatology*, v. 76, n. 2, 2014, pp. 146-58.

FULLER, D. Q. e STEVENS, C. J. "Between domestication and civilization: The role of agriculture and arboriculture in the emergence of the first urban societies." *Vegetation History and Archaeobotany*, v. 28, n. 3, 2019, pp. 263-82. DOI: 10.1007/s00334-019-00727-4.

FUNDO MONETÁRIO INTERNACIONAL (FMI). "Pursuing women's economic empowerment." Relatório elaborado para a reunião de ministros e diretores de bancos centrais do G7, 1-2 jun. 2018, Whistler, Canada. Disponível em: <www.imf.org>.

FURUICHI, T. "Female contributions to the peaceful nature of bonobo society." *Evolutionary Anthropology*, v. 20, n. 4, 2011, pp. 131-42. DOI: 10.1002/evan.20308.

GAILLARD, J.-M. e YOCCOZ, N. G. "Temporal variation in survival of mammals: A case of environmental canalization?" *Ecology*, v. 84, 2003, pp. 3294-306. DOI: 10.1890/02-0409.

GALENO. *On the Usefulness of Parts of the Body*. Trad. de M. T. May. Ithaca, N.Y.: Cornell University Press, 1968.

GALLER, J. R.; BRYCE, C. P.; WABER, D. P.; HOCK, R. S.; HARRISON, R.; EAGLESFIELD, G. D. e FITZMAURICE, G. "Infant malnutrition predicts conduct problems in adolescents." *Nutritional Neuroscience*, v. 15, n. 4, 2012, pp. 186-92. DOI: 10.1179/1476830512Y.0000000012.

GALLUP, G. G., Jr..; BURCH, R. L.; ZAPPIERI, M. L.; PARVEZ, R. A.; STOCKWELL, M. L. e DAVIS, J. A. "The human penis as a semen displacement device." *Evolution and Human Behavior*, v. 24, n. 4, 2003, pp. 277-89.

GALMICHE, M.; DECHELOTTE, P.; LAMBERT, G. e TAVOLACCI, M. P. "Prevalence of eating disorders over the 2000-2018 period: A systematic literature review." *The American Journal of Clinical Nutrition*, v. 109, n. 5, 2019, pp. 1402-13. DOI: 10.1093/ajcn/nqy342.

GAN, T. J.; GLASS, P. S.; SIGL, J.; SEBEL, P.; PAYNE, F.; ROSOW, C. e EMBREE, P. "Women emerge from general anesthesia with propofol/alfentanil/nitrous oxide faster than men." *Anesthesiology*, v. 90, n. 5, 1999, pp. 1283-7. DOI: 10.1097/00000542-199905000-00010.

GARCÍA-LÓPEZ DE HIERRO, L.; MOLEÓN, M.; RYAN, P. G. "Is carrying feathers a sexually selected trait in house sparrows?" *Ethology*, v. 119, n. 3, 2013, p. 199. DOI: 10.1111/eth.12053.

GARDNER, A. S.; RAHMAN, I. A.; LAI, C. T.; HEPWORTH, A.; TRENGOVE, N.; HARTMANN, P. E. e GEDDES, D. T. "Changes in fatty acid composition of human milk in response to cold-like symptoms in the lactating mother and infant." *Nutrients*, v. 9, n. 9, 2017. DOI: 10.3390/nu9091034.

GARRETT, E. C.; DENNIS, J. C.; BHATNAGAR, K. P.; DURHAM, E. L.; BURROWS, A. M.; BONAR, C. J. et al. "The vomeronasal complex of nocturnal strepsirhines and implications for the ancestral condition in primates." *The Anatomical Record*, v. 296, n. 12, 2013, pp. 1881-94.

GARRISON, J. L.; MACOSKO, E. Z.; BERNSTEIN, S.; POKALA, N.; ALBRECHT, D. R. e BARGMANN, C. I. "Oxytocin/vasopressin-related peptides have an ancient role in reproductive behavior." *Science*, v. 338, n. 6106, 2012, pp. 540-3. DOI: 10.1126/science.1226201.

GAVRILOV, L. A. e GAVRILOVA, N. S. "Evolutionary theories of aging and longevity." *The Scientific World Journal*, v. 2, 2002, pp. 339-56. DOI: 10.1100/tsw.2002.96.

GEARY, C. M.; WELCH, J. F.; MCDONALD, M. R.; PETERS, C. M.; LEAHY, M. G.; REINHARD, P. A. e SHEEL, A. W. "Diaphragm fatigue and inspiratory muscle metaboreflex in men and women matched for absolute diaphragmatic work during pressure-threshold loading." *Journal of Physiology*, v. 597, 2019, pp. 4797-808. DOI: 10.1113/JP278380.

GEARY, D. C. "Evolution and proximate expression of human paternal investment." *Psychological Bulletin*, v. 126, 2000, pp. 55-77. DOI: 10.1037/0033-2909.126.1.55.

GEISER, S. "The growing correlation between race and SAT scores: New findings from California." CSHE *Research and Occasional Paper Series*, v. 15, n. 10, 2015. Disponível em: <cshe.berkeley.edu>.

GELLER, S. E.; KOCH, A. R.; ROESCH, P.; FILUT, A.; HALLGREN, E. e CARNES, M. "The more things change, the more they stay the same: A study to evaluate compliance with inclusion and assessment of women and minorities in randomized controlled trials." *Academic Medicine*, v. 93, n. 4, 2018, pp. 630-5. DOI: 10.1097/acm.0000000000002027.

GELSTEIN, S.; YESHURUN, Y.; ROZENKRANTZ, L.; SHUSHAN, S.; FRUMIN, I.; ROTH, Y. e SOBEL, N. "Human tears contain a chemosignal." *Science*, v. 331, n. 6014, 2011, pp. 226-30. DOI: 10.1126/science.1198331.

GENC, S.; RAVEN, E. P.; DRAKESMITH, M.; BLAKEMORE, S.-J. e JONES, D. K. "Novel insights into axon diameter and myelin content in late childhood and adolescence." *Cerebral Cortex*, v. 33, n. 10, 2023, pp. 6435-48. DOI: 10.1093/cercor/bhac515.

GERKEMA, M. P.; DAVIES, W. I.; FOSTER, R. G.; MENAKER, M. e HUT, R. A. "The nocturnal bottleneck and the evolution of activity patterns in mammals." *Proceedings of the Royal Society B: Biological Sciences*, v. 280, n. 1765, 2013, p. 20130508. DOI: 10.1098/rspb.2013.0508.

GERSHON, R.; NEITZEL, R.; BARRERA, M. e AKRAM, M. "Pilot survey of subway and bus stop noise levels." *Journal of Urban Health*, v. 83, 2006, pp. 802-12. DOI: 10.1007/s11524-006-9080-3.

GHASSABIAN, A.; VANDENBERG, L.; KANNAN, K. e TRASANDE, L. "Endocrine-disrupting chemicals and child health." *Annual Review of Pharmacology and Toxicology*, v. 62, 2022, pp. 573-94. DOI: 10.1146/annurev-pharmtox-021921-093352.

GHAZANFAR, A. A. e RENDALL, D. "Evolution of human vocal production." *Current Biology*, v. 18, n. 11, 2008, pp. R457-60.

GILAD, Y.; WIEBE, V.; PRZEWORSKI, M.; LANCET, D. e PÄÄBO, S. "Loss of olfactory receptor genes coincides with the acquisition of full trichromatic vision in primates." *PLOS Biology*, v. 2, n. 1, 2004, p. e5. DOI: 10.1371/journal.pbio.0020005.

GILARDI, K. V. K.; SHIDELER, S. E.; VALVERDE, C. R.; ROBERTS, J. A. e LASLEY, B. L. "Characterization of the onset of menopause in the rhesus macaque1." *Biology of Reproduction*, v. 57, n. 2, 1997, pp. 335-40. DOI: 10.1095/biolreprod57.2.335.

GILL, P. G.; PURNELL, M. A.; CRUMPTON, N.; BROWN, K. R.; GOSTLING, N. J.; STAMPANONI, M. e RAYFIELD, E. J. "Dietary specializations and diversity in feeding ecology of the earliest stem mammals." *Nature*, v. 512, n. 7514, 2014, pp. 303-5. DOI: 10.1038/nature13622.

GILLAM, L.; MCDONALD, R.; EBLING, F. J. e MAYHEW, T. M. "Human 2D (index) and 4D (ring) finger lengths and ratios: Cross-sectional data on linear growth patterns, sexual dimorphism and lateral asymmetry from 4 to 60 years of age." *Journal of Anatomy*, v. 213, n. 3, 2008, pp. 325-35. DOI: 10.1111/j.1469-7580.2008.00940.x.

GILLIES, G. E.; PIENAAR, I. S.; VOHRA, S. e QAMHAWI, Z. "Sex differences in Parkinson's disease." *Frontiers in Neuroendocrinology*, v. 35, n. 3, 2014, pp. 370-84. DOI: 10.1016/j.yfrne.2014.02.002.

GLINTBORG, D.; T'SJOEN, G.; RAVN, P. e ANDERSEN, M. S. "Management of endocrine disease: Optimal feminizing hormone treatment in transgender people." *European Journal of Endocrinology*, v. 185, n. 2, 2021, pp. R49-63.

GOBES, S. M. H.; JENNINGS, R. B. e MAEDA, R. K. "The sensitive period for auditory-vocal learning in the zebra finch: Consequences of limited-model availability and multiple-tutor paradigms on song imitation." *Behavioural Processes*, v. 163, 2019, pp. 5-12. DOI: 10.1016/j.beproc.2017.07.007.

GODDINGS, A. L.; BELTZ, A.; PEPER, J. S.; CRONE, E. A. e BRAAMS, B. R. "Understanding the role of puberty in structural and functional development of the adolescent brain." *Journal of Research on Adolescence*, v. 29, n. 1, 2019, pp. 32-53.

GOLDBERG, A.; GÜNTHER, T.; ROSENBERG, N. A. e JAKOBSSON, M. "Ancient X chromosomes reveal contrasting sex bias in Neolithic and Bronze Age Eurasian migrations." *Proceedings of the National Academy of Sciences*, v. 114, n. 10, 2017, pp. 2657-62. DOI: 10.1073/pnas.1616392114.

GOLDMAN, M. "Amazing deliveries. *Emory Medicine Magazine*." Outono 2014. Disponível em: <emorymedicinemagazine.emory.edu>.

GOLDSMITH, L. T.; WEISS, G.; PALEJWALA, S.; PLANT, T. M.; WOJTCZUK, A.; LAMBERT, W. C. et al. "Relaxin regulation of endometrial structure and function in the rhesus monkey." *Proceedings of the National Academy of Sciences*, v. 101, n. 13, 2004, pp. 4685-89. DOI: 10.1073/pnas.0400776101.

GOLDSTEIN, J. M.; SEIDMAN, L. J.; HORTON, N. J.; MAKRIS, N.; KENNEDY, D. N.; CAVINESS, V. S. Jr. et al. "Normal sexual dimorphism of the adult human brain assessed by in vivo magnetic resonance imaging." *Cerebral Cortex*, v. 11, n. 6, 2001, pp. 490-7.

GOMES, C. M. e BOESCH, C. "Wild chimpanzees exchange meat for sex on a long-term basis." *PLOS ONE*, v. 4, n. 4, 2009, p. e5116. DOI: 10.1371/journal.pone.0005116.

GOODALL, J. "Infant killing and cannibalism in free-living chimpanzees." *Folia Primatologica*, v. 28, n. 4, 1077, pp. 259-82.

GOODALL, J. *The Chimpanzees of Gombe: Patterns of Behavior*. Cambridge, Mass.: Harvard University Press, 1986.

GOODALL, J. *Through a Window: My Thirty Years with the Chimpanzees of Gombe*. Boston: Houghton Mifflin Harcourt, 2010.

GOODSON, J. L.; SCHROCK, S. E.; KLATT, J. D.; KABELIK, D. e KINGSBURY, M. A. "Mesotocin and nonapeptide receptors promote estrildid flocking behavior." *Science*, v. 325, n. 5942, 2009, pp. 862-6. DOI: 10.1126/science.1174929.

GORDON, H. S. e ROSENTHAL, G. E. "The relationship of gender and in-hospital death: Increased risk of death in men." *Medical Care*, v. 37, n. 3, 1999, pp. 318-24.

GORDON-SALANT, S. "Hearing loss and aging: New research findings and clinical implications." *Journal of Rehabilitation Research & Development*, 2005, p. 42.

GOREN-INBAR, N.; FEIBEL, C. S.; VEROSUB, K. L.; MELAMED, Y.; KISLEV, M. E.; TCHERNOV, E. e SARAGUSTI, I. "Pleistocene milestones on the Out-of-Africa Corridor at Gesher Benot Ya'aqov, Israel." *Science*, v. 289, p. 5481, 2000, pp. 944-7.

GORMAN, M. R. "Male homosexual desire: Neurological investigations and scientific bias." *Perspectives in Biology and Medicine*, v. 38, n. 1, 1994, pp. 61-81.

GOULD, S. J. "A special fondness for beetles." *Natural History*, v. 1, n. 102, 1993, p. 4.

GOVERNO DE QUEENSLAND (AUSTRÁLIA). *About northern hairy-nosed wombats*. Atual. 7 out. 2021. Disponível em: <www.qld.gov.au>.

GOWLETT, J. A. J. "The discovery of fire by humans: A long and convoluted process." *Philosophical Transactions of the Royal Society B: Biological Sciences*, v. 371, n. 1696, 2016, p. 20150164.

GRANT, J. M.; MOTTET, L. A.; TANIS, J.; HARRISON, J.; HERMAN, J. L. e KEISLING, M. *Injustice at Every Turn: A Report of the National Transgender Discrimination Survey*. Washington, D.C.: National Center for Transgender Equality and National Gay and Lesbian Task Force, 2011.

GRAY, L.; MILLER, L. W.; PHILIPP, B. L. e BLASS, E. M. "Breastfeeding is analgesic in healthy newborns." *Pediatrics*, v. 109, n. 4, 2002, pp. 590-93. DOI: 10.1542/peds.109.4.590.

GRAYBEAL, A.; ROSOWSKI, J. J.; KETTEN, D. R. e CROMPTON, A. W. "Inner-ear structure in Morganucodon, an early Jurassic mammal." *Zoological Journal of the Linnean Society*, v. 96, n. 2, 1989, pp. 107-17.

GREDLER, M. L.; LARKINS, C. E.; LEAL, F.; LEWIS, A. K.; HERRERA, A. M.; PERRITON, C. L. et al. "Evolution of External Genitalia: Insights from reptilian development." *Sexual Development*, v. 8, n. 5, 2014, pp. 311-26. DOI: 10.1159/000365771.

GREEN, H.; MCGINNITY, A.; MELTZER, H.; FORD, T. e GOODMAN, R. *Mental Health of Children and Young People in Great Britain, 2004*. Basingstoke: Palgrave Macmillan, 2005.

GREENBLATT, R. B. "Inappropriate lactation in men and women." *Medical Aspects of Human Sexuality*, v. 6, n. 6, 1972, pp. 25-33.

GRIEST, K. "With equal opportunity comes equal responsibility: Lowering fitness standards to accommodate women will hurt the Army — and women." Modern War Institute at West Point, 25 fev. 2021. Disponível em: <mwi.usma.edu>.

GRIEVE, K. M.; MCLAUGHLIN, M.; DUNLOP, C. E.; TELFER, E. E. e ANDERSON, R. A. "The controversial existence and functional potential of oogonial stem cells." *Maturitas*, v. 82, n. 3, 2015, pp. 278-81.

GRIFFITHS, C.; MCGARTLAND, A. e MILLER, M. "A comparison of the monetized impact of IQ decrements from mercury emissions." *Environmental Health Perspectives*, v. 115, n. 6, 2007, pp. 841-7.

GRIFFITHS, M. *Biology of the Monotremes*. Nova York: Academic Press, 1978.

GRIMBIZIS, G. F.; CAMUS, M.; TARLATZIS, B. C.; BONTIS, J. N. e DEVROEY, P. "Clinical implications of uterine malformations and hysteroscopictreatment results." *Human Reproduction Update*, v. 7, n. 2, 2001, pp. 161-74.

GRINBERG, D.; LEVIN-ASHER, B. e SEGAL, O. "The myth of women's advantage in using child--directed speech: Evidence of women versus men in single-sex parent families." *Journal of Speech, Language, and Hearing Research*, v. 65, n. 11, 2022, pp. 4205-27. DOI: 10.1044/2022_JSLHR-21-00558.

GROSSNICKLE, D. M. e POLLY, P. D. "Mammal disparity decreases during the Cretaceous angiosperm radiation." *Proceedings of the Royal Society B: Biological Sciences*, v. 280, n. 1771, 2013, p. 20132110. DOI: 10.1098/rspb.2013.2110.

GROTHE, B. e PECKA, M. "The natural history of sound localization in mammals — a story of neuronal inhibition." *Front Neural Circuits*, v. 8, n. 116, 2014. DOI: 10.3389/fncir.2014.00116.

GRUBER, M. I. "Breastfeeding practices in biblical Israel and in old Babylonian Mesopotamia." *Journal of the Ancient Near Eastern Society (JANES)*, 1989, p. 19.

GRUSS, L. T. e SCHMITT, D. "The evolution of the human pelvis: Changing adaptations to bipedalism, obstetrics and thermoregulation." *Philosophical Transactions of the Royal Society B: Biological Sciences*, v. 370, n. 1663, 2015, p. 20140063.

GULICK, S. P. S.; BRALOWER, T. J.; ORMÖ, J.; HALL, B.; GRICE, K.; SCHAEFER, B.;et al. "The first day of the Cenozoic." *Proceedings of the National Academy of Sciences*, v. 116, n. 39, 2019, pp. 19342-51. DOI: 10.1073/pnas.1909479116.

GUO, Z.; JOHNSON, C. M. e JENSEN, M. D. "Regional lipolytic responses to isoproterenol in women." *American Journal of Physiology-Endocrinology and Metabolism*, v. 273, n. 1, 1997, p. E108-12. DOI: 10.1152/ajpendo.1997.273.1.E108.

GUPTE, R. P.; BROOKS, W. M.; VUKAS, R. R.; PIERCE, J. D. e HARRIS, J. L. "Sex differences in traumatic brain injury: What we know and what we should know." *Journal of Neurotrauma*, v. 36, n. 22, 2019, pp. 3063-91.

GURVEN, M. e KAPLAN, H. "Longevity among hunter-gatherers: A cross-cultural examination." *Population and Development Review*, v. 33, 2007, pp. 321-65. DOI: 10.1111/j.1728-4457.2007.00171.x.

HAAS, R.; WATSON, J.; BUONASERA, T.; SOUTHON, J.; CHEN, J. C.; NOE, S. et al. "Female hunters of the early Americas." *Science Advances*, v. 6, n. 45, 2020, p. eabd0310. DOI: 10.1126/sciadv.abd0310.

HAEUSLER, M. e MCHENRY, H. M. "Body proportions of *Homo habilis* reviewed." *Journal of Human Evolution*, v. 46, n. 4, 2004, pp. 433-65.

HAEUSLER, M.; GRUNSTRA, N. D. S.; MARTIN, R. D.; KRENN, V. A.; FORNAI, C. e WEBB, N. M. "The obstetrical dilemma hypothesis: There's life in the old dog yet." *Biological Reviews*, v. 96, n. 5, 2021, pp. 2031-57. DOI: 10.1111/brv.12744.

HAGGARTY, P. "Effect of placental function on fatty acid requirements during pregnancy." *European Journal of Clinical Nutrition*, v. 58, 2004, pp. 1559-70. DOI: 10.1038/sj.ejcn.1602016.

HAIG, D. "Maternal-fetal conflict, genomic imprinting and mammalian vulnerabilities to cancer." *Philosophical Transactions of the Royal Society B, Biological Sciences*, v. 370, n. 1673, 2015, p. 20140178. DOI: 10.1098/rstb.2014.0178.

HAIZLIP, K. M.; HARRISON, B. C. e LEINWAND, L. A. "Sex-based differences in skeletal muscle kinetics and fiber-type composition." *Physiology*, v. 30, n. 1, 2015, pp. 30-9. DOI: 10.1152/physiol.00024.2014.

HALPERN, D.; WAI, J. e SAW, A. "A psychobiosocial model: Why females are sometimes greater than and sometimes less than males in math achievement." In: *Gender Differences in Mathematics*. Org. de A. M. Gallagher e J. C. Kaufman. Cambridge, UK: Cambridge University Press, 2005, pp. 48-72.

HALPERN, D. F. e LAMAY, M. L. *Educational Psychology Review*, v. 12, n. 2, 2000, pp. 229-46. DOI: 10.1023/a:1009027516424.

HALPERN, D. F.; BENBOW, C. P.; GEARY, D. C.; GUR, R. C.; HYDE, J. S. e GERNSBACHER, M. A. "The science of sex differences in science and mathematics." *Psychological Science in the Public Interest*, v. 8, n. 1, 2007, pp. 1-51. DOI: 10.1111/j.1529-1006.2007.00032.x.

HAMMER, M. L. A. e FOLEY, R. A. "Longevity and life history in hominid evolution." *Human Evolution*, v. 11, n. 1, 1996, pp. 61-6. DOI: 10.1007/BF02456989.

HAMMOUD, H. "Illiteracy in the Arab world." Artigo encomendado para o EFA Global Monitoring Report 2006, *Literacy for Life*, Unesco, 2006.

HAMURABI. (2250 a.C.). "The code of Hammurabi, king of Babylon." In: HARPER, R. F. "Mesopotamian pediatrics". *Episteme*, v. 7, 1973, pp. 283-8. [Ed. bras.: *Código de Hamurabi: Código de Manu (Livros oitavo e nono) — Lei das XII Tábuas*. Supervisão editoral Jair Lot Vieira. São Paulo: Edipro, 2017.]

HANDELSMAN, D. J.; HIRSCHBERG, A. L. e BERMON, S. "Circulating testosterone as the hormonal basis of sex differences in athletic performance." *Endocrine Reviews*, v. 39, n. 5, 2018, pp. 803-29. DOI: 10.1210/er.2018-00020.

HANSEN, T.; PRACEJUS, L. e GEGENFURTNER, K. R. "Color perception in the intermediate periphery of the visual field." *Journal of Vision*, v. 9, n. 4, 2009, p. 26. DOI: 10.1167/9.4.26.

HARGEST, R. "Five thousand years of minimal access surgery: 3000 BC to 1850: Early instruments for viewing body cavities." *Journal of the Royal Society of Medicine*, v. 113, n. 12, 2020, pp. 491-6.

HARMAND, S.; LEWIS, J. E.; FEIBEL, C. S.; LEPRE, C. J.; PRAT, S.; LENOBLE, A. et al. "3.3-million-year-old stone tools from Lomekwi 3, West Turkana, Kenya." *Nature*, v. 521, n. 7552, 2015, pp. 310-5. DOI: 10.1038/nature14464.

HARRIS, L. J. "Side biases for holding and carrying infants: Reports from the past and possible lessons for today." *Laterality*, v. 15, 2010, pp. 56-135. DOI: 10.1080/13576500802584371.

HARRIS, W. V. *Ancient Literacy*. Cambridge, Mass.: Harvard University Press, 1991.

HARRISON, A.; CLELAND, J. e FROHLICH, J. "Young people's sexual partnerships in KwaZulu-Natal, South Africa: Patterns, contextual influences, and HIV risk." *Studies in Family Planning*, v. 39, n. 4, 2008, pp. 295-308.

HARRISON, D.; RESZEL, J.; BUENO, M.; SAMPSON, M.; SHAH, V. S.; TADDIO, A. et al. "Breastfeeding for procedural pain in infants beyond the neonatal period." *Cochrane Database of Systematic Reviews*, n. 10, 2016. DOI: 10.1002/14651858.CD011248.pub2.

HARRISON, R. "Physiological roles of xanthine oxidoreductase." *Drug Metabolism Reviews*, v. 36, n. 2, 2004, pp. 363-75. DOI: 10.1081/DMR-120037569.

HARRISON, T. "Apes among the tangled branches of human origins." *Science*, v. 327, n. 5965, 2010, pp. 532-4.

HART, D. e SUSSMAN, R. W. *Man the Hunted: Primates, Predators, and Human Evolution*. Boulder: Westview Press, 2005.

HARTSHORNE, J. K.; TENENBAUM, J. B. e PINKER, S. "A critical period for second language acquisition: Evidence from 2/3 million English speakers." *Cognition*, v. 177, 2018, pp. 263-77. DOI: 10.1016/j.cognition.2018.04.007.

HATHI, P.; COFFEY, D.; THORAT, A. e KHALID, N. "When women eat last: Discrimination at home and women's mental health." *PLOS ONE*, v. 16, n. 3, 2021, p. e0247065. DOI: 10.1371/journal.pone.0247065.

HAUSFATER, G. e HRDY, S. B. *Infanticide: Comparative and Evolutionary Perspectives*. Londres: Routledge, 2017.

HAWKES, K. "Grandmothers and the evolution of human longevity." *American Journal of Human Biology*, v. 15, n. 3, 2003, pp. 380-400. DOI: 10.1002/ajhb.10156.

HAWKES, K. e COXWORTH, J. E. "Grandmothers and the evolution of human longevity: A review of findings and future directions." *Evolutionary Anthropology*, v. 22, n. 6, 2013, pp. 294-302. DOI: 10.1002/evan.21382.

HAWKES, K. e SMITH, K. R. "Do women stop early? Similarities in fertility decline in humans and chimpanzees." *Annals of the New York Academy of Sciences*, v. 1204, 2010, pp. 43-53. DOI: 10.1111/j.1749-6632.2010.05527.x.

HAWKES, K.; O'CONNELL, J. F. e BLURTON JONES, N. G. "Hadza women's time allocation, offspring provisioning, and the evolution of long postmenopausal life spans." *Current Anthropology*, v. 38, n. 4, 1997, pp. 551-577. DOI: 10.1086/204646.

HAYDEN, E. C. "Sex bias blights drug studies." *Nature*, v. 464, n. 7287, 2010, pp. 332-33. DOI: 10.1038/464332b.

HEESY, C. P. "Seeing in stereo: The ecology and evolution of primate binocular vision and stereopsis." *Evolutionary Anthropology*, v. 18, 2009, pp. 21-35. DOI: 10.1002/evan.20195.

HEFFNER, R. S. "Primate hearing from a mammalian perspective." *The Anatomical Record*, v. 281A, 2004, pp. 1111-22. DOI: 10.1002/ar.a.20117.

HEINRICH, J. "Women's health: NIH has increased its efforts to include women in research." *Report to Congressional Requesters*. Washington, D.C.: U.S. General Accounting Office, 2000.

HEINRICHS, L. "Linking olfaction with nausea and vomiting of pregnancy, recurrent abortion, hyperemesis gravidarum, and migraine headache." *American Journal of Obstetrics and Gynecology*, v. 186, 2002, pp. S215-9. DOI: 10.1067 /mob.2002.123053.

HEISZ, J. J.; POTTRUFF, M. M. e SHORE, D. I. "Females scan more than males: A potential mechanism for sex differences in recognition memory." *Psychological Science*, v. 24, n. 7, 2013, pp. 1157-63. DOI: 10.1177/0956797612468281.

HENN, B. M.; CAVALLI-SFORZA, L. L. e FELDMAN, M. W. "The great human expansion." *Proceedings of the National Academy of Sciences*, v. 109, n. 44, 2012, pp. 17758-64. DOI: 10.1073/pnas.1212380109.

HENSHAW, S. K.; SINGH, S. e HAAS, T. *International Family Planning Perspectives*, v. 25, supl. jan. 1999, pp. S30-8.

HERNANDEZ, T. L.; KITTELSON, J. M.; LAW, C. K.; KETCh, L. L.; STOB, N. R.; LINDSTROM, R. C. et al. "Fat redistribution following suction lipectomy: Defense of body fat and patterns of restoration." *Obesity*, v. 19, n. 7, 2011, pp. 1388-95. DOI: 10.1038/oby.2011.64.

HERNDON, J. G.; PAREDES, J.; WILSON, M. E.; BLOOMSMITH, M. A.; CHENNAREDDI, L. e WALKER, M. L. "Menopause occurs late in life in the captive chimpanzee (*Pan troglodytes*). *Age*, v. 34, n. 5, 2012, pp. 1145-56. DOI: 10.1007/s11357-011-9351-0.

HERRERA, A. M.; SHUSTER, S. G.; PERRITON, C. L. e COHN, M. J. "Developmental basis of phallus reduction during bird evolution." *Current Biology*, v. 23, n. 12, 2013, pp. 1065-74. DOI: 10.1016/j.cub.2013.04.062.

HERTZ-PICCIOTTO, I. e SAMUELS, S. J. "Incidence of early loss of pregnancy." *The New England Journal of Medicine*, v. 319, n. 22, 1988, pp. 1483-4. DOI: 10.1056/NEJM198812013192214.

HERZOG, D.; WEGENER, G.; LIEB, K.; MÜLLER, M. e TRECCANI, G. "Decoding the mechanism of action of rapid-acting antidepressant treatment strategies: Does gender matter?" *International Journal of Molecular Sciences*, v. 20, n. 4, 2019, p. 949. MDPI AG. DOI: 10.3390/ijms20040949.

HESKETH, T.; LU, L. e XING, Z. W. "The consequences of son preference and sex-selective abortion in China and other Asian countries." *Canadian Medical Association Journal*, v. 183, n. 12, 2011, pp. 1374-7. DOI: 10.1503/cmaj.101368.

HESSAMI, Z. e DA FONSECA, M. L. "Female political representation and substantive effects on policies: A literature review." *European Journal of Political Economy*, v. 63, 2020, p. 101896. DOI: 10.1016/j.ejpoleco.2020.101896.

HESSELMAR, B.; SJÖBERG, F.; SAALMAN, R.; ABERG, N.; ADLERBERTH, I. e WOLD, A. E. "Pacifier cleaning practices and risk of allergy development." *Pediatrics*, v. 131, n. 6, 2013, pp. e1.829-37. DOI: 10.1542/peds.2012-3345.

HESTER, M. "Who does what to whom? Gender and domestic violence perpetrators in English police records." *European Journal of Criminology*, v. 10, 2013, pp. 623-37.

HEWLETT, B. S. *Intimate Fathers: The Nature and Context of Aka Pygmy Paternal Infant Care*. Ann Arbor: University of Michigan Press, 1991.

HILL, A. "Hippopotamus butchery by Homo erectus at Olduvai." *Journal of Archaeological Science*, v. 10, n. 2, 1983, pp. 135-7. DOI: 10.1016/0305-4403(83)90047-X.

HILLSTROM, C. "The hidden epidemic of brain injuries from domestic violence." *The New York Times*, 1º mar. 2022. Disponível em: <www.nytimes.com>.

HILTON, C. B.; MOSER, C. J.; BERTOLO, M.; LEE-RUBIN, H.; AMIR, D.; BAINBRIDGE, C. M. et al. "Acoustic regularities in infant-directed speech and song across cultures." *Nature Human Behaviour*, v. 6, n. 11, 2022, pp. 1545-56. DOI: 10.1038/s41562-022-01410-x.

HINDE, K. e MILLIGAN, L. A. "Primate milk: Proximate mechanisms and ultimate perspectives." *Evolutionary Anthropology: Issues, News, and Reviews*, v. 20, n. 1, 2011, pp. 9-23. DOI: 10.1002/evan.20289.

HINDE, K.; SKIBIEL, A. L.; FOSTER, A. B.; DEL ROSSO, L.; MENDOZA, S. P. e CAPITANIO, J. P. "Cortisol in mother's milk across lactation reflects maternal life history and predicts infant temperament." *Behavioral Ecology*, v. 26, n. 1, 2014, pp. 269-81.

HIRAI, A. H.; KO, J. Y.; OWENS, P. L.; STOCKS, C. e PATRICK, S. W. "Neo-natal abstinence syndrome and maternal opioid-related diagnoses in the US, 2010-2017." *JAMA*, v. 325, n. 2, 2021, pp. 146-55. DOI: 10.1001/jama.2020.24991.

HIRAMATSU, C.; MELIN, A. D.; AURELI, F.; SCHAFFNER, C. M.; VOROBYEV, M. e KAWAMURA, S. "Interplay of olfaction and vision in fruit foraging of spider monkeys." *Animal Behaviour*, v. 77, n. 6, 2009, pp. 1421-6. DOI: 10.1016/j.anbehav.2009.02.012.

HIRATA, S.; FUWA, K.; SUGAMA, K.; KUSUNOKI, K. e TAKESHITA, H. "Mechanism of birth in chimpanzees: Humans are not unique among primates." *Biology Letters*, v. 7, n. 5, 2011, pp. 686-8. DOI: 10.1098/rsbl.2011.0214.

HIRNSTEIN, M. e HAUSMANN, M. "Sex/gender differences in the brain are not trivial — A commentary on Eliot et al." *Neuroscience & Biobehavioral Reviews*, v. 130, 2021, pp. 408-9. DOI: 10.1016/j.neubiorev.2021.09.012.

HIRNSTEIN, M.; STUEBS, J.; MOÈ, A. e HAUSMANN, M. "Sex/gender differences in verbal fluency and verbal-episodic memory: A meta-analysis." *Perspectives on Psychological Science*, v. 18, n. 1, 2023, pp. 67-90. DOI: 10.1177/17456916221082116.

HOEKZEMA, E.; BARBA-MÜLLER, E.; POZZOBON, C.; PICADO, M.; LUCCO, F.; GARCIA-GARCIA, D. et al. "Pregnancy leads to long-lasting changes in human brain structure." *Nature Neuroscience*, v. 20, n. 2, 2017, pp. 287-96. DOI: 10.1038/nn.4458.

HOEKZEMA, E.; VAN STEENBERGEN, H.; STRAATHOF, M.; BEEKMANS, A.; FREUND, I. M.; POUWELS, P. J. W. e CRONE, E. A. "Mapping the effects of pregnancy on resting state brain activity, white matter microstructure, neural metabolite concentrations and grey matter architecture." *Nature Communications*, v. 13, n. 1, 2022, p. 6931. DOI: 10.1038/s41467-022-33884-8.

HOFFMANN, D. E. e TARZIAN, A. J. "The girl who cried pain: A bias against women in the treatment of pain." *The Journal of Law, Medicine & Ethics*, v. 29, n. 1, 2001, pp. 13-27. DOI: 10.1111/j.1748-720x.2001.tb00037.x.

HOLMES, M. M.; RESNICK, H. S.; KILPATRICK, D. G. e BEST, C. L. "Rape-related pregnancy: Estimates and descriptive characteristics from a national sample of women." *American Journal of Obstetrics and Gynecology*, v. 175, n. 2, 1996, pp. 320-5. DOI: 10.1016/s0002-9378(96)70141-2.

HOLTON, N. E.; YOKLEY, T. R.; FROEHLE, A. W. e SOUTHARD, T. E. "Ontogenetic scaling of the human nose in a longitudinal sample: Implications for genus *Homo* facial evolution." *American Journal of Physical Anthropology*, v. 153, 2014, pp. 52-60. DOI: 10.1002/ajpa.22402.

HOPSON, J. A. "Endothermy, small size, and the origin of mammalian reproduction." *The American Naturalist*, v. 107, n. 955, 1973, pp. 446-52.

HORSUP, A. "Recovery plan for the northern hairy-nosed wombat (*Lasiorhinus krefftii*) 2004--2008." Departamento de Mudança Climática, Energia, Meio Ambiente e Água do governo australiano. 2005. Disponível em: <www.dcceew.gov.au>.

HOSKEN, D. J.; ARCHER, C. R.; HOUSE, C. M. e WEDELL, N. "Penis evolution across species: Divergence and diversity." *Nature Reviews Urology*, v. 16, n. 2, 2019, pp. 98-106. DOI: 10.1038/s41585-018-0112-z.

HOWELL, N. *Demography of the Dobe!Kung*. Nova York: Routledge, 2017 (1979).

HOWIE, P. W. e MCNEILLY, A. S. "Effect of breast-feeding patterns on human birth intervals." *Journal of Reproduction and Fertility*, v. 65, n. 2, 1982, pp. 54557. DOI: 10.1530/jrf.0.0650545.

HOYERT, D. L. "Maternal mortality rates in the United States, 2020." *NCHS Health E-Stats*. 2022. DOI: 10.15620/cdc:113967.

HOYLE, N. P.; SEINKMANE, E.; PUTKER, M.; FEENEY, K. A.; KROGAGER, T. P. CHESHAM, J. E. et al. "Circadian actin dynamics drive rhythmic fibroblast mobilization during wound healing." *Science Translational Medicine*, v. 9, n. 415, 2017, p. eaal2774. DOI: 10.1126/scitranslmed.aal2774.

HRDY, S. *Mothers and Others: The Evolutionary Origins of Mutual Understanding*. Cambridge, Mass.: Harvard University Press, 2009.

HRDY, S. B. "Infanticide among animals: A review, classification, and examination of the implications for the reproductive strategies of females." *Ethology and Sociobiology*, v. 1, n. 1, 1979, pp. 13-40.

HUFFMAN, M. A. "Current evidence for self-medication in primates: A multi-disciplinary perspective." *American Journal of Physical Anthropology*, v. 104, n. S25, 1997, pp. 171-200.

HUFFMAN, M. A.; GOTOH, S.; TURNER, L. A.; HAMAI, M. e YOSHIDA, K. "Seasonal trends in intestinal nematode infection and medicinal plant use among chimpanzees in the Mahale Mountains, Tanzania." *Primates*, v. 38, n. 2, 1997, pp. 111-25. DOI: 10.1007/BF02382002.

HUMPHREY, L. L.; FU, R.; BUCKLEY, D. I.; FREEMAN, M. e HELFAND, M. "Periodontal disease and coronary heart disease incidence: A systematic review and meta-analysis." *Journal of General Internal Medicine*, v. 23, n. 12, 2008, pp. 2079-086. DOI: 10.1007/s11606-008-0787-6.

HUNLEY, K. L.; CABANA, G. S. e LONG, J. C. "The apportionment of human diversity revisited." *American Journal of Physical Anthropology*, v. 160, n. 4, 2016, pp. 561-9. DOI: 10.1002/ajpa.22899.

HUNT, D. M.; DULAI, K. S.; COWING, J. A.; JULLIOT, C.; MOLLON, J. D.; BOWMAKER, J. K. et al. "Molecular evolution of trichromacy in primates." *Vision Research*, v. 38, n. 21, 1998, pp. 3299-306. DOI: 10.1016/S0042-6989(97)00443-4.

HUNT, K. D. "Bipedalism." In: *Basics in Human Evolution*. Org. de M. P. Muehlenbein. Boston: Academic Press, 2015, pp. 103-12.

HUNTER, E. J.; TANNER, K. e SMITH, M. E. "Gender differences affecting vocal health of women in vocally demanding careers." *Logopedics, Phoniatrics, Vocology*, v. 36, n. 3, 2011, pp. 128--136. DOI: 10.3109/14015439.2011.587447.

HUPPERTZ, B.; MEIRI, H.; GIZURARSON, S.; OSOL, G. e SAMMAR, M. "Placental protein 13 (PP13): A new biological target shifting individualized risk assessment to personalized drug design combating pre-eclampsia." *Human Reproduction Update*, v. 19, n. 4, 2013, pp. 391-405. DOI: 10.1093/humupd/dmt003.

HYDE, J. S. "The gender similarities hypothesis." *American Psychologist*, v. 60, 2005, pp. 581-92.

HYNES, M. e LOPES CARDOZO, B. "Observations from the CDC: Sexual violence against refugee women." *Journal of Women's Health & Gender-Based Medicine*, v. 9, n. 8, 2000, pp. 819-23. DOI: 10.1089/152460900750020847.

IANTAFFI, A. e BOCKTING, W. O. "Views from both sides of the bridge? Gender, sexual legitimacy and transgender people's experiences of relationships." *Culture, Health & Sexuality*, v. 13, 2011, pp. 355-70. DOI: 10.1080/13691058.2010.537770.

ILANY, A.; HOLEKAMP, K. E. e AKÇAY, E. "Rank-dependent social inheritance determines social network structure in spotted hyenas." *Science*, v. 373, n. 6552, 2021, p. 348. DOI: 10.1126/science.abc1966.

INGOLDSBY, B. B. "The Hutterite family in transition." *Journal of Comparative Family* Studies, v. 32, n. 3, 2001, pp. 377-392. DOI: 10.3138/jcfs.32.3.377.

INGRAM, M. *Church Courts, Sex and Marriage in England, 1570-1640*. Cambridge, UK: Cambridge University Press, 1990.

INSEL, T. R. "The challenge of translation in social neuroscience: A review of oxytocin, vasopressin, and affiliative behavior." *Neuron*, v. 65, n. 6, 2010, pp. 768-79.

INSTITUTE OF MEDICINE (U.S.) COMMITTEE ON WOMEN'S HEALTH RESEARCH. *Women's Health Research: Progress, Pitfalls, and Promise*. Washington, D.C. National Academies Press, 2010.

ISAACSON, W. *Benjamin Franklin: An American life*. Nova York: Simon & Schuster, 2004. [Ed. bras.: *Benjamin Franklin: Uma vida americana*. Trad. Pedro Maia Soares. São Paulo: Companhia das Letras, 2015.]

IVELL, R.; AGOULNIK, A. I. e ANAND-IVELL, R. "Relaxin-like peptides in male reproduction — a human perspective." *British Journal of Pharmacology*, v. 174, 2016, pp. 990-1001. DOI: 10.1111/bph.13689.

JABLONSKI, N. G. e CHAPLIN, G. "Origin of habitual terrestrial bipedalism in the ancestor of the Hominidae." *Journal of Human Evolution*, v. 24, n. 4, 1993, pp. 259-80. DOI: 10.1006/jhev.1993.1021.

JACKSON, S. *The Haunting of Hill House*. Nova York: Penguin, 2006 (1959). [Ed. bras.: *A assombração da Casa da Colina*. Tradução de Débora Landsberg. Rio de Janeiro: Alfaguara, 2021.]

JACOBS, G. H. "The distribution and nature of colour vision among the mammals." *Biological Reviews of the Cambridge Philosophical Society*, v. 68, n. 3, 1993, pp. 413-71. DOI: 10.1111/j.1469-185x.1993.tb00738.x.

JACOBSON-DICKMAN, E. e LEE, M. M. "The influence of endocrine disruptors on pubertal timing." *Current Opinion in Endocrinology, Diabetes and Obesity*, v. 16, n. 1, 2009, pp. 25-30.

JAMES, D. e DRAKICH, J. "Understanding gender differences in amount of talk: Critical review of research." In: *Gender and Conversational Interaction*. Org. de D. Tannen. Oxford: Oxford University Press, 1993.

JAMES, F. R.; WOOTTON, S.; JACKSON, A.; WISEMAN, M.; COPSON, E. R. e CUTRESS, R. I. "Obesity in breast cancer — What is the risk factor?" *European Journal of Cancer*, v. 51, n. 6, 2015, pp. 705-20. DOI: 10.1016/j.ejca.2015.01.057.

JANNINI, E. A.; FISHER, W. A.; BITZER, J. e MCMAHON, C. G. "Controversies in sexual medicine: Is sex just fun? How sexual activity improves health." *The Journal of Sexual Medicine*, v. 6, n. 10, 2009, pp. 2640-8.

JANSEN, S.; BAULAIN, U.; HABIG, C.; WEIGEND, A.; HALLE, I.; SCHOLZ, A. M. et al. "Relationship between bone stability and egg production in genetically divergent chicken layer lines." *Animals*, v. 10, n. 5, 2020, p. 850. DOI: 10.3390 /ani10050850.

JASIEŃSKA, G.; ZIOMKIEWICZ, A.; ELLISON, P. T.; LIPSON, S. F. e THUNE, I. "Large breasts and narrow waists indicate high reproductive potential in women." *Proceedings of the Royal Society B: Biological Sciences*, v. 271, n. 1545, 2004, pp. 1213-7. DOI: 10.1098/rspb.2004.2712.

JEFFERY, P.; JEFFERY, R. e LYON, A. *Labour Pains and Labour Power: Women and Childbearing in India*. Londres: Zed Books, 1989.

JEFFREY, R. "Legacies of matriliny: The place of women and the 'Kerala Model.'" *Pacific Affairs*, v. 77, n. 4, 2004, pp. 647-64.

JHA, S. e PARKER, V. "Risk factors for recurrent obstetric anal sphincter injury (ROASI): A systematic review and meta-analysis." *International Urogynecology Journal*, v. 27, n. 6, 2016, pp. 849-857. DOI: 10.1007/s00192-015-2893-4.

JI, Q.; LUO, Z.-X.; YUAN, C.-X. e TABRUM, A. R. "A swimming mammaliaform from the Middle Jurassic and Ecomorphological diversification of early mammals." *Science*, v. 311, n. 5764, 2006, pp. 1123-7. DOI:10.1126/science.1123026.

JOHANNSEN, T. H.; RIPA, C. P. L.; MORTENSEN, E. L. e MAIN, K. M. "Quality of life in 70 women with disorders of sex development." *European Journal of Endocrinology*, v. 155, n. 6, 2006, pp. 877-85.

JOHNS, M.; SCHMADER, T. e MARTENS, A. "Knowing is half the battle: Teaching stereotype threat as a means of improving women's math performance." *Psychological Science*, v. 16, n. 3, 2005, pp. 175-9. DOI: 10.1111/j.0956-7976.2005.00799.x.

JOHNSON, W.; CAROTHERS, A. e DEARY, I. J. "Sex differences in variability in general intelligence: A new look at the old question." *Perspectives on Psychological Science*, v. 3, n. 6, 2008, pp. 518-31. DOI: 10.1111/j.1745-6924.2008.00096.x.

JONES, H. E.; KALTENBACH, K.; HEIL, S. H.; STINE, S. M.; COYLE, M. G.; ARRIA, A. M. et al. „Neonatal abstinence syndrome after methadone or buprenorphine exposure." *The New England Journal of Medicine*, v. 363, n. 24, 2010, pp. 2320-31.

JONES, J. H. "Primates and the evolution of long, slow life histories." *Current Biology*, v. 21, n. 18, 2011, pp. R708-17. DOI: 10.1016/j.cub.2011.08.025.

JONES, K. P.; WALKER, L. C.; ANDERSON, D.; LACREUSE, A.; ROBSON, S. L. e HAWKES, K. "Depletion of ovarian follicles with age in chimpanzees: Similarities to humans." *Biology of Reproduction*, v. 77, n. 2, 2007, pp. 247-51. DOI: 10.1095/biolreprod.106.059634.

JONES, T. M.; FANSON, K. V.; LANFEAR, R.; SYMONDS, M. R. e HIGGIE, M. "Gender differences in conference presentations: A consequence of self-selection?" *PeerJ*, v. 2, 2014, p. e627. DOI: 10.7717/peerj.627.

JOORDENS, J. C.; KUIPERS, R. S.; WANINK, J. H. e MUSKIET, F. A. "A fish is not a fish: Patterns in fatty acid composition of aquatic food may have had implications for hominin evolution." *Journal of Human Evolution*, v. 77, 2014, pp. 107-16. DOI: 10.1016/j.jhevol.2014.04.004.

JORDAN, G.; DEEB, S. S.; BOSTEN, J. M. e MOLLON, J. D. "The dimensionality of color vision in carriers of anomalous trichromacy." *Journal of Vision*, v. 10, n. 8, 2010, p. 12. DOI: 10.1167/10.8.12.

JØRGENSEN, K. T.; PEDERSEN, B. V.; NIELSEN, N. M.; JACOBSEN, S. e FRISCH, M. "Childbirths and risk of female predominant and other autoimmune diseases in a population-based Danish cohort." *Journal of Autoimmunity*, v. 38, n. 2-3, 2012, pp. J81-7. DOI: 10.1016/j.jaut.2011.06.004.

JUD, N. A.; D'EMIC, M. D.; WILLIAMS, S. A.; MATHEWS, J. C.; TREMAINE, K. M. e BHATTACHARYA, J. "A new fossil assemblage shows that large angiosperm trees grew in North America by the Turonian (Late Cretaceous)." *Science Advances*, v. 4, n. 9, 2018, p. eaar8568. DOI: 10.1126/sciadv.aar8568.

KACHEL, A. F.; PREMO, L. S. e HUBLIN, J. J. "Grandmothering and natural selection." *Proceedings of the Royal Society B: Biological Sciences*, v. 278, n. 1704, 2011, pp. 384-91. DOI: 10.1098/rspb.2010.1247.

KAMARCK, K. N. *Women in Combat: Issues for Congress*. Serviço de Pesquisa do Congresso (Estados Unidos), resumo, 13 dez. 2016. Disponível em: <fas.org>.

KAPLAN, M. "Primates were always tree-dwellers." *Nature*, 2012. DOI: 10.1038/nature.2012.11423.

KAPPELER, P. M. "Intrasexual selection and testis size in strepsirhine primates." *Behavioral Ecology*, v. 8, n. 1, 1997, pp. 10-9. DOI: 10.1093/beheco/8.1.10.

KARASTERGIOU, K.; SMITH, S. R.; GREENBERG, A. S. e FRIED, S. K. "Sex differences in human adipose tissues — the biology of pear shape." *Biology of Sex Differences*, v. 3, n. 1, 2012, p. 13. DOI: 10.1186/2042-6410-3-13.

KARLAMANGLA, A. S.; BURNETT-BOWIE, S. M. e CRANDALL, C. J. "Bone health during the menopause transition and beyond." *Obstetrics and Gynecology Clinics of North America*, v. 45, n. 4, 2018, pp. 695-708. DOI: 10.1016/j.ogc.2018.07.012.

KARRAS, R. M. *Unmarriages: Women, Men, and Sexual Unions in the Middle Ages*. Filadélfia: University of Pennsylvania Press, 2012.

KASS, M. D.; CZARNECKI, L. A.; MOBERLY, A. H. e MCGANN, J. P. "Differences in peripheral sensory input to the olfactory bulb between male and female mice." *Scientific Reports*, v. 7, n. 1, 2017, p. 45851. DOI: 10.1038/srep45851.

KASSEBAUM, N. J.; BARBER, R. M.; BHUTTA, Z. A.; DANDONA, L.; GETHING, P. W.; HAY, S. I. et al. "Global, regional, and national levels of maternal mortality, 1990-2015: A systematic analysis for the Global Burden of Disease Study 2015." *The Lancet*, v. 388, n. 10053, 2016, pp. 1775-812. DOI: 10.1016/S0140-6736(16)31470-2.

KASUYA, T. e MARSH, H. "Life history and reproductive biology of the short-finned pilot whale", *Globicephala macrorhynchus,* off the Pacific coast of Japan." *Reports International Whaling Commission*, v. 6, 1984, pp. 259-310.

KATZ-WISE, S. L.; REISNER, S. L.; HUGHTO, J. W. e KEO-MEIER, C. L. "Differences in sexual orientation diversity and sexual fluidity in attractions among gender minority adults in Massachusetts." *Journal of Sex Research*, v. 53, n. 1, 2016, pp. 74-84. DOI: 10.1080/00224499.2014.1003028.

KAWADA, M.; NAKATSUKASA, M.; NISHIMURA, T.; KANEKO, A. e MORIMOTO, N. "Covariation of fetal skull and maternal pelvis during the perinatal period in rhesus macaques and evolution of childbirth in primates." *Proceedings of the National Academy of Sciences*, v. 117, n. 35, 2020, pp. 21251-7. DOI: 10.1073 /pnas.2002112117.

KEELE, K. D. e ROBERTS, J. "Leonardo da Vinci: Anatomical Drawings from the Royal Library, Windsor Castle." Nova York: Metropolitan Museum of Art, 1983.

KELLER, A.; ZHUANG, H.; CHI, Q.; VOSSHALL, L. B. e MATSUNAMI, H. "Genetic variation in a human odorant receptor alters odour perception." *Nature*, v. 449, 2007, pp. 468-72. DOI: 10.1038/nature06162.

KENDALL, S. e TANNEN, D. "Gender and language in the workplace." In: *Gender and Discourse*. Org. de R. Wodak. Londres: SAGE, 1997. DOI: 10.4135/9781446250204.

KENNAWAY, D. J.; BODEN, M. J. e VARCOE, T. J. "Circadian rhythms and fertility." *Molecular and Cellular Endocrinology*, v. 349, n. 1, 2012, pp. 56-61.

KENNY, L. C. e KELL, D. B. "Immunological tolerance, pregnancy, and preeclampsia: The roles of semen microbes and the father." *Frontiers in Medicine*, v. 4, 2018, p. 239. DOI: 10.3389/fmed.2017.00239.

KENT, J.; MITOULAS, L.; COX, D.; OWENS, R. e HARTMANN, P. "Breast volume and milk production during extended lactation in women." *Experimental Physiology*, v. 84, n. 2, 1999, pp. 435-47. DOI: 10.1111/j.1469-445X.1999.01808.x.

KENYON, K. M. *Digging Up Jericho*. Londres: Ernest Benn, 1957.

KERMACK, D. M. e KERMACK, K. A. "The evolution of mammalian sight and hearing." In: *The Evolution of Mammalian Characters*. Boston: Springer, 1984, pp. 89-100. DOI: 10.1007/978-1-4684-7817-4_6.

KERMACK, K. A.; MUSSETT, F. e RIGNEY, H. W. "The lower jaw of Morganucodon." *Zoological Journal of the Linnean Society*, v. 53, n. 2, 1973, pp. 87-175.

KERMACK, K. A.; MUSSETT, F. e RIGNEY, H. W. "The skull of Morganucodon." *Zoological Journal of the Linnean Society*, v. 71, n. 1, 1981, pp. 1-158.

KESSLER, R. C.; PETUKHOVA, M.; SAMPSON, N. A.; ZASLAVSKY, A. M. e WITTCHEN, H. U. "Twelve-month and lifetime prevalence and lifetime morbid risk of anxiety and mood disorders in the United States." *International Journal of Methods in Psychiatric Research*, v. 21, n. 3, 2012, pp. 169-84.

KHESBAK, H.; SAVCHUK, O.; TSUSHIMA, S. e FAHMY, K. "The role of water H-bond imbalances in B-DNA substate transitions and peptide recognition revealed by time-resolved FTIR spectroscopy." *Journal of the American Chemical Society*, v. 133, n. 15, 2011, pp. 5834-42. DOI: 10.1021/ja108863v.

KIELAN-JAWOROWSKA, Z.; CIFELLI, R. e LUO, Z.-X. "Distribution: Mesozoic mammals in time and space." In: *Mammals from the Age of Dinosaurs: Origins, Evolution, and Structure*. Nova York: Columbia University Press, 2005a, pp. 89-100.

KIELAN-JAWOROWSKA, Z.; CIFELLI, R. e LUO, Z.-X. "The earliest-known stem mammals." In: *Mammals from the Age of Dinosaurs: Origins, Evolution, and Structure*. Nova York: Columbia University Press, 2005b, pp. 161-86.

KILLGORE, W. D. e YURGELUN-TODD, D. A. "The right-hemisphere and valence hypotheses: Could they both be right (and sometimes left)?" *Social Cognitive and Affective Neuroscience*, v. 2, n. 3, 2007, pp. 240-50. DOI: 10.1093/scan/nsm020.

KIM, M. Y. e CHO, S. H. "Affecting factors of contraception use among Korean male adolescents: Focused on alcohol, illicit drug, internet use, and sex education." *The Korean Journal of Stress Research*, v. 20, n. 4, 2012, pp. 267-77.

KING, B. J. "Deception in the wild." *Scientific American*, v. 321, n. 3, 2019, pp. 50-4. DOI: 10.1038/scientificamerican0919-50.

KING, S. L.; GUARINO, E.; KEATON, L.; ERB, L. e JAAKKOLA, K. "Maternal signature whistle use aids mother-calf reunions in a bottlenose dolphin," *Tursiops truncatus. Behavioural Processes*, v. 126, 2016, pp. 64-70. DOI: 10.1016/j.beproc.2016.03.005.

KINSEY, A. C.; POMEROY, W. R. e MARTIN, C. E. *Sexual Behavior in the Human Male*. Filadélfia: W. B. Saunders, 1948.

KIRKCALDY, R. D.; WESTON, E.; SEGURADO, A. C. e HUGHES, G. "Epidemiology of gonorrhoea: A global perspective." *Sexual Health*, v. 16, n. 5, 2019, pp. 401-11. DOI: 10.1071/SH19061.

KLEIN, R. G. *The Human Career: Human Biological and Cultural Origins*. Chicago: University of Chicago Press, 2009.

KLEIN, S. L. e FLANAGAN, K. L. "Sex differences in immune responses. *Nature Reviews Immunology*, v. 16, n. 10, 2016, pp. 626-38. DOI: 10.1038/nri.2016.90.

KLIMAN, H. J.; SAMMAR, M.; GRIMPEL, Y. I.; LYNCH, S. K.; MILANO, K. M.; PICK, E. et al. "Placental protein 13 and decidual zones of necrosis: An immunologic diversion that may be linked to preeclampsia." *Reproductive Sciences*, v. 19, n. 1, 2012, pp. 16-30. DOI: 10.1177/1933719111424445.

KNAPLUND, K. S. "The evolution of women's rights in inheritance." *Hastings Women's Law Journal*, v. 19, 2008, p. 3.

KNIGHT, C. *Blood Relations: Menstruation and the Origins of Culture*. New Haven: Yale University Press, 1995.

KNOX, K. e BAKER, J. C. "Genomic evolution of the placenta using co-option and duplication and divergence." *Genome Research*, v. 18, n. 5, 2008, pp. 695-705. DOI: 10.1101/gr.071407.107.

KO, J. Y.; PATRICK, S. W.; TONG, V. T.; PATEL, R.; LIND, J. N. e BARFIELD, W. D. "Incidence of neonatal abstinence syndrome — 28 states, 1999-2013." *Morbidity and Mortality Weekly Report (*mmwr*)*, v. 65, 2016, pp. 799-802. DOI: 10.15585/mmwr.mm6531a2.

KOLATA, G. "With liposuction, the belly finds what the thighs lose." *The New York Times*, 30 abr. 2011. Disponível em: <www.nytimes.com>.

KONNER, M. e WORTHMAN, C. "Nursing frequency, gonadal function, and birth spacing among !Kung hunter-gatherers." *Science*, v. 207, n. 4432, 1980, pp. 788-91. doi :10.1126/science. 73522.

KORTSMIT, K.; MANDEL, M. G.; REEVES, J. A.; CLARK, E.; PAGANO, P.; NGUYEN, A. et al. "Abortion surveillance — United States, 2019. "*MMWR Surveillance Summaries*, v. 70, n. 9, 2021, pp. 1-29. DOI: 10.15585/mmwr.ss7009a1.

KOSCIK, T.; O'LEARY, D.; MOSER, D. J..; EREASEN, N. C. e NOPOULOS, P. "Sex differences in parietal lobe morphology: Relationship to mental rotation performance." *Brain and Cognition*, v. 69, n. 3, 2009, pp. 451-9. DOI: 10.1016/j.bandc.2008.09.004.

KOSS, K. J. e GUNNAR, M. R. "Annual research review: Early adversity, the hypothalamic-pituitary-adrenocortical axis, and child psychopathology." *Journal of Child Psychology and Psychiatry*, v. 59, n. 4, 2018, pp. 327-46. DOI: 10.1111/jcpp.12784.

KOVACS, C. S. "Calcium and bone metabolism in pregnancy and lactation." *The Journal of Clinical Endocrinology & Metabolism*, v. 86, n. 6, 2001, pp. 2344-8. DOI: 10.1210/jcem.86.6.7575.

KRAFT, T. S.; VENKATARAMAN, V. V.; WALLACE, I. J.; CRITTENDEN, A. N.; HOLOWKA, N. B.; STIEGLITZ, J. et al. "The energetics of uniquely human subsistence strategies." *Science*, v. 374, n. 6575, 2021, p. eabf0130.

KREUER, S.; BIEDLER, A.; LARSEN, R.; ALTMANN, S. e WILHELM, W. "Narcotrend monitoring allows faster emergence and a reduction of drug consumption in propofol-remifentanil anesthesia." *Anesthesiology*, v. 99, n. 1, 2003, pp. 34-41. DOI: 10.1097/00000542-200307000-00009.

KRIJGSMAN, W.; HILGEN, F. J.; RAFFI, I.; SIERRO, F. J. e WILSON, D. S. "Chronology, causes and progression of the Messinian salinity crisis." *Nature*, v. 400, n. 6745, 1999, pp. 652-5.

KRING, D. A. e DURDA, D. D. "Trajectories and distribution of material ejected from the Chicxulub Impact Crater: Implications for postimpact wildfires." *Journal of Geophysical Research: Planets*, v. 107, n. E8, 2002, pp. 6-22.

KROODSMA, D.; HAMILTON, D.; SÁNCHEZ, J. E.; BYERS, B. E.; FANDIÑO-MARIÑO, H.; STEMPLE, D. W. et al. "Behavioral evidence for song learning in the suboscine bellbirds (*Procnias* spp..; Cotingidae)." *The Wilson Journal of Ornithology*, v. 125, n. 1, 2013, pp. 1-14. DOI: 10.1676/12-033.1.

KRUEPUNGA, N.; HIKSPOORS, J.; MEKONEN, H. K.; MOMMEN, G.; MEEMON, K.; WEERACHATYANUKUL, W. et al. "The development of the cloaca in the human embryo." *Journal of Anatomy*, v. 233, n. 6, 2018, pp. 724-39. DOI: 10.1111/joa.12882.

KRUGER, T. H. C.; LEENERS, B.; NAEGELI, E.; SCHMIDLIN, S.; SCHEDLOWSKI, M.; HARTMANN, U. et al. "Prolactin secretory rhythm in women: Immediate and long-term alterations after sexual contact." *Human Reproduction*, v. 27, n. 4, 2012, pp. 1139-43. DOI: 10.1093/humrep/des003.

KRYSINSKA, K.; BATTERHAM, P. J. e CHRISTENSEN, H. "Differences in the effectiveness of psychosocial interventions for suicidal ideation and behaviour in women and men: A systematic review of randomised controlled trials." *Archives of Suicide Research*, v. 21, n. 1, 2017, pp. 12-32. DOI: 10.1080/13811118.2016.1162246.

KUHL, P. K.; TSAO, F. M. e LIU, H. M. "Foreign-language experience in infancy: Effects of short--term exposure and social interaction on phonetic learning." *Proceedings of the National Academy of Sciences*, v. 100, n. 15, 2003, pp. 9096-101.

KUHN, T. *The Structure of Scientific Revolutions*. 2. ed. Chicago: University of Chicago Press, 1970.

KULCZYCKI, A. e WINDLE, S. "Honor killings in the Middle East and North Africa: A systematic review of the literature." *Violence Against Women*, v. 17, n. 11, 2011, pp. 1442-64. DOI: 10.1177/1077801211434127.

KUMAR, S.; FILIPSKI, A.; SWARNA, V.; WALKER, A. e HEDGES, S. B. "Placing confidence limits on the molecular age of the human-chimpanzee divergence." *Proceedings of the National Academy of Sciences*, v. 102, n. 52, 2005, pp. 18842-7.

KUNZ, C.; RODRIGUEZ-PALMERO, M.; KOLETZKO, B. e JENSEN, R. "Nutritional and biochemical properties of human milk, Part I: General aspects, proteins, and carbohydrates." *Clinical Perinatology*, v. 26, n. 2, 1999, pp. 307-33.

KUNZ, C.; RUDLOFF, S.; BAIER, W.; KLEIN, N. e STROBEL, S. "Oligosaccharides in human milk: Structural, functional, and metabolic aspects." *Annual Review of Nutrition*, v. 20, 2000, pp. 699-722.

LAHDENPERÄ, M.; LUMMAA, V.; HELLE, S.; TREMBLAY, M. e RUSSELL, A. F. "Fitness benefits of prolonged post-reproductive lifespan in women." *Nature*, v. 428, 2004, pp. 178-81. DOI: 10.1038/nature02367.

LAHDENPERÄ, M.; MAR, K. U. e LUMMAA, V. "Reproductive cessation and post-reproductive lifespan in Asian elephants and pre-industrial humans." *Frontiers of Zoology*, v. 11, 2014, p. 54. DOI: 10.1186/s12983-014-0054-0.

LAHDENPERÄ, M.; RUSSELL, A. F.; TREMBLAY, M. e LUMMAA, V. "Selection on menopause in two premodern human populations: No evidence for the Mother Hypothesis." *Evolution*, v. 65, n. 2, 2011, pp. 476-89. DOI: 10.1111/j.1558-5646.2010.01142.x.

LAMOTHE, D. "An army trailblazer set her sights on a new target. The reaction highlights a deep rift." *The Washington Post*, 8 maio 2021. Disponível em: <www.washingtonpost.com>.

LAMVU, G.; SOLIMAN, A. M.; MANTHENA, S. R.; GORDON, K.; KNIGHT, J. e TAYLOR, H. S. "Patterns of prescription opioid use in women with endometriosis: Evaluating prolonged use, daily dose, and concomitant use with benzodiazepines." *Obstetrics and Gynecology*, v. 133, n. 6, 2019, pp. 1120-30. DOI: 10.1097/AOG.0000000000003267.

LANGHAMMER, A.; JOHNSEN, R.; GULSVIK, A.; HOLMEN, T. L. e BJERMER, L. "Sex differences in lung vulnerability to tobacco smoking." *European Respiratory Journal*, v. 21, n. 6, 2003, pp. 1017-23. DOI: 10.1183/09031936.03.00053202.

LANGLEY, M. C. e LITSTER, M. "Is it ritual? Or is it children? Distinguishing consequences of play from ritual actions in the prehistoric archaeological record." *Current Anthropology*, v. 59, n. 5, pp. 616-43.

LARA-VILLOSLADA, F.; OLIVARES, M.; SIERRA, S.; MIGUEL RODRÍGUEZ, J.; BOZA, J. e XAUS, J. "Beneficial effects of probiotic bacteria isolated from breast milk." *British Journal of Nutrition*, v. 98, n. S1, 2007, pp. S96-100. DOI: 10.1017/S0007114507832910.

LARISON, J. R.; CROCK, J. G.; SNOW, C. M. e BLEM, C. "Timing of mineral sequestration in leg bones of white-tailed ptarmigan." *The Auk*, v. 118, n. 4, 2001, pp. 1057-62. DOI: 10.1093/auk/118.4.1057.

LARSEN, C. S. "Equality for the sexes in human evolution? Early hominid sexual dimorphism and implications for mating systems and social behavior." *Proceedings of the National Academy of Sciences*, v. 100, n. 16, 2003, pp. 9103-4.

LASSEK, W. D. e GAULIN, S. J. "Menarche is related to fat distribution." *American Journal of Physical Anthropology*, v. 133, 2007, pp. 1147-51. DOI: 10.1002/ajpa.20644.

LASSEK, W. D. e GAULIN, S. J. "Waist-hip ratio and cognitive ability: Is gluteofemoral fat a privileged store of neurodevelopmental resources?" *Evolution and Human Behavior*, v. 29, 2008, pp. 26-34. DOI: 10.1016/j.evolhumbehav.2007.07.005.

LATIMER, B. "The perils of being bipedal." *Annals of Biomedical Engineering*, v. 33, n. 1, 2005, pp. 3-6.

LAUDICINA, N. M.; RODRIGUEZ, F. e DESILVA, J. M. "Reconstructing birth in *Australopithecus sediba*." *PLOS ONE*, v. 14, n. 9, 2019, p. e0221871. DOI: 10.1371/journal.pone.0221871.

LE RAY, C.; SCHERIER, S.; ANSELEM, O.; MARSZALEK, A.; TSATSARIS, V.; CABROL, D. e GOFFINET, F. "Association between oocyte donation and maternal and perinatal outcomes in women aged 43 years or older." *Human Reproduction*, v. 27, n. 3, 2012, pp. 896-901. DOI: 10.1093/humrep/der469.

LE ROUX, A.; SNYDER-MACKLER, N.; ROBERTS, E. K.; BEEHNER, J. C. e BERGMAN, T. J. "Evidence for tactical concealment in a wild primate." *Nature Communications*, v. 4, n. 1, 2013, p. 1462. DOI: 10.1038/ncomms2468.

LEAKEY, L. S. B.; TOBIAS, P. V. e NAPIER, J. R. "A new species of the genus *Homo* from Olduvai Gorge." *Nature*, v. 202, n. 4927, 1964, pp. 7-9.

LEAKEY, M. G.; SPOOR, F.; DEAN, M. C.; FEIBEL, C. S.; ANTON, S. C.; KIARIE, C. e LEAKEY, L. N. "New fossils from Koobi Fora in northern Kenya confirm taxonomic diversity in early *Homo*." *Nature*, v. 488, n. 7410, 2012, pp. 201-4.

LEAN, R. E.; PAUL, R. A.; SMYSER, C. D. e ROGERS, C. E. "Maternal intelligence quotient (IQ) predicts IQ and language in very preterm children at age 5 years." *Journal of Child Psychology and Psychiatry and Allied Disciplines*, v. 59, n. 2, 2018, pp. 150-9. DOI: 10.1111/jcpp.12810.

LEBLANC, S. e BARNES, E. "On the adaptive significance of the female breast." *The American Naturalist*, v. 108, v. 962, 1974, pp. 577-8.

LEE, J. J. e MCCABE, J. M. "Who speaks and who listens: Revisiting the chilly climate in college classrooms." *Gender & Society*, v. 35, n. 1, 2021, pp. 32-60. DOI: 10.1177/0891243220977141.

LEE, L. J.; KOMARASAMY, T. V.; ADNAN, N. A. A.; JAMES, W. e BALASUBRAMANIAM, V. R. M. T. "Hide and seek: The interplay between Zika virus and the host immune response." *Frontiers in Immunology*, v. 12, 2021, p. 750365. DOI: 10.3389/fimmu.2021.750365.

LEE, T.; HENRY, J. D.; TROLLOR, J. N. e SACHDEV, P. S. "Genetic influences on cognitive functions in the elderly: A selective review of twin studies." *Brain Research Reviews*, v. 64, n. 1, 2010, pp. 1-13.

LEEMIS, R. W.; FRIAR, N.; KHATIWADA, S.; CHEN, M. S.; KRESNOW, M.; SMITH, S. G. et al. *The National Intimate Partner and Sexual Violence Survey: 2016/2017 Report on Intimate Partner Violence*. Atlanta: National Center for Injury Prevention and Control, Centers for Disease Control and Prevention, 2022.

LEENERS, B.; KRUGER, T. H. C.; BRODY, S.; SCHMIDLIN, S.; NAEGELI, E. e EGLI, M. "The quality of sexual experience in women correlates with post-orgasmic prolactin surges: Results from an experimental prototype study." *The Journal of Sexual Medicine*, v. 10, n. 5, 2013, pp. 1313-9. DOI: 10.1111 /jsm.12097.

LEGATES, T. A.; KVARTA, M. D. e THOMPSON, S. M. "Sex differences in antidepressant efficacy." *Neuropsychopharmacology*, v. 44, n. 1, 2019, pp. 140-54. DOI: 10.1038/s41386-018-0156-z.

LEIBOVITZ, A. e SONTAG, S. *Women*. Nova York: Random House, 2000.

LEIGH, S. R. e SHEA, B. T. "Ontogeny and the evolution of adult body size dimorphism in apes." *American Journal of Primatology*, v. 36, n. 1, 1995, pp. 37-60.

LELAND, A. "Deafblind communities may be creating a new language of touch." *The New Yorker*, 12 maio 2022. Disponível em: <www.newyorker.com>.

LEMAY, D. G.; LYNN, D. J.; MARTIN, W. F.; NEVILLE, M. C.; CASEY, T. M.; RINCON, G. et al. "The bovine lactation genome: Insights into the evolution of mammalian milk." *Genome Biology*, v. 10, n. 4, 2009, p. R43. DOI: 10.1186/gb-2009-10-4-r43.

LEMMON, G. T. "Meet the first class of women to graduate from Army Ranger School." *Foreign Policy*, 17 ago. 2015. Disponível em: <foreignpolicy.com>.

______. *The Daughters of Kobani: A Story of Rebellion, Courage, and Justice*. Nova York: Penguin Press, 2021.

LEONARD, W. R.; ROBERTSON, M. L.; SNODGRASS, J. J. e KUZAWA, C. W. "Metabolic correlates of hominid brain evolution." *Comparative Biochemistry and Physiology Part A: Molecular & Integrative Physiology*, v. 136, n. 1, 2003, pp. 5-15. DOI: 10.1016/S1095-6433(03)00132-6.

LEPRE, C. J.; ROCHE, H.; KENT, D. V.; HARMAND, S.; QUINN, R. L.; BRUGAL, J.-P. et al. "An earlier origin for the Acheulian." *Nature*, v. 477, n. 7362, 2011, pp. 82-5. DOI: 10.1038/nature10372.

LESLIE, P. W.; CAMPBELL, K. L. e LITTLE, M. A. "Pregnancy loss in nomadic and settled women in Turkana, Kenya: A prospective study." *Human Biology*, v. 65, n. 2, 1993, pp. 237-54.

LEUTENEGGER, W. "Neonatal brain size and neurocranial dimensions in Pliocene hominids: Implications for obstetrics." *Journal of Human Evolution*, v. 16, n. 3, 1987, pp. 291-6.

LEVENSON, M. "Yes, killer whales benefit from grandmotherly love too." *The New York Times*, 10 dez. 2019. Disponível em: <www.nytimes.com>.

LEVERTOV, D. *Sands of the Well*. Nova York: New Directions, 1996.

LEVINE, M. E.; LU, A. T.; CHEN, B. H.; HERNANDEZ, D. G.; SINGLETON, A. B.; FERRUCCI, L. et al. "Menopause accelerates biological aging." *Proceedings of the National Academy of Sciences*, v. 113, n. 33, 2016, pp. 9327-32. DOI: 10.1073/pnas.1604558113.

LEWKOWSKI, M. D.; DITTO, B.; ROUSSOS, M. e YOUNG, S. N. "Sweet taste and blood pressure-related analgesia." *Pain*, v. 106, 2003, pp. 181-6.

LI, C.; ZHU, N.; ZENG, L.; DANG, S.; ZHOU, J. e YAN, H. "Effect of pre-natal and postnatal malnutrition on intellectual functioning in early school-aged children in rural western China." *Medicine*, v. 95, n. 31, 2016, p. e4161. DOI: 10.1097/MD.0000000000004161.

LIBBY, P.; RIDKER, P. M. e MASERI, A. "Inflammation and atherosclerosis." *Circulation*, v. 105, n. 9, 2002, pp. 1135-43. DOI: 10.1161/hc0902.104353.

LIEBERMAN, D. E. "Human evolution: Those feet in ancient times." *Nature*, v. 483, n. 7391, 2012, pp. 550-1.

______. "Human locomotion and heat loss: An evolutionary perspective." *Comprehensive Physiology*, v. 5, 2015, pp. 99-117.

LIEBERMAN, P. "On the Kebara KMH 2 hyoid and Neanderthal speech." *Current Anthropology*, v. 34, n. 2, 1993, pp. 172-5.

______. "The evolution of human speech: Its anatomical and neural bases." *Current Anthropology*, v. 48, n. 1, 2007, pp. 39-66.

LINDENFORS, P.; GITTLEMAN, J. L. e JONES, K. E. "Sexual size dimorphism in mammals." In: *Sex, Size and Gender Roles: Evolutionary Studies of Sexual Size Dimorphism*. Org. de D. J. Fairbairn, W. U. Blanckenhorn e T. Székely. Oxford: Oxford University Press, 2007, pp. 16-26.

LINDSAY, J. O.; WHELAN, K.; STAGG, A. J.; GOBIN, P.; AL-HASSI, H. O.; RAYMENT, N. et al. "Clinical, microbiological, and immunological effects of fructo-oligosaccharide in patients with Crohn's disease." *Gut*, v. 55, n. 3, 2006, pp. 348-55. DOI: 10.1136/gut.2005.074971.

LINDSAY, S.; ANSELL, J.; SELMAN, C.; COX, V.; HAMILTON, K. e WALRAVEN, G. "Effect of pregnancy on exposure to malaria mosquitoes." *Lancet*, v. 355, n. 9219, 2000, p. 1972. DOI: 10.1016/S0140-6736(00)02334-5.

LINGLE, S. e RIEDE, T. "Deer mothers are sensitive to infant distress vocalizations of diverse mammalian species." *The American Naturalist*, v. 184, n. 4, 2014, pp. 510-22. DOI: 10.1086/677677.

LIPKIND, D.; MARCUS, G. F.; BEMIS, D. K.; SASAHARA, K.; JACOBY, N.; TAKAHASI, M. et al. "Stepwise acquisition of vocal combinatorial capacity in songbirds and human infants." *Nature*, v. 498, n. 7452, 2013, pp. 104-8. DOI: 10.1038 /nature12173.

LIU, C.; WEAVER, D. R.; STROGATZ, S. H. e REPPERT, S. M. "Cellular construction of a circadian clock: Period determination in the suprachiasmatic nuclei." *Cell*, v. 91, n. 6, 1997, pp. 855-60. DOI: 10.1016/s0092-8674(00)80473-0.

LIU, G.; ZHANG, C.; WANG, Y.; DAI, G.; LIU, S. Q.; WANG, W. et al. "New exon and accelerated evolution of placental gene Nrk occurred in the ancestral lineage of placental mammals." *Placenta*, v. 114, 2021, pp. 14-21. DOI: 10.1016/j.placenta.2021.08.048.

LIU, H.-M.; TSAO, F.-M. e KUHL, P. "Age-related changes in acoustic modifications of Mandarin maternal speech to preverbal infants and five-year-old children: A longitudinal study." *Journal of Child Language*, v. 36, 2009, pp. 909-22. DOI: 10.1017/S030500090800929X.

LIU, Z.; YANG, Q.; CAI, N.; JIN, L.; ZHANG, T. e CHEN, X. "Enigmatic differences by sex in cancer incidence: Evidence from childhood cancers. *American Journal of Epidemiology*, v. 188, n. 6, 2019, pp. 1130-5. DOI: 10.1093/aje/kwz058.

LLOYD, J.; CROUCH, N. S.; MINTO, C. L.; LIAO, L.-M. e CREIGHTON, S. M. "Female genital appearance: 'Normality' unfolds." BJOG*: An International Journal of Obstetrics & Gynaecology*, v. 112, n. 5, 2005, pp. 643-6. DOI: 10.1111/j.1471-0528.2004.00517.x.

LOBMAIER, J. S.; FISCHBACHER, U.; WIRTHMÜLLER, U. e KNOCH, D. "The scent of attractiveness: Levels of reproductive hormones explain individual differences in women's body odour." *Proceedings of the Royal Society B: Biological Sciences*, v. 285, n. 1886, 2018, p. 20181520. DOI: 10.1098/rspb.2018.1520.

LORING-MEIER, S. e HALPERN, D. F. "Sex differences in visuospatial working memory: Components of cognitive processing." *Psychonomic Bulletin & Review*, v. 6, 1999, pp. 464-71. DOI: 10.3758/BF03210836.

LOUCHART, A.; WESSELMAN, H.; BLUMENSCHINE, R. J.; HLUSKO, L. J.; NJAU, J. K.; BLACK, M. T. et al. "Taphonomic, avian, and small-vertebrate indicators of *Ardipithecus ramidus* habitat." *Science*, v. 326, n. 5949, 2009, pp. 66-66e64.

LOVEJOY, C. O. "Reexamining human origins in light of *Ardipithecus ramidus*." *Science*, v. 326, n. 5949, 2009, pp. 74-e78.

LOVEJOY, C. O.; SIMPSON, S. W.; WHITE, T. D.; ASFAW, B. e SUWA, G. "Careful climbing in the Miocene: The forelimbs of *Ardipithecus ramidus* and humans are primitive." *Science*, v. 326, n. 5949, 2009, pp. 70-e78.

LOVEJOY, C. O.; SUWA, G.; SPURLOCK, L.; ASFAW, B. e WHITE, T. D. "The pelvis and femur of *Ardipithecus ramidus*: The emergence of upright walking." *Science*, v. 326, n. 5949, 2009, pp. 71-e76.

LOWE, A. E.; HOBAITER, C. e NEWTON-FISHER, N. E. "Countering infanticide: Chimpanzee mothers are sensitive to the relative risks posed by males on differing rank trajectories." *American Journal of Physical Anthropology*, v. 168, n. 1, 2019, pp. 3-9. DOI: 10.1002/ajpa.23723.

LOWENSTINE, L. J. e OSBORN, K. G. "Respiratory system diseases of nonhuman primates." *Nonhuman Primates in Biomedical Research*, 2012, pp. 413-81. DOI: org/10.1016/B978-0-12--381366-4.00009-2.

LOWERY, C. M.; BRALOWER, T. J.; OWENS, J. D.; RODRÍGUEZ-TOVAR, F. J.; JONES, H.; SMIT, J. et al. "Rapid recovery of life at ground zero of the end-Cretaceous mass extinction." *Nature*, v. 558, n. 7709, 2018, pp. 288-91. DOI: 10.1038/s41586-018-0163-6.

LOWRY, S. J.; KAPPHAHN, K.; CHLEBOWSKI, R. e LI, C. I. "Alcohol use and breast cancer survival among participants in the Women's Health Initiative." *Cancer Epidemiology, Biomarkers & Prevention*, v. 25, n. 8, 2016, pp. 1268-73. DOI: 10.1158/1055-9965.Epi-16-0151.

LU, Y.-F.; JIN, T.; XU, Y.; ZHANG, D.; WU, Q.; ZHANG, Y.-K. J. e LIU, J. "Sex differences in the circadian variation of cytochrome p450 genes and corresponding nuclear receptors in mouse liver." *Chronobiology International*, v. 30, n. 9, 2013, pp. 1135-43. DOI: 10.3109/07420528.2013.805762.

LUCERO, G. "From sex objects to sisters-in-arms: Reducing military sexual assault through integrated basic training." *Duke Journal of Gender Law & Policy*, v. 26, 2018, p. 1. Disponível em: <scholarship.law.duke.edu>.

LUDERS, E. e KURTH, F. "Structural differences between male and female brains." In: *Handbook of Clinical Neurology*, v. 175. Org. de R. Lanzenberger, G. S. Kranz e I. Savic. Elsevier, 2020, pp. 3-11.

LUO, S.-M.; SCHATTEN, H. e SUN, Q.-Y. "Sperm mitochondria in reproduction: Good or bad and where do they go?" *Journal of Genetics and Genomics*, v. 40, n. 11, 2013, pp. 549-56. DOI: 10.1016/j.jgg.2013.08.004.

LUO, Z.; LUCAS, S.; LI, J. e ZHEN, S. "A new specimen of *Morganucodon oehleri* (Mammalia, Triconodonta) from the Liassic Lower Lufeng Formation of Yunnan, China." *Neues Jahrbuch für Geologie und Paläontologie Monatshefte*, v. 11, 1995, pp. 671-80. DOI: 10.1127/njgpm/1995/1995/671.

LUO, Z. X. "Transformation and diversification in early mammal evolution." *Nature*, v. 450, n. 7172, 2007, pp. 1011-9. DOI: 10.1038/nature06277.

LUO, Z.-X.; YUAN, C.-X.; MENG, Q.-J. e JI, Q. "A Jurassic eutherian mammal and divergence of marsupials and placentals." *Nature*, v. 476, n. 7361, 2011, pp. 442-5. DOI: 10.1038/nature10291.

LYTLE, S. R.; GARCIA-SIERRA, A. e KUHL, P. K. "Two are better than one: Infant language learning from video improves in the presence of peers." *Proceedings of the National Academy of Sciences*, v. 115, n. 40, 2018, pp. 9859-66. DOI: 10.1073/pnas.1611621115.

MAAS, A. H. e APPELMAN, Y. E. "Gender differences in coronary heart disease." *Netherlands Heart Journal*, v. 18, 2010, pp. 598-603.

MACFADDEN, A.; ELIAS, L. e SAUCIER, D. "Males and females scan maps similarly, but give directions differently." *Brain and Cognition*, v. 53, n. 2, 2003, pp. 297-300.

MACHIN, A. e DUNBAR, R. "Sex and gender as factors in romantic partnerships and best friendships." *Journal of Relationships Research*, v. 4, 2013, p. E8. DOI: 10.1017/jrr.2013.8.

MACKINTOSH, N. J. "Race differences in intelligence: An evolutionary hypothesis." *Intelligence*, v. 35, n. 1, 2007, pp. 94-6. DOI: 10.1016/j.intell.2006.08.001.

MACLARNON, A. M. e HEWITT, G. P. "The evolution of human speech: The role of enhanced breathing control." *American Journal of Physical Anthropology*, v. 109, 1999, pp. 341-63.

MACY, I. G.; HUNSCHER, H. A.; DONELSON, E. e NIMS, B. "Human milk flow." *American Journal of Diseases in Childhood*, v. 39, 1930, pp. 1186-204.

MAESSEN, S. E.; DERRAIK, J. G.; BINIA, A. e CUTFIELD, W. S. "Perspective: Human milk oligosaccharides: Fuel for childhood obesity prevention?" *Advances in Nutrition*, v. 11, n. 1, 2020, pp. 35-40.

MAGUIRE, E. A.; BURGESS, N. e O'KEEFE, J. "Human spatial navigation: Cognitive maps, sexual dimorphism, and neural substrates." *Current Opinion in Neurobiology*, v. 9, n. 2, 1999, pp. 171-7. DOI: 10.1016/S0959-4388(99)80023-3.

MAHADY, S. e WOLFF, J. O. "A field test of the Bruce effect in the monogamous prairie vole (*Microtus ochrogaster*)." *Behavioral Ecology and Sociobiology*, v. 52, 2002, pp. 31-7. DOI: 10.1007/s00265-002-0484-0.

MAHER, A. C.; AKHTAR, M.; VOCKLEY, J. e TARNOPOLSKY, M. A. "Women have higher protein content of beta-oxidation enzymes in skeletal muscle than men." *PLOS ONE*, v. 5, n. 8, 2010, p. e12025.

MAHER, A. C.; FU, M. H.; ISFORT, R. J.; VARBANOV, A. R.; QU, X. A. e TARNOPOLSKY, M. A. "Sex differences in global mRNA content of human skeletal muscle." *PLOS ONE*, v. 4, n. 7, 2009, p. e6335.

MAHJABEEN, R. "Microfinancing in Bangladesh: Impact on households, consumption and welfare." *Journal of Policy Modeling*, v. 30, n. 6, 2008, pp. 1083-92. DOI: 10.1016/j.jpolmod.2007.12.007.

MAHONEY, P.; MCFARLANE, G.; SMITH, B. H.; MISZKIEWICZ, J. J.; CERRITO, P.; LIVERSIDGE, H. et al. "Growth of Neanderthal infants from Krapina (120-130 ka), Croatia." *Proceedings of the Royal Society B: Biological Sciences*, v. 288, n. 1963, 2021, p. 20212079. DOI: 10.1098/rspb.2021.2079.

MAINES, R. P. *The technology of orgasm: "Hysteria," the vibrator, and women's sexual satisfaction*. Baltimore: Johns Hopkins University Press, 1999.

MAMMI, C.; CALANCHINI, M.; ANTELMI, A.; CINTI, F.; ROSANO, G. M.; LENZI, A. et al. "Androgens and adipose tissue in males: a complex and reciprocal interplay." *International Journal of Endocrinology*, 2012, p. 789653. DOI: 10.1155/2012/789653.

MAMPE, B.; FRIEDERICI, A. D.; CHRISTOPHE, A. e WERMKE, K. "Newborns' cry melody is shaped by their native language." *Current Biology*, v. 19, n. 23, 2009, pp. 1994-7. DOI: 10.1016/j.cub.2009.09.064.

MANO, R.; BENJAMINOV, O.; KEDAR, I.; BAR, Y.; SELA, S.; OZALVO, R. et al. "PD07-10 malignancies in male BRCA mutation carriers: Results from a prospectively screened cohort of patients enrolled to a dedicated male BRCA clinic." *Journal of Urology*, v. 197, n. 4S, 2017, pp. e131-2. DOI: 10.1016/j.juro.2017.02.385.

MANTHI, F. K.; PLAVCAN, J. M. e WARD, C. V. "New hominin fossils from Kanapoi, Kenya, and the mosaic evolution of canine teeth in early hominins." *South African Journal of Science*, v. 108, 2012, pp. 1-9.

MAO, Y.; CATACCHIO, C. R.; HILLIER, L. W.; PORUBSKY, D.; LI, R.; SULOVARI, A. et al. "A high-quality bonobo genome refines the analysis of hominid evolution." *Nature*, v. 594, 2021, pp. 77-81. DOI: 10.1038/s41586-021-03519-x.

MARADIT KREMERS, H.; LARSON, D. R.; CROWSON, C. S.; KREMERS, W. K.; WASHINGTON, R. E.; STEINER, C. A. et al. "Prevalence of total hip and knee replacement in the United States." *The Journal of Bone and Joint Surgery*, v. 97, n. 17, 2015, pp. 1386-97. DOI: 10.2106/JBJS.N.01141.

MARCENARO, B.; LEIVA, A.; DRAGICEVIC, C.; LÓPEZ, V. e DELANO, P. H. "The medial olivocochlear reflex strength is modulated during a visual working memory task." *Journal of Neurophysiology*, v. 125, n. 6, 2021, pp. 2309-21. DOI: 10.1152/jn.00032.2020.

MARCH OF DIMES. *Miscarriage*. 2017. Disponível em: <www.marchofdimes.org>.

MARCOBAL, A.; BARBOZA, M.; FROEHLICH, J. W.; BLOCK, D. E.; GERMAN, J. B.; LEBRILLA, C. B. e MILLS, D. A. "Consumption of human milk oligosaccharides by gut-related microbes." *Journal of Agricultural and Food Chemistry*, v. 58, 2010, pp. 5334-40.

MARGULIS, S. W.; ATSALIS, S.; BELLEM, A.; WIELEBNOWSKI, N. "Assessment of reproductive behavior and hormonal cycles in geriatric western Lowland gorillas." *Zoo Biology*, v. 26, 2007 pp. 117-39.

MARLOWE, F. W. "The patriarch hypothesis — an alternative explanation of menopause." *Human Nature*, v. 11, 2000, pp. 27-42.

______. *The Hadza: Hunter-Gatherers of Tanzania*. Berkeley: University of California Press, 2010.

MARSH, H. e KASUYA, T. "Evidence for reproductive senescence in female cetaceans." *Reports of the International Whaling Commission*, v. 8, 1986, pp. 57-74.

MARTIN, L. J.; CAREY, K. D. e COMUZZIE, A. G. "Variation in menstrual cycle length and cessation of menstruation in captive raised baboons." *Mechanisms of Ageing and Development*, v. 124, n. 8-9, 2003, pp. 865-71. DOI: 10.1016/s0047-6374(03)00134-9.

MARTIN, N. e MONTAGNE, R. "U.S. has the worst rate of maternal deaths in the developed world." NPR, 12 maio 2017. Disponível em: <www.npr.org>.

MARTINEZ, C. H.; RAPARLA, S.; PLAUSCHINAT, C. A.; GIARDINO, N. D.; ROGERS, B.; BERESFORD, J. et al. "Gender differences in symptoms and care delivery for chronic obstructive pulmonary disease." *Journal of Women's Health*, v. 21, n. 12, 2012, pp. 1267-274.

MARTÍNEZ, I.; ARSUAGA, J. L.; QUAM, R.; CARRETERO, J. M.; GRACIA, A. e RODRÍGUEZ, L. "Human hyoid bones from the middle Pleistocene site of the Sima de los Huesos (Sierra de Atapuerca, Spain)." *Journal of Human Evolution*, v. 54, n. 1, 2008, pp. 118-24.

MARTÍNEZ, I.; ROSA, M.; QUAM, R.; JARABO, P.; LORENZO, C.; BONMATÍ, A. et al. "Communicative capacities in Middle Pleistocene humans from the Sierra de Atapuerca in Spain." *Quaternary International*, v. 295, 2013, pp. 94-101.

MASATAKA, N. "Motherese in a signed language." *Infant Behavior and Development*, v. 15, n. 4, 1992, pp. 453-60. DOI: 10.1016/0163-6383(92)80013-K.

MATHES, B. M.; MORABITO, D. M. e SCHMIDT, N. B. "Epidemiological and clinical gender differences in OCD." *Current Psychiatry Reports*, v. 21, n. 5, 2019, p. 36. DOI: 10.1007/s11920-019-1015-2.

MAUTZ, B. S.; WONG, B. B. M.; PETERS, R. A. e JENNIONS, M. D. "Penis size interacts with body shape and height to influence male attractiveness." *Proceedings of the National Academy of Sciences*, v. 110, n. 17, 2013, pp. 6925-30. DOI: 10.1073/pnas.1219361110.

MAUVAIS-JARVIS, F.; BAIREY MERZ, N.; BARNES, P. J.; BRINTON, R. D.; CARRERO, J.-J.; DEMEO, D. L. et al. "Sex and gender: Modifiers of health, disease, and medicine." *The Lancet*, v. 396, n. 10250, 2020, pp. 565-82. DOI: 10.1016/S0140-6736(20)31561-0.

MAYER, A. R.; DODD, A. B.; RANNOU-LATELLA, J. G.; STEPHENSON, D. D.; DODD, R. J.; LING, J. M. et al. "17α-Ethinyl estradiol-3-sulfate increases survival and hemodynamic functioning in a large animal model of combined traumatic brain injury and hemorrhagic shock: A randomized control trial." *Critical Care*, v. 25, n. 1, 2021, p. 428. DOI: 10.1186/s13054-021-03844-7.

MAZURE, C. M. e JONES, D. P. "Twenty years and still counting: Including women as participants and studying sex and gender in biomedical research." *BMC Women's Health*, v. 15, 2015, p. 94. DOI: 10.1186/s12905-015-0251-9.

MBRRACE-UK (Mothers and Babies: Reducing Risk through Audits and Confidential Enquiries across the UK). *Saving Lives, Improving Mothers' Care: Surveillance of Maternal Deaths in the UK 2012-14 and Lessons Learned to Inform Maternity Care from the UK and Ireland Confidential Enquires into Maternal Deaths and Morbidity 2009-14.* Programa de Análise de Desfechos Clínicos Maternos, Neonatais e Infantis. 2016. Disponível em: <www.npeu.ox.ac.uk>.

MCAULIFFE, K. e WHITEHEAD, H. "Eusociality, menopause and information in matrilineal whales." *Trends in Ecology & Evolution*, v. 20, 2005, p. 650. DOI: 10.1016/j.tree.2005.09.003.

MCCALL, R. B. "Childhood IQ's as predictors of adult educational and occupational status." *Science*, v. 197, n. 4302, 1977, pp. 482-3. DOI: 10.1126/science.197.4302.482.

MCCLEARN, D. "Locomotion, posture, and feeding behavior of kinkajous, coatis, and raccoons." *Journal of Mammalogy*, v. 73, n. 2, 1992, pp. 245-61. DOI: 10.2307/1382055.

MCCLELLAN, H. L.; MILLER, S. J. e HARTMANN, P. E. "Evolution of lactation: Nutrition v. protection with special reference to five mammalian species." *Nutrition Research Reviews*, v. 21, 2008, pp. 97-116. DOI: 10.1017/s09544224 08100749.

MCCLURE, L. *Women in Classical Antiquity: From Birth to Death*. Hoboken: John Wiley & Sons, 2020.

MCCOMB, K.; MOSS, C.; DURANT, S. M.; BAKER, L. e SAYIALEL, S. "Matriarchs as repositories of social knowledge in African elephants." *Science*, v. 292, n. 5516, 2001, pp. 491-4. DOI: 10.1126/science.1057895.

MCCOMB, K.; SHANNON, G.; DURANT, S. M.; SAYIALEL, K.; SLOTOW, R.; POOLE, J. e MOSS, C. "Leadership in elephants: The adaptive value of age." *Proceedings of the Royal Society B: Biological Sciences*, v. 278, n. 1722, 2011, pp. 3270-6. DOI: 10.1098/rspb.2011.0168.

MCFADDEN, D. "Masculinization of the mammalian cochlea." *Hearing Research*, v. 252, n. 1, 2009, pp. 37-48. DOI: 10.1016/j.heares.2009.01.002.

______. "Sexual orientation and the auditory system." *Frontiers in Neuroendocrinology*, v. 32, 2011, pp. 201-13. DOI: 10.1016/j.yfrne.2011.02.001.

MCFADDEN, D. e PASANEN, E. G. "Comparison of the auditory systems of heterosexuals and homosexuals: Click-evoked otoacoustic emissions." *Proceedings of the National Academy of Sciences*, v. 95, n. 5, 1998, pp. 2709-13. DOI: 10.1073/pnas.95.5.2709.

MCLEAN, C. Y.; RENO, P. L.; POLLEN, A. A.; BASSAN, A. I.; CAPELLINI, T. D.; GUENTHER, C. et al. "Human-specific loss of regulatory DNA and the evolution of human-specific traits." *Nature*, v. 471, n. 7337, 2011, pp. 216-9. DOI: 10.1038/nature09774.

MCPHERRON, S. P.; ALEMSEGED, Z.; MAREAN, C. W.; WYNN, J. G.; REED, D.; GERAADS, D. et al. "Evidence for stone-tool-assisted consumption of animal tissues before 3.39 million years ago at Dikika, Ethiopia." *Nature*, v. 466, n. 7308, 2010, pp. 857-60.

MCSWEENEY, J. C.; ROSENFELD, A. G.; ABEL, W. M.; BRAUN, L. T.; BURKE, L. E.; DAUGHERTY, S. L. et al. "Preventing and experiencing ischemic heart disease as a woman: State of the science." *Circulation*, v. 133, n. 13, 2016, pp. 1302-31. DOI: 10.1161/CIR.0000000000000381.

MEHL, M. R.; VAZIRE, S.; RAMÍREZ-ESPARZA, N.; SLATCHER, R. B. e PENNEBAKER, J. W. "Are women really more talkative than men?" *Science*, v. 317, n. 5834, 2007, p. 82. DOI: 10.1126/science.1139940.

MELIN, A. D.; FEDIGAN, L. M.; HIRAMATSU, C.; SENDALL, C. L. e KAWAMURA, S. "Effects of colour vision phenotype on insect capture by a free-ranging population of white-faced capuchins, *Cebus capucinus*." *Animal Behaviour*, v. 73, n. 1, 2007, pp. 205-14.

MELIN, A. D.; MATSUSHITA, Y.; MORITZ, G. L.; DOMINY, N. J. e KAWAMURA, S. "Inferred L/M cone opsin polymorphism of ancestral tarsiers sheds dim light on the origin of anthropoid primates." *Proceedings of the Royal Society B: Biological Sciences*, v. 280, n. 1759, 2013, p. 20130189. DOI: 10.1098/rspb.2013.0189.

MELNICK, D. A. e PEARL, M. C. "Cercopithecines in multimale groups: Genetic diversity and population structure." In: *Primate Societies*. Org. de B. B. Smuts, D. L. Cheney, R. M. Seyfarth, R. W. Wrangham e T. T. Struhsaker. Chicago: University of Chicago Press, 1987, pp. 121-134.

MÉNARD, N.; VON SEGESSER, F.; SCHEFFRAHN, W.; PASTORINI, J.; VALLET, D.; GACI, B. et al. "Is male-infant caretaking related to paternity and/or mating activities in wild Barbary macaques (*Macaca sylvanus*)?" *Comptes Rendus de l'Académie des Sciences — Series III — Sciences de la Vie*, v. 324, n. 7, 2001, pp. 601-10.

MENCKE, T.; SOLTÉSZ, S.; GRUNDMANN, U.; BAUER, M.; SCHLAICH, N.; LARSEN, R. e FUCHS-BUDER, T. "Time course of neuromuscular blockade after rocuronium: A comparison between women and men." *Anaesthesist*, v. 49, 2000, pp. 609-12. DOI: 10.1007/s001010070077.

MESSINA, I.; CATTANEO, L.; VENUTI, P.; DE PISAPIA, N.; SERRA, M.; ESPOSITO, G. et al. "Sex-specific automatic responses to infant cries: TMS reveals greater excitability in females than males in motor evoked potentials." *Frontiers in Psychology*, v. 6, 2015, p. 1909. DOI: 10.3389/fpsyg.2015.01909.

MEYER, J. *Centenarians: 2010*. Washington, D.C.: Departamento de Administração de Comércio, Economia e Estatística, Escritório de Recenseamento (Estados Unidos), 2012.

MIASKOWSKI, G. "Women and pain." *Critical Care Nursing Clinics of North America*, v. 9, n. 4, 1997, pp. 453-8. DOI: 10.1016/S0899-5885(18)30238-7.

MIKA, K.; WHITTINGTON, C. M.; MCALLAN, B. M. e LYNCH, V. J. "Gene expression phylogenies and ancestral transcriptome reconstruction resolves major transitions in the origins of pregnancy." *eLife*, v. 11, 2022, p. e74297. DOI: 10.7554/eLife.74297.

MILLER, E.; WAILS, C. N. e SULIKOWSKI, J. "It's a shark-eat-shark world, but does that make for bigger pups? A comparison between oophagous and non-oophagous viviparous sharks." *Reviews in Fish Biology and Fisheries*, v. 32, 2022, pp. 1019-33. DOI: 10.1007/s11160-022-09707-w.

MILLER, G. "The prickly side of oxytocin." *Science*, v. 328, n. 5984, 2010, pp. 1343. DOI: 10.1126/science.328.5984.1343-a.

MILLER, G.; TYBUR, J. M. e JORDAN, B. D. "Ovulatory cycle effects on tip earnings by lap dancers: Economic evidence for human estrus?" *Evolution and Human Behavior*, v. 28, 2007, pp. 375-81. DOI: 10.1016/j.evolhumbehav.2007.06.002.

MILLER, G. E.; CHEN, E. e ZHOU, E. S. "If it goes up, must it come down? Chronic stress and the hypothalamic-pituitary-adrenocortical axis in humans." *Psychological Bulletin*, v. 133, n. 1, 2007, pp. 25-45. DOI: 10.1037/0033-2909.133.1.25.

MILLER, J. M.; LOW, L. K.; ZIELINSKI, R.; SMITH, A. R.; DELANCEY, J. O. e BRANDON, C. "Evaluating maternal recovery from labor and delivery: Bone and levator ani injuries." *American Journal of Obstetrics and Gynecology*, v. 213, n. 2, 2015, pp. 188-e1. DOI: 10.1016/j.ajog.2015.05.001.

MILLIGAN, L. A. e BAZINET, R. P. "Evolutionary modifications of human milk composition: Evidence from long-chain polyunsaturated fatty acid composition of anthropoid milks." *Journal of Human Evolution*, v. 55, n. 6, 2008, pp. 1086-95. DOI: 10.1016/j.jhevol.2008.07.010.

MILNE, J. S. *Surgical Instruments in Greek and Roman Times*. Oxford: The Clarendon Press, 1907.

MISCHKOWSKI, D.; CROCKER, J. e WAY, B. M. "From painkiller to empathy killer: Acetaminophen (paracetamol) reduces empathy for pain." *Social Cognitive and Affective Neuroscience*, v. 11, n. 9, 2016, pp. 1345-53. DOI: 10.1093/scan/nsw057.

MITANI, J. C. e STUHT, J. "The evolution of nonhuman primate loud calls: Acoustic adaptation for long-distance transmission." *Primates*, v. 39, n. 2, 1998, pp. 171-82.

MITCHELL, H. H.; HAMILTON, T. S.; STEGGERDA, F. R. e BEAN, H. W. "The chemical composition of the adult human body and its bearing on the biochemistry of growth." *Journal of Biological Chemistry*, v. 158, n. 3, 1945, pp. 625-37.

MOGIL, J. S. "Qualitative sex differences in pain processing: Emerging evidence of a biased literature." *Nature Reviews Neuroscience*, v. 21, 2020, pp. 353-65. DOI: 10.1038/s41583-020--0310-6.

MOGIL, J. S. e CHANDA, M. L. "The case for the inclusion of female subjects in basic science studies of pain." *Pain*, v. 117, n. 1-2, 2005, pp. 1-5.

MOLITORIS, J.; BARCLAY, K. e KOLK, M. "When and where birth spacing matters for child survival: An international comparison using the DHS." *Demography*, v. 56, n. 4, 2019, pp. 1349-70. DOI: 10.1007/s13524-019-00798-y.

MORGAN, T. J. H.; UOMINI, N. T.; RENDELL, L.; CHOUINARD-THULY, L.; STREET, S. E.; LEWIS, H. M. et al. “Experimental evidence for the co-evolution of Hominin tool-making teaching and language.” *Nature Communications*, v. 6, 2014, p. 6029.

MORIN, L. P. e ALLEN, C. N. “The circadian visual system, 2005.” *Brain Research Reviews*, v. 51, n. 1, 2006, pp. 1-60. DOI: 10.1016/j.brainresrev.2005.08.003.

MORRAL, A. R.; GORE, K. L. e SCHELL, T. L. (Org.) *Sexual Assault and Sexual Harassment in the U.S. Military. Vol. 2, Estimates for Department of Defense Service Members from the 2014 RAND Military Workplace Study*. Santa Monica, Calif.: RAND Corporation. 2015. Disponível em: <www.rand.org>.

MORRIS, M. W.; MOK, A. e MOR, S. “Cultural identity threat: The role of cultural identifications in moderating closure responses to foreign cultural inflow.” *Journal of Social Issues*, v. 67, n. 4, 2011, pp. 760-73.

MORROW, A. L.; RUIZ-PALACIOS, G. M.; ALTAYE, M.; JIANG, X.; LOURDES GUERRERO, M.; MEINZEN-DERR, J. K.; FARKAS, T. et al. “Human milk oligosaccharides are associated with protection against diarrhea in breast-fed infants.” *Journal of Pediatrics*, v. 145, 2004, pp. 297-303. DOI: 10.1016/j.jpeds.2004.04.054.

MORTON, R. A.; STONE, J. R. e SINGH, R. S. “Mate choice and the origin of menopause.” *PLOS Computational Biology*, v. 9, n. 6, 2013, p. e1003092. DOI: 10.1371/journal.pcbi.1003092.

MOSS, C. J. “The demography of an African elephant (*Loxodonta africana*) population in Amboseli, Kenya.” *Journal of Zoology*, v. 255, 2001, pp. 145-56.

MOSSABEB, R. e SOWTI, K. “Neonatal Abstinence Syndrome: A call for mother-infant dyad treatment approach.” *American Family Physician*, v. 104, n. 3, 2021, pp. 222-3.

MOTLAGH ZADEH, L.; SILBERT, N. H.; STERNASTY, K.; SWANEPOEL, D. W.; HUNTER, L. L. e MOORE, D. R. “Extended high-frequency hearing enhances speech perception in noise.” *Proceedings of the National Academy of Sciences*, v. 116, n. 47, 2019, pp. 23753-9. DOI: 10.1073/pnas.1903315116.

MOWITZ, M. E.; DUKHOVNY, D. e ZUPANCIC, J. A. “The cost of necrotizing enterocolitis in premature infants.” *Seminar in Fetal Neonatal Medicine*, v. 23, 2018, pp. 416-9. DOI: 10.1016/j.siny.2018.08.004.

MOZAFFARIAN, D.; BENJAMIN, E. J.; GO, A. S.; ARNETT, D. K.; BLAHA, M. J.; CUSHMAN, M. et al. “Heart disease and stroke statistics — 2015 update.” *Circulation*, v. 131, n. 4, 2015, pp. e29-e322. DOI: 10.1161/CIR.0000000000000152.

MOZAFFARIAN, D.; BENJAMIN, E. J.; GO, A. S.; ARNETT, D. K.; BLAHA, M. J.; CUSHMAN, M. et al. “Heart disease and stroke statistics — 2016 update: A report from the American Heart Association.” *Circulation*, v. 133, n. 4, 2016, pp. e38-e360.

MRAZEK, M. D.; CHIN, J. M.; SCHMADER, T.; HARTSON, K. A.; SMALLWOOD, J. e SCHOOLER, J. W. “Threatened to distraction: Mind-wandering as a consequence of stereotype threat.” *Journal of Experimental Social Psychology*, v. 47, n. 6, 2011, pp. 1243-8. DOI: 10.1016/j.jesp.2011.05.011.

MULLER, M. N.; KAHLENBERG, S. M.; EMERY THOMPSON, M. e WRANGHAM, R. W. “Male coercion and the costs of promiscuous mating for female chimpanzees.” *Proceedings of the Royal Society B: Biological Sciences*, v. 274, n. 1612, 2007, pp. 100914. DOI: 10.1098/rspb.2006.0206.

MULLER, M. N.; THOMPSON, M. E. e WRANGHAM, R. W. "Male chimpanzees prefer mating with old females." *Current Biology*, v. 16, n. 22, 2006, pp. 2234-8. DOI: 10.1016/j.cub.2006.09.042.

MULUGETA, E.; KASSAYE, M. e BERHANE, Y. "Prevalence and outcomes of sexual violence among high school students." *Ethiopian Medical Journal*, v. 36, n. 3, 1998, pp. 167-74.

MUNSON, L. e MORESCO, A. "Comparative pathology of mammary gland cancers in domestic and wild animals." *Breast Disease*, v. 28, 2007, pp. 7-21. DOI: 10.3233 /bd-2007-28102.

MURRAY, C. M.; STANTON, M. A.; LONSDORF, E. V.; WROBLEWSKI, E. E. e PUSEY, A. E. "Chimpanzee fathers bias their behaviour towards their offspring." *Royal Society Open Science*, v. 3, n. 11, 2016, p. 160441. DOI: 10.1098/rsos.160441.

MUTTER, W. P. e KARUMANCHI, S. A. "Molecular mechanisms of pre-eclampsia." *Microvascular Research*, v. 75, n. 1, 2008, pp. 1-8. DOI: 10.1016/j.mvr.2007.04.009.

MYRSKYLÄ, M. e MARGOLIS, R. "Happiness: Before and after the kids." *Demography*, v. 51, n. 5, 2014, pp. 1843-66. DOI: 10.1007/s13524-014-0321-x.

NAIR, P. S. "Understanding below-replacement fertility in Kerala, India." *Journal of Health, Population, and Nutrition*, v. 28, n. 4, 2010, pp. 405-12. DOI: 10.3329/jhpn.v28i4.6048.

NAKANO, K.; NEMOTO, H.; NOMURA, R.; INABA, H.; YOSHIOKA, H.; TANIGUCHI, K. et al. "Detection of oral bacteria in cardiovascular specimens." *Oral Microbiology and Immunology*, v. 24, n. 1, 2009, pp. 64-8. DOI: 10.1111/j.1399-302X.2008.00479.x.

NATIONAL INSTITUTE ON DRUG ABUSE (NIDA, Estados Unidos). *Sex and gender differences in substance use*. 4 maio 2022. Disponível em: <nida.nih.gov>.

NATTRASS, S.; CROFT, D. P.; ELLIS, S.; CANT, M. A.; WEISS, M. N.; WRIGHT, B. M. et al. "Postreproductive killer whale grandmothers improve the survival of their grandoffspring." *Proceedings of the National Academy of Sciences*, v. 116, n. 52, 2019, pp. 26669-73. DOI: 10.1073/pnas.1903844116.

NEUBAUER, S.; HUBLIN, J.-J. e GUNZ, P. "The evolution of modern human brain shape." *Science Advances*, v. 4, n. 1, 2018, p. eaao5961. DOI: 10.1126/sciadv.aao5961.

NEUFANG, S.; SPECHT, K.; HAUSMANN, M.; GÜNTÜRKÜN, O.; HERPERTZ-DAHLMANN, B.; FINK, G. R. e KONRAD, K. "Sex differences and the impact of steroid hormones on the developing human brain." *Cerebral Cortex*, v. 19, n. 2, 2008, pp. 464-73. DOI: 10.1093/cercor/bhn100.

NEWBURG, D.; WARREN, C.; CHATURVEDI, P.; NEWBURG, A.; OFTEDAL, O.; YE, S. e TILDEN, C. "Milk oligosaccharides across species." *Pediatric Research*, v. 45, n. 5, 1999, pp. 745.

NEWMAN, L.; ROWLEY, J.; VANDER HOORN, S.; WIJESOORIYA, N. S.; UNEMO, M.; LOW, N. et al. "Global estimates of the prevalence and incidence of four curable sexually transmitted infections in 2012 based on systematic review and global reporting." *PLOS ONE*, v. 10, n. 12, 2015, p. e0143304. DOI: 10.1371/journal.pone.0143304.

NICHOLLS, H. "Sex and the single rhinoceros." *Nature*, v. 485, n. 7400, 2012, pp. 566-9.

NICHOLS, H. B.; SHOEMAKER, M. J.; CAI, J.; XU, J.; WRIGHT, L. B.; BROOK, M. N. et al. "Breast cancer risk after recent childbirth." *Annals of Internal Medicine*, v. 170, n. 1, 2019, pp. 22-30. DOI: 10.7326/m18-1323.

NIGRO, L. "Beheaded Ancestors: Of Skulls and Statues in Pre-Pottery Neolithic Jericho, 3-30." Artigo de congresso. Scienze dell'Antichità, 23 mar. 2017.

NILSSON, I. E. K.; ÅKERVALL, S.; MOLIN, M.; MILSOM, I. e GYHAGEN, M. "Severity and impact of accidental bowel leakage two decades after no, one, or two sphincter injuries." *American Journal of Obstetrics & Gynecology*, 2022. DOI: 10.1016/j.ajog.2022.11.1312.

NISHIDA, T.; CORP, N.; HAMAI, M.; HASEGAWA, T.; HIRAIWA-HASEGAWA, M.; HOSAKA, K. et al. "Demography, female life history, and reproductive profiles among the chimpanzees of Mahale." *American Journal of Primatology*, v. 59, n. 3, 2003, pp. 99-121.

NISHIDA, T.; TAKASAKI, H. e TAKAHATA, Y. "Demography and reproductive profiles. In The Chimpanzees of the Mahale Mountains." Org. de T. Nishida. Tóquio: Editora da Universidade de Tóquio, 1990.

NISHIE, H. e NAKAMURA, M. "A newborn infant chimpanzee snatched and cannibalized immediately after birth: Implications for 'maternity leave' in wild chimpanzee." *American Journal of Physical Anthropology*, v. 165, n. 1, 2018, pp. 194-9. DOI: 10.1002/ajpa.23327.

NISHIMURA, T. "Descent of the larynx in chimpanzees: Mosaic and multiple-step evolution of the foundations for human speech." In: *Cognitive Development in Chimpanzees*. Org. de T. Matsuzawa, M. Tomonaga e M. Tanaka. Tóquio: Springer, 2006, pp. 75-95.

NISHIMURA, T.; MIKAMI, A.; SUZUKI, J. e MATSUZAWA, T. "Descent of the larynx in chimpanzee infants." *Proceedings of the National Academy of Sciences*, v. 100, n. 12, 2003, pp. 6930-3.

NISHIMURA, T.; MIKAMI, A.; SUZUKI, J. e MATSUZAWA, T. "Descent of the hyoid in chimpanzees: Evolution of face flattening and speech." *Journal of Human Evolution*, v. 51, n. 3, 2006, pp. 244-54.

NISHIMURA, T.; TOKUDA, I. T.; MIYACHI, S.; DUNN, J. C.; HERBST, C. T.; ISHIMURA, K. et al. "Evolutionary loss of complexity in human vocal anatomy as an adaptation for speech." *Science*, v. 377, n. 6607, 2022, pp. 760-3. DOI: 10.1126/science. abm1574.

NOË, R. e SLUIJTER, A. A. "Reproductive tactics of male savanna baboons." *Behaviour*, v. 113, n. 1/2, 1990, pp. 117-70. DOI: 10.1163/156853990X00455.

NORELL, M. A.; WIEMANN, J.; FABBRI, M.; Yu, C.; MARSICANO, C. A.; MOORE-NALL, A. et al. "The first dinosaur egg was soft." *Nature*, v. 583, n. 7816, 2020, pp. 406-10. DOI: 10.1038/s41586-020-2412-8.

NORTHSTONE, K.; JOINSON, C.; EMMETT, P.; NESS, A. e PAUS, T. "Are dietary patterns in childhood associated with IQ at 8 years of age? A population-based cohort study." *Journal of Epidemiology and Community Health*, v. 66, n. 7, 2012, pp. 624-8. DOI: 10.1136/jech.2010.111955.

NORTON, P. e BRUBAKER, L. "Urinary incontinence in women." *The Lancet*, v. 367, n. 9504, 2006, pp. 57-67. DOI: 10.1016/S0140-6736(06)67925-7.

NOUR, N. M. "Health consequences of child marriage in Africa." *Emerging Infectious Diseases*, v. 12, n. 11, 2006, pp. 1644-9. DOI: 10.3201/eid1211.060510.

NOVOTNY, S. A.; WARREN, G. L. e HAMRICK, M. W. "Aging and the muscle-bone relationship." *Physiology*, v. 30, n. 1, 2015, pp. 8-16. DOI: 10.1152/physiol.00033.2014.

NOZAKI, M.; MITSUNAGA, F. e SHIMIZU, K. "Reproductive senescence in female Japanese monkeys (*Macaca Fuscata*): Age-and season-related changes in hypothalamic-pituitary-ovarian functions and fecundity rates." *Biology of Reproduction*, v. 52, 1995, pp. 1250-7. DOI: 10.1095/biolreprod52.6.1250.

NUNN, C. L. "The evolution of exaggerated sexual swellings in primates and the graded-signal hypothesis." *Animal Behaviour*, v. 58, n. 2, 1999, pp. 229-46. DOI: 10.1006/anbe.1999.1159.

NUSSBAUM, M. C. "Women's education: A global challenge." *Signs*, v. 29, n. 2, 2003, pp. 325-55.

O'CONNELL-RODWELL, C. E. "Keeping an 'ear' to the ground: Seismic communication in elephants." *Physiology*, v. 22, n. 4, 2007, pp. 287-94. DOI: 10.1152/physiol.00008.2007.

O'CONNOR, C. A.; CERNAK, I. e VINK, R. "Both estrogen and progesterone attenuate edema formation following diffuse traumatic brain injury in rats." *Brain Research*, v. 1062, n. 1, 2005, pp. 171-4. DOI: 10.1016/j.brainres.2005.09.011.

O'LEARY, M. A.; BLOCH, J. I.; FLYNN, J. J.; GAUDIN, T. J.; GIALLOMBARDO, A.; GIANNINI, N. P. et al. "The placental mammal ancestor and the post-K-Pg radiation of placentals." *Science*, v. 339, n. 6120, 2013, pp. 662-7. DOI: 10.1126/science.1229237.

O'NEILL, M. C.; UMBERGER, B. R.; HOLOWKA, N. B.; LARSON, S. G. e REISER, P. J. "Chimpanzee super strength and human skeletal muscle evolution." *Proceedings of the National Academy of Sciences*, v. 114, n. 28, 2017, pp. 7343-8. DOI: 10.1073/pnas.1619071114.

OCHIENG, S. "Child marriage in the US: Loopholes in state marriage laws perpetuate child marriage." *Immigration and Human Rights Law Review*, v. 2, n. 1, 2020, p. 3.

OFTEDAL, O. T. "The mammary gland and its origin during synapsid evolution." *Journal of Mammary Gland Biology and Neoplasia*, v. 7, n. 3, 2002, pp. 225-52. DOI: 10.1023/a:1022896515287.

OFTEDAL, O. T. "The evolution of milk secretion and its ancient origins." *Animal*, v. 6, n. 3, 2012, pp. 355-68. DOI: 10.1017/S1751731111001935.

OKTAY, K.; TURAN, V.; TITUS, S.; STOBEZKI, R. e LIU, L. "BRCA mutations, DNA repair deficiency, and ovarian aging." *Biology of Reproduction*, v. 93, n. 3, 2015. DOI: 10.1095/biolreprod.115.132290.

OLESIUK, P. F.; BIGG, M. A. e ELLIS, G. M. "Life history and population dynamics of resident killer whales (*Ornicus orca*) in the coastal waters of British Columbia and Washington State." *Report of the International Whaling Commission*, v. 12, 1990, pp. 209-43.

OLIVA, M.; MUÑOZ-AGUIRRE, M.; KIM-HELLMUTH, S.; WUCHER, V.; GEWIRTZ, A. D. H.; COTTER, D. J. et al. "The impact of sex on gene expression across human tissues." *Science*, v. 369, n. 6509, 2020, p. eaba3066. DOI: 10.1126/science.aba3066.

OLIVEIRA-PINTO, A. V.; SANTOS, R. M.; COUTINHO, R. A.; OLIVEIRA, L. M.; SANTOS, G. B.; ALHO, A. T. et al. "Sexual dimorphism in the human olfactory bulb: Females have more neurons and glial cells than males." *PLOS ONE*, v. 9, n. 11, 2014, p. e111733. DOI: 10.1371/journal.pone.0111733.

OLIVEROS, E.; MARTIN, M.; TORRES-ESPINOLA, F. J.; SEGURA-MORENO, T.; RAMIREZ, M.; SANTOS-FANDILA, A. et al. "Human milk levels of 2'-fucosyllactose and 6'-sialyllactose are positively associated with infant neurodevelopment and are not impacted by maternal BMI or diabetic status." *Nutrition & Food Science*, v. 4, 2021, p. 24.

OLSHANSKY, S. J.; CARNES, B. A. e GRAHN, D. "Confronting the boundaries of human longevity: Many people now live beyond their natural lifespans through the intervention of medical technology and improved lifestyles — a form of 'manufactured time.'" *American Scientist*, v. 86, n. 1, 1998, pp. 52-61.

ONU. *Arab Human Development Report 2002*. Programa de Desenvolvimento das Nações Unidas. Fundo Árabe de Economia e Desenvolvimento Social. 2002. Disponível em: <www.miftah.org>.

ONU. *The World's Women: Trends and Statistics*. ONU, Departamento de Assuntos Econômicos e Sociais, Divisão de Estatística, 2015.

______. *World Population Prospects: The 2015 Revision, Key Findings and Advance Tables*. Departamento de Assuntos Econômicos e Sociais, Divisão de População, 2015.

OPPEL, R. A., Jr. e Cooper, H. "2 graduating rangers, aware of their burden." *The New York Times*, 20 ago. 2015. Disponível em: <www.nytimes.com>.

ORBACH, D. N.; KELLY, D. A.; SOLANO, M. e BRENNAN, P. L. R. "Genital interactions during simulated copulation among marine mammals." *Proceedings of the Royal Society B: Biological Sciences*, v. 284, 2017, p. 20171265. DOI: 10.1098/rspb.2017.1265.

ORBACH, D. N.; MARSHALL, C. D.; MESNICK, S. L. e WÜRSIG, B. "Patterns of cetacean vaginal folds yield insights into functionality." *PLOS ONE*, v. 12, n. 3, 2017, p. e0175037. DOI: 10.1371/journal.pone.0175037.

ORGANIZAÇÃO MUNDIAL DE SAÚDE. "Sessão 2: A base fisiológica do aleitamento." *Infant and Young Child Feeding: Model Chapter for Textbooks for Medical Students and Allied Health Professionals*. Genebra: OMS, 2009. Disponível em: <www.ncbi.nlm.nih.gov>.

OSORIO, D. e VOROBYEV, M. "Colour vision as an adaptation to frugivory in primates." *Proceedings of the Royal Society B: Biological Sciences*, v. 263, 1996, pp. 593-9.

OUATTARA, K.; LEMASSON, A. e ZUBERBÜHLER, K. "Campbell's monkeys use affixation to alter call meaning." *PLOS ONE*, v. 4, n. 11, 2009, p. e7808.

OXENHAM A. J. "How we hear: The perception and neural coding of sound." *Annual Review of Psychology*, v. 69, 2018, pp. 27-50. DOI: 10.1146/annurev-psych-122216-011635.

PAGELS, E. *Revelations: Visions, Prophecy, and Politics in the Book of Revelation*. Nova York: Penguin, 2013.

PALOMBIT, R.; CHENEY, D.; FISCHER, J.; JOHNSON, S.; RENDALL, D.; SEYFARTH, R. e SILK, J. "Male infanticide and defense of infants in chacma baboons." In: *Infanticide by Males and Its Implications*. Org. de C. Van Schaik e C. Janson. Cambridge, UK: Cambridge University Press, 2000, p. 123-52. DOI: 10.1017/CBO9780511542312.008.

PALSSON, O. S.; PEERY, A.; SEITZBERG, D.; AMUNDSEN, I. D.; MCCONNELL, B. e SIMRÉN, M. "Human milk oligosaccharides support normal bowel function and improve symptoms of irritable bowel syndrome: A multi-center, open-label trial." *Clinical and Translational Gastroenterology*, v. 11, n. 12, 2020. DOI: 10.14309/ctg.0000000000000276.

PAN, W.; GU, T.; PAN, Y.; FENG, C.; LONG, Y.; ZHAO, Y. et al. "Birth intervention and non-maternal infant-handling during parturition in a nonhuman primate." *Primates*, v. 55, n. 4, 2014, pp. 483-88. DOI: 10.1007/s10329-014-0427-1.

PANIZZON, M. S.; VUOKSIMAA, E.; SPOON, K. M.; JACOBSON, K. C.; LYONS, M. J.; FRANZ, C. E. et al. "Genetic and environmental influences on general cognitive ability: Is g a valid latent construct?" *Intelligence*, v. 43, 2014, pp. 65-76.

PARADA, M.; ABDUL-AHAD, F.; CENSI, S.; SPARKS, L. e PFAUS, J. G. "Context alters the ability of clitoral stimulation to induce a sexually-conditioned partner preference in the rat." *Hormones and Behavior*, v. 59, n. 4, 2011, pp. 520-7. DOI: 10.1016/j.yhbeh.2011.02.001.

PARADA, M.; CHAMAS, L.; CENSI, S.; CORIA-AVILA, G. e PFAUS, J. G. "Clitoral stimulation induces conditioned place preference and Fos activation in the rat." *Hormones and Behavior*, v. 57, n. 2, 2010, pp. 112-8. DOI: 10.1016/j.yhbeh.2009.05.008.

PARGULSKI, J. R. e REYNOLDS, M. R. "Sex differences in achievement: Distributions matter." *Personality and Individual Differences*, v. 104, 2017, pp. 272-8. DOI: 10.1016/j.paid.2016.08.016.

PARISH, A. R. "Sex and food control in the 'uncommon chimpanzee': How bonobo females overcome a phylogenetic legacy of male dominance." *Ethology and Sociobiology*, v. 15, n. 3, 1994, pp. 157-79. DOI: 10.1016/0162-3095(94)90038-8.

PARKER, D. "Kuhnian revolutions in neuroscience: The role of tool development." *Biology & Philosophy*, v. 33, n. 3, 2018, p. 17. DOI: 10.1007/s10539-018-9628-0.

PARRA-PERALBO, E.; TALAMILLO, A. e BARRIO, R. "Origin and development of the adipose tissue, a key organ in physiology and disease." *Frontiers in Cell and Developmental Biology*, v. 9, 2021. DOI: 10.3389/fcell.2021.786129.

PARSONS, C. E.; YOUNG, K. S.; PARSONS, E.; STEIN, A. e KRINGELBACH, M. L. "Listening to infant distress vocalizations enhances effortful motor performance." *Acta Paediatrica*, v. 101, n. 4, 2012, p. e189. DOI: 10.1111/j.1651-2227.2011.02554.x.

PARTRIDGE, E. A.; DAVEY, M. G.; HORNICK, M. A.; MCGOVERN, P. E.; MEJADDAM, A. Y.; VRECENAK, J. D. et al. "An extra-uterine system to physiologically support the extreme premature lamb." *Nature Communications*, v. 8, n. 1, 2017, p. 15112. DOI: 10.1038/ncomms15112.

PATEL, B. A.; WALLACE, I. J.; BOYER, D. M.; GRANATOSKY, M. C.; LARSON, S. G. e STERN, J. T., Jr. "Distinct functional roles of primate grasping hands and feet during arboreal quadrupedal locomotion." *Journal of Human Evolution*, v. 88, 2015, pp. 79-84. DOI: /10.1016/j.jhevol.2015.09.004.

PATRICK, S. W.; BARFIELD, W. D.; POINDEXTER, B. B. e COMMITTEE ON FETUS AND NEWBORN, COMMITTEE ON SUBSTANCE USE AND PREVENTION. "Neonatal opioid withdrawal syndrome." *Pediatrics*, v. 146, n. 5, 2020, p. e2020029074. DOI: 10.1542/peds.2020-029074.

PAULOZZI, L. J.; ERICKSON, J. D. e JACKSON, R. J. "Hypospadias trends in two US surveillance systems." *Pediatrics*, v. 100, n. 5, 1997, pp. 831-4. DOI: 10.1542/peds.100.5.831.

PAVARD, S.; METCALF, C. J. e HEYER, E. "Senescence of reproduction may explain adaptive menopause in humans: A test of the 'Mother' hypothesis." *American Journal of Physical Anthropology*, v. 136, 2008, pp. 194-203. DOI: 10.1002/ajpa.20794.

PAVLICEV, M.; HERDINA, A. N. e WAGNER, G. "Female genital variation far exceeds that of male genitalia: A review of comparative anatomy of clitoris and the female lower reproductive tract in theria." *Integrative and Comparative Biology*, v. 62, n. 3, 2022, pp. 581-601. DOI: 10.1093/icb/icac026.

PAWŁOWSKI, B. e ŻELAŹNIEWICZ, A. "The evolution of perennially enlarged breasts in women: A critical review and a novel hypothesis." *Biological Reviews*, v. 96, 2021, pp. 2794-809. DOI: 10.1111/brv.12778.

PEACOCK, J. L.; MARSTON, L.; MARLOW, N.; CALVERT, S. A. e GREENOUGH, A. "Neonatal and infant outcome in boys and girls born very prematurely." *Pediatric Research*, v. 71, n. 3, 2012, pp. 305-10. DOI: 10.1038/pr.2011.50.

PEARSON, J. D.; MORRELL, C. H.; GORDON-SALANT, S.; BRANT, L. J.; METTER, E. J.; KLEIN, L. L. e FOZARD, J. L. "Gender differences in a longitudinal study of age-associated hearing loss." *The Journal of the Acoustical Society of America*, v. 97, n. 2, 1995, pp. 1196-205. DOI: 10.1121/1.412231.

PEIGNÉ, S.; DE BONIS, L.; LIKIUS, A.; MACKAYE, H. T.; VIGNAUD, P. e BRUNET, M. "A new machairodontine (Carnivora, Felidae) from the Late Miocene hominid locality of TM 266, Toros-Menalla, Chad." *Comptes Rendus Palevol*, v. 4, n. 3, 2005, pp. 243-53. DOI: 10.1016/j.crpv.2004.10.002.

PELLERIN, C. "Carter opens all military occupations to women." *DOD News, Defense Media Activity*, 3 dez. 2015.

PENNINGTON, P. M. e DURRANT, B. S. "Assisted reproductive technologies in captive rhinoceroses." *Mammal Review*, v. 49, n. 1, 2019, pp. 1-15. DOI: 10.1111/mam.12138.

PERHONEN, M. A.; FRANCO, F.; LANE, L. D.; BUCKEY, J. C.; BLOMQVIST, C. G.; ZERWEKH, J. E. et al. "Cardiac atrophy after bed rest and spaceflight." *Journal of Applied Physiology*, v. 91, n. 2, 2001, pp. 645-53. DOI: 10.1152/jappl.2001.91.2.645.

PETER, B. M. e SLATKIN, M. "The effective founder effect in a spatially expanding population." *Evolution*, v. 69, n. 3, 2015, pp. 721-34. DOI: 10.1111/evo.12609.

PETERMAN, A.; PALERMO, T. e BREDENKAMP, C. "Estimates and determinants of sexual violence against women in the Democratic Republic of Congo." *American Journal of Public Health*, v. 101, n. 6, 2011, pp. 1060-7. DOI: 10.2105/AJPH.2010.300070.

PETERS, M. "Sex differences and the factor of time in solving Vandenberg and Kuse mental rotation problems." *Brain and Cognition*, v. 57, 2005, pp. 176-84. DOI: 10.1016/j.bandc.2004.08.052.

PETERSEN, J. "Gender difference in verbal performance: A meta-analysis of United States state performance assessments." *Educational Psychology Review*, v. 30, n. 4, 2018, pp. 1269-81. doi.org/10.1007/s10648-018-9450-x.

PFEFFERLE, D.; WEST, P. M.; GRINNELL, J.; PACKER, C. e FISCHER, J. "Do acoustic features of lion, *Panthera leo,* roars reflect sex and male condition?" *The Journal of the Acoustical Society of America*, v. 121, n. 6, 2007, pp. 3947-53. DOI: 10.1121/1.2722507.

PFENNING, A. R.; HARA, E.; WHITNEY, O.; RIVAS, M. V.; WANG, R.; ROULHAC, P. L. et al. "Convergent transcriptional specializations in the brains of humans and song-learning birds." *Science*, v. 346, n. 6215, 2014, p. 1256846. DOI: 10.1126/science.1256846.

PHILLIPS, D. " As economy roars, army falls thousands short of recruiting goals." *The New York Times*, 21 set. 2018. Disponível em: <www.nytimes.com>.

PHINNEY, S. D.; STERN, J. S.; BURKE, K. E.; TANG, A. B.; MILLER, G. e HOLMAN, R. T. "Human subcutaneous adipose tissue shows site-specific differences in fatty acid composition." *The American Journal of Clinical Nutrition*, v. 60, n. 5, 1994, pp. 725-9. DOI: 10.1093/ajcn/60.5.725.

PHOTOPOULOU, T.; FERREIRA, I. M.; BEST, P. B.; KASUYA, T. e MARSH, H. "Evidence for a postreproductive phase in female false killer whales *Pseudorca crassidens*." *Frontiers in Zoology*, v. 14, n. 1, 2017, p. 30. DOI: 10.1186/s12983-017-0208-y.

PIANTADOSI, S. T. e KIDD, C. "Extraordinary intelligence and the care of infants." *Proceedings of the National Academy of Sciences*, v. 113, n. 25, 2016, pp. 6874-9. DOI: 10.1073/pnas.1506752113.

PIAZZA, E. A.; IORDAN, M. C. e LEW-WILLIAMS, C. "Mothers consistently alter their unique vocal fingerprints when communicating with infants." *Current Biology*, v. 27, n. 20, 2017, pp. 3162-7.e3163. DOI: 10.1016/j.cub.2017.08.074.

PIK, R. "Geodynamics: East Africa on the rise." *Nature Geoscience*, v. 4, n. 10, 2011, pp. 660-1.

PILBEAM, D. "Major trends in human evolution." In: *Current Argument on Early Man: Report from a Nobel Symposium*. Org. de Lars-König Königsson. Oxford: Publicado em nome da Real Academia Sueca de Ciências pela Pergamon Press, 1978.

PINKER, S. *The Language Instinct*. Nova York: William Morrow, 1994. [Ed. bras.: *O instinto da linguagem: Como a mente cria a linguagem*. Trad. de Claudia Berliner. São Paulo: Martins Fontes, 2020.]

PLATT, L.; GRENFELL, P.; MEIKSIN, R.; ELMES, J.; SHERMAN, S. G.; SANDERS, T. et al. "Associations between sex work laws and sex workers' health: A systematic review and meta-analysis of quantitative and qualitative studies." *PLOS Medicine*, v. 15, n. 12, 2018, p. e1002680. DOI: 10.1371/journal.pmed.1002680.

PLAVCAN, J. M. "Sexual dimorphism in primate evolution." *American Journal of Physical Anthropology*, v. 116, n. S33, 2001, pp. 25-53.

______. "Body size, size variation, and sexual size dimorphism in early *Homo*." *Current Anthropology*, v. 53, n. S6, 2012a, pp. S409-23. DOI: 10.1086/667605.

PLAVCAN, J. M. "Sexual size dimorphism, canine dimorphism, and male-male competition in primates." *Human Nature*, v. 23, n. 1, 2012b, pp. 45-67. DOI: 10.1007/s12110-012-9130-3.

PLAVCAN, J. M. e VAN SCHAIK, C. P. "Intrasexual competition and canine dimorphism in anthropoid primates." *American Journal of Physical Anthropology*, v. 87, n. 4, 1992, pp. 461-77. DOI: 10.1002/ajpa.1330870407.

PLOMIN, R. e DEARY, I. J. "Genetics and intelligence differences: Five special findings." *Molecular Psychiatry*, v. 20, n. 1, 2015, pp. 98-108. DOI: 10.1038/mp.2014.105.

PLUMMER, T. W.; DITCHFIELD, P. W.; BISHOP, L. C.; KINGSTON, J. D.; FERRARO, J. V.; BRAUN, D. R. et al. "Oldest evidence of toolmaking Hominins in a grassland-dominated ecosystem." *PLOS ONE*, v. 4, n. 9, 2009, p. e7199. DOI: 10.1371/journal.pone.0007199.

POBINER, B. L. "Evidence for meat-eating by early humans." *Nature Education Knowledge*, v. 4, n. 6, 2013, p. 1.

PODOS, J. e COHN-HAFT, M. "Extremely loud mating songs at close range in white bellbirds." *Current Biology*, v. 29, n. 20, 2019, pp. R1068-9. DOI: 10.1016/j.cub.2019.09.028.

POLLACK, A. "Breast milk becomes a commodity, with mothers caught up in debate." *The New York Times*, 20 mar. 2015.

PONTZER, H.; BROWN, M. H.; RAICHLEN, D. A.; DUNSWORTH, H.; HARE, B.; WALKER, K. et al. "Metabolic acceleration and the evolution of human brain size and life history." *Nature*, v. 533, n. 7603, 2016, pp. 390-2. DOI: 10.1038/nature17654.

POSTH, C.; YU, H.; GHALICHI, A.; ROUGIER, H.; CREVECOEUR, I.; HUANG, Y. et al. "Palaeogenomics of Upper Palaeolithic to Neolithic European hunter-gatherers." *Nature*, v. 615, n. 7950, 2023, pp. 117-26. DOI: 10.1038/s41586-023-05726-0.

POTTS, R. "Home bases and early hominids: Reevaluation of the fossil record at Olduvai Gorge suggests that the concentrations of bones and stone tools do not represent fully formed campsites but an antecedent to them." *American Scientist*, v. 72, n. 4, 1984, pp. 338-47.

______. "Temporal span of bone accumulations at Olduvai Gorge and implications for early hominid foraging behavior." *Paleobiology*, v. 12, n. 1, 1986, pp. 25-31.

______. "Variables versus models of early Pleistocene hominid land use." *Journal of Human Evolution*, v. 27, n. 1, 1994, pp. 7-24.

POTTS, R. "Environmental and behavioral evidence pertaining to the evolution of early *Homo*." *Current Anthropology*, v. 53, n. S6, 2012, pp. S299-317. DOI: 10.1086/667704.

POTTS, R. e FAITH, J. T. "Alternating high and low climate variability: The context of natural selection and speciation in Plio-Pleistocene hominin evolution." *Journal of Human Evolution*, v. 87, 2015, pp. 5-20. DOI: 10.1016/j.jhevol.2015.06.014.

POTTS, R. e SHIPMAN, P. "Cutmarks made by stone tools on bones from Olduvai Gorge, Tanzania." *Nature*, v. 291, n. 5816, 1981, pp. 577-80.

POTTS, R. e TEAGUE, R. "Behavioral and environmental background to 'Out-of-Africa I' and the arrival of *Homo erectus* in East Asia." In: *Out of Africa I: The First Hominin Colonization of Eurasia*. Org. de J. G. Fleagle, J. J. Shea, F. E. Grine, A. L. Baden e R. E. Leakey. Dordrecht: Springer, 2010, pp. 67-85.

POWELL, A.; SHENNAN, S. e THOMAS, M. G. "Late Pleistocene demography and the appearance of modern human behavior." *Science*, v. 324, n. 5932, 2009, pp. 1298-301.

PRADHAN, E. "Female education and childbearing: A closer look at the data." *World Bank Blogs*, 24 nov. 2015. Disponível em: <blogs.worldbank.org>.

PRAT, S. "First hominin settlements out of Africa. Tempo and dispersal mode: Review and perspectives." *Comptes Rendus Palevol*, v. 17, n. 1, 2018, pp. 6-16. DOI: 10.1016/j.crpv.2016.04.009.

PREMACHANDRAN, H.; ZHAO, M. e ARRUDA-CARVALHO, M. "Sex differences in the development of the rodent corticolimbic system." *Frontiers in Neuroscience*, 2020, p. 14. DOI: 10.3389/fnins.2020.583477.

PRENDERGAST, B. J.; ONISHI, K. G. e ZUCKER, I. "Female mice liberated for inclusion in neuroscience and biomedical research." *Neuroscience and Biobehavioral Reviews*, v. 40, 2014, pp. 1-5. DOI: 10.1016/j.neubiorev.2014.01.001.

PROFET, M. "Menstruation as a defense against pathogens transported by sperm." *The Quarterly Review of Biology*, v. 68, n. 3, 1993, pp. 335-86. DOI: 10.1086/418170.

PROGRAMA CONJUNTO DAS NAÇÕES UNIDAS SOBRE HIV/AIDS (UNAIDS). *Report on the Global HIV/AIDS Epidemic: 4th Global Report*. Genebra: Unaids, 2004.

PRUETZ, J. D.; BERTOLANI, P.; ONTL, K. B.; LINDSHIELD, S.; SHELLEY, M. e WESSLING, E. G. "New evidence on the tool-assisted hunting exhibited by chimpanzees (*Pan troglodytes verus*) in a savannah habitat at Fongoli, Senegal." *Royal Society Open Science*, v. 2, n. 4, 2015, p. 140507. DOI: 10.1098/rsos.140507.

PRÜFER, K.; MUNCH, K.; HELLMANN, I.; AKAGI, K.; MILLER, J. R.; WALENZ, B. et al. "The bonobo genome compared with the chimpanzee and human genomes." *Nature*, v. 486, n. 7404, 2012, pp. 527-31. DOI: 10.1038/nature11128.

PRÜHLEN, S. "What was the best for an infant from the Middle Ages to Early Modern times in Europe? The discussion concerning wet nurses." *Hygiea Internationalis*, 2007, p. 6. DOI: 10.3384/hygiea.1403-8668.

PRUM, R. O. *The Evolution of Beauty: How Darwin's Forgotten Theory of Mate Choice Shapes the Animal World — and Us*. Nova York: Doubleday, 2017.

PUSEY, A.; MURRAY, C.; WALLAUER, W.; WILSON, M.; WROBLEWSKI, E. e GOODALL, J. "Severe aggression among female *Pan troglodytes schweinfurthii* at Gombe National Park, Tanzania." *International Journal of Primatology*, v. 29, 2008, pp. 949-73. DOI: 10.1007/s10764-008-9281-6.

PUSEY, A. E. e SCHROEPFER-WALKER, K. "Female competition in chimpanzees." *Philosophical Transactions of the Royal Society B: Biological Sciences*, v. 368, n. 1631, 2013, p. 20130077. DOI: 10.1098/rstb.2013.0077.

QU, F.; WU, Y.; ZHU, Y. H.; BARRY, J.; DING, T.; BAIO, G. et al. "The association between psychological stress and miscarriage: A systematic review and meta-analysis." *Scientific Reports*, v. 7, n. 1, 2017, p. 1731. DOI: 10.1038/s41598-017-01792-3.

QUAM, R.; MARTÍNEZ, I.; ROSA, M.; BONMATÍ, A.; LORENZO, C.; DE RUITER, D. J. et al. "Early hominin auditory capacities." *Science Advances*, v. 1, n. 8, 2015, p. e1500355. DOI: 10.1126/sciadv.1500355.

QUIGLEY, N. R. e PATEL, P. C. "Reexamining the gender gap in micro-lending funding decisions: the role of borrower culture." *Small Business Economics*, v. 59, n. 4, 2022, pp. 1661-85. DOI: 10.1007/s11187-021-00593-3.

QUINN, J. M. e WAGNER, R. K. "Gender differences in reading impairment and in the identification of impaired readers: Results from a large-scale study of at-risk readers." *Journal of Learning Disabilities*, v. 48, n. 4, 2015, pp. 433-45. DOI: 10.1177/0022219413508323.

RABIN, R. C. "Turncoat of placenta is watched for trouble." *The New York Times*, 18 out. 2011.

RAJ, A. e BOEHMER, U. "Girl child marriage and its association with national rates of HIV, maternal health, and infant mortality across 97 countries." *Violence Against Women*, v. 19, n. 4, 2013, pp. 536-51. DOI: 10.1177/10778012 13487747.

RAKUSEN, I.; DEVICHAND, M.; YILDIZ, G. e TOMCHAK, A. "#BBCtrending: Who is the 'Angel of Kobane'?" BBC News, 3 nov. 2014. Disponível em: <www.bbc.com>.

RAMACHANDRAN, S.; DESHPANDE, O.; ROSEMAN, C. C.; ROSENBERG, N. A.; FELDMAN, M. W. e CAVALLI-SFORZA, L. L. "Support from the relationship of genetic and geographic distance in human populations for a serial founder effect originating in Africa." *Proceedings of the National Academy of Sciences*, v. 102, n. 44, 2005, pp. 15942-7.

RAMSIER, M. A.; CUNNINGHAM, A. J.; FINNERAN, J. J. e DOMINY, N. J. "Social drive and the evolution of primate hearing." *Philosophical Transactions of the Royal Society B: Biological Sciences*, v. 367, n. 1597, 2012, pp. 1860-8. DOI: 10.1098/rstb.2011.0219.

RANDALL, L. *Dark Matter and the Dinosaurs*. Nova York: Ecco, 2015.

RASGON, N.; BAUER, M.; GLENN, T.; ELMAN, S. e WHYBROW, P. C. "Menstrual cycle related mood changes in women with bipolar disorder." *Bipolar Disorders*, v. 5, n. 1, 2003, pp. 48-52.

RASMUSSEN, D. T. "Primate origins: Lessons from a neotropical marsupial." *American Journal of Primatology*, v. 22, n. 4, 1990, pp. 263-277. DOI: 10.1002/ajp.1350220406.

RAY, P. R.; SHIERS, S.; CARUSO, J. P.; TAVARES-FERREIRA, D.; SANKARANARAYANAN, I.; UHELSKI, M. L. et al. "RNA profiling of human dorsal root ganglia reveals sex-differences in mechanisms promoting neuropathic pain." *Brain*, 2022, awac266. DOI: 10.1093/brain/awac266.

RAYMOND, E. G. e GRIMES, D. A. "The comparative safety of legal induced abortion and childbirth in the United States." *Obstetrics and Gynecology*, v. 119 (2, pt. 1), 2012, pp. 215-9. DOI: 0.1097/AOG.0b013e31823fe923.

REBUFFÉ-SCRIVE, M. "Regional adipose tissue metabolism in women during and after reproductive life and in men." *Recent Advances in Obesity Research*, v. 5, 1987, pp. 82-91.

REBUFFÉ-SCRIVE, M.; ENK, L.; CRONA, N.; LÖNNROTH, P.; ABRAHAMSSON, L.; SMITH, U. e BJÖRNTORP, P. "Fat cell metabolism in different regions in women. Effect of menstrual cycle, pregnancy, and lactation." *The Journal of Clinical Investigation*, v. 75, n. 6, 1985, pp. 1973-6. DOI: 10.1172/JCI111914.

RECHLIN, R. K.; SPLINTER, T. F. L.; HODGES, T. E.; ALBERT, A. Y. e GALEA, L. A. M. "Harnessing the power of sex differences: What a difference ten years did not make." *bioRxiv*, 2021. DOI: 10.1101/2021.06.30.450396.

REED, D. L.; LIGHT, J. E.; ALLEN, J. M. e KIRCHMAN, J. J. "Pair of lice lost or parasites regained: The evolutionary history of anthropoid primate lice." *BMC Biology*, v. 5, 2007, p. 7. DOI: 10.1186/1741-7007-5-7.

REHRER, C. W.; KARIMPOUR-FARD, A.; HERNANDEZ, T. L.; LAW, C. K.; STOB, N. R.; HUNTER, L. E. e ECKEL, R. H. "Regional differences in subcutaneous adipose tissue gene expression." *Obesity*, v. 20, n. 11, 2012, pp. 2168-73. DOI: 10.1038/oby.2012.117.

REID, H. E.; PRATT, D.; EDGE, D. e WITTKOWSKI, A. "Maternal suicide ideation and behaviour during pregnancy and the first postpartum year: A systematic review of psychological and psychosocial risk factors." *Frontiers in Psychiatry*, v. 13, 2022. DOI: 10.3389/fpsyt.2022.765118.

REILLY, D.; NEUMANN, D. L. e ANDREWS, G. "Gender differences in reading and writing achievement: Evidence from the National Assessment of Educational Progress (NAEP)." *The American Psychologist*, v. 74, n. 4, 2019, pp. 445-58. DOI: 10.1037/amp0000356.

REINERT, A. E. e SIMON, J. A. "'Did you climax or are you just laughing at me?' Rare phenomena associated with orgasm." *Sexual Medicine Reviews*, v. 5, n. 3, 2019, pp. 275-81. DOI: 10.1016/j.sxmr.2017.03.004.

REIS, E. *Bodies in Doubt: An American History of Intersex*. Baltimore: Johns Hopkins University Press, 2008.

REISMAN, T. e GOLDSTEIN, Z. "Case report: Induced lactation in a transgender woman." *Transgender Health*, v. 3, n. 1, 2018, pp. 24-6. DOI: 10.1089/trgh.2017.0044.

RENAUD, H. J.; CUI, J. Y.; KHAN, M. e KLAASSEN, C. D. "Tissue distribution and gender-divergent expression of 78 Cytochrome P450 MRNAS in mice." *Toxicological Sciences*, v. 124, n. 2, 2011, pp. 261-77. DOI: 10.1093/toxsci/kfr240.

RENO, P. L.; MCCOLLUM, M. A.; MEINDL, R. S. e LOVEJOY, C. O. "An enlarged postcranial sample confirms *Australopithecus afarensis* dimorphism was similar to modern humans." *Philosophical Transactions of the Royal Society B: Biological Sciences*, v. 365, n. 1556, 2010, pp. 3355-63.

RENO, P. L.; MCLEAN, C. Y.; HINES, J. E.; CAPELLINI, T. D.; BEJERANO, G. e KINGSLEY, D. M. "A penile spine/vibrissa enhancer sequence is missing in modern and extinct humans but is retained in multiple primates with penile spines and sensory vibrissae." *PLOS ONE*, v. 8, n. 12, 2013, p. e84258. DOI: 10.1371/journal.pone.0084258.

RENO, P. L.; MEINDL, R. S.; MCCOLLUM, M. A. e LOVEJOY, C. O. "Sexual dimorphism in *Australopithecus afarensis* was similar to that of modern humans." *Proceedings of the National Academy of Sciences*, v. 100, n. 16, 2003, pp. 9404-9.

REYNOLDS, A. S.; LEE, A. G.; RENZ, J.; DESANTIS, K.; LIANG, J.; POWELL, C. A. et al. "Pulmonary vascular dilatation detected by automated transcranial Doppler in covid-19 pneumonia." *American Journal of Respiratory and Critical Care Medicine*, v. 202, n. 7, 2020, pp. 1037-9. DOI: 10.1164/rccm.202006 —2219LE.

RHONE, A. E.; RUPP, K.; HECT, J. L.; HARFORD, E. E.; TRANEL, D.; HOWARD, M. A., III e ABEL, T. J. "Electrocorticography reveals the dynamics of famous voice responses in human fusiform gyrus." *Journal of Neurophysiology*, 2022. DOI: 10.1152/jn.00459.2022.

RIBEIRO, D. C.; BROOK, A. H.; HUGHES, T. E.; SAMPSON, W. J. e TOWNSEND, G. C. "Intrauterine hormone effects on tooth dimensions." *Journal of Dental Research*, v. 92, n. 5, 2013, pp. 425-31. DOI: 10.1177/0022034513484934.

RICH, A. *The Dream of a Common Language*. Nova York: W. W. Norton, 1978.

RICHES, G. e DAWSON, P. *An Intimate Loneliness: Supporting Bereaved Parents and Siblings*. Maidenhead, UK: Open University Press, 2000.

RIGON, A.; TURKSTRA, L.; MUTLU, B. e DUFF, M. "The female advantage: Sex as a possible protective factor against emotion recognition impairment following traumatic brain injury." *Cognitive, Affective, & Behavioral Neuroscience*, v. 16, n. 5, 2016, pp. 866-75.

RIMBAUD, A. *Illuminations*. Trad. de John Ashbery. Nova York: W. W. Norton, 2011. [Ed. bras.: *Iluminações/ Uma cerveja no inferno*. Trad. de Mário Cesariny. Belo Horizonte: Chão da Feira, 2021.]

RISKIN, A.; ALMOG, M.; PERI, R.; HALASZ, K.; SRUGO, I. e KESSEL, A. "Changes in immunomodulatory constituents of human milk in response to active infection in the nursing infant." *Pediatric Research*, v. 71, n. 2, 2012, pp. 220-5. DOI: 10.1038/pr.2011.34.

ROACH, N. T.; HATALA, K. G.; OSTROFSKY, K. R.; VILLMOARE, B.; REEVES, J. S.; DU, A. et al. "Pleistocene footprints show intensive use of lake margin habitats by *Homo erectus* groups." *Scientific Reports*, v. 6, 2016, p. 26374.

ROBBINS, A. M.; GRAY, M.; BASABOSE, A.; UWINGELI, P.; MBURANUMWE, I.; KAGODA, E. e ROBBINS, M. M. "Impact of male infanticide on the social structure of mountain gorillas." *PLOS ONE*, v. 8, n. 11, 2013, p. e78256. Disponível em: <doi.org/10.1371/journal.pone.0078256>.

ROBERT, M. e CHEVRIER, E. "Does men's advantage in mental rotation persist when real three-dimensional objects are either felt or seen?" *Memory and Cognition*, v. 31, 2003, pp. 1136-45. DOI: 10.3758/BF03196134.

ROBERTS, E. K.; LU, A.; BERGMAN, T. J. e BEEHNER, J. C. „A Bruce effect in wild geladas." *Science*, v. 335, n. 6073, 2012, pp. 1222-5. DOI: 10.1126/science.1213600.

ROBERTS, S. A.; DAVIDSON, A. J.; MCLEAN, L.; BEYNON, R. J. e HURST, J. L. "Pheromonal induction of spatial learning in mice." *Science*, v. 338, n. 6113, 2012, pp. 1462-5. DOI: 10.1126/science.1225638.

ROBERTSON, D. S.; MCKENNA, M. C.; TOON, O. B.; HOPE, S. e LILLEGRAVEN, J. A. "Survival in the first hours of the Cenozoic." *GSA Bulletin*, v. 116, n. 5-6, 2004, pp. 760-8. DOI: 10.1130/b25402.1.

ROCCA, C. H. e HARPER, C. C. "Do racial and ethnic differences in contraceptive attitudes and knowledge explain disparities in method use?" *Perspectives in Sexual and Reproductive Health*, v. 44, n. 3, 2012, pp. 150-8.

RODRIGUEZ-HART, C.; CHITALE, R. A.; RIGG, R.; GOLDSTEIN, B. Y.; KERNDT, P. R. e TAVROW, P. "Sexually transmitted infection testing of adult film performers: Is disease being missed?" *Sexually Transmitted Diseases*, 2012, pp. 987-92.

ROGERS, F. B.; RICCI, M.; CAPUTO, M.; SHACKFORD, S.; SARTORELLI, K.; CALLAS, P.; DEWELL, J. e DAYE, S. "The use of telemedicine for real-time video consultation between trauma center and community hospital in a rural setting improves early trauma care: Preliminary results." *The Journal of Trauma*, v. 51, n. 6, 2001, pp. 1037-41. Disponível em: <doi.org/10.1097/00005373-200112000-00002>.

ROJAHN, J. e NAGLIERI, J. A. "Developmental gender differences on the Naglieri Nonverbal Ability Test in a nationally normed sample of 5-17 year olds." *Intelligence*, v. 34, n. 3, 2006, pp. 253-60. DOI: 10.1016/j.intell.2005.09.004.

RONEY, J. R. e SIMMONS, Z. L. "Hormonal predictors of sexual motivation in natural menstrual cycles." *Hormones and Behavior*, v. 63, n. 4, 2013, pp. 636-45. DOI: 10.1016/j.yhbeh.2013.02.013.

RONTO, P. "The state of ultra running 2020." *RunRepeat*, 21 set. 2021. Disponível em: <runrepeat.com>.

ROOF, K. A.; HOPKINS, W. D.; IZARD, M. K.; HOOK, M. e SCHAPIRO, S. J. "Maternal age, parity, and reproductive outcome in captive chimpanzees (*Pan troglodytes*)." *American Journal of Primatology*, v. 67, n. 2, 2005, pp. 199-207. DOI: 10.1002/ajp.20177.

ROOF, R. L. e HALL, E. D. "Gender differences in acute CNS trauma and stroke: Neuroprotective effects of estrogen and progesterone." *Journal of Neurotrauma*, v. 17, n. 5, 2000, pp. 367-88. DOI: 10.1089/neu.2000.17.367.

ROOKER, K. e GAVRILETS, S. "On the evolution of sexual receptivity in female primates." *Scientific Reports*, v. 10, n. 1, 2020, p. 11945. DOI: 10.1038/s41598-020-68338-y.

ROSE, L. e MARSHALL, F. "Meat eating, Hominid sociality e homebases revisited." *Current Anthropology*, v. 37, n. 2, 1996, pp. 307-38.

ROSENBERG, K. R. "The evolution of modern human childbirth." *American Journal of Physical Anthropology*, v. 35, n. S15, 1992, pp. 89-124. DOI: 10.1002/ajpa.1330350605.

ROSOWSKI, J. J. e GRAYBEAL, A. "What did Morganucodon hear?" *Zoological Journal of the Linnean Society*, v. 101, n. 2, 1991, pp. 131-68. DOI: 10.1111/j.1096-3642.1991.tb00890.x.

ROTHMAN, E. F.; EXNER, D. e BAUGHMAN, A. L. "The prevalence of sexual assault against people who identify as gay, lesbian, or bisexual in the United States: A systematic review." *Trauma, Violence & Abuse*, v. 12, n. 2, 2011, pp. 55-66. DOI: 10.1177/1524838010390707.

ROUND, J. M.; JONES, D. A.; HONOUR, J. W. e NEVILL, A. M. "Hormonal factors in the development of differences in strength between boys and girls during adolescence: A longitudinal study." *Annals of Human Biology*, v. 26, n. 1, 1999, pp. 49-62.

ROWE, T. B.; MACRINI, T. E. e LUO, Z.-X. "Fossil evidence on origin of the mammalian brain." *Science*, v. 332, n. 6032, 2011, pp. 955-7. DOI: 10.1126/science.1203117.

RUDDER, C. *Dataclysm: Who We Are (When We Think No One's Looking)*. Nova York: Crown, 2014. [Ed. bras.: *Dataclisma: Quem somos quando achamos que ninguém está vendo*. Trad. de Patricia Azeredo. São Paulo: Best Seller, 2015.]

RUFF, C. B.; TRINKAUS, E. e HOLLIDAY, T. W. "Body mass and encephalization in Pleistocene *Homo*." *Nature*, v. 387, n. 6629, 1997, pp. 173-6.

RUHRÄH, J. *Pediatrics of the Past*. Nova York: Paul B. Hoeber, 1925.

RŪMĪ, J. M. "Spiritual couplets." In: *Mathnawi of Jalalu'ddin Rūmī, Edited from the Oldest Manuscripts Available with Critical Notes, Translation, and Commentary*, Vol. III: *Containing the Text of the Third and Fourth Books*. Trad. e org. de R. A. Nicholson. Ed. de Messrs. E. J. Brill Leiden em nome dos *trustees* do "E. J. W. Gibb memorial" e publicado por Messrs. Luzac, Londres, 1925-40 (1270/1927).

RUTTER, M.; CASPI, A.; FERGUSSON, D.; HORWOOD, L. J.; GOODMAN, R.; MAUGHAN, B. et al. "Sex differences in developmental reading disability: New findings from four epidemiological studies." *Journal of the American Medical Association*, v. 291, 2004, pp. 2007-12.

RUTZ, C.; HUNT, G. R. e ST. CLAIR, J. J. H. "Corvid technologies: How do New Caledonian crows get their tool designs?" *Current Biology*, v. 28, n. 18, 2018, pp. R1109-11. DOI: 10.1016/j.cub.2018.08.031.

RYAN, M. e KENNY, D. T. "Perceived effects of the menstrual cycle on young female singers in the Western classical tradition." *Journal of Voice*, v. 23, n. 1, 2009, pp. 99-108. DOI: 10.1016/j.jvoice.2007.05.004.

SAMMAKNEJAD, N.; POURETEMAD, H.; ESLAHCHI, C.; SALAHIRAD, A. e ALINEJAD, A. "Gender classification based on eye movements: A processing effect during passive face viewing." *Advances in Cognitive Psychology*, v. 13, n. 3, 2017, pp. 232-40. DOI: 10.5709/acp-0223-1.

SANGER, T. J.; GREDLER, M. L. e COHN, M. J. "Resurrecting embryos of the tuatara, *Sphenodon punctatus*, to resolve vertebrate phallus evolution." *Biology Letters*, v. 11, n. 10, 2015, p. 20150694. DOI: 10.1098/rsbl.2015.0694.

SANKEY, M. D. *Women and War in the 21st Century: A Country-by-Country Guide*. Santa Barbara, Calif.: ABC-CLIO, 2018.

SAPOLSKY, R. M. e SHARE, L. J. "A pacific culture among wild baboons: Its emergence and transmission." *PLOS Biology*, v. 2, n. 4, 2004, p. e106. DOI: 10.1371/journal.pbio.0020106.

SARAVELOS, S. H.; COCKSEDGE, K. A. e LI, T. C. "Prevalence and diagnosis of congenital uterine anomalies in women with reproductive failure: A critical appraisal." *Human Reproduction Update*, v. 14, 2008, pp. 415-29.

SARDELLA, R. e WERDELIN, L. "Amphimachairodus (Felidae, Mammalia) from Sahabi (latest Miocene-earliest Pliocene, Libya), with a review of African Miocene Machairodontinae." *Rivista Italiana di Paleontologia e Stratigrafia*, v. 113, n. 1, 2007, pp. 67-77.

SARTON, E.; OLOFSEN, E.; ROMBERG, R.; DEN HARTIGH, J.; KEST, B.; NIEUWENHUIJS, D. et al. "Sex differences in morphine analgesia: An experimental study in healthy volunteers." *Anesthesiology*, v. 93, n. 5, 2000, pp. 1245-6A. DOI: 10.1097/00000542-200011000-00018.

SASTRE, F.; DE LA ROSA, M.; IBANEZ, G. E.; WHITT, E.; MARTIN, S. S. e O'CONNELL, D. J. "Condom use preferences among Latinos in Miami-Dade: Emerging themes concerning men's and women's culturally-ascribed attitudes and behaviours." *Culture, Health & Sexuality*, v. 17, n. 6, 2015, pp. 667-81. DOI: 10.1 080s/13691058.2014.989266.

SATO, T.; MATSUMOTO, T.; KAWANO, H.; WATANABE, T.; UEMATSU, Y.; SEKINE, K. et al. "Brain masculinization requires androgen receptor function." *Proceedings of the National Academy of Sciences*, v. 101, n. 6, 2004, pp. 1673-8.

SAVAGE-MCGLYNN, E. "Sex differences in intelligence in younger and older participants of the Raven's Standard Progressive Matrices Plus." *Personality and Individual Differences*, v. 53, n. 2, 2012, pp. 137-41. DOI: 10.1016/j.paid.2011.06.013.

SAVIC, I. e BERGLUND, H. "Androstenol — a steroid derived odor activates the hypothalamus in women." *PLOS ONE*, v. 5, n. 2, 2010, p. e8651.

SAVIC, I.; BERGLUND, H. e LINDSTRÖM, P. "Brain response to putative pheromones in homosexual men." *Proceedings of the National Academy of Sciences*, v. 102, n. 20, 2005, pp. 7356-61.

SAVOLAINEN, V. e HODGSON, J. A. "Evolution of homosexuality." In: *Encyclopedia of Evolutionary Psychological Science*. Org. de V. Weekes-Shackelford e T. Shackelford. Cham: Springer, 2016. DOI: 10.1007/978-3-319-16999-6_3403-1.

SAXTON, M. "The inevitability of Child Directed Speech." In: *Language Acquisition*. Org. de S. Foster-Cohen. Londres: Palgrave Macmillan UK, 2009, pp. 62-86.

SAXTON, T. K.; LYNDON, A.; LITTLE, A. C. e ROBERTS, S. C. "Evidence that androstadienone, a putative human chemosignal, modulates women's attributions of men's attractiveness." *Hormones and Behavior*, v. 54, n. 5, 2008, pp. 597-601. DOI: 10.1016/j.yhbeh.2008.06.001.

SAYEED, I. e STEIN, D. G. "Progesterone as a neuroprotective factor in traumatic and ischemic brain injury." In: *Progress in Brain Research*, v. 175. Org. de E. M. J. Verhaagen, J. Huitenga, J. Wijnholds, A. B. Bergen, G. J. Boer e D. F. Swaab. Cambridge, Mass.: Elsevier, 2009, pp. 219-37.

SAYERS, S. P. e CLARKSON, P. M. "Force recovery after eccentric exercise in males and females." *European Journal of Applied Physiology*, v. 84, n. 1, 2001, pp. 122-6. DOI: 10.1007/s00421 0000346.

SCHAAL, B.; DOUCET, S.; SAGOT, P.; HERTLING, E. e SOUSSIGNAN, R. "Human breast areolae as scent organs: Morphological data and possible involvement in maternal-neonatal coadaptation." *Developmental Psychobiology*, v. 48, n. 2, 2006, pp. 100-10.

SCHANTZ-DUNN, J. e NOUR, N. M. "Malaria and pregnancy: A global health perspective." *Reviews in Obstetrics & Gynecology*, v. 2, n. 3, 2009, pp. 186-92.

SCHEIBER, C.; REYNOLDS, M. R.; HAJOVSKY, D. B. e KAUFMAN, A. S. "Gender differences in achievement in a large, nationally representative sample of children and adolescents." *Psychology in the Schools*, v. 52, 2015, pp. 335-48. DOI: 10.1002/pits.21827.

SCHNEIDER, B.; VAN TROTSENBURG, M.; HANKE, G.; BIGENZAHN, W. e HUBER, J. "Voice impairment and menopause." *Menopause*, v. 11, n. 2, 2004, pp. 151-8.

SCHNEIDERMAN, I.; ZAGOORY-SHARON, O.; LECKMAN, J. F. e FELDMAN, R. "Oxytocin during the initial stages of romantic attachment: Relations to couples' interactive reciprocity." *Psychoneuroendocrinology*, v. 37, n. 8, 2012, pp. 1277-85. DOI: 10.1016/j.psyneuen.2011.12.021.

SCHOUTEN, L. "First woman enters infantry as army moves women into combat roles." *Christian Science Monitor*, 28 abr. 2016. Disponível em: <www.csmonitor.com>.

SCHREIWEIS, C.; BORNSCHEIN, U.; BURGUIÈRE, E.; KERIMOGLU, C.; SCHREITER, S.; DANNEMANN, M. et al. "Humanized Foxp2 accelerates learning by enhancing transitions from declarative to procedural performance." *Proceedings of the National Academy of Sciences*, v. 111, n. 39, 2014, pp. 14253-8. DOI: 10.1073/pnas.1414542111.

SCHUBART, J. R.; ELIASSEN, A. H.; SCHILLING, A. e GOLDENBERG, D. Reproductive factors and risk of thyroid cancer in women: An analysis in the Nurses' Health Study II. *Women's Health Issues*, v. 31, n. 5, 2021, pp. 494-502. DOI: 10.1016/j.whi.2021.03.008.

SCHULTE, P.; Alegret, L.; Arenillas, I.; Arz, J. A.; Barton, P. J.; Bown, P. R. et al. "The Chicxulub asteroid impact and mass extinction at the Cretaceous-Paleogene boundary." *Science*, v. 327, n. 5970, 2010, pp. 1214-8.

SCHULTZ, A. H. "The relative weights of the testes in primates." *Anatomical Record*, v. 72, 1938, pp. 387-94.

SCHULTZ, K. "The moral judgments of Henry David Thoreau." *The New Yorker*, 19 out. 2015. Disponível em: <www.newyorker.com>.

SCOTT, C. *Translating Rimbaud's "Illuminations."* Exeter: University of Exeter Press, 2006.

SCOTT, E. M.; MANN, J.; WATSON-CAPPS, J. J.; SARGEANT, B. L. e CONNOR, R. C. "Aggression in bottlenose dolphins: Evidence for sexual coercion, male-male competition, and female tolerance through analysis of tooth-rake marks and behaviour." *Behaviour*, v. 142, n. 1, 2005, pp. 21-44. DOI: 10.1163/1568539053627712.

SCOTT, G. R e GIBERT, L. "The oldest hand-axes in Europe." *Nature*, v. 461, n. 7260, 2009, pp. 82-5.

SCOTT, I.; BENTLEY, G. R.; TOVEE, M. J.; AHAMED, F. U.; MAGID, K. e SHARMEEN, T. "An evolutionary perspective on male preferences for female body shape." In: *Body Beautiful:*

Evolutionary and Socio-cultural Perspectives. Org. de V. Swami e A. Furnham. Nova York: Palgrave Macmillan, 2007.

SCOTT, R. (diretor). *Prometeu*. 20th Century Fox Home Entertainment, 2012.

SCUTT, D.; LANCASTER, G. A. e MANNING, J. T. "Breast asymmetry and predisposition to breast cancer." *Breast Cancer Research*, v. 8, n. 2, 2006, p. R14. DOI: 10.1186/bcr1388.

SEAR, R.; MACE, R. e MCGREGOR, I. A. "Maternal grandmothers improve nutritional status and survival of children in rural Gambia." *Proceedings of the Royal Society B: Biological Sciences*, v. 267, n. 1453, 2000, pp. 1641-7. DOI: 10.1098/rspb.2000.1190.

SEAR, R.; STEELE, F.; MCGREGOR, I. A. e MACE, R. "The effects of kin on child mortality in rural Gambia." *Demography*, v. 39, n. 1, 2002, pp. 43-63. DOI: 10.1353/dem.2002.0010.

SEEDAT, S.; SCOTT, K. M.; ANGERMEYER, M. C.; BERGLUND, P.; BROMET, E. J.; BRUGHA, T. S. et al. "Cross-national associations between gender and mental disorders in the World Health Organization World Mental Health Surveys." *Archives of General Psychiatry*, v. 66, n. 7, 2009, pp. 785-95. DOI: 10.1001/archgen psychiatry.2009.36.

SEER. SEERExplorer. Programa de Vigilância, Epidemiologia e Resultados Finais do National Cancer Institute. Acesso em: 27 set. 2021. Disponível em: <seer.cancer.gov>.

SEGAL, N. L. "Virtual twins: New findings on within-family environmental influences on intelligence." *Journal of Educational Psychology*, v. 92, n. 3, 2000, pp. 442-8. DOI: 10.1037/0022-0663.92.3.442.

SEGERS, A. e DEPOORTERE, I. "Circadian clocks in the digestive system." *Nature Reviews Gastroenterology & Hepatology*, v. 18, n. 4, 2021, pp. 239-51. DOI: 10.1038/s41575-020-00401-5.

SELLERS, R. M.; CALDWELL, C. H.; SCHMEELK-CONE, K. H. e ZIMMERMAN, M. A. "Racial identity, racial discrimination, perceived stress, and psychological distress among African American young adults." *Journal of Health and Social Behavior*, v. 44, n. 3, 2003, pp. 302-17.

SELVAGGIO, M. M. e WILDER, J. "Identifying the involvement of multiple carnivore taxa with archaeological bone assemblages." *Journal of Archaeological Science*, v. 28, n. 5, 2001, pp. 465-70.

SEMAW, S.; RENNE, P.; HARRIS, J. W. K.; FEIBEL, C. S.; BERNOR, R. L.; FESSEHA, N. e MOWBRAY, K. "2.5-million-year-old stone tools from Gona, Ethiopia." *Nature*, v. 385, n. 6614, 1997, pp. 333-6.

SEMMLER, J. G.; KUTZSCHER, D. V. e ENOKA, R. M. "Gender differences in the fatigability of human skeletal muscle." *Journal of Neurophysiology*, v. 82, n. 6, 1999, pp. 3590-3.

SENUT, B.; PICKFORD, M. e SÉGALEN, L. "Neogene desertification of Africa." *Comptes Rendus Géoscience*, v. 341, n. 8, 2009, pp. 591-602.

SEPULCHRE, P.; RAMSTEIN, G.; FLUTEAU, F.; SCHUSTER, M.; TIERCELIN, J.-J. e BRUNET, M. "Tectonic uplift and eastern Africa aridification." *Science*, v. 313, n. 5792, 2006, pp. 1419-23.

SERDAREVIC, M.; STRILEY, C. W. e COTTLER, L. B. "Sex differences in prescription opioid use." *Current Opinion in Psychiatry*, v. 30, n. 4, 2017, pp. 238-46. DOI: 10.1097/YCO.00000000 00000337.

SERENO, P. C.; MARTINEZ, R. N.; WILSON, J. A.; VARRICCHIO, D. J.; ALCOBER, O. A. e LARSSON, H. C. E. "Evidence for avian intrathoracic air sacs in a new predatory dinosaur from Argentina." *PLOS ONE*, v. 3, n. 9, 2008, p. e3303.

SERETIS, K.; GOULIS, D. G.; KOLIAKOS, G. e DEMIRI, E. "Short-and long-term effects of abdominal lipectomy on weight and fat mass in females: A systematic review." *Obesity Surgery*, v. 25, n. 10, 2015, pp. 1950-8. DOI: 10.1007/s11695-015-1797-1.

SERGEANT, M. J.; DICKINS, T. E.; DAVIES, M. N. e GRIFFITHS, M. D. "Women's hedonic ratings of body odor of heterosexual and homosexual men." *Archives of Sexual Behavior*, v. 36, n. 3, 2007, pp. 395-401. DOI: 10.1007/s10508-006-9126-3.

SETCHELL, J. M. e DIXSON, A. F. "Changes in the secondary sexual adornments of male mandrills (*Mandrillus sphinx*) are associated with gain and loss of alpha status." *Hormones and Behavior*, v. 39, n. 3, 2001, pp. 177-84. DOI: 10.1006/hbeh.2000.1628.

SEVELIUS, J. "There's no pamphlet for the kind of sex I have: HIV-related risk factors and protective behaviors among transgender men who have sex with nontransgender men." *Journal of the Association of Nurses in AIDS Care*, v. 20, 2009, pp. 398-410. DOI: 10.1016/j.jana.2009.06.001.

SHAFFER, M. L. "Minimum population sizes for species conservation." *Bio-Science*, v. 31, n. 2, 1981, pp. 131-4. DOI: 10.2307/1308256.

SHANLEY, D. P.; SEAR, R.; MACE, R. e KIRKWOOD, T. B. "Testing evolutionary theories of menopause." *Proceedings of the Royal Society B: Biological Sciences*, v. 274, n. 1628, 2007, pp. 2943-9. DOI: 10.1098/rspb.2007.1028.

SHAO, Y.; FORSTER, S. C.; TSALIKI, E.; VERVIER, K.; STRANG, A.; SIMPSON, N. et al. "Stunted microbiota and opportunistic pathogen colonization in caesarean-section birth." *Nature*, v. 574, n. 7776, 2019, pp. 117-21. DOI: 10.1038/s41586 —019-1560-1.

SHAPLAND, F.; LEWIS, M. e WATTS, R. "The lives and deaths of young medieval women: The osteological evidence." *Medieval Archaeology*, v. 59, n. 1, 2015, pp. 272-89. DOI: 10.1080/00766097.2015.1119392.

SHARPE, K. e VAN GELDER, L. "Evidence for cave marking by Palaeolithic children." *Antiquity*, v. 80, n. 310, 2006, pp. 937-47.

SHAW, L. J.; SHAW, R. E.; MERZ, C. N.; BRINDIS, R. G.; KLEIN, L. W.; NALLAMOTHU, B. et al. "Impact of ethnicity and gender differences on angiographic coronary artery disease prevalence and in-hospital mortality in the American College of Cardiology — National Cardiovascular Data Registry." *Circulation*, v. 117, n. 14, 2008, pp. 1787-801. DOI: 10.1161/CIRCULATIONAHA.107.726562.

SHEA, J. J. "Stone Age visiting cards revisited: A strategic perspective on the lithic technology of early hominin dispersal." In: *Out of Africa I: The First Hominin Colonization of Eurasia*. Org. de J. G. Fleagle, J. J. Shea, F. E. Grine, A. L. Baden e R. E. Leakey. Dordrecht: Springer, 2010, pp. 47-64.

SHEHAB, A.; AL-DABBAGH, B.; ALHABIB, K. F.; ALSHEIKH-ALI, A. A.; ALMAHMEED, W.; SULAIMAN, K. et al. "Gender disparities in the presentation, management and outcomes of Acute Coronary Syndrome patients: Data from the 2nd Gulf Registry of Acute Coronary Events (Gulf RACE-2)." *PLOS ONE*, v. 8, n. 2, 2013, p. e55508. DOI: 10.1371/journal.pone.0055508.

SHEN, G.; GAO, X.; GAO, B. e GRANGER, D. E. "Age of Zhoukoudian *Homo erectus* determined with 26Al/10Be burial dating." *Nature*, v. 458, n. 7235, 2009, pp. 198-200.

SHIPMAN, P.; BOSLER, W. e DAVIS, K. L. "Butchering of giant geladas at an Acheulian site." *Current Anthropology*, v. 22, n. 3, 1981, pp. 257-68.

SHIRAZI, T.; RENFRO, K. J.; LLOYD, E. e WALLEN, K. "Women's experience of orgasm during intercourse: Question semantics affect women's reports and men's estimates of orgasm occurrence." *Archives of Sexual Behavior*, v. 47, n. 3, 2018, pp. 605-13. DOI: 10.1007/s10508-017-1102-6.

SHUBIN, N. *The Universe Within: The Deep History of the Human Body*. Nova York: Vintage, 2013.

SHULTZ, S.; NELSON, E. e DUNBAR, R. I. M. "Hominin cognitive evolution: Identifying patterns and processes in the fossil and archaeological record." *Philosophical Transactions of the Royal Society B: Biological Sciences*, v. 367, n. 1599, 2012, pp. 2130-40.

SHUTE, B. e WHELDALL, K. "Fundamental frequency and temporal modifications in the speech of British fathers to their children." *Educational Psychology*, v. 19, n. 2, 1999, pp. 221-33. DOI: 10.1080/0144341990190208.

SHYE, D.; MULLOOLY, J. P.; FREEBORN, D. K. e POPE, C. R. "Gender differences in the relationship between social network support and mortality: A longitudinal study of an elderly cohort." *Social Science & Medicine*, v. 41, n. 7, 1005. pp. 935-47. DOI: 10.1016/0277-9536(94)00404-H.

SIEGEL, R. L.; MILLER, K. D.; FUCHS, H. E. e JEMAL, A. "Cancer statistics, 2022." *CA: A Cancer Journal for Clinicians*, v. 72, n. 1, 2022, pp. 7-33. DOI: 10.3322/caac.21708.

SILK, J. B.; ALBERTS, S. C. e ALTMANN, J. "Patterns of coalition formation by adult female baboons in Amboseli, Kenya." *Animal Behaviour*, v. 67, n. 3, 2004, pp. 573-82. DOI: 10.1016/j.anbehav.2003.07.001.

SILVERMAN, C. "Lies, damn lies e viral content." Relatório Tow/Knight. Tow Center for Digital Journalism, Columbia University, 2015. DOI: 10.7916/D8Q81RHH.

SIMONI-WASTILA, L. J. "The use of abusable prescription drugs: The role of gender." *Women's Health and Gender-Based Medicine*, v. 9, n. 3, 2000, pp. 289-7.

SINGH, D.; DIXSON, B. J.; JESSOP, T. S.; MORGAN, B. e DIXSON, A. F. "Cross-cultural consensus for waist-hip ratio and women's attractiveness." *Evolution and Human Behavior*, v. 31, n. 3, 2010, pp. 176-81. DOI: 10.1016/j.evolhumbehav.2009.09.001.

SIRAJ, A. e LOEB, A. "Breakup of a long-period comet as the origin of the dinosaur extinction." *Scientific Reports*, v. 11, n. 1, 2021, p. 3803. DOI: 10.1038/s41598-021-82320-2.

SKJÆRVØ, G. R. e RØSKAFT, E. "Menopause: No support for an evolutionary explanation among historical Norwegians." *Experimental Gerontology*, v. 48, n. 4, 2013, pp. 408-13. DOI: 10.1016/j.exger.2013.02.001.

SKOLNICK, B. E.; MAAS, A. I.; NARAYAN, R. K.; VAN DER HOOP, R. G.; MACALLISTER, T.; WARD, J. D. et al. "A clinical trial of progesterone for severe traumatic brain injury." *New England Journal of Medicine*, v. 371, n. 26, 2014, pp. 2467-76.

SLATER, G. J. "Phylogenetic evidence for a shift in the mode of mammalian body size evolution at the Cretaceous-Palaeogene boundary." *Methods in Ecology and Evolution*, v. 4, n. 8, 2013, pp. 734-44. DOI: 10.1111/2041-210X.12084.

SLON, V.; MAFESSONI, F.; VERNOT, B.; DE FILIPPO, C.; GROTE, S.; VIOLA, B. et al. "The genome of the offspring of a Neanderthal mother and a Denisovan father." *Nature*, v. 561, n. 7721, 2018, pp. 113-6. DOI: 10.1038/s41586-018-0455-x.

SLONECKER, E. M.; SIMPSON, E. A.; SUOMI, S. J. e PAUKNER, A. "Who's my little monkey? Effects of infant-directed speech on visual retention in infant rhesus macaques." *Developmental Science*, v. 21, 2018, p. e12519. DOI: 10.1111/desc.12519.

SMAERS, J. B.; GÓMEZ-ROBLES, A.; PARKS, A. N. e SHERWOOD, C. C. "Exceptional evolutionary expansion of prefrontal cortex in great apes and humans." *Current Biology*, v. 27, n. 5, 2017, pp. 714-20. DOI: 10.1016/j.cub.2017.01.020.

SMAERS, J. B.; STEELE, J.; CASE, C. R.; COWPER, A.; AMUNTS, K. e ZILLES, K. "Primate prefrontal cortex evolution: Human brains are the extreme of a lateralized ape trend." *Brain, Behavior and Evolution*, v. 77, n. 2, 2011, pp. 67-78. DOI: 10.1159/000323671.

SMITH, C. "Estimation of a genetically viable population for multigenerational interstellar voyaging: Review and data for project Hyperion." *Acta Astronautica*, v. 97, 2014, pp. 16-29. DOI: 10.1016/j.actaastro.2013.12.013.

SMITH, E. R.; OAKLEY, E.; GRANDNER, G. W.; FERGUSON, K.; FAROOQ, F.; AFSHAR, Y. et al. "Adverse maternal, fetal, and newborn outcomes among pregnant women with SARS-CoV-2 infection: An individual participant data meta-analysis." *BMJ Global Health*, v. 8, n. 1, 2023, p. e009495. DOI: 10.1136/bmjgh-2022-009495.

SMITH, T.; LAITMAN, J. e BHATNAGAR, K. "The shrinking anthropoid nose, the human vomeronasal organ, and the language of anatomical reduction." *The Anatomical Record*, 2014, p. 297. DOI: 10.1002/ar.23035.

SMITH, T. M.; TAFFOREAU, P.; REID, D. J.; POUECH, J.; LAZZARI, V.; ZERMENO, J. P. et al. (2010). "Dental evidence for ontogenetic differences between modern humans and Neanderthals". *Proceedings of the National Academy of Sciences*, v. 107, n. 49, pp. 20 923-8. DOI: 10.1073/pnas.1010906107.

SMUTS, B. B. *Sex and Friendship in Baboons*. Hawthorne, NY: Aldine, 1985.

______. e SMUTS, R. W. "Male aggression and sexual coercion of females in nonhuman primates and other mammals: Evidence and theoretical implications." *Advances in the Study of Behavior*, v. 22, n. 22, 1993, pp. 1-63.

SNOW, S. S.; ALONZO, S. H.; SERVEDIO, M. R. e PRUM, R. O. "Female resistance to sexual coercion can evolve to preserve the indirect benefits of mate choice." *Journal of Evolutionary Biology*, v. 32, n. 6, 2019, pp. 545-58. DOI: 10.1111/jeb.13436.

SNYDER-MACKLER, N.; ALBERTS, S. C. e BERGMAN, T. J. "Concessions of an alpha male? Cooperative defence and shared reproduction in multimale primate groups." *Proceedings of the Royal Society B: Biological Sciences*, v. 279, n. 1743, 2012, pp. 3788-95. DOI: 10.1098/rspb.2012.0842.

SOARES, C. N. e ZITEK, B. "Reproductive hormone sensitivity and risk for depression across the female life cycle: A continuum of vulnerability?" *Journal of Psychiatry & Neuroscience*, v. 33, n. 4, 2008, pp. 331-43.

SOHRABJI, F. "Guarding the blood-brain barrier: A role for estrogen in the etiology of neurodegenerative disease." *Gene Expression*, v. 13, n. 6, 2007, pp. 311-9. DOI: 10.3727/00000000 6781510723.

SOLNIT, R. "Mysteries of Thoreau: Unsolved." Orion, maio/jun. 2013.

SORGE, R. E.; MAPPLEBECK, J.; ROSEN, S.; BEGGS, S.; TAVES, S.; ALEXANDER, J. K. et al. "Different immune cells mediate mechanical pain hypersensitivity in male and female mice." *Nature Neuroscience*, v. 18, n. 8, 2015, pp. 1081-3.

SOROKOWSKI, P.; KARWOWSKI, M.; MISIAK, M.; MARCZAK, M. K.; DZIEKAN, M.; HUMMEL, T. e SOROKOWSKA, A. "Sex differences in human olfaction: A meta-analysis." *Frontiers in Psychology*, v. 10, 2019, p. 242.

SPELKE, E. S. "Sex differences in intrinsic aptitude for mathematics and science? A critical review." *American Psychologist*, v. 60, 2005, pp. 950-8. DOI: 10.1037/0003-066X.60.9.950.

SPENCER, J. "The challenges of Ranger School and how to overcome them." Instituto de Guerra Moderna em West Point, 12 abr. 2016. Disponível em: <mwi.usma.edu>.

SPOOR, F.; LEAKEY, M. G.; GATHOGO, P. N.; BROWN, F. H.; ANTON, S. C.; MCDOUGALL, I. et al. "Implications of new early *Homo* fossils from Ileret, east of Lake Turkana, Kenya." *Nature*, v. 448, n. 7154, 2007, pp. 688-91.

SRAMEK, J. J.; MURPHY, M. F. e CUTLER, N. R. "Sex differences in the psychopharmacological treatment of depression." *Dialogues in Clinical Neuroscience*, v. 18, n. 4, 2016, pp. 447-57. DOI: 10.31887/DCNS.2016.18.4/ncutler.

ST. JOHN, J.; SAKKAS, D.; DIMITRIADI, K.; BARNES, A.; MACLIN, V.; RAMEY, J. et al. "Failure of elimination of paternal mitochondrial DNA in abnormal embryos." *The Lancet*, v. 355, n. 9199, 2000, p. 200. DOI: 10.1016/S0140-6736(99)03842-8.

ST.-ONGE, M. P. "Are normal-weight Americans over-fat?" *Obesity*, v. 18, n. 11, 2010, pp. 2067-8. DOI: 10.1038/oby.2010.103.

STANIĆ, B. "Gender (dis)balance in local government: How does it affect budget transparency?" *Economic Research-Ekonomska Istraživanja*, v. 36, n. 1, 2023, pp. 997-1014. DOI: 10.1080/1331677X.2022.2081232.

STANSFIELD, E.; FISCHER, B.; GRUNSTRA, N.; POUCA, M. V. e MITTEROECKER, P. "The evolution of pelvic canal shape and rotational birth in humans." *BMC Biology*, v. 19, n. 1, 2021, p. 224. DOI: 10.1186/s12915-021-01150-w.

STEELE, J. "Palaeoanthropology: Stone legacy of skilled hands." *Nature*, v. 399, n. 6731, 1999, pp. 24-5.

STEELE, J.; CLEGG, M. e MARTELLI, S. "Comparative morphology of the hominin and African ape hyoid bone, a possible marker of the evolution of speech." *Human Biology*, v. 85, n. 5, 2013, pp. 639-72.

STEELE, T. E. "A unique hominin menu dated to 1.95 million years ago." *Proceedings of the National Academy of Sciences*, v. 107, n. 24, 2010, pp. 10771-2. DOI: 10.1073/pnas.1005992107.

STEEN, S. J. e SCHWARTZ, P. "Communication, Gender, and Power: Homosexual Couples as a Case Study." In: *Explaining Family Interactions*. Org. M. A. Fitzpatrick e A. L. Vangelisti. Londres: SAGE, 1995, pp. 310-43. DOI: 10.4135/9781483326368.

STEIPER, M. E. e YOUNG, N. M. "Primate molecular divergence dates." *Molecular Phylogenetics and Evolution*, v. 41, n. 2, 2006, pp. 384-94.

STEVENS, E. E.; PATRICK, T. E. e PICKLER, R. "A history of infant feeding." *The Journal of Perinatal Education*, v. 18, 2009, pp. 32-9. DOI: 10.1624/105812409x426314.

STEWART, J. R. "Morphology and evolution of the egg of oviparous amniotes." In: *Amniote Origins*. Org. de S. S. Sumida e K. L. M. Martin. San Diego: Academic Press, 1997, pp. 291-326. DOI: 10.1016/B978-012676460-4/50010-X.

STINSON, L. F.; BOYCE, M. C.; PAYNE, M. S. e KEELAN, J. A. "The not-so-sterile womb: Evidence that the human fetus is exposed to bacteria prior to birth." *Frontiers in Microbiology*, v. 10, 2019, p. 1124. DOI: 10.3389/fmicb.2019.01124.

STOCKMAN, J. K.; HAYASHI, H. e CAMPBELL, J. C. "Intimate partner violence and its health impact on ethnic minority women [corrected]." *Journal of Women's Health*, v. 24, n. 1, 2015, pp. 62-79. DOI: 10.1089/jwh.2014.4879.

STOKOL-WALKER, C. "Twitter's potential collapse could wipe out vast records of recent human history." MIT *Technology Review*, 11 nov. 2022. Disponível em: <www.technologyreview.com>.

STORLAZZI, C. D.; GINGERICH, S. B.; VAN DONGEREN, A.; CHERITON, O. M.; SWARZENSKI, P. W.; QUATAERT, E. et al. "Most atolls will be uninhabitable by the mid-21st century because of sea-level rise exacerbating wave-driven flooding." *Science Advances*, v. 4, n. 4, 2018, p. eaap9741. DOI: 10.1126/sciadv.aap9741.

STRASSMANN, B. I. "The evolution of endometrial cycles and menstruation." *The Quarterly Review of Biology*, v. 71, n. 2, 1996, pp. 181-220. DOI: 10.1086/419369.

STRASSMANN, B. I. "The biology of menstruation in *Homo Sapiens*: Total lifetime menses, fecundity, and nonsynchrony in a natural-fertility population." *Current Anthropology*, v. 38, n. 1, 1997, pp. 123-9. DOI: 10.1086/204592.

STRENZE, T. "Intelligence and socioeconomic success: A meta-analytic review of longitudinal research." *Intelligence*, v. 35, n. 5, 2007, pp. 401-26.

SUAREZ, S. S. e PACEY, A. A. "Sperm transport in the female reproductive tract." *Human Reproduction Update*, v. 12, n. 1, 2006, pp. 23-37.

SUBRAMANIAN, S. *A Dominant Character: The Radical Science and Restless Politics of J. B. S. Haldane*. Nova York: W. W. Norton, 2020.

SUNTSOVA, M. V. e BUZDIN, A. A. "Differences between human and chimpanzee genomes and their implications in gene expression, protein functions and biochemical properties of the two species." *BMC Genomics*, v. 21, n. 7, 2020, p. 535. DOI: 10.1186/s12864-020-06962-8.

SUROVELL, T.; WAGUESPACK, N. e BRANTINGHAM, P. J. "Global archaeological evidence for proboscidean overkill." *Proceedings of the National Academy of Sciences*, v. 102, n. 17, 2005, pp. 6231-6.

SUSMAN, R. L. "Fossil evidence for early hominid tool use." *Science*, v. 265, n. 5178, 1994, pp. 1570-3.

______. "Brief communication: Evidence bearing on the status of *Homo habilis* at Olduvai Gorge." *American Journal of Physical Anthropology*, v. 137, n. 3, 2008, pp. 356-61.

SUSSMAN, R. W. "Primate origins and the evolution of angiosperms." *American Journal of Primatology*, v. 23, n. 4, 1991, pp. 209-23. DOI: 10.1002/ajp.1350230402.

SUSSMAN, R. W.; RASMUSSEN, D. T. e RAVEN, P. H. "Rethinking primate origins again." *American Journal of Primatology*, v. 75, n. 2, 2013, pp. 95-106. DOI: 10.1002/ajp.22096.

SUWA, G.; KONO, R. T.; SIMPSON, S. W.; ASFAW, B.; LOVEJOY, C. O. e WHITE, T. D. "Paleobiological implications of the *Ardipithecus ramidus* dentition." *Science*, v. 326, n. 5949, 2009, pp. 94-9.

SUWA, G.; SASAKI, T.; SEMAW, S.; ROGERS, M. J.; SIMPSON, S. W.; KUNIMATSU, Y. et al. "Canine sexual dimorphism in *Ardipithecus ramidus* was nearly human-like." *Proceedings of the National Academy of Sciences*, v. 118, n. 49, 2021, p. e2116630118. DOI: 10.1073/pnas.2116630118.

SWANSON, K. W. "Rethinking body property." *Florida State University Law Review*, v. 44, 2016, pp. 193-259.

SWERS, M. L. "Connecting descriptive and substantive representation: An analysis of sex differences in cosponsorship activity." *Legislative Studies Quarterly*, v. 30, n. 3, 2005, pp. 407-33.

TAGLIAFERRI, C.; WITTRANT, Y.; DAVICCO, M. J.; WALRAND, S. e COXAM, V. "Muscle and bone, two interconnected tissues." *Ageing Research Reviews*, v. 21, 2015, pp. 55-70.

TAKAHASHI, M.; SINGH, R. S. e STONE, J. "A theory for the origin of human menopause." *Journal of Frontiers in Genetics*, 6 jan. 2017. DOI: 10.3389/fgene.2016.00222.

TAKAHASHI, T.; ELLINGSON, M. K.; WONG, P.; ISRAELOW, B.; LUCAS, C.; KLEIN, J. et al. " Sex differences in immune responses that underlie COVID-19 disease outcomes." *Nature*, v. 588, n. 7837, 2020, pp. 315-20. DOI: 10.1038/s41586-020-2700-3.

TALL, A. R. e YVAN-CHARVET, L. "Cholesterol, inflammation and innate immunity." *Nature Reviews. Immunology*, v. 15, n. 2, 2015, pp. 104-16. DOI: 10.1038/nri3793.

TAN, M. "Ranger School: Many do-overs rare, not unprecedented." *Army Times*, 18 set. 2015. Disponível em: <www.armytimes.com>.

______. "Meet the army's first female infantry officer." *Army Times*, 27 abr. 2016. Disponível em: <www.armytimes.com>.

TANG, G.; GUDSNUK, K.; KUO, S.-H.; COTRINA, M. L.; ROSOKLIJA, G.; SOSUNOV, A. et al. " Loss of MTOR-dependent macroautophagy causes autistic-like synaptic pruning deficits." *Neuron*, v. 83, n. 5, 2014, pp. 1131-43. DOI: 10.1016/.

TANNEN, D. *You Just Don't Understand: Women and Men in Conversation*. Nova York: William Morrow, 1990.

TAO, N.; WU, S.; KIM, J.; AN, H.; HINDE, K.; POWER, M. et al. "Evolutionary glycomics: Characterization of milk oligosaccharides in primates." *Journal of Proteome Research*, v. 10, 2011, pp. 1548-57. DOI: 10.1021/pr1009367.

TARAMPI, M. R.; HEYDARI, N. e HEGARTY, M. "A tale of two types of perspective taking: Sex differences in spatial ability." *Psychological Science*, v. 27, n. 11, 2016, pp. 1507-16. DOI: 10.1177/0956797616667459.

TERLIZZI, E. P. e NORRIS, T. "Mental health treatment among adults: United States, 2020." *NCHS Data Brief*, n. 419. Hyattsville, Md.: National Center for Health Statistics, 2021. DOI: 10.15620/cdc:110593.

THE CHIMPANZEE SEQUENCING AND ANALYSIS CONSORTIUM. "Initial sequence of the chimpanzee genome and comparison with the human genome." *Nature*, v. 437, n. 7055, 2005, pp. 69-87. DOI: 10.1038/nature04072.

THIESSEN, E. D.; HILL, E. A. e SAFFRAN, J. R. "Infant-directed speech facilitates word segmentation." *Infancy*, v. 1, n. 1, 2005, pp. 53-71.

THOMPSON, M. E.; JONES, J. H.; PUSEY, A. E.; BREWER-MARSDEN, S.; GOODALL, J.; MARSDEN, D. et al. "Aging and fertility patterns in wild chimpanzees provide insights into the evolution of menopause." *Current Biology*, v. 17, n. 24, 2007, pp. 2150-6. DOI: 10.1016/j.cub.2007.11.033.

THURBER, C.; DUGAS, L. R.; OCOBOCK, C.; CARLSON, B.; SPEAKMAN, J. R. e PONTZER, H. "Extreme events reveal an alimentary limit on sustained maximal human energy expenditure." *Science Advances*, v. 5, n. 6, 2019, p. eaaw0341. DOI: 10.1126/sciadv.aaw0341.

TIAN, X.; IRIARTE-DÍAZ, J.; MIDDLETON, K.; GALVAO, R.; ISRAELI, E.; ROEMER, A. et al. "Direct measurements of the kinematics and dynamics of bat flight." *Bioinspiration and Biomimetics*, v. 1, 2006, pp. 10-18.

TOBIAS, P. V. "*Australopithecus, Homo habilis*, tool-using and tool-making." *The South African Archaeological Bulletin*, v. 20, n. 80, 1965, pp. 167-92.

TOKUYAMA, N. e FURUICHI, T. "Do friends help each other? Patterns of female coalition formation in wild bonobos at Wamba." *Animal Behaviour*, v. 119, 2016, pp. 27-35. DOI: 10.1016/j.anbehav.2016.06.021.

TOMASZYCKI, M.; CLINE, C.; GRIFFIN, B.; MAESTRIPIERI, D. e HOPKINS, W. D. "Maternal cradling and infant nipple preferences in rhesus monkeys (*Macaca mulatta*)." *Developmental Psychobiology*, v. 32, 1998, pp. 305-12.

TOMITA, T.; MURAKUMO, K.; UEDA, K.; ASHIDA, H. e FURUYAMA, R. "Locomotion is not a privilege after birth: Ultrasound images of viviparous shark embryos swimming from one uterus to the other." *Ethology*, v. 125, 2019, pp. 122-6. DOI: 10.1111/eth.12828.

TOMORI, C.; PALMQUIST, A. E. L. e SALLY, D. "Contested moral landscapes: Negotiating breastfeeding stigma in breastmilk sharing, night-time breastfeeding, and long-term breastfeeding in the US and the UK." *Social Science & Medicine*, v. 168, 2016, pp. 178-85. DOI: 10.1016/j.socscimed.2016.09.014.Co.

TOTH, N. "The Oldowan reassessed: A close look at early stone artifacts." *Journal of Archaeological Science*, v. 12, n. 2, 1985, pp. 101-20.

TOUPS, M. A.; KITCHEN, A.; LIGHT, J. E. e REED, D. L. "Origin of clothing lice indicates early clothing use by anatomically modern humans in Africa." *Molecular Biology and Evolution*, v. 28, n. 1, 2011, pp. 29-32. DOI: 10.1093/molbev/msq234.

TOWNSEND, S. W.; SLOCOMBE, K. E.; EMERY THOMPSON, M. e ZUBERBÜHLER, K. "Female-led infanticide in wild chimpanzees." *Current Biology*, v. 17, n. 10, 2007, pp. R355-6. DOI: 10.1016/j.cub.2007.03.020.

TREVATHAN, W. "Primate pelvic anatomy and implications for birth." *Philosophical Transactions of the Royal Society B: Biological Sciences*, v. 370, n. 1663, 2015, p. 20140065. DOI: 10.1098/rstb.2014.0065.

TREVATHAN, W. R. "The evolution of bipedalism and assisted birth." *Medical Anthropology Quarterly*, v. 10, n. 2, 1996, pp. 287-90. DOI: 10.1525/maq.1996.10.2.02a00100.

TRINKAUS, E. "Late Pleistocene adult mortality patterns and modern human establishment." *Proceedings of the National Academy of Sciences*, v. 108, n. 4, 2011, pp. 1267-71.

TRIVERS, R. L. "Parental investment and sexual selection." In: *Sexual Selection and the Descent of Man*. Org. de B. Campbell. Londres: Routledge, 1972, pp. 136-79. DOI: 10.4324/9781315129266-7.

TROTIER, D.; ELOIT, C.; WASSEF, M.; TALMAIN, G.; BENSIMON, J. L.; DØVING, K. B. e FERRAND, J. "The vomeronasal cavity in adult humans." *Chemical Senses*, v. 25, n. 4, 2000, pp. 369-80. DOI: 10.1093/chemse/25.4.369.

TSCHOPP, P.; SHERRATT, E.; SANGER, T. J.; GRONER, A. C.; ASPIRAS, A. C.; HU, J. K. et al. "A relative shift in cloacal location repositions external genitalia in amniote evolution." *Nature*, v. 516, n. 7531, 2014, pp. 391-4. DOI: 10.1038/nature13819.

TURKSTRA, L. S.; MUTLU, B.; RYAN, C. W.; DESPINS STAFSLIEN, E. H.; RICHMOND, E. K.; HOSOKAWA, E. e DUFF, M. C. "Sex and gender differences in emotion recognition and theory of mind after TBI: A narrative review and directions for future research." *Frontiers in Neurology*, v. 11, 2020, p. 59.

ULCOVA-GALLOVA, Z. "Immunological and physicochemical properties of cervical ovulatory mucus." *Journal of Reproductive Immunology*, v. 86, n. 2, 2010, pp. 115-21.

UNDERWOOD, M. A. "Human milk for the premature infant." *Pediatric Clinics of North America*, v. 60, n. 1, 2013, pp. 189-207. DOI: 10.1016/j.pcl.2012.09.008.

UNEMORI, E. N.; LEWIS, M.; CONSTANT, J.; ARNOLD, G.; GROVE, B. H.; NORMAND, J. et al. "Relaxin induces vascular endothelial growth factor expression and angiogenesis selectively at wound sites." *Wound Repair and Regeneration*, v. 8, n. 5, 2000, pp. 361-70. DOI: 10.1111/j.1524-475x.2000.00361.x.

UNESCO. *Progress in Literacy in Various Countries: A Preliminary Study of Available Census Data Since 1900*. Paris: Firmin-Didot, 1953.

______. *World Illiteracy at Mid-Century: A Statistical Study*. Paris: Buchdruckerei Winterthur AG, 1957.

______. *Adult and Youth Literacy. National Regional and Global Trends 1985-2015*. 2014. Disponível em: <unesdoc.unesco.org>.

UNGAR, P. S. "Dental evidence for the reconstruction of diet in African early *Homo*." *Current Anthropology*, v. 53, n. S6, 2012, pp. S318-29.

UNGAR, P. S. e SPONHEIMER, M. "The diets of early hominins." *Science*, v. 334, n. 6053, 2011, pp. 190-3. DOI: 10.1126/science.1207701.

UNGAR, P. S.; GRINE, F. E.; TEAFORD, M. F. e EL ZAATARI, S. "Dental microwear and diets of African early *Homo*." *Journal of Human Evolution*, v. 50, n. 1, 2006, pp. 78-95.

UNGAR, P. S.; KRUEGER, K. L.; BLUMENSCHINE, R. J.; NJAU, J. e SCOTT, R. S. "Dental microwear texture analysis of hominins recovered by the Olduvai Landscape Paleoanthropology Project, 1995-2007." *Journal of Human Evolution*, v. 63, n. 2, 2012, pp. 429-37. DOI: 10.1016/j.jhevol.2011.04.006.

UNICEF. "Child marriage." Disponível em: <data.unicef.org/topic/child-protection/child-marriage/>.

UNITED STATES DEPARTMENT OF JUSTICE, OFFICE OF JUSTICE PROGRAMS, BUREAU OF JUSTICE STATISTICS (BJS). "National Crime Victimization Survey, 2010-2016." 2017.

UNITED STATES FOOD AND DRUG ADMINISTRATION (U.S. FDA). Carta de aprovação do Ambien (comprimidos de tartarato de zolpidem), NDA 19-908. Carta endereçada à Lorex Pharmaceuticals, Att: dr. Keith Rotenberg, datada de 21 abr. 1992. A carta inclui notas a partir de análise e rotulação sugerida. Incluído no documento "Approval Letter(s) and Printed Labeling" [Cartas de aprovação e rótulos impressos] nos arquivos públicos da U.S. FDA. Disponível em: <www.accessdata.fda.gov>.

UNITED STATES FOOD AND DRUG ADMINISTRATION (U.S. FDA). "Risk of next-morning impairment after use of insomnia drugs; FDA requires lower recommended doses for certain drugs containing zolpidem (Ambien, Ambien CR, Edluar, and Zolpimist)." *Drug Safety Communications*, 10 jan. 2013. Disponível em: <www.fda.gov>.

URASHIMA, T.; ASAKUMA, S.; LEO, F.; FUKUDA, K.; MESSER, M. e OFTEDAL, O. T. "The predominance of type I oligosaccharides is a feature specific to human breast milk." *Advances in Nutrition*, v. 3, n. 3, 2012, pp. 473S-82S.

URASHIMA, T.; SAITO, T.; NAKAMURA, T. e MESSER, M. "Oligosaccharides of milk and colostrum in non-human mammals." *Glycoconjugate Journal*, v. 18, n. 5, 2001, pp. 357-71.

USAMEDCOM. "Soldier 2020: Injury Rates/Attrition Rates Working Group.; Medical Recommendations." Briefing de LTG Patricia Horoho, médica-chefe e comandante-chefe do Comando Médico do Exército dos Estados Unidos, USAMEDCOM, 24 jun. 2015. 2020.

VAN CAENEGEM, E.; WIERCKX, K.; TAES, Y.; SCHREINER, T.; VANDEWALLE, S.; TOYE, K. et al. "Body composition, bone turnover, and bone mass in trans men during testosterone treatment: 1-year follow-up data from a prospective case-controlled study (ENIGI)." *European Journal of Endocrinology*, v. 172, n. 2, 2015, pp. 163-71.

VAN DAM, M. J. C. M.; ZEGERS, B. S. H. J. e SCHREUDER, M. F. "Case report: Uterine anomalies in girls with a congenital solitary functioning kidney." *Frontiers in Pediatrics*, v. 9. DOI: 10.3389/fped.2021.791499.

VAN DER MADE, J.; SAHNOUNI, M. e KAMEL, B. "Hippopotamus gorgops from El Kherba (Algeria) and the context of its biogeography." In: *Proceedings of the II Meeting of African Prehistory, Burgos 15-16 abr. 2015*, 2017, pp. 135-69.

VAN HEK, M.; BUCHMANN, C. e KRAAYKAMP, G. "Educational systems and gender differences in reading: A comparative multilevel analysis." *European Sociological Review*, v. 35, n. 2, 2019, pp. 169-86. DOI: 10.1093/esr/jcy054.

VAN HEMMEN, J.; COHEN-KETTENIS, P. T.; STEENSMA, T. D.; VELTMAN, D. J. e BAKKER, J. "Do sex differences in CEOAES and 2D:4D ratios reflect androgen exposure? A study in women with complete androgen insensitivity syndrome." *Biology of Sex Differences*, v. 8, n. 1, 2017, p. 11. DOI: 10.1186/s13293-017-0132-z.

VAN SCHAIK, C. P.; SONG, Z.; SCHUPPLI, C.; DROBNIAK, S. M.; HELDSTAB, S. A. e GRIESSER, M. "Extended parental provisioning and variation in vertebrate brain sizes." *PLOS Biology*, v. 21, n. 2, 2013, p. e3002016. DOI: 10.1371/journal.pbio.3002016.

VAN VALEN, L. e SLOAN, R. E. "The earliest primates." *Science*, v. 150, n. 3697, 1965, pp. 743-5. DOI: 10.1126/science.150.3697.743.

VEALE, D.; MILES, S.; BRAMLEY, S.; MUIR, G. e HODSOLL, J. "Am I normal? A systematic review and construction of nomograms for flaccid and erect penis length and circumference in up to 15,521 men." *BJU International*, v. 115, n. 6, 2015, pp. 978-86. DOI: 10.1111/bju.13010.

VELASCO, E. R.; FLORIDO, A.; MILAD, M. R. e ANDERO, R. "Sex differences in fear extinction." *Neuroscience & Biobehavioral Reviews*, v. 103, 2019, pp. 81-108. DOI: 10.1016/j.neubiorev.2019.05.020.

VELLEKOOP, J.; SLUIJS, A.; SMIT, J.; SCHOUTEN, S.; WEIJERS, J. W. H.; SINNINGHE DAMSTÉ, J. S. e BRINKHUIS, H. "Rapid short-term cooling following the Chicxulub impact at the Cretaceous-Paleogene boundary." *Proceedings of the National Academy of Sciences*, v. 111, n. 21, 2014, pp. 7537-41. DOI: 10.1073/pnas.1319253111.

VENN, O.; TURNER, I.; MATHIESON, I.; DE GROOT, N.; BONTROP, R. e MCVEAN, G. "Strong male bias drives germline mutation in chimpanzees." *Science*, v. 344, n. 6189, 2014, pp. 1272-5.

VIDEAN, E. N.; FRITZ, J.; HEWARD, C. B. e MURPHY, J. "The effects of aging on hormone and reproductive cycles in female chimpanzees (*Pan troglodytes*)." *Comparative Medicine*, v. 56, n. 4, 2006, pp. 291-9.

VIGILANT, L. e GROENEVELD, L. F. "Using genetics to understand primate social systems." *Nature Education Knowledge*, v. 3, n. 10, 2012, p. 87.

VITETTA, L.; CHEN, J. e CLARKE, S. "The vermiform appendix: An immunological organ sustaining a microbiome inoculum." *Clinical Science*, v. 133, n. 1, 2019, pp. 1-8. DOI: 10.1042/cs20180956.

VOGEL, E. R.; NEITZ, M. e DOMINY, N. J. "Effect of color vision phenotype on the foraging of wild white-faced capuchins, *Cebus capucinus*." *Behavioral Ecology*, v. 18, n. 2, 2006, pp. 292-7. DOI: 10.1093/beheco/arl082.

VOLAND, E.; CHASIOTIS, A. e SCHIEFENHOVEL, W. "Grandmotherhood: A short overview of three fields of research of the evolutionary significance of the postgenerative female life." In:

The Evolutionary Significance of the Second Half of Female Life. Org. de E. Voland, A. Chasiotis e W. Schiefenhovel. New Brunswick, NJ: Rutgers University Press, 2005, pp. 1-17.

VOLK, A. A. e ATKINSON, J. A. "Infant and child death in the human environment of evolutionary adaptation." *Evolution and Human Behavior*, v. 34, n. 3, 2013, pp. 182-92. DOI: 10.1016/j.evolhumbehav.2012.11.007.

VON STUMM, S. e PLOMIN, R. "Socioeconomic status and the growth of intelligence from infancy through adolescence." *Intelligence*, v. 48, 2015, pp. 30-6. DOI: 10.1016/j.intell.2014.10.002.

VOYER, D. "Time limits and gender differences on paper-and-pencil tests of mental rotation: A meta-analysis." *Psychonomic Bulletin & Review*, v. 18, 2011, pp. 267-77. DOI: 10.3758/s13423-010-0042-0.

VOYER, D. e VOYER, S. D. "Gender differences in scholastic achievement: A meta-analysis." *Psychological Bulletin*, v. 140, n. 4, 2014, pp. 1174-204. DOI: 10.1037/a0036620.

WADE, L. "An unequal blow." *Science*, v. 368, n. 6492, 2020, p. 700. DOI: 10.1126/science.368.6492.700.

WADSWORTH, M. E.; BRODERICK, A. V.; LOUGHLIN-PRESNAL, J. E.; BENDEZU, J. J.; JOOS, C. M.; AHLKVIST, J. A. et al. "Co-activation of SAM and HPA responses to acute stress: A review of the literature and test of differential associations with preadolescents' internalizing and externalizing." *Developmental Psychobiology*, v. 61, n. 7, 2019, pp. 1079-93. DOI: 10.1002/dev.21866.

WALD, C. e WU, C. "Biomedical research. Of mice and women: The bias in animal models." *Science*, v. 327, n. 5973, 2010, pp. 1571-2. DOI: 10.1126/science.327.5973.1571.

WALKER, A. e LEAKEY, R. E. *The Nariokotome Homo erectus Skeleton*. Cambridge, Mass.: Harvard University Press, 1993.

WALKER, M. L. e HERNDON, J. G. "Menopause in nonhuman primates?" *Biology of Reproduction*, v. 79, n. 3, 2008, pp. 398-406. DOI: 10.1095/biolreprod.108.068536.

WALKER, R.; GURVEN, M.; HILL, K.; MIGLIANO, A.; CHAGNON, N.; DE SOUZA, R. et al. "Growth rates and life histories in twenty-two small-scale societies." *American Journal of Human Biology*, v. 18, n. 3, 2006, pp. 295-311. DOI: 10.1002/ajhb.20510.

WALL-WIELER, E.; ROOS, L. L.; BROWNELL, M.; NICKEL, N.; CHATEAU, D. e SINGAL, D. "Suicide attempts and completions among mothers whose children were taken into care by child protection services: A cohort study using linkable administrative data." *Canadian Journal of Psychiatry*, v. 63, n. 3, 2018, pp. 170-7. DOI: 10.1177/0706743717741058.

WALLS, G. L. *The Vertebrate Eye and Its Adaptive Radiation*. Bloomfield Hills, Mich.: Cranbrook Institute of Science, 1942. DOI: 10.5962/bhl.title.7369.

WALSH, K. P. "Marketing midwives in seventeenth-century London: A re-examination of Jane Sharp's *The Midwives Book*." *Gender & History*, v. 26, n. 2, 2014, pp. 223-41.

WAMBOLDT, R.; SHUSTER, S. e SIDHU, B. S. "Lactation induction in a transgender woman wanting to breastfeed: Case report." *The Journal of Clinical Endocrinology and Metabolism*, v. 106, n. 5, 2021, p. e2047-52. DOI: 10.1210/clinem/dgaa976.

WANG, Q.; WANG, X.; YANG, L.; HAN, K.; HUANG, Z. e WU, H. "Sex differences in noise-induced hearing loss: A cross-sectional study in China." *Biology of Sex Differences*, v. 12, n. 1, 2021, p. 24. DOI: 10.1186/s13293-021-00369-0.

WARINNER, C.; RODRIGUES, J. F.; VYAS, R.; TRACHSEL, C.; SHVED, N.; GROSSMANN, J. et al. "Pathogens and host immunity in the ancient human oral cavity." *Nature Genetics*, v. 46. n. 4, 2014, pp. 336-44. DOI: 10.1038/ng.2906.

WARREN, M. "Mum's a Neanderthal, Dad's a Denisovan: First discovery of an ancient-human hybrid." *Nature*, v. 560, 2018, pp. 417-8. Disponível em: <www.nature.com>.

WARRENER, A. G. "Hominin hip biomechanics: Changing perspectives." *The Anatomical Record*, v. 300, n. 5, 2017, pp. 932-45. DOI: 10.1002/ar.23558.

WASSERMAN, M. D.; CHAPMAN, C. A.; MILTON, K.; GOGARTEN, J. F.; WITTWER, D. J. e ZIEGLER, T. E. "Estrogenic plant consumption predicts red colobus monkey (*Procolobus rufomitratus*) hormonal state and behavior." *Hormones and Behavior*, v. 62, n. 5, 2012, pp. 553-62. DOI: 10.1016/j.yhbeh.2012.09.005.

WATSON, J. D. *The Double Helix: A Personal Account of the Discovery of the Structure of DNA*. Nova York: Touchstone, 2001.

WEAVER, T. D. e HUBLIN, J. J. "Neandertal birth canal shape and the evolution of human childbirth." *Proceedings of the National Academy of Sciences*, v. 106, n. 20, 2009, pp. 8151-56. DOI: 10.1073/pnas.0812554106.

WEBER, G. W.; LUKENEDER, A.; HARZHAUSER, M.; MITTEROECKER, P.; WURM, L.; HOLLAUS, L.-M. et al. "The microstructure and the origin of the Venus from Willendorf." *Scientific Reports*, v. 12, n. 1, 2022, p. 2926. DOI: 10.1038/s41598-022-06799-z.

WEDEKIND, C.; SEEBECK, T.; BETTENS, F. e PAEPKE, A. J. "MHC-dependent mate preferences in humans." *Proceedings of the Royal Society B: Biological Sciences*, v. 260, n.1359, 1995, pp. 245-9. DOI: 10.1098/rspb.1995.0087.

WEDEL, M. J. "Evidence for bird-like air sacs in saurischian dinosaurs." *Journal of Experimental Zoology Part A: Ecological Genetics and Physiology*, v. 311A, n. 8, 2009, pp. 611-28.

WEINER, E. "Why women read more than men." NPR, 5 set. 2007. Disponível em: <www.npr.org>.

WEISS, G. e GOLDSMITH, L. T. "Mechanisms of relaxin-mediated premature birth." *Annals of the New York Academy of Sciences*, v. 1041, n. 1, 2005, pp. 345-50. DOI: 10.1196/annals.1282.055.

WELLS, J. C. e STOCK, J. T. "The biology of the colonizing ape." *American Journal of Physical Anthropology*, v. 134, n. S45, 2007, pp. 191-222. DOI: 10.1002/ajpa.20735.

WELLS, J. C.; DESILVA, J. M. e STOCK, J. T. "The obstetric dilemma: An ancient game of Russian roulette, or a variable dilemma sensitive to ecology?" *American Journal of Physical Anthropology*, v. 149, n. S55, 2012, pp. 40-71. DOI: 10.1002/ajpa.22160.

WEST, E. e KNIGHT, R. J. "Mothers' milk: Slavery, wetnursing, and Black and white women in the antebellum South." *Journal of Southern History*, v. 83, n. 1, 2017, pp. 37-68. DOI: 10.1353/soh.2017.0001.

WESTERN, B. e WILDEMAN, C. "The Black family and massincarceration." *The Annals of the American Academy of Political and Social Science*, v. 621, 2009, pp. 221-42. DOI: 10.1177/0002716208324850.

WHALLEY, L. J. e DEARY, I. J. "Longitudinal cohort study of childhood IQ and survival up to age 76." *BMJ* (*Clinical Research Ed.*), v. 322, n. 7290, 2001, p. 819. DOI: 10.1136/bmj.322.7290.819.

WHITCOME, K. K.; SHAPIRO, L. J. e LIEBERMAN, D. E. "Fetal load and the evolution of lumbar lordosis in bipedal hominins." *Nature*, v. 450, n. 7172, 2007, pp. 1075-78. DOI: 10.1038/nature06342.

WHITE, K. J. C. "Declining fertility among North American Hutterites: The use of birth control within a Dariusleut colony." *Social Biology*, v. 49, n. 1-2, 2002, pp. 58-73.

WHITE, T. D.; AMBROSE, S. H.; SUWA, G. e WOLDEGABRIEL, G. "Response to Comment on the Paleoenvironment of *Ardipithecus ramidus*." *Science*, v. 328, n. 5982, 2010, p. 1105.

WHITE, T. D.; AMBROSE, S. H.; SUWA, G.; SU, D. F.; DEGUSTA, D.; BERNOR, R. L. et al. "Macrovertebrate paleontology and the Pliocene habitat of *Ardipithecus ramidus*." *Science*, v. 326, n. 5949, 2009, pp. 67-93.

WHITE, T. D.; ASFAW, B.; BEYENE, Y.; HAILE-SELASSIE, Y.; LOVEJOY, C. O.; SUWA, G. e WOLDEGABRIEL, G. "*Ardipithecus ramidus* and the paleobiology of early Hominids." *Science*, v. 326, n. 5949, pp. 64-86.

WHITE, T. D.; LOVEJOY, C. O.; ASFAW, B.; CARLSON, J. P. e SUWA, G. "Neither chimpanzee nor human, Ardipithecus reveals the surprising ancestry of both." *Proceedings of the National Academy of Sciences*, v. 112, n. 16, 2015, pp. 4877-84.

WHITE, U. A. e TCHOUKALOVA, Y. D. "Sex dimorphism and depot differences in adipose tissue function." *Biochimica et Biophysica Acta*, v. 1842, n. 3, 2014, pp. 377-92. DOI: 10.1016/j.bbadis.2013.05.006.

WICHURA, H.; JACOBS, L. L.; LIN, A.; POLCYN, M. J.; MANTHI, F. K.; WINKLER, D. A. et al. "A 17-MY-old whale constrains onset of uplift and climate change in East Africa." *Proceedings of the National Academy of Sciences*, v. 112, n. 13, 2015, pp. 3910-5.

WIEDERMAN, M. W. "The truth must be in here somewhere: Examining the gender discrepancy in self-reported lifetime number of sex partners." *The Journal of Sex Research*, v. 34, n. 4, 1997, pp. 375-86.

WIESENFELD, H. C.; HILLIER, S. L.; MEYN, L. A.; AMORTEGUI, A. J. e SWEET, R. L. "Subclinical pelvic inflammatory disease and infertility." *Obstetrics and Gynecology*, v. 120, n. 1, 2012, pp. 37-43. DOI: 10.1097/AOG.0b013e31825a6bc9.

WILCOX, A. J.; DUNSON, D. B.; WEINBERG, C. R.; TRUSSELL, J. e BAIRD, D. D. "Likelihood of conception with a single act of intercourse: Providing benchmark rates for assessment of post-coital contraceptives." *Contraception*, v. 63, n. 4, 2001, pp. 211-5. DOI: 10.1016/S0010-7824(01)00191-3.

WILCOX, A. J.; WEINBERG, C. R.; O'CONNOR, J. F.; BAIRD, D. D.; SCHLATTERER, J. P.; CANFIELD, R. E. et al. "Incidence of early loss of pregnancy." *The New England Journal of Medicine*, v. 319, n. 4, 1988, pp. 189-94. DOI: 10.1056/NEJM198807283190401.

WILDE, C. J.; PRENTICE, A. e PEAKER, M. "Breast-feeding: Matching supply with demand in human lactation." *Proceedings of the Nutrition Society*, v. 54, n. 2, 1995, pp. 401-6. DOI: 10.1079/PNS19950009.

WILDT, D. E.; ZHANG, A.; ZHANG, H.; JANSSEN, D. L. e ELLIS, S. *Giant Pandas: Biology, Veterinary Medicine and Management*. Cambridge, UK: Cambridge University Press, 2006.

WILLIAMS, C. M.; PEYRE, H.; TORO, R. e RAMUS, F. "Sex differences in the brain are not reduced to differences in body size." *Neuroscience & Biobehavioral Reviews*, v. 130, 2021, pp. 509-11. DOI: 10.1016/j.neubiorev.2021.09.015.

WILLIAMS, T. J.; PEPITONE, M. E.; CHRISTENSEN, S. E.; COOKE, B. M.; HUBERMAN, A. D.; BREEDLOVE, N. J. et al. "Finger-length ratios and sexual orientation." *Nature*, v. 404, n. 6777, 2000, pp. 455-6. DOI: 10.1038/35006555.

WILSON MANTILLA, G. P.; CHESTER, S. G. B.; CLEMENS, W. A.; MOORE, J. R.; SPRAIN, C. J.; HOVATTER, B. T. et al. "Earliest Palaeocene purgatoriids and the initial radiation of stem primates." *Royal Society Open Science*, v. 8, n. 2, 2021, p. 210050. DOI: 10.1098/rsos.210050.

WINTER, J. "Why more and more girls are hitting puberty early." *The New Yorker*, 27 out. 2022. Disponível em: <www.newyorker.com>.

WINTERBOTTOM, M.; BURKE, T. A. e BIRKHEAD, T. R. "The phalloid organ, orgasm and sperm competition in a polygynandrous bird: The red-billed buffalo weaver (*Bubalornis niger*)." *Behavioral Ecology and Sociobiology*, v. 50, 2001, pp. 474-82.

WITT, C. "Anti-essentialism in feminist theory." *Philosophical Topics*, v. 23, n. 2, 1995, pp. 321-44.

WITTMAN, A. B. e WALL, L. L. "The evolutionary origins of obstructed labor: Bipedalism, encephalization, and the human obstetric dilemma." *Obstetrical & Gynecological Survey*, v. 62, n. 11, 2007, pp. 739-48. DOI: 10.1097/01.ogx.0000286584.04310.5c.

WODON, Q.; MONTENEGRO, C.; NGUYEN, H. e ONAGORUWA, A. *Missed Opportunities: The High Cost of Not Educating Girls*. Washington, D.C.: World Bank, 2018.

WOETZEL, J.; MADGAVKAR, A.; ELLINGRUD, K.; LABAYE, E.; DEVILLARD, S.; KUTCHER, E. e KRISHNAN, M. *The power of parity: How advancing women's equality can add $12 trillion to global growth*. Xangai: McKinsey Global Institute, 2015.

WOETZEL, J.; MADGAVKAR, A.; SNEADER, K.; TONBY, O.; LIN, D. Y.; LYDON, J. e GUBIESKI, M. *The power of parity: Advancing women's equality in Asia Pacific*. Xangai: McKinsey Global Institute, 2018.

WOLBERS, K. A. e HOLCOMB, L. "Why sign language is vital for all deaf babies, regardless of cochlear implant plans." *The Conversation*, 31 ago. 2020. Disponível em: <theconversation.com>.

WOLDEGABRIEL, G.; AMBROSE, S. H.; BARBONI, D.; BONNEFILLE, R.; BREMOND, L.; CURRIE, B. et al. "The geological, isotopic, botanical, invertebrate, and lower vertebrate surroundings of *Ardipithecus ramidus*." *Science*, v. 326, n. 5949, 2009, pp. 65-65e65.

WOLDEGABRIEL, G.; HAILE-SELASSIE, Y.; RENNE, P. R.; HART, W. K.; AMBROSE, S. H.; ASFAW, B. et al. "Geology and palaeontology of the Late Miocene Middle Awash valley, Afar rift, Ethiopia." *Nature*, v. 412, n. 6843, 2001, pp. 175-8. DOI: 10.1038/35084058.

WOOD, B. "Palaeoanthropology: Facing up to complexity." *Nature*, v. 488, n. 7410, 2012, pp. 162-3.

______. "Human evolution: Fifty years after *Homo habilis*." *Nature*, v. 508, 2014, pp. 31-3. DOI: 10.1038/508031a.

WOOD, M. *Black Milk: Imagining Slavery in the Visual Cultures of Brazil and America*. Oxford: Oxford University Press, 2013.

WRIGHT, D. W.; YEATTS, S. D.; SILBERGLEIT, R.; PALESCH, Y. Y.; HERTZBERG, V. S.; FRANKEL, M. et al. "Very early administration of progesterone for acute traumatic brain injury." *New England Journal of Medicine*, v. 371, n. 26, 2014, pp. 2457-66. DOI: 10.1056/NEJMoa1404304.

WU, Y.; WANG, H. e HADLY, E. "Invasion of ancestral mammals into dim-light environments inferred from adaptive evolution of the photo-transduction genes." *Scientific Reports*, v. 7, 2017, p. 46542.

WUNDERLE, M. K.; HOEGER, K. M.; WASSERMAN, M. E. e BAZARIAN, J. J. "Menstrual phase as predictor of outcome after mild traumatic brain injury in women." *The Journal of Head Trauma Rehabilitation*, v. 29, n. 5, 2014, p. E1.

WYART, C.; WEBSTER, W. W.; CHEN, J. H.; WILSON, S. R.; MCCLARY, A.; KHAN, R. M. e SOBEL, N. "Smelling a single component of male sweat alters levels of cortisol in women." *The Journal of Neuroscience*, v. 27, n. 6, 2007, pp. 1261-5. DOI: 10.1523/jneurosci.4430-06.2007.

WYATT, T. D. "The search for human pheromones: the lost decades and the necessity of returning to first principles." *Proceedings of the Royal Society B: Biological Sciences*, v. 282, n. 1804, 2015, p. 20142994. DOI: 10.1098/rspb.2014.2994.

XIAO, L.; VAN'T LAND, B.; ENGEN, P. A.; NAQIB, A.; GREEN, S. J.; NATO, A. et al. "Human milk oligosaccharides protect against the development of autoimmune diabetes in NOD-mice." *Scientific Reports*, v. 8, n. 1, 2018, pp. 1-15.

YALOM, M. *History of the Breast*. Nova York: Knopf, 1997.

YAN, L. e SILVER, R. "Neuroendocrine underpinnings of sex differences in circadian timing systems." *The Journal of Steroid Biochemistry and Molecular Biology*, v. 160, 2016, pp. 118-26. DOI: 10.1016/j.jsbmb.2015.10.007.

YODER, A. D. e LARSEN, P. A. "The molecular evolutionary dynamics of the vomeronasal receptor (class 1) genes in primates: A gene family on the verge of a functional breakdown." *Frontiers in Neuroanatomy*, v. 8, 214. DOI: 10.3389/fnana.2014.00153.

YOKOTA, S.; SUZUKI, Y.; HAMAMI, K.; HARADA, A. e KOMAI, S. "Sex differences in avoidance behavior after perceiving potential risk in mice." *Behavioral and Brain Functions*, v. 13, n. 1, 2017, p. 9. DOI: 10.1186/s12993-017-0126-3.

YOLES-FRENKEL, M.; SHEA, S. D.; DAVISON, I. G. e BEN-SHAUL, Y. "The Bruce effect: Representational stability and memory formation in the accessory olfactory bulb of the female mouse." *Cell Reports*, v. 40, n. 8, 2022, p. 111262. DOI: 10.1016/j.celrep.2022.111262.

YONG, E. *I Contain Multitudes: The Microbes Within Us and a Grander View of Life*. Nova York: Ecco, 2016.

YOU, D.; HUG, L.; EJDEMYR, S.; IDELE, P.; HOGAN, D.; MATHERS, C. et al. Grupo Interagencial das Nações Unidas para Estimativas da Mortalidade Infantil (UN IGME). "Global, regional, and national levels and trends in under-5 mortality between 1990 and 2015, with scenario-based projections to 2030: A systematic analysis by the UN Inter-agency Group for Child Mortality Estimation." *Lancet*, v. 386, n. 10010, 2015, pp. 2275-86.

ZAGORSKY, J. L. "Do you have to be smart to be rich? The impact of IQ on wealth, income and financial distress." *Intelligence*, v. 35, n. 5, 2007, pp. 489-501. DOI: 10.1016/j.intell.2007.02.003.

ZANEVELD, L. J. D.; TAUBER, P. F.; PORT, C.; PROPPING, D. e SCHUMACHER, G. F. B. "Scanning electron microscopy of the human, guinea-pig and rhesus monkey seminal coagulum." *Reproduction*, v. 40, n. 1, 1974, pp. 223-5.

ZHANG, D. D.; BENNETT, M. R.; CHENG, H.; WANG, L.; ZHANG, H.; REYNOLDS, S. C. et al. "Earliest parietal art: Hominin hand and foot traces from the middle Pleistocene of Tibet." *Science Bulletin*, v. 66, n. 24, 2021, pp. 2506-15. DOI: 10.1016/j.scib.2021.09.001.

ZHANG, X. e FIRESTEIN, S. "Nose thyself: Individuality in the human olfactory genome." *Genome Biology*, v. 8, n. 11, 2007, p. 230. DOI: 10.1186/gb-2007-8-11-230.

ZHANG, X.; LIU, Y.; LIU, L.; LI, J.; DU, G. e CHEN, J. "Microbial production of sialic acid and sialylated human milk oligosaccharides: Advances and perspectives." *Biotechnology Advances*, v. 37, n. 5, 2019, pp. 787-800. DOI: 10.1016/j.biotechadv.2019.04.011.

ZHANG, Z.; RAMSTEIN, G.; SCHUSTER, M.; LI, C.; CONTOUX, C. e YAN, Q. "Aridification of the Sahara desert caused by Tethys Sea shrinkage during the Late Miocene." *Nature*, v. 513, n. 7518, 2014, pp. 401-4. DOI: 10.1038/nature13705.

ZHOU, Z. e ZHENG, S. "The missing link in Ginkgo evolution." *Nature*, v. 423, 2004, pp. 821-2. DOI: 10.1038/423821a.

ZIPPLE, M. N.; ALTMANN, J.; CAMPOS, F. A.; CORDS, M.; FEDIGAN, L. M.; LAWLER, R. R. et al. "Maternal death and offspring fitness in multiple wild primates." *Proceedings of the National Academy of Sciences*, v. 118, n. 1, 2021, p. e2015317118. DOI: 10.1073/pnas.2015317118.

ZIPPLE, M. N.; GRADY, J. H.; GORDON, J. B.; CHOW, L. D.; ARCHIE, E. A.; ALTMANN, J. e ALBERTS, S. C. "Conditional fetal and infant killing by male baboons." *Proceedings of the Royal Society B: Biological Sciences*, v. 284, 2017, p. 20162561. DOI: 10.1098/rspb.2016.2561.

ZIPPLE, M. N.; ROBERTS, E. K.; ALBERTS, S. C.; BEEHNER, J. C. "Male-mediated prenatal loss: Functions and mechanisms." *Evolutionary Anthropology*, v. 28, n. 3, 2019, pp. 114-25. DOI: 10.1002/evan.21776.

ZITTLEMAN, K. e SADKER, D. "Gender bias in teacher education texts: New (and old) lessons." *Journal of Teacher Education*, v. 53, 2002, pp. 168-80.

ZIVKOVIC, A. M.; GERMAN, J. B.; LEBRILLA, C. B. e MILLS, D. A. "Human milk glycobiome and its impact on the infant gastrointestinal microbiota." *Proceedings of the National Academy of Sciences*, v. 108, supl. 1, 2011, pp. 4653-8. DOI: 10.1073/pnas.1000083107.

ZOKAEI, N.; BOARD, A. G.; MANOHAR, S. G. e NOBRE, A. C. "Modulation of the pupillary response by the content of visual working memory." *Proceedings of the National Academy of Sciences*, v. 116, n. 45, 2019, pp. 22802-10.

ZUCKERMAN, M. e DRIVER, R. E. "What sounds beautiful is good: The vocal attractiveness stereotype." *Journal of Nonverbal Behavior*, v. 13, n. 2, 1989, pp. 67-82. DOI: 10.1007/BF00990791.

Índice remissivo

Os números de página em *itálico* se referem às ilustrações.

ESTA OBRA FOI COMPOSTA POR OSMANE GARCIA FILHO EM MINION
E IMPRESSA EM OFSETE PELA LIS GRÁFICA SOBRE PAPEL PÓLEN NATURAL
DA SUZANO S.A. PARA A EDITORA SCHWARCZ EM ABRIL DE 2024

A marca FSC® é a garantia de que a madeira utilizada na fabricação do papel deste livro provém de florestas que foram gerenciadas de maneira ambientalmente correta, socialmente justa e economicamente viável, além de outras fontes de origem controlada.